系统生物学在中医风湿病中的应用实践

刘　健　姜　辉　主编

科　学　出　版　社

北　京

内 容 简 介

本书旨在以健脾化湿通络方系列制剂为例，详细阐述系统生物学在中医风湿病中的应用实践。全书共分七章，第一章为系统生物学与中医药研究，让读者对两者关系有初步的认识；后六章从制备工艺、质量标准、药代动力学、药效学、药理学、毒理学、组学、临床研究等方面，详细阐述了系统生物学理念与技术在健脾化湿通络方系列制剂研发中的应用。

本书可供中医或中西医临床医生，有意向从事中药研究与开发、药品生产和质量管理的科研工作者，以及中医院校教师、研究生、本科生参考使用。

图书在版编目(CIP)数据

系统生物学在中医风湿病中的应用实践 / 刘健，姜辉主编. —北京：科学出版社，2019.7
ISBN 978-7-03-061232-8

Ⅰ.①系… Ⅱ.①刘… ②姜… Ⅲ.①系统生物学—应用—风湿性疾病—中医治疗法 Ⅳ.①R255.6

中国版本图书馆 CIP 数据核字(2019)第 091191 号

责任编辑：陆纯燕 / 责任校对：谭宏宇
责任印制：黄晓鸣 / 封面设计：殷 靓

科 学 出 版 社 出版
北京东黄城根北街 16 号
邮政编码：100717
http://www.sciencep.com
南京展望文化发展有限公司排版
上海万卷印刷股份有限公司印刷
科学出版社发行 各地新华书店经销

*

2019 年 7 月第 一 版 开本：787×1092 1/16
2019 年 7 月第一次印刷 印张：17 1/4 插页：17
字数：410 000

定价：95.00 元

（如有印装质量问题，我社负责调换）

《系统生物学在中医风湿病中的应用实践》编辑委员会

主　　编：刘　健　姜　辉

副 主 编：孟　楣　黄传兵　吴　虹

编　　委：（按姓氏拼音排序）

曹云祥　陈瑞莲　谌　曦　范海霞
黄传兵　黄开泉　霍星星　姜　辉
刘　健　刘　磊　孟　楣　齐亚军
孙　玥　万　磊　汪　元　汪四海
王桂珍　王久香　吴　虹　许　霞
姚　玮　张士杰　张皖东　章平衡
周秋梅　纵瑞凯

学术秘书：张士杰

PREFACE

前言

中医药理论以中国经典哲学朴素唯物观、阴阳观、五行观为指导，认为世界万物包括人体、中药都由“气”这种本元物质构成。在气的概念上，人和自然界宇宙万物是同质的整体。中医风湿病也称痹证，是由于人体正气不足，受风、寒、湿等外邪影响，导致肢体关节疼痛、麻木、肿胀、变形，最终累及脏腑的一类疾病的总称。中医药理论整体观在研究痹证问题上关注人体综合性生命功能的整体视角，取得了一定的效果。而系统生物学以整体性研究为特征，以生物信息学技术为联系“还原”与“系统”的重要方法，它的发展和应用推动了生命科学的进展，其研究方法、研究思路与传统的中医学有很多相似之处。因此，系统生物学可以为中医风湿病研究提供思路和方法。两者的有机结合，将从整体的角度诠释中医药多靶点、平衡调理、标本兼治的治病理念，为中医药的研究提供新的思路。

系统生物学不同于以往的实验生物学，仅关注个别的基因和蛋白质，而是研究所有的基因、蛋白质等众多组分间的相互关系；同时，通过整合各组分信息建立描述系统结构和行为的模型。在系统生物学应用于中医药的研究中，首先，利用各种组学平台并结合生物信息学的研究，使我们能够建立预测模型，模拟疾病的发展过程、各种致病因素与人体交互作用，以及中药作用于人体的过程，并且预测疾病的预后，使中医药的研究有了客观的依据，而不再仅仅依靠于经验的积累。其次，基于系统生物学“组学”观点与中药复方反映的多成分、多靶点特性相一致，将系统生物学的技术手段运用到中药的研究中来，对复方药物的设计，以及治疗过程进行模型预测，优化治疗方案，最大限度地减少副作用，从而达到最优的治疗效果。

鉴于系统生物学与中医药理论都具有复杂的结构关系，两者的潜在性互通位点和结合方式必然是多元的。但是在学科交叉互融的初期，明确两者共性之间的客观差异和可能的首要互通位点是必要的前提性探索依据。除此之外，在系统生物学技术应用于中医药研究中还可以发现以下诸多问题：生物标志物在中医药理论物质基础中的意义，中医证相关生物标志物与中药药性、药效相关生物标志物不一定等同于代谢组学技术通过统计学得到的代表代谢谱总体特征的代谢物主成分，而有可能是微量成分，或体内转化成分；相关的代谢标志物和可能代谢途径并不是研究的终点，还要对这些研究成果进行基于中医药理论的分析和验证，使研究结论落实到中医理论论证中来，才能达到中医学根本的研究目的。中医药理论作为现代医学的重要组成部分，寻求自身理论和实践的客观物质依据，以及与西方医学的结合点和结合方式，不仅服务于现代医学整体进步，也是自身完善、发展的最直接的途径。然而无论系统科学还是系统生物学本身都尚处于不断补充和优化的学科形成阶段。因此,在中医药研究中借鉴系统生物学的方法就需要具有批判的态度和创造性思维,充分看到两种整体观的差别和结合的技巧性要求,在自身发展同时也促进了系统生物学的学科完善和现代医学整体的进步。

新安医家特别重视脾虚在痹证发病中的重要作用,诚如新安医家汪蕴谷在《杂症会心录·痹论》中所言:“痹者闭也,乃脉络涩而少宣通之机,气血凝而少流动之势,治法非投水益阴,则益补气升阳;非急急于就肝肾,则惓惓于补脾土,斯病退而根本不遥也……”在《黄帝内经》痹证理论及新安医学治痹思想指导下,结合临床大量的病例资料的分析,我们提炼了“脾虚致痹”的风湿病病机学说,拟定了“从脾治痹”的治疗原则,研制了健脾化湿通络方系列,如“新风胶囊”“五味温通除痹胶囊”“黄芩清热除痹胶囊”等特色中药制剂。这些治则与中药制剂运用于临床20余年,疗效显著,颇受关注。本课题组得益于国家科技支撑计划子课题、多项国家自然科学基金项目,以及其他省部级课题等项目的资助,利用系统生物学相关理念与技术,开展了健脾化湿通络方的药效学、药理学、毒理学等系列研究,其研究成果将在本书中呈现。

本书如有疏漏之处,衷心希望读者给予批评指正。

刘健　姜辉
2018年10月

CONTENT

目录

1

第一章

系统生物学与中医药研究

中医学是以中医药理论与实践经验为主体，研究人类生命活动中健康与疾病转化规律及其预防、诊断、治疗、康复和保健的综合性科学，也是我国有能力、有潜力站在国际科学发展前沿领域的学科。然而，至今中医药理论和临床研究方法尚不能得到国际社会的公认，关键在于中医药许多合理的、科学的内涵没有得到充分的揭示。系统生物学(systems biology)是以系统论、整体性研究为特征的一种交叉科学，代表着21世纪生物学的未来，具有广阔的应用前景。系统生物学的发展和应用推动了生命科学的进展，其研究方法和研究思路与中医学有很多相似之处。中医药的研究若能与系统生物学相结合，将有可能从整体的角度诠释中医药多靶点、平衡调理、标本兼治的治病理念，实现传统中医药与现代科技的有机结合并赋予其新的内涵，为中医药走向世界奠定扎实基础[1]。

第一节　系统生物学概述

一、系统生物学简介

2000年，Leroy Hood教授首次提出了“系统生物学”的概念。系统生物学，又称为“系统集成生物学”或“系统综合生物学”，是在细胞、组织、器官和生物体整体水平上研究结构和功能各异的生物分子及在特定条件下(如遗传、环境因素变化时)，分析这些组分间相互关系的学科[2]。系统生物学的研究对象是生物体内具有生物学意义和功能的系统。具体来讲，系统生物学主要致力于实体系统(如生物个体、器官、组织和细胞)的建模与仿真、生化代谢途径的动态分析、各种信号转导途径的相互作用、基因调控网络及疾病机制研究等。其目标是得到一个理想的模型，使其理论预测能够反映出生物系统的真实性，且可用来预测系统受到干扰后未来的行为。

系统生物学不同于以往的实验生物学，只关注个别的基因和蛋白质，而是研究所有的基因、蛋白质等众多组分间的相互关系；同时，通过整合各组分信息，以图画或数学方法建立能描述系统结构和行为的模型。非生物复杂系统一般由相对简单的元件组合产生复杂功能和行为，而生物体则是由大量结构和功能不同的元件组成的复杂系统，并由这些元件选择性和非线性的相互作用产生复杂的功能和行为。因此,需要利用多层次的组学技术平台,通过计算生物学和概念生物学方法,用数学语言定量描述或者预测生物学功能,以及生物体的表型与行为。在此基础上建立从分子到细胞、器官,进而到生物体水平的坚实知识结构,按照从序列—结构—功能到相互作用—网络—功能的研究思路理解生物系统的本质。

系统生物学的基本工作流程如①“整合”——系统理论:对选定的某一生物系统的所有组分进行了解和确定,描绘出该系统的结构,包括基因相互作用网络和代谢途径,以及细胞内和细胞间的作用机制,以此构造出一个初步的系统模型;②“干涉”——实验生物学:系统地改变被研究对象的内部组成成分(如基因突变)或外部生长条件,观测系统组分或结构所发生的相应变化,包括基因表达、蛋白质表达和相互作用、代谢途径等变化,并把得到的有关信息进行整合;③“信息”——计算生物学:将通过实验得到的数据与模型预测的情况进行比较,并对初始模型进行修订;④根据修正后模型的预测或假设,设定和实施新的改变系统状态的实验。重复②和③,不断地通过实验数据对模型进行修订和精练。目标是获得一个理想的模型,使其理论预测能够反映出生物系统的真实性。

总之,系统生物学不仅是生命科学理论的重大发展,而且还有极其广阔的应用前景。生物学正在经历从分子水平到系统水平的根本转变,而后者将彻底改变人们对复杂生物调节系统的认识,并为这方面知识的实际应用提供更多的机会。

二、系统生物学相关技术介绍

系统生物学技术主要包括基因组学(genomics)、蛋白质组学(proteomics)和代谢组学(metabonomics)技术等。基因组学技术主要包括基因芯片技术、DNA 分子标记技术、DNA 测序技术、聚合酶链反应(polymerase chain reaction,PCR)技术等;蛋白质组学技术主要包括双向凝胶电泳、高效液相层析、质谱技术等;代谢组学技术主要包括核磁共振技术、色谱-质谱联用技术等。

(一)基因组学概述及其相关技术

1. 基因组学概述

基因组学是以分子生物学、电子计算机和信息网络技术为研究手段,以生物体内全部基因为研究对象,在全基因组背景下和整体水平上探索生命活动内在规律及内在环境对机体影响机制的科学。根据研究的重点不同,基因组学可分为结构基因组学和功能基因组学。结构基因组学以全基因组测序为目标,而功能基因组学以基因功能鉴定为目标。根据研究的对象不同可分为疾病基因组学、比较基因组学、药物基因组学和环境基因组学等[3]。

2. 常用的基因组学技术

(1)基因芯片技术:基因芯片又称 DNA 芯片(DNA chip)、DNA 微阵列,是微型化、自动化、高度并行性和多样性的检测系统。基因芯片基于核酸、探针互补杂交技术原理,将大量的寡核酸片段按预先设定的排列顺序固化在载体表面,如硅片或玻片上,并以此为探针在一定的条件下与样品中的待测的靶基因片段或 DNA 序列杂交,通过检测杂交信号的强度及分布来实现对靶序列信息的快速检测和分析。它能对样本高效、准确、高灵敏度地进行检测，在实际应用中具有较强的广泛性和针对性等特点[4]。

（2）PCR 技术：PCR 技术是利用 DNA 在体外 95℃高温时变性转变为单链，低温（通常是 60℃左右）时引物与单链按碱基互补配对的原则结合，再调温度至 DNA 聚合酶最适反应温度（72℃左右），DNA 聚合酶沿着 5′→3′的方向合成互补链的原理，用于放大扩增特定的 DNA 片段的分子生物学技术。PCR 技术具有特异性强、灵敏度高、简便快速等优点。

（3）DNA 分子标记技术

1）限制性片段长度多态性分析技术（restriction fragment length polymorphism，RFLP）：指利用限制性内切酶能识别 DNA 分子的特异序列，并在特定序列处切开 DNA 分子，即产生限制性片段的特性，对于不同种群的生物个体而言，它们的 DNA 序列存在差别。如果这种差别刚好发生在内切酶的酶切位点，并使内切酶识别序列变成了不能识别序列或这种差别使本来不是内切酶识别位点的 DNA 序列变成了内切酶识别位点。这样就导致了用限制性内切酶酶切该 DNA 序列时，就会少一个或多一个酶切位点，结果产生少一个或多一个的酶切片段。这样就形成了用同一种限制性内切酶切割不同物种 DNA 序列时，产生不同长度大小、不同数量的限制性酶切片段。再将这些片段电泳、转膜、变性，与标记过的探针进行杂交，洗膜，即可分析其多态性。已被广泛用于基因组遗传图谱构建、基因定位及生物进化和分类的研究。但 RFLP 技术也存在一些缺陷，主要是克隆可表现基因组 DNA 多态性的探针较为困难；实验操作较烦琐，检测周期长，成本费用也很高。

2）随机扩增多态性 DNA 技术（randomly amplified polymorphic DNA，RAPD）：是由 Welsh 与 Williams 等于 1990 年在 PCR 技术基础上，建立的一种可对整个未知序列的基因组进行多态性分析的分子技术。以基因组 DNA 为模板，以单个人工合成的随机多态核苷酸序列（通常为 10 个碱基对）为引物在热稳定的 DNA 聚合酶作用下进行 PCR 扩增。RAPD 技术能快捷地辨别出不同遗传物质之间最微小的 DNA 偏差，而且耗材较少，不必提前获知其基因碱基顺序，通过对遗传资源的分析，从遗传多样性中得到详尽的遗传信息。与 RFLP 相比，RAPD 具有以下优点：技术简单，检测速度快；RAPD 分析只需少量 DNA 样品；不依赖于种属特异性和基因组结构，一套引物可用于不同生物基因组分析；成本较低。但 RAPD 也存在一些缺点：RAPD 标记是一个显性标记，不能鉴别杂合子和纯合子；存在共迁移问题，凝胶电泳只能分开不同长度 DNA 片段，而不能分开那些分子质量相同但碱基序列组成不同的 DNA 片段；RAPD 技术中影响因素很多，因此，实验的稳定性和重复性较差[4]。

（4）DNA 测序技术：即测定 DNA 序列的技术，在分子生物学研究中，DNA 的序列分析是进一步研究和改造目的基因的基础。DNA 测序技术主要包括单向测序（single-read saequencing）、双向测序（paired-end sequencing）、混合样品测序（indexed sequencing）技术等。

（二）蛋白质组学概述及其相关技术

1. 蛋白组学概述

蛋白质组学是生命科学研究进入后基因组时代的里程碑，同时也是功能基因组时代生命科学研究的核心内容之一。蛋白质组是指在一种细胞、组织或生物体中的完整基因组所对应的全套蛋白质。蛋白质组学是研究蛋白质组或应用大规模蛋白质分离和识别技术研究蛋白质组的一门学科,本质上指的是在大规模水平上研究蛋白质的特征,包括蛋白质的表达水平、翻译后的修饰、蛋白与蛋白相互作用等,由此获得蛋白质水平上的关于疾病发生,细胞代谢等过程的整体而全面的认识。

蛋白质组学从研究内容上可分为表达蛋白质组学、结构蛋白质组学和差异蛋白质组学;从研究策略上可分为经典蛋白质组学(基于凝胶电泳-质谱技术)和鸟枪法(shotgun)蛋白质组学(基于二维液相色谱-串联质谱技术);从质谱鉴定方法上可分为自下而上(bottom-up,BU)的蛋白质组学和自上而下(top-down,TD)的蛋白质组学等[5]。

2. 蛋白质组学技术

蛋白质组学研究的首要任务是建立获取和分析蛋白质的常规、可靠、有效的技术。为达到这一要求,就需要样品准备、数据获取标准化及自动化,也就是要有可重复的、高通量的技术。蛋白质组研究工作流程包括蛋白质样本的制备、分离、定量及鉴定。双向凝胶电泳、质谱技术、酵母双杂交系统、蛋白质微阵列技术、能进行大规模数据处理的计算机系统和软件、软电离技术及生物信息学技术构成了蛋白质组学研究的主要技术体系。目前蛋白质组研究技术可以分为以下三个方面。

(1) 蛋白质的分离

1) 样品制备技术:蛋白质样品制备是蛋白质组研究的第一步,无论后续采用怎样的分离或鉴定手段,样品制备都是关键步骤。蛋白质样品制备的一般过程:对细胞、组织等样品进行破碎、溶解、失活和还原,断开蛋白质之间的连接键,提取全部蛋白质,除去非蛋白质部分。样品制备时必须注意:避免蛋白丢失、减少蛋白降解、避免样品的反复冻融、防止各种可能的非目标性蛋白修饰、保证清除所有杂质等。对较为特殊的样品,必要时采用特殊助溶剂或分步提取等制备方法[6]。

2) 双向凝胶电泳(two-dimensional electrophoresis,2-DE):双向凝胶电泳是一种经典的蛋白质分离方法,其原理是根据不同蛋白质的等电点和相对分子质量的差异,使之在二向平面上分开,但存在重复性差、人为误差大等问题。荧光差异凝胶电泳(differential in gel electrophoresis,DIGE)在分析中引入了内参,通过将不同蛋白质样品标记上不同的荧光,并在同一块电泳胶内分离,从而提高了实验效率和准确性[7]。

3) 高效液相层析(又名高压液相色谱):虽然高效液相层析在蛋白质组分析中尚未广泛应用,但其作为分离蛋白质的第一步,仍具有很好的前景。双向高效液相层析"2D-高效液相层析"第一相根据分子大小分离蛋白质,第二相是反向层析,分离蛋白质的容量比2-DE大,且速度更快,也是一种很好的蛋白质分离纯化方法。目前,又出现了将不同液相层析联合使用技术,称之为连续液相层析,极大地提高了液相层析效率。

(2) 质谱技术:质谱是最常用的蛋白质鉴定技术,也是蛋白质组学研究必不可少的技术平台,主要由离子源、质量分析器和检测器三部分组成,其基本原理是将蛋白质样品先经过离子化,再根据不同离子间质荷比(m/z)的差异来分离并确定相对分子质量。蛋白质组学研究中常用的离子源是基质辅助激光解吸离子化和电喷雾离子化;常用的质量分析器为傅里叶变换离子回旋共振质谱、飞行时间质谱、线性离子阱质谱和四级杆离子阱质谱;常用的检测器包括电子倍增管、离子计数器、感应电荷检测器。在蛋白质组学的研究中,常采用"软电离"方式电离蛋白质分子,该方式不会形成碎片离子,从而保留整个蛋白质分子的完整性。

除了质谱技术以外，液相色谱和质谱联用（简称液质联用，liquid chromatograph-mass spectrometer，LC－MS）等新技术将成为今后研究中药蛋白质组学的主流，其中最常用的蛋白质组学技术是鸟枪法蛋白质组学。该技术的原理是将复杂的蛋白质混合物先通过离子交换色谱、疏水相互作用色谱或亲和色谱进行初步分离，然后通过蛋白酶将初步分离得到的蛋白质消化成多肽混合物，最后通过在线的一维或二维 LC－MS 进行鉴定。

质谱技术目前是蛋白质组学中发展最快，也是最具活力和潜力的技术。基于质谱的蛋白质组学分析最大的优势是能够在宽动态范围内进行蛋白质定量，进而促使定量蛋白质组学的产生。

（3）生物信息学技术：生物信息学是生物学、数学和计算机科学等学科相互融合而形成的一门新兴学科，是蛋白质组学最终揭示蛋白质密码的钥匙[5]，包含生物信息的获取、处理、贮存、分发、分析和解释等内容。面对海量的蛋白质序列信息和结构数据，蛋白质组学与生物信息学的结合是蛋白质组学发展的必需要求。生物信息学在蛋白质组学研究中的应用包括数据库的建立，蛋白质的序列分析、功能分析、结构分析、点突变的设计及家族鉴定等。新计算机算法的不断开发、分析软件的逐渐更新和蛋白质数据库的进一步完善都促进了蛋白质组学的发展。

（三）代谢组学概述及其相关技术

1. 代谢组学概述

代谢组学是继基因组学、转录组学和蛋白质组学之后，系统研究病理生理刺激后代谢产物的变化规律，揭示机体生命活动代谢本质的科学。它以组群指标分析为基础，以高通量检测和数据处理为手段，定性定量研究生物体的内源性代谢产物，分析生物体在不同状态下的代谢指纹图谱的差异，获得相应的生物标志物群，从而揭示生物体在特定时间、环境下的整体功能状态[8]。

2. 代谢组学技术

代谢组学的主要研究方法：代谢物靶标分析、代谢轮廓（谱）分析、代谢指纹分析。主要分析手段有核磁共振（nuclear magnetic resonance，NMR）技术、气相色谱-质谱（gas chromatography-mass spectrometry，GC－MS）联用和液相色谱-质谱联用等具有高灵敏度、高通量、高分辨率特性的组学技术。

NMR 是一种基于具有自旋性质的原子核在核外磁场作用下，吸收射频辐射而产生能级跃迁的谱学技术。NMR 技术中常用的有氢谱（^{1}H－NMR）、碳谱（^{13}C－NMR）和磷谱（^{31}P－NMR），而以^{1}H－NMR 应用最为广泛[9]。其特点为不破坏样品的结构和性质，无辐射损伤；可在一定的温度和缓冲液范围内选择实验条件，能够在接近生理条件下进行实验；可设计多种编辑手段，实验方法灵活多样。此外，NMR 技术分析能够同时测定一个样本中所有代谢物，且其信号强度与摩尔浓度成正比，便于定量分析，而通过二维 NMR 技术能够在对复杂样品不进行分离的前提下实现结构鉴定。基于这种特点，对于代谢组学的扫描往往采用 NMR 的分析方法，兼具分析广谱性、高灵敏度、高分离度及高重现性。

近年来科学家将“魔角旋转”（magic angle spinning，MAS）NMR 技术应用于器官组织等固体生物样品的直接分析，同时扩大了 NMR 技术在代谢组学领域应用范围。高分辨率的^{1}H MAS NMR 已经成功地应用于肝、肾、肠、心脏、乳腺等固体组织样品的分析。二维和多维的 NMR 技术也成了代谢组学研究领域的重要技术。另外，NMR 技术还可以和色谱技术联用，充分发挥各自优势，达到更为理想的分析效果[10]。

（1）色谱-质谱联用技术：色谱是分离混合物的有效方法，但难以得到结构信息；而质谱提供了丰富的结构信息。因此，色谱与质谱技术的结合，成为分离和鉴定复杂样品的理想手段。色谱-质谱联用技术特别是气质联用（GC－MS）、液质联用（LC－MS）及毛细管电泳-质谱联用技术（capillary electrophoresis-mass spectrometer，CE－MS）已在代谢组学研究领域中得到广泛应用。

GC－MS 是一种经典的分析技术，具有高性能的毛细管柱，高灵敏度的质谱检测，较好的分离效率、检测灵敏度和易定性等特点，在分离时对毛细管柱梯度加热，根据挥发性高低，在毛细管中保留时间不同达到分离的目的；GC－MS 特长是分析挥发性物质，且可以检索多个大型化合物库进行代谢物的结构鉴定。随着化学衍生化的不断发展，GC－MS 不仅可以分析大多数的挥发性化合物，而且可以分析许多半挥发性和无挥发性的代谢物。

LC－MS 是以其灵敏度高、无须高温、分析速度快、样品无须衍生化等优点，受到众多研究者的关注；尤其是 UPLC－Q－TOF/MS 能够更好地用于代谢物和同分异构体的特征鉴定，由于样品组分的分离在先，离子化和检测在后，因而能够有效地减少干扰，如基质效应、离子化抑制、离子化竞争等，大幅度增加代谢物的鉴别数量和提高准确度。但是 LC－MS 的缺点在于样品重现性较差，化合物鉴定困难，而且鉴定化合物的数据库还不完备，二级质谱只能部分提供结构信息。

CE－MS 也被用于代谢组学研究，相对其他分离技术，CE－MS 综合了 CE 的高效分离能力、广泛的样品适应性和 MS 的高灵敏度、可提供结构信息等优势，已发展成为一种重要的分离分析手段。

（2）代谢组学的数据处理平台：代谢组学研究的关键问题在于对数据信息的充分解读。然而，代谢组学原始谱图复杂、数据量大，不能用常规数据处理方法，需要进行数据降维和信息挖掘。数据处理分为三大步骤：一是数据的提取即图谱的可视化；二是数据的预处理，包括滤噪、重叠峰解析、峰对齐、峰匹配、标准化和归一化等；三是模式识别，包括非监督（unsupervised）模式和有监督（supervised）模式。前者有主成分分析、簇类分析和非线性映射等；后者包括人工神经网络、偏最小二乘-判别分析、正交最小二乘-判别分析等[9]。

3. 代谢组学技术的整合运用

代谢组学技术的整合运用就是发挥各项技术优势，联合运用，同时对机体中不同来源的生物样品进行分析和数据比较，最后进行综合评价，实现对代谢组学进行多技术、多角度、多层次的全组分研究。

（1）分析技术的整合运用：现有的分析技术都有自己的优势，但只利用一种分析技术无法实现对代谢物中所有组分进行无歧视分析。要想实现综合、全面的分析，就必须对现有的技术手段进行整合，发挥各自的长处。例如，利用色质联用技术中色谱技术之间有其互补性，采用 LC－MS 与 GC－MS 联合对同一样品进行检测，然后对所得两组数据加以整合，最终得到有关代谢物组分更为全面的解释。

（2）数据采集与分析手段整合

1）多样品分析：检测单一对象分析所得结果只能反映其中的一种或几种代谢产物

的变化。由于代谢网络的复杂性,要想揭示外部环境变化引起的内部网络差异,必须采用系统的方法加以解决。通过对同一机体不同研究对象的检测,可考察代谢产物间的关系,反映内部代谢网络的变化。

2）数据合并：数据的挖掘与处理是实现代谢组学研究不可缺少的一部分。在技术整合运用的基础上,数据处理方法的采用十分关键。数据处理新方法的发现对代谢组学分析结果的改进非常必要。数据的整合可通过不同的途径在不同水平上实现,但这种数据的合并不是直接实现的,需要特殊统计方法和不同模式识别方法的运用。

第二节　系统生物学与中医药研究情况

一、中医药研究现状

近年来中医药研究在国内外均得到了空前的重视和快速发展,中医药研究正处于历史上最好的发展机遇期。国际上一些著名高校和研究院所如美国国立卫生研究院、哈佛大学、剑桥大学等陆续成立中药或传统医药研究中心。我国 2008 年启动的“重大新药创制”科技专项将中药列入三大支持的药物系列之一,对推动我国中药创新药物的发展发挥了巨大的作用[11]。

中医药经过几千年的发展,积累了丰富的诊疗经验,形成了一套系统的理论体系,在广大人民群众中具有深刻影响。中医药有两大特点：一是整体观,强调人与自然界之间的联系,以及人体作为一个有机整体,各脏腑器官之间在生理和病理状态下相互关联;二是辨证论治,由此产生“同病异治”和“异病同治”等思想。中医对疾病的认识注意到整体和个别,以及共性和个性的特点,从动态的角度去考虑问题,由此获得良好的治疗效果。然而,古老朴素的中医学长期以直观方法作为认识的主要手段,缺乏还原的分析方法,无法采集准确、客观且能够反映中医药最本质特点的定性定量指标,是制约中医药发展和中医中药国际化的瓶颈问题。中医药现代化需要广泛的国际合作,同时也存在国际竞争的压力。我们要推动中医药科学发展和快速发展,关键还是要在方法学上有所创新,要深刻分析中西医药体系的差异,明确待解决的关键科学问题,提出相应对策,创立符合中医药基本特点和规律并能够充分整合利用最新现代科技成果的中医药创新方法体系。

中医药系统生物学的发展是中医药学和系统生物学的共同要求。在中医药方法学创新研究中目前关注度最高的当属系统生物学。系统生物学以整合多种组学信息为手段,力图实现从基因到细胞、组织、个体的各个层次的整合,是以整体性研究为特征的一种大科学,是生命复杂体系研究目前比较公认的思维方式和研究手段。中医药同样也是一个复杂的系统,中医药传统理论最具特色的就是“整体观”“动态观”“辨证观”,与系统生物学的研究思路不谋而合,积极引入系统生物学等新思路、新方法,将可能为推动中医药的现代化探索一个突破口[12]。另外,系统生物学也是一个需要不断丰富和发展的新兴学科,中医药研究将为系统生物学提供一个独特的研究体系,开辟系统生物学研究的一个新兴领域,中医药系统生物学的发展有望作为生命科学中具有特色的一个组成部分跻身于国际科学前沿。

二、中医药理论整体观与系统生物学整体观

近年来系统生物学因其先进的研究技术,以及与中医药理论相类似的整体观理念受到中医药研究领域的普遍接受和广泛借鉴。整体观是一种系统论观点,重视整体内各组成部分之间相互作用的生物信息,在整体构型和功能上所产生的大于部分本体功能之和的涌现性作用。这种涌现性在生物学、医学等生命科学研究中表现得尤为突出。尝试将系统生物学先进的研究技术运用于中医药理论科学本质的探索,在"拿来主义"的同时,还要充分考虑到新理念、新方法的适用性和合理的运用方式。通过辨析系统生物学和中医药理论两种整体观的异同,找准系统生物学方法在中医药研究中适当的切入点和适用方法,是充分发挥其技术先进性优势,推动中医药研究进展的必要前提。

(一) 两种整体观的比较

系统生物学整体观与中医药理论整体观在研究医学问题上都具有关注人体综合性生命功能的整体视角。运用系统科学方法对两种整体观的思维/理论的逻辑结构进行分析和描述可以作为判别两种整体观相似性和差异性的客观依据。

1. 中医药理论整体观

中医药理论以中国经典哲学朴素唯物观、阴阳观、五行观为指导。主张"气-元论""天人合一",认为世界万物包括人体、中药都由"气"这种本元物质构成,在气的概念上,人和自然界宇宙万物是同质的整体,这是一种大整体观;中医药理论的整体观具有不同的层次、不同的内涵,却又有机互通共存于一种思辨理念,是一种结构清晰并完美自洽的理想概念模型。中医药理论认为这一模型体现了客观世界的最根本运动规律,实践活动必须以之为基本指导。但是实际上这一模型对中医药实践的指导意义往往作为临床经验的总结、固化体系,对于新病症、新药效的认识还是以客观证治效果为基本依据[13]。

以系统论分析,中医药理论的系统结构体现在多个层次和维度:① 天人合一系统:人体与环境同一共通,并通过物质与能量的规范流动而永恒存在;② 人体藏象、经络、三焦、营卫系统:在实体解剖基础上结合人体生理反应,疾病发生、发展规律抽象概括而得到的人体功能性结构模型;③ 邪/正-证-治系统:阐述关于病因、病机病性、相应医学干预及病情转归的理论系统,包括正邪相争、辨证论治、扶正祛邪、方证相应等系统性分支;④ 气-元论、阴阳、五行理论系统:为哲学思辨系统,本系统渗透于以上三个系统之中,并作为所有系统运动规律的基本准则。

2. 系统生物学整体观

高通量组学研究技术和日渐完备的全球化生物数据库,是系统生物学研究的重要物质基础,使系统生物学得以从人体全基因组、全转录组、全蛋白质组、全代谢物组等"面"的视角分析疾病的发生、发展与转归,并重视"面"之间的物质发生层级递进关系,从而得到一条贯穿于细胞学发生主线的物质行为信息系统。通过对个体系统信息数据与全球生命信息数据库的比对分析,筛选出疾病相关的高危基因型、细胞功能态及代谢谱的倾向性变化,并由此提出了4P医学:预测(predictive)医学、预防(preventive)医学、个体化(personalized)医学、参与(participatory)医学等新型医学模式。

系统生物学系统结构的主要表现:① 生态系统,包括人与环境,主要将环境作为扰动

因素，研究其对主体人的生物学意义；② 群体/个体生物信息系统，分别从群体、个体两个生物信息库提取数据，进行分析和比对，得到对个体生物学表型的预测和建议性干预措施，从而在早期发现疾病或患病倾向并阻止疾病发生、发展的进程；③ 细胞发生学各层面子系统，从基因、转录、蛋白质、代谢到生物体整体的逐层递进的各信息面系统化数据。

3. 两种整体观的对照分析

中医药理论基于物质一元性的多维度系统结构模型与系统生物学基于细胞发生学信息递进贯通层次系统结构的整体观之间的比较，是针对同一研究对象的两种不同系统模型之间的比较。

(1) 基于系统科学的区别：运用系统科学的方法分析，两种整体观在系统性质、系统结构、元素构成等方面都具有明显的差别。中医药理论系统观强调物质本源一致性，系统结构交叉渗透，主要由理论性要素构成；系统生物学则强调生物物质发生的因果递进关系，系统结构一线贯通，层次分明，主要由实体性元素构成。

(2) 基于研究实践的联系：中医药理论与系统生物学两种整体观虽然在系统论框架上具有各自的特征，在客观研究实践中具有密切的相互关系。① 共同的客观唯物理念：两者都强调环境和人体具有客观的性质和规律，通过研究验证这些性质、规律，寻找人类认识疾病、战胜疾病的依据和方法，这是两者可以相互借鉴的认识论前提；② 共同的研究对象和思路：两者都以疾病为研究对象，以健康为研究目的，都具有整体观的广阔视角，而不是拘泥于局部思维，这是两者互为补充的联合发展客观需求；③ 相交叉的研究实践：重视生命科学的整体性研究已成为医学发展的新趋势，系统生物学以其整体性、时效性的特点与中医学整体观念、辨证论治的思想较为吻合，信息技术和系统生物学技术的发展为复杂生命现象的研究提供了可行条件，系统生物学的引入为中医药研究提供了新的方向[14]。

高通量的组学技术因其数据结构的整体轮廓和主成分特征而适用于系统生物学和中医学两个学科的整体性探索需求，并有可能起到这两个学科之间沟通互融的桥梁性作用。在过去的十多年中，运用各种组学技术对中医证候进行研究的文献迅速增长，尤其是自2006年后蛋白质组学和代谢组学技术的运用增长较明显[15]。

三、系统生物学在中医药研究中的应用

（一）基因组学在中医药研究中的应用

基于迅猛发展中的基因芯片技术平台形成的现代中药研究，呈现出比较成熟的研究轮廓，从基因组测序、表达序列标签（expressed sequence tags，ESTs）测序、药用活性成分生物相关基因研究，到复方组分的系统生物学研究，都融合了基因组研究的新方法、新技术。

1. 基因组学与中医证候研究

证候一直是中医领域的研究热点，但在“证”的研究中，一直存在着公认性差、推广难等问题，“证的规范化研究”已经成为中医学基础理论中急待解决的问题。人类基因组计划的完成和后基因组时代的到来为中医证候的研究带来了新的机遇，特别是基因芯片技术的出现，为中医复杂的证候研究提供了可能性。

沈自尹[16]院士指出：“遵循中医学研究本身的内在规律，充分利用功能基因组学的研究成果，建立中医证候的表达谱，将是21世纪中医药学的主要发展趋势。”目前“证-相关

基因”研究的主要思路：① 不同证候状态下基因表达的比较研究；② 中医证型与基因多态性的相关研究；③ 基因突变型与中医证型的相关性研究等。

张正[17]等利用基因组学技术进行了不同恶性肿瘤 *HSP70* 基因表达与中医热证关系的研究。结果表明，*HSP70* 基因在多种恶性肿瘤（如肺癌、大肠癌、胃癌等）组织中呈高表达，其表达水平与机体处于不同的证候状态有关，以热证组表达为明显，说明了其与中医热证之间具有较强的相关性。

2. 基因组学与中药材鉴定

我国许多中药材品种来源复杂，互混、互相代替现象屡有发生，为确保中药使用安全、有效，对各种药材进行准确的鉴定显得十分重要。基因芯片技术在中药材鉴定、道地药材筛选等方面都有着重要的应用。根据某中药品种的特定基因或 DNA 序列，制成基因芯片。当一个来自植物或动物的中药样本中，含有可以与之互补的特定基因片段时，基因芯片即可以将其测试出来。

陈美兰[18]等采用 PCR－RFLP 方法从分子水平鉴定人参中有效成分人参皂苷的含量，克服了因人参分布易受生长环境、储存条件和加工等诸因素影响，采用传统的形态学和组织学方法难以鉴别的缺点。现在，RAPD 技术已成功鉴定细辛、蒲公英、龙胆草、人参及西洋参等药材，RFLP 技术可以确定基因种属的特异性和药材的鉴定[3]。

3. 基因组学与中药有效成分筛选

传统分析方法在中药有效成分筛选方面速度较慢，对成分复杂的中药复方几乎无能为力，而大规模基因表达谱检测技术将发挥其快速、高通量的独特优势。对药物筛选影响更直接的是药物作用新靶点（基因编码）的发现。以基因为基础的药物研究过程是基因组-新靶点筛选-先导物-药物，即基因-受体-药物。而基因表达谱的比较研究能够迅速筛选药物作用新靶点，不仅可筛选和鉴定药物作用靶基因，而且还可了解与控制药物作用、分布、排泄相关的基因。药物不同成分能够影响不同基因表达，故基因表达谱研究在药物成分筛选上有巨大优势[19]。

宫崎雅行[20]使用检测血管内皮细胞增殖因子受体表达变化的生物鉴定法，筛选可调控血管新生的生物活性物质，且作为阐明血管内皮细胞信息传递系统的方法，并发现艾叶、泽泻等具有增强血管内皮细胞增殖因子受体基因表达活性的作用，而辛夷、桔梗等对其则有抑制作用。

4. 基因组学与中药作用机制研究

中药材及中药复方中所含化学成分、有效成分的鉴定存在很多困难，且其作用一般认为是多靶点和多种机制协调共同作用的结果，如何从分子水平上揭示中药作用机制及其代谢过程是目前我国中药研究面临的一个重要问题。药物基因组学和基因芯片为人们从基因网络的层次上分析整个生物体系提供了一个重要的平台。目前基因组学应用于中药研究中的领域主要包括探索中药作用靶点及机制、中药有效部位的确定、中药材鉴定及道地药材鉴别等。现代药理学研究表明药物作用都有其靶点，基因芯片可以确定靶组织的基因表达模式，从而确定中药作用的靶基因，揭示其作用机制。

冯莉芳等[21]利用分子生物学及综合分析方法，如 RT－PCR 和 mRNA 差异显示技术、电泳技术、双重免疫标记法等，从分子水平研究与明确番泻叶作用机制。李铁军等[22]用基因芯片分析补阳还五汤对脑缺血-再灌注损伤大鼠的基因表达影响。结果发现，脑缺血-再灌注 24 h 的大鼠脑组织共筛选出差异表达基因 149 个，其中 69 个基因表达上调，80 个表达下调。脑缺血同时灌胃补阳还五汤大鼠脑组织共筛选出差异表达基因 31 个，其中 25 个基因表达上调，6 个表达下调，提示补阳还五汤对大鼠局灶性脑缺血-再灌注损伤后的许多基因表达变化都有调节作用，是其保护脑缺血再灌注损伤的机制。

（二）蛋白质组学在中医药研究中的应用

1. 蛋白质组学与中医证候

证候是疾病发展过程中某一阶段的病机概括，是机体内因和环境外因综合作用的机体反应状态，并随着病程的发展而变化。这些反应变化只有在表达为相应的蛋白质后才能最终影响生物功能。进行不同中医证候产生前后蛋白质组学研究，探究中医证候产生的物质基础支配机制，揭示中医证候的科学内涵，能够为中医诊断的客观化提供依据和方法。

有学者[23]认为从动物和人体两个方面，通过对不同疾病的同一证型（异病同证）和同一疾病的不同证型（同病异证）的蛋白质组学研究，逐步完善从而全面展示证候的科学内涵，探寻病症的诊断性蛋白，为诊断的客观化提供确实的科学依据是可行的。目前，已有许多学者利用蛋白质组学对肾阳虚证、血瘀证、血虚证、肝郁证、慢性胃炎湿证等证的本质进行了研究，并取得了丰硕成果。

2. 蛋白质组学与中药作用机制

应用蛋白质组学的方法，可以通过比较分析细胞或动物模型给药前后蛋白质表达谱的差异，找到中药的作用靶点和相关通路，进而阐明中药的分子学作用机制。该方法已被广泛应用于中药复方、单味中药和中药单体化合物作用机制的研究中，且相关研究呈递增趋势。

中药复方是中医临床用药的主要形式，充分体现了中医药学的整体观念和辨证论治的思想。相比于单体和单味药，蛋白质组学在阐明中药复方作用机制研究中的应用最为活跃。陈竺院士团队 2008 年在《美国国家科学院院刊》（*PNAS*）发表了关于应用蛋白质组学研究复方黄黛片治疗急性早幼粒细胞性白血病多成分、多靶点协同作用机制的研究，并用现代医学方法将“君臣佐使”的配伍原则进行了充分阐述。这一研究成果得到了国际主流科学界的高度评价，同时也为中药复方作用机制的研究提供了范例。

3. 蛋白质组学与中药可能蛋白质靶点筛选

通过比较对照细胞或动物组织蛋白质表达谱和给予中药后蛋白质表达谱的差异，可以找到中药可能的相关蛋白质靶点。目前，这个方法已经在中药的研究中得以较广泛的应用。现在蛋白质组学在中药研究中的应用实例大部分属于此类。

4. 蛋白质组学与中药鉴定研究

由于宏观上中药作用靶点和作用机制的复杂性及对基因作用的多样性，中药蛋白质组学指纹图谱，可在分子水平上丰富整个中药指纹图谱研究体系。中药蛋白质组学指纹图谱除了能够较全面地提供中药材及中药制剂的复杂物质基础的大量信息，还能提供量效相关信息，起到鉴定和研发的双重作用。比较不同蛋白质指纹图谱体现的不同药效结果，可确定该剂的最佳成分配伍，对于中成药的二次开发和中药新药的研制具有显重要意义。

例如，同取材部位（主根、侧根、芦头、表皮）及组织培养野生人参细胞的蛋白质表达谱,结果显示不同参样本的 2－DE 图谱(指纹谱)显著不同,能够轻易地分辨开来,而传统的基于色谱的分析鉴定技术却达不到这一效果。有学者应用激光解吸/离子化-飞行时间质谱技术对传统中药龟甲胶、阿胶蛋白质及肽成分进行蛋白质组初步分析,分别获得的有意义蛋白质及肽共计 6 个和 9 个。通过分析建立龟甲胶、阿胶蛋白质及肽成分质量指纹图,可作为龟甲胶、阿胶数字化质控标准;并为进一步分离、纯化及验证龟甲胶、阿胶功能相关活性蛋白质及肽成分提供可靠信息[23]。

(三)代谢组学在中医药研究中的应用

1. 代谢组学与中医证候

由于代谢组学是对机体代谢事件的全面跟踪和评价,因此,中医证对疾病的描述与代谢组学对疾病的认识具有内在本质的相通性[8]。中医的证候,依整体观而言,是疾病发生发展中病理变化过程的外在表现,而其内在的病理因素无外与外邪(外源性刺激)或内因(基因变异)相系。若将中医的证候视为该过程的宏观面,则其内在本质即是微观和客观面。任何一种生物体受刺激后而发生的病理变化过程中,必然影响其生物代谢网络产生相应的变化。从系统生物学的代谢物组学角度建立代谢物谱图并挖掘这些谱图所隐含的信息,则可阐明疾病的微观本质。即在各种谱学技术的帮助下,对动态生命生物代谢产生的小分子物质进行检测和分析,建立相应的指纹图谱,同时利用多元统计软件来挖掘其中的含义,找到证候的关键生物学标记物,以此了解并阐明中医证候的本质所在。

代谢组学研究技术通过分析某一病证相关小分子代谢产物的共性,以更好地探讨和解释该疾病患者当时体内的代谢状况,有助于发现疾病的生物标记物,从而达到辅助临床诊断的目的。这种依赖于高科技的研究方法不但与中医司外揣内的思想相吻合,还可以提高诊治的科学化程度[24]。

2. 代谢组学与中药作用机制

代谢组学作为一种系统方法,不仅可研究药物本身的代谢变化,更重要的是可研究药物引起的内源性代谢物的变化,从而直接反映体内生物化学过程和状态的变化;并通过认识体液“代谢指纹图谱”的变化,阐明药物的作用靶点或受体。

目前,多数中药的作用机制尚不明确,传统的药理实验方法只能在一定程度上揭示中药的药理作用机制,代谢组学研究不仅研究药物本身的代谢变化,而且研究药物引起的内源性代谢物的变化,直接反映体内生物化学过程和状态的变化。通过认识体液“代谢指纹图谱”变化原因,阐明药物作用靶点或受体。近年来,国内外专家对多种中药药效作用机制进行的代谢组学研究,取得了有意义的研究结果[25]。

王丽等[26]采用^{1}H－NMR 结合代谢组学方法研究了大蒜辣素对肝脏的保护作用,结果发现,大蒜辣素可使大鼠尿样中三羧酸循环中间产物柠檬酸、α－酮戊二酸、琥珀酸含量呈现出先升高后逐渐恢复的趋势,进而保护肝脏。王静等[27]将基于气相色谱-质谱联用的代谢组学运用于研究黄连治疗 2 型糖尿病的机制的实验,发现黄连提取物给药后,其中苯甲酸、氨基丙二酸、丁四醇、核糖酸等糖尿病相关的差异代谢物显著下降。结果表明黄连具有降血糖、降血脂的作用,在一定程度上可抑制糖尿病的发生。

3. 代谢组学与中药材品质评价研究

中药质量与其品种、产地、采收期、药用部位等密切相关。目前,由于中药材来源较为混乱，质量参差不齐，如何评价中药品质成为一个关键问题。传统的中药品质评价方法主要采用各种分析方法对主要成分进行分析，但难以全面了解中药的品质情况。为了对中药单味药更加深入地研究，通过代谢组学研究单味药的“代谢指纹图谱”，不仅能够研究药物内源性代谢物的变化，还能为全面评价中药质量提供可靠的方法和依据。可以预见，代谢组学能以现代化的科技手段实现对中药的整体评价，如中药的检测监督、质量控制、中药防伪、中药活性成分鉴定等方面起到一定的作用，确保中药能有效而安全地使用，推动中药发展的现代化步伐[28]。

4. 代谢组学与中药物质基础

由于中药成分的复杂性，传统的研究方法无法体现出中药的整体性。因此，需要建立适用于中药多组分、多靶点整体综合效应的药效研究方法学，而这正与代谢组学非破坏性、整体性、动态性、非靶向等特点相符合。

黄玉荣等[29]应用基于高效液相色谱-电化学检测方法的代谢组学技术研究藤钩多动合剂的作用机制，发现藤钩多动合剂可调控去水吗啡激动的黑质纹状体内多巴胺受体功能，影响脑内多巴胺、去甲肾上腺素等神经递质的水平，并使其接近正常水平，表明藤钩多动合剂治疗小儿多动症的作用与调节神经递质的生化机制有关。Li F 等[30]采用 UPLC－MS 技术对大鼠代谢物谱、淫羊藿的化学成分谱及其进入体内的成分和代谢物谱进行分析，发现淫羊藿苷和朝藿定 C 为淫羊藿的主要药效物质基础。Yu Y 等[31]利用中药尖萼楼斗菜处理金黄色葡萄球菌，采用代谢组学和主成分分析法分析获得的金黄色葡萄球菌的代谢谱。结果发现尖萼楼斗菜的有效成分木兰花碱是发挥抗菌作用的主要活性物质。

5. 代谢组学与中药毒性

中药具有毒、效二重性，药物的毒性会使机体代谢活动发生变化，这些变化可能表现在基因或蛋白水平，进而影响终端代谢产物的变化。中药成分复杂，其毒性作用及机制难以用单一器官或组织来评价，代谢组学可通过有效快速地分析多条代谢通路，从而定位药物的靶组织并判定其毒副作用，对其毒性的生化机制进行推导，发现在损伤发生、发展和消失过程中的生物标志物，因此能缩短新药安全性研究的周期。应用代谢组学方法研究不同时间点生物体液，分析代谢谱的改变，可动态检测机体生物体液的代谢图谱变化，评价中药毒性作用机制。近年来代谢组学技术已被应用于中药毒性作用机制研究，对于揭示中药的毒性作用机制，确保中药的安全有效使用具有指导意义。

曹敏等[32]利用代谢组学对大鼠尿液的代谢轮廓进行主成分分析和偏最小二乘判别分析，发现苍耳子高剂量组给药后不同时间尿液代谢物表型的聚类分布均偏离对照组，且随给药时间的延长而增大，说明高剂量苍耳子灌胃干扰大鼠内源性代谢物的组成，提示高剂量苍耳子水提取液对大鼠肝脏有毒性作用。

四、展望

中医学是建立在长期临床实践和中国传统文化基础上的医学理论及实践体系，强调生理、病理和环境的和谐统一，整体观念、辨证论治是中医学核心思想。中医学是从整体、功能、动态、从时间与空间统一的角度来认识人体的生命现象和医学问题。系统生物学的发展是中医药现代化所面临的前所未有的机遇。如果能在保持发挥中医的特色优势前提下，利用现代科学技术手段的支持，探索新的研究方法与思路，必将推动中医与现代西方医学的沟通，使中医能够更好地被现代社会所接受，服务于人类健康，从而真正的走出一条在继承中发展的道路。在方法学上，各类组学所具有的综合分析、整体归纳、动态统筹等诸多特点与中医学运用整体观辩证地看问题，显见异曲同工之妙。

综上所述，系统生物学的迅速发展，带动了各学科的发展，系统生物学作为21世纪生命科学发展的主要特征，已成为科学界的共识，面对这样的时代，中医药研究应把握好时机，在继承祖国医学特长的基础上，大胆地借鉴新的观念、新的技术，以系统生物学为突破口，宏观与微观相结合、中医药理论与现代科技相结合，迎接中医药发展的新时期。

参考文献

[1] 胡志峰，何燕，肖诚，等.系统生物学将会促进中医药学的发展[J].上海中医药杂志，2007，41(2)：1－4.

[2] 窦圣珊，姜鹏，张川，等.系统生物学在中药复方研究中的应用[J].世界科学技术－中医药现代化，2008，10(1)：116－121.

[3] 唐玲.基因组学在中药研究中的应用进展[J].教育教学论坛，2013：160，161.

[4] 荆志伟，高思华，王忠，等.基因芯片技术与中药研究－中药基因组学[J].中国中药杂志，2007，32(4)：289－291.

[5] 辛萍，李晓亮，王宇，等.蛋白质组学技术及其在中药作用机制研究中的应用[J].中国中药杂志，2018，43(5)：904－912.

[6] 郭春燕，詹克慧.蛋白质组学技术研究进展及应用[J].云南农业大学学报，2010，25(4)：584－591.

[7] 赵霞，岳庆喜，谢正兰，等.蛋白质组学技术在中药复杂体系研究中的应用[J].生命科学，2013，25(3)：335－341.

[8] 吕肖芳，姜辉，张丽，等.代谢组学在中医药现代化研究中的应用[J].中华中医药杂志，2013，28(3)：588－590.

[9] 赵珊，王鹏程，冯健，等.代谢组学技术及其在中医药研究中的应用[J].中草药，2015，46(5)：756－765.

[10] 朱超，胡坪，梁琼麟，等.代谢组学技术的整合运用及其在中药现代化中的应用展望[J].药学学报，2008，43(7)：683－689.

[11] 罗国安，梁琼麟，王义明，等.中医药系统生物学发展及展望[J].中国天然药物，2009，7(4)：242－247.

[12] 王永炎.中医药研究中系统论与还原论的关联关系[J].世界科学技术－中医药现代化，2007，9(1)：70－79.

[13] 杜武勋，朱明丹，张斐，等.中医气化论与中药愈病机理探讨[J].中医杂志，2013，54(13)：1081－1084.

[14] 杜武勋，方金苗.基于整体观的系统生物学技术在中医药研究中的应用[J].辽宁中医杂志，2015，42(12)：2462－2464.

[15] 袁肇凯，孙安会，夏世靖，等.中医证候系统生物学研究的现状和展望[J].中华中医药杂志，2016，31(1)：200－204.

[16] 沈自尹.21世纪中西医结合走向后基因组时代[J].中国中西医结合杂志，2000，20(11)：808－810.

[17] 张正，王洪琦，赵燕平，等.恶性肿瘤组织中HSP70－P53表达与中医热证的关系[J].中国中西医结合杂志，2004，24(10)：897－900.

[18] 陈美兰.采用RAPD和PCR－RFLP方法从分子水平鉴定人参[J].国外医学中医中药分册，2002，24(5)：304，305.

[19] 赖仁胜，童福易，张树鹏.论基因组学技术在中医药学中的应用[J].中国中西医结合杂志，2011，

31(12)：1708－1713.

[20] 宫崎雅行.调控与血管新生有关的机体内因子表达的生物活性物质[J].国外医学中医中药分册，1998,20(8)：41,42.

[21] 冯莉芳，赖仁胜.番泻苷相关基因分子靶标和药理学研究进展[J].中药材，2008,31(7)：1096－1099.

[22] 邱彦，李铁军，芮耀诚，等.基因芯片分析补阳还五汤对局灶性脑缺血再灌注大鼠的保护作用机制[J].中国中药杂志，2004,29(6)：559－562.

[23] 谢俊大，梁丽娟，赵奎君.蛋白组学在中医药研究中的应用[J].北京中医药，2008,27(12)：974－977.

[24] 施旭光，黄张杰，王闽予，等.代谢组学技术在中医药研究中的应用进展[J].中药材，2013,36(12)：2055－2058.

[25] 秦昆明，王彬，陈林伟，等.代谢组学在中药现代研究的应用与展望[J].中国中药杂志，2014,39(16)：3010－3017.

[26] 王丽，宋敏，杭太俊，等.NMR 代谢组学法研究大蒜辣素对大鼠的作用机制[J].药学学报，2009,44(9)：1019－1024.

[27] 王静，袁子民，孔宏伟，等.基于气相色谱-质谱联用的代谢组学用于黄连治疗Ⅱ型糖尿病的机理探索[J].色谱，2012,30(1)：8－13.

[28] 蒋怀周，鲍远程.代谢组学应用于中医药研究的思考[J].中医药学报，2010,38(4)：63－67.

[29] 黄玉荣，魏广力，龙红，等.钩藤多动合剂的药效作用及用代谢物组学方法研究其生化机制[J].中草药，2005,36(3)：398－402.

[30] Li F, Lu X, Liu H, et al. A pharmaco-metabonomic study on the therapeutic basis and metabolic effects of epimedium brevicornum maxim on hydrocortisone-induced rat using UPLC－MS[J]. Biomed Chromatogr, 2007, 21(4)：397－405.

[31] Yu Y, Yi ZB, Liang YZ. Validate antibacterial mode and find main bioactive components of traditional chinese medicine aquilegia oxysepala[J]. Bioorg Med Chem Lett, 2007, 17(7)：1855－1859.

[32] 曹敏，马丁，白宇，等.苍耳子对大鼠肝脏毒性作用的代谢组学研[J].药物不良反应杂志，2011,13(5)：287－293.

2
第二章
健脾化湿通络方制备工艺、质量标准与药代动力学研究

中药是我国劳动人民在与疾病抗争过程中，通过长期实践，不断认识、总结，逐渐积累起来的丰富医药知识，具有完善的理论体系和良好疗效，是中华民族的文明瑰宝之一，为中华民族的繁衍生息做出了不可磨灭的贡献。然而，中药的整体理疗理念近似于“黑匣子”，特别是中药复方，存在多途径、多靶点协同作用的特点，且尚未形成系统科学的中药研究思路，导致目前对中药物质基础认识不明，是制约中医药现代化与国际化的瓶颈问题[1]。为了充分发挥中药优势，阐明中药的药效物质基础，揭示中药作用机制，迫切需要探求一种符合中药整体性和系统性的中药物质基础和药代动力学研究思路，以加速中药现代化进程，提高中药的国际地位。

近几年来，随着功能基因组时代的到来，生命科学发生了本质的飞跃。系统生物学已成为医药学研究的一个极其重要的工具[2]，其研究思路与中医学的哲学体系“不谋而合”，两者在许多方面具有近似的属性[3]。利用系统生物学方法，不仅可以从本质上诠释中医“症候”理论实质及“辨证理论”的科学内涵，还可以对中药及其复方的研究赋予现代科学的意义，使中医药学由经验性描述式的科学，逐步转变成定量描述和预测的科学[4]。代谢组学是系统生物学的重要组成部分，是继基因组学、蛋白质组学后发展起来的组学技术，在中药的质量标准和药物代谢动力学研究中起着非常重要的作用。高效液相色谱法（high performance liquid chromatography，HPLC）具有强大的分离能力，能够提供更多关于低丰度分析物的信息；HPLC 与质谱分析法（mass spectrometry，MS）、NMR 联用还可以进一步得到代谢物的结构信息。王媛等[5]建立超高效液相色谱-四极杆-飞行时间串联质谱的方法能快速、准确、较全面地鉴定淫羊藿饮片中的化学成分；淫羊藿化学成分的鉴定及普遍存在化学成分的确定为其药效物质基础和质量控制研究提供了实验依据。韩东卫[6]等采用超高效液相色谱-四极杆-飞行时间串联质谱技术结合主成分分析方法分析服用花旗泽仁水煎液的 Sprague - Dawley（SD）大鼠尿液代谢物变化，在正离子检测模式下检测到 13 种差异性代谢物，负离子模式下检测到 11 种差异性代谢物，从尿液代谢组学的角度探讨了中药复方花旗泽仁水煎液的作用机制。因此，将代谢组学技术应用于中药物质基础研究，有助于更好地保证中药的合理性、安全性和有效性。

为了进一步提高健脾化湿通络方的疗效，明确其作用机制，本章将系统生物学引入健脾化湿通络方的制备工艺、质量标准和药代动力学研究中。一方面，针对健脾化湿通络方

进行大量的指纹图谱研究，以确定健脾化湿通络方中药物化学成分，再利用 HPLC、UPLC 等分离、纯化技术对指纹图谱中的指纹峰进行系统的鉴定和定量研究，寻找指纹特征和药效的相关性，即"谱效关系"研究。另一方面，结合整体性思路的代谢组学方法，将健脾化湿通络方作为一个有机的整体，利用现代色谱—质谱联用技术动态跟踪检测健脾化湿通络方中的药物成分在大鼠体内的代谢变化情况，并进行定量和分类，以明确健脾化湿通络方进入人体后的药物转变，揭示中药成分结构—代谢—活性的相关性，为指导临床拟订合理的临床用药方案具有理论意义和实用价值。

第一节　健脾化湿通络方开发沿革

痹病，也称风湿病、痹证，是在人体正气不足、脏腑功能失调的情况下，风、寒、湿、热、燥诸邪入侵[7]，痰浊瘀血留滞，经脉不通，气血不容，出现以肢体关节疼痛、重着、麻木、肿胀、屈伸不利，甚至关节变形、肢体痿废或累及脏腑为特征的一类疾病。在中医学领域中，痹证主要分为湿热痹阻证、寒湿痹阻证等几种类型[8]。中医学对痹病的认识较为系统、全面，早在《素问・痹论》中即已对痹病病因、病机、症状均进行了详尽的阐述，从先秦两汉至唐宋明清，痹病历来都是医家研究的重点。新安医家们认为治疗痹病可从脾入手。

新安医学论治痹证著作丰富，特色明显。新安医学始于宋元，盛于明清，流传至今，已有 700 多年的历史。新安医家勤于立著，撰集汇编医籍多达 730 种。中医文献学大家余瀛鳌曾对新安医学评注曰："新安医学之医籍在以地区命名之中医学派中可谓首富。"新安医学在中国传统医学中，具有区域优势明显，流派色彩浓厚，学术成就突出，历史影响深远等特色。因此，新安医学是中医学的一个重要学术流派。

痹证的发病与气候因素密切相关。而新安地区地处北亚热带，属于湿润性季风气候，具有温和多雨、降雨充沛的气候特征，加之新安地域多山，山林又多湿气。受潮湿多雨气候的影响，新安地区痹病的发病率居高不下。新安医籍中关于痹病的立论较众，论著甚丰。新安医家治疗痹病注重辨证论治，循证施药，临证用药独具风格，立方简洁精纯，严谨周密，变化灵活，大有经方法度。以新安医籍治疗痹病之多，验案之众，如能充分挖掘利用，对于现代临床痹病的治疗无疑是一项重大贡献。

安徽中医药大学第一附属医院风湿病科是国家临床重点专科、国家中医药管理局中医痹病重点学科、国家药物临床试验机构专业科室。学科带头人刘健是国家一级主任医师、二级教授、博士研究生导师，是中华中医药学会风湿病分会副主任委员、安徽省中医药学会风湿病专业委员会主任委员，长期从事中医药治疗风湿病学的临床与应用基础研究，临床擅长应用中医、中西医结合方法治疗风湿性疾病，如类风湿关节炎（rheumatoid arthritis，RA）、痛风、干燥综合征（sicca syndrome，SS）、强直性脊柱炎（ankylosing spondylitis，AS）等。

刘健教授推崇仲景，广泛涉猎金元诸子及历代名家理论精华，又研新安医学，学验俱丰，临床痹证辨证论治体现了其丰富的学术渊源特点。刘健教授认为脾虚在 RA 的发生发展过程中起着关键作用，脾气亏虚运化失常，水液代谢障碍，水湿停聚，郁久成痰，而致痰湿壅盛；脾气亏虚生化乏源，引起气血不足；脾气亏虚，卫外不固，易受外邪尤其是湿邪入侵，更伤脾胃；湿性黏滞，湿邪积聚，日久生瘀，瘀阻经络使气血运行不畅而使痰湿兼血瘀。痰瘀互结，阻痹经络、关节加重瘀血而致关节疼痛、肿胀反复发作，缠绵难愈或关节周围出现结节、瘀斑；湿邪常与寒、热夹杂，寒性凝滞，侵犯经脉，使血行迟缓，甚至凝滞不通；热邪循环入血，煎熬血液使血行塞滞成瘀；气虚、推动血行无力，则血流不畅，日久成瘀。痰湿日久与瘀血夹杂而致痰瘀互结，致病情反复发作，缠绵难愈。在此基础上提出"健脾益气，化湿通络"的治则，并且创制了健脾化湿通络方系列制剂新风胶囊、五味温通除痹胶囊及黄芩清热除痹胶囊，运用于临床20余年，疗效显著。

一、新风胶囊开发沿革

RA发病最根本是本虚标实，RA发生、发展是内外合邪而致，内外之间又以正虚为本，正气不足在RA发病早期即已存在，正虚则以脾虚为先，脾虚湿盛，痰浊内生是本病发病的关键所在，是致病的基础；此时外邪得以肆虐，故在治疗上应扶正与祛邪并举。盖祛邪之剂多辛温宣散，走而不守，单纯祛邪易有邪去而复来之痹，扶正御邪，方能使药力增强且疗效持久。刘健教授每在祛邪基础上，应用补气血、健脾胃等扶正之品。针对本病脾胃虚弱，中气不足，气血亏虚，筋脉失养之特点，善用补益脾胃、益气养血之法，常用黄芪、党参、白术、黄精、玉竹、扁豆、山药、鸡血藤、桂枝等，补益气血，补而不腻。蒲公英、大黄、泽泻、猪苓、车前草等，使邪有去路。刘健[9]等在进行大量文献调研、中医证候学调查、长期临床实践基础上，创立具有自主知识产权的组分配伍中药新风胶囊（XFC，又名复方芪薏胶囊，皖药制字Z20050062），在扶正固本的同时，搜风通络以祛邪，并取得了很好的临床效果。该复方由黄芪、薏苡仁、雷公藤和蜈蚣四味中药组成，方中黄芪、薏苡仁为君药，雷公藤为臣药，蜈蚣为臣药。

方中君药黄芪，具有益气养血固表、利水消肿、健脾化湿、除痹之功效。《本草备要》中记载："无汗能发，有汗能止，生用固表，温分肉，解肌热，实腠理，泻阴火；炙用益元气，补中，壮脾胃温三焦。"《珍珠囊》记载："黄芪，甘温纯阳，补诸虚不足：一、益元气，二、壮脾胃，三、去肌热，四、排脓止痛，活血生血，内托阴疽，为疮家圣药。"

薏苡仁具有健脾利湿、舒筋除痹。《本草经疏》曰："薏苡仁，味甘能入脾补脾，性燥能除湿，兼淡能渗泄，故主筋急拘挛不可屈伸及风湿痹之功效，除筋骨邪气不仁，可利肠胃，令人能食，消水肿。"

雷公藤为臣药，《新编中草药图谱大典》记载"辛，寒、苦，有大毒，胃经、归肝"。本品苦能燥湿，寒能清热，以除湿清热消肿，清热以绝化毒之源，有祛风杀虫解毒之效。

蜈蚣辛、温、咸，归脾、肝、肺经，具有祛风止痉、通络止痛、攻毒散结的作用，可以通过改善微循环，促进病变部位的新陈代谢而起到良好的镇痛作用。根据"异类相制"理论，本方中四味中药，可通过寒温相伍，以补偏救弊；运用升降配伍的中医理论，调整脏腑的气机，使制剂整体升降有序；异类药物进行配伍，起到"相反相成"的作用，调畅气机，合力祛邪，纠偏扶正，从而达到治疗疾病的目的。

二、五味温通除痹胶囊开发沿革

寒湿痹阻型RA急性活动期仍以标实为主，或由风寒湿邪直接侵淫，或由各种原因导致脾胃虚弱，气血不足，筋脉失养，风寒之邪乘虚侵袭经络关节，闭阻经络，不通则痛。临床常见肢体关节疼痛剧烈，遇寒加重，得热痛减，遇冷水、阴雨天疼痛加重，关节皮色不红；

或肢体常有酸困之感；或关节肿胀、触之不热；舌暗苔白，脉沉细。治疗上以祛风除湿、活血通络为主，兼以健脾散寒。常用川桂枝、片姜黄、细辛、制附片、肉桂、薏苡仁、苍术、半夏、茯苓、陈皮、藿香、佩兰等配伍。刘健教授根据多年临床经验和数千人的临床实践，研制出治疗寒湿痹阻型 RA 的五味温通除痹胶囊。该方具有温通血脉、驱散寒邪、温里止痛的功效，多年来应用于临床。该方对 RA、骨关节炎、AS 等寒湿痹阻型所致的关节肿胀、疼痛、畏寒怕冷等症状有一定的疗效。

五味温通除痹胶囊由茯苓、桂枝、片姜黄、淫羊藿、黄芩等五味中药组成。淫羊藿作为此方中的君药，有补肾阳、强筋骨、祛风湿等疗效，可用于风湿痹痛，治疗 RA 效果显著。方中桂枝辛、甘、温，具有发汗解肌，温阳通经，助阳化气之效；淫羊藿辛、甘、温，有补肾壮阳，祛风除湿之功；片姜黄辛、苦、热，可温经散寒，除风燥湿，行气止痛；茯苓甘、淡、平，能利水渗湿，健脾，安神；黄芩苦、寒，能清热燥湿、泻火解毒。诸药合用，相互协同，使肝肾强，气血足，风湿除，经络通，筋骨壮，而痹痛自愈。

三、黄芩清热除痹胶囊开发沿革

风湿热型 RA 主要由风湿热邪侵袭人体，或由外邪侵日久，郁而化热，或由素体阴虚阳盛，邪从热化所致。临床常见肢体关节疼痛，痛处焮红灼热，得冷则舒，日轻夜重，关节周围或延及小腿可见红斑结节，多兼见发热，汗出，烦闷不安，口干渴，舌红，苔黄，脉滑数。刘健教授治疗以清热利湿、祛风通络为主，酌加养阴之品。常用蒲公英、紫花地丁、豨莶草、黄芩、白花蛇舌草、泽泻、茯苓、猪苓利湿以祛邪，佐以地骨皮、青蒿、生石膏、知母、炒山栀等养阴清热以扶正。刘健教授根据多年临床经验研制出治疗风湿热型 RA 的黄芩清热除痹胶囊，具有健脾、清热化湿、通络的功效，临床用于治疗 RA。方中黄芩、栀子清热燥湿、泻火解毒为君药；威灵仙祛风除湿、通络止痛，为臣药；薏苡仁利湿健脾、舒筋除痹，桃仁活血祛瘀、润肠通便，为使药。全方共奏清热利湿、通络除痹之效。

第二节　健脾化湿通络方制备工艺研究

中药的药效物质基础是影响中药有效性及安全性等的关键所在，中药的制备工艺是中药复方的核心问题，它关系到药品在物质基础上的一致性。因此，利用系统生物学对中药方剂的物质基础研究中，首先需要对其制备工艺进行优化。现代化生产工艺与传统工艺相比，在生产制备工艺中普遍存在破坏主要物质基础的工艺步骤，影响药物的临床疗效。本节主要利用正交试验对 XFC、五味温通除痹胶囊和黄芩清热除痹胶囊的制备工艺进行优化，以尽最大可能提取出药材的有效成分，避免药效成分的分解流失，提高健脾化湿通络方的疗效。

一、XFC 制备工艺研究

XFC 传统生产过程采用水提工艺，实际上四味药材除水提物质群外，所含的低极性成分也具有临床疗效，为了使药材有效成分得到充分利用，该部分主要研究了 XFC 醇提取和水提取工艺，并通过正交试验筛选最佳水提、最佳醇提工艺，继而在此基础上完成 XFC 的制备。

（一）水提取工艺研究[10]

1. 材料与仪器

黄芪、薏苡仁等药材由安徽中医药大学第一附属医院提供，黄芪甲苷对照品（中国药品生物制品检定所，批号：110781-200512），CAMAG TCL SCANNER$_3$ 型扫描仪（瑞士 CAMAG 公司）；CAM AG NANOM AT$_4$ 型点样仪（瑞士 CAMAG 公司），定样毛细管（瑞士 CAMAG 公司）；薄层硅胶 G 板（青岛海洋化工厂分厂）。所用试剂均为分析纯。

2. 方法和结果

（1）正交试验设计：选择浸泡时间、加水量和提取时间 3 个因素进行考察，并参考文献及预试验结果，每个因素分别设计 3 个水平（表 2-1）。取 4 倍处方量药材，共 9 份，按 $L_9(3^4)$ 正交表实验，分别进行提取、测定，并对试验结果进行直观分析与方差分析。

表 2-1　水提取工艺优选因素水平表

水平	浸泡时间（h） A	加水量（倍） B	提取时间（h） C
1	1.5	10,8,8	2.0,1.5,1.5
2	1.0	8,6,6	1.5,1.0,1.0
3	0.5	6,4,4	1.0,0.5,0.5

（2）水溶性浸出物测定：黄芪、薏苡仁等药材，按照处方比例称定，置 1 000 mL 圆底烧瓶中，按表 2-1 设计的浸泡时间、加水量和提取时间进行提取，提取液浓缩定容至 100 mL，共得到 1~9 号煎煮液，标注为煎煮液 1~9 号。分别精密吸取 1~9 号煎煮液 10 mL，水浴蒸干，在烘箱 105℃中加热至恒重，测定其重量，计算水溶性浸出物，见表 2-2。

表 2-2　水溶性浸出物测定结果

编号	1	2	3	4	5	6	7	8	9
水溶性浸出物（%）	26.44	27.90	22.03	24.67	22.42	24.55	22.08	26.94	22.15

（3）样品中黄芪甲苷的含量测定

1）供试品溶液的制备：分别精密移取 1~9 号煎煮液 20 mL，至圆底烧瓶中，蒸干，加 40 mL 甲醇冷浸过夜，再加甲醇适量，加热回流 4 h，提取液回收溶剂并浓缩至干，残渣加水 10 mL，微热使溶解，用水饱和的正丁醇溶液振摇萃取 3 次，每次 20 mL，合并正丁醇液，用氨试液充分洗涤 2 次，每次 20 mL，弃去氨试液，正丁醇液蒸干，残渣加水 10 mL 使溶解，放冷，通过 D101 型大孔树脂柱（内径 1.5 cm，长 12 cm），以纯化水 50 mL 洗脱，弃去洗脱液，再用 40%乙醇 3 mL 洗脱，弃去洗脱液，继用 70%乙醇 80 mL 洗脱，收集洗脱液，蒸干，用甲醇溶解并定量转移至 1 mL 容量瓶中，共得到 9 个供试品溶液，标注 1~9 号供试品溶液。

2）对照品溶液的制备：精密称取干燥至恒重的黄芪甲苷对照品 5.01 mg，用甲醇溶解并定容为 5 mL，即得 1.002 mg/mL 黄芪甲苷对照品溶液。

3）色谱条件：硅胶 G 板（吸附剂）。三氯甲烷-甲醇-水（13∶7∶2）10℃以下静置的下层液（展开剂）[3]，预饱和 30 min。

4）检测波长：选用 $K_s = 530$ nm，$K_R = 700$ nm。

5）线性关系的考察：分别精密吸取黄芪甲苷对照液 0.5 μL、1.0 μL、1.5 μL、2.0 μL、

2.5 μL，点于同一硅胶 G 板上，按上述色谱条件展开，取出，晾干，喷以 10%硫酸乙醇溶液，105℃加热显色。通过扫描得峰面积，以点样量（X）为横坐标，峰面积（Y）为纵坐标作图，得一直线，回归方程为 $Y=758.504+2\,797.033X$，$r=0.996\,22$，表明黄芪甲苷在 0.50～2.50 μg 范围内具有良好的线性关系（图 2－1）。

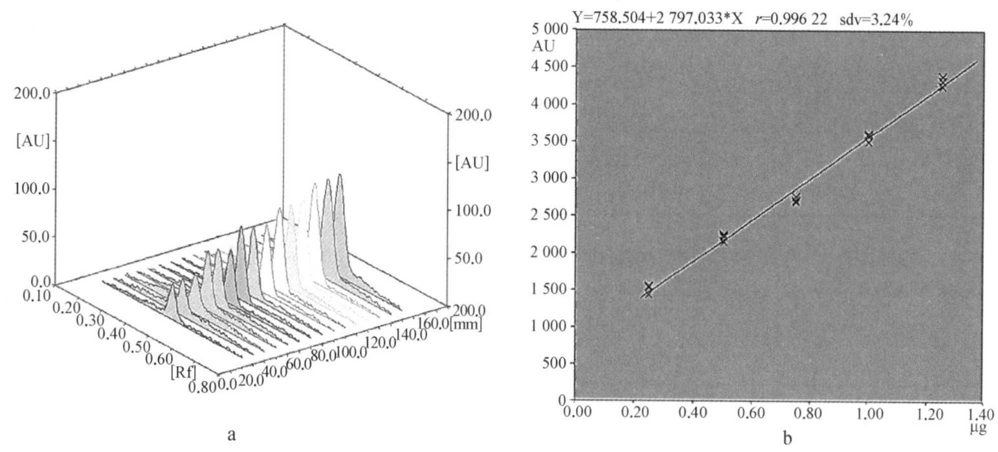

图 2－1　样品中黄芪甲苷的含量测定

a. 黄芪甲苷薄层扫描图　b. 黄芪甲苷回归曲线图

6）精密度试验：精密吸取黄芪甲苷对照品溶液 2.0 μL，分别点于同一硅胶 G 薄层板上，依法展开，显色，扫描测定峰面积，计算%RSD＝2.94%，结果表明精密度良好，见表 2－3。

表 2－3　精密度试验结果

编号	1	2	3	4	5	6
平均峰面积（mV · min）	14 911.94	1 598.21	1 583.41	1 488.22	1 537.11	1 544.60

7）稳定性试验：精密吸取 5 号供试品溶液，点于同一硅胶 G 薄层板上，依法展开，显色，在室温下放置，每隔 1 h 扫描 1 次，共 6 次，%RSD＝2.14%，结果表明供试品至少在 5 h 内稳定（表 2－4）。

表 2－4　稳定性试验结果

编号	1	2	3	4	5	6
时间（min）	0	60	120	180	240	300
平均峰面积（mV · min）	2 634.95	2 736.26	2 731.14	2 731.04	2 637.45	2 630.86

8）重现性试验：精密吸取 5 号煎煮液 6 份，按 1）供试品溶液制备方法制备，并分别点样，依法展开，显色，扫描，计算供试品含量，%RSD＝2.27%，结果表明重现性良好，见表 2－5。

表 2－5　重现性试验结果

编号	1	2	3	4	5	6
煎煮液量（mL）	5	5	5	5	5	5
黄芩甲苷含量（mg/mL）	0.187	0.189	0.198	0.192	0.196	0.196

9）加样回收试验：精密吸取5号煎煮液5份，各加入黄芪甲苷对照品0.200 4 mg，按1）供试品溶液制备方法制备，依法展开，显色，扫描，计算含量，结果见表2－6。

表2－6 加样回收试验结果

编号	样品中黄芩甲苷的量（mg）	加入黄芩甲苷的量（mg）	测得黄芩甲苷的量（mg）	回收率（%）	平均回收率（%）	%RSD
1	0.190	0.200 4	0.396	102.8		
2	0.190	0.200 4	0.384	96.8		
3	0.190	0.200 4	0.388	98.8	99.6	2.21
4	0.190	0.200 4	0.391	100.3		
5	0.190	0.200 4	0.389	99.3		

10）黄芪甲苷的含量测定：精密吸取1~9号供试品溶液，分别点于10 cm×20 cm的硅胶G板上，依法展开，显色，扫描，计算含量，结果见表2－7。

表2－7 样品中黄芪甲苷的含量

编号	1	2	3	4	5	6	7	8	9
含量（mg/mL）	0.026	0.032	0.016	0.018	0.038	0.018	0.028	0.046	0.024

以水溶性浸出物为评价指标时，方差分析结果表明A、B、C因素均无显著性意义。以黄芪甲苷含量为评价指标时，方差分析结果表明B因素有显著性意义，而A、C因素无显著性意义（表2－8~表2－10）。综合直观分析，显示各因素作用主次为B>A>C，故最佳提取方案为$A_3B_2C_1$，即浸泡时间0.5 h；加水量8倍、6倍、6倍；提取时间2.0 h、1.5 h、1.5 h。

表2－8 XFC正交试验结果

	列号	因素				试验结果	
		A1	B2	C3	D4	水溶性浸出物（%）	黄芪甲苷含量（μg/mL）
	1	1	1	1	1	26.44	26
	2	1	2	2	2	27.90	32
	3	1	3	3	3	22.03	16
	4	2	1	2	3	24.67	18
	5	2	2	3	1	22.42	38
	6	2	3	1	2	24.55	18
	7	3	1	3	2	22.09	28
	8	3	2	1	3	26.94	46
	9	3	3	2	1	22.15	24
水溶性浸出	K1	76.37	73.20	77.93	71.01		
	K2	71.64	77.26	74.72	74.54	$C=(\Sigma Y)^2/N=5\,338$	
	K3	71.18	68.73	66.54	73.64	$Qj=(K1)^2+(K2)^2+(K3)^2$	
	R	5.19	8.53	11.39	3.53	$SSj=Qj/3-C$	
	SSj	5 502	1 213	2 299	2 243		
黄芩甲苷含量	K1	74	72		90	88	
	K2	74	116	74	78	$C=(\Sigma Y)^2/N=6\,724$	
	K3	98	58	82	80	$Qj=(K1)^2+(K2)^2+(K3)^2$	
	R	24	58	16	10	$SSj=Qj/\beta-C$	
	SSj	128	611	43	19		

表 2-9　水溶性浸出物方差分析表

误差来源	离差平方和	自由度	方差	F 值	P 值
A	5.502	2	2.751	2.453	>0.05
B	12.136	2	6.068	5.410	>0.05
C	22.994	2	11.497	10.251	>0.05
误差 D	2.243	2	1.122		

注：$F_{0.05(2,\ 2)} = 19.00$，$F_{0.01(2,\ 2)} = 99.00$。

表 2-10　黄芩甲苷含量方差分析表

误差来源	离差平方和	自由度	方差	F 值	P 值
A	128	2	64	6.9	>0.05
B	611	2	305	32.7	<0.05
C	43	2	21	2.3	>0.05
误差 D	19	2	9		

注：$F_{0.05(2,\ 2)} = 19.00$，$F_{0.01(2,\ 2)} = 99.00$。

（二）醇提取工艺研究[11]

1. 材料与仪器

XFC 药材由安徽中医药大学第一附属医院草药库房提供（均购自亳州济人药业有限公司）；黄芪甲苷对照品（中国药品生物制品检定所，批号：110781-200613）；Waters AcquityH-Class UPLC 超高效液相色谱仪（美国 Waters 公司，包括四元梯度泵、恒温自动进样器、柱温箱）；所用乙腈和甲醇为色谱纯，其他试剂均为分析纯。

2. 方法和结果

（1）正交试验设计：根据预试验结果，选择加醇浓度、加醇量、提取时间、提取次数为 4 个因素，每个因素分别设计 3 个水平。采用 $L_9(3^4)$ 正交表安排实验，分别进行提取、测定，并对试验结果进行直观分析与方差分析，见表 2-11。

表 2-11　醇提取工艺优选因素水平表

水平	加醇浓度	加醇量（倍）	提取时间（h）	提取次数
	A	B	C	D
1	65%	6	1	1
2	75%	8	1.5	2
3	85%	10	2	3

（2）供试品溶液制备：按处方比例称取黄芪、薏苡仁、雷公藤、蜈蚣药材，按表 2-11 设计选择不同的加醇浓度、加醇量、提取时间和提取次数进行提取，提取液浓缩定容至 100 mL，共得到 1~9 号浓缩液，标注为浓缩液 1~9 号。

（3）醇溶性浸出物得率的测定：取蒸发皿、标号，置干燥箱中 108℃下干燥至恒重。分别精密吸取 1~9 号浓缩液 20 mL，置对应标号的恒重蒸发皿中，水浴蒸干，108℃下干燥 3 h，在干燥器中冷却 30 min，测定重量，计算醇溶性浸出得率（表 2-12）。

表 2-12　XFC 醇提正交试验结果

列号		因素				试验结果	
		A1	B2	C3	D4	醇溶性浸出物得率(%)	黄芪甲苷含量(mg/mL)
1		1	2	3	4	21.1	1.441 7
2		1	2	2	2	32.73	1.775 6
3		1	3	3	3	27.90	2.302 8
4		2	1	2	3	14.24	1.590 6
5		2	2	3	1	21.35	1.132 9
6		2	3	1	2	24.09	1.128 8
7		3	1	3	2	19.70	1.691 6
8		3	2	1	3	16.58	1.883 0
9		3	3	2	1	14.46	1.117 1
醇得率	K1	80.760	54.039	60.771	55.911		
	K2	59.679	70.659	61.342	76.521		
	K3	50.739	66.480	68.979	58.749		
	R	30.021	16.620	8.208	20.610		
甲苷黄芩含量	K1	5.250	4.725	4.455	3.693		
	K2	3.852	4.791	4.482	4.596		
	K3	4.692	4.791	4.857	5.496		
	R	1.398	4.278	0.402	1.812		

(4) 黄芪甲苷供试品溶液中黄芪甲苷的含量测定

1) 色谱条件：色谱柱为 Acquity UPLC BEHC18 色谱柱(2.1 mm×50 mm，1.7 μm)；流动相为乙腈-水(32∶68)；流速为 0.25 mL/min；柱温为 30℃；喷雾器温度为 12℃；理论板数按黄芪甲苷计算应不低于 4 000。精密量取对照品溶液、供试品溶液和阴性对照品溶液，每次进样 2 μL，色谱图显示阴性对照品无干扰，见图 2-2。

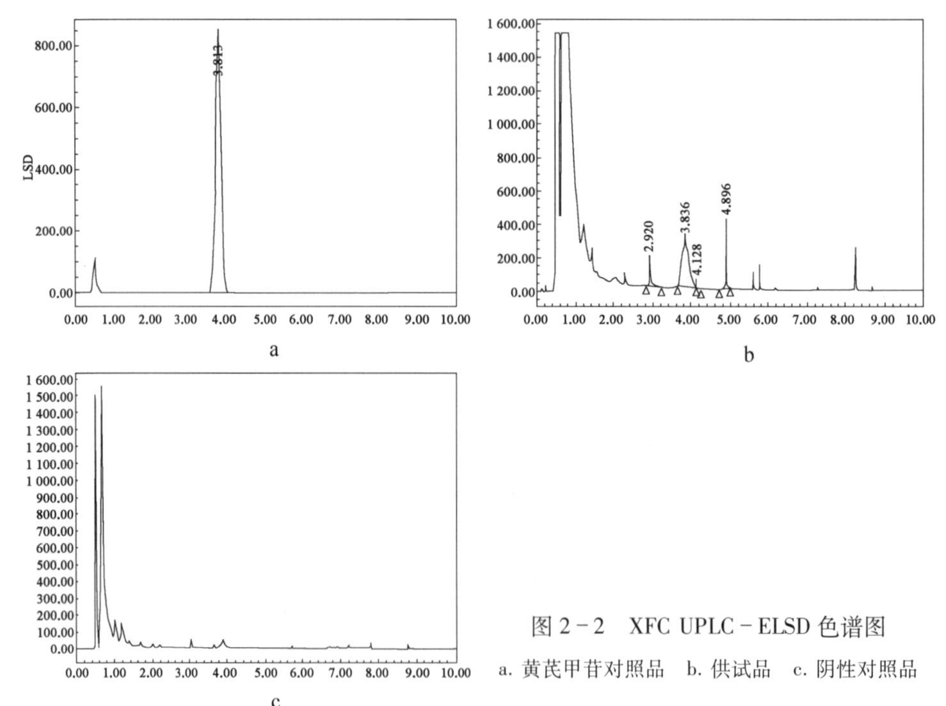

图 2-2　XFC UPLC-ELSD 色谱图

a. 黄芪甲苷对照品　b. 供试品　c. 阴性对照品

2）线性关系考察：精密吸取黄芪甲苷对照品溶液，分别以 1.0 μL、2.0 μL、3.0 μL、4.0 μL、5.0 μL 为进样量，按上述色谱条件，测定黄芪甲苷峰面积。以进样浓度(X)为横坐标，峰面积值(Y)为纵坐标作图，回归方程为 $Y=1\ 590\ 646X-1\ 332\ 907.8$，$r=0.999\ 8$，表明黄芪甲苷在 0.200~1.002 μg 范围内具有良好的线性关系[4]。

3）黄芪甲苷的含量测定：精密吸取 1~9 号黄芪甲苷供试品，按上述色谱条件，每次进样 2 μL，测定样品中黄芪甲苷峰含量，见表 2-13。

表 2-13　黄芪甲苷含量方差分析表

误差来源	离差平方和	自由度	方差	F	P
A	0.464	2	46.400	19.000	<0.05
B	0.010	2	1.000	19.000	>0.05
C	0.097	2	9.700	19.000	>0.05
D	0.729	2	72.900	19.000	<0.05
误差 E	0.01	2			

注：$F_{0.05(2,\ 2)}=19.00$，$F_{0.01(2,\ 2)}=99.00$。

(5) 方差分析：以醇溶性浸出物得率为评价指标时，方差分析结果表明 A、B、C 和 D 因素差异无统计学意义。以黄芪甲苷浸出量为评价指标时，直观分析显示各因素作用主次为 D>A>B>C，方差分析结果表明 A、D 因素差异有统计学意义，而 B、C 因素差异无统计学意义，最佳提取方案为 $A_1B_3C_3D_3$。由于 B、C 两个因素差异无统计学意义，从省时节能、降低乙醇消耗和有效成分尽量提取充分的角度考虑，经综合评判的最佳提取工艺为 $A_1B_2C_2D_3$，即 65%浓度乙醇，8 倍量，每次 1.5 h，提取 3 次[5]。

(6) 验证性试验：按照上述优选工艺 $A_1B_2C_2D_3$ 进行 3 组重复试验，计算每组的醇溶性浸出物得率和黄芪甲苷含量，其结果与正交试验结果一致，见表 2-14。

表 2-14　验证性试验结果

指标	1	2	3	均值
醇溶性浸出物得率(%)	24.87	24.53	24.16	24.52
黄芩甲苷含量(mg/mL)	2.022 6	2.011 4	2.018 5	2.017 5

3. 讨论

实验操作中减少样品损失要注意大孔树脂柱装柱时尽量一次性装入，每个柱子的柱高应保持一致，柱面要平整；洗柱时沿壁倒入洗柱溶液，防止冲柱，使大孔树脂柱敦实；过柱时要等到洗柱溶液接近柱面再倒入样品溶液，防止样品溶液被稀释。

二、五味温通除痹胶囊制备工艺研究

五味温通除痹胶囊原提取工艺为将淫羊藿、黄芩、桂枝、片姜黄和茯苓这五味药材加水提取 3 次，第一次加 10 倍量水，煎煮 1.5 h；第二、第三次加 8 倍量水，煎煮 1.0 h；合并煎液。根据其主要化学成分及其物理性质和化学性质的不同，对提取工艺、制备工艺和含量测定等方面进行工艺设计。五味温通除痹胶囊处方中桂枝和片姜黄含有挥发油，故应该先提取挥发油，再与余药共提取。茯苓含有多糖类成分，李俊等[12]用水提乙醇沉法提取茯苓多糖，并证明该方法可行。方中淫羊藿、黄芩均含有黄酮类成分，朱裕林等[13]报道用水作为溶剂提取淫羊藿,淫羊藿苷的提取率为77.22%,说明淫羊藿可用水作为溶剂提取。汪霞、张雪[14]等比较黄芩的水提酸沉法和醇提酸沉法,得出黄芩的提取率分别为70%和62%。根据文献比较,茯苓、淫羊藿和黄芩采用水提法可行,因此,我们采用正交试验法优化五味温通清热除痹胶囊的水提工艺条件。

(一) 水提取工艺[15]

1. 材料与仪器

Waters Acquity H-Class UPLC 超高效液相色谱仪(美国 Waters 公司);淫羊藿苷对照品(含量测定用,批号:110737-200312),购自中国药品生物制品检定所;甲醇、乙腈均为色谱纯(美国 Tedia 公司);其余试剂均为分析纯。

2. 方法与结果

(1) 正交试验设计:根据本处方中君药的主要有效成分的化学性质及预实验结果,采用 $L_9(3^4)$ 正交表安排试验方案,考察主要因素加水量(A)、提取时间(B)、提取次数(C),以淫羊藿苷提取率、浸膏得率为评价指标进行综合评分(权重系数分别为0.6、0.4),优选最佳水提工艺。正交试验设计,见表2-15。按处方配比称取各药材9份,根据正交试验设计的条件进行加热回流,合并提取液、滤过,减压浓缩,备用。

表2-15 正交试验因素水平表

水平	因素		
	加水量(药材倍数) A	提取时间(h) B	提取次数(次) C
1	10	1	1
2	12	1.5	2
3	14	2	3

(2) 淫羊藿苷含量的测定

1) 色谱条件:色谱柱为 Acquity BEH C_{18} 柱(100 mm×2.1 mm,1.7 μm);流动相为乙腈-水(27∶73);柱温为22℃;流速为0.2 mL/min;检测波长为270 nm;进样量为1.0 μL。

2) 系统适用性试验:将淫羊藿苷对照品溶液、供试品溶液及阴性对照品溶液按上述色谱条件进样分析。由图2-3可知,淫羊藿苷保留时间约在5.40 min,其色谱峰与其相邻峰达到完全基线分离,对照品溶液与供试品溶液在相同位置有对应的色谱峰,阴性对照溶液在相应位置无干扰。

3) 线性关系考察:分别将母液用甲醇稀释成不同浓度的对照品溶液,按上述色谱条件进行测定,绘制标准曲线,得回归方程 $Y=30\,108\,528.08X-94\,023.65$,$r=0.999\,9$。结果表明,淫羊藿苷在0.016~0.160 μg 范围内呈良好的线性关系。

4) 精密度试验:取淫羊藿苷对照品溶液重复进样6次,按上述色谱条件测定峰面积,%RSD 为1.82%(n=6),结果表明仪器精密度良好。

5) 稳定性试验:取正交试验第5组供试品溶液,分别在第0、2 h、4 h、8 h、12 h、24 h 测定峰面积,%RSD 为4.09%(n=6),表明供试品溶液在24 h 内基本稳定。

6) 重复性试验:取正交试验第5组样品浸膏,平行制备6份供试品溶液,按上述色谱条件测定峰面积,%RSD 为1.89%(n=6),表明该方法重复性良好。

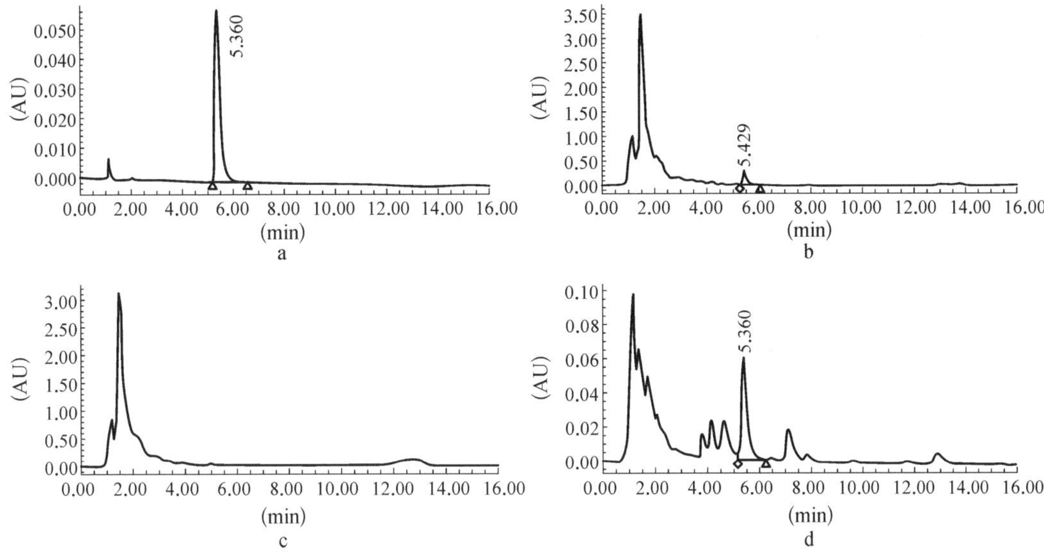

图 2－3　UPLC 色谱图

a. 淫羊藿苷对照品溶液　b. 供试品溶液　c. 阴性对照品溶液　d. 原药材溶液

7）加样回收率试验：取 6 份已知含量的样品，加入淫羊藿苷对照品溶液，按上述色谱条件测定，计算加样回收率，结果见表 2－16。

表 2－16　加样回收率试验结果（*n*＝6）

样品中量（mg）	加入量（mg）	测得量（mg）	回收率（%）	平均回收率（%）	%RSD
0.982 1	1.07	2.032 1	98.13	97.93	2.72
0.979 2	1.07	2.034 0	98.58		
0.980 6	1.07	2.041 7	99.17		
0.984 1	1.07	2.025 8	97.36		
1.016 7	1.07	2.017 1	93.50		
0.982 1	1.07	2.048 1	99.62		

（3）浸膏得率的测定：将正交试验设计中的 9 份稠浸膏置干燥箱中，70℃减压干燥至恒重，移至干燥器中冷却 30 min，迅速称重。计算浸膏得率，浸膏得率（%）＝浸膏重量/原药材的重量×100%。

（4）正交试验结果及分析：以淫羊藿苷提取率及浸膏得率为指标，考察水提工艺，正交试验安排及结果见表 2－17，对实验结果进行方差分析，结果见表 2－18。

表 2－17　正交试验安排 $L_9(3^4)$ 及结果考察

试验号	A	B	C	D（空白）	淫羊藿苷（%）	浸膏率（%）	综合评分
1	1	1	1	1	32.17	7.20	45.18
2	1	2	2	2	56.29	11.51	76.43
3	1	3	3	3	53.50	14.32	80.82
4	2	1	2	3	55.24	12.19	77.17
5	2	2	3	1	60.14	12.68	82.58
6	2	3	1	2	38.11	9.20	55.15
7	3	1	3	2	69.58	13.12	91.79

（续表）

试验号	A	B	C	D(空白)	淫羊藿苷(%)	浸膏率(%)	综合评分
8	3	2	1	3	36.71	9.59	54.89
9	3	3	2	1	66.08	16.51	96.98
K1	67.48	71.37	57.74	74.91			
K2	71.63	71.30	83.52	74.45			
K3	81.22	77.65	85.06	70.96			
R	13.74	6.35	33.32	3.96			

注：综合得分=淫羊藿苷提取率/淫羊藿苷提取率最大值×100×0.6+浸膏得率/浸膏得率的最大值×100×0.4。提取率=样品中淫羊藿苷含量/原药材中淫羊藿苷含量×100；原药材中淫羊藿苷含量为 2.86 mg/g。

表 2-18　方差分析结果

误差来源	离差平方和	自由度	F	P
A	298.06	2	10.62	
B	79.64	2	2.84	<0.05
C	2 123.20	2	75.66	
误差	28.06			

注：$F_{0.05(2,\ 2)}=19.00$。

（5）最佳工艺确定：以淫羊藿苷提取率和浸膏得率为指标，综合评分结果显示，由各因素水平直观分析的 K 值高低可以得出影响水提效果的因素主次为 C>A>B，最优水平组合为 $A_3B_3C_3$。方差分析结果表明，因素 C（提取次数）对试验结果影响有显著性意义（$P<0.05$）而因素 A（加水量）、B（提取时间）对试验结果影响无显著性意义。由于在实际生产中，从节约时间及能源，提高生产效率，以及生产的可行性等角度综合考虑，制定最佳提取工艺为加 10 倍水，提取 3 次，每次 1.0 h。

（6）验证试验：按处方配比，取与正交试验同批次的药材共 3 份，分别加 10 倍水，提取 3 次，每次 1.0 h。平行测定 3 次，经计算淫羊藿苷的提取率为（74.59±2.32）%，浸膏得率为（15.87±0.27）%。由验证试验结果表明优选的条件稳定、可靠、有效成分提取率较高。

3. 讨论

淫羊藿作为方中的君药，其主要活性成分为淫羊藿苷，可溶于水、甲醇、乙醇等溶剂，故可以用水提法，乙醇回流法等方法提取[16~18]。本试验为了降低成本，便于制剂大批量生产，故采用具有应用广泛、装置简单的传统水提法。本实验首次建立了 UPLC 法测定淫羊藿苷提取率的方法，采用乙腈-水（27∶73）为流动相，较《中华人民共和国药典》（2010 年版）的梯度洗脱更节约溶剂，此方法所用时间为 16 min，较《中华人民共和国药典》（2010 年版）的 55 min，大大地节省了测定时间。在保持较高的准确度和精密度的同时，提高了分离效率，减少了溶剂的损耗，缩短了测定时间，为该制剂的质量控制提供了一种更为快速准确的测定方法。

本试验采用正交试验，通过综合评分法，优选出的提取工艺更具有科学性和合理性，对提取工艺的研究有着积极的指导意义，也是进行工艺筛选评价的一个可行模式。该水提工艺设计合理，可为五味温通除痹胶囊的研制提供理论依据和试验基础。

（二）醇提取工艺[19]

本实验在前期研究的基础上[15]，采用正交试验结合 UPLC 法，以黄芩苷、淫羊藿苷含量，以及干浸膏得率为综合评判指标，优选出五味温通除痹胶囊最佳的醇提工艺。

1. 材料与仪器

Waters 超高效液相色谱仪（美国 Waters 公司）；黄芩苷对照品（批号：110715－201318），淫羊藿苷对照品（批号：110737－200415），均由中国食品药品检定研究院提供；乙腈为色谱纯（美国 TEDIA 公司），其他试剂均为分析纯。

2. 方法与结果

（1）正交试验设计：采用正交试验法结合 UPLC 考察了乙醇浓度（A）、乙醇体积（B）、提取时间（C）和提取次数（D）4 个因素，每一个因素均设 3 个水平进行考查，按 $L_9(3^4)$ 正交试验法优选五味温通胶囊最佳醇提工艺条件，见表 2－19。

表 2－19　正交试验因素水平表

水平	因素			
	乙醇浓度（%） A	乙醇体积（倍） B	提取时间（h） C	提取次数（次） D
1	70	8	1	1
2	80	10	2	2
3	90	12	3	3

（2）干浸膏得率计算：按处方比例精密称定药材，按照因素水平表，用乙醇回流提取，滤过后减压旋蒸并置于水浴锅上加热，烘箱中完全烘干，于干燥器中冷却至室温，得干浸膏。干浸膏得率＝浸膏重量/原药材重量×100%。

（3）黄芩苷和淫羊藿苷含量的测定

1）色谱条件：色谱柱采用 Acquity BEH C_{18}柱（2.1 mm×100 mm，1.7 μm）；流动相用乙腈（A）－0.05%磷酸水溶液（C）进行梯度洗脱；进样体积为 1 μL；波长为 270 nm；流速为 0.2 mL/min；柱温为 22℃。

2）系统适用性试验：将混合对照品溶液、供试品溶液及阴性对照溶液在上述色谱条件进样分析，由图 2－4 可知，黄芩苷的保留时间为 9.858 min，淫羊藿苷的保留时间为 13.978 min，供试品溶液与对照品溶液在相同的位置上有对应的色谱峰，阴性对照溶液在对应的位置上无干扰。

3）标准曲线的制备：取混合对照品溶液 1.0 μL、2.0 μL、3.0 μL、4.0 μL、5.0 μL 注入超高效液相色谱仪中，分别以黄芩苷对照品和淫羊藿苷对照品的 5 个不同进样体积的峰面积为纵坐标（Y），样品的含量为横坐标（X）绘制标准曲线。黄芩苷的回归方程为 $Y=6\,794\,066X-112\,244$，$r=0.999\,7$；淫羊藿苷的回归方程为 $Y=5\,184\,056X-1\,430\,000$，$r=0.999\,65$；说明黄芩苷在 0.042～1.508 μg 内与峰面积的线性关系良好，淫羊藿苷在 0.069～2.603 μg 内峰面积的线性关系良好。

4）样品含量测定：根据正交试验法制备 9 份供试品溶液。将黄芩苷和淫羊藿苷混合对照品溶液、供试品溶液及阴性对照溶液上述色谱条件进样分析，依照黄芩苷和淫羊藿苷标准曲线，计算样品中黄芩苷和淫羊藿苷的含量。

5）验证试验：以黄芩苷、淫羊藿苷和浸膏得率为综合评价指标进行考察。从表 2－20 直观分析得出，影响黄芩苷和淫羊藿苷醇提取效果的因素主次顺序为 D（提取次数）>B（乙醇体积）>C（提取时间）>A（乙醇浓度）。其中，D 为主要因素，具有显著性差异（$P<$

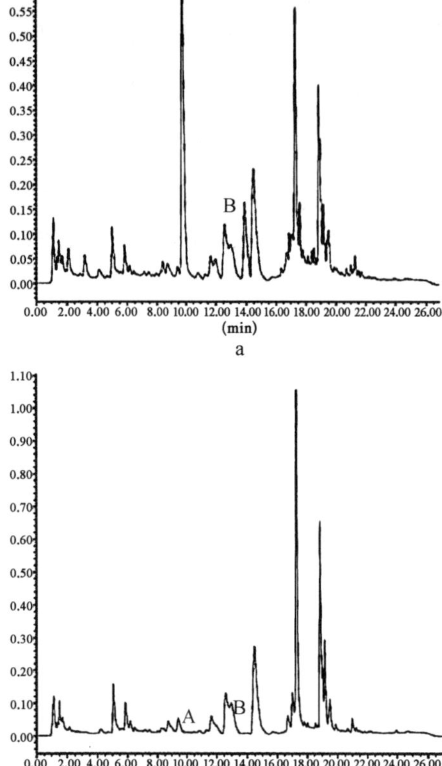

图 2-4　黄芩苷(A)和淫羊藿苷(B)的色谱图

a. 供试品溶液　b. 对照品溶液　c. 阴性对照溶液

0.05),且 $D_3>D_2>D_1$,故选其最优 D_3;B 为次要因素,从极差分析 B_3 显著优于 B_2 和 B_1,故选择 B_3;C_1 与 C_3 相当均优于 C_2,结合极差并从工业生产的角度来说,应选择 C_1 作为醇提的最优条件;A 影响最小,从工业生产节约资源角度考虑应选 A_1;因此,最佳提取工艺为 $A_1B_3C_1D_3$,即分别用 12 倍量 70%乙醇回流提取 3 次,每次 1 h。结果见表 2-20、表 2-21。

表 2-20　正交实验各指标测定值及加权综合评分与结果

序号	A	B	C	D	黄芩苷(mg/g)	淫羊藿苷(mg/g)	浸膏得率(%)	综合评分
1	1	1	1	1	1.15	1.56	7.46	53.89
2	1	2	2	2	1.71	1.40	11.88	68.01
3	1	3	3	3	2.46	1.98	15.72	94.01
4	2	1	2	3	2.07	1.53	13.60	77.96
5	2	2	3	1	1.94	1.01	8.29	55.24
6	2	3	1	2	2.40	1.57	10.84	74.79
7	3	1	3	2	2.80	1.50	10.25	76.17
8	3	2	1	3	3.07	1.80	11.05	85.33
9	3	3	2	1	2.27	1.35	8.05	62.97
均值 1	71.97	69.34	71.34	57.37				
均值 2	69.33	69.53	69.65	72.99				
均值 3	74.82	77.26	75.14	85.77				
极差	5.49	7.92	5.49	28.4				

注:综合评分=(黄芩苷的含量/最大黄芩苷的含量)×100×0.3+(淫羊藿苷的含量/最大淫羊藿苷的含量)×100×0.3+(干浸膏得率/最大干浸膏得率)×100×0.4。

表 2-21 方差分析

方差来源	平方和	自由度	F	显著性
A	45.288	2	1.000	—
B	122.461	2	2.704	—
C	47.498	2	1.049	—
D	1 213.892	2	26.804	$P<0.05$
误差	92.79	4		

注：$F_{0.05(2,4)}=19$。

6）验证试验：按处方配比，取与正交试验同批次的 3 份药材，分别加 12 倍量 70%乙醇，提取 3 次，每次 1 h。平行测定 3 次，经计算黄芩苷的含量 4.02 mg/g 淫羊藿苷的含量 2.11 mg/g，浸膏得率为 13.11%。由验证试验结果表明优选出的醇提条件可靠、稳定且有效成分的含量较高，见表 2-22。

表 2-22 验证试验结果

试验号	黄芩苷含量(mg/g)	淫羊藿苷含量(mg/g)	干浸膏得率(%)
1	4.10	2.16	13.31
2	3.84	2.02	12.80
3	4.13	2.14	13.22
均值	4.02	2.11	13.11
%RSD	3.24	2.93	1.69

3. 讨论

（1）指标的选择：黄芩和淫羊藿作为五味温通除痹胶囊处方中的主药，其主要活性成分为黄芩苷和淫羊藿苷。其中，黄芩苷具有抑菌、抗炎、清除氧自由基等药理作用[20~22]；淫羊藿苷具有抗炎及促进骨生长的作用[23~25]。因此，选择黄芩苷和淫羊藿苷作为指标成分对工艺进行评价，并采用正交试验结合 UPLC 法，以黄芩苷、淫羊藿苷含量，以及干浸膏得率为综合评判指标，从多方面、多指标对醇提工艺进行整体评价，避免简单加和带来的误差，使数据的处理更加具有科学性和合理性。

（2）提取方法的选择：该处方中药材的主要活性成分均易溶于乙醇，而黄芩苷几乎不溶于水，故选用醇提法。通过查阅相关文献对该处方中单因素考察显示[26~28]，单味药材在醇提工艺中，优选出最佳乙醇浓度在 70%～90%，提取时间 1～3 h，提取次数 2～3 次，故设置乙醇浓度为 70%、80%和 90% 3 个水平，提取时间 1、2 和 3 h，提取次数 1、2 和 3 次。

（3）色谱条件的优化：实验对乙腈-水、乙腈-0.05%醋酸水溶液、乙腈-0.05%磷酸水溶液等流动相进行了考察。结果以乙腈-0.05%磷酸水溶液系统的色谱峰对称性好，故以乙腈-0.05%磷酸水溶液作为流动相。经反复摸索，获得最优梯度洗脱条件：0～3 min，15%～20%乙腈；3～6 min，20%～25%乙腈；6～12 min，25%～27%乙腈；12～18 min，27%～70%乙腈；18～23 min，70%～100%乙腈；23～25 min，100%～15%乙腈；25～27 min，15%乙腈，从而使黄芩苷和淫羊藿苷得到较好的分离。试验结果表明，五味温通除痹胶囊的最佳醇提工艺科学、稳定、合理、可行，为该制剂的工艺化生产提供了实验基础和科学依据。

三、黄芩清热除痹胶囊制备工艺研究

因湿热所致的痹证，即湿热痹阻证，其治疗的药物大都为化药，远期疗效不确定，且毒副作用明显。为了解决上述问题，刘健等研制了一种治疗湿热痹阻证的药物，即黄芩清热除痹胶囊（专利号：201110095718.X），并提供了该药物的制备方法。该药物优选制成胶囊，胶囊可防止可提取物吸湿变质，增强药物的稳定性，并可掩饰药物的不良气味，易于服用，崩解快，且价格低廉。具体的制备工艺步骤如下。

（1）将威灵仙、薏苡仁和桃仁三味中药加乙醇提取一次，过滤，药渣、滤液备用。

（2）将黄芩、栀子与步骤（1）药渣合并，加水煎煮提取一次，每次加水一倍量，每次煎煮 1 h，合并提取液，滤过，将步骤（1）滤液与此提取液合并，减压浓缩，成流浸膏。

（3）将流浸膏加药用辅料喷雾干燥制粒，制成胶囊。

步骤（1）所述的乙醇使用量为三味中药总质量的 5～15 倍，乙醇的质量百分浓度为 60%～80%。乙醇的质量为三味中药总重量的 10 倍，乙醇的质量百分浓度为 70%，可以使三味中药有效成分提取较为充分。步骤（2）所述加水煎煮提取 3 次，第一次加 10 倍量水，煎煮 1.5 h，第二次和第三次加 8 倍量水，分别煎煮 1.0 h。步骤（2）所述的流浸膏比重为 1.1。步骤（3）所述的药用辅料为糊精和或淀粉。本制备方法，制备工艺简单，无其他添加剂，无污染，绿色环保。

第三节　健脾化湿通络方质量标准研究

根据中医药理论的指导而研发的中药，尤其是复方制剂的功效是药品内含成分整体作用的体现，是多种成分、多种机制的综合作用结果[29]。我国中药质量标准经历了从无到有、从简单到逐步完善的过程，现在已发展为系统生物学阶段。中药质量标准的主要研究内容包括化学定性鉴别与指标成分的含量测定两个方面。通过基因组学在中药中的应用，能够建立道地药材的真伪鉴别系统，以确保中药材的质量；通过对药材、中间体和成品制剂指纹图谱的相关性研究，可以控制投料药材和中间体的质量，以确保中药复方的质量稳定性；应用 HPLC、UPLC 等技术，获得中药成分的组成和含量找出中药的有效成分（群），为中药质量的评价和控制奠定基础。为了明确健脾化湿通络方的有效物质基础，本节利用系统生物学技术，从整体上开展对 XFC 和五味温通除痹胶囊的质量标准研究。

一、XFC 质量标准研究

XFC 与其他中药方剂一样，存在有效化学成分不够明确、药效作用机制不够清楚等不足。为了更有效地控制该制剂质量，我们对其质量控制方法进行了系统的研究，在此基础上制定出 XFC 的质量标准，为 XFC 的质量评价提供了科学依据。

(一) XFC 的薄层及指纹图谱鉴定

1. 以薏苡仁为参照的 XFC 的高效薄层色谱指纹图谱鉴别[30]

高效薄层色谱(high performance thin layer chromatography,HPTLC)指纹图谱是一种可靠的鉴定工具,它不仅可以提供色谱指纹图谱,并且还可将图片存储为电子图片。通过文献调研,只有一篇文献以主要成分为参照,报道了 XFC 的质量控制,但尚未发现以薏苡仁为参照,对 XFC 进行 HPTLC 进行分析的报道。

(1) 色谱条件:HPTLC 是在 20 cm×10 cm 的 TLC 薄层板上进行的,玻璃板表面涂有 200 μm 厚的硅胶 H。加入 6 μL 样品,宽带 6 mm。展开所用试剂为石油醚(沸点:60~90℃)-乙醚-乙酸(体积比为 8.3∶1.7∶0.1),在一个 20 cm×10 cm 的双槽层析缸(CAMAG)内进行展开,温度为室温(25±2℃)。展开距离为 80 mm(到下边缘的距离为 10 mm)。色谱板是风干的,喷上了显色剂。利用 CAMAG TLC 喷雾机,在 100 mL 的硫酸中加入 1 g 香草醛,加热到 105℃,直到斑点的颜色清晰,在 CAMAG UV 室中观察,并利用 CAMAG TLC 扫描仪 3 在 365 nm 进行扫描。由 ChemPattern 化学指纹图谱和代谢组学系统解决方案软件(版本 1.0)记录 Rf 和指纹数据。

(2) 精密度试验:为了评价内板的精度,在同一板上进行了 6 次薏苡仁的实验,样品浓度为 6 μL。对于板块间的精度,在 5 个不同的板上分别进行了 5 次测量。用 4 号样本的 Rf 的相对标准偏差(%RSD)表示该系统的精度。结果表明,Rf 的范围从 0.18 到 0.20,并且%RSD<3.44%,见表 2-23。

表 2-23 精密度试验结果

No	Intra-plate(n=6)		Inter-plate(n=5)					
	Rf	%RSD	RfA	RfB	RfC	RfD	RfE	%RSD
1	0.19	2.96	0.19	0.19	0.19	0.20	0.19	3.44
2	0.18	0.19	0.20	0.19	0.19	0.18		
3	0.18	0.19	0.20	0.18	0.20	0.17		
4	0.18	0.18	0.20	0.19	0.20	0.18		
5	0.19	0.18	0.20	0.18	0.19	0.18		
6	0.19	0.19	0.20	0.19	0.19	0.19		

注:%RSD=(SD/mean)×100%。

(3) 重复性:在同一个薄层板上分析了 6 个单独制备的 XFC(批号:20130112)样品溶液,并计算 4 点不同 Rf 的%RSD,并作为可重复性测量。结果显示,Rf 范围从 0.18 到 0.20,并且 6 个样本的%RSD 为 3.93%,见表 2-24。

表 2-24 HPTLC 的重复性实验结果

No	Rf	%RSD
1	0.20	3.93
2	0.19	
3	0.20	
4	0.19	
5	0.18	
6	0.19	

(4) 流动相和TLC板的优化：色谱分析表明，流动相、薄层板和样品体积在斑点的数量和分离中起着重要的作用。为了提高样品分离度，将所有的点调整到适当的水平，提高图片的清晰度，我们研究了7种不同的方法。结果表明，当仅考察色谱板的类型、流动相的极性和样本量外的因素时，图像不够完美。在本研究中，根据结果，我们将石油醚-乙醚-醋酸(体积比为8.3∶1.7∶0.1)作为最佳的流动相，硅胶高效预铸板为固定相，上样量为6 μL，见表2-25、图2-5。在f图上可见较高分离度、清晰的斑点。

表2-25　流动相和薄层板的优化结果

方法	流动相	比例	TLC板	结果
A	石油醚，乙酸乙酯，醋酸	10∶3∶1	10 cm×10 cm 普通板	极性大，斑点少
B	石油醚，乙酸乙酯，醋酸	10∶2∶0.5	10 cm×10 cm 普通板	极性小，斑点少
C	石油醚，乙醚，乙酸乙酯，醋酸	8.3∶1.7∶1∶0.5	10 cm×10 cm 普通板	斑点增加，在高侧面
D	石油醚，乙醚，醋酸	8.3∶1.7∶1.2	10 cm×10 cm 普通板	上面斑点少，下面分离较少
E	石油醚，乙醚，醋酸	8.3∶1.7∶0.1	10 cm×10 cm 普通板	斑点增加，分离差
F	石油醚，乙醚，醋酸	8.3∶1.7∶0.1	10 cm×10 cm 硅胶高效板	斑点清楚，分离度高

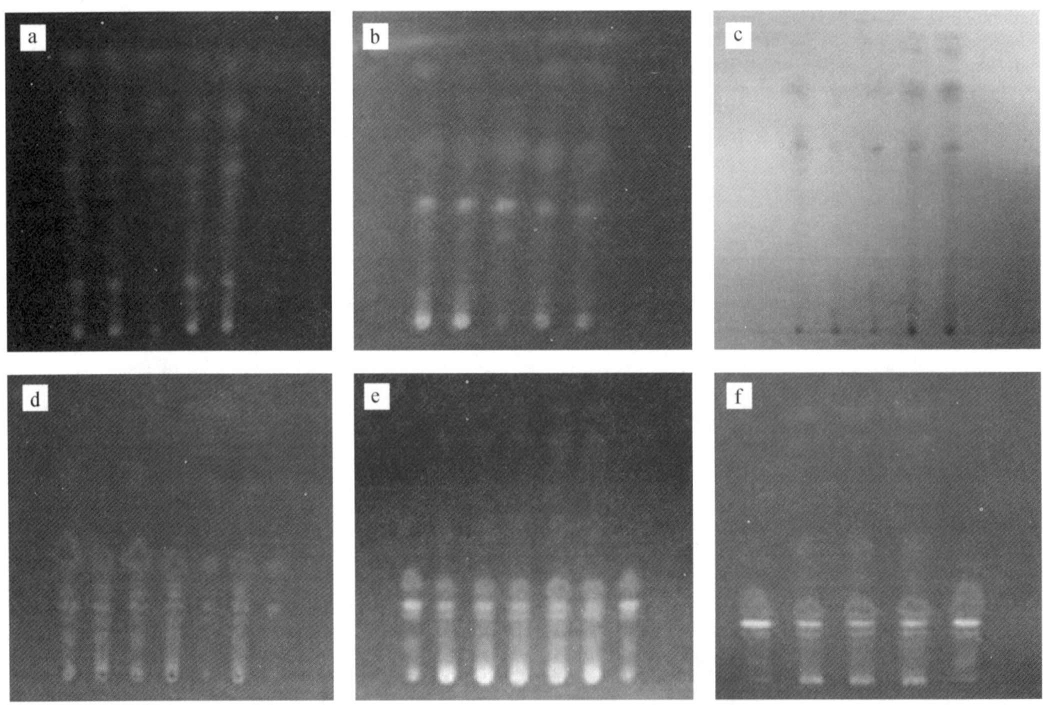

图2-5　表2-25中不同流动相和不同薄层板的图片

a. 方法A　b. 方法B　c. 方法C　d. 方法D　e. 方法E　f. 方法F

(5) 色谱指纹图谱鉴定：色谱图显示10批次的样品和2批次的对照品能够清楚地分离开，并且没有任何拖尾和扩散(图2-6a)。与此同时，XFC和薏苡仁提取物的HPTLC指纹图谱的三维色谱图显示了几个峰值，见图2-6b(彩图1)。

(6) 色谱峰指数鉴别：XFC按照薏苡仁的色谱条件直接进行测试。结果获得了11个色谱峰；与相互模式中色谱峰相对应的胶囊中单轨色谱峰的数量。通过与薏苡仁指纹图谱的保留时间和峰值比较确定目标化合物。结果显示，3、4和5号峰与薏苡仁的1、2和

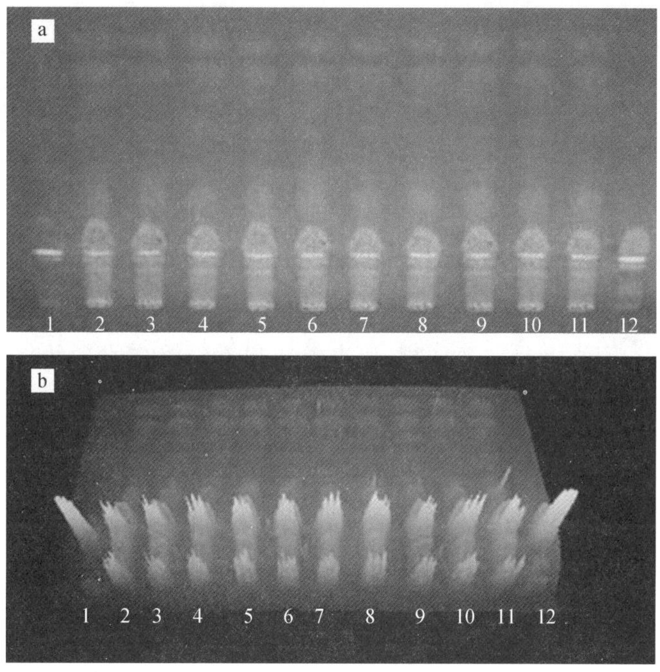

图 2-6　色谱指纹图谱鉴定

a. XFC 及对照品的 HPTLC 指纹色谱图　b. 薄层色谱的三维图(批号 1 和批号 12 是薏苡仁参照品;批号 2~10 是样本溶液)
固定相为 10 cm×10 cm 硅胶高效板,流动相为石油醚、乙醚、醋酸

3 号峰相一致。将 XFC 指纹图谱中的 4 号峰选择为明确分离的参考峰,并且高峰都用于方法学验证;XFC 的 HPTLC 的 5 号峰的脂肪溶解度更大,能够使得斑点分散,并且单相吸收峰的宽度更大,导致 5 号峰和 3 号峰的保留时间不能完全匹配,但是可以确认,它们属于同一种化合物,结果见图 2-7。

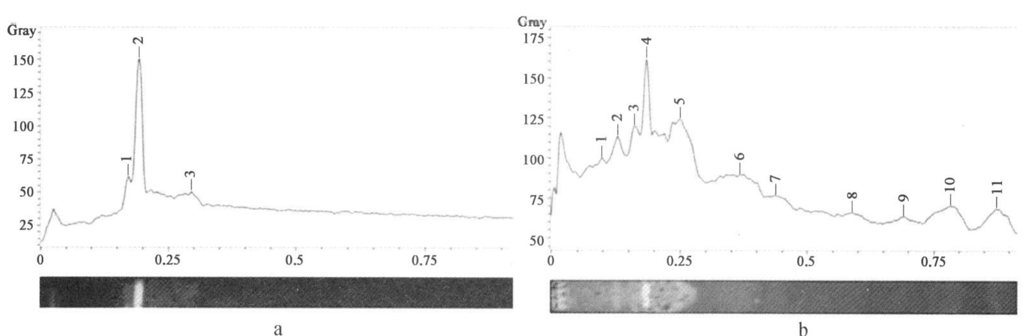

图 2-7　色谱峰指数鉴别

a. 对照品薏苡仁的 HPTLC 指纹图谱　b. XFC 单轨 HPTLC 指纹图谱

(7) 结论: 对 10 个不同批次的 XFC 进行 HPTLC 分析,可提供标准指纹谱图,并且可作为药物鉴定和质量控制的参考。10 批次的 XFC 的相似度超过 0.99,提示不同批次的 XFC 具有良好的质量一致性。结果表明,该方法对 XFC 的综合质量评价是可行的。

2. 以雷公藤为参照的 XFC 的高效薄层色谱指纹图谱鉴别[31]

(1) HPTLC 程序: 取样品溶液和雷公藤溶液各 2 μL,滴在硅胶 G 有效板上(带宽:

8 mm)，利用自动涂覆器 Linomat 5 在该硅胶表面涂上 0.2 mm 的硅胶层。普通 TLC 硅胶 60 板用于方法学优化。氯仿-乙醚(体积比为 6.2 : 1)作为展开剂，到下边缘的距离为 10 mm，温度为 25±2℃，相湿度为 40%，空气中干燥 30 min，365 nm 紫外扫描。每个波段的结果都被记录下来，使用软件为代谢组学系统解决方案软件 1.0。

(2) 方法优化：在本研究中，我们对 XFC 进行了不同测试方法学的研究，以获得更好的分离度，在适当的水平上调整所有的色谱点，使得 HPTLC 色谱图更有成效。通过比较斑点数和色谱分离度，我们首先对分离方法进行了考察，其中包括对不同溶剂和不同分离方法(回流和超声)的考察。结果显示，甲醇超声波提取 30 min 获得的样品，能够获得更多的斑点和色谱分离度，并且对流动相、斑点模式和色谱板的种类都进行了分析，结果见表 2－26 和图 2－8(彩图 2)，a、b、c、d 的极性较大；e、f、g 为中间极性；h 和 i 的极性较低；

表 2－26　方法优化结果

方法	流动相	比例	TLC 板	斑点模式	结果
A	氯仿、甲醇、水	10 : 3 : 1	硅胶 G	圆点	极性大、点少、带重
B	氯仿、甲醇	9 : 1	硅胶 G	圆点	
C	氯仿、甲醇	12 : 1	硅胶 G	圆点	
D	氯仿、甲醇	6 : 1	硅胶 G	圆点	
E	石油醚、乙酸乙酯	9 : 1	硅胶 G	圆点	斑点减少、分离度差
F	石油醚、乙酸乙酯、醋酸	7 : 2.5 : 0.1	硅胶 G	圆点	
G	氯仿、乙醚	4 : 1	硅胶 G	圆点	
H	氯仿、乙醚	11 : 1	硅胶 G	圆点	斑点增加，但不清晰
I	氯仿、乙醚	6.2 : 1	硅胶 G	圆点	
J	氯仿、乙醚	6.2 : 1	硅胶 G	圆点	斑点增加、分离度高
K	氯仿、乙醚	6.2 : 1	硅胶 G	条点	斑点清晰、分离度高
L	氯仿、乙醚	6.2 : 1	5 cm×10 cm 普通板	条点	斑点不清晰、分离不对称

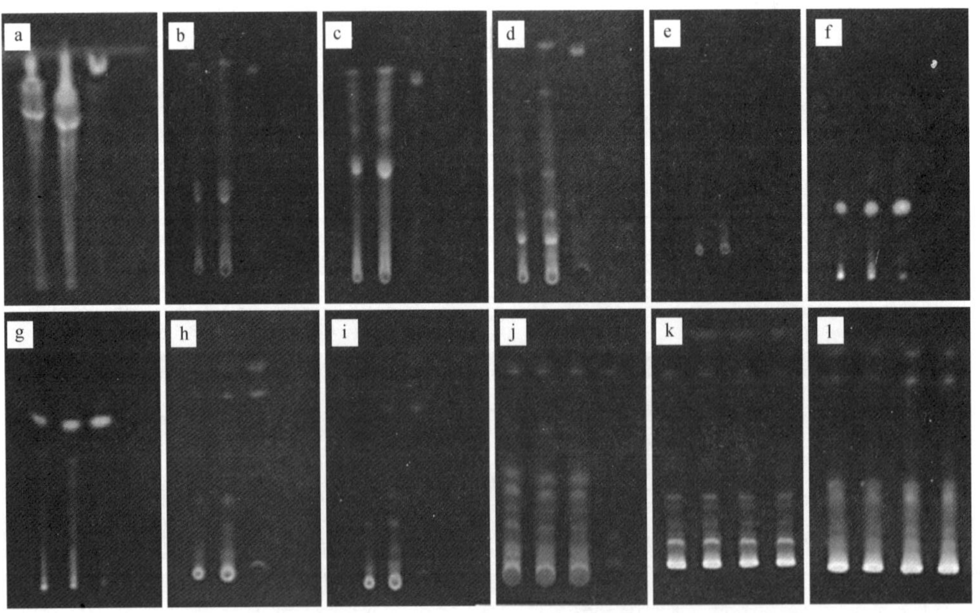

图 2－8　表 2－26 中列出的流动相、TLC 板种类和斑点模式的优化

a. 方法 A　b. 方法 B　c. 方法 C　d. 方法 D　e. 方法 E　f. 方法 F　g. 方法 G
h. 方法 H　i. 方法 I　j. 方法 J　k. 方法 K　l. 方法 L

j、k、l 为不同的斑点模式和色谱板。最终，流动相氯仿-乙醚(体积比为 6.2∶1)、硅胶 G 板及条形斑点模式为最佳的色谱条件，用于以雷公藤为参考的 XFC 的质量评价。

(3) 色谱指纹图谱的测定：在最优色谱条件下，以雷公藤为参考，评价了 10 批 XFC 的指纹图谱，以构建一个整体模式，用于对 XFC 进行特异性的识别和质量评价。色谱图显示，图 2-9a 中 10 批次的样品和 1 批次的对照品成分能够清晰地分离开，没有任何的拖尾和扩散。XFC 的三维 HPTLC 指纹图谱见图 2-9b(彩图 3)。以上所获得薄层色谱图导入到 ChemPattern 化学指纹图谱和代谢组学系统解决方案软件 1.0 中，全面评估 XFC。结果表明，在 XFC 提取物的色谱图中看到 10 个峰，其中 9 个峰被定义为共有峰(a→i，图 2-10)，因为在这些峰在所有 XFC 样本的单轨扫描色谱图中都有出现。

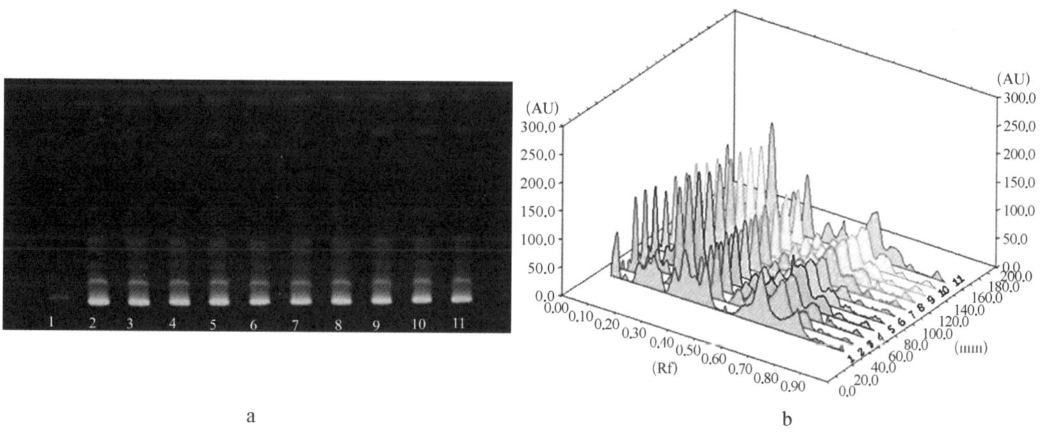

图 2-9　色谱指纹图谱测定

a. XFC 和对照品雷公藤的 HPTLC 指纹图谱(1 号带为雷公藤，2 号带为 XFC)
b. XFC 和雷公藤的三维薄层色谱，顺序同 a 图所示

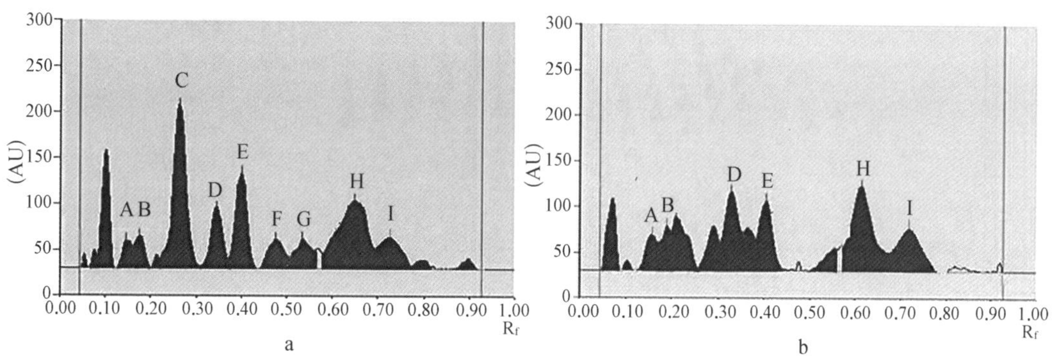

图 2-10　单轨色谱扫描图

a. XFC　b. 雷公藤

(4) 雷公藤色谱峰的鉴别：在共有峰中，6 个吸收峰为 XFC 及雷公藤提取物的单向扫描色谱峰，见图 2-10。显然，A、B、D、E、F 及 I 峰为 XFC 和雷公藤的共有吸收峰。XFC 指纹图谱中的 I 峰分离清晰，具有较好的分离度，因此，我们将其作为对照峰。

(5) Rf 与对照峰的比率：为了考察 XFC 样品的一致性，以及验证方法的可行性，我们测定了 10 批次 XFC 样品的 Rf 比率。将 I 峰的 Rf 设为 1。相对于 9 号品，我们计算出其他峰 Rf 的相对比率。结果见表 2－27 和图 2－11，不同批次的胶囊具有批次间的一致性；表明该方法可用于 XFC 的质量研究。

表 2－27　10 批次 XFC 的 Rf 比率

批次	相对 Rf								
	Sub A	Sub B	Sub C	Sub D	Sub E	Sub F	Sub G	Sub H	Sub I(S)
1	0.19	0.23	0.30	0.44	0.54	0.64	0.73	0.83	1
2	0.19	0.24	0.30	0.46	0.53	0.64	0.73	0.84	1
3	0.18	0.24	0.31	0.44	0.53	0.63	0.73	0.84	1
4	0.19	0.24	0.31	0.46	0.51	0.61	0.71	0.82	1
5	0.19	0.23	0.31	0.46	0.53	0.61	0.71	0.85	1
6	0.19	0.24	0.31	0.44	0.52	0.62	0.70	0.86	1
7	0.19	0.23	0.31	0.45	0.54	0.62	0.72	0.84	1
8	0.19	0.24	0.30	0.45	0.53	0.63	0.71	0.82	1
9	0.18	0.23	0.32	0.46	0.54	0.64	0.73	0.83	1
10	0.19	0.24	0.30	0.46	0.54	0.64	0.73	0.84	1
均值	0.19	0.24	0.31	0.45	0.53	0.63	0.72	0.84	1
%RSD	2.24	2.19	2.20	2.03	1.87	1.96	1.60	1.50	0

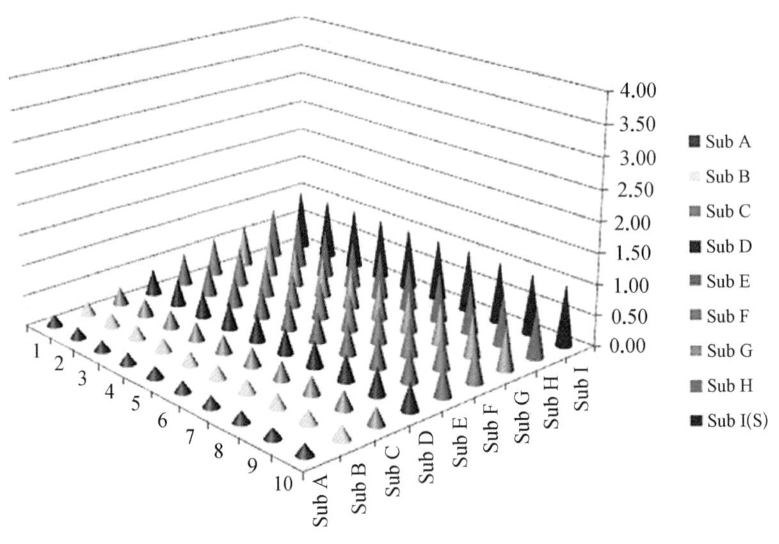

图 2－11　10 批次 XFC 的 Rf 比率

(6) 参考峰峰面积的比率：通过进一步检测 XFC 的稳定性，验证检测方法的可行性，来检测峰面积的比率。I 峰的峰面积定为 1。相对 I 峰，计算出其他峰峰面积的相对比率。结果见表 2－28 和图 2－12，在 XFC 指纹色谱图中，9 个共有峰占据不同的比例，10 批次 XFC 中 9 个共有峰的峰面积是相等的。再结合 Rf 比率结果，就完全证明了 XFC 质量是稳定和可靠的，并具有指纹图谱分析。

表 2-28 10 批次 XFC 的峰面积比率

批次	相对 Rf								
	Sub A	Sub B	Sub C	Sub D	Sub E	Sub F	Sub G	Sub H	Sub I(S)
1	0.61	0.44	4.39	1.50	2.28	0.85	1.28	3.26	1
2	0.59	0.43	4.37	1.48	2.24	0.84	1.26	3.23	1
3	0.59	0.44	4.34	1.49	2.22	0.84	1.26	3.22	1
4	0.61	0.42	4.38	1.49	2.27	0.86	1.27	3.26	1
5	0.60	0.43	4.39	1.48	2.26	0.84	1.27	3.23	1
6	0.61	0.45	4.39	1.52	2.28	0.86	1.28	3.24	1
7	0.61	0.43	4.38	1.47	2.26	0.85	1.27	3.26	1
8	0.61	0.42	4.39	1.50	2.27	0.84	1.28	3.26	1
9	0.60	0.42	4.35	1.47	2.22	0.85	1.27	3.25	1
10	0.61	0.43	4.36	1.48	2.28	0.87	1.26	3.26	1
均值	0.60	0.43	4.37	1.49	2.26	0.85	1.27	3.25	1
%RSD	1.40	2.31	0.42	1.02	1.04	1.24	0.64	0.48	0

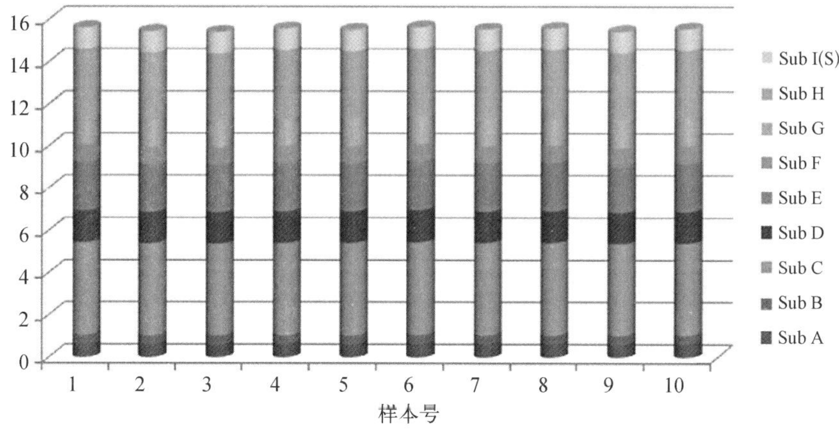

图 2-12 10 批次 XFC 的峰面积比率[由下到上依次为 Sub A-Sub I(S)]

(7) 相似度计算：与 XFC 的指纹图谱相比，评价 10 批次 XFC 提取物的 HPLC 指纹图谱，从而确定批次间的一致性。由 ChemPattern 化学指纹图谱和代谢组学系统解决方案软件(版本 1.0)进行评价分析。结果表 2-29 和图 2-13，10 批次的 XFC 之间具有高度的相似性，说明 XFC 的质量具有标准的一致性。相关系数(r)大于 0.96(r 位于 0 完全不同，和 1 完全相同之间)。

表 2-29 10 批次 XFC 的相似性

No	批号	相似度	No	批号	相似度
1	20140125	0.984 4	6	20130324	0.997 4
2	20131225	0.980 7	7	20130112	0.993 3
3	20131125	0.997 3	8	20121225	0.968 2
4	20131024	0.999 2	9	20121124	0.992 7
5	20130725	0.996 1	10	20121024	0.990 8

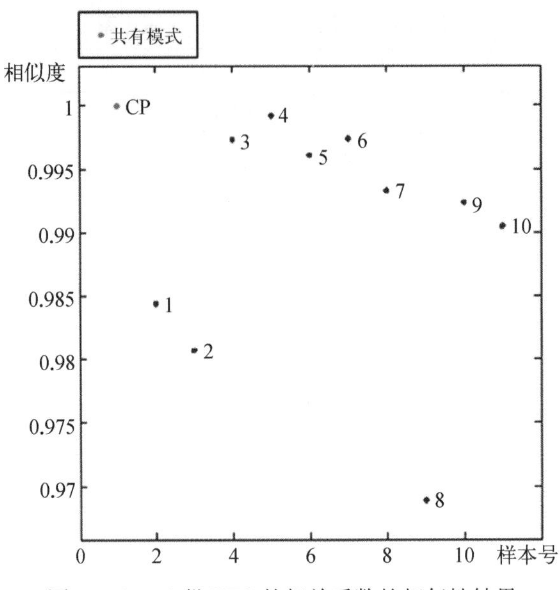

图 2-13　10 批 XFC 的相关系数的相似性结果

（8）结论：本节主要利用简单灵敏的 HPTLC 分析方法，对 XFC 进行质量评价。结果显示 10 批次的 XFC 的相似度大于 0.96，说明不同批次的胶囊具有较好的质量一致性。Rf 和 9 个共有峰的峰面积表明 XFC 具有良好的质量稳定性。本研究的结果表明，HPTLC 可用于以雷公藤对照的全面 XFC 的质量评估。

3. XFC 主成分的薄层鉴别[32]

薄层色谱（thin-layer chromatography，TLC）是最早用于中药指纹图谱研究的技术，也是目前用于中药真实性评价的普遍方法[29]。基于 XFC 是由黄芪、薏苡仁、雷公藤、蜈蚣 4 味中药组成的方剂，本研究利用薄层技术对 XFC 的主要成分进行鉴定。

（1）黄芩的薄层鉴别：称取样品内容物 10 g，置索氏提取器，加甲醇适量，冷浸过夜，再加甲醇适量，加热回流 4 h，提取液回收溶剂并浓缩至干，残渣加水 20 mL，微热使溶解，用水饱和的正丁醇振摇提取 2 次，每次 40 mL，合并正丁醇液，用氨试液充分洗涤 2 次，每次 40 mL，弃去氨试液，正丁醇蒸干，残渣加水 5 mL 使溶解，放冷，通过 D101 型大孔吸附树脂柱（内径为 1.5 cm，柱高为 12 cm），以水 50 mL 洗脱，弃去水液，再用 40% 乙醇 30 mL 洗脱，弃去洗脱液，继用 70% 乙醇 80 mL 洗脱，收集洗脱液，蒸干，残渣加甲醇溶解，转移至 5 mL 容量瓶中，加甲醇至刻度线，摇匀，即得供试品溶液。按处方量自制缺黄芪制剂，同法制成阴性对照溶液。另称取黄芪甲苷对照品，加甲醇制成每 1 mL 含有 1.024 mg 的溶液，作为对照品溶液。吸取上述三种溶液各 5 μL，分别点于同一硅胶 G 薄层板上，以三氯甲烷-甲醇-水（体积比为 13∶7∶2）的下层溶液为展开剂，展开，取出，晾干，喷以 10% 硫酸乙醇溶液，在 105℃ 下加热至斑点显色清晰，在紫外光灯（365 nm）下显橙黄色，在日光下显棕褐色。供试品色谱中，在与对照品色谱相应的位置上，显相同颜色的斑点，阴性对照无干扰，见图 2-14。

（2）蜈蚣的薄层鉴别：称取样品内容物 5 g，加水 20 mL，超声处理 30 min，过滤，滤液蒸干至约 2 mL，即得供试品溶液。按处方量自制缺蜈蚣制剂，同法制成阴性对照溶液。另取蜈蚣对照药材 1 g，同法制得对照药材溶液。吸取上述溶液各 5 μL，分别点于同一硅胶 G 薄层板上，以正丁醇-冰乙酸-乙醇-水（体积比为 4∶1∶1∶2）为展开剂，展开，取出，

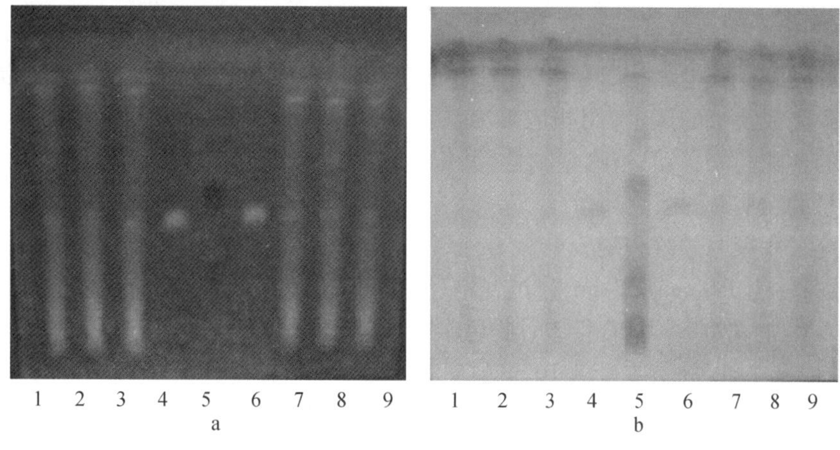

图 2-14 黄芪的薄层鉴别图谱

a. 紫外 365 nm 下扫描结果 b. 日光下扫描结果
1 和 9 是 9-20100925 供试品 2 和 8 是 20101012 供试品 3 和 7 是 20101105 供试品
4 和 6 是黄芪甲苷对照品 5 是黄芪阴性对照品

晾干,喷以 5%茚三酮溶液,在 105℃下加热至斑点显色清晰。供试品色谱中,在与对照药材色谱相应的位置上,显相同颜色的斑点,阴性对照无干扰,见图 2-15。

图 2-15 蜈蚣的薄层鉴别图谱

1 是 9-20100925供试品 2 是 20101012 供试品 3 是 20101105 供试品 4 是蜈蚣对照药材 5 是蜈蚣阴性对照品

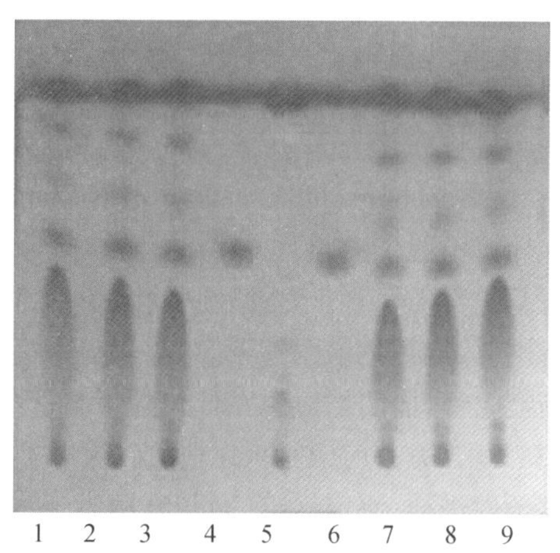

图 2-16 雷公藤的薄层鉴别图谱

1 和 9 是 9-20100925 供试品 2 和 8 是 20101012 供试品 3 和 7 是 20101105 供试品 4 和 6 是雷公藤酯甲对照品 5 是雷公藤阴性对照品

(3) 雷公藤的薄层鉴别:称取样品内容物 5 g,分别加三氯甲烷 30 mL,超声处理 2 次,每次 20 min,滤过,滤液蒸干,残渣加三氯甲烷 2 mL 定容,作为供试品溶液。按处方量自制成缺雷公藤制剂,同法制成阴性对照溶液。另称取雷公藤酯甲对照品,加甲醇制成每 1 mL 含 1.020 mg 的溶液,作为对照品溶液。照薄层色谱法[《中华人民共和国药典》(2010 年版)一部附录ⅥB]试验,吸取上述三种溶液各 5 μL,分别点于同一硅胶 G 薄层板上,以三氯甲烷-甲醇(体积比为 85∶1)为展开剂,展开,取出,晾干,喷以 10%磷钼酸乙醇溶液,加热至斑点显色清晰。供试品色谱中,在与对照品色谱相应的位置上,显相同颜色的斑点,阴性对照无干扰,见图 2-16。

4. XFC 中水溶性蛋白的电泳鉴定[33]

聚丙烯酰胺凝胶电泳是以聚丙烯酰胺凝胶为支持介质、在电场的作用下，使蛋白质和寡核苷酸分离成狭窄的区带，用相应的方法记录其区带区谱或计算其含量的一种技术。该组方中的各味药来自动、植物生物体，其细胞内都含有受遗传基因调控、代表该制剂特有生命信息的物质——蛋白质分子。

本研究采用聚丙烯酰胺凝胶电泳方法，根据分子质量大小不同，分离 XFC 中水溶性蛋白；电泳条件为 1.0 mm×25 mm 齿试样格，浓缩胶浓度为 4.5%，分离胶浓度为 12.5%，分离电压 100 V，上样量 5 μL，染色 2 h，脱色 4 h。结果显示 XFC 中水溶性蛋白成分含量不均，其中主带有 2 条，分子质量为 16.38 kDa、17.07 kDa 左右。SDS - PAGE 电泳方法可以用于 XFC 中水溶性蛋白成分测定，为建立该制剂电泳特征图谱提供依据。

中药复方制剂以水提工艺为主，制剂中可溶性蛋白质的种类较多，分子质量变化范围大，且每种蛋白质的含量也不一样，为了获得较理想的电泳效果，要选择适当的凝胶浓度和上样量。本试验优选最佳试验条件：分离胶浓度取 12.5%、每槽上样量为 5 μL，其他条件如实验室的温湿度、试剂的配制新鲜与否、琼脂糖封底齐否、有无气泡产生、水封等因素，也影响试验结果。

（二）XFC 中有效成分的含量测定

1. 基于 HPLC 的黄芪甲苷含量测定方法[32]

（1）色谱条件：色谱柱为 ACQUITY UPLC BEH C_{18}（2.1 mm×50 mm，1.7 μm）；流动相为乙腈-水（体积比为 32∶68）；流速为 0.25 mL/min；柱温为 30℃；气体为 40 psi；蒸发光散射检测器（evaporative light scattering detector，ELSD）漂移管温度为 60℃。理论塔板数以黄芪甲苷计算不低于 4 000。

（2）适用性试验：按照上述色谱条件，依次取供试品溶液、对照品溶液、阴性对照溶液进行进样，得到色谱图如下，结果供试品色谱图中在与对照品色谱相应的位置上，出现相应的吸收峰，而阴性对照在此位置无相应的吸收峰，见图 2 - 17。

（3）线性关系的考察：分别准确吸取 1 μL、2 μL、3 μL、4 μL、5 μL 的对照品溶液按上述色谱条件进样，测定，计算回归方程为 $Y = 1\,590\,646X - 1\,332\,907.8$，$r = 0.999\,8$，即黄芪甲苷在 0.204 8～1.024 0 μg 的范围内线性关系良好。

（4）精密度试验：按照上述色谱条件，取黄芪甲苷对照品溶液连续进样 5 次，其峰面积，RSD = 0.32%，结果表明精密度良好。

（5）稳定性试验：取供试品溶液，分别在 0、6 h、12 h、24 h、36 h、48 h 按上述色谱条件测定其黄芪甲苷的峰面积，其%RSD = 0.37%。结果表明，供试品在 48 h 内稳定。

（6）重复性试验：取同一批号样品 5 份（批号：20100925），分别按照制成供试品溶液，按上述色谱条件进样，测定黄芪甲苷的含量，平均 0.644 mg/g，%RSD = 0.20%。表明重现性良好。

（7）加样回收率试验：取已知黄芪甲苷含量 0.644 mg/g（批号：20090925）的样品 5 份，分别加入黄芪甲苷对照品溶液（0.204 8 mg/mL）15 mL，制成供试品溶液，测定其黄芪甲苷的含量，计算回收率（表 2 - 30）。平均回收率 = 99.26%，%RSD = 1.89%（$n = 5$），表明回收率良好。

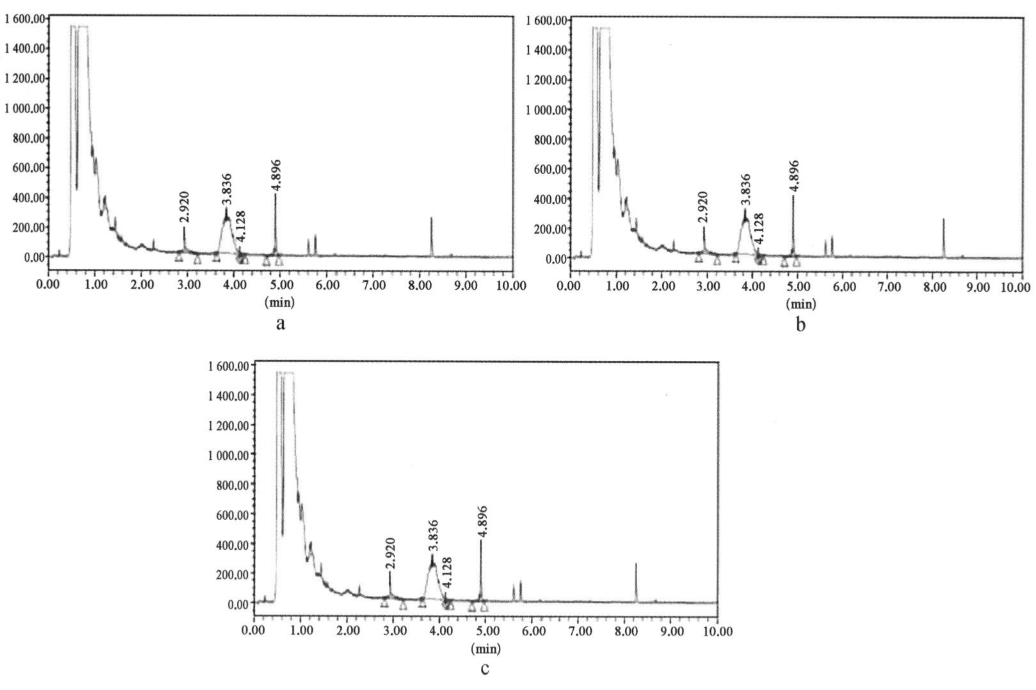

图 2－17　XFC 的 UPLC－ELSD 色谱图

a. 对照品　b. 供试品　c. 阴性对照品(缺黄芪)

表 2－30　黄芪甲苷加样回收率测定结果

编号	供试品取样量(g)	样品中黄芪甲苷的量(mg)	加入黄芪甲苷的量(mg)	测得黄芪甲苷的量(mg)	回收率(%)	平均回收率(%)	%RSD
1	5.123 6	3.300 0	3.072 0	6.291 3	97.37		
2	5.028 4	3.238 3	3.072 0	6.290 7	99.36		
3	4.998 7	3.219 2	3.072 0	6.288 7	99.92	99.26	1.10
4	4.985 2	3.210 5	3.072 0	6.286 3	100.12		
5	5.017 4	3.231 2	3.072 0	6.287 8	99.50		

(8) 样品含量测定：取样品 3 批，制成供试品溶液，测定各样品中黄芪甲苷的含量，见表 2－31。通过上表结果得三批样品的含量相当，平均含量为 0.644 mg/g。

表 2－31　三批样品含量测定结果

编号	样品	含量(mg/g)
1	1	0.644
2	2	0.643
3	3	0.646

2. 基于 HPLC 的芒柄花黄素的含量测定方法[34]

(1) 色谱条件与系统适应性试验：色谱柱为 welch materialInc C_{18} 色谱柱(4.6 mm×250 mm，5 μm)；流动相为乙腈－0.2%磷酸水(体积比为 40∶60)；流速为 1.0 mL/min；检测波长为 250 nm；柱温为 30℃；进样量为 10 μL。在此色谱条件下，芒柄花黄素可与其他成分基线分离，样品中其他成分对芒柄花黄素的测试无干扰。

（2）线性关系考察：吸取对照品溶液 2.0 μL、4.0 μL、8.0 μL、10.0 μL、12.0 μL、16.0 μL 进样测定，得芒柄花黄素的线性回归方程 $Y=7\,067.873\,21X+4.099\,73$，$r=1.000\,0$（n=6），结果表明芒柄花黄素的进样量在 0.197～1.574 μg 范围内与峰面积积分值呈良好的线性关系。

（3）精密度试验：吸取对照品溶液 10 μL，连续进样 6 次，获得%RSD 为 0.05%，表明精密度良好。

（4）稳定性试验：称取胶囊内容物（批号：20130902），制备供试品溶液，吸取 10 μL，分别于 2 h、4 h、6 h、8 h、10 h、12 h 注入高效液相色谱仪，获得芒柄花黄素的峰面积%RSD 为 1.3%，表明供试品溶液中芒柄花黄素在 12 h 内稳定。

（5）重复性试验：称取同一批号胶囊内容物（批号：20130902）6 份，各约 5 g，制备供试品溶液，分别标注为 20130902－1、20130902－2、20130902－3、20130902－4、20130902－5、20130902－6，精密吸取 10 μL，注入高效液相色谱仪，获得芒柄花黄素的%RSD 为 1.6%，重复性良好。

（6）加样回收率试验：称取已知含量的胶囊内容物（批号：20130902）9 份，各约 5 g，加入与供试品等量的芒柄花黄素对照品，制备供试品溶液，按上述色谱条件测定，获得芒柄花黄素的平均加样回收率（$n=9$）为 100.73，%RSD 为 1.48%，见表 2－32。

表 2－32　XFC 中芒柄花黄素回收率试验数据

批号	样品量（g）	样品含量（mg）	加入量（mg）	实测量（mg）	回收率（%）	平均回收率（%）	%RSD
1	2.516	0.244	0.237	0.485	101.64		
2	2.497	0.242	0.237	0.484	102.07		
3	2.506	0.240	0.237	0.479	100.83		
4	2.522	0.238	0.238	0.474	99.16		
5	2.481	0.243	0.238	0.488	102.88	100.73	1.48
6	2.490	0.241	0.238	0.484	102.07		
7	2.547	0.249	0.244	0.491	99.20		
8	2.523	0.247	0.244	0.489	99.19		
9	2.443	0.234	0.244	0.477	99.57		

（7）样品含量测定：取 3 批胶囊内容物（批号：20130902、20120625、20130530）各 3 份，每份约 5 g，制备供试品溶液，按上述色谱条件测定峰面积，获得三批 XFC 的芒柄花黄素的含量分别为 0.037 1 mg/粒、0.037 2 mg/粒、0.037 5 mg/粒，%RSD＝0.81%，见表 2－33。

（8）讨论

1）含量指标的选择：《中华人民共和国药典》（2010 年版）中黄芪药材的质量控制方法是测定黄芪中黄芪甲苷的含量。由于黄芪甲苷乙酰化物不稳定，使得在对黄芪药材进行制剂时，黄芪甲苷的转移率也不稳定；同时由于药材处理方法不同，黄芪甲苷的含量有很大不同。黄酮类对细胞缺血、缺氧、辐射等损伤有保护作用，能够调控免疫系统。因此，我们选用《中华人民共和国药典》（2010 年版）记载之外的芒柄花黄素这一黄酮类成分作为评价院内制剂质量标准的指标之一，从多角度考虑，能够更加完善和健全制剂的质量标准。

表 2－33　3 批 XFC 中芒柄花黄素含量测定结果

批号	取样量 (g)	实测量 (mg)	含量 (mg/g)	含量 (mg/粒)	平均含量 (mg/粒)	%RSD
20130902	5.018	0.467	0.093 1	0.037 2	0.037 1	0.81
	4.998	0.461	0.092 2	0.037 0		
	5.007	0.464	0.092 7	0.037 1		
20120625	5.026	0.467	0.092 9	0.037 2	0.037 2	
	4.993	0.463	0.092 7	0.037 1		
	5.004	0.465	0.092 9	0.037 2		
20130530	4.972	0.472	0.094 9	0.038	0.037 5	
	5.009	0.469	0.093 6	0.037 4		
	5.021	0.466	0.092 8	0.037 1		

2）提取方法的选择：XFC 所含化学成分复杂，且含量甚微，常需要纯化富集，故本实验经甲醇提取后用正丁醇饱和水溶液萃取，取得较好的分离与富集效果。

3）色谱条件的优化：在中药制剂的分析测定文献中，流动相多采用梯度洗脱。由于本课题是单一成分的研究，所以我们考察了梯度洗脱和 4 种不同乙腈与磷酸水溶液比例的等度洗脱对出峰的影响，等度洗脱分别考察了乙腈－0.2%磷酸水（体积比为 45：35）、乙腈－0.2%磷酸水（体积比为 40：60）、乙腈－0.2%磷酸水（体积比为 35：65）、乙腈－0.2%磷酸水（体积比为 38：62），结果在乙腈-0.2%磷酸水（体积比为 40：60）的洗脱条件下，芒柄花黄素分离效果较好，基线稳定，峰形对称，符合定量分析的要求。

芒柄花黄素为弱酸性物质，在流动相中能发生弱电离，引起色谱峰的对称性差，影响分离度和峰面积的计算。为了抑制芒柄花黄素的解离，降低流动相的 pH 是非常必要的。本试验考察了磷酸水溶液的浓度，经比较最终采用乙腈-水（含 0.2%磷酸）作为流动相，用磷酸调节流动相 pH，使色谱峰变窄，峰的对称性变好。

二、五味温通除痹胶囊质量标准研究

为了有效控制五味温通除痹胶囊制剂质量，我们采用 TLC 法对处方中淫羊藿、桂枝、茯苓、黄芩和片姜黄进行定性鉴别；采用超高效液相色谱法即 UPLC 法同时测量淫羊藿苷、黄芩苷和桂皮醛的含量；通过检查三个批次样品的水分、崩解时限、装量差异和微生物限度等，并对其进行了稳定性研究。

（一）五味温通除痹胶囊中化学成分的薄层鉴定

1. 材料与试剂

薄层铺板器购于重庆市南岸贝尔德仪器技术厂。硅胶 G 由青岛海洋化工有限公司生产，型号为 HG/T2354－92。茯苓对照药材、肉桂酸对照品均购于中国药品生物制品检定所。其他试剂均为分析纯。

2. 方法与结果

（1）五味温通除痹胶囊干浸膏的制备：取处方中五味药材，桂枝 10 g、淫羊藿 10 g、片姜黄 9 g、茯苓 15 g、黄芩 5 g，加水煎煮提取三次。第一次加 10 倍量水，煎煮 1.5 h；第二、第三次加 8 倍量水，煎煮 1.0 h，合并提取液滤过，静置。减压干燥箱 105℃ 干燥 4 h，得干浸膏。

（2）黄芩的鉴别

1）黄芩供试品溶液的制备：取干浸膏 1.332 g，加乙酸乙酯-甲醇（体积比为 3 ∶ 1）的混合溶液 30 mL，加热回流 30 min，放冷，滤过，滤液蒸干，残渣加甲醇 5 mL 使溶解，取上清液作为供试品溶液。

2）另取黄芩对照药材 1 g，同法制成对照药材溶液。

3）另取阴性对照，同法制成阴性对照溶液。

4）薄层色谱法试验，吸取上述三种溶液各 5 μL，分别点于同一硅胶 G 板上，以甲苯-乙酸乙酯-甲醇-甲酸（体积比为 10 ∶ 3 ∶ 1 ∶ 2）为展开剂，预饱和 30 min，展开，取出，晾干，置紫外光灯（254 nm）下检视，鉴别结果见图 2－18。

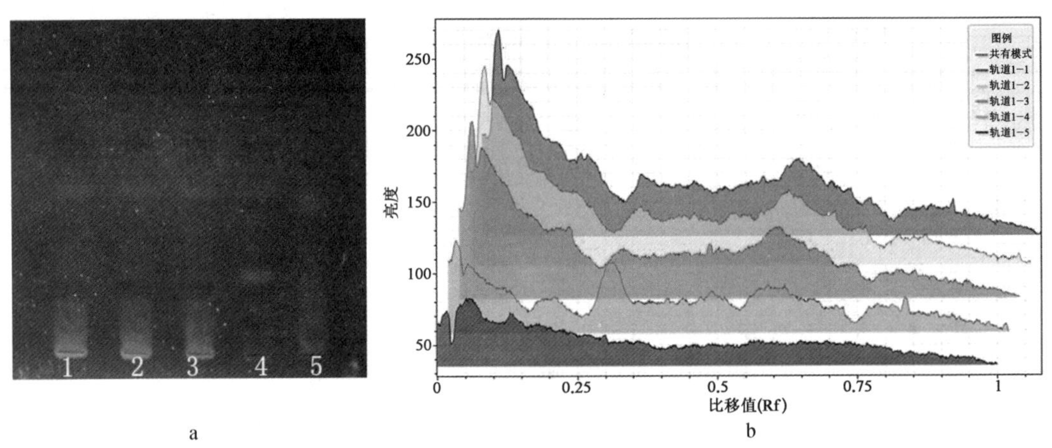

图 2－18　黄芩薄层色谱法试验

a. 黄芩薄层板图（1～3 为供试品溶液；4 为对照品溶液；5 为阴性对照）　b. 黄芩薄层鉴别三维扫描图（由上到下依次为轨道 1 至轨道 5，轨道 1～3 为供试品溶液；轨道 4 为对照品溶液；轨道 5 为阴性对照）

（3）淫羊藿的鉴别

1）淫羊藿供试品的制备：取干浸膏 1.325 g，加乙醇 10 mL，温浸 30 min，滤过，滤液蒸干，残渣加乙醇 1 mL 使溶解，作为供试品溶液。

2）对照药材溶液的制备：另取淫羊藿对照药材 0.5 g，同法制成对照药材溶液。

3）阴性对照溶液的制备：另取阴性对照，同法制成阴性对照溶液。

4）薄层鉴别：照薄层色谱法试验。① 吸取供试品溶液和阴性对照溶液各 6 μL，淫羊藿对照药材溶液 3 μL，分别点于同一高效硅胶 G 薄层板上，以乙酸乙酯-丁酮-甲酸-水（体积比为 10 ∶ 1 ∶ 1 ∶ 1）为展开剂，展开，取出，晾干，喷以三氯化铝试液，再置紫外光灯（365 nm）下检视。② 吸取上述溶液各 6 μL 分别点于同硅胶 G 薄层板上，以环己烷-乙酸乙酯（体积比为 3 ∶ 1）为展开剂，展开，取出，晾干，喷以三氯化铝试液，再置紫外光灯下检视。鉴别结果见图 2－19。

（4）桂枝的鉴别

1）桂枝供试品溶液的制备：取干浸膏 1.231 g，加乙醇 10 mL，密塞，浸泡 20 min，时时振摇，滤过，取滤液作为供试品溶液。

2）对照药材溶液的制备：另取桂枝对照药材 0.5 g，同法制成对照药材溶液。

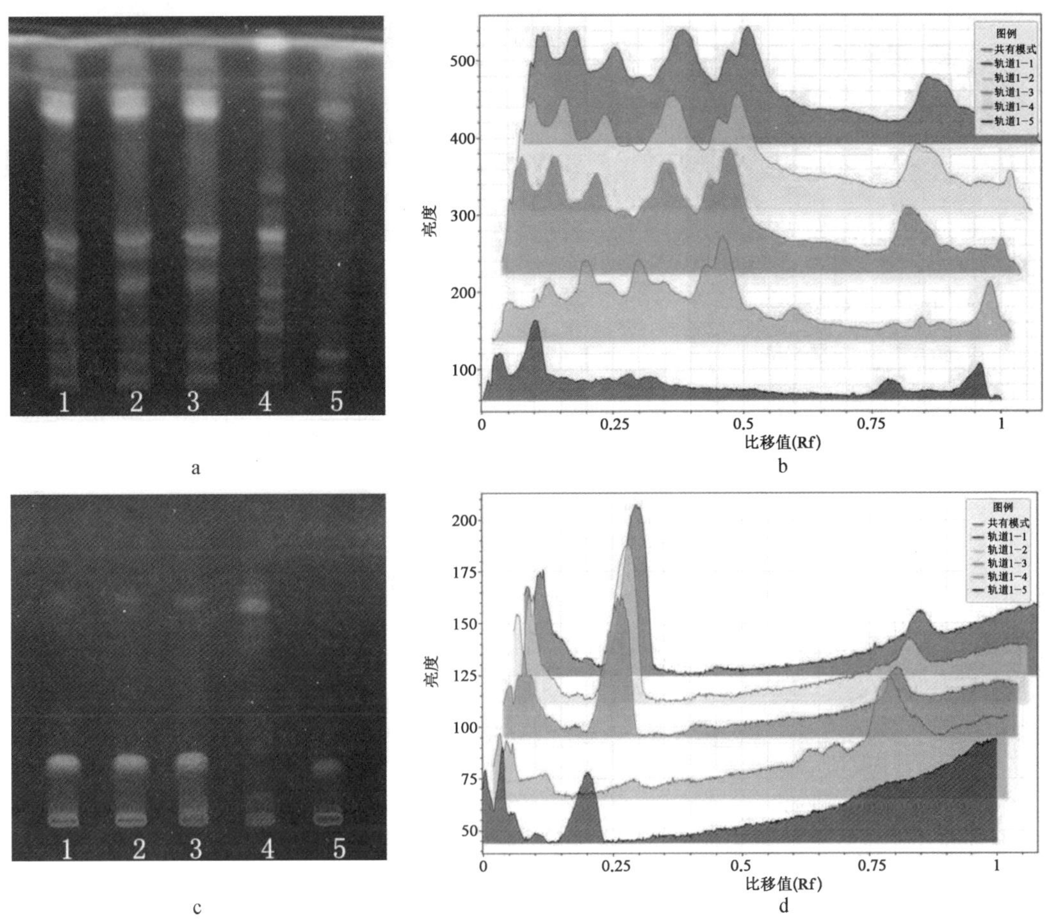

a b

c d

图 2-19 淫羊藿薄层鉴别

a. 淫羊藿薄层板图(1~3 为供试品溶液;4 为对照品溶液;5 为阴性对照) b. 淫羊藿薄层三维扫描图(由上到下依次为轨道 1 至轨道 5,轨道 1~3 为供试品溶液;轨道 4 为对照品溶液;轨道 5 为阴性对照) c. 淫羊藿薄层板图(1 供试品溶液;2 对照品溶液;3 阴性对照) d. 淫羊藿薄层三维扫描图(由上到下依次为轨道 1 至轨道 5,轨道 1~3 为供试品溶液;轨道 4 为对照品溶液;轨道 5 为阴性对照)

3)阴性对照溶液的制备:另取阴性对照,同法制成阴性对照溶液。

4)薄层鉴别:照薄层色谱法试验,吸取上述三种溶液各 10 μL,分别点于同一硅胶 G 薄层板上,以石油醚(60~90℃)-乙酸乙酯(体积比为 17∶3)为展开剂,展开,取出,晾干,紫外光灯(365 nm)下检视,鉴别结果见图 2-20。

(5)片姜黄的鉴别

1)片姜黄供试品溶液的制备:取干浸膏 1.883 g,加甲醇 5 mL,超声 30 min,滤过,作为供试品溶液。

2)对照药材溶液的制备:另取片姜黄对照药材 1.031 g,同法制成对照药材溶液。

3)阴性对照溶液的制备:另取阴性对照,同法制成阴性对照溶液。

4)薄层色谱法试验:吸取上述供试品及阴性对照溶液各 6 μL、对照药材 10 μL 分别点于同一硅胶 G 板上,以石油醚(30~60℃)-乙酸乙酯(体积比为 17∶3)为展开剂,预饱和 30 min,展开,取出,晾干,喷 5%的香草醛硫酸显色剂,105℃下加热至斑点清晰,鉴别结果如图 2-21。

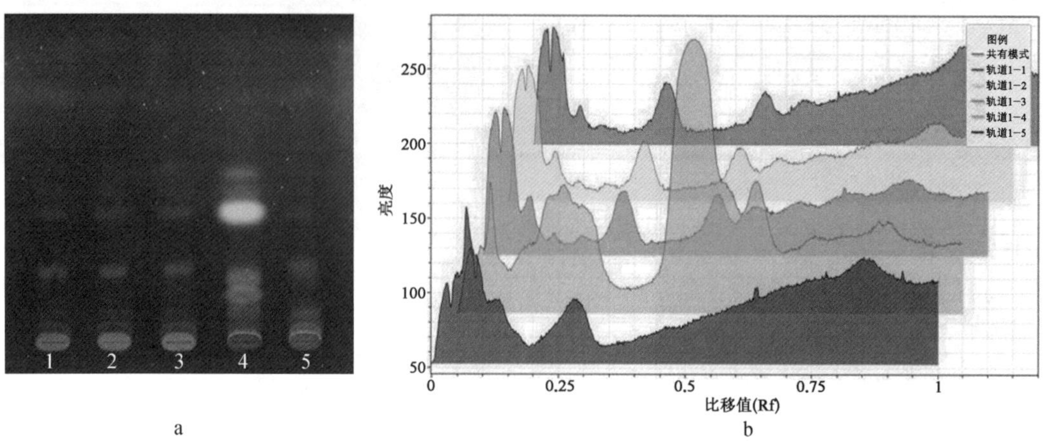

a b

图 2-20　桂枝薄层鉴别

a. 桂枝薄层板图(1~3 为供试品溶液,4 为对照品溶液,5 为阴性对照)　b. 桂枝薄层三维扫描图(由上到下依次为轨道 1 至轨道 5,轨道 1~3 为供试品溶液,轨道 4 为对照品溶液,轨道 5 为阴性对照)

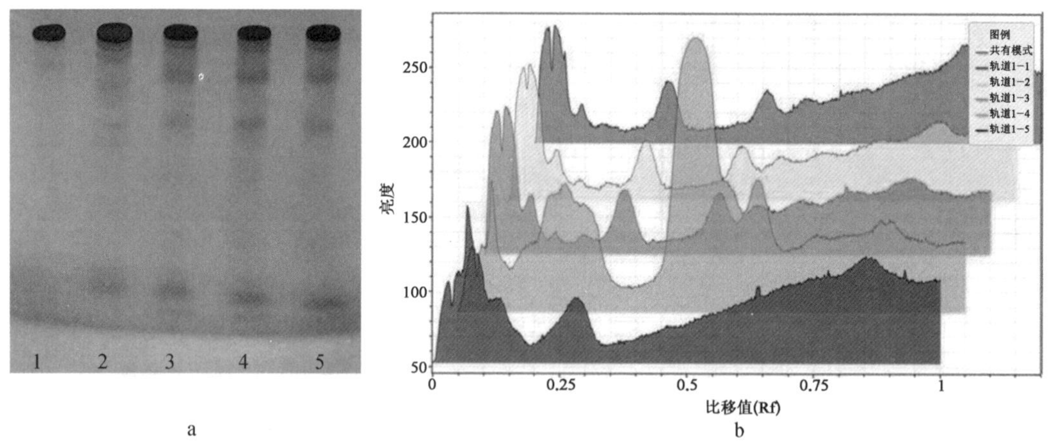

a b

图 2-21　片姜黄薄层色谱分析

a. 片姜黄薄层板图(1~3 为供试品溶液;4 为对照品溶液;5 为阴性对照)　b. 片姜黄薄层三维扫描图(由上到下依次为轨道 1 至轨道 5,轨道 1~3 为供试品溶液;轨道 4 为对照品溶液;轨道 5 为阴性对照)

3. 讨论

该部分对五味温通除痹胶囊组方中的 5 味中药进行薄层色谱定性鉴别,其中鉴定出 4 味药材。在对黄芩的鉴别中,本实验首先参考《中华人民共和国药典》(2010 年版),采用聚酰胺薄膜,以甲苯-乙酸乙酯-甲醇-甲酸(体积比为 10∶3∶1∶2)为展开剂对黄芩供试品溶液进行展开。结果显示,薄层色谱不清晰,且分离效果较差。故我们又采用硅胶 G 板进行色谱分离。结果显示,黄芩薄层色谱分离良好,色带清晰。

在淫羊藿的鉴别中,我们参考《中华人民共和国药典》(2010 年版)方法,在预实验中,采用硅胶 G 板进行薄层展开,发现 G 板同样可以展开,故采用 G 板对薄层色谱进行进一步的优化展开。我们首先对《中华人民共和国药典》(2010 年版)的方法进行优化,改变点样量来优化最大分离效果;同时参考文献,改变展开剂及点样量,采用另外一种方法,来对淫羊藿进行鉴别。两种方法均对淫羊藿进行了很好的鉴别。在桂枝的鉴别中,参考《中华人民共和国药典》(2010 年版)方法,分离良好,色带清晰。在茯苓的鉴别中,采用《中华人民共和国药典》(2010 年版)的方法,但由于五味温通除痹胶囊采用水煮法提取,而茯苓成分易挥发,故难以检测出来。通过上述实验,可以准确地鉴别出五味温通除痹胶囊中黄芩、淫羊藿、桂枝及片姜黄 4 种成分,可作为制定质量标准的依据。

(二) 五味温通除痹胶囊中有效成分的含量测定

1. 基于 UPLC 的五味温通除痹胶囊中黄芩苷的含量测定[35]

(1) 色谱条件:色谱柱为 Acquity UPLC BEH C_{18}柱(100 mm×2.1 mm,1.7 μm);流动相为乙腈-0.1%磷酸(25∶75);流速为 0.25 mL/min;柱温为 30℃;检测波长为 280 nm;进样量为 1 mL。

(2) 系统适用性试验:吸取对照品溶液、样品溶液和阴性对照品溶液各 1 mL 注入色谱仪中,按上述色谱条件分别测定。结果显示样品色谱中在与对照品色谱图相同的保留时间处有色谱峰,与其他组分能达到基线分离,分离度>1.5,理论塔板数>5 000。阴性对照品在黄芩苷相同的保留时间处无明显色谱峰,说明样品中其他组分对测定结果无影响,结果见图 2-22。

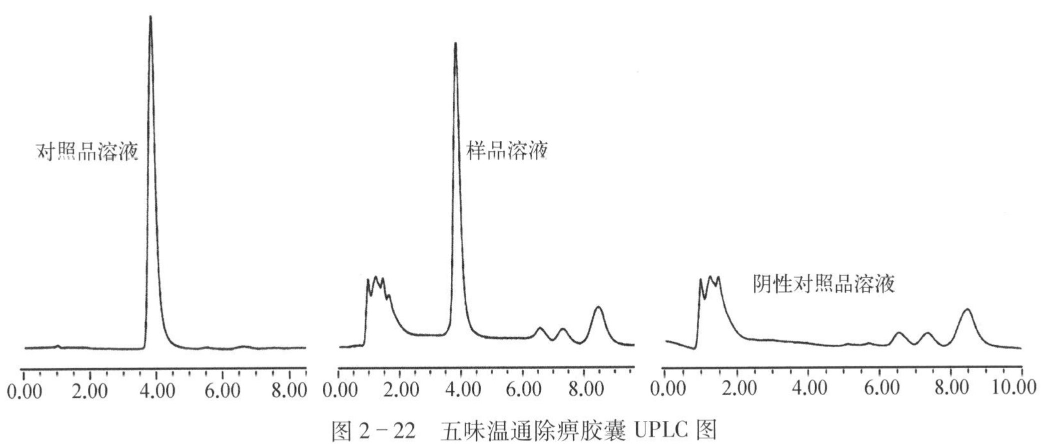

图 2-22　五味温通除痹胶囊 UPLC 图

(3) 线性关系考察:吸取黄芩苷对照品溶液 0.5 mL、1 mL、2 mL、3 mL、4 mL、5 mL,注入超高液相色谱仪,得回归方程:$Y=1\ 173\ 386.60X-110\ 636.71$,$r=0.999\ 9$($n=6$)。结果表明黄芩苷进样量在 0.095 5~0.955 mg 范围内与峰面积呈良好的线性关系。

(4) 精密度试验:吸取黄芩苷对照品溶液 1 mL,连续进样 6 次,获得%RSD 为 0.32%,表明仪器精密度良好。

(5) 重复性试验:取同一批五味温通除痹胶囊 6 份,平行制备样品溶液,进样测定,以黄芩苷的含量计算,其%RSD 为 0.20%,表明本方法重复性较好。

(6) 稳定性试验:取同一份样品溶液,在 0 h、2 h、4 h、8 h、12 h、24 h 分别进样,以黄芩苷的峰面积计算,获得%RSD 为 0.62%,表明样品溶液在 24 h 内稳定性良好。

(7) 加样回收率试验:取已知含量(每克胶囊中含黄芩苷 6.58 mg)的样品 6 份,每份约 0.1 g,分别加入黄芩苷对照品适量,制备样品溶液,进样测定,计算回收率,结果见表 2-34。

表 2－34 黄芩苷加样回收率试验结果

No	称样量(g)	样品中含量(mg)	加入量(mg)	检出量(mg)	回收率(%)	平均值(%)	%RSD
1	0.105	0.691	0.573	1.258	98.96	99.21	1.16
2	0.102	0.671	0.573	1.245	100.17		
3	0.104	0.684	0.573	1.246	98.08		
4	0.105	0.691	0.573	1.270	101.05		
5	0.106	0.697	0.573	1.261	98.43		
6	0.101	0.665	0.573	1.230	98.60		

(8) 样品测定：分别取五味温通除痹胶囊样品3批，制备样品溶液，进样测定，批号为20130409、20130410、20130411的样品中黄芩苷的含量分别为6.58 mg/g、6.71 mg/g、6.65 mg/g。

(9) 讨论：黄芩苷为黄芩中的有效成分，具有抗炎、解痉等药理作用，实验选取黄芩苷作为含量测定的指标，对控制该药品质量具有实际意义。实验对乙腈-水、甲醇-0.1%磷酸水溶液、乙腈-0.1%磷酸水溶液等流动相进行了考察，结果以乙腈-0.1%磷酸、甲醇-0.1%磷酸系统的色谱对称性好，样品中黄芩苷能够得到较好的分离，但以甲醇-0.1%磷酸水溶液为流动相时色谱柱的压力较高，为减少对色谱柱的损伤，最终确定以乙腈-0.1%磷酸水溶液作为流动相。

UPLC与HPLC相比，具有精密度高、分离效果好、分析时间短等优点[5]。实验采用UPLC对五味温通除痹胶囊中黄芩苷进行含量测定，出峰时间由10 min以上缩短至4 min[6]，在保持较高的准确度和精密度的同时，提高了分离效率，减少了溶剂的损耗，为该制剂的质量控制提供了一种更为快速准确的测定方法。

2. 基于UPLC的五味温通除痹胶囊中淫羊藿苷的含量测定[36]

(1) 色谱条件：色谱柱为Acquity BEH C_{18}柱(100 mm×2.1 mm，1.7 μm)；检测波长为270 nm；流动相为乙腈-水(体积比为27∶73)；流速为0.2 mL/min；进样量为1.0 μL；柱温为22℃。

(2) 方法学考察

1) 系统适应性试验：分别取对照品溶液、供试品溶液及阴性对照溶液进样测定，样品溶液在对照品相对应位置有色谱峰，阴性无干扰，淫羊藿苷保留时间为5.4 min，见图2－23。

2) 线性关系试验：吸取淫羊藿苷对照品溶液(浓度为0.160 mg/mL)1.0 mL、2.0 mL、4.0 mL、6.0 mL、8.0 mL至10 mL容量瓶中，加入甲醇稀释至刻度，进行测定，绘制标准曲线，得回归方程 $Y=30\ 108\ 528.08X-94\ 023.65$ ($r=0.999\ 9$)。结果显示，淫羊藿苷在0.016~0.160 mg间呈良好线性关系。

3) 精密度试验：吸取同一淫羊藿苷对照品溶液重复进样6次，结果各色谱峰相对保留时间、单峰相对峰面积%RSD<2%($n=6$)，表明该仪器的精密度良好。

4) 稳定性试验：取批号为20130226的供试品溶液，在0、4 h、8 h、12 h、24 h进样，获得各色谱峰相对保留时间、单峰相对峰面积%RSD<4%($n=6$)，说明此供试品溶液于24 h之内稳定性比较良好。

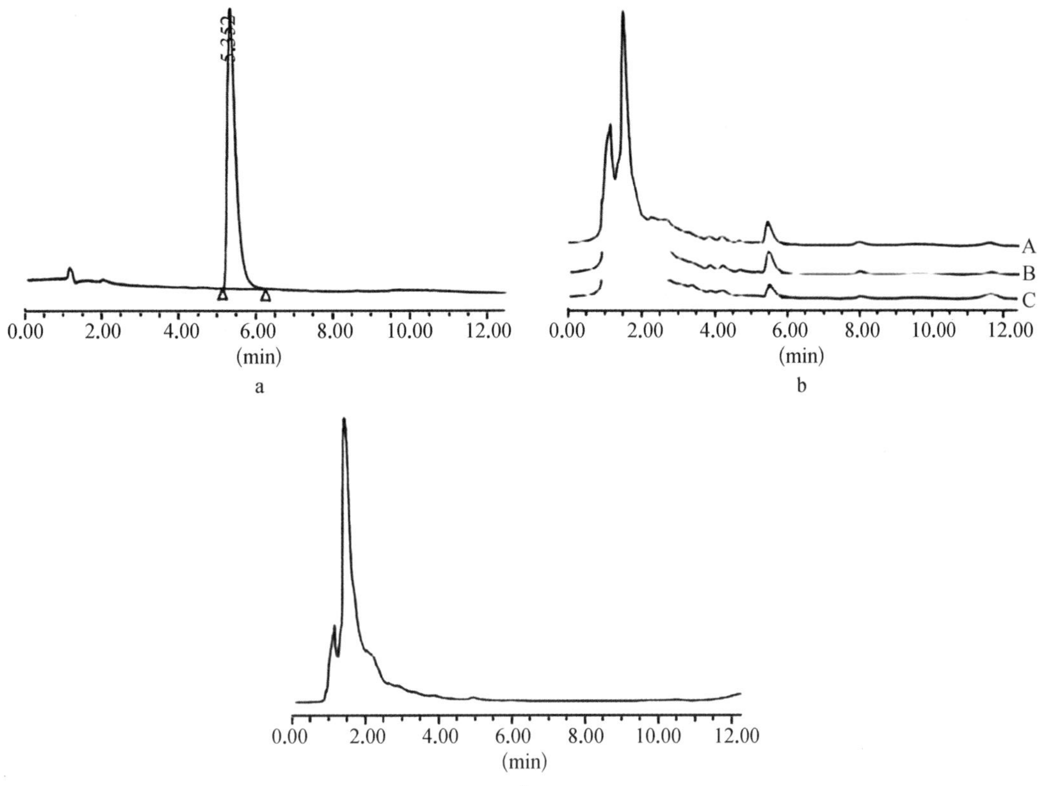

图 2－23　五味温通除痹胶囊超高效液相色谱图

a. 对照品溶液　b. 供试品溶液（A 20130226；B 20130812；C 20140912）　c. 阴性对照溶液

5）重复性试验：取批号为 20130226 同一供试品溶液，平行制备 6 份样品，进样，获得各色谱峰相对保留时间、单峰相对峰面积%RSD<2%（n=6），表明此方法的重复性良好。

6）加样回收率试验：取批号为 20130226 已知含量的样品 6 份，精密称定，分别精密加入淫羊藿苷对照品，制成供试品溶液，再进行测定，并计算出回收率，结果见表 2－35。

表 2－35　淫羊藿苷加样回收率试验结果

编号	取样量（g）	样品中量（mg）	加入量（mg）	测得量（mg）	回收率（%）	平均回收率（%）	%RSD
1	2.007 5	1.981 4	1.60	3.562 4	98.81	98.36	2.07
2	2.010 2	1.984 1	1.60	3.574 1	99.38		
3	1.998 2	1.972 2	1.60	3.482 2	94.37		
4	2.001 7	1.975 7	1.60	3.555 0	98.71		
5	2.008 6	1.982 5	1.60	3.585 0	100.16		
6	1.988 5	1.962 6	1.60	3.542 6	98.75		

（3）样品含量测定：分别取 3 批五味温通除痹胶囊（批号：20130226、20130812、20140912），制备样品溶液，进行测定，计算 3 批五味温通除痹胶囊中淫羊藿苷的含量，初步将五味温通除痹胶囊中淫羊藿苷含量限定为每克不低于 0.00 mg，结果见表 2－36。

表 2-36　3 批五味温通除痹胶囊中淫羊藿苷含量测定结果

编号	批号	样品中淫羊苷含量(mg/g)
1	20130226	0.987
2	20130812	0.992
3	20140912	0.965

（4）讨论：淫羊藿为五味温通除痹胶囊的君药，具有补肾阳，强筋骨，祛风湿之功效。淫羊藿的有效成分淫羊藿总黄酮中主含淫羊藿苷，故选取淫羊藿苷作为含量测定的指标成分。从 3 批次样品的测定结果可以发现，该制剂的生产工艺稳定，能够保证产品质量。另外，方法学考察中重复性试验、样品溶液稳定性、加样回收率均符合要求，且阴性无干扰，可以保证含量测定结果的准确性。

在选择流动相时，本实验参考相关文献[37~39]和《中华人民共和国药典》(2010 年版)，分别使用甲醇-水、甲醇- 0.38%磷酸溶液、乙腈-水为流动相试验，发现乙腈-水(体积比为 27∶73)为流动相时，淫羊藿苷得到完全分离并且峰形良好。本方法较《中华人民共和国药典》(2010 年版)的梯度洗脱更加节省溶剂，并且淫羊藿苷的出峰时间 5.40 min，比《中华人民共和国药典》(2010 年版)收载的 55 min，更加节省时间。目前，国内外大多数文献测量淫羊藿苷含量，基本都是采用 HPLC 法。与 HPLC 相比，本文采用 UPLC 法既保持较高的准确度和精密度，同时又提高了分离的效率，并减少溶剂损耗，大幅缩短测定时间，为本制剂质量的控制提供一种更加准确快速的方法。

综上所述，采用 UPLC 可有效地对淫羊藿活性成分淫羊藿苷进行含量测定。该方法简便、准确、灵敏，可作为五味温通除痹胶囊的质量控制方法之一。

第四节　健脾化湿通络方药代动力学研究

中药及其复方药代动力学，指在中医药理论指导下，利用动力学的原理与数学处理方法，定量地描述中药有效成分、有效部位、单味中药和中药复方通过各种给药途径进入机体后的吸收、分布、代谢和排泄等过程的动态变化规律。中药有效成分及其体内过程的复杂性给中药药代动力学的研究带来很大的困扰[40]。如何比较全面地反映中药有效部位或复方在机体内的整体药代动力学特征，建立符合中医药自身规律与特点的中药药代动力学研究方法学体系，是中药现代化研究中急需解决的关键问题[41]。系统生物学中代谢组学依托高通量的生化分析技术如 LC - MS、GC - MS 和 NMR 等和先进的化学信息学方法，不仅可以同时检测成千上万的小分子代谢物，还可以系统地描绘给定条件下生物系统内源性代谢物谱的动态改变及其与外源性干扰之间的关系[42]。

本节利用超高效液相色谱串联质谱法 UPLC - MS/MS 同时测定佐剂性关节炎(adjuvant arthritis，AA)大鼠血浆中黄芪皂苷Ⅱ(astragaloside - Ⅱ，AGS - Ⅱ)、黄芪甲苷(astragaloside -Ⅳ，AGS -Ⅳ)、雷公藤甲素(triptolide，TPL)、雷公藤红素(celastrol，CLT)、雷公藤次碱(wilforine，WFI)和雷公藤吉碱(wilforgine，WFG)的含量，分析各成分药代动力学特征并将这些成分归为萜类(terpenes，TPS)和生物碱类(alkaloids，ALS)两类成分，自定义权重系数，计算 XFC 中 TPS 和 ALS 成分在大鼠体内综合血药浓度，建立分类整合药动学研究模型，并用统计矩法得到 XFC 中 TPS 和 ALS 成分在大鼠体内整合药代动力学参数，最大程度上表征中药复方同类成分整体的体内处置规律，中药复方药代动力学研究提供了一种研究方法，也为对 XFC 作用机制的进一步研究，临床合理用药提供实验依据。

（一）实验材料

1. 动物

SD 大鼠，清洁级，雄性，体重（220±10）g，安徽医科大学实验动物中心提供。

2. 试剂和材料

XFC（安徽中医药大学第一附属医院，皖药制字 Z20050062，批号：20130530）；甲酸（色谱纯，美国 ROE 公司）；甲醇（色谱纯，德国 Merck 公司）。

（二）实验方法和结果

1. AA 大鼠模型制备与给药

将新购进的 SD（雄性）大鼠 32 只在恒温（24±2）℃、光照周期 12 h 的环境下饲养 1 周，随机分为 5 组：正常对照组，AA 模型组（每组 7 只），XFC 低、中、高给药组（0.3 g/kg、0.6 g/kg、1.2 g/kg）组（每组 6 只）。AA 模型组及 XFC 给药组以 FCA（10 g/L）于足趾部皮下注射对大鼠进行致炎，首次免疫一侧注入 0.1 mL FCA，正常对照组大鼠注射等量生理盐水，以首次注射记入第 0 天。7 天后，两次免疫相同一侧注入 0.05 mL FCA。依据 XFC 临床上人体每日 1 次服用剂量换算成大鼠给药剂量，并乘以 2.5、5、10 倍构成 XFC 低、中、高给药组（0.3 g/kg、0.6 g/kg、1.2 g/kg），AA 大鼠出现继发性关节炎症状后，于第 18~24 天灌胃给药，每天一次，给药容积为 10 mL/kg，正常对照组及 AA 模型组大鼠按照相同标准给药生理盐水。第 25 天给予药物前，大鼠禁食 12 h。

2. 标准品的制备

精密称取对照品 AGS－Ⅱ（2.432 mg）、AGS－Ⅳ（2.048 mg）、TPL（1.024 mg）、CLT（1.536 mg）、WFG（1.920 mg）、WFI（1.280 mg）和柴胡皂苷 D（saikosaponin D，SKPD）（1.50 mg），用甲醇定容至 10 mL，制得 AGS－Ⅱ（0.243 2 mg/mL）、AGS－Ⅳ（0.204 8 mg/mL）、TPL（0.102 4 mg/mL）、CLT（0.153 6 mg/mL）、WFG（0.192 0 mg/mL）、WFI（0.128 0 mg/mL）和 SKPD（0.150 0 mg/mL）。各对照品储备液，冷藏备用。

3. 生物样品的制备及处理

（1）生物样品制备：一个完整的血药浓度—时间曲线，最关键的是采样时间点的设计，其应兼顾药物的吸收相、平衡相（峰浓度附近）和消除相。一般吸收相需要 2~3 个采样点，应尽量避免第一个点是峰浓度（peak concentration，C_{max}），在 C_{max} 附近至少需要 3 个采样点；消除相需要 4~6 个采样点。整个采样时间应持续到 3~5 个半衰期，或持续到血药浓度为 C_{max} 的 1/10~1/20。

依据文献分析，确定取样时间点为第 25 天于给药前 0 min 和给药后 5 min、10 min、15 min、30 min、45 min、1 h、1.5 h、2.5 h、3 h、4 h、6 h、8 h、10 h、12 h、24 h，分别从各组大鼠眼球后静脉丛取血 0.5 mL，含 5 μL 100 IU/mL 肝素钠抗凝，离心 10 min（3 000 r/min，4℃），取血浆置-20℃冰箱备用。

（2）生物样品处理：取大鼠血浆上清液 200 μL，加入 600 μL 甲醇，涡旋混匀 2 min

后，离心 10 min（15 000 r/min，4℃）后，吸取上清液 600 μL 至 2 mL 离心管中，加入 10 μL 75 ng/mL SKPD（IS），在 35℃水浴中氮气吹干，残渣用 100 μL 甲醇溶解，涡旋混匀 2 min，离心 10 min（15 000 r/min，4℃）。移液枪精密吸取上清液放入进样瓶中，等待进样。

4. 生物样品检测

（1）内标物质的选择：依据内标物的概念及与本课题检测方法的契合度，选取 SKPD 为内标。

（2）色谱条件：色谱柱为 ZORBAX Eclipse Plus C_{18} 色谱柱（Agilent，2.1 mm×100 mm，1.8 μm），柱温为 30℃，进样量为 2 μL。流动相为 A（甲醇）和 B（甲酸-水，体积比为 1∶20），使用梯度洗脱为 0.1~0.5 min，65% A~80% A；3.0~3.1 min，80% A~90% A；7.0~8.0 min，90% A~65% A，后运行时间 4 min。液相流速为 0.2 mL/min。总运行时间为 12.0 min。

（3）质谱检测参数：采用电喷雾离子源（electrospray ionization，ESI）负离子的多反应同时监测（multiple reaction monitoring，MRM）模式，最终优化得到的质谱条件为离子喷雾电压（ionspray voltage，ISV）为-4 000 V，离子源温度（source temperature，TEM）350℃；雾化气（ion source gas 1，GS_1）40 psi，辅助气（ion source gas 2，GS_2）45 psi，气帘气（curtain gas，CUR）25 psi。

5. 方法学验证

在所确定的色谱条件和样品处理方法，进行方法学考察，包括专属性、标准曲线的建立、准确度、精密度、回收率、稳定性实验等。

（1）专属性：考察六组不同来源的空白大鼠血浆、空白血浆加入一定浓度的 SKPD（IS）及 ACS－Ⅱ、AGS－Ⅳ、TPL、CLT、WFG、WFI 的标准品溶液，以及大鼠给药 XFC 后加 SKPD（IS）的血浆样品，进行 AGS－Ⅱ、AGS－Ⅳ、TPL、CLT、WFG 和 WFI 的含量测定。结果表明，MRM 参数具有较高的响应及较好的信号稳定性，且得到如下数据：AGS－Ⅱ的保留时间为 4.83 min，AGS－Ⅳ的保留时间为 4.80 min，TPL 的保留时间为 3.17 min，CLT 的保留时间为 7.67 min，WFG 的保留时间为 2.73 min，WFI 的保留时间为 3.20 min，SKPD（IS）的保留时间为 5.25 min，且与阴性对照比较，无内源性干扰峰存在，见图 2－24。

（2）线性及灵敏度：分别精密吸取对照品溶液于具塞离心管中，各加入空白血浆 1.0 mL，分别配制成以下含 SKPD 75 ng/mL（IS）各成分浓度的血液样本。

AGS－Ⅱ：2.375 ng/mL、4.750 ng/mL、9.500 ng/mL、19.00 ng/mL、38.00 ng/mL、76.00 ng/mL、152.0 ng/mL、304.0 ng/mL、1 216 ng/mL。

AGS－Ⅳ：2 ng/mL、4 ng/mL、8 ng/mL、16 ng/mL、32 ng/mL、64 ng/mL、128 ng/mL、256 ng/mL、1 024 ng/mL。

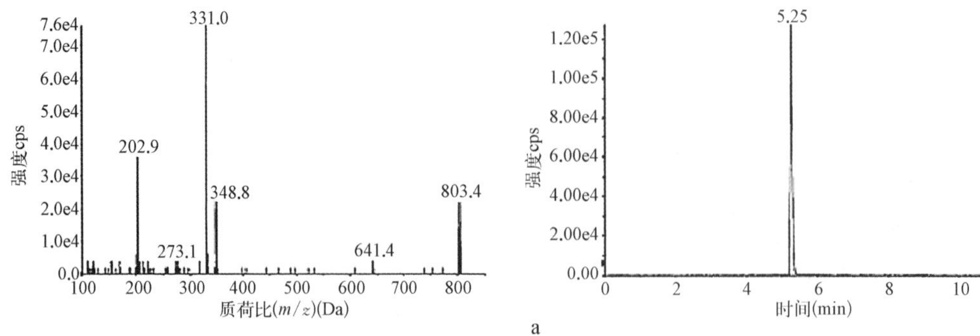

a

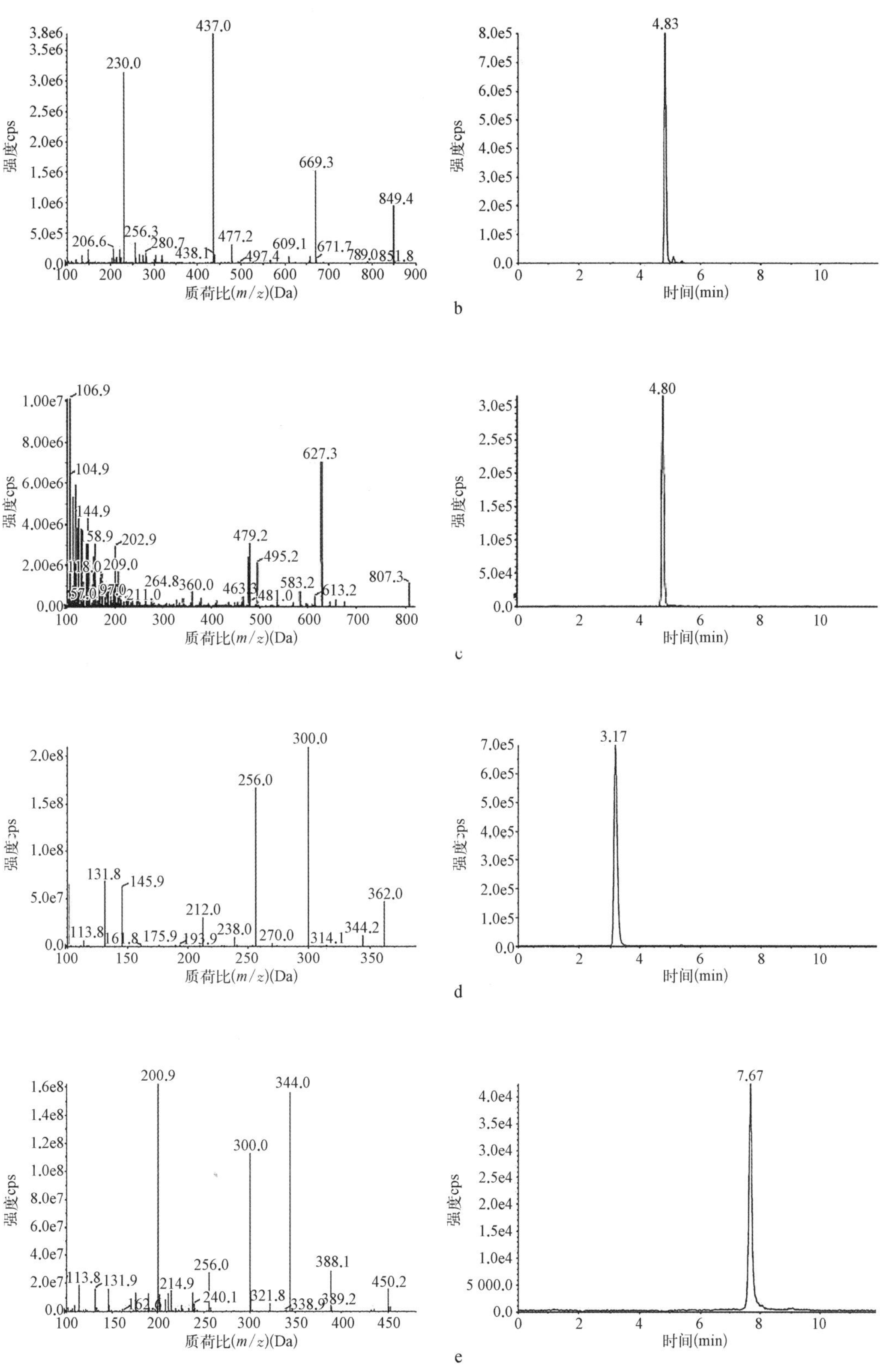
强度cps
质荷比(m/z)(Da)
时间(min)
b
c
d
e

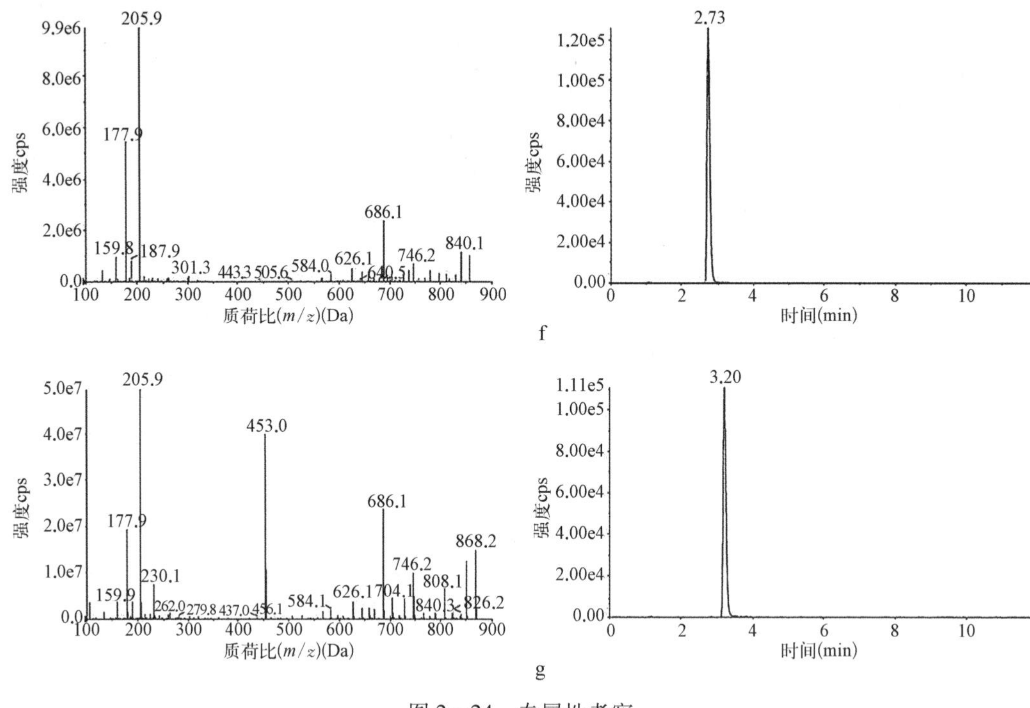

图 2-24　专属性考察

a. SKPD(IS)的二级质谱和液相图　b. AGS-Ⅱ的二级质谱和液相图　c. AGS-Ⅳ的二级质谱和液相图　d. TPL 的二级质谱和液相图　e. CLT 的质谱和液相图　f. WFG 的二级质谱和液相图　g. WFI 的二级质谱和液相图

TPL：0.25 ng/mL、0.5 ng/mL、1 ng/mL、2 ng/mL、4 ng/mL、8 ng/mL、16 ng/mL、32 ng/mL、64 ng/mL。

CLT：1.5 ng/mL、3 ng/mL、6 ng/mL、12.00 ng/mL、24.00 ng/mL、48.00 ng/mL、96.00 ng/mL、192 ng/mL、384 ng/mL。

WFG：0.75 ng/mL、1.50 ng/mL、3.00 ng/mL、6.00 ng/mL、12.00 ng/mL、24.00 ng/mL、48.00 ng/mL、96.00 ng/mL、192 ng/mL。

WFI：0.75 ng/mL、1.50 ng/mL、3.00 ng/mL、6.00 ng/mL、12.00 ng/mL、24.00 ng/mL、48.00 ng/mL、96.00 ng/mL、192 ng/mL。

将以上血液样本按照上述操作，记录峰面积，得到线性回归方程并确定定量下限。利用该标准曲线方程得出，在大鼠体内检测 AGS-Ⅱ、AGS-Ⅳ、TPL、CLT、WFG、WFI 的定量下限(lower limit of quantitation，LLOQ)分别为 2.375 ng/mL、2.000 ng/mL、0.250 0 ng/mL、1.500 ng/mL、0.750 0 ng/mL、0.750 0 ng/mL，相对误差范围 RE 均在 0.3%以内，相对标准偏差 RSD 均低于 9.9%。

(3) 精密度试验：按血浆样本标准曲线方法配制加入 75 ng/mL SKPD(IS)的ACS-Ⅱ、AGS-Ⅳ、TPL、CLT、WFG、WFI 低、中、高 3 种不同浓度的血浆样本。按上述操作，记录峰面积(A)，分别测定日内变异和日间变异，结果见表 2-37。6 种成分日内、日间精密度的%RSD 不超过 2.39%、3.47%。

(4) 稳定性试验：按标准曲线配制方法加入 75 ng/mL SKPD(IS)的 ACS-Ⅱ、AGS-Ⅳ、TPL、CLT、WFG、WFI 低、中、高 3 个浓度的样品，分别进行冻融稳定性、短期稳定性及长期稳定性试验，结果见表2-38，6种成分在实验条件下（冻融条件、长期1个月内、48 h内）基本稳定。以上结果揭示该方法用于检测6种成分满足精密度及稳定性要求。

表2-37　6种成分的日内、日间精密度（$n=6$）

成分	药代动力学	常规浓度（ng/mL）	监测浓度（ng/mL）	准确度（%RE）	精密度（%RSD）
ACS-Ⅱ	Intra-Day	6	5.98	0.330	1.8
		68	67.87	0.190	1.4
		12	1 215.00	0.080 0	1.9
		16			
	Intra-Day	6	5.89	1.83	3.5
		68	66.77	1.81	2.1
		12	1 216.35	-0.030 0	2.5
		16	4.85	-0.160	1.9
AGS-Ⅳ	Intra-Day	5	65.54	2.40	2.0
		64			
		1 024	1 025.62	0.160	1.3
	Intra-Day	5	4.89	-0.530	2.7
		64	62.77	-1.90	3.1
		1 024	1 025.62	0.160	2.0
TPL	Intra-Day	2.5	2.690	7.60	2.4
		16	16.07	0.430	1.6
		64	63.96	-0.060 0	1.8
	Intra-Day	2.5	2.685	7.40	2.9
		16	16.06	0.300	2.2
		64	62.46	-2.40	1.7
CLT	Intra-Day	4	3.89	2.75	2.0
		96	95.75	0.260	2.1
		384	270.50	0.550	2.3
	Intra-Day	4	4.030	-0.750	1.9
		96	96.60	0.625	3.1
		384	272.50	-0.180	1.6
WFI	Intra-Day	5	4.72	5.60	2.3
		50	48.90	2.20	1.9
		192	190.90	0.573	2.3
	Intra-Day	5	5.03	-0.600	2.6
		50	49.80	0.400	1.7
		192	191.6	-0.208	2.9
WFG	Intra-Day	5	4.78	4.40	2.1
		50	48.89	2.22	2.0
		192	191.8	0.104	2.3
	Intra-Day	5	4.78	4.40	2.1
		50	48.89	2.22	2.0
		192	191.8	0.104	2.3

表 2-38　6 种成分在不同条件的稳定性($\bar{x} \pm s, n=6$)

成分	常规浓度	三个冻结/解冻(%RE)	室温 48 h 的短期稳定性(%RE)	-20℃ 30 天的长期稳定性(%RE)
AGS-Ⅱ	6	-2.3	-1.9	2.6
	68	3.3	-4.4	-3.1
	1 216	-2.0	-1.7	-2.8
AGS-Ⅳ	5	-2.9	-4.3	-8.9
	64	-2.2	-1.8	-5.6
	1 024	4.6	2.5	-4.2
TPL	2.5	-0.8	-2.1	3.6
	16	3.1	-5.4	-5.1
	64	-2.2	-1.1	-3.8
CLT	4	-1.0	-3.1	1.6
	96	4.1	-2.4	-3.1
	384	-3.2	-5.1	-2.8
WFG	5	-2.5	-3.0	2.8
	50	3.4	-4.1	-3.3
	192	-1.9	-1.9	-2.9
WFI	5	-1.6	-2.8	3.8
	50	3.4	-5.3	-5.4
	192	-2.6	-1.9	-3.7

(5) 基质效应与相对回收率：配制[加入 75 ng/mL SKPD(IS)的 ACS-Ⅱ、AGS-Ⅳ、TPL、CLT、WFG、WFI]低、中、高 3 种不同质量浓度的血浆样本各 5 份，按(3)、(4)项下操作，测定各成分的峰面积(A)，计算回收率。结果见表 2-39，6 种成分高、中、低 3 组浓度的质量控制(quality control，QC)样品在大鼠血浆基质中的提取回收率在 96.5%~103.4%之间，基质效应的评价结果在 81.3%~90.7%之间，组内、组间的%RSD 均不超过 2.7%，结果符合定量方法提取回收率和基质效应的要求。

表 2-39　6 种成分的回收率和基质效应($n=6$)

组分	常规浓度(ng/mL)	回收率(%)	%RSD	%RSD	%RSD
AGS-Ⅱ	6	88.6	2.2	101.8	1.8
	68	86.4	1.8	100.3	2.2
	1 216	81.9	2.4	99.30	1.9
AGS-Ⅳ	5	81.3	2.4	102.5	1.9
	64	89.7	1.7	97.30	2.7
	1 024	85.2	2.6	98.80	2.1
TPL	2.5	87.6	2.7	103.4	2.5
	16	84.2	1.6	102.4	2.3
	64	88.4	2.5	95.60	1.8

（续表）

组分	常规浓度（ng/mL）	回收率（%）	%RSD	%RSD	%RSD
CLT	4	89.6	2.1	101.4	2.3
	96	84.8	1.9	102.8	2.1
	384	88.1	2.3	99.70	1.7
WFG	5	90.5	1.9	112.5	1.7
	50	87.4	2.0	112.4	2.2
	192	90.4	2.3	98.40	1.9
WFI	5	90.1	1.8	100.6	1.7
	50	87.3	1.6	102.2	2.3
	192	90.7	2.1	99.70	2.0

6. 6 种成分分类整合药动学模型的建立

分别以 XFC 低、中、高 3 个剂量对 AA 大鼠灌胃给药后，利用已建立的方法对 AA 大鼠血浆中 6 种成分进行含量测定，通过标准曲线得到的血药浓度绘制出 6 种成分的血药浓度—时间曲线，以及通过 DSA 软件整合得到的 TPS 和 ALS 类血药浓度—时间曲线，均见图 2－25。由图 2－25 可知，3 种给药剂量下 6 种成分及整合得到的 TPS 和 ALS 类的血药浓度—时间曲线趋势基本相同，符合经典药动学模型的特征。

根据给予大鼠 XFC 水溶物后测定的血药浓度—时间数据，运用 DSA 软件计算各成分药动学参数，获得 4 个 TPS 和 2 个 ALS 成分的 $AUC_{0-\infty}$ 数据，计算各类成分占总类 $AUC_{0-\infty}$ 的比值，自定义为综合浓度中的权重系数（W），将每个时间点下各成分的血药浓度乘以各自的权重系数，算出 TPS 和 ALS 类成分的综合浓度，进一步整合，获得 TP 和 ALS 类血药浓度—时间曲线见图 2－25。由图 2－25 可知 3 种给药剂量下 6 种成分及整合得到的 TPS 和 ALS 类的血药浓度—时间曲线趋势基本相同，符合经典药动学模型的特征。

6 种成分在不同给药剂量后下通过 DSA 软件所得到的相应的药动学参数，且根据公式（1）～（6）整合的两类成分的血药浓度用于 DSA 软件中计算得到其整合药代动力学见表 6－8。可看出 3 种给药剂量下 6 种成分及整合得到的 TPS 和 ALS 类的 $t_{1/2}$ 等药代动力学参数基本不变，$AUC_{0-\infty}$、C_{max} 按照 3 种给药剂量递增的倍数增长。其中，6 种成分及 TPS

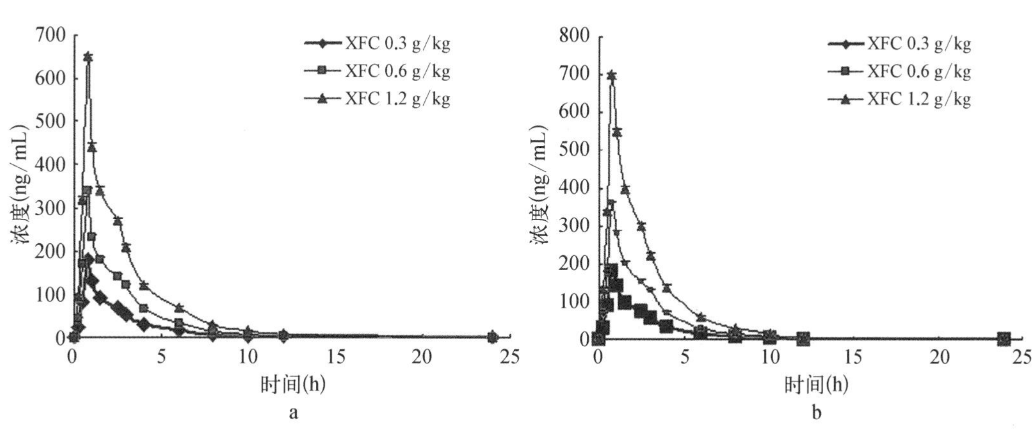

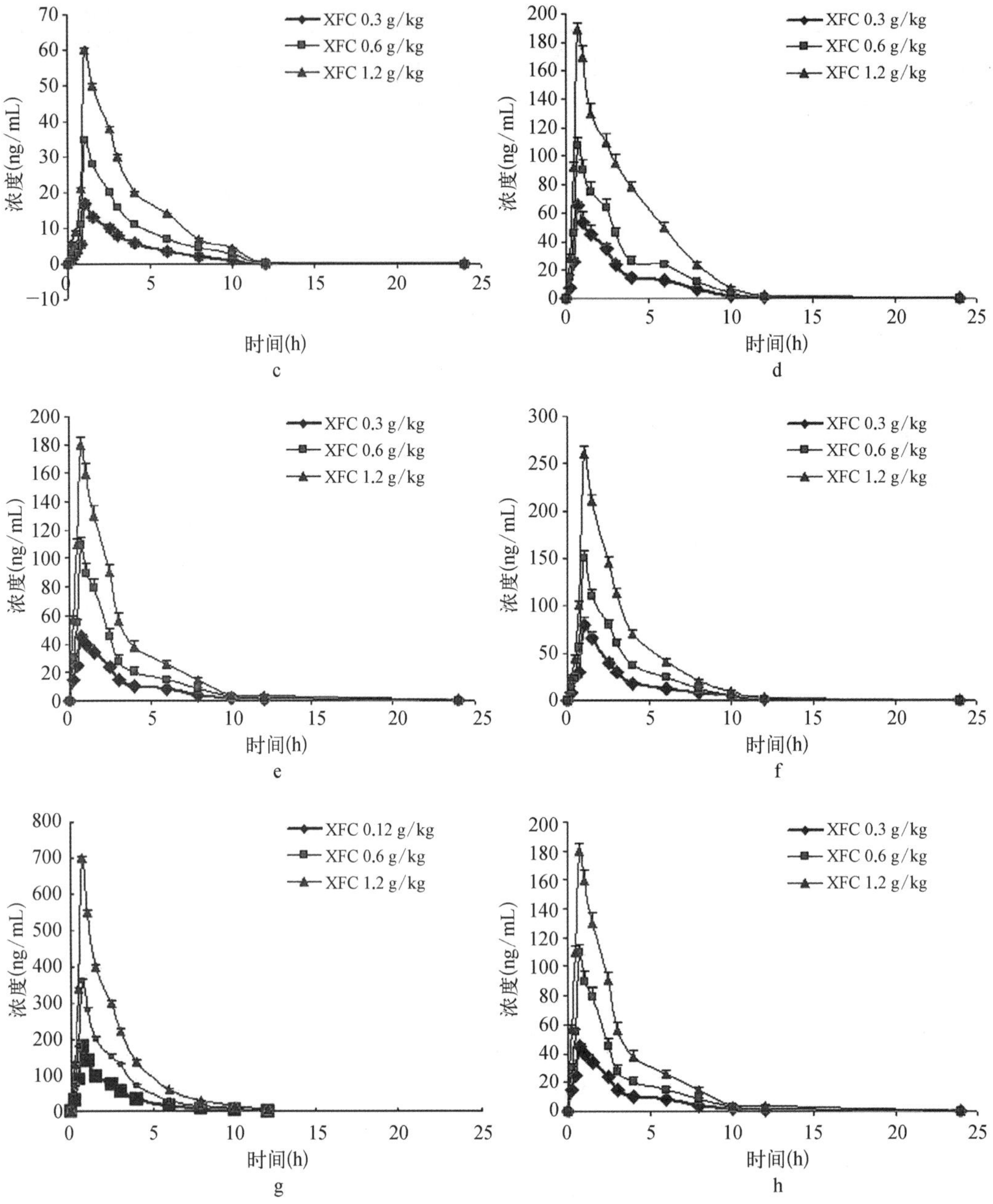

图 2－25　3 种给药剂量下平均血药浓度—时间曲线（$n=6$）

a. AGS－Ⅱ　b. AGS－Ⅳ　c. TPL　d. CLT　e. WFG　f. WFI　g. TPS　h. ALS

和 ALS 类的权重系数见表 2－40、表 2－41、表 2－42、表 2－43。

TP 类成分自定义权重系数：$W_t=(AUC_{t0-\infty})/(\sum AUC_{0-\infty}\,TPS)$　　（公式 1）

AL 类成分自定义权重系数：$W_a=(AUC_{k0-\infty})/(\sum AUC_{0-\infty}\,ALS)$　　（公式 2）

TPS 类 $AUC_{0-\infty}$ 总和：$\sum AUC_{0-\infty}\,TPS=AUC_{0-\infty}\,AGS-Ⅱ+AUC_{0-\infty}\,AGS-Ⅳ+AUC_{0-\infty}\,TPL+AUC_{0-\infty}\,CLT+AUC_{0-\infty}\,WFG+AUC_{0-\infty}\,WFI$　　（公式 3）

ALS 类 $AUC_{0-\infty}$ 总和：$\sum AUC_{0-\infty}\,ALS=AUC_{0-\infty}\,WFG+AUC_{0-\infty}\,WFI$　　（公式 4）

TPS 类整合血药浓度：$CTPS=\sum(W_t \times C_t)$　　（公式 5）

ALS 类整合血药浓度：$CALS=\sum(W_a \times C_a)$　　（公式 6）

式中 t 分别为 AGS－Ⅱ、AGS－Ⅳ、TPL、CLT；W_t 表示上述成分 $AUC_{0-\infty}$ 占 TPS 类 $AUC_{0-\infty}$ 的比值；a 分别为 WFG、WFI；W_a 表示上述成分 $AUC_{0-\infty}$ 占 ALS 类 $AUC_{0-\infty}$ 的比值；C 表示某时间点的血浆浓度。

表 2－40　使用 DAS2.0 软件计算得到的大鼠血浆中药代动力学参数（XFC 0.3 g/kg）（$\bar{x}\pm s$，$n=6$）

药代动力学	AGS－Ⅱ	AGS－Ⅳ	TPL	CLT
$t_{1/2\alpha}$(min)	39.06±1.280	43.56±1.090	59.18±1.750	56.18±1.360
$t_{1/2\beta}$(min)	594.700±5.690	605.010±4.210	1 432.23±27.20	1 428.23±20.50
Vd(L/kg)	0.331 5±0.029 0	0.390 0±0.025 00	0.019 51±0.008 900	0.017 51±0.010 00
CL($L \cdot min^{-1} \cdot kg^{-1}$)	0.551 5±0.001 2	0.600 9±0.012 0	0.204 0±0.008 900	0.231 0±0.030 00
$AUC_{0-\infty}$($ng \cdot mL^{-1} \cdot min^{-1}$)	33 836±777.36	31 010±680.36	3 120±275.70	13 020±300.40
MRT(min)	606.8±2.480	615.8±2.120	596.4±4.870	606.8±2.480
T_{max}(min)	47.90±1.370	45.18±2.830	65.55±0.210 0	77.55±0.610 0
C_{max}(ng/mL)	180.00±10.09	170.60±10.15	17.80±0.710 0	80.16±20.10

药代动力学	WFG	WFI	TPS	ALS
$t_{1/2\alpha}$(min)	50.18±1.630	42.11±1.050	44.36±1.280	40.11±1.500
$t_{1/2\beta}$(min)	1 228.23±25.00	1 432.23±27.20	1 412.23±23.20	1 400.23±25.20
Vd(L/kg)	0.015 00±0.030	0.019 51±0.189	0.331 5±0.029 00	0.018 00±0.010
CL($L \cdot min^{-1} \cdot kg^{-1}$)	0.431 0±0.030 0	0.498 7±0.208 9	0.532 1±0.001 200	0.480 7±0.030 00
$AUC_{0-\infty}$($ng \cdot mL^{-1} \cdot min^{-1}$)	30 090±300.40	9 180±360.36	10 650±205.70	9 018±190.36
MRT(min)	600.8±2.820	1 338±2.110	1 420±4.560	1 398±2.450
T_{max}(min)	60.55±0.160 0	45.00±1.070	43.90±2.210	44.10±1.500
C_{max}(ng/mL)	165.68±22.10	54.05±0.210 0	65.72±0.960 0	58.05±0.190 0

表 2－41　使用 DAS2.0 软件计算得到的大鼠血浆中药代动力学参数（XFC 0.6 g/kg）（$\bar{x}\pm s$，$n=6$）

药代动力学	AGS－Ⅱ	AGS－Ⅳ	TPL	CLT
$t_{1/2\alpha}$(min)	40.16±1.820	45.05±1.090	65.18±1.050	57.18±1.630
$t_{1/2\beta}$(min)	604.07±5.900	625.01±4.190	1 413.00±21.20	1 418.23±22.50
Vd(L/kg)	0.361 5±0.030 0	0.350 0±0.020 0	0.198 9±0.001 000	0.175 1±0.113 0
CL($L \cdot min^{-1} \cdot kg^{-1}$)	0.571 5±0.114 0	0.610 9±0.012 00	0.251 0±0.130 0	0.234 0±0.010 900
$AUC_{0-\infty}$($ng \cdot mL^{-1} \cdot min^{-1}$)	60 918±777.30	60 108±680.36	6 065±275.70	26 010±300.40
MRT(min)	636.8±2.680	619.8±2.500	616.8±2.100	556.4±4.780
T_{max}(min)	45.90±1.310	49.08±2.380	67.55±0.250 0	78.55±0.656 0
C_{max}(ng/mL)	350.00±10.90	331.60±10.09	35.80±0.710 0	150.16±20.10

药代动力学	WFG	WFI	TPS	ALS
$t_{1/2\alpha}$(min)	50.31±1.340	47.11±1.750	48.36±1.680	41.15±1.200
$t_{1/2\beta}$(min)	1 230.23±21.00	1 492.23±20.20	1 492.23±23.20	1 412.32±21.20
Vd(L/kg)	0.115 5±0.117 0	0.119 5±0.110 9	0.391 5±0.329 00	0.150 0±0.181 0
CL($L \cdot min^{-1} \cdot kg^{-1}$)	0.451 0±0.120 0	0.658 7±0.018 90	0.352 1±0.011 20	0.490 0±0.180 0
$AUC_{0-\infty}$($ng \cdot mL^{-1} \cdot min^{-1}$)	59 590±320.40	19 180±360.36	21 650±205.70	20 018±187.30

（续表）

药代动力学	WFG	WFI	TPS	ALS
MRT(min)	609.8±2.280	1 345±2.801	1 320±3.906	1 400±2.340
T_{max}(min)	61.55±0.210 0	44.00±1.070	45.90±2.210	43.10±1.230
C_{max}(ng/mL)	310.16±19.10	105.05±0.210 0	108.72±0.960 0	105.05±0.126 0

表 2－42　使用 DAS2.0 软件计算得到的大鼠血浆中药代动力学参数(XFC 1.2 g/kg)($\bar{x}\pm s, n=6$)

药代动力学	AGS－Ⅱ	AGS－Ⅳ	TPL	CLT
$t_{1/2\alpha}$(min)	39.66±1.450	43.96±1.090	59.38±1.750	56.08±1.530
$t_{1/2\beta}$(min)	600.70±5.130	645.01±4.223	1 522.23±21.20	1 488.30±26.50
Vd(L/kg)	0.341 5±0.029 00	0.401 4±0.030 00	0.201 1±0.020 00	0.115 1±0.110 0
CL($L \cdot min^{-1} \cdot kg^{-1}$)	0.519 8±0.090 10	0.587 9±0.102 0	0.218 9±0.018 90	0.191 0±0.090 00
$AUC_{0-\infty}$($ng \cdot mL^{-1} \cdot min^{-1}$)	125 800±777.36	117 810±680.36	11 650±275.70	49 100±3 000.40
MRT(min)	686.1±2.120	595.8±1.120	601.4±4.010	587.3±1.080
T_{max}(min)	50.01±1.170	48.34±2.430	60.15±0.108 0	69.43±0.030 0
C_{max}(ng/mL)	706.00±10.09	650.60±10.01	61.80±0.710 0	260.16±20.10
药代动力学	WFG	WFI	TPS	ALS
$t_{1/2\alpha}$(min)	49.92±1.430	45.91±0.958	49.31±0.990	43.00±1.020
$t_{1/2\beta}$(min)	1 245.23±23.00	1 398.11±29.10	1 367.33±19.20	1 423.38±21.20
Vd(L/kg)	0.017 50±0.100 0	0.020 01±0.011 89	0.033 10±0.129 0	0.020 00±0.080 0
CL($L \cdot min^{-1} \cdot kg^{-1}$)	0.390 0±0.119 8	0.501 1±0.008 900	0.489 7±0.011 20	0.490 0±0.080 00
$AUC_{0-\infty}$($ng \cdot mL^{-1} \cdot min^{-1}$)	108 090±290.40	36 380±3 600.36	38 900±208.70	32 018±167.30
MRT(min)	598.1±2.911	1 267±2.092	1 390±3.345	1 403±2.540
T_{max}(min)	58.13±0.130 0	47.23±1.013	41.01±1.310	41.10±1.320
C_{max}(ng/mL)	689.16±11.10	180.05±0.210 0	190.72±0.960 0	163.86±0.312 0

表 2－43　3 种给药剂量下 6 种成分的权重系数($\bar{x}\pm s, n=6$)

成分	药代动力学	剂量		
		0.3 g/kg	0.6 g/kg	1.2 g/kg
AGS－Ⅱ	$AUC_{0-\infty}$($ng \cdot mL^{-1} \cdot min^{-1}$)	33 836	60 918	125 800
	W	0.336	0.314	0.331
AGS－Ⅳ	$AUC_{0-\infty}$($ng \cdot mL^{-1} \cdot min^{-1}$)	31 010	60 108	117 810
	W	0.308	0.310	0.310
TPL	$AUC_{0-\infty}$($ng \cdot mL^{-1} \cdot min^{-1}$)	3 120	6 065	11 650
	W	0.031 0	0.031 0	0.031 0
CLT	$AUC_{0-\infty}$($ng \cdot mL^{-1} \cdot min^{-1}$)	13 020	26 010	49 100
	W	0.129	0.134	0.129
WFG	$AUC_{0-\infty}$($ng \cdot mL^{-1} \cdot min^{-1}$)	9 180	19 180	36 380
	W	0.091 0	0.099 0	0.096 0
WFI	$AUC_{0-\infty}$($ng \cdot mL^{-1} \cdot min^{-1}$)	10 650	21 650	38 900
	W	0.096	0.112	0.103

（三）讨论

1. XFC 中 6 种有效成分分类整合药代动力学研究

本节在开发 UHPLC－MS/MS 方法的同时，测定了 XFC 给药后 AA 大鼠血浆中 AGS－Ⅱ、AGS－Ⅳ、TPL、CLT、WFG 和 WFI 的含量，通过标准曲线计算出各成分的血药浓度—时间曲线及药代动力学参数。AA 大鼠血浆中 AGS－Ⅱ、AGS－Ⅳ的血药浓度是 TPL 的 10 倍、CLT 的 2 倍左右、WFG 和 WFI 的 3 倍左右，充分体现 XFC 中药复方中黄芪为君药，雷公藤为臣药的配伍原则。AA 大鼠血浆中 AGS－Ⅱ、AGS－Ⅳ的血药浓度，WFG 和 WFI 的血药浓度基本持平，体现同类有效成分在 XFC 中的含量基本一致，而 ALT 大约是 TPL 的 5 倍，也符合雷公藤药材本身的分布规律[44]。XFC 给药后 AA 大鼠血浆中 AGS－Ⅱ、AGS－Ⅳ、TPL、CLT、WFG 和 WFI 的血药浓度—时间曲线及药代动力学参数也直观体现了 XFC 中 AGS－Ⅱ、AGS－Ⅳ、TPL、CLT、WFG 和 WFI 在 AA 大鼠血浆中的吸收、分布、排泄规律，为 XFC 临床合理用药提供实验依据。

将中药复方中多种有效成分按照化合物类型分类成可数的类群，对总类群的经时变化血药浓度，用经典的药代动力学理论与模型进行描述，是中药复方多效应成分分类整合药代动力学的研究方法，也是检验模型是否适合的重要标准。本节将 XFC 中 AGS－Ⅱ、AGS－Ⅳ、TPL、CLT、WFG 和 WFI 成分归为 TPS 和 ALS 两类成分，将 6 种成分的药代动力学参数通过 DSA 软件整合得到的 TPS 和 ALS 成分分类整合药代动力学研究模型，并用统计矩法得到 XFC 中 TPS 和 ALS 成分在 AA 大鼠体内整合药代动力学参数，且 $t_{1/2}$、$AUC_{0-\infty}$、C_{max}等药代动力学参数符合经典药动学模型特征。

本节开发 UHPLC－MS/MS 方法同时测定 XFC 给药后（灌胃）中 AA 大鼠血浆中 6 种有效成分，并将其归为 TPS 和 ALS 两类成分进行分类整合药代动力学模型研究。其药代动力学参数与课题组前期研究两个单独物质药代动力学数据相比较[45]，发现存在一定差异性，充分体现分类整合药代动力学研究的优势。各成分的药代动力学参数与整合后的相比较，任何个别成分药动学行为不能用于表征 XFC 中 TPS 和 ALS 成分的整体药动学行为。基于 $AUC_{0-\infty}$ 分类整合药动学研究结果显示，TPS 和 ALS 成分分类整合血药浓度—时间曲线都符合灌胃给药后，机体对药物的处置规律，并且得到的药动学参数能充分兼顾同类别化合物中不同有效成分的药动学参数，反映同类成分整体在大鼠体内的存留特性和体内药动学过程，揭示中医药固有的理论和特点，体现中药复方的配伍原则，为中药复方药代动力学研究提供一种新的研究方法。但还是缺乏反映整体药效作用的联系，表明该方法还存在不足。因此，如何进行多效应成分药动学与整体药效学的结合，最终建立符合中医药理论的中药复方药动学研究方法学体系，值得我们继续深入研究。

2. XFC 中 6 种有效成分及整合的 TPS 和 ALS 成分与给药剂量的相关性

XFC 低、中、高 3 种给药剂量下 6 种成分及整合得到的 TPS 和 ALS 类的血药浓度—时间曲线趋势基本相同，符合经典药动学模型的特征。此外，6 种成分在 XFC 低、中、高 3 种给药剂量下，通过 DSA 软件计算得到的药代动力学参数，根据公式（1）~（6）整合的 TPS 和 ALS 类成分的血药浓度通过 DSA 软件计算得到的整合药代动力学参数，可看出 XFC 低、中、高 3 种给药剂量下 6 种成分及整合得到的 TPS 和 ALS 类的 $t_{1/2}$等药代动力学参数基本不变，且 $AUC_{0-\infty}$、C_{max}基本按照 3 种给药剂量递增的倍数增长。药物进入大鼠体内经过吸收、分布、排泄等过程，随着给药剂量的增加，血药浓度升高是显而易见的，进一步验证 XFC 多效应成分分类整合药代动力学符合灌胃给药后，机体对药物的处置规律，符合经典药动学模型特征。XFC 中有效成分众多，本节仅就 6 种有效成分进行分两类整合研究，不能代表其全部药动学特征，因此，如何全面、详尽地找出针对 RA 有效的生物活性成分，进而研究其在 XFC 中的药代动力学行为及给药剂量与疗效之间的关系将是下一步的研究方向[43]。

参考文献

[1] 刘昌孝.系统生物学与中药现代研究(一)[J].天津中医药大学学报,2006,25(3)：191-196.

[2] 周海钧.我国现代中药研发的思考[J].中国药学杂志,2007,42(6)：401-403.

[3] 孙安会，袁肇凯，夏世靖，等.中医证候系统生物学研究的现状和展望[J].中华中医药杂志，2016(1)：200-204.

[4] 刘娇.中医科学性的辩证分析和发展方向问题研究[D].锦州：渤海大学，2016.

[5] 王媛，袁磊，李遇伯，等.基于 UPLC-Q-TOF-MS 的淫羊藿化学成分分析[J].中草药，2017，48(13)：2625-2631.

[6] 韩东卫，朱蕾，张宇驰，等.基于 UPLC/QTOF-MS 技术观察花旗泽仁对 SD 大鼠体内尿液代谢组学的影响[J].中医药信息，2018(1)：51-54.

[7] 刘凯.痹证的辨治探析[J].养生保健指南，2016(25)：287.

[8] 张玉婷.五味温通除痹胶囊制备工艺和质量控制研究[D].合肥：安徽中医药大学，2016.

[9] 刘健，郑志坚.类风湿性关节炎中医学病机探讨[J].中国中医基础医学杂志，2001(9)：13-15.

[10] 刘健，夏伦祝，孟楣，等.新风胶囊水提取工艺研究[J].中华中医药学刊，2010(2)：234-236.

[11] 孟楣，魏良兵，陈莉，等.正交试验法优选新风胶囊醇提取工艺[J].中医药导报，2012，18(6)：65-67.

[12] 李俊，韩向晖，李仲洪，等.茯苓多糖的提取及含量测定[J].中国现代应用药学杂志，2000，17(1)：49，50.

[13] 朱裕林，陈卫东，张冬梅，等.淫羊藿醇提取与水提取工艺的比较[J].中成药，2015，37(2)：435-437.

[14] 汪霞，张雪，廖晓嘉.不同提取工艺下黄芩浸膏粉中黄芩苷含量测定研究[J].中国现代药物应用，2008，2(9)：10，11.

[15] 张玉婷，高家荣，刘健，等.正交试验法优选五味温通除痹胶囊水提工艺[J].安徽医药，2014(10)：1833-1836.

[16] 胡媛，汪洪湖，陈文婕，等.乳增宁胶囊的制备工艺研究[J].蚌埠医学院学报，2013，10(5)：17-19.

[17] 谢燕，李建利，施明毅，等.正交试验优选软脉通瘀颗粒的水提工艺[J].中国医药指南，2013，11(12)：466，483.

[18] 杜天信，殷娜，杜志谦，等.骨松健骨颗粒的提取工艺优选[J].中国实验方剂学杂志，2013，19(17)：50-52.

[19] 姜辉，王婷，刘健，等.正交试验结合 UPLC 法优选五味温通除痹胶囊醇提工艺[J].辽宁中医药大学学报，2016，(9)：57-59.

[20] 辛文好，宋俊科，何国荣，等.黄芩素和黄芩苷的药理作用及机制研究进展[J].中国新药杂志，2013，22(6)：647-659.

[21] 冯鑫，汪长中，汪天明，等.黄芩苷体外对白念珠菌凋亡的影响[J].中成药，2012，34(8)：1443-1446.

[22] 陈慧慧，张敏，虞慧娟，等.柴胡和黄芩配伍解热抗炎作用研究[J].中成药，2011，33(9)：1596-

1598.
[23] 包慧兰,陈黎.淫羊藿苷抗糖尿病大鼠心肌线粒体氧化应激损伤作用研究[J].中国中药杂志,2011,36(11):1503-1507.
[24] 李东晓,吴瑕,张磊,等.淫羊藿对骨骼系统的药理作用研究进展[J].中药药理与临床,2009,2(1):74-79.
[25] 王梅玲,李润今.甄瑾.淫羊藿苷对AD炎症模型大鼠TNF-αmRNA、IL-6mRNA表达的影响[J].内蒙古医学院学报,2012,34(6):882-885.
[26] 许继艳,李硕.正交试验优选黄芩中总黄酮的提取工艺[J].中国实验方剂学杂志,2014,20(12):69-71.
[27] 王文娣,王阳,王丽峰,等.星点设计-效应面法及正交实验设计优化淫羊藿提取工艺的比较研究[J].时珍国医国药,2010,21(11):2766-2768.
[28] 蒋晔,郝福,李艳荣.HPLC同时测定桂枝颗粒中桂皮酸、芍药苷、甘草酸含量[J].中国中药杂志,2008,339(2):204-206.
[29] 李发美,熊志立,鹿秀梅,等.中药质量控制和评价模式的发展及系统生物学对其的作用[J].世界科学技术:中医药现代化,2009,11(1):120-126.
[30] Wang F, Meng M, Chen L, et al. Development and validation of a high-performance thin-layer chromatographic fingerprint method for the evaluation of QiYi capsules with the reference of myotonin[J]. JPC-Journal of Planar Chromatography-Modern TLC, 2014, 27(3): 199-203.
[31] Zhang H, Meng M, Chen L, et al. Fingerprint analysis and the application of high-performance thin-layer chromatography for the quality assessment of QiYi capsules with the reference of Tripterygium wilfordii [J]. JPC-Journal of Planar Chromatography-Modern TLC, 2015, 28(3): 218-222.
[32] 孟楣,王芳,王晓玉,等.新风胶囊中水溶性蛋白的SDS-PAGE分析方法研究[J].中药材,2014,37(1):141 143.
[33] 孟楣,吴溪,王晓玉,等.新风胶囊质量评价指标方法的研究[J].中医药临床杂志,2012,24(5):456-458.
[34] 孙肖琛,唐利宇,孟楣,等.HPLC法测定新风胶囊中芒柄花黄素的含量[J].海峡药学,2014,(11):53-55.
[35] 姜辉,刘健,孟楣,等.UPLC法测定五味温通除痹胶囊中黄芩苷的含量[J].山西中医学院学报,2014,(3):37,38.
[36] 张玉婷,高家荣,刘健,等.超高效液相色谱法测定五味温通除痹胶囊淫羊藿苷含量[J].中医药临床杂志,2016,(4):559-561.
[37] 王承华,贺建华,巩曼.HPLC法测定壮阳填精口服液中淫羊藿苷的含量[J].中国实验方剂学杂志,2010,16(1):37,38.
[38] 曹艳芳,黄夏敏,冯倩玲,等.HPLC法测定龙凤宝胶囊中淫羊藿苷的含量[J].今日药学,2015,25(4):262-265.
[39] 俞吉,朱裕林,桑冉,等.高效液相色谱法测定骨疏灵颗粒中淫羊藿苷含量[J].实用药物与临床,2015,18(6):691-693.
[40] 高姗,徐康康.中药药代动力学研究进展[J].中国实用医药,2010,5(21):249-251.
[41] 李晓宇,郝海平,王广基,等.三七总皂苷多效应成分整合药代动力学研究[J].中国天然药物,2008,6(5):377-381.
[42] AY Gasparyan, AS Kalinoglou, DP Mikhailidis, et al. Platelet function in rheumatoid arthritis: arthritic and cardiovascular implications[J]. Rheumatol Int, 2010, 31(2): 153-164.
[43] 胡顺莉.新风胶囊多效应成分分类整合药代动力学研究[D].合肥:安徽中医药大学,2015.

3

第三章

健脾化湿通络方药效学研究

中药作为一种防治疾病,维护健康的工具,以它的有效、安全特性正日益受到全世界的青睐。在中药药效分析中,建立科学合适的药物受试系统非常重要。病症结合的动物模型融合了中医症候模型和现代医学病理学模型两方面共同的因素和特点,使模型动物同时具有西医疾病和中医症候特征,可以更为全面客观地反映中药药效作用情况。选择合适的效应评价指标或者有效的疗效评价手段是成功进行动物实验研究的关键所在[1]。对干预前后疾病密切相关生物学指标的变化情况的检测是进行传统疗效评价的主要方法。目前很多疾病的发病机制还未被完全揭示,特别是中医证候的生物学基础研究仍存在诸多不足,干预和疗效的因果关联推断显得非常复杂。因此,试图用单一替代指标来评价干预作用的效果几乎是不可能的。

系统生物学以整体性研究为特征,以生物信息学技术为联系"还原"与"系统"的重要方法,并且与中医学在理论上有着许多的共同之处,因此,系统生物学可以为中医药研究提供思路和方法。在系统生物学应用于中医药的研究中,首先,利用各种组学平台并结合生物信息的研究,使我们能够建立预测模型,模拟疾病的发展过程、各种致病因素与人体交互作用及中药作用于人体的过程,并且预测疾病的预后,使中医药的研究有了客观的依据,而不再仅依靠于经验的积累。基于动物模型的中医药系统生物学疗效评已经从基因、蛋白、代谢、元基因、金属等不同层次展开,系统生物学通过高通量技术用于分析中医药对基因、蛋白、代谢等的综合影响,从而得到大量的微观信息,在此基础上综合性地观察中医药对动物模型宏观的作用趋势,实现对中医药干预作用的效果进行系统评价。对系统生物学相关技术的理解与运用,将为中药药效组分的研究开辟科学现代的研究道路。利用色谱-质谱-质谱、高通量筛选和微透析取样等新技术性方法,充分运用基因组学、蛋白质组学、代谢组学和中药复方安全性评价的等关键技术,同时引入生物信息学、化学计量学技术和计算机辅助药物设计技术平台等信息整合技术,将会大大加快药物发现的进程。近年的科研实践已充分体现,相关技术在中药药效组分研发上的科学性与先进性。例如,吕琳星等[2]通过构建新双龙方及其有效组分人参总皂苷和丹参总酚酸分别干预心肌梗死模型大鼠的全基因组表达谱,采用比较基因组学的模式探讨了三组药物作用方式的异同,从而对三组药物作用的效应进行了评价,并从分子调控角度阐释组分中药新双龙方的药效机制及复方配伍优势。周军等[3]为探讨桂枝汤的解热分子机制，观察了桂枝汤对酵母致发热大鼠下丘脑组织中蛋白质的表达的影响，发现模型和治疗大鼠下丘脑蛋白表达有明显差异；并进一步观察了桂枝汤有效部位A对酵母致热大鼠下丘脑组织蛋白质组影响，发现多个蛋白质点表达量有不同程度的改变，这些差异表达的蛋白质点可能与桂枝汤有效部位解热作用有关系。邱云平等[4]利用GC/MS代谢组学技术考察二甲肼诱发大肠癌前病变大鼠的尿液中内源性小分子代谢物谱的变化，以及中药金复康干预下大鼠代谢谱的变化过程，通过分析代谢谱变化的趋势从整体评价药物、致病因素对机体的作用。吴永杰等[5]以自发性高血压大鼠模型，探讨补阳还五汤和卒中型高血压大鼠血清微量元素之间的关系，从微量元素的角度发现补阳还五汤对卒中型高血压大鼠的痴呆有一定的修复作用。张旭等[6]在总结现有中医药及人体系统生物学研究的基础上，提出了基于功能元基因组学的中医药研究方法。这一研究策略充分认识到肠道菌群在中医药疗效、毒性及中医理论研究中的重要作用，综合运用代谢组学、肠道元基因组学及生物信息学等技术对中医药进行系统而深入的研究，从而有望为中医药现代化研究打开新的局面。这些研究都为中药药效组分的研究与开发提供了重要参考，具有重大指导意义。

系统生物学是研究一个生物系统中所有组成成分的构成，以及在特定条件下这些组分间的相互关系的学科，是生命科学研究领域的一门新兴学科[7]。组学高通量技术可以对基因、蛋白、代谢等多个层次的整体表达情况进行检测，并在定性、定量分析的基础上结合模式识别技术发现疾病、中医药干预等对机体的整体作用，不仅可以从表达谱的角度综合评价中医药干预对患者、动物模型等的综合作用，而且可以从整体发现疾病、证候相关的生物标志物，从而指导和评价动物模型的建立，并根据对干预前后疾病或证候生物标志物的变化情况进行分析，实现对中医药疗效较客观、准确的评价。因此，系统生物学中的组学技术有望成为中医药疗效评价的有效手段。

第一节 健脾化湿通络方对佐剂性关节炎模型大鼠的疗效研究

类风湿关节炎（RA）是一种以慢性关节病变为主的自身免疫病，可反复迁延多年，最终导致关节畸变及功能丧失。佐剂性关节炎（AA）大鼠为免疫性炎症模型，其组织病理学变化和发病机制与人类的RA相似，是筛选和研究防治RA药物常用的模型之一。AA大鼠不仅会引起关节病变，还会引起关节外病变。研究表明，采用健脾化湿通络方治疗AA大鼠后，可取得良好的疗效。

一、XFC对AA大鼠的疗效研究

XFC以益气健脾、化湿通络诸药联用，方中药物都具有不同程度的抗炎镇痛作用，可消肿止痛，其中雷公藤具有免疫抑制作用，可抑制RA患者体内异常免疫反应；黄芪、薏苡仁与雷公藤相配一方面可以调节免疫，另一方面可以防止雷公藤免疫抑制作用大而造成机体免疫功能过于低下；黄芪还可降低胃酸，对胃黏膜起保护作用[8]。

(一) XFC 对 AA 大鼠关节病变的影响

1. XFC 对 AA 大鼠关节炎指数及体重的影响

汪元等[9]将 60 只 Wistar 雄性大鼠随机分为正常对照组、模型对照组、氨甲蝶呤(methotrexate, MTX)组、XFC 组、雷公藤多苷片(tripterygium polyglycoside tablets, TPT)组，每组 12 只，除正常组外，向每只大鼠右足趾皮内注射弗氏完全佐剂并 0.1 mL 致炎，复制 AA 大鼠模型，致炎后第 19 天开始给予相应药物治疗 30 天。分别在造模前 1 天、给药前 1 天、给药后后每 3 天测量各组大鼠的右后足趾的容积，计算各组大鼠足趾肿胀度。给药前 1 天开始观察并记录全身关节病变程度，每 3 天 1 次，累计关节炎指数(arthritic index, AI)。通过测量 AA 大鼠体重，计算 AA 大鼠足趾肿胀度、关节炎指数，来分析 XFC 对 AA 大鼠关节炎指数及体重的影响。

研究结果见表 3-1，致炎前各组大鼠体重无差异，给药前 1 天(即致炎第 18 天)与正常组相比，模型组大鼠体重均明显减轻($P<0.01$ 或 $P<0.05$)；给药 30 天后与模型组比较，其余各组体重均显著上升($P<0.01$)，XFC 组与 MTX 组、TPT 组比较体重增加更为明显($P<0.01$ 或 $P<0.05$)。给药前 1 天(即致炎第 18 天)与正常组相比，模型组大鼠足趾肿胀度显著升高($P<0.01$)；给药 30 天后与模型组比较，其余各组足趾肿胀度显著下降($P<0.01$)。给药前 1 天(即致炎第 18 天)与正常组相比，模型组大鼠关节炎指数显著升高($P<0.01$)；给药 30 天后与模型组相比，其余各组大鼠的关节炎指数均显著降低($P<0.01$)；XFC 组与 MTX 组比较，关节炎指数无显著差异($P>0.05$)；与 TPT 组比较，关节炎指数有显著下降($P<0.05$)。

表 3-1 各组大鼠体重、足趾肿胀度、关节炎指数的比较

组别	n	致炎前 1 天的体重(g)	给药前 1 天的体重(g)	给药 30 天的体重(g)
正常组	12	179±13.07	234.17±11.79	302.75±8.88
模型组	12	184.5±15.59	211.58±12.26**	254.50±11.69**
MTX 组	12	190.5±16.63	222.08±13.57*	275.75±12.05**##
TPT 组	11	188.3±19.40	215.9±16.58**	283.3±12.94**##
XFC 组	12	189±16.28	219.4±11.53**	302.58±11.61##●●○

组别	n	给药前 1 天足趾肿胀度	给药 30 天足趾肿胀度	给药前 1 天关节炎指数	给药 30 天关节炎指数
正常组	12	1.82±1.13	5.50±2.46	0.00±0.00	0.00±0.00
模型组	12	19.02±5.49**	13.2±5.01**	7.17±0.94**	7.50±1.17**
MTX 组	12	15.92±5.55**	7.77±3.27##	7.08±1.08**	3.75±0.62**##
TPT 组	11	15.01±5.58**	9.31±3.80*##	7.17±1.27**	4.42±0.90**##
XFC 组	12	15.95±5.90**	5.56±3.09##○○	7.00±1.13**	3.42±0.79**##○○

注：与正常对照组比较，*$P<0.05$，**$P<0.01$；与模型对照组比较，#$P<0.05$，##$P<0.01$；与 MTX 比较，●$P<0.05$，●●$P<0.01$；与 TPT 比较，○$P<0.05$，○○$P<0.01$。各组致炎前及给药前均为 12 只，给药第 10 天 TPT 组死亡 1 只，故给药 30 天时 TPT 组为 11 只，其余各组仍为 12 只。

2. XFC 对 AA 大鼠关节、滑膜组织病理学的影响

RA 的主要病理特征为关节滑膜持续的慢性炎症、滑膜细胞及纤维结缔组织增生、炎性细胞浸润、血管翳形成进而侵蚀软骨及软骨下骨质，最终导致受累关节结构严重破坏，

关节畸形、僵直而残疾[10]。姜辉等[11]将大鼠适应性饲养1周后，随机分为正常组、AA模型组、(1.5 g/kg、3.0 g/kg、6.0 g/kg)XFC组、40 mg/kg TPT阳性药物对照组，每组10只。各组大鼠于左后足趾皮内注射0.1 mL CFA，复制AA大鼠模型，正常组注射等量生理盐水。造模后第19天，灌胃给予不同剂量XFC和TPT连续30天，每天1次，正常组和AA模型组给予等量溶媒。末次给药后，禁食8 h，麻醉大鼠，取大鼠非致炎侧(右足)踝关节置于中性甲醛中固定，通过常规HE染色，光镜下观察病理组织学变化并拍照，从滑膜增生程度、细胞浸润、软骨破坏、血管翳形成四方面，采用4级评分法进行病理组织学评分，来分析XFC对AA大鼠关节、滑膜组织的影响。

HE结果显示，正常组大鼠关节面光滑，软骨、骨组织无破坏，未见炎细胞浸润，滑膜组织呈1~2层整齐排列；于大鼠左后足趾皮内注射0.1 mL弗氏完全佐剂后，AA模型组大鼠

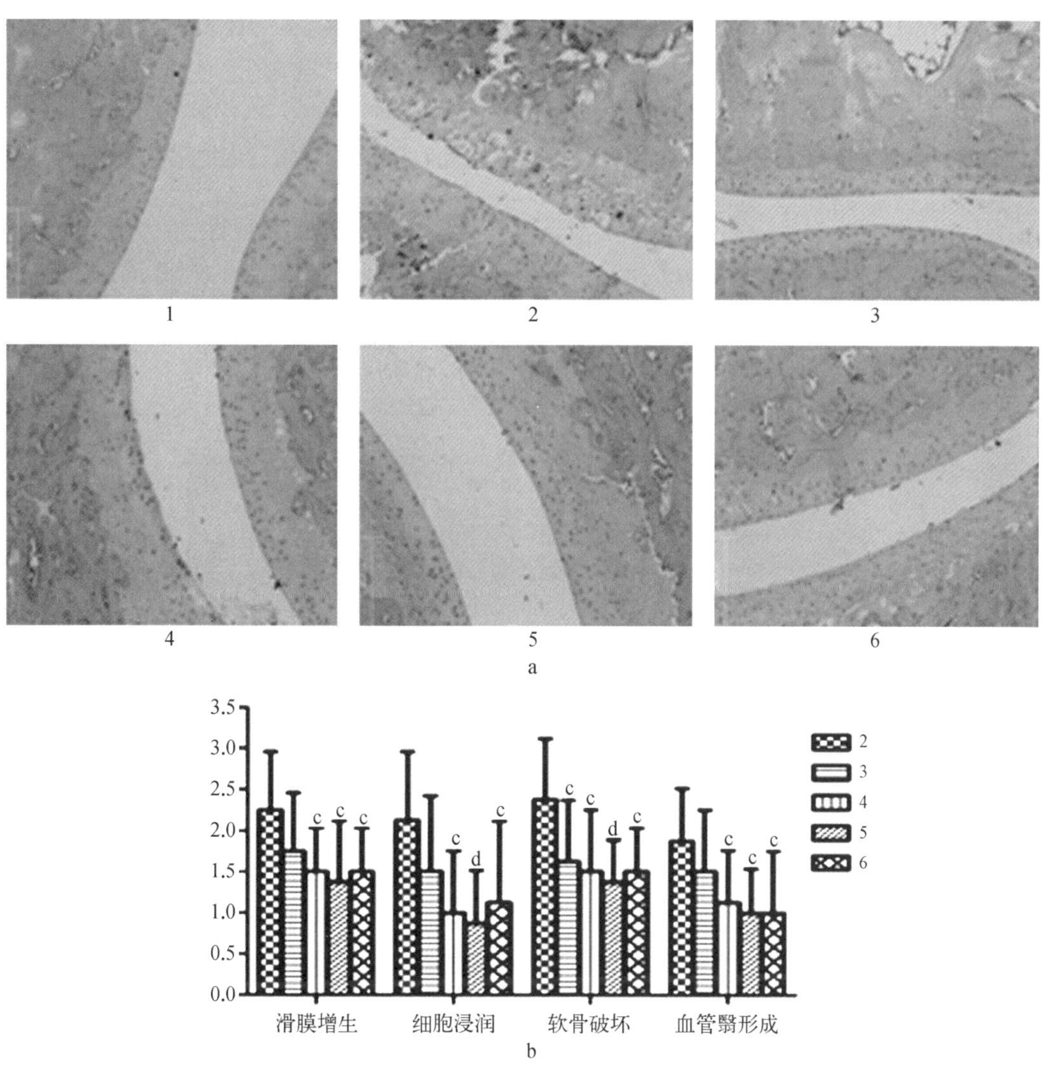

图3-1　XFC对AA大鼠踝关节病理组织学的影响(×400)

a. 各组大鼠踝关节病理组织学变化(1. 正常组，2. 模型组，3. XFC低剂量组，4. XFC中剂量组，5. XFC高剂量组，6. TPT组)　b. 各组大鼠踝关节病理组织学评分(2. 模型组，3. 1.0 g/kg XFC组，4. 3.0 g/kg XFC组，5. 6.0 g/kg XFC组，6. TPT组。1 v.s. 2 $^{c}P<0.05$，$^{d}P<0.01$。)

软骨、骨组织破坏明显，滑膜组织增生活跃，滑膜衬里层明显增厚，有血管翳形成，并有炎性细胞浸润，符合人类 RA 的基本病理学特征，表明模型复制成功；给予不同剂量 XFC 和 TPT 干预 30 天后，与 AA 模型组相比，XFC(3.0 g/kg、6.0 g/kg) 与 TPT 组可显著降低 AA 大鼠滑膜增生程度，减少炎性细胞浸润，减轻软骨破坏，抑制血管翳形成($P<0.05$，$P<0.01$)，XFC 1.5 g/kg 组对上述指标虽有一定的改善作用，但不具有统计学意义($P>0.05$)，见图 3-1(彩图 4)。

王亚黎等[12]将雄性 SD 大鼠随机分为对照组、模型组、西药组(来氟米特 5.0 mg/kg)和中药组(XFC 3.0 g/kg)。干预 30 天后，观察各组大鼠踝关节病理和滑膜超微结构变化，来分析 XFC 对 AA 大鼠关节、滑膜组织的影响。刘健[13]通过电镜观察 AA 大鼠滑膜组织超微结构来研究 XFC 对 AA 大鼠滑膜细胞超微结构的作用。

对照组大鼠踝关节结构完整无损，胫骨远端骨小梁无吸收，关节软骨面光滑平整，关节软骨层较厚，关节腔间隙清楚，滑膜组织未见充血水肿，滑膜细胞无增生，无血管翳形成，无炎性细胞浸润。模型组大鼠踝关节软骨及软骨下骨质出现广泛受累，部分关节软骨面被炎性细胞完全浸润，大范围软骨表层组织的变性、坏死，关节软骨面剥脱，关节面凹凸不平；软骨下骨质亦被大量的炎性细胞充斥，正常结构严重破坏，骨髓组织大量纤维化。西药组大鼠踝关节滑膜可见嗜中性粒细胞等炎细胞浸润，同时浸润其周围附属组织，滑膜血管增多，血管翳形成并增生，滑膜组织呈绒毛状突起并嵌入至关节腔内，滑膜衬细胞增厚；关节面较模糊，部分关节软骨可见血管翳形成。中药组大鼠踝关节滑膜、血管壁可见少量中性粒细胞等炎细胞浸润，部分滑膜组织嵌入关节腔内，关节面较规整，见图 3-2(彩图 5)。

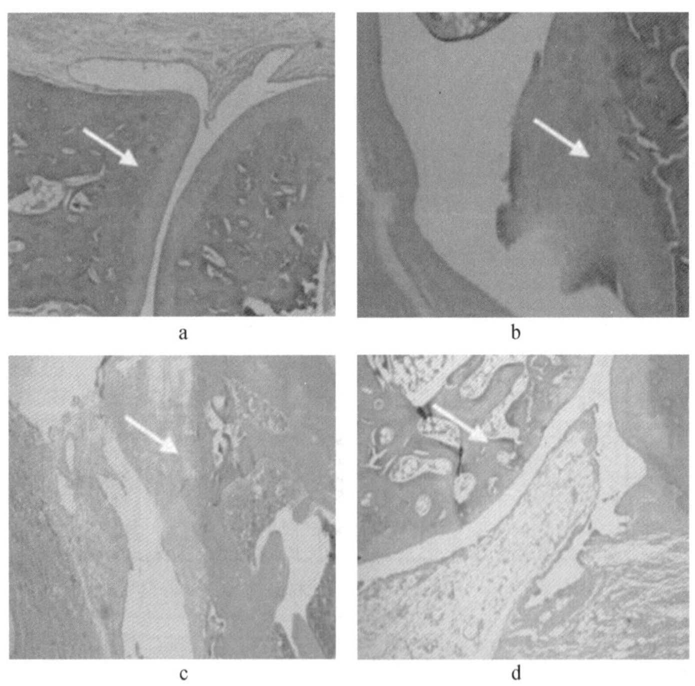

图 3-2　各组大鼠关节滑膜病理改变(HE×400)

a. 正常组　b. 模型组　c. 西药组　d. 中药组。箭头所指为线粒体

与正常组相比，模型组滑膜细胞线粒体病变率显著增高（$P<0.05$）；与模型组相比，XFC 组和 TPT 组均能显著降低，滑膜细胞线粒体的病变率，包括线粒体肿胀肥大、基质变淡、空泡变和嵴突病变等；与 TPT 组相比，XFC 组滑膜细胞线粒体病变率显著降低（$P<0.05$），见表 3－2。电镜下可见正常对照组滑膜细胞线粒体无肿胀变性，粗面物质网较丰富，核膜清楚，染色质分布均匀，嵴突正常；模型组滑膜细胞肿胀变性，线粒体肿胀破坏，嵴突破坏、消失，粗面内质网减少、破坏，核膜不完整；XFC 组滑膜细胞线粒体无肿胀，粗面内质网较多，核膜清楚，大部分嵴突完整；TPT 组滑膜细胞胞浆轻度水肿，线粒体肿胀不明显，嵴突破坏不明显，粗面内质网可见，见图 3－3。

表 3－2　各组大鼠滑膜细胞线粒体病变率的比较（$\bar{x}\pm s$，%）

组别	动物数（只）	滑膜细胞线粒体				
		线粒体总数	肿胀肥大	基质变淡	空泡变	嵴突病变
对照组	15	18.30±1.54	17.40±1.24	18.60±1.35	17.80±1.84	19.10±1.07
模型组	14	81.7±5.32*	82.3±4.56*	82.4±5.13*	82.5±4.26*	79.6±2.53*
XFC 组	15	39.9±5.74*#●	41.2±3.59*#●	38.5±4.62*#●	40.9±4.72*#●	39.1±4.27*#●
TPT 组	13	61.2±4.27*#	60.4±5.23*#	54.2±5.32*#	68.8±3.27*#	61.2±4.57*#

注：与对照组比较，*$P<0.05$；与模型组比较，#$P<0.05$；与 TPT 组比较，●$P<0.05$。

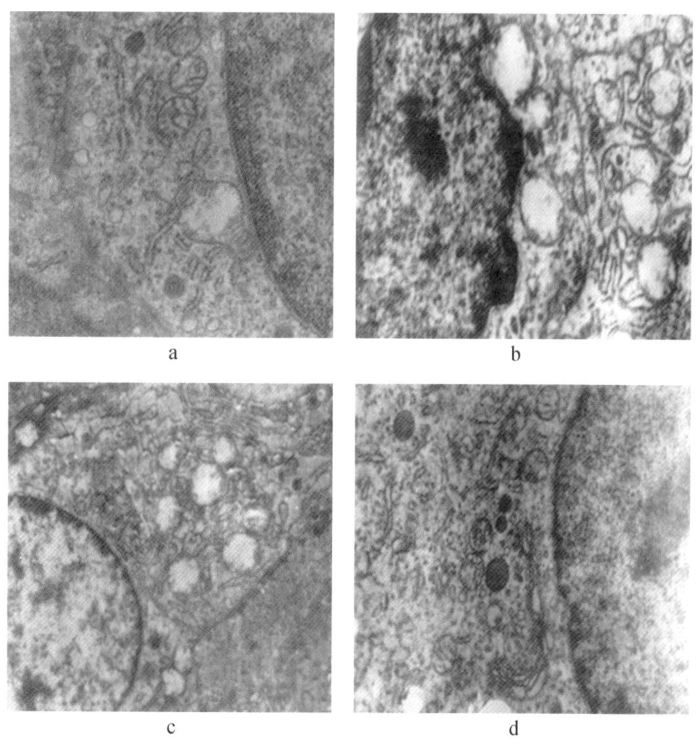

图 3－3　各组 AA 大鼠滑膜组织超微结构改变

a. 对照组：滑膜细胞线粒体无肿胀变性，粗面内质网较丰富，核膜清楚，染色质分布均匀，嵴突正常　b. 模型组：滑膜细胞肿胀变性，线粒体肿胀破坏，嵴突破坏，消失，粗面内质网减少，破坏，核膜不完整　c. XFC 组：滑膜细胞线粒体轻度肿胀，粗面内质网较多，核膜清楚，大部分嵴突完整　d. TPT 组：滑膜细胞胞浆轻度水肿，线粒体肿胀不明显，嵴突破坏不明显，粗面内质网可见

研究发现，给予 XFC 干预后，可改善软骨、骨组织破坏程度，抑制滑膜细胞过度增殖，减少炎性细胞浸润，抑制血管翳增生。同时，XFC 能显著改善 AA 大鼠的关节滑膜细胞线粒体的病变，TPT 虽然也能改善之，但其作用比 XFC 弱，说明 XFC 改善 AA 大鼠滑膜线粒体病变的作用强于 TPT，提示 XFC 对 AA 大鼠具有很好的保护作用。

（二）XFC 对 AA 大鼠关节外病变的影响

RA 并非局限于关节，还常伴有关节以外的其他脏器病变，甚至可引起主要脏器的血管炎而危及生命。研究表明，XFC 在有效改善 AA 大鼠关节症状的同时，还能有效保护免疫器官和胃黏膜；改善血小板病变，脂质代谢紊乱，肺、心功能等关节外表现。

1. XFC 对 AA 大鼠胸腺淋巴细胞、脾脏、胃黏膜超微结构的影响

中医药治疗 RA 的文献报道中涉及中药对 RA 患者及动物模型关节病变作用的内容较多，而对 RA 关节外病变，尤其是与免疫反应有密切关系的脾脏、胸腺；但与人体生长、药物吸收直接相关的消化道病变的研究内容涉及较少。为了进一步观察其疗效，探讨其作用的形态学基础，刘健[13]通过电镜观察 XFC 对 AA 大鼠胸腺、脾脏及胃黏膜超微结构的作用，来研究 XFC 对 AA 大鼠的疗效。

（1）XFC 对 AA 大鼠胸腺淋巴细胞超微结构的影响：与正常组相比，模型组胸腺淋巴细胞线粒体病变率显著增高（$P<0.05$）；与模型组相比，XFC 组治疗后胸腺淋巴细胞线粒体病变率（包括肿胀肥大、基质变淡、空泡变和嵴突病变）显著降低（$P<0.05$），而 TPT 组治疗后上述指标降低不显著（$P>0.05$）；与 TPT 组相比，XFC 组上述指标也显著降低（$P<0.05$），见表 3－3。电镜下可见正常组胸腺淋巴细胞线粒体无肿胀变性，粗面内质网较多，核膜清楚，嵴突完整；模型组胸腺淋巴细胞线粒体显著肿胀变性，嵴突破坏或消失，核膜不清楚，可见髓样小体；XFC 组胸腺淋巴细胞线粒体结构完整，嵴突无明显破坏，核膜完整，TPT 组细胞质水肿，线粒体肿胀变性，嵴突破坏，核糖体减少，核膜不完整，见图 3－4。

表 3－3　各组大鼠胸腺超微结构病变率比较（$\bar{x}\pm s$，%）

组别	动物数（只）	胸腺淋巴细胞线粒体				
		线粒体总数	肿胀肥大	基质变淡	空泡变	嵴突病变
正常组	15	20.20±1.24	20.50±1.37	20.90±1.17	21.70±1.75	19.60±1.37
模型组	14	82.20±1.32*	81.70±5.24*	82.20±4.26*	81.40±5.74*	83.30±3.75*
XFC 组	15	41.40±4.24*#●	40.50±4.36*#●	41.20±3.47*#●	40.30±4.52*#●	43.40±5.25*#●
TPT 组	13	80.90±8.74*	80.20±5.34*	81.40±4.87*	80.40±5.42*	81.50±5.24*

注：与正常组比较，*$P<0.05$；与模型组比较，#$P<0.05$；与 TPT 组比较，●$P<0.05$。

（2）XFC 对 AA 大鼠脾脏淋巴细胞超微结构的影响：与正常组相比，模型组脾脏淋巴细胞线粒体病变率显著增高（$P<0.05$）；与模型组相比，XFC 组治疗后脾脏淋巴细胞线粒体病变率（包括肿胀肥大、基质变淡、空泡变和嵴突病变）显著降低（$P<0.05$），而 TPT 组治疗后上述指标降低不显著（$P>0.05$）；与 TPT 组相比，XFC 组上述指标也明显降低（$P<0.05$），见表 3－4。

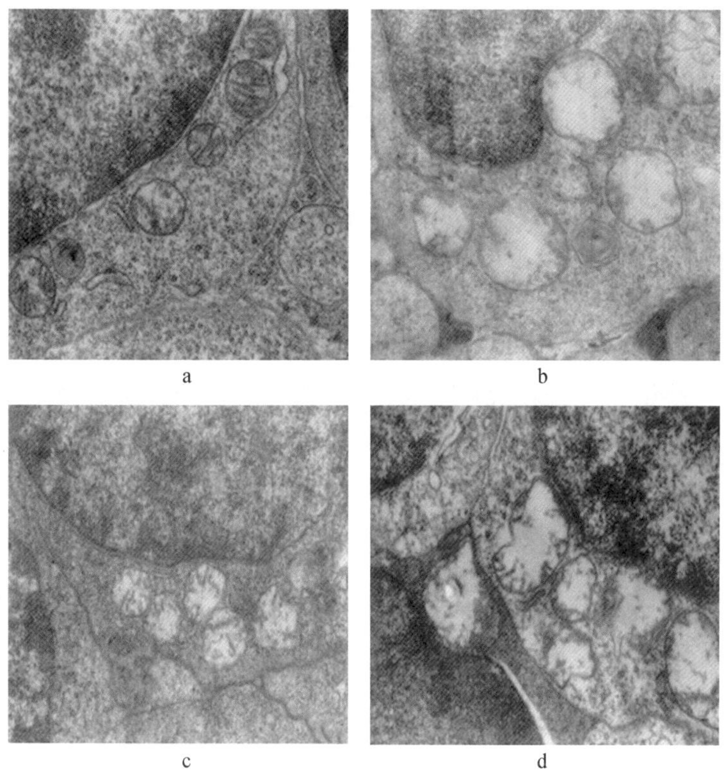

图 3-4 各组 AA 大鼠胸腺淋巴细胞超微结构改变

a. 正常组：胸腺淋巴细胞线粒体无肿胀变性，粗面内质网较多，核膜清楚，嵴突完整 b. 模型组：胸腺淋巴细胞线粒体显著肿胀变性，嵴突破坏或消失，核膜不清楚，可见髓样小体 c. XFC 组：胸腺淋巴细胞线粒体结构完整，嵴突无明显破坏，核膜完整 d. TPT 组：细胞胞浆水肿，线粒体肿胀变性，嵴突破坏，核糖体减少，核膜不完整

表 3-4 各组大鼠脾脏超微结构病变率比较($\bar{x}\pm s$，%)

组别	动物数（只）	脾脏淋巴细胞线粒体				
		线粒体总数	肿胀肥大	基质变淡	空泡变	嵴突病变
正常组	15	20.10±1.22	21.29±2.36	20.66±2.67	20.68±2.58	20.88±2.79
模型组	14	79.50±3.42*	79.21±4.69*	79.00±4.86*	81.72±3.58*	80.24±4.15*
XFC 组	15	42.70±4.13*#●	44.29±4.62*#●	41.98±3.71*#●	41.36±3.64*#●	42.40±4.71*#●
TPT 组	13	79.00±1.80*	81.30±5.80*	79.00±4.74*	79.45±4.94*	76.28±4.73*

注：与正常组比较，*$P<0.05$；与模型组比较，#$P<0.05$；与 TPT 组比较，●$P<0.05$。

电镜下可见正常组脾脏淋巴细胞线粒体完整，峭突完整，核糖体较多，粗面内质网可见，核膜完整；模型组脾脏淋巴细胞线粒体明显肿胀变性，嵴突破坏，核膜结构不清；XFC 组脾脏淋巴细胞线粒体结构完整，嵴突无明显破坏；TPT 组脾脏淋巴细胞线粒体肿胀，部分有破坏，峭突部分消失，见图 3-5。

(3) XFC 对 AA 大鼠胃黏膜细胞超微结构的影响：与正常组相比，模型组胃黏膜细胞线粒体病变率显著增高($P<0.05$)；与模型组相比，XFC 组治疗后胃黏膜细胞线粒体病变率(包括肿胀肥大、基质变淡、空泡变和嵴突病变)显著降低($P<0.05$)，而 TPT 组

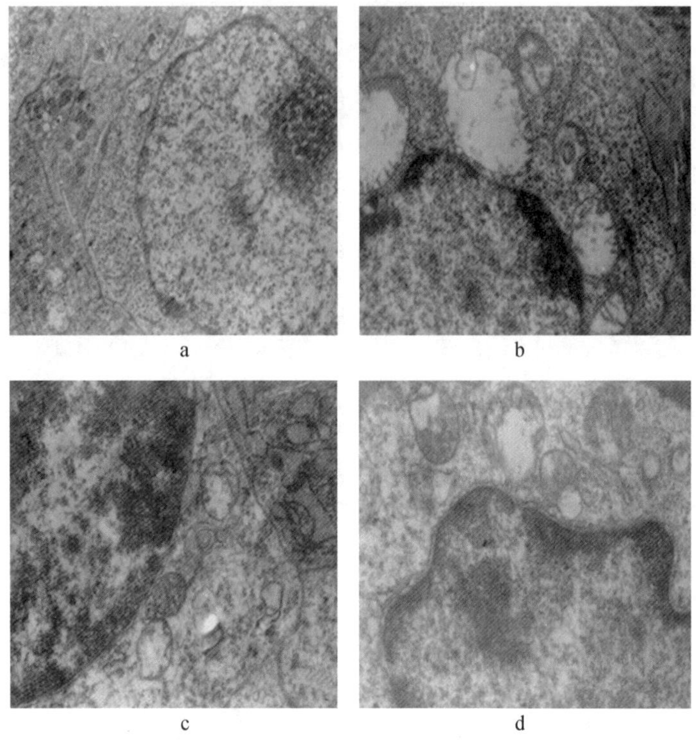

图 3-5 各组 AA 大鼠脾脏淋巴细胞超微结构改变

a. 正常组：脾脏淋巴细胞线粒体完整，嵴突完整，核糖体较多，粗面内质网可见，核膜完整 b. 模型组：脾脏淋巴细胞线粒体明显肿胀变性，嵴突破坏，核膜结构不清 c. XFC 组：脾脏淋巴细胞线粒体结构完整，嵴突无明显破坏 d. TPT 组：脾脏淋巴细胞线粒体肿胀，部分有破坏，嵴突部分消失

治疗后上述指标降低不显著（$P>0.05$）；与 TPT 组相比，XFC 组上述指标也明显降低（$P<0.05$），见表 3-5。

表 3-5 各组大鼠胃黏膜细胞超微结构病变率比较（$\bar{x}\pm s$，%）

组别	动物数（只）	胃黏膜细胞线粒体				
		线粒体总数	肿胀肥大	基质变淡	空泡变	嵴突病变
正常组	15	19.90±1.82	20.32±1.45	17.71±1.65	19.61±2.68	21.37±2.70
模型组	14	60.40±3.67*	61.13±3.63*	69.16±4.15*	59.67±4.75*	61.03±3.97*
XFC 组	15	38.90±3.62*#●	39.40±4.90*#●	39.04±4.88*#●	40.06±3.37*#●	36.27±4.03*#●
TPT 组	13	80.35±1.58*#	81.65±3.77*#	79.70±4.83*#	78.06±3.80*#	81.98±4.22*#

注：与正常组比较，*$P<0.05$；与模型组比较，#$P<0.05$；与 TPT 组比较，●$P<0.05$。

电镜下可见正常对照组胃黏膜细胞线粒体结构完整，粗面内质网较多，嵴突完整；模型组线粒体肿胀变性，嵴突破坏；XFC 组细胞无明显肿胀变性，线粒体结构完整，嵴突无破坏，粗面内质网可见。TPT 组细胞胞浆水肿，线粒体明显肿胀变性，嵴突破坏，见图 3-6。

XFC 能显著改善 AA 大鼠胸腺淋巴细胞、脾脏淋巴细胞、胃黏膜细胞线粒体的病变，其作用优于 TPT，说明 XFC 对 AA 大鼠胸腺、脾脏、胃黏膜具有很好的保护作用。

总之，XFC 改善 AA 大鼠关节肿胀的作用与雷公藤相似，而对 AA 大鼠的整体作用及

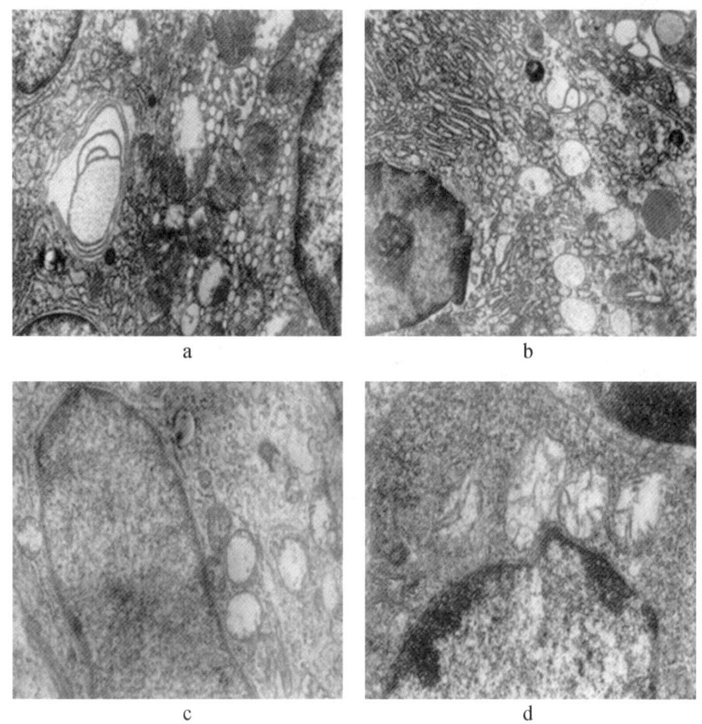

图 3-6　各组 AA 大鼠胃黏膜细胞超微结构改变

a. 正常组：胃黏膜细胞线粒体结构完整，粗面内质网较多，嵴突完整　b. 模型组：胃黏膜细胞线粒体肿胀变性、嵴突破坏　c. XFC 组：胃黏膜细胞无明显肿胀变性，线粒体结构完整，嵴突无破坏，粗面内质网可见　d. TPT 组：胃黏膜细胞胞浆水肿，线粒体明显肿胀变性，嵴突破坏

改善滑膜、脾脏、胸腺及胃黏膜超微结构病变的作用优于 TPT，提示 XFC 有抗炎消肿及保护免疫器官和胃黏膜的作用。

2. XFC 对 AA 大鼠行为和血清皮质醇、脑组织氨基酸的影响

（1）XFC 对 AA 大鼠行为、脑组织氨基酸的变化的影响：RA 是一种常见的易致残的自身免疫性疾病，该病不仅影响患者的生理功能，导致反复关节疼痛甚至功能障碍，可影响患者的心理健康。随着心理神经免疫学研究的不断发展，越来越多的资料显示，不仅神经内分泌系统对免疫功能有重要的调节作用，且免疫功能的改变可通过中枢神经系统影响心理和行为活动[14,15]。刘健等[16]通过观察 AA 大鼠行为、脑组织氨基酸的变化和关节肿胀度、关节炎指数的变化，并进行相关性分析，研究 RA 免疫功能改变对心理行为的影响并探讨其机制。

与正常组相比，模型组大鼠自主活动次数明显减少，跳台训练期和测试期的错误次数均明显增多、跳台潜伏期（step-down latency，SDL）缩短而跳台逃避时间（endothelial lipase，EL）延长；各组大鼠脑组织兴奋性氨基酸天冬氨酸（aspartic acid，ASP）、谷氨酸（glutamic acid，GLU）无明显差异（$P>0.05$），模型对照组大鼠脑组织中抑制性氨基酸 γ-氨基丁酸（gamma aminobutyric acid，GABA）含量明显高于正常组和 XFC 组，而 GLU/GABA 值明显低于正常组和 XFC 组（$P<0.05$），与 MTX、TPT 组相比，无明显差异（$P>0.05$），提示模型组大鼠脑组织中以抑制性氨基酸占优势。XFC 能显著增加 AA 大鼠的自主活动次数（$P<0.05$），与正常组相比，无明显差异，与 MTX、TPT 相比，活动次数明显增多（$P<0.05$），可明

显延长 SDL，缩短 EL，减少训练期及测试期的错误次数，可明显下调 AA 大鼠 GABA、上调 GLU/GABA（*P*<0.05），而 MTX、TPT 组改善不明显（*P*>0.05），见表 3－6。

表 3－6a　各组大鼠行为变化（$\bar{x}\pm s$）

指标	正常组（*n*＝12）	XFC 组（*n*＝12）	MTX 组（*n*＝12）	TPT 组（*n*＝12）	模型组（*n*＝12）
自主活动次数（次）	123.00±19.82$^{\bullet\circ\#}$	119.18±22.22$^{\bullet\#}$	94.08±34.12$^{*\square\#}$	98.83±22.74$^{*\#}$	72.33±26.12$^{*\square\bullet}$
SDL（秒）	92.17±16.22$^{\bullet\circ\#}$	80.82±17.08$^{\bullet\circ\#}$	62.83±17.00$^{*\square}$	61.75±16.32$^{*\square}$	58.42±18.53$^{*\square}$
EL（秒）	2.50±1.17$^{\bullet\circ\#}$	3.55±1.21$^{\#}$	9.50±4.89$^{*\#}$	9.83±7.38$^{*\#}$	18.58±16.16$^{*\#\bullet\circ}$
Expercise Period（次）	3.92±1.62$^{\bullet\circ\#}$	3.73±1.42$^{\bullet\circ\#}$	6.00±3.28$^{*\square}$	6.58±3.00$^{*\square}$	6.92±1.62$^{*\square}$
Test Period（次）	1.83±0.83$^{\bullet\circ\#}$	2.09±0.94$^{\bullet\circ\#}$	4.42±1.88$^{*\square}$	4.33±2.02$^{*\square}$	4.25±1.54$^{*\square}$

注：与正常组比较，$^{*}P$<0.05；与模型组比较，$^{\#}P$<0.05；与 XFC 组比较，$^{\square}P$<0.05；与 MTX 组比较，$^{\bullet}P$<0.05；与 TPT 组比较，$^{\circ}P$<0.05。表 3－6b 同。

表 3－6b　各组大鼠脑组织氨基酸变化（$\bar{x}\pm s$）

指标	正常组（*n*＝4）	XFC 组（*n*＝4）	MTX 组（*n*＝4）	TPT 组（*n*＝4）	模型组（*n*＝4）
ASP（μg/g）	180.21±15.95	162.23±6.58	186.64±21.71	208.01±69.84	190.02±40.93
GLU（μg/g）	1 441.81±116.00	1 357.74±105.26	1 423.64±100.14	1 533.92±127.58	1 481.34±141.25
GLY（μg/g）	38.02±6.54$^{\bullet\circ}$	49.83±12.19	51.84±8.44*	58.35±9.89*	45.07±5.87
GABA（μg/g）	81.48±6.28$^{\bullet\circ\#}$	84.40±6.19$^{\bullet\circ\#}$	116.06±21.82$^{*\square}$	122.49±16.33$^{*\square}$	107.98±18.78$^{*\square}$
GLU/GABA	17.69±0.411 4$^{\square\bullet\star\#}$	16.08±0.18$^{*\bullet\circ\#}$	12.49±1.59$^{*\square}$	12.62±1.26$^{*\square}$	13.85±1.08$^{*\square}$

给药 30 天后，与模型对照组相比，XFC、MTX、TPT 组肿胀度均明显下降（*P*<0.05），与正常组相比无明显差异（*P*>0.05）；与模型组相比，各组大鼠的关节炎指数均较有显著降低（*P*<0.05），XFC 组与 TPT 组相比无明显差异（*P*<0.05），见表 3－7。

表 3－7　各组大鼠足趾肿胀度和关节炎指数（$\bar{x}\pm s$）

指标	正常组（*n*＝12）	XFC 组（*n*＝12）	MTX 组（*n*＝12）	TPT 组（*n*＝12）	模型组（*n*＝12）
足趾肿胀度（%）	35.85±22.49$^{\#}$	49.34±18.34$^{\#}$	38.67±14.22$^{\#}$	50.01±28.54$^{\#}$	78.27±23.98$^{*\square\bullet\circ}$
关节炎指数	—	4.27±1.19$^{\bullet\#}$	3.25±1.06$^{\square\circ\#}$	4.83±1.03$^{\bullet\#}$	7.58±1.00$^{\square\bullet\circ}$

注：与正常组比较，$^{*}P$<0.05；与模型组比较，$^{\#}P$<0.05；与 XFC 组比较，$^{\square}P$<0.05；与 MTX 组比较，$^{\bullet}P$<0.05；与 TPT 组比较，$^{\circ}P$<0.05。

AA 大鼠的自主活动次数与右足趾肿胀度、关节炎指数呈负相关。跳台实验中，SDL 与关节炎指数呈负相关，EL、训练期和测试期的错误次数均与关节炎指数呈正相关，提示足趾肿胀度越重、关节炎指数得分越高，其自主活动次数越少；AA 大鼠关节炎指数分数越高，其自主活动次数越少、SDL 越短、EL 越长、训练期和测试期的错误次数越多。结果见表 3－8。

表 3－8　大鼠行为与足趾肿胀度、关节炎指数的相关性（*n*＝60）

指标	自主活动次数		SDL		EL		训练期错误次数		测试期错误次数	
	r	*P*	r	*P*	r	*P*	r	*P*	r	*P*
右足趾肿胀度	−0.325	0.012	−0.204	0.122	0.204	0.121	0.241	0.066	0.088	0.510
关节炎指数	−0.457	0.000	−0.427	0.001	0.565	0.000	0.342	0.008	0.356	0.006

AA 大鼠的自主活动次数、SDL 与 GABA 呈负相关，而与 GLU/GABA 值呈正相关；EL 与 GABA 呈正相关，与 GLU/GABA 值呈负相关；训练期及测试期错误次数与甘氨酸（glycine，Gly）、GABA 呈正相关，与 GLU/GABA 值呈负相关，见表 3－9。

表 3－9 AA 大鼠行为与脑组织氨基酸的相关性（$n=20$）

指标	ASP		GLU		GLY		GABA		GLU/GABA	
	r	P	r	P	r	P	r	P	r	P
自主活动次数	−0.405	0.076	−0.139	0.560	−0.510	0.022	−0.557	0.011	0.518	0.019
SDL	0.011	0.965	−0.159	0.504	−0.063	0.791	−0.468	0.037	0.654	0.002
EL	0.437	0.054	0.361	0.118	0.296	0.205	0.734	0.000	−0.721	0.000
训练期错误次数	0.487	0.029	0.355	0.125	0.594	0.006	0.626	0.003	−0.562	0.010
测试期错误次数	0.361	0.117	0.225	0.339	0.595	0.006	0.689	0.001	−0.753	0.000

研究证实，AA 大鼠在自主活动反应箱中表现为自主活动次数的显著减少，跳台逃避实验中 AA 大鼠表现为逃避反应的欠缺（SDL 缩短而 EL 延长及训练期和测试期的错误次数均明显增多）。在行为的相关性分析中，AA 大鼠的自主活动次数与右足趾肿胀度、关节炎指数呈负相关；跳台实验中，SDL 与关节炎指数呈负相关，EL、训练期和测试期的错误次数均与关节炎指数呈正相关。这提示足趾肿胀度越重、关节炎指数得分越高，其自主活动次数越少；AA 大鼠关节炎指数分数越高，其自主活动次数越少、SDL 越短及 EL 越长、训练期和测试期的错误次数越多。AA 大鼠的自主活动次数、SDL 与 GABA 呈负相关，而与 GLU/GABA 值呈正相关；EL 与 GABA 呈正相关，与 GLU/GABA 值呈负相关；训练期及测试期错误次数与 GLY、GABA 呈正相关，与 GLU/GABA 值呈负相关。XFC 与 MTX、TPT 一样能明显降低关节炎指数及足趾肿胀度，同时 XFC 可显著延长 SDL，缩短 EL，减少训练期及测试期的错误次数，能显著增加 AA 大鼠的自主活动次数（$P<0.05$）；能明显下调 GABA 水平，上调 GLU/GABA 水平（$P<0.05$）。

本研究证实，注射完全弗氏佐剂后可引起大鼠抑郁性行为改变。益气健脾、化湿通络中成药 XFC 治疗 RA 取得了良好疗效。近年来的临床和科研工作已证明 XFC 可调整 T 细胞免疫功能，下调致炎因子 IL－1、TNF－α，上调抗炎因子 IL－4、IL－10，抑制致炎效应，增强抗炎效应。研究表明，XFC 可显著延长 SDL，缩短 EL，减少训练期及测试期的错误次数，能显著增加 AA 大鼠的自主活动次数（$P<0.05$），能明显下调 GABA 水平，上调 GLU/GABA 水平，提示调节脑组织氨基酸递质及免疫功能是 XFC 改善 AA 大鼠行为的神经生物学机制。

（2）XFC 对 AA 大鼠神经细胞超微结构变化的影响：心理因素在 RA 的发生、发展、转归中起着重要的作用。刘健等[17]采用 AA 大鼠动物模型，观察 AA 大鼠行为、神经细胞超微结构（包括线粒体肿胀、空泡变、嵴突病变等）的变化及健脾化湿通络中药 XFC 对其的影响，进一步探讨其治疗 RA 的可能作用机制。

研究表明，各组 AA 大鼠脑皮质神经细胞超微结构改变，见图 3－7。正常组神经细胞线粒体边界清楚，细胞核内见有均匀分布的染色颗粒，其内可见密集且平行排列的嵴，嵴突完整，髓鞘均匀，核膜完整，粗面内质网无扩张。模型组神经细胞内线粒体肿胀、空泡样变，嵴突破坏，闰盘结构不完整，粗面内质网扩张。MTX 组神经细胞内线粒体有一定损伤,部分线粒体嵴紊乱或断裂,粗面内质网轻度扩张,核膜结构欠完整。TPT 组心肌细胞少数线粒体有嵴紊乱,粗面内质网有扩张、空泡样变。XFC 组整体结构完整,大部分嵴突完整,个别线粒体嵴紊乱,粗面内质网无扩张。

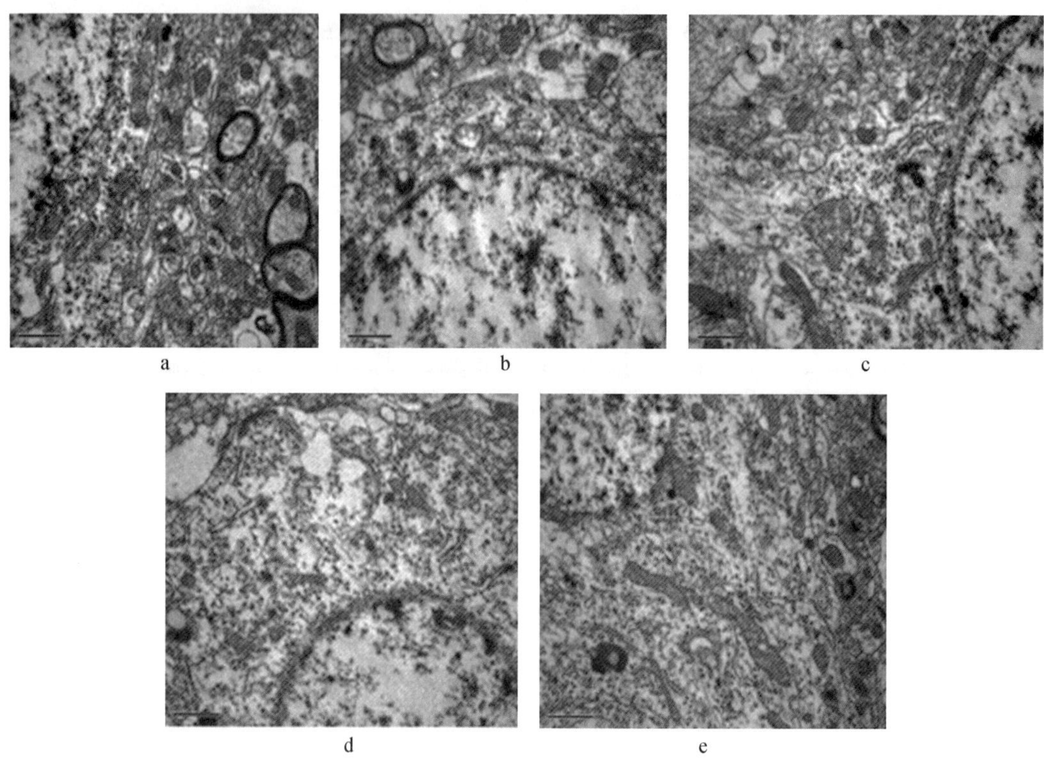

图 3-7　各组 AA 大鼠脑皮质神经细胞超微结构改变

a. 正常组(×15 000)　b. 模型组(×15 000)　c. MTX 组(×15 000)　d. TPT 组(×15 000)　e. XFC 组(×15 000)

XFC 组脑皮质神经细胞整体结构完整,大部分嵴突完整,个别线粒体嵴紊乱,粗面内质网无扩张,明显改善 AA 大鼠脑组织的病理改变,减轻了脑皮质神经细胞的损伤。这可能是其改善 AA 大鼠行为的形态学基础。

3. XFC 对 AA 大鼠血管病变的影响

血管炎是 RA 重要的关节外表现之一,可出现在任何系统组织,主要累及中、小动脉和(或)静脉,管壁有淋巴细胞浸润、纤维素沉着,内膜有增生,导致血管腔的狭窄或堵塞[18]。RA 的严重血管炎的及时诊断和正确处理具有重要的意义,有时可使患者免于死亡。类风湿血管炎(rheumatoid vasculitis,RV)的发病率仍未确定。但据报道,RV 发病率占所有 RA 的 5%~15%[19]。抗中性粒细胞胞浆抗体(anti-neutrophil cytoplasmic antibodies,ANCA)作为血管炎的血清学标志物已经受到了广泛的研究,是近 10 年来国际上血管炎研究领域的一大热点。研究表明,不同的 ANCA 类型和靶抗原往往与临床不同的疾病相关[20]。ANCA 可分为胞质型- ANCA(C-ANCA)与核周型- ANCA(P-ANCA)两型。RA 患者可以出现 P-ANCA 滴度增高[21]。RV 的出现强调了 RA 的系统性炎症性过程,典型的 RV 患者血小板增多[22]。刘健等[23]通过观察 XFC 对 AA 大鼠血小板参数、ANCA 和血管超微结构的变化来分析 XFC 对类风湿血管病变的疗效。

与正常组相比，模型组大鼠血小板计数(platelet,PLT)、血小板压积(platelet hematocrit,PCT)及 ANCA 显著升高(P<0.05 或 P<0.01)。与模型组比较，其余各组 PLT、PCT、ANCA 明显下降(P<0.01)。治疗组组间无明显差异(P>0.05)，见表 3-10。

表 3-10　各组大鼠血小板参数、ANCA 的变化($\bar{x}\pm s$)

组别	PLT	PCT	PDW	MPV	ANCA
正常组	810.25±45.71##	0.62±0.0##	8.45±0.40	7.63±0.23	37.28±18.19##
模型组	1 057.25±135.70 **●●○○□□	0.80±0.11 **●●○○□□	8.34±0.62	7.56±0.37	132.51±87.22 **●●○○□□
MTX 组	744.50±147.37##	0.58±0.11##	8.58±0.60	7.88±0.44	73.33±50.96##
TPT 组	820.25±92.05##	0.63±0.08##	8.66±0.67	7.83±0.55	67.23±32.31##
XFC 组	811.00±113.44##	0.62±0.07##	8.23±0.60	7.55±0.34	43.63±54.80##

注：与正常组比较，*P<0.05，**P<0.01；与模型组比较，#P<0.05，##P<0.01；与 MTX 组比较，●P<0.05，●●P<0.01；与 TPT 组比较，○P<0.05，○○P<0.01；与 XFC 组比较，□P<0.05，□□P<0.01。

AA 大鼠 ANCA、足趾肿胀度、关节炎指数与血小板参数 PLT、PCT 呈正相关关系(P<0.05 或 P<0.01)，与血小板平均分布宽度(platelet distribution width,PDW)、血小板压积(mean platelet volume,MPV)没有相关性(P>0.05)，见表 3-11。各组大鼠血管超微结构的变化，见图 3-8。

表 3-11　血小板参数、ANCA、足趾肿胀度、关节炎指数相关性(n=40)

指标	足趾肿胀度		关节炎指数		ANCA	
	r	P	r	P	r	P
PLT	0.404 *	0.010	0.470 **	0.002	0.429 **	0.006
PCT	0.391 *	0.013	0.442 **	0.004	0.430 *	0.022
PDW	0.067	0.680	-0.050	0.760	0.022	0.895
MPV	0.010	0.952	-0.042	0.798	0.034	0.837

注．**P<0.01，*P<0.05。

XFC 方中药物均具有不同程度的抗炎镇痛作用，可消肿止痛，其中黄芪具有保护血管作用：主要通过防止内皮细胞凋亡、改变血管通透性、抗氧化、调节血管舒缩而保护血管内皮细胞；通过抑制血管内皮细胞下泡沫细胞形成，抑制血管平滑肌细胞(vascular smooth muscle cells,VSMC)增殖，促进 VSMC 凋亡，降低成纤维细胞胶原合成速率等对 VSMC 进行保护；通过调整细胞间的黏附性、降低血黏度、使红细胞变形等改变血液流变学；通过扩张血管及改善微血管数量等作用改善血流动力学，从上述四个方面改善血管病变。黄芪还可抑制血小板磷酸二酯酶活性，增加血小板内环苷酸含量，从而发挥抑制血小板的作用。现代研究证实，薏苡仁可以缓解关节肌肉的挛缩疼痛，薏苡仁的水提物对小鼠有镇痛作用，薏苡仁的浸出物能抑制人中性粒细胞产生活性氧，并显著地抑制中性粒细胞、淋巴细胞膜的甲基转移酶、磷脂酶 A2 和前列腺素 E2(prostaglandin E2,PGE2)的分泌。雷公藤可改善 AA 模型大鼠的血液黏滞性，抑制血小板聚集，从而辅助其抗炎和免疫调节的作用。蜈蚣能改善微循环，延长凝血时间，降低血细胞比容，降低血黏度；增加微血管开放数，增大微血管口径，具有明显的抗炎镇痛作用。

本实验显示 AA 大鼠血小板参数 PLT、PCT 及 ANCA 滴度升高，而 XFC 能显著降低

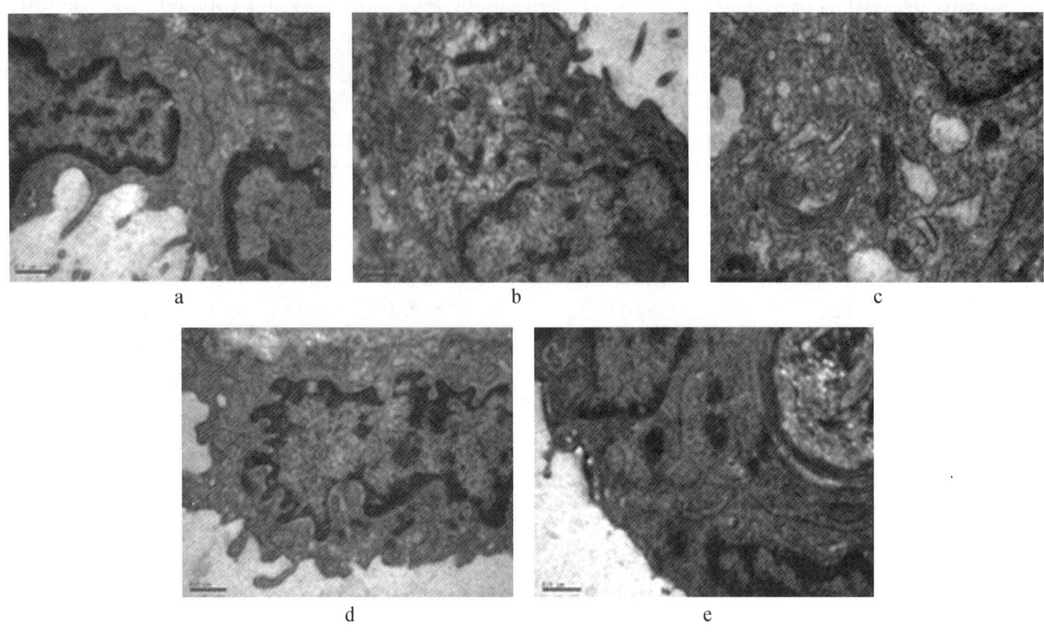

图 3－8　各组大鼠血管超微结构的变化

a. 正常组：线粒体少见肿胀，粗面内质网较丰富，核膜清楚，嵴突正常（×25 000）　b. 模型组：线粒体肿胀、空泡样变、嵴突破坏或消失，粗面内质网扩张、减少破坏，核膜不完整（×25 000）　c. MTX 组：线粒体空泡样变，嵴突破坏，粗面内质网轻度扩张，高尔基体基本正常（×40 000）　d. TPT 组：线粒体大多数完好，少数肿胀，少见粗面内质网，核膜基本完整（×25 000）　e. XFC 组：线粒体大部分完好，少数肿胀、空泡粗面内质网可见，嵴突破坏不明显（×25 000）

ANCA、PLT、PCT 值，改善 AA 大鼠血管的超微结构。XFC 具有抗炎及整体调节作用，能改善 RA 患者的血管病变，对血管有保护作用。

4. XFC 对 AA 大鼠载脂蛋白、血管内皮的影响

RA 最基本的病理改变为关节滑膜组织的炎症，一些炎症因子可由关节滑膜组织释放进入全身血液循环，使循环血液中炎症因子的水平明显升高，这些炎症因子具有多效性，不但可调节机体免疫反应，而且能够作用于外周组织，如脂肪组织、骨骼肌、肝脏、高密度脂蛋白（high-density lipoprotein，HDL）、血管内皮等组织，导致内皮功能障碍，引起载脂蛋白发生改变[24]。目前大量研究从组织和细胞内整体蛋白质的组成、表达和功能模式来研究 RA 的病理过程，寻找与 RA 相关且具备特异性的生物标志，从而揭示 RA 病变的分子机制。大量研究表明 RA 患者存在内皮功能障碍，一些反映内皮功能障碍的血浆标志物，如血管内皮生长因子（vascular endothelial growth factor，VEGF）、细胞间黏附分子（intercellular adhesion molecules，ICAM）、E－选择素（endothelium-selectin，E－selectin）等在 RA 患者显著增高[25,26]。潘喻珍等[27]通过观察各组大鼠载脂蛋白 A1（apolipoprotein A1，ApoA1）、HDL 和 VEGF、E－选择素、血管内皮、细胞因子及关节肿胀度、关节炎指数的变化，来分析 XFC 对其的影响。

APoA1 在模型组与正常组的升高率分别为 93.33% 和 50%，HDL 在模型组与正常组的升高率分别为 86.67% 和 41.67%，模型组均显著高于正常对照组（$P<0.05$）。与模型组相比，XFC 组、MTX 组能显著下调 APoA1、HDL 的升高率（$P<0.05$），TPT 组无明显差异（$P>0.05$）。XFC 组与 MTX 组无明显差异（$P>0.05$），见表 3－12。

表 3 - 12　各组大鼠 APoA1、HDL 升高率的比较(%)

组别	例数	APoA1 升高	HDL 升高
正常组	12	6(50%)	5(41.67%)
XFC 组	14	8(57.14%)#	6(42.86%)#
MTX 组	10	5(50%)#	4(30%)#
TPT 组	12	8(66.67%)○	7(58.33%)○
模型组	15	14(93.33%)*	10(86.67%)*

注：与正常组相比，*P<0.05；与模型组相比，#P<0.01 或##P<0.05；与模型组相比，○P>0.05。

如表 3 - 13 所示，模型组 APoA1、HDL 与 VEGF、E -选择素、IL - 1β 呈明显负相关(P<0.05 或 P<0.01)，与足趾肿胀度、关节炎指数、C 反应蛋白(c-reactive protein，CRP)呈明显正相关，与 IL - 10 无明显相关。透射电镜下观察各组血管内皮超微结构，见图 3 - 9。

表 3 - 13　各组大鼠 VEGF、E -选择素、IL - 1β、IL - 10、CRP、足趾肿胀度、关节炎指数的变化($\bar{x}\pm s$)

指标	正常组	XFC 组	MTX 组	TPT 组	模型组
VEGF	116.81±7.76	117.30±14.75#	139.45±15.44#	145.62±17.93○	157.93±14.24*
E -选择素	257.43±14.19	260.67±17.21#	285.54±19.89○	271.35±23.48○	286.80±25.86*
IL - 1β	24.14±2.85	25.41±2.96#	26.65±2.08#	30.28±11.46○	32.15±3.13*
IL - 10	58.78±2.92	51.86±6.20#	50.74±5.32#	53.61±4.87#	44.04±4.25*
CRP	2.28±0.93	2.20±0.34#	2.12±0.35#	2.96±3.02#	5.15±1.15*
足趾肿胀度	34.63±21.48	48.53±18.32#	40.32±13.53#	51.03±28.45#	88.25±12.23
关节炎指数	—	4.13±1.26#	3.34±1.02#	4.82±1.01#	7.25±1.28

注：与正常组相比，**P<0.01 或*P<0.05；与模型组相比##P<0.01 或#P<0.05；与模型组相比○P>0.05。

本研究提示免疫应激可引起 AA 大鼠 APoA1、HDL 的改变和血管内皮的损伤，AA 大鼠 APoA1、HDL 的改变与疾病的活动度、血管内皮的损伤、细胞因子的改变相关。IL - 1β、TNF - A 是 RA 炎症发展过程两种重要的细胞因子，炎症因子的产生是由于激活的 T 淋巴细胞和单核细胞的接触产生。研究表明 HDL 具有抗炎和抑制免疫反应的能力，主要通过抑制黏附分子的表达和单核细胞的迁移，抑制细胞因子和共刺激分子等表达及巨噬细胞和 T 淋巴细胞的活化。与 HDL 结合的 APoA1 能阻抑细胞间的接触，抑制单核巨噬的活化和释放 IL - 1β、TNF - A 等炎性因子。AA 大鼠免疫应激产生大量的 APoA1、HDL，抑制 IL - 1β、TNF - A 的产生。

大量研究表明许多炎性细胞因子可直接或间接地调控 VEGF、E -选择素的表达，而 TNF - A 可以促进外周血单核细胞(peripheral blood mononuclear cell，PBMC)分泌 VEGF；IL - 1β 不仅可以上调滑膜细胞 VEGF 的表达，而且对缺氧刺激引起的 VEGF 表达上调具有加强作用。当产生大量 TNF - A、IL - 1β 时，必然使 VEGF、E-选择素表达增加，内皮细胞活化，活化的内皮细胞又能促使 VEGF 表达增加，增高的 VEGF 能刺激平滑肌细胞进入内膜并增殖，脂肪斑变成纤维斑块，损伤的内皮细胞通透性改变，血浆中的炎症因子更多地进入内膜，加重内皮细胞损伤。因此，VEGF 与 E-选择素的变化引起 AA 大鼠血管内皮细胞的损伤，而这种改变与 APoA1、HDL 变化密切相关。与模型组相比，XFC 能下调 VEGF、E-选择素的表达，XFC 以益气健脾、化湿通络诸法联用，方中药物都具有不同程度

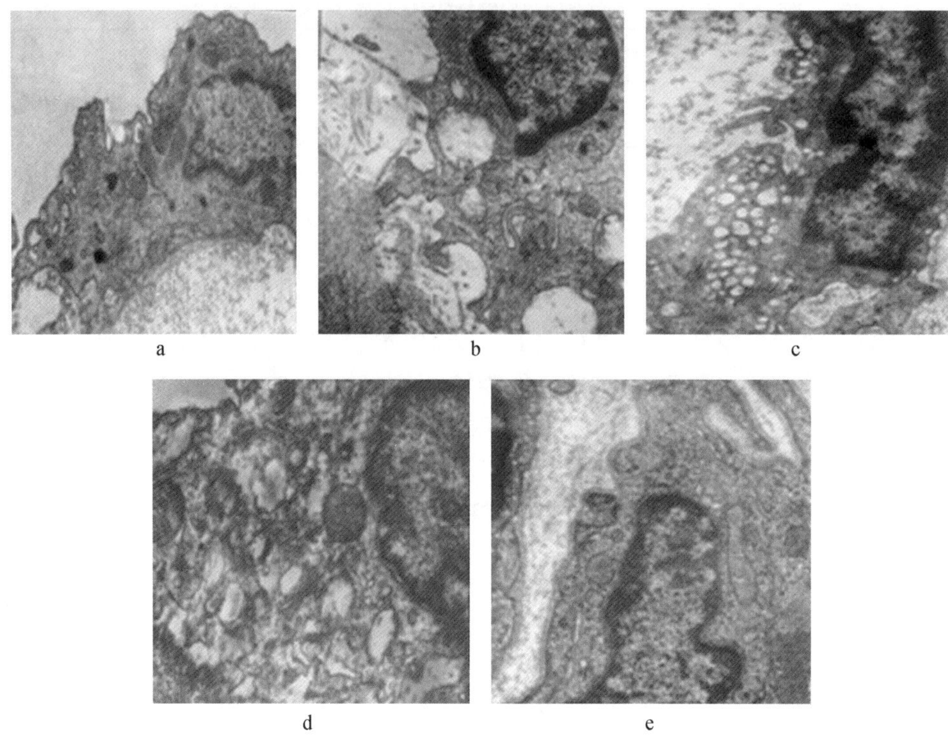

图 3－9　各组血管内皮超微结构的观察

a. 正常组：线粒体少见肿胀变性，分布均匀，细胞间隙无增大，粗面内质网较丰富，核膜结构清楚清楚，嵴突正常（×20 000）　b. 模型组：线粒体肿胀、空泡样变、嵴突破坏或消失，细胞间隙增大，核膜结构破坏，细胞核出现皱褶，有吞饮泡出现（×20 000）　c. TPT 组：线粒体轻度肿胀变性，核膜清楚结构完整，细胞间隙增大，出现多数吞饮泡（×20 000）　d. MTX 组：线粒体肿胀，空泡样变，嵴突破坏或消失，核膜结构破坏，细胞核出现皱褶（×20 000）　e. XFC 组：线粒体大部分完好，少数肿胀，核膜清楚结构完整，细胞间隙稍增大，未出现吞饮泡（×20 000）

的抗炎镇痛作用，可消肿止痛，具有保护血管作用，主要通过防止内皮细胞凋亡、改变血管通透性、抗氧化、调节血管舒缩而保护血管内皮细胞；通过抑制血管内皮细胞下泡沫细胞形成，抑制血管平滑肌细胞（vascular smooth muscle cells，VSMC）增殖，促进 VSMC 凋亡，降低成纤维细胞胶原合成速率等对 VSMC 进行保护；通过调整细胞间的黏附性、降低血黏度、使红细胞变形等改变血液流变学；通过扩张血管及改善微血管数量等作用改善血流动力学，从上述 4 个方面改善血管病变。XFC 通过调节细胞因子间接和直接下调 VEGF、E-选择素表达改善血管内皮损伤。XFC 组下调 VEGF、E-选择素明显优于 MTX 组与 TPT 组，正与血管内皮细胞超微结构相一致。免疫应激可引起 AA 大鼠 APoA1、HDL 的改变和血管内皮的损伤，APoA1、HDL 参与了血管内皮损伤的过程，AA 大鼠 APoA1、HDL 的改变与疾病的活动度、细胞因子的紊乱、血管内皮的损伤相关，XFC 可下调 APoA1、HDL 的表达及改善血管内皮的损伤，机制可能是通过调节细胞因子间接下调 APoA1、HDL 及改善血管内皮的损伤。

5. XFC 对 AA 大鼠肺功能的影响

RA 是以关节组织慢性炎症为主要表现的自身免疫病，常伴有关节外的其他脏器病变，肺有丰富的结缔组织和血液供应，是经常受累的脏器之一，肺间质病变（interstitial lung disease,ILD)是 RA 累及肺部最常见的病变[28]。为了进一步探讨 XFC 的作用机制,范海霞等[29]观察 AA 大鼠肺功能、肺部高分辨率 CT(high resolution CT,HRCT)、血清细胞因子 TNF-α、IL-10 的变化,进一步探讨 XFC 的作用机制。

与正常组相比,模型组及 MTX 组的用力肺活量(forced vital capacity,FVC)、第一秒用力呼气容积(forced expiratory volume in one second,FEV_1)、25%肺活量的最大呼气流量(25% forced expiratory flow,FEF_{25})、50%肺活量的最大呼气流量(50% forced expiratory flow,FEF_{50})、最大呼气中期流量(maximum midexpiratory flow,MMEF)、呼气峰值流速(peak expiratory flow,PEF)显著降低($P<0.05$ 或 $P<0.01$),TPT 组的 FVC、PEF 显著降低($P<0.05$);XFC 组 FVC、FEV_1、FEF_{25}、FEF_{50}、MMEF、PEF 显著高于模型对照组及 MTX 组($P<0.05$ 或 $P<0.01$),XFC 组的 FVC、FEF50、MMEF 显著高于 TPT 组($P<0.05$),而其他各指标无显著差异($P>0.05$);XFC 组与正常组比较,各检测指标无显著差异($P>0.05$),结果见表 3-14。

表 3-14 XFC 对 AA 大鼠肺功能的影响($\bar{x}\pm s$)

组别	FVC(mL)	FEV_1(mL)	FEF_{25}(mL/s)	FEF_{50}(mL/s)	MMEF(mL/s)	PEF(mL/s)
正常组	2.81±0.21	1.21±0.23	17.19±3.29	13.07±2.21	12.85±1.54	19.36±3.16
模型组	2.12±0.45*	0.75±0.30*	9.53±3.89*	7.09±4.06*	7.02±3.56*	10.3±3.36**
MTX 组	2.43±0.22*	0.74±0.16**	8.96±1.88**	7.15±1.81**	7.09±2.07**	9.36±1.81**
TPT 组	2.45±0.19*	1.04±0.16	13.75±2.47	11.53±1.31	10.44±1.34	14.1±1.89*
XFC 组	2.79±0.12#●○	1.22±0.29#●	17.47±4.04#●●	16.83±2.84##●●○	14.07±1.92##●●○	18.9±3.39##●●

注:与正常组比较,*$P<0.05$,**$P<0.01$;与模型组比较,#$P<0.05$,##$P<0.01$ 与 MTX 组比较,●$P<0.05$,●●$P<0.01$;与 TPT 组比较,○$P<0.05$,○○$P<0.01$。

正常大鼠肺轮廓清晰,肺纹理分布均匀,肺小叶间隔、间质及小叶结构正常,胸膜正常,交界面规则,无高密度影,血管支气管束走行自然,边缘锐利,且由内向外逐渐分支而细。模型对照组大鼠肺轮廓欠清晰,肺部血管影扩张,边缘模糊且不规则,两肺有索条状密度增高影,邻近胸膜轻度肥厚。MTX 组大鼠肺部可见沿着肺纹理分布的斑片状密度增高影,肺血管纹理模糊,边缘不清楚。TPT 组大鼠两肺可见多发性结节状及斑片状密度增高影,境界欠清晰。XFC 组大鼠肺轮廓清晰,肺纹理分布均匀,部分肺组织显示斑点状密度增高影,见图 3-10。

RA 的肺功能改变可早于呼吸系统临床表现及胸部 X 线片异常改变之前。HRCT 提高了 CT 的空间分辨率,能充分显示肺间质纤维化的各种征象,如蜂窝状阴影,胸膜下线影,小叶间隔增厚,磨玻璃样改变等常规 CT 无法观察到的征象,显示率为 95%。而且 HRCT 与肺功能检查有很好的相关性。研究所测肺功能指标有 FVC、FEV_1、FEF_{25}、FEF_{50}、MMEF、PEF,其中 FVC、FEV_1 反映的是通气功能,FEF_{25}、FEF_{50}、MMEF、PEF 反映的是小气道功能。研究结果显示,AA 大鼠 FVC、FEV_1、FEF_{25}、FEF_{50}、MMEF、PEF 均降低,XFC 在降低足趾肿胀度的同时,还能升高上述各项指标,改善 AA 大鼠肺功能。HRCT 显示模型组大鼠肺轮廓欠清晰,肺部血管影扩张,边缘模糊且不规则,两肺有索条状密度增高影,邻近胸膜轻度肥厚。MTX 组大鼠肺部可见沿着肺纹理分布的斑片状密度增高影,肺血管纹理模糊,边缘不清楚。TPT 组大鼠两肺可见多发性结节状及斑片状密度增高影,境界欠清晰。XFC 组大鼠肺轮廓清晰,肺纹理分布均匀,部分肺组织显

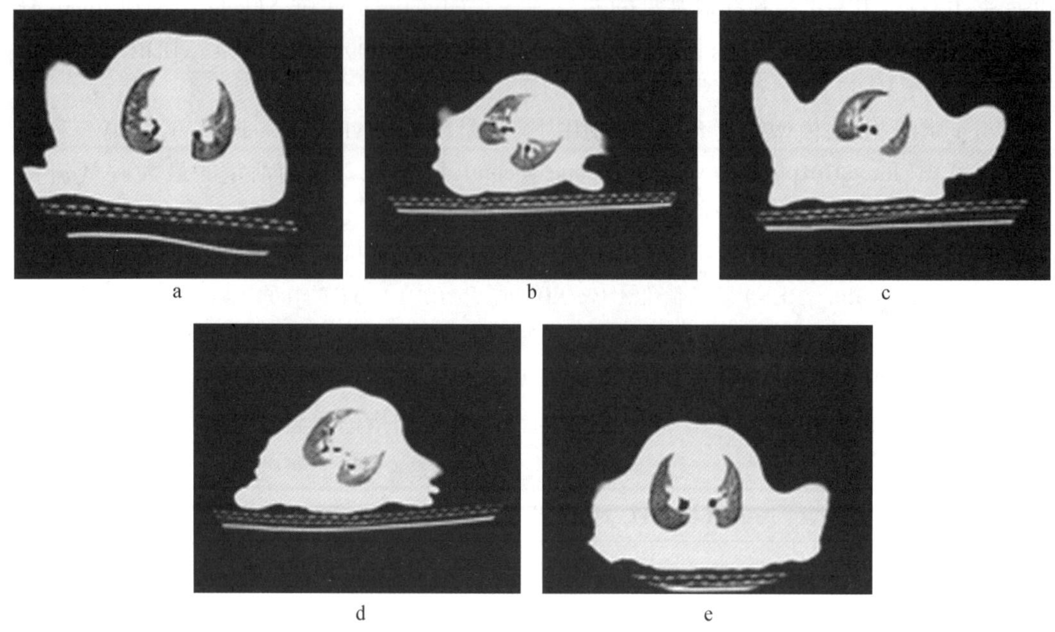

图 3-10 XFC 对 AA 大鼠肺部 HRCT 改变的影响

a. 正常组 b. 模型组 c. MTX 组 d. TPT 组 e. XFC 组

示斑点状密度增高影。

MTX 和 TPT 是目前较为公认治疗 RA 的药物,XFC 也能明显降低 AA 大鼠的足趾肿胀度,提示 XFC 具有与 MTX、TPT 同样的抗炎作用。MTX 可诱发急性或慢性肺间质纤维化,是其治疗 RA 的不良反应之一,而 XFC 能改善 AA 大鼠肺功能,提示在改善 AA 大鼠肺功能方面明显优于 MTX。XFC 对 AA 大鼠肺功能的改善作用优于单独应用 TPT,提示 XFC 中其他成分对雷公藤有增效、抑毒作用。AA 大鼠存在肺功能减退,肺部影像学改变,其机制可能与细胞因子网络失衡有关。XFC 能下调致炎因子 TNF-α、上调抗炎因子 IL-10、抑制致炎效应、增强抗炎效应,从而达到在降低 AA 大鼠足趾肿胀度的同时,改善肺功能,改善肺部影像学改变。

6. XFC 对 AA 大鼠心功能的影响

心脏含有丰富的结缔组织和血管,RA 患者心功能更容易受累,且随着 RA 病程延长,心脏受累的概率增高。有研究显示,RA 患者的心脏病变并不能完全用心血管危险因素来解释,RA 本身的免疫失调和炎症有可能在早期心脏病变的发展中发挥重要的作用[30,31],其发病机制尚不完全明确。刘健等[32]通过观察 XFC 对 AA 大鼠的疗效及对心功能、心肌细胞超微结构的作用,探讨 XFC 作用的形态学基础。

与正常组比较,模型组的心率(heart rate,HR)、心脏质量指数(heart mass index,HI)、左室收缩末压(left ventricular systolic pressure,LVSP)、左室舒张末压(left ventricle end diastolic pressure,LVEDP)显著升高($P<0.05$),左室内压上升/下降最大速率(±dp/dtmax)显著下降($P<0.05$);与模型组比较,MTX 组 LVEDP 显著降低($P<0.05$),-dp/dtmax 显著升高($P<0.05$);TPT 组 LVSP,LVEDP 显著降低($P<0.05$ 或 $P<0.01$)而-dp/dtmax 显著升高($P<0.05$);XFC 组 HI、LVSP 和 LVEDP 显著降低($P<0.05$ 或 $P<0.01$),±dp/dtmax 显著

升高($P<0.05$ 或 $P<0.01$)；与 XFC 组比较，MTX 组 LVSP、LVEDP 显著升高($P<0.05$)，+dp/dtmax 显著降低($P<0.05$)，见表 3-15。

表 3-15　XFC 对 AA 大鼠心功能各指标的影响($\bar{x}\pm s$，$n=8$)

组别	HR(次/分)	HI	LVSP(mmHg)	LVEDP(mmHg)	+dp/dtmax(mmHg/s)	-dp/dtmax(mmHg/s)
正常组	355.9±18.2	2.47±0.54	119.52±21.00	-1.55±7.47	12 567.45±1 076.48	8 904.15±914.31
模型组	393.6±7.1*	3.52±0.82*	150.50±3.67*	5.17±3.20*	7 664.21±1 655.03*	6 397.86±1 109.45*
MTX 组	385.2±36.6	3.21±0.74	141.59±30.79□	2.31±4.14#□	8 438.34±1 407.31□	7 806.35±1 264.86#
TPT 组	378.1±18.8	3.16±0.46	118.23±3.16#	1.55±2.75##	8 932.11±1 107.52	7 792.66±1 337.68#
XFC 组	376.1±22.8#	2.61±0.49#	117.20±9.30#	-1.59±5.41##	110 791.42±894.17##	8 073.26±1 059.35#

注：与正常组比较，*$P<0.05$；与模型组比较，#$P<0.05$，##$P<0.01$；与 XFC 组比较，□$P<0.05$。

正常组心肌细胞分界清晰，肌原纤维的明带和暗带分界清楚，肌丝结构规则，细胞核内染色质分布均匀，线粒体结构完整，其内可见密集且平行排列的嵴，嵴突及闰盘结构完整，肌浆网无扩张，基质密度高。模型组心肌细胞内线粒体出现较多空泡样变，心肌纤维破坏，线粒体明显肿胀，肌浆网扩张。MTX 组心肌细胞内线粒体有一定损伤，少数线粒体嵴断裂及空泡样变，肌浆网轻度扩张。TPT 组心肌细胞少数线粒体有嵴紊乱，嵴数量减少，肌浆网有扩张、空泡样变。XFC 组肌原纤维整体结构尚完整，大部分嵴清晰，个别线粒体空泡样变，基本与正常组相似，结果如图 3-11。

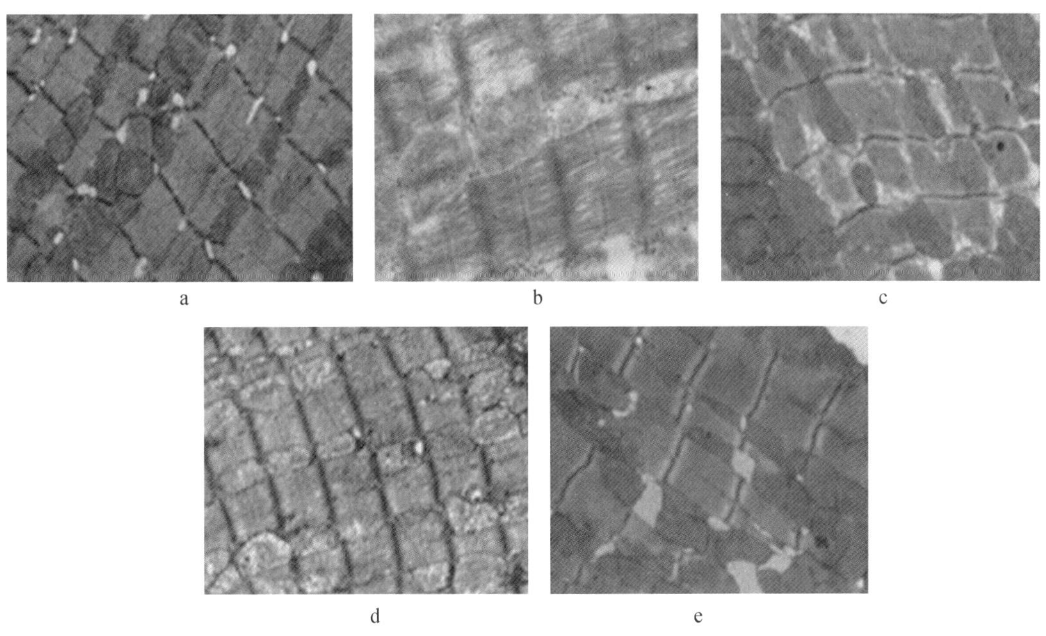

图 3-11　大鼠心肌细胞超微结构改变

a. 正常组(×8 500)　b. 模型组(×12 000)　c. MTX 组(×8 500)　d. TPT 组(×8 500)　e. XFC 组(×8 500)

本研究提示，与正常组比较，模型组的 HR、HI、LVSP、LVEDP 显著升高($P<0.05$)，左室内压上升/下降最大速率(±dp/dtmax)显著下降($P<0.05$)；与模型组比较，MTX 组 LVEDP 显著降低($P<0.05$)，-dp/dtmax 显著升高($P<0.05$)；TPT 组 LVSP、LVEDP 显著降低($P<0.05$ 或 $P<0.01$)而-dp/dtmax 显著升高($P<0.05$)；XFC 组 HI、LVSP 和 LVEDP 显著降低($P<0.05$ 或

$P<0.01$)，±dp/dtmax 显著升高($P<0.05$ 或 $P<0.01$)；与 XFC 组比较，MTX 组 LVSP、LVEDP 显著升高($P<0.05$)，+dp/dtmax 显著降低($P<0.05$)。电镜检查显示 XFC 组线粒体嵴、肌丝及 Z 线结构均清晰，超微结构损伤较模型组及其余治疗组轻。AA 大鼠存在心功能下降，中药复方 XFC 能够减轻心肌组织超微结构的损伤程度，从而改善心肌收缩功能。

二、五味温通除痹胶囊对 AA 大鼠的疗效研究

五味温通除痹胶囊以新安医学“脾虚致痹”理论为指导，“健脾化湿，温阳通络”为治则，结合多年理论研究与临床实践，创制的具有自主知识产权的特色医院制剂，主治 RA，临床疗效确切[33]。

1. 五味温通除痹胶囊对 AA 大鼠继发性足肿胀度和关节炎指数评分的影响

姜辉等[34]通过复制 AA 大鼠模型，测量大鼠继发性足肿胀度、多发性关节炎指数评分的变化来研究五味温通除痹胶囊对 AA 大鼠的治疗作用。

结果表明，与正常组相比，免疫后第 16、20、24、28 天模型组大鼠继发性足肿胀显著升高；与模型组比较，经五味温通除痹胶囊干预，1.6 g/kg、3.2 g/kg 剂量组在免疫后第 20、24、28 天，0.8 g/kg 剂量组在免疫后第 28 天可显著抑制 AA 大鼠继发性足肿胀，差异具有统计学意义，见表 3-16。

表 3-16　五味温通除痹胶囊对 AA 大鼠继发性足肿胀度的影响($\bar{x}\pm s$, n=10)

组别	剂量(g/kg)	16 天(△mL)	20 天(△mL)	24 天(△mL)	28 天(△mL)
正常组	—	0.209±0.103	0.242±0.100	0.296±0.065	0.338±0.034
模型组	—	0.473±0.132**	0.652±0.115**	0.778±0.163**	0.728±0.194**
五味温通除痹	0.80	0.435±0.139	0.571±0.148	0.708±0.123	0.604±0.159#
胶囊组	1.60	0.441±0.146	0.537±0.140#	0.667±0.146#	0.558±0.114##
	3.20	0.415±0.106	0.516±0.094#	0.615±0.110##	0.524±0.091##
TPT 组	0.02	0.398±0.100	0.534±0.119#	0.662±0.132#	0.567±0.121##

注：与正常组比较，**$P<0.01$；与模型组比较，#$P<0.05$，##$P<0.01$。

致炎后第 16、20、24 天，AA 大鼠多发性关节炎指数评分逐渐升高，24 天达到峰值，第 28 天多发性关节炎指数有所降低，但仍维持在较高水平；与模型组相比，给予五味温通除痹胶囊干预后，1.6 g/kg、3.2 g/kg 剂量组在免疫后第 20、24、28 天可显著降低 AA 大鼠多发性关节炎指数，差异有统计学意义，0.8 g/kg 剂量组 AA 大鼠多发性关节炎指数虽有所下降，但不具有统计学意义，见表 3-17。

表 3-17　五味温通除痹胶囊对 AA 大鼠多发性关节炎指数评分的影响($\bar{x}\pm s$, n=10)

组别	剂量(g/kg)	16 天(min)	20 天(min)	24 天(min)	28 天(min)
模型组	—	6.50±1.78	7.80±1.87	9.00±1.89	8.00±1.76
五味温通除痹	0.80	5.50±1.94	6.20±2.86	7.50±2.32	6.00±1.88#
胶囊组	1.60	5.30±1.87	6.00±2.16#	7.00±2.11#	5.70±1.83#
	3.20	5.20±1.65	5.30±1.95##	6.20±2.25##	4.80±1.87##
TPT 组	0.02	5.00±2.01	5.50±1.78#	5.90±2.42##	4.90±2.28##

注：与模型组比较，#$P<0.05$，##$P<0.01$。

研究表明,五味温通除痹胶囊不仅可明显减轻继发性足肿胀度,还可显著降低大鼠多发性关节炎指数,提示五味温通除痹胶囊对 RA 风寒湿痹阻证大鼠具有一定的治疗作用。

2. 五味温通除痹胶囊对 AA 大鼠关节、滑膜的影响

姜辉等[35]通过对 AA 大鼠右足踝关节 HE 染色,光学显微镜观察其病理组织学变化来研究五味温通除痹胶囊对 AA 大鼠踝关节病理组织学损伤程度的影响。结果表明,与正常组相比,模型组大鼠饮食减少、体重减轻、毛发干枯、活动减少;致炎后 18 h 左右足肿胀达峰值,持续 3 天后逐渐减轻;致炎后 10 天左右发生继发病变,20 天左右达高峰,出现致炎侧、非致炎侧(对侧)及双前肢的关节和足趾肿胀,耳、尾"关节炎"结节;给予五味温通除痹胶囊干预后,上述症状均明显减轻;实验过程中大鼠无死亡。

光镜下可见正常大鼠滑膜衬里层由 1~2 层滑膜细胞组成,滑膜细胞排列规则,关节面光滑,关节腔内无渗出,未见炎细胞浸润;模型组大鼠滑膜组织明显增生,滑膜衬里层细胞逐渐增加至 3~4 层甚至更多,有明显的血管翳形成,具有人类 RA 的基本病理特点;五味温通除痹胶囊各剂量组对 AA 大鼠关节组织的上述病理改变有不同程度的改善作用,结果见图 3－12(彩图 6)。

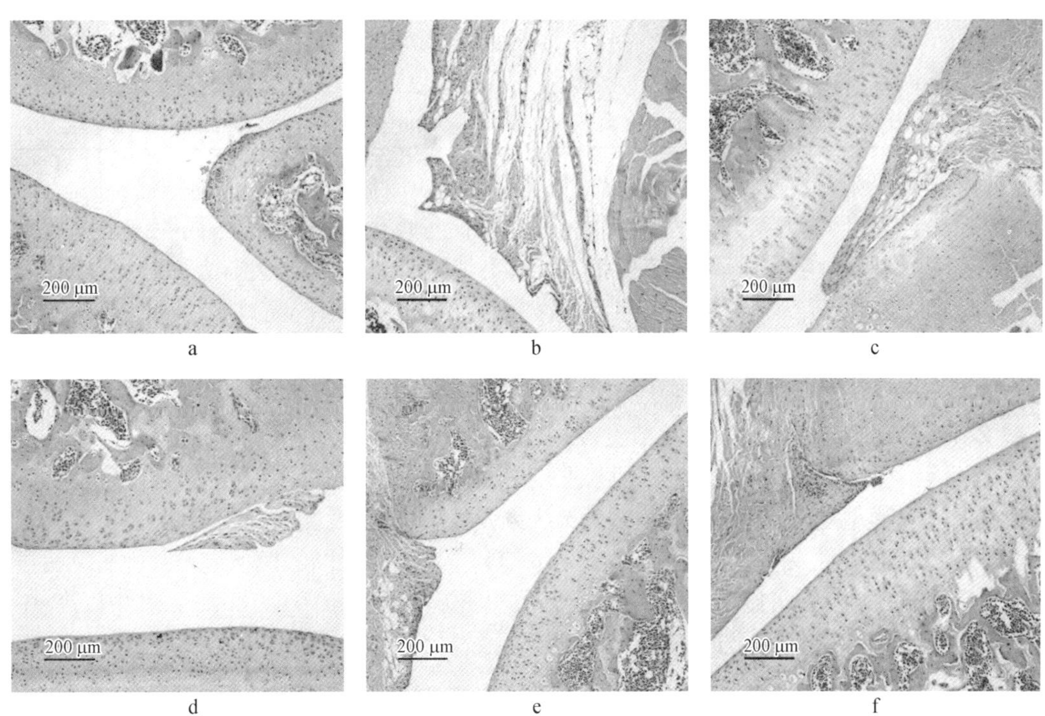

图 3－12　五味温通除痹胶囊对 AA 大鼠关节病理学的影响(HE 染色×200)

a. 正常组　b. 模型组　c. 五味温通除痹胶囊(0.80 g/kg)组　d. 五味温通除痹胶囊(1.60 g/kg)组　e. 五味温通除痹胶囊(3.20 g/kg)组　f. TPT 组

三、黄芩清热除痹胶囊对 AA 大鼠的疗效研究

黄芩清热除痹胶囊(huang qin qing re chu bi capule,HQC)是医院制剂,处方由黄芩、栀子、威灵仙等组成,具有清热化湿、健脾通络之功效,常用于因风寒湿热造成的 RA。

1. HQC 对 AA 大鼠的抗炎作用

江莹等[36]通过现建立 AA 大鼠模型,分析研究 HQC 对 AA 大鼠的体重、一氧化氮(nitrogen monoxide,NO)、超氧化物歧化酶(superoxide dismutase,SOD)、病理组织等指标的作用,研究 HQC 对 RA 的治疗作用。

结果表明,模型组大鼠的体重增长减慢,与正常组有显著差别($P<0.01$);与模型组比较,HQC 各剂量组大鼠的体重增长较快($P<0.05$,$P<0.01$),但低于正常组。其中,高剂量组的体重增长较明显($P<0.01$),与 TPT 的效果相当。

模型组大鼠血清中的 NO 含量较正常组显著升高($P<0.01$),SOD 含量显著降低($P<0.01$)。HQC 各剂量组大鼠较模型组的 NO 含量降低,SOD 含量升高($P<0.01$),其中,HQC 高剂量的效果最好,与阳性药 TPT 的效果相当,见表 3－18。

表 3－18　HQC 对 AA 大鼠体重及血清中 NO、SOD 含量的影响($n=10$)

组别	剂量(g/kg)	体重(g)				NO(μmol/L)	SOD(μmol/L)
		2 天	8 天	15 天	21 天		
正常组	—	202.67±4.99	241.71±5.63	275.21±6.38	278.45±5.12	41.37±2.15	249.41±6.47
模型组	—	204.04±2.14	226.69±6.31**	232.37±7.1**	241.21±3.53**	114.28±3.27**	167.38±4.97**
阳性对照组	0.01	201.21±7.68	240.17±6.14##	264.38±3.75##	276.26±3.24##	61.51±3.18	252.14±5.18#
HQC高剂量组	51.2	202.19±3.53	237.97±3.51#	263.15±5.17##	270.25±3.42##	56.37±2.41	254.62±7.42#
HQC中剂量组	25.6	203.46±3.27	240.16±5.48##	260.48±3.54##	271.32±4.18##	72.51±2.74	235.15±3.72#
HQC低剂量组	12.8	202.31±5.44	235.53±4.81#	254.13±4.78##	262.52±2.69##	78.23±3.61	192.46±6.34#

注:与正常组比较,**$P<0.01$;与模型组比较,#$P<0.05$,##$P<0.01$。

HE 染色显示,模型组大鼠的关节软骨面有不同程度的破坏,滑膜不同程度地充血水肿,光镜下见滑膜增生,滑膜中血管扩张、充血,炎细胞浸润,严重者关节表面破损、软骨层次模糊、结构紊乱。给药后,各种炎症状况减轻,炎性细胞增生情况减弱,炎性细胞变少,关节层面变得光滑。HQC 高剂量组和 TPT 组的滑膜充血、增生情况较模型组显著减轻,关节表面较平整,结构清晰,病理状况明显减轻好转,结果如图 3－13。

2. HQC 对 AA 大鼠继发性关节炎、血清细胞因子的影响

葛平等[37]通过观察 AA 大鼠继发性肿胀度的和血清细胞因子的变化,来探讨 HQC 对 RA 的治疗作用。模型复制后第 12 天,出现关节炎继发性反应,继发侧足开始出现红肿、发热等症状,第 18 天继发性反应达到峰值,然后开始减轻。与正常组比较,模型组足趾肿胀度明显增加($P<0.01$);与模型组比较,HQC 各组足趾体积明显减小($P<0.05$,$P<0.01$),其中以高、中剂量组效果较好($P<0.01$),与 TPT 组比较,差异无统计学意义($P>0.05$),结果见表 3－19。

表 3－19　HQC 对 AA 大鼠继发性关节炎的影响($\bar{x}\pm s$,$n=10$)

组别	剂量(g/kg)	致炎后不同时间继发性肿胀度(μL)				
		12 天	15 天	18 天	21 天	24 天
正常组	—	10.0±3.6	9.9±4.1	10.1±3.4	10.2±2.4	11.1±1.3
模型组	—	41.2±7.6	180.4±9.4**	231.2±8.1**	214.2±5.4**	172.1±4.2**
HQC 高剂量组	0.01	33.6±5.7	124.5±2.8##	165.7±7.8##	138.4±3.7##	113.1±6.3##
HQC 中剂量组	51.2	33.7±4.1	140.3±7.2#	170.2±8.3##	152.1±2.9#	122.6±4.2##
HQC 低剂量组	25.6	40.5±5.3	142.7±4.1#	210.4±5.3#	161.3±4.3#	131.5±5.8#
TPT 组	12.8	35.1±7.2	124.7±5.9##	171.1±4.3##	142.4±4.5##	113.2±5.3##

注:与正常组比较,*$P<0.05$,**$P<0.01$;与模型组比较,#$P<0.05$,##$P<0.01$。

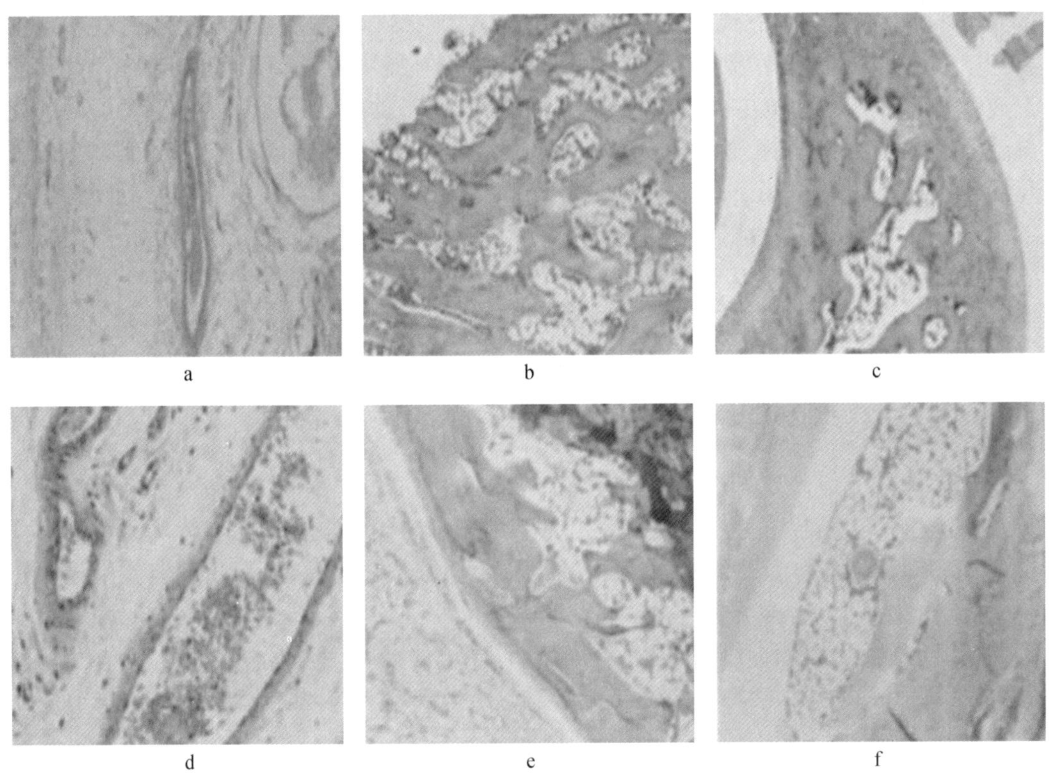

图 3－13　大鼠的踝关节病理组织切片图

a. 正常组　b. 模型组　c. HQC 高剂量组　d. HQC 中剂量组　e. HQC 低剂量组　f. TPT 组

模型组大鼠血清 IL－1β、IL－6 的含量明显高于正常组（$P<0.01$）；HQC 各组血清 IL－1β、IL－6 含量明显降低（$P<0.05$，$P<0.01$），其中高、中剂量效果较好（$P<0.01$）；与 TPT 组比较，差异无统计学意义（$P>0.05$），见表 3－20。

表 3－20　HQC 对 AA 大鼠血清 IL－1β、IL－6 的影响（$\bar{x}\pm s$，$n=10$）

组别	剂量(g/kg)	IL－1β(ng/L)	IL－6(ng/L)
正常组	—	6.61±0.6	174.73±3.48
模型组	—	12.11±2.25 **	213.17±9.55 **
HQC 高剂量组	51.2	9.29±0.86##	182.67±6.11##
HQC 中剂量组	25.6	9.53±2.33##	180.74±5.03##
HQC 低剂量组	12.8	11.21±2.14#	204.63±7.91#
TPT 组	0.01	9.22±1.59##	181.79±3.46##

注：与正常组比较，$^{**}P<0.01$；与模型组比较，$^{\#}P<0.05$，$^{\#\#}P<0.01$。

第二节　健脾化湿通络方对骨关节炎大鼠的疗效研究

骨关节炎（osteo arthritis，OA）属中医痹证范畴，病机为邪痹经络，邪为风寒湿邪，日久可兼杂痰浊、血瘀,并伴有脾肾亏虚,属本虚标实。脾肾两虚、湿注骨节证为膝骨关节炎主要证型。因此,对其确立治则应为扶正祛邪,扶正当补益脾肾,祛邪当化湿通络。健脾化湿通络方 XFC 组方为黄芪、薏苡仁、蜈蚣、雷公藤四药,黄芪、薏苡仁为君药,发挥健脾化湿除痹之功效,蜈蚣、雷公藤为臣药,发挥祛风除湿、通络止痛之功效。全方配伍以求健脾化湿,通络止痛功效。用于治疗 OA 可使脾气健,湿邪去,脉络通。鼠模型关节软骨退变的组织学特征与人类 OA 相似,可满足用于药物防治软骨退变的研究。关节腔内注射药物法所需时间短,可模拟软骨破坏的病理环节,适用于软骨病理和药物防治的研究[38]。研究表明[39,40]关节腔注射木瓜蛋白酶,可迅速诱导 OA 的发生,且发生时间短,重复性好,与人类骨关节炎相似。

一、XFC 对骨关节炎大鼠关节病变的疗效研究

阮丽萍等[41]通过复制 OA 大鼠模型研究 XFC 对 OA 大鼠体质量、膝关节软骨病理评分及软骨自噬超微结构的变影响。研究表明,造模前各组大鼠体质量差异均无统计学意义($P>0.05$)。给药前 1 天,与正常组比较,模型组、氨基葡萄糖组、XFC 组体质量显著下降,关节软骨病理评分显著上升($P<0.05$ 或 $P<0.01$)。给药 30 天后,与模型组比较,氨基葡萄糖组、XFC 组大鼠体质量均有所升高,软骨病理评分明显降低($P<0.05$ 或 $P<0.01$),其中以 XFC 组最为明显($P<0.01$);与氨基葡萄糖组相比,XFC 组体质量明显升高,软骨病理评分明显降低($P<0.01$),结果见图 3-14(彩图 7)。

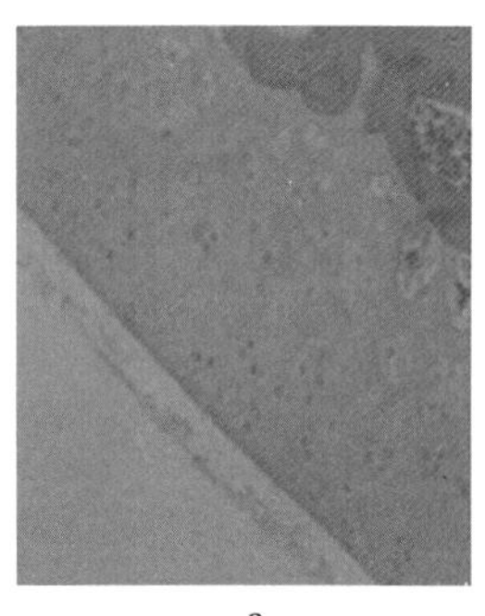
a

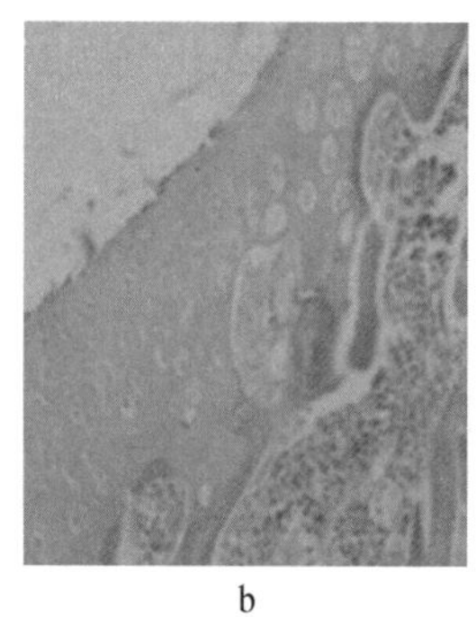
b

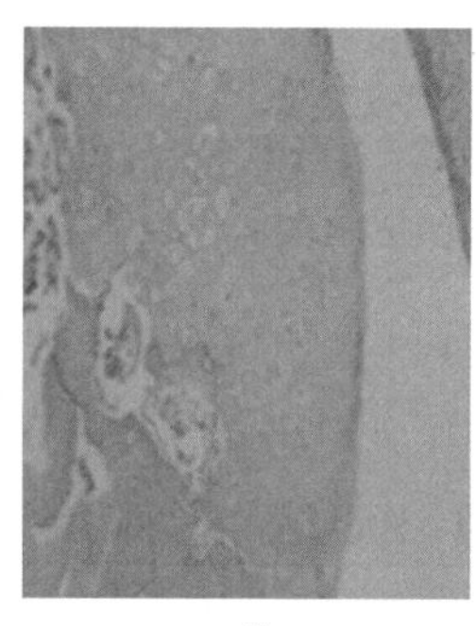
c

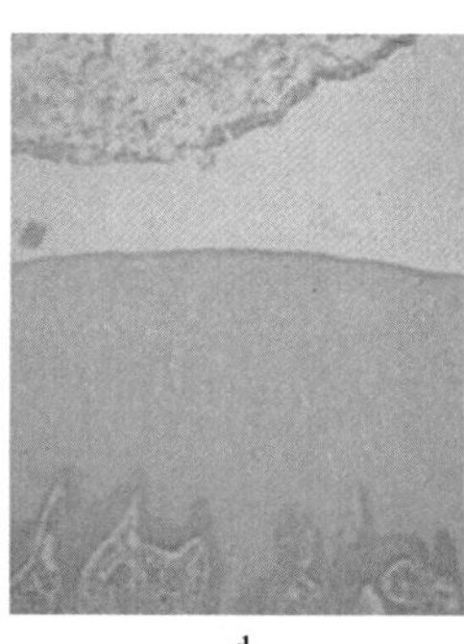
d

图 3-14 各组大鼠软骨 HE 染色

a. 正常组(×200 倍) b. 模型组(×200 倍) c. 氨基葡萄糖组(×200 倍) d. XFC 组(×200 倍)

与正常组比较,模型组给药后 30 天体质量明显下降,软骨病理评分明显升高;与模型组比较,XFC 组给药 30 天后体质量明显升高,软骨病理评分明显降低;氨基葡萄糖组软骨病理评分明显降低($P<0.01$);与氨基葡萄糖组比较,XFC 组给药 30 天后体质量明显升高,软骨病理评分明显降低($P<0.01$),结果见表 3-21。

表 3-21 XFC 对各组 OA 大鼠体质量及关节软骨病理评分的影响($\bar{x}\pm s$, $n=10$)

组别	体质量(g)			软骨病理评分
	造模前 1 天	给药前 1 天	给药后 30 天	
正常组	172.00±14.21	250.80±21.89	318.80±31.67	1.14±0.40
模型组	179.20±8.79	229.20±13.83	274.80±22.07*	5.72±0.86**

（续表）

组别	体质量(g)			软骨病理评分
	造模前1天	给药前1天	给药后30天	
氨基葡萄糖组	172.40±10.81	211.20±13.39**	294.80±15.59	2.94±0.42**##
XFC组	164.40±15.32	212.80±13.31*	345.60±24.88##△△	2.02±0.35**##△△

注：与正常组比较，$^{*}P<0.05$，$^{**}P<0.01$；与模型组比较，$^{\#}P<0.05$，$^{\#\#}P<0.01$；与氨基葡萄糖组比较，$^{\triangle}P<0.05$，$^{\triangle\triangle}P<0.01$。

相关性分析显示：IL－4与软骨病理评分、TNF－α、抗胸腺细胞球蛋白(antithymocyte globulin，Atg) Atg12呈负相关，与脾脏Atg5、Atg7呈正相关；TNF－α与软骨病理评分呈正相关；免疫球蛋白(immunoglobulin，Ig) IgG1与软骨病理评分、TNF－α呈正相关，与IL－4、脾脏Atg7呈负相关；IgG2a与软骨病理评分、TNF－α、胸腺Atg12呈正相关，与IL－4呈负相关，结果见表3－22。

表3－22　OA大鼠软骨病理评分、免疫球蛋白细胞因子及Atg等指标的相关性分析

指标	IL－4(pg/mL)	TNF－α(ng/L)	IgG1(μg/mL)	IgG2a(μg/mL)
造模前1天	−0.198	0.200	0.11	0.11
给药前1天	0.455*	0.069	−0.294	−0.145
给药后30天	0.598**	−0.299	−0.335	−0.710**
软骨病理评分	−0.842**	0.604**	0.752**	0.486*
IL－4(pg/mL)	1	−0.495*	−0.622**	−0.517**
TNF－α(ng/L)	−0.495*	1	0.542**	0.433*
胸腺Atg5	0.255	−0.266	−0.316	0.007
胸腺Atg7	0.15	0.365	0.232	0.248
胸腺Atg12	−0.641**	0.132	0.156	0.576**
软骨Atg5	0.355	0.188	0.13	0.12
软骨Atg7	0.093	0.226	0.011	0.319
软骨Atg12	0.22	0.261	0.166	−0.188
脾脏Atg5	0.513*	−0.037	−0.137	−0.119
脾脏Atg7	0.412*	−0.403	−0.407*	−0.075
脾脏Atg12	0.331	0.344	0.131	0.134

二、XFC对骨关节炎大鼠关节外病变的疗效研究

骨关节炎是以关节组织慢性炎症为主要表现的自身免疫病。已有研究[42,43]发现OA是伴随疾病发生率最高的疾病之一，OA患者比一般人更易发生动脉硬化、高血压、心血管、呼吸系统等疾病[44,45]。中医药治疗OA的文献报道中涉及中药对OA患者及动物模型关节病变作用的内容较多，而对OA关节外病变，尤其心、肺功能改变研究内容涉及较少。临床研究表明，采用益气健脾化湿通络之XFC治疗OA，不仅改善了OA的关节疼痛肿胀、晨僵等局部症状，而且改善了疲倦乏力、食欲减退等全身症状；不仅具有免疫调节作用，如维持调节性T细胞(Treg细胞)的和细胞因子网络的平衡，而且能够改善OA患者的心肺功能。为了进一步观察其疗效，探讨其作用的形态学基础，程圆圆等[46]采用超声诊断仪检测大鼠心功能，动物肺功能仪检测大鼠肺功能，ELISA法检测B、T淋巴细胞弱化因

子(B and T lymphocyte attenuator,BTLA)、疱疹病毒辅助受体(herpesvirus entry mediator,HVEM)、IL－17、IL－4、转化生长因子β1等指标的变化来探讨XFC对骨关节炎大鼠心肺功能的影响。

与正常组比较,模型组舒张早期峰值流速(early diastolic peak flow velocity,E)峰、舒张早期峰值流速/舒张晚期峰值流速(early diastolic peak flow velocity/atrial peak flow velocity,E/A)明显降低($P<0.05$);与模型组比较,XFC组E峰、E/A明显升高($P<0.05$)。与正常组比较,模型组大鼠FEV、FEF_{50}、75%肺活量的最大呼气流量(75% forced expiratory flow,FEF_{75})、PEF明显降低($P<0.05$)。与模型组比较,氨基葡萄糖组FEF_{50}、FEF_{75}、PEF明显升高;XFC组FEV_1、FEF_{50}、FEF_{75}、PEF显著升高($P<0.05$),表3－23。

表3－23　XFC对OA大鼠心肺功能参数指标的影响($\bar{x}\pm s$,$n=10$)

心功能参数	正常组	模型组	氨基葡萄组	XFC组
心率(bmP)	355.90±18.2	393.60±7.10	385.20±36.6	376.10±22.8
E(cm/s)	1.22±0.22	0.66±0.05[a]	0.92±0.47	1.32±0.31
A(cm/s)	0.90±0.21	1.11±0.27	1.22±0.46	1.13±0.35
E/A	1.36±0.07	0.61±0.11[a]	0.73±0.09	1.23±0.36[c]
射血分数(%)	89.67±3.51	85.10±2.76	84.5±11.24	91.02±6.04
左心室短轴缩短率(%)	52.67±2.52	48.80±3.36	50.38±16.61	58.97±12.93
肺功能参数	**正常组**	**模型组**	**氨基葡萄组**	**XFC组**
用力肺活量(mL/s)	0.49±0.31	0.37±0.037	0.33±0.11	0.34±0.086
一秒用力呼气容积(mL/s)	0.32±0.08	0.18±0.09[a]	0.27±0.07	0.31±0.11[c]
FEF_{25}(mL/s)	3.87±1.25	2.81±0.62	3.52±1.07	3.60±0.94
FEF_{50}(mL/s)	4.19±1.06	2.56±0.88[a]	4.06±1.39[c]	4.20±1.14[c]
FEF_{75}(mL/s)	3.68±1.61	2.01±1.15[a]	3.87±1.51[c]	3.70±1.37[c]
最大呼气中期流量(mL/s)	4.01±0.95	2.84±1.04	3.88±1.43	4.00±1.10
用力最大呼气流量(mL/s)	5.71±1.59	3.60±1.42	5.20±1.27[c]	5.90±1.45[c]

注:[a]$P<0.05$,[c]$P<0.01$。

E峰与BTLA、IL－4呈正相关;A峰与TGF－β1呈正相关;E/A与BTLA、HVEM、IL－4呈正相关;FEV_1与BTLA、HVEM呈正相关;Mankin评分与BTLA、HVEM、IL－4呈负相关,与IL－17呈正相关;心指数(cardiac index,CI)与BTLA、HVEM呈负相关;肺指数(lung index,LI)与BTLA、HVEM、IL－4呈负相关,与TGF－β1呈正相关($P<0.05$或$P<0.01$),结果见表3－24。

表3－24　OA大鼠心肺功能与Mankin评分等指标的相关性分析

检测指标	心肺功能参数							Mankin评分	CI	LI
	E	A	E/A	FEV_1	FEF_{50}	FEF_{75}	PEF			
BTLA	0.668[a]	−0.125	0.741[b]	0.511[a]	0.264	0.81	0.194	−0.617[b]	−0.709[b]	−0.745[b]
HVEM	0.346	−0.298	0.663[a]	0.458[a]	0.250	0.436	0.233	−0.632[b]	−0.732[b]	−0.580[a]
IL－17	−0.142	0.367	−0.377	−0.103	−0.084	−0.238	−0.191	0.498	0.346	0.355
IL－4	0.643[a]	0.266	0.86[b]	−0.118	−0.114	−0.092	−0.024	−0.541[a]	−0.555	−0.636[b]
TGF－β1	0.033	0.635[a]	−0.455	−0.243	−0.025	0.091	−0.114	0.359	0.356	0.459[a]

注:[a]$P<0.05$,[b]$P<0.01$。

研究发现 OA 患者比一般人更易伴发心血管、呼吸系统等疾病，且发生的概率和疾病的严重程度相关。其机制可能与机体内长期慢性炎症导致细胞因子失衡，从而引起继发性组织损伤有关。本研究结果显示，与正常组相比，OA 大鼠心功能参数 E 峰、E/A 明显降低，提示左室舒张功能下降；肺功能参数 FEV_1、FEF_{50}、FEF_{75}、PEF 明显降低，说明 OA 大鼠肺功能降低是以通气功能降低为主，并伴有一定程度的小气道障碍。进一步研究发现，OA 大鼠 BTLA、HVEM、IL－4 均明显降低，IL－17、TGF-β1 升高，且与 E、E/A、FEV_1、Mankin 评分、CI、LI 具明显相关性。

药物干预后，与模型组比较，XFC 组 E 峰、E/A、FEV_1、FEF_{50}、FEF_{75}、PEF、BTLA、HVEM、IL－4 明显升高，Mankin 评分、CI、LI、TGF－β1、IL－17 明显降低，说明 XFC 改善 OA 大鼠关节软骨病变的同时，还能改善其心肺功能。其机制可能是通过促进 BTLA－HVEM 负调共刺激信号作用，上调 IL－4，下调 IL－17、TGF－β1，抑制异常免疫炎症反应，从而改善 OA 大鼠软骨代谢，保护受损心肌细胞，抑制肺部炎症有关。OA 大鼠存在心肺功能下降。中药 XFC 通过增强 BTLA－HVEM 信号表达，调节免疫及恢复细胞因子网络平衡，从而改善 OA 大鼠软骨代谢和心肺功能。

第三节 健脾化湿通络方对干燥综合征大鼠的疗效研究

干燥综合征（sjogren's syndrome，SS）是一种主要累及全身外分泌腺的慢性自身免疫性疾病，以唾液腺和泪腺的症状为主，呼吸系统、消化系统、皮肤、阴道等外分泌腺亦有相应表现。SS 动物模型主要在腺体的局部模拟了人类干燥综合征的表现，为 SS 发病机制的研究及治疗提供了试验方法。健脾化湿通络疗法是其主要疗法，具有调理后天之本的作用，在治疗干燥综合征中具有重要的临床治疗意义和价值。

一、XFC 对 SS 大鼠唾液腺、泪腺症状的疗效研究

杨佳等[47]通过观察各组大鼠饮水量及体质量的变化，采用酶联免疫吸附法检测 IL－10、TNF－α、IL－17 的表达来分析 XFC 对 SS 大鼠治疗作用。

造模前各组大鼠的体质量无统计学差异（$P>0.05$）；给药前 1 天，与正常组相比较，模型组 SS 大鼠体重明显减轻（$P<0.05$）；给药 30 天后，与模型组相比较，羟氯喹组（hydroxychloroquine sulfate，HCQ）、XFC 组 SS 大鼠体重均明显升高（$P<0.05$）；与 HCQ 组、白芍总苷组（total glucosides of paeony capsules，TGP）比较，XFC 组 SS 大鼠体质量明显升高（$P<0.05$），结果见表 3－25。

表 3－25 XFC 对 SS 大鼠体质量的影响（$\bar{x}\pm s$，g，$n=10$）

组别	造模前	给药前 1 天	给药后 30 天
正常组	192.58±23.61	289.20±24.89	345.48±35.95
模型组	195.87±22.46	252.92±25.86*	302.49±30.59*
HCQ 组	194.58±24.01	269.19±22.18*	327.38±37.01*#

（续表）

组别	造模前	给药前 1 天	给药后 30 天
TGP 组	192.24±19.45	260.65±23.07 *	320.63±34.66 *
XFC 组	192.19±26.19	269.54±31.75 *	374.32±56.88 *#☆▲

注：与正常组比较，*$P<0.05$；与模型组比较，#$P<0.05$；与 HCQ 组比较，☆$P<0.05$；与 TGP 组比较，▲$P<0.05$。

造模前各组大鼠的饮水量无统计学意义（$P>0.05$）；给药前 1 天，与正常组相比较，模型组饮水量明显增多（$P<0.05$）；给药 30 天后，与模型对照组相比较，HCQ 组、TGP 组、XFC 组饮水量均明显减少（$P<0.05$）；与 HCQ 组、TGP 组比较，XFC 组饮水量无明显差异（$P>0.05$），结果见表 3－26。

表 3－26　XFC 对 SS 大鼠饮水量的影响（$\bar{x}\pm s$，mL，$n=10$）

组别	造模前	给药前 1 天	给药后 30 天
正常组	16.42±2.84	18.26±3.04	21.68±3.73
模型组	15.76±3.07	22.63±3.55 *	27.92±4.56 *
HCQ 组	15.83±2.67	19.30±3.89	23.45±3.96 *#
TGP 组	16.05±2.79	19.57±3.23	24.65±3.65 *#
XFC 组	15.98±2.56	19.70±3.49	22.73±3.16 *#

注：与正常组比较，*$P<0.05$；与模型组比较，#$P<0.05$。

XFC 可与 HCQ、TGP 一样缓解 SS 大鼠的口干现象，表现为饮水量较模型组减少。同时 XFC 以从脾论治作为理论基础，可以有效地改善各种脾虚症状，其中的黄芪善入脾胃，具有保护胃黏膜，抑制雷公藤的胃肠道不良反应的作用，薏苡仁亦有健脾补中的功效，故 XFC 组 SS 大鼠的体质量较 MTX 组和 TPT 组明显升高（$P<0.05$），提示 XFC 不但具有与抗炎和调节免疫的作用，而且在改善 SS 大鼠整体功能方面优于 HCQ 和 TGP。

二、XFC 对 SS 大鼠颌下腺的疗效研究

SS 是一种主要累及外分泌腺体的慢性炎症性的自身免疫病。近年来水通道蛋白（aquaporin，AQP）在干燥综合征中的作用越来越引起关注。AQP 是被证实的分布在哺乳动物涎腺中的分子蛋白，其中 AQP1 和 AQP5 已被证实与唾液的分泌密切相关[48]。杨佳等[49]通过常规光镜下观察大鼠颌下腺的病理形态变化，免疫组化法检测各组大鼠颌下腺 AQP1、AQP5 的表达，分析 XFC 对 SS 大鼠的作用机制。

与正常组相比较，模型组 AQP1、AQP5 积分均明显降低（$P<0.05$）；与模型组相比较，HCQ 组和 XFC 组的 AQP1、AQP5 积分均明显升高（$P<0.05$）；与 HCQ 组、TGP 组相比，XFC 组颌下腺 AQP1、AQP5 无统计学差异（$P>0.05$），结果见表 3－27。

表 3－27　XFC 对 SS 大鼠颌下腺 AQP1、AQP5 的影响（$\bar{x}\pm s$）

组别	数量	AQP1	AQP5
正常组	10	1.50±0.71	1.60±0.69
模型组	10	0.83±0.27 *	0.90±0.36 *

（续表）

组别	数量	AQP1	AQP5
HCQ 组	10	$1.19±0.63^{\#}$	$1.32±0.48^{\#}$
TGP 组	10	1.12±0.56	1.28±0.67
XFC 组	10	$1.31±0.48^{\#}$	$1.40±0.52^{\#}$

注：与正常组比较，$^{*}P<0.05$；与模型组比较，$^{\#}P<0.05$。

同时研究发现，AQP1 和 AQP5 在模型大鼠颌下腺的阳性表达率明显降低，证明 AQP1 和 AQP5 与 SS 的发病与病程进展密切相关。XFC 与 HCQ、TGP 一样可以升高 AQP1 和 AQP5 的阳性表达率。这提示 XFC 可以提高 AQP1 和 AQP5 在 SS 大鼠颌下腺中的表达，改善口干症状，有效地缓解病情。

本次实验表明，造模后，大鼠颌下腺出现明显的淋巴细胞浸润，其颌下腺的腺泡和导管破坏逐渐加重（图 3－15，彩图 8），大鼠的口干症状亦逐渐加重，表现为饮水量较前明显增多。分析原因，可能与 SS 大鼠颌下腺的分泌功能失代偿，导致唾液分泌量减少有关，与 SS 患者的临床表现及病理过程相吻合。AQP1 和 AQP5 在模型大鼠颌下腺的阳性表达率明显降低，证明 AQP1 和 AQP5 与 SS 的发病与病程进展密切相关。XFC 与 HCQ、TGP 一样可以升高 AQP1 和 AQP5 的阳性表达率，XFC 组的大鼠体重较其他各治疗组增加更为明显。提示 XFC 可以提高 AQP1 和 AQP5 在 SS 大鼠颌下腺中的表达，改善口干症状，有效地缓解病情。

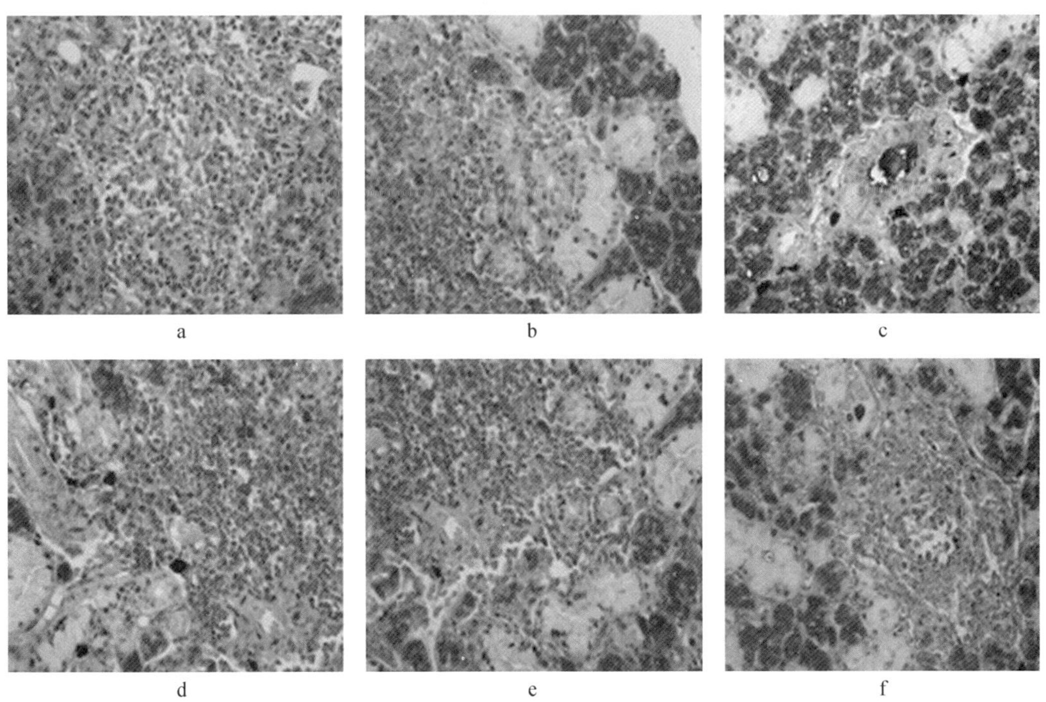

图 3－15 光镜下各组大鼠颌下腺病理

a. 正常组无明显淋巴细胞浸润 b. 模型组淋巴细胞浸润明显 c. 模型组导管内有钙化小体
d. HCQ 组淋巴细胞浸润较明显 e. TGP 组淋巴细胞浸润较明显 f. XFC 组腺泡坏死散在淋巴细胞

三、XFC 对 SS 大鼠呼吸系统的疗效研究

SS 腺体外表现如心肺功能的变化呈亚临床进展。研究发现[50]在 SS 患者中心脏超声显示已有改变,出现心肌病变。肺部高分辨 CT 显示呈间质纤维化性改变[51,52]。鉴于 SS 患者出现心肺系统的改变,对于 SS 的心肺病变研究尤为重要。冯云霞等[53]通过复制 SS 动物模型,观察 SS 大鼠肺功能及肺组织细胞外信号调节激酶(excellular signal regulated protein kinase,ERK)ERK1、TGF－β1 表达的变化及 XFC 对其的影响,探讨 XFC 改善 SS 肺功能的作用机制。

XFC 对大鼠颌下腺、肺指数变化、颌下腺病理学变化的影响,如与正常组相比,模型组颌下腺指数、肺指数、颌下腺病理评分显著升高($P<0.01$);与模型组相比,HCQ 组、XFC 组颌下腺指数显著降低($P<0.01$),HCQ 组、XFC 组肺指数明显降低($P<0.05$),TGP 组、HCQ 组、XFC 组颌下腺病理评分明显升高($P<0.05$);与 TGP 组比较,XFC 组肺指数明显降低($P<0.05$),HCQ 组、XFC 组颌下腺病理评分无明显差异($P>0.05$);与 HCQ 组相比,TGP 组、XFC 组颌下腺病理评分无明显差异($P>0.05$),见表 3－28。

表 3－28 XFC 对大鼠颌下腺、肺指数变化、颌下腺病理学变化的影响($\bar{x}\pm s$,$n=10$)

组别	颌下腺指数	肺指数	颌下腺病理学评分
模型组	1.72±0.47**	4.22±1.24**	2.92±1.15**
正常组	0.26±0.42	2.08±0.86	0.78±0.62
TGP 组	0.91±2.21	3.41±1.23	1.80±0.92#
HCQ 组	0.67±0.68##	3.05±1.16#	1.87±0.98#
XFC 组	0.60±0.54##	2.89±1.38#▲	1.65±1.14#

注:与正常组比较,**$P<0.01$;与模型组比较,#$P<0.05$,##$P<0.05$;与 TGP 组比较,▲$P<0.05$。

与正常组相比,MC 组血清 IL－17、血清 TGF－β1 均明显升高($P<0.05$);肺功能参数 FEF_{25}、FEF_{50}、MMF 及血清 IL－4 显著降低($P<0.05$)。与模型组相比,XFC 组血清 IL－17、血清、TGF－β1 均明显降低($P<0.05$);HCQ 组 FEV_1 及血清 IL－4 明显升高($P<0.05$);TGP 组 FEV_1、FEF_{50}、FEF_{75} 显著升高($P<0.01$),XFC 组 FEF_{50} 及血清 IL－4 明显升高($P<0.05$),FEF_{25}、MMF 显著升高($P<0.01$)。与 HCQ 组比较,XFC 组 FEF_{25}、FEF_{75}、MMF 显著升高($P<0.05$),血清 IL－17 明显降低($P<0.05$);与 TGP 组相比较,XFC 组血清 IL－17 明显降低($P<0.05$),肺功能参数及血清 TGF－β1 无统计学差异($P>0.05$),见表 3－29。

表 3－29 XFC 对 SS 大鼠肺功能变化及细胞因子的影响($\bar{x}\pm s$)

指标	正常组	模型组	HCQ 组	TGP 组	XCF 组
FEV_1(mL/s)	0.24±0.04	0.11±0.07	0.22±0.60#	0.25±0.12##	0.28±0.92
FEF_{25}(mL/s)	2.57±0.62	1.61±0.86*	2.06±0.59	2.39±1.74	2.93±0.92##☆☆
FEF_{50}(mL/s)	2.73±0.73	1.92±0.70*	2.21±0.83	2.42±1.29##	2.71±1.21#
FEF_{75}(mL/s)	2.49±0.76	2.09±0.32	2.03±1.12	2.61±1.45##	3.33±1.04☆☆
MMF(mL/s)	2.93±0.76	1.64±0.61**	2.24±0.92	2.35±1.24	3.07±0.72##☆
IL－17(pg/mL)	110.69±15.96	186.12±31.60*	143.45±23.96##	164.65±24.65	122.73±19.16##☆
IL－4(pg/mL)	174.57±26.60	134.83±35.49*	140.25±31.20	148.13±23.19	168.67±24.63☆
TGF－β1(pg/mL)	475.81±78.10	667.69±157.38*	535.43±84.81#	577.85±59.21	536.34±79.05#

注:与正常组比较,*$P<0.05$,**$P<0.01$;与模型组比较,#$P<0.05$,##$P<0.05$;与 HCQ 组比较,☆$P<0.05$,☆☆$P<0.01$。

HE 染色显示，正常组大鼠肺组织结构较为完整，肺泡间隔组织结构正常，肺泡间隔无充血、水肿及急慢性炎症等改变(a)；模型组肺组织结构破坏，肺泡壁明显增厚，肺泡间隔成纤维细胞增多肺泡腔明显缩小，部分肺泡腔呈囊状扩张(b)；TGP 组肺泡间隔明显增厚，肺泡结构被破坏，肺泡腔已经基本消失，肺间质被胶原纤维和成纤维细胞替代，形成灶状纤维化(c)；HCQ 组肺泡间隔成纤维细胞增多，中等量炎性细胞浸润，病变程度轻于模型组(d)；XFC 组肺泡间隔增厚，部分肺泡腔呈囊状扩张，少量炎性细胞浸润病变程度轻于其他治疗组(e)，见图 3－16(彩图 9)。

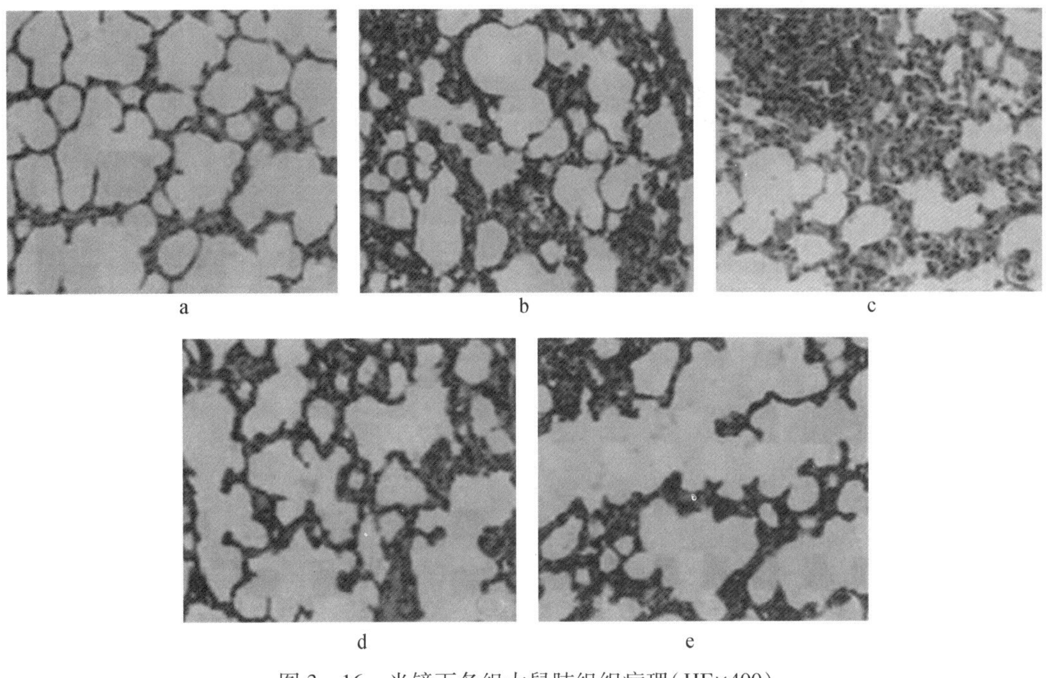

图 3－16　光镜下各组大鼠肺组织病理(HE×400)

a. 正常组　b. 模型组　c. TGP 组　d. HCQ 组　e. XFC 组

SS 与呼吸系统关系密切，其中间质性肺病在临床中最常见。可表现为限制性通气障碍及弥散障碍，亦有引起阻塞性通气障碍。本研究表明肺功能参数中 FEF_{25}、FEF_{50}、FEF_{75} 反映小气道的状态，FEV_1、MMF、PEF 反映通气功能。SS 大鼠中 FEV_1、FEF_{25}、FEF_{50}、MMF 降低，同时肺组织学病理表明模型组肺组织结构破坏，肺泡壁明显增厚，肺泡间隔成纤维细胞增多肺泡腔明显缩小，部分肺泡腔呈囊状扩张。说明 SS 患者肺功能降低特点是以通气功能降低为主，伴有一定程度的小气道通气障碍。本实验发现，模型组大鼠肺组织 TGF－β1、ERK1 及血清 TGF－β1 伴随炎症反应表达升高。研究证实经 TGF－β1 诱导可激活 Ras－Raf－MEK－ERK 途径信号通路而引起特发性纤维化的发生。

药物干预后，HCQ 组和 XFC 组肺组织 ERK1、TGF－β1 积分均明显降低，表明药物干预后 ERK1、TGF－β1 表达下降，抑制 TGF－β1－ERK1 信号通路活化，从而抑制肺部纤维化的过程。XFC 可以通过下调 TGF－β1 表达，抑制 TGF－β1－ERK1 信号通路活化，从而抑制 ERK1 磷酸化发挥免疫耐受作用，上调抑炎细胞因子 IL－4 表达，抑制促炎细胞因子 IL－17 表达，减少免疫复合物的沉积，降低颌下腺及肺组织炎症反应，改善 SS 大鼠肺功能。

参考文献

[1] 潘国风,朱晓新,张晓东.系统生物学与中药有效组分的研究[J].世界科学技术-中医药现代化,2008,10(2):5-11.

[2] 吕琳星,范雪梅,梁琼麟,等.基因芯片用于组分中药新双龙方的配伍机制研究[J].高等学校化学学报,2012,33(11):2397-2404.

[3] 周军,李沧海,霍海如,等.桂枝汤对发热大鼠下丘脑蛋白质组影响初探[J].中国实验方剂学杂志,2003,9(1):31-34.

[4] 邱云平,苏明明,吴大正,等.金复康对大鼠大肠癌癌前病变的改善作用及尿液代谢物研究[J].中国中药杂志,2008,33(22):2653-2657.

[5] 吴永杰,吴卓群,顾文勇.加味补阳还五汤对易卒中自发性高血压大鼠血清微量元素的影响[C].第八次全国中西医结合心血管病学术会议,广东,2007:1335,1336.

[6] 张旭,赵宇峰,胡义扬,等.基于功能元基因组学的人体系统生物学新方法:中医药现代化的契机[J].世界科学技术-中医药现代化,2011,13(2):202-212.

[7] 李青雅,苏式兵.系统生物学在中医药研究中的应用[J].世界科学技术-中医药现代化,2008,10(4):1-6.

[8] 刘健,韩明向,方朝晖,等.新风胶囊治疗类风湿性关节炎的临床研究[J].中国中西医结合急救杂志,2001,8(4):202-205.

[9] 汪元,刘健,万磊,等.新风胶囊对佐剂性关节炎大鼠神经-内分泌-免疫网络相关指标的影响[J].安徽中医学院学报,2010,29(2):49-52.

[10] 孟明.类风湿关节炎大鼠滑膜细胞类肿瘤样增生及加味木防己汤的调节机制研究[D].北京:北京中医药大学,2006.

[11] 姜辉,刘健,高家荣,等.新风胶囊上调佐剂性关节炎大鼠滑膜组织 Bax 和 caspase-3 表达并下调 Bcl-2 表达[J].细胞与分子免疫学杂志,2016,32(4):457-461.

[12] 王亚黎,刘健,万磊,等.新风胶囊对佐剂性关节炎大鼠 Beclin1/PI3K-AKT-mTor 的影响[J].中国中西医结合杂志,2017,37(4):464-469.

[13] 刘健.类风湿性关节炎从"脾"论治的理论、临床及实验研究[D].北京:北京中医药大学,2003.

[14] Kronofol K, Remick D G. Cytokines and the brain: implications for clinical psychiatry[J]. Am J Psychiatry, 2000, 157(5): 683-694.

[15] Huang Q J, Hao X L, Minor R T. Brain adenosine mediates interleukin-1β-induced behavioral depression in rats[J]. ACTA Psychological Sinica, 2002, 34(4): 421-425.

[16] 刘健,杨梅云,范海霞.佐剂关节炎大鼠行为、脑组织氨基酸的变化及新风胶囊对其的影响[J].中国中西医结合杂志,2007,27(5):444-448.

[17] 刘健,范海霞,杨梅云,等.佐剂关节炎大鼠行为、脑组织氨基酸及神经细胞超微结构的变化及新风胶囊对其的影响[J].中国康复杂志,2008,23(4):219-222.

[18] 陆再英,钟南山.内科学[M].第7版.北京:人民卫生出版社,2008:886.

[19] Padadimitraki E D, Kyrmizakis D E, Kritikos I, et al. Ear-nose-throat manifestations of autoimmune rheumatic disease[J]. Clinical & Experimental Rheumatology, 2004, 22(4): 485-494.

[20] Gross W L, Csernok E, Helmchen U. Antineutrophil cytoplasmic autoantibodies, autoantigens, and systemic vasculitis[J]. Apmis, 1995, 103(1-6): 81-97.

[21] Savige J, Nassis L, CooPer T, et al. ANCA-associated systemic vasculitis after immunization with bacterial proteins[J]. Clin Exp Rheumatol, 2002, 20(6): 783.

[22] 叶志中,庄俊汉,张丽君.解读血管炎[M].辽宁:辽宁科学技术出版社,2001:272.

[23] 刘健,纵瑞凯,余学芳.新风胶囊对佐剂性关节炎大鼠 ANCA、血小板参数及血管超微结构的影响

[C].第十二届全国中医风湿学术研讨会,昆明,2008:225－229.
[24] 吴智鸿,赵水平.类风湿关节炎与冠心病[J].中华风湿病学杂志,2004,8(11):688－690.
[25] Bloom B J, Miller L C, Tucker L B, et al. Soluble adhesion molecules in juvenile rheumatoid arthristis [J]. J Rheumatol, 1999, 26(9): 2044－2048.
[26] Veale D J, MaPle C, Kirk G, et al. Soluble cell adhesion molecules-p-selectin and ICAM－1[J]. Scand J Rheumatol, 1998, 27(4): 296－299.
[27] 潘喻珍,刘健,朱怀敏,等.佐剂性关节炎大鼠 APoA1 HDL 血管内皮超微结构的变化及新风胶囊对其的影响[J].中华中医药学刊,2009,27(4):734－737.
[28] Gochuico B R. Potential pathogenesis and clinical aspects of pulmonary fibrosis associated with rheumatoid arthritis[J]. Am J Med Sci, 2001, 321(1): 83,84.
[29] 范海霞,刘健,杨梅云.新风胶囊对 AA 大鼠肺功能、肺部 HRCT 及血清细胞因子的影响[J].陕西中医学院学报,2007,30(3):32.
[30] 寿涛,李芹,林俊,等.类风湿关节炎发生动脉粥样硬化的机制研究[J].中华风湿病学杂志,2006,10(9):559.
[31] 刘健,曹云祥,黄传兵,等.佐剂性关节炎大鼠心功能及心肌 MMP－9、TIMP－1 变化[J].中国免疫学杂志,2012,28(3):251－256.
[32] 刘健,曹云祥,朱艳.新风胶囊对佐剂性关节炎大鼠心功能及心肌超微结构影响[J].中国中西医结合杂志,2012,32(11):1543－1548.
[33] 万磊,刘健.名中医刘健治疗类风湿性关节炎经验撷菁[J].中国临床保健杂志,2010,12(6):613,614.
[34] 姜辉,秦秀娟,万磊,等.五味温通除痹胶囊对佐剂性关节炎大鼠自噬蛋白 Beclin－1、LC3－Ⅱ表达的影响[J].中成药,2017,39(8):1566－1572.
[35] 姜辉,刘健,高家荣,等.五味温通除痹胶囊对佐剂性关节炎大鼠细胞因子的调控作用[J].中药材,2013,36(11):1834－1836.
[36] 江莹,张静,孟楣,等.黄芩清热除痹胶囊对佐剂性关节炎大鼠的抗炎作用[J].华西药学杂志,2015,30(2):178－180.
[37] 葛平,张贺,孙肖琛,等.黄芩清热除痹胶囊对佐剂性关节炎大鼠血清 IL－1β 和 IL－6 的影响[J].中药新药与临床药理,2014,25(1):8－10.
[38] Aigner T, Cook J L, Gerwin N, et al. Histopathology atlas of animalmodel systems overview of guiding principles[J]. Osteoarthritis Cartilage, 2010, 18(18 Suppl 3): S2－S6.
[39] 孙鲁宁,黄桂成,赵燕华,等.木瓜蛋白酶诱导兔膝关节骨关节炎模型滑膜中白细胞介素 1、白细胞介素 6、白三烯浓度变化与药物注射时间的关系[J].中国组织工程研究,2012,16(33):6184－6188.
[40] 韩冠英,凌沛学,王凤山,等.不同浓度木瓜蛋白酶建立兔膝骨关节炎模型的比较研究[J].中国骨伤,2012,25(5):424－429.
[41] 阮丽萍,刘健,王亚黎,等.新风胶囊治疗大鼠骨关节炎[J].中成药,2015,37(10):2114－2120.
[42] Caporali R, Cimmino M A, Sarzi-Puttini P, et al. Comorbid conditions in the AMICA study patients: effects on the quality of life and drug prescriptions by general practitioners and specialists[J]. Semin Arthritis Rheum, 2005, 35(1): 31－37.
[43] Chan K W, Ngai H Y, Ip K K, et al. Co-morbidities of patients with knee osteoarthritis[J]. Hong Kong Med J, 2009, 15(3): 168－172.
[44] Saleh A S, Najjar S S, Muller D C, et al.Arterial stiffness and hand osteoarthritis: a novel relationship [J]. Osteoarthritis Cartilage, 2007, 15(3): 357－361.
[45] Haara M, Manninen P, Kröger H, et al. Osteoarthritis of finger joints in Finns aged 30 or over: prevalence, determinants, and association with mortality[J]. Annals of the Rheumatic Diseases, 2003, 62(2): 151－158.
[46] 程园园,刘健,冯云霞,等.新风胶囊通过 BTLA－HVEM 诱导 Treg 免疫耐受改善膝骨关节炎大鼠心

肺功能[J].细胞与分子免疫学杂志,2012,28(11):1133-1137.

[47] 杨佳,刘健,张金山,等.新风胶囊对干燥综合征大鼠 IL-10、TNF-α、IL-17 表达的影响[J].世界中西医结合杂志,2012,7(3):206-209.

[48] 李明堂,付玉,王清爽,等.水通道蛋白在小鼠嗅上皮中的免疫定位[J].吉林农业大学学报,2010,32(6):690-692.

[49] 杨佳,刘健,张金山,等.新风胶囊对干燥综合征大鼠水通道蛋白 1 和 5 表达的影响[J].安徽中医学院学报,2012,31(2):40-43.

[50] 王秦,刘爱武,付自力,等.原发性干燥综合征心脏病 106 例分析[J].临床医药实践杂志,2005,14(8):573,574.

[51] 焦志梅,韩晓燕,杨国儒,等.原发性干燥综合征的肺部表现 50 例临床分析[J].潍坊医学院学报,2001,23(3):195,196.

[52] 杨宇路.原发性干燥综合征的肺功能分析[J].中华风湿病学杂志,2000,4(1):42.

[53] 冯云霞,刘健,程园园,等.新风胶囊通过抑制 TGF-β1-ERK1 信号通路保护干燥综合征模型大鼠肺功能[J].细胞与分子免疫学杂志,2013,29(2):118-122.

4 第四章 健脾化湿通络方药理学研究

中药药理学研究是在中医药理论指导下，运用现代科学技术，研究中药与机体相互作用及其作用规律的科学。中药治疗疾病不是单纯以药物直接对抗致病因子，而是调整机体的功能状态，增强机体的抗病能力。中药复方药理研究强调中药复方组合后整体化学成分产生效应，涉及多层次、多靶点、多效性，验证或揭示与其功能相关的药理作用[1]。

系统生物学可在细胞、组织、器官和生物体整体水平上对结构和功能各异的各种分子进行研究，并在其相互作用水平上阐释中药的作用机制[2]。随着基因组学技术的发展，通过基因水平上的多靶点高通量的筛选，为中药复杂体系的有效成分研究、配伍研究提供了更为有效的技术平台。现代药理学研究已明确药物作用都有其靶基因，靶基因也是中药作用的最本质的指标。利用基因组学技术开展中药的药理学研究，可以通过测定药物引起的基因表达谱的改变及特定基因的变化情况，检测出药物产生效应的机制。通过对疾病不同发病阶段相关细胞、分子和代谢酶等靶基因的分离、鉴定及其转录调控机制研究，系统了解药物发挥药理作用的基因表达调控的规律，构建基因调控网络，进一步从基因水平到蛋白质水平进行较为全面的评价[3]。

随着生命科学的研究进入了后基因组时代，基于各种组学，如蛋白质组学等技术平台的系统生物学成为中药现代化研究的重要工具。蛋白质组学采取系统的、全方位的研究模式，通过高效率、高灵敏度、高通量的技术手段，全面揭示生物基因组表达的所有蛋白质在生命进程中的表达与功能特质，其研究特点正好与中药方剂整体性和系统性的作用特点相契合。因此，将蛋白质组学技术应用于中药方剂药理作用研究，无疑将对揭示中药方剂的作用机制，筛选药物作用靶标及优化中药方剂的合理配伍等具有重要的意义[4]。

通过挖掘各个蛋白靶点之间的网络联系，比较不同有效成分之间靶蛋白及其生物功能的相关性，借助网络药理学、生物信息学等技术阐述中药方剂各组分在分子水平的协同作用，从而更精确地阐述药物作用机制；以及开展中药方剂靶点蛋白翻译后修饰的研究，蛋白质翻译后修饰是蛋白质发挥功能的主要方式，对经过翻译后修饰的蛋白质及蛋白质组的调控过程进行深入研究，可以阐明中药方剂多组分、多靶点、整合调节的作用机制[5]。

而中药是我国传统医药体系的重要组成部分，只有系统全面地阐释中药的物质基础，才能科学地进行中药的药理学研究。随着色谱-质谱技术的发展,代谢组学因其能较全面地、动态地反映生物系统的内在生化过程和代谢网络的变化的特性,能给出药物干预后的代谢轮廓、指纹图谱、代谢物组变化等信息,在中医药的药理研究中的应用越来越广泛。借助于代谢组学先进的分析技术,中药产生疗效的物质基础及其作用机制有望得到更好的研究和阐明,对从整体上评价中药的疗效和安全性将起到推动作用[6]。

近年来,基于系统生物学方法,利用流式细胞、膜片钳、色谱-质谱、免疫印迹、激光扫描共聚焦、基因测序及编辑等新技术,课题组以新安理论为指导,从整体试验、器官组织、细胞、细胞器及分子水平,从机体免疫系统、心功能、细胞凋亡、自噬作用及蛋白质代谢等方面对中药健脾化湿通络系列方药药理学进行了系统评价。

第一节 健脾化湿通络方对免疫系统的影响

机体免疫系统通过识别自身与异己物质,通过免疫应答,排除抗原性异物来维持机体生理平衡。健脾化湿通络方代表药 XFC 药物组成为黄芪、薏苡仁、蜈蚣、雷公藤。现代药理学研究表明,黄芪富含黄芪多糖、黄芪皂苷、氨基丁酸、微量元素(硒、锰、铁、锌、铜)、钙等。其中黄芪多糖作用于多种免疫活性细胞,可以从不同角度发挥免疫调节作用。研究发现,黄芪能增加正常小鼠胸腺质量,显著增强 T 淋巴细胞的增殖反应,对机体非特异免疫及细胞免疫均有增强作用;上调呼吸道分泌免疫球蛋白 A(secretory immunoglobulin A,sIgA)、上调肠道的作用,还能增强黏膜免疫功能[7]。雷公藤甲素等为雷公藤的主要药用有效成分,具有免疫抑制作用。在大鼠关节炎模型中,雷公藤甲素醇通过抑制减少沉积在关节滑膜内的免疫复合物(immune complex,IC);调节脾脏、胸腺自噬水平稳定机体体液免疫与细胞免疫,提高机体的中枢和外周免疫耐受,改善关节滑膜炎症反应[8]。

一、XFC 对机体细胞免疫状态的影响

RA 是以慢性多关节炎为主的全身性自身免疫性疾病,不仅可致关节畸形,常伴有关节以外的其他脏器病变。辅助性 T 细胞(helper T cell,Th 细胞)根据其分泌的细胞因子不同可分为 Th1/Th2 细胞。在 RA 的发病中 Th1/Th2 细胞的平衡打破,诱导 Th1 极化,引起自身免疫变态反应,导致 RA 病情加重。越来越多的证据表明,RA 患者体内存在 Treg 细胞数量改变和(或)功能降低,提示 Treg 细胞的异常与 RA 的发生发展密切相关。

万磊等[9]通过复制 AA 大鼠模型,观察健脾化湿通络中药 XFC 对 AA 大鼠 Th1/Th2 细胞极化及 Treg 细胞表达的影响。结果表明,与正常组相比,模型组大鼠血清中 Th1/Th2 比例升高($P<0.01$);与模型组比较,治疗组大鼠 Th1/Th2 比例降低($P<0.05$);与 XFC 组比较,阳性对照药 TPT 组 Th1/Th2 比例升高($P<0.05$)。

流式细胞术检测结果显示,在正常组中 $CD4^+CD25^+$Treg、$CD4^+CD25^+FoxP3^+$Treg 表达频率分别为(23.5±2.81)%、(6.93±1.51)%,模型组频率为(14.1±3.75)%、(3.15±1.69)%,模型组大鼠 Treg 较正常组明显降低($P<0.01$)。经过药物治疗后,TPT 组、XFC 组 $CD4^+CD25^+$Treg、$CD4^+CD25^+FoxP3^+$Treg 表达升高($P<0.05$),其 Treg 频率分别为(17.5±2.45)%、

(5.07±2.28)%、(18.6±3.58)%、(5.43±2.84)%。

实时定量 PCR 检测结果亦显示，与正常组相比，模型组大鼠肺组织 FoxP3 mRNA 降低。与模型组比较，XFC 组大鼠 FoxP3 mRNA 升高。与 XFC 组比较，TPT 组 FoxP3 mRNA 降低($P<0.05$)。

XFC 治疗后，AA 大鼠 Th1/Th2 细胞比例降低，外周血中 $CD4^+CD25^+$Treg、$CD4^+CD25^+FoxP3^+$Treg 表达频率升高。XFC 能明显提高 Treg 细胞水平，协调 Th1/Th2 细胞平衡，说明健脾化湿通络药物 XFC 能提高 AA 大鼠肺功能，可能与调节免疫平衡、降低炎症反应有关。XFC 通过上调 $CD4^+CD25^+$Treg、$CD4^+CD25^+FoxP3^+$Treg，改善 Th1/Th2 细胞平衡，降低炎症反应和 IC 对肺组织器官的靶向损伤，改善肺部症状及肺功能水平。通过定量 PCR 和 Western blotting 对肺组织 Treg 细胞表面标志物 FoxP3 观察发现，XFC 干预后，AA 大鼠肺组织 IFN-γ mRNA 和 IFN-γ 蛋白降低，FoxP3 mRNA 和 FoxP3 蛋白升高。这说明 Treg 细胞和 Th1/Th2 细胞之间存在平衡关联，随着 Treg 细胞表达升高，维持正常的免疫耐受，Th1/Th2 细胞表达平衡，炎性细胞降低，肺组织血管渗透压降低，炎症反应降低对组织脏器刺激减少，肺组织通气换气功能趋于正常，肺功能水平升高。

陈瑞莲等[10]通过检测 AA 大鼠胸腺指数、脾脏指数，采用免疫组化 SP 法，检测大鼠胸腺中 CD4、CD25 及 CD127 的表达情况，观察健脾化湿通络中药 XFC 对其的影响，见表 4-1。致炎前各组大鼠的体重无差异；致炎 18 天给药前与正常组相比，模型组大鼠体重明显减轻($P<0.05$)；给药 30 天后与模型组比较，其余各组体重显著上升($P<0.01$)，XFC 组与 MTX 组、TPT 组比较体重明显上升($P<0.05$)。致炎 18 天给药前与正常组相比，模型组大鼠足趾肿胀度显著升高($P<0.01$)；给药 30 天后与模型组比较，其余各组足趾肿胀度显著下降($P<0.01$)。致炎 18 天给药前与正常组相比，模型组大鼠关节炎指数显著升高($P<0.01$)；给药 30 天后与模型组相比，其余各组大鼠的关节炎指数均较显著降低($P<0.01$)。与正常组大鼠相比，模型组大鼠胸腺指数、脾脏指数均明显升高($P<0.01$)，XFC 组与 MTX 组、TPT 组比较胸腺、脾脏指数无显著差异。

表 4-1　各组大鼠体重、足趾肿胀度、关节炎指数、胸腺指数、脾脏指数的比较($\bar{x}\pm s$)

组别	n	致炎前体重(g)	致炎 18 天体重	给药 30 天体重	致炎 18 天足肿度	给药 30 天足肿度	AI(致炎 18 天)	AI(给药 30 天)	胸腺指数	脾脏指数
正常组	12	217.27±27.87	262.27±12.52$^{\#}$	327.27±59.64$^{\#}$	36.68±25.66$^{\#}$	37.74±23.64$^{\#}$	0.00±0.00$^{\#}$	0.0±0.00$^{\#}$	1.65±0.33$^{\#}$	3.08±1.02$^{\#\#}$
模型组	12	204.09±23.86	217.27±40.27*	241.36±35.15$^{\#}$	71.80±21.24*	68.92±28.48**	7.27±1.01	8.09±1.45**	2.66±0.58*	5.25±0.76**
XFC 组	12	221.82±20.53	232.27±12.32	358.18±85.42$^{\#*}$	65.37±20.78	44.21±22.29$^{\#}$	7.45±1.13	3.18±1.3$^{\#}$	2.16±0.38	3.25±0.55
MTX 组	12	211.36±22.92	224.09±31.61	306.82±37.63$^{\triangle}$	59.27±15.48	36.50±16.71$^{\#}$	6.82±0.75	3.18±1.25$^{\#\triangle}$	2.32±0.41	3.32±0.39
TPT 组	12	214.09±13.38	222.73±31.81	311.64±65.33**	69.43±25.87	51.73±11.74	7.27±1.01	5.36±2.46$^{\#\#}$	2.44±0.47	3.51±0.46

注：与正常组比较，$^{*}P<0.05$，$^{**}P<0.01$；与模型组比较，$^{\#\#}P<0.01$；与 MTX 组比较，$^{\triangle}P<0.05$；与 TPT 比较，$^{\#}P<0.05$。

各组大鼠胸腺、脾脏 CD4、CD25、CD127 表达情况(%)见表 4-2、图 4-1(彩图 10)。与正常组相比，模型组大鼠胸腺、脾脏的 CD4、CD25、CD127 阳性表达率有所下降($P<0.05$)；说明 AA 大鼠关节炎产生过程中，$CD4^+CD25^+$Treg 细胞存在数量减少，导致 IC 沉积增多，进而导致 AA 的发病；与模型组相比，XFC、MTX、TPT 组均能改善大鼠胸腺、脾脏指数，升高 CD4、CD25 及 CD127 在胸腺、脾脏中的阳性表达率($P<0.05$)；各治疗组相比，在升高 CD4、CD25 及 CD127 在胸腺、脾脏中的阳性表达率方面，XFC 组优于其余两治疗组。

表 4-2 各组大鼠 CD4、CD25、CD127 表达情况(%)

组别	例数(n)	CD4 阳性数(%)		CD25 阳性数(%)		CD127 阳性数(%)	
		胸腺	脾脏	胸腺	脾脏	胸腺	脾脏
正常组	12	9(75)	10(83.3)	8(66.7)	9(75)	8(66.7)	9(75)
模型组	12	5(41.7)#	6(50)#	4(33.3)#	5(41.7)#	3(25)#	4(33.3)#
XFC 组	12	7(58.3)*	8(66.7)	6(50)*	7(58.3)	5(41.7)*△	6(50)*△
MTX 组	12	3(25)	4(33.3)	3(25)	4(33.3)	2(16.7)	3(25)
TPT 组	12	2(16.7)*	3(25)	2(16.7)	3(25)	3(25)	4(33.3)

注：与正常组比较，*$P<0.01$；与模型组比较，#$P<0.01$；与 MTX 组比较，△$P<0.05$。

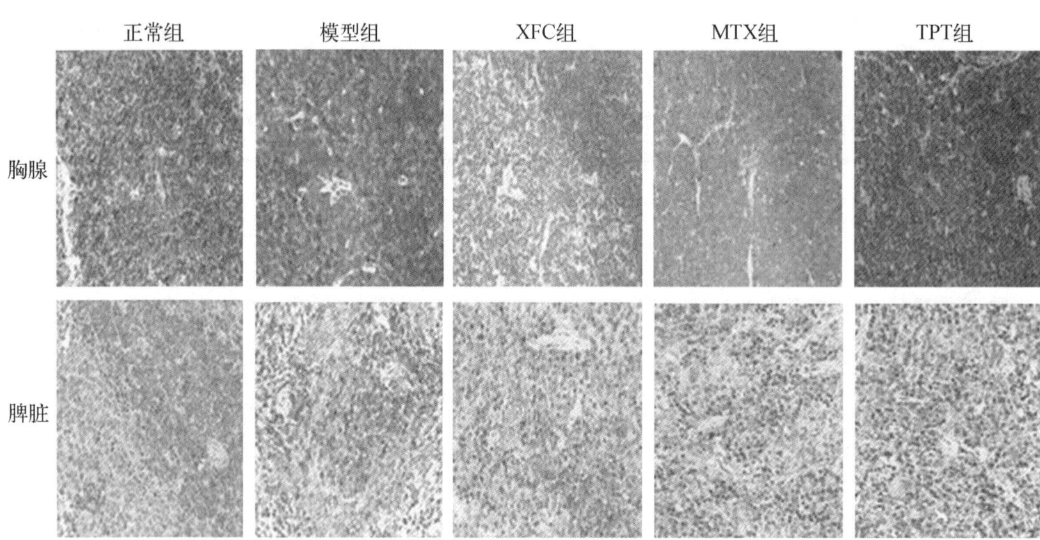

图 4-1 CD127 在各组大鼠胸腺、脾脏中的表达(SP 法,×100)

二、XFC 对细胞因子网络的影响

1. XFC 对细胞因子网络的影响

TNF-α 是加强细胞炎症反应的免疫促进因子,IL-10 是细胞炎症反应的免疫抗炎因子。TNF-α 是机体炎症反应与免疫应答的重要调节因子,主要导致 RA 初期的关节肿胀,能刺激滑膜细胞和软骨细胞合成前列腺素 E2 和胶原酶,导致关节局部滑膜炎症和软骨组织破坏,TNF-α 能刺激其自身的合成,在 RA 的细胞因子网络中起中心作用。IL-10 主要由 Th2 细胞分泌,对 T 淋巴细胞、嗜酸性粒细胞、自然杀伤细胞、B 淋巴细胞和肥大细胞等起抑制作用,抑制它们产生前炎症因子和趋化因子,主要是通过抑制抗原呈递细胞(antigen presenting cell,APC),诱导 T 淋巴细胞不应答和对气道内炎性细胞直接抑制作用,从而抑制 RA 肺部病变。

万磊等[11]通过 XFC 对 AA 大鼠模型研究,观察了 XFC 对 Th1、Th2 的典型细胞因子 TNF-α 和 IL-10 表达的影响。研究发现,与正常组相比,模型组大鼠血清中 IFN-γ、IL-4 降低($P<0.01$);与模型组比较,治疗组大鼠 IFN-γ、IL-4 升高($P<0.01$);与 XFC 组比较,阳性对照药 TPT 组 IL-4 降低($P<0.05$)。实时定量 PCR 检测结果显示,与正常组相比,模型组大鼠肺组织 IFN-γ mRNA 表达量升高,IL-4 降低;与模型组比较,XFC 组大

鼠 IFN－γ mRNA 降低，IL－4 升高。

曹云祥等[12]通过观察 AA 大鼠的心功能、血清 TNF－α、IL－17、IL－10 变化及中药 XFC 对其的影响。与正常组比较，模型组 TNF－α、IL－17 显著升高（$P<0.05$），IL－10 显著降低（$P<0.01$）；与模型组比较，XFC 组 TNF－α、IL－17 显著降低（$P<0.05$ 或 $P<0.01$），MTX 组 TNF－α 显著降低（$P<0.05$）；与模型组比较，XFC 组、TPT 组、MTX 组 IL－10 显著升高（$P<0.05$ 或 $P<0.01$），结果见表 4－3。

表 4－3　XFC 对 AA 大鼠血清 TNF－α、IL－17、IL－10 的影响（$\bar{x}\pm s$，$n=10$）

组别	TNF－α（μg/L）	IL－17（pg/mL）	IL－10（ng/L）
正常组	86.50±35.79	6.99±0.96	7.70±0.69
模型组	120.18±34.69 *	9.89±1.83 **	5.37±1.49 **
MTX 组	87.38±35.37 $^{\#}$	9.87±1.45	6.43±1.32
TPT 组	103.01±38.75	9.21±2.06	6.63±1.23 $^{\#}$
XFC 组	90.40±21.28 $^{\#}$	7.54±1.02 $^{\#\#}$	6.91±0.91 $^{\#\#}$

注：与正常组比较，$^{*}P<0.05$，$^{**}P<0.01$；与模型组比较，$^{\#}P<0.05$，$^{\#\#}P<0.01$。

IL－17 是一种重要的前致炎因子、由 Th17 产生，而 Th17 近年来被认为是 $CD4^{+}$ 效应性 T 细胞的新亚型。IL－17 与其他细胞因子之间有协同效应，相互作用。IL－17 与 IL－1、TNF－α 合用可增强成骨细胞样细胞中激活蛋白－1 家族成员、早期生长反应基因（early growth response gene，Egr－1）、NF－κB 的表达，且可上调 TNF－α、IL－6、IL－8 的表达水平。IL－17 与其他炎症细胞因子的效协同作用，使之位于炎症网络的中心，从而促进 RA 炎症的发展。综上所述，中药复方 XFC 通过恢复机体的促炎/抑炎细胞因子平衡，降低 RA 导致的免疫病理损伤。

SS 是一种主要累及外分泌腺体的慢性炎症性自身免疫性疾病，临床上有多系统的受累，引起内脏损害，属于弥漫性结缔组织病，以淋巴细胞介导的病变主要侵犯唾液腺和泪腺外分泌腺体，导致腺体的破坏和分泌减少。杨佳等[13]通过观察 XFC 对 SS 模型大鼠血清 IL－10、TNF－α、IL－17 水平的变化，探讨了 XFC 治疗 SS 的机制。

与正常组相比，模型组大鼠外周血 IL－10、TNF－α、IL－17 有统计学意义（$P<0.05$）；与模型组比较，HCQ 组、TGP 组、XFC 组 IL－10、TNF－α、IL－17 有统计学意义（$P<0.05$）；与 HCQ 组、TGP 组相比，XFC 组无明显差异（$P>0.05$），见表 4－4。

表 4－4　XFC 对 SS 大鼠外周血 IL－10、TNF－α、IL－17 的影响（$\bar{x}\pm s$，pg/mL，$n=10$）

组别	IL－10	TNF－α	IL－17
正常组	79.65±28.78	13.58±3.07	55.70±5.37
模型组	53.28±17.86 *	31.05±7.73 *	86.13±10.28 *
HCQ 组	136.4±30.6 $^{*\triangle}$	15.92±3.52 $^{\triangle}$	63.50±8.24 $^{\triangle}$
TGP 组	122.9±28.7 $^{*\triangle}$	18.15±3.76 $^{\triangle}$	62.07±6.23 $^{\triangle}$
XFC 组	133.5±31.7 $^{*\triangle}$	16.83±3.58 $^{\triangle}$	58.92±8.87 $^{\triangle}$

注：与正常组比较，$^{*}P<0.05$；与模型组比较，$^{\triangle}P<0.05$。

2. 五味温通除痹胶囊对细胞因子网络的影响

姜辉等[14]通过测定 AA 大鼠血清 IL－1、IL－4、IL－6、IL－10、TNF－α 的含量；同时取

固定部位踝关节组织，HE 染色观察病理学改变；RT－PCR 技术测定滑膜组织中 IL－1、TNF－α mRNA 的表达，研究五味温通除痹胶囊对 AA 大鼠细胞因子的调控作用。研究发现，与正常组比较，模型组大鼠血清 IL－1β、IL－6、TNF－α 含量显著升高，IL－4、IL－10 含量显著下降；与模型组比较，五味温通除痹胶囊中、高剂量组能显著降低 AA 大鼠 IL－1β、IL－6、TNF－α 的含量，升高 IL－4、IL－10 的含量，表 4－5。

表 4－5　五味温通除痹胶囊对 AA 大鼠 IL－1β、IL－4、IL－6、IL－10 和 TNF－α 含量的影响（$\bar{x}\pm s$，$n=10$）

组别	剂量（g/kg）	IL－1β（ng/mL）	IL－4（ng/mL）	IL－6（pg/mL）	IL－10（ng/mL）	TNF－α（ng/mL）
正常组	—	0.189±0.066	1.300±0.286	52.387±10.181	10.458±2.044	0.450±0.106
模型组	—	0.452±0.109**	0.600±0.177**	87.888±12.418**	6.302±1.348**	0.905±0.129**
五味温痛除痹胶囊低剂量组	0.80	0.385±0.086	0.678±0.191	79.299±11.575	7.193±1.167	0.798±0.155
五味温痛除痹胶囊中剂量组	1.6	0.370±0.055#	0.804±0.140#	76.963±9.766#	7.579±1.212#	0.736±0.164#
五味温痛除痹胶囊高剂量组	3.2	0.347±0.068##	0.815±0.137#	74.277±12.588#	8.112±1.009##	0.749±0.143#
TPT 组	0.02	0.356±0.064##	0.795±0.186#	73.574±15.174#	7.660±1.263##	0.750±0.167#

注：与正常组比较，**$P<0.01$；与模型组比较，#$P<0.05$，##$P<0.01$。

RT－PCR 结果分析显示，与正常组相比，模型组 IL－1β、TNF－α mRNA 的表达显著升高；与模型组相比，五味温通除痹胶囊低、中、高剂量组均能显著降低 IL－1β mRNA 的表达，中、高剂量组能显著降低 TNF－α mRNA 的表达。

近年研究表明，细胞因子网络的失调在 RA 的发病过程中占有重要地位。IL－1β 能活化淋巴细胞，刺激 B 淋巴细胞产生抗体增加，还能促进成纤维细胞增生，诱导 PGE2 胶原酶的产生，引起关节炎及软骨组织的破坏；TNF－α 是 RA 滑膜炎症反应的关键性细胞因子，具有多种炎性和免疫反应活性，可刺激软骨内蛋白多糖的吸收并抑制其合成，使软骨降解；同时，IL－1β、TNF－α 可促进 IL－6 分泌，IL－6 不仅能促进活化的 B 淋巴细胞增殖，参与 T 淋巴细胞的分化和活化，诱导效应 T 淋巴细胞引起组织损伤，还能增强 IL－1β 和 TNF－α 的效应；IL－4 由活化的 Th2 细胞产生，能促进巨噬细胞移动到炎症部位，抑制巨噬细胞分泌 IL－6 和 TNF－α，通过促进 IL－1β 受体拮抗剂的产生，达到对抗 IL－1β 的作用；IL－10 是最主要的抑炎性细胞因子，主要由单核/巨噬细胞、Th2 细胞等分泌，通过抑制单核巨噬细胞的激活、迁移与黏附及炎症因子的合成与释放，减轻全身及关节局部炎症反应。本实验研究发现，与模型组比较，五味温通除痹胶囊可显著降低大鼠血清中 IL－1β、IL－6、TNF－α 和滑膜组织中 IL－1β、TNF－α mRNA 的表达，升高 IL－4、IL－10 含量。综上所述，五味温通除痹胶囊对 AA 大鼠的治疗作用机制可能与下调促炎因子，上调抑炎因子的产生，从而调控细胞因子网络平衡有关。

三、XFC 对免疫球蛋白分泌的影响

机体的体液免疫系统是一个使机体免于患病的保护屏障。B 淋巴细胞的活化标志着体液免疫的开始。首先 B 淋巴细胞受抗原刺激后增殖、分化为浆细胞，继而由浆细胞分泌

Ig。机体内在体液免疫中起主要重要的 Ig 亚型有 IgG、IgM 和 IgA。Ig 作为人体内重要的免疫抗体,检测它的水平可以反映整个机体的体液免疫的状况。

IgG 是血清中含量最高的免疫球蛋白,是血液和细胞外液的主要抗体,IgG 作为再次免疫应答的主要抗体之一。IgG1、IgG2、IgG3 和 IgG4 是 IgG 的 4 个亚型,每个亚类的生物学活性都不尽相同。既往研究发现,很多自身免疫性疾病都存在 IgG 的升高,其中 IgG1、IgG2、IgG3 和 IgG4 在各个具体疾病中的情况,存在一定的差异性,研究较多的主要是 IgG1 和 IgG2。血清 IgG 合成水平降低,使得强直性脊柱炎患者免疫成分受到抑制,患者体内体液免疫功能紊乱。另外有研究发现,强直性脊柱炎患者血清 IgG3 水平均显著低于正常青年人;XFC 能显著改善强直性脊柱炎患者体内紊乱的免疫球蛋白水平。

阮丽萍等[15]通过 ELISA 法检测外周血免疫球蛋白,观察 XFC 对骨关节炎大鼠的影响。给予 XFC 30 天后,与正常组比较,血清 IgG1、IgG2a 升高($P<0.05$ 或 $P<0.01$);与模型组比较,IgG1、IgG2a 降低,IgG1 降低($P<0.05$ 或 $P<0.01$),结果见表 4－6。

表 4－6　XFC 对 OA 大鼠外周血免疫球蛋白细胞因子的影响($\bar{x}\pm s$,$n=10$)

组别	IgG1(μg/mL)	IgG2a(μg/mL)
正常组	115.85±10.83	44.67±6.94
模型组	148.28±14.35**	55.46±8.66*
氨基葡萄糖组	125.19±18.03#	50.14±13.44
XFC 组	127.9±9.8#	37.96±9.14**

注:与正常组比较,*$P<0.05$,**$P<0.01$;与模型组比较,#$P<0.05$。

相关性分析显示:IgG1 与软骨病理评分、与脾脏 Atg7 呈负相关;IgG2a 与软骨病理评分、胸腺 Atg12 呈正相关,结果见表 4－7。

表 4－7　OA 大鼠软骨病理评分、免疫球蛋白及 Atg 等指标的相关性分析

	IgG1(μg/mL)	IgG2a(μg/mL)
造模前 1 天	0.11	0.11
给药前 1 天	−0.294	−0.145
给药后 30 天	−0.335	−0.710**
软骨病理评分	0.752**	0.486*
胸腺 Atg5	−0.316	0.007
胸腺 Atg7	0.232	0.248
胸腺 Atg12	0.156	0.576**
软骨 Atg5	0.13	0.12
软骨 Atg7	0.011	0.319
软骨 Atg12	0.166	−0.188
脾脏 Atg5	−0.137	−0.119
脾脏 Atg7	−0.407*	−0.075
脾脏 Atg12	0.131	0.134

注:*$P<0.05$,**$P<0.01$。

研究发现,在 KOA 大鼠的模型中,IgG1、IgG2a 表达升高,Atg 在胸腺、软骨、脾脏中表达整体呈降低趋势,而 XFC 组及氨基葡萄糖组的各组指标趋向正常组,在降低软骨 Mankin 评分方面,XFC 组优于氨基葡萄糖组。说明在骨关节炎中确实存在着体液免疫及自噬的紊乱，而 XFC 及氨基葡萄糖均可通过对自噬水平及细胞因子的调控，改善软骨代谢。相关性分析显示，IgG1 与 Mankin 评分正相关、与脾脏 Atg7 呈负相关；IgG2a 与 Mankin 评分、胸腺 Atg12 呈正相关。就组织而言，自噬基因与细胞因子及免疫球蛋白的相关性主要表现在脾脏和胸腺，而与软骨 Atg 无相关性。

四、XFC 对补体系统调节作用的影响

近年来，补体调节蛋白在风湿病发病过程中的作用越来越受到人们重视。研究表明，补体在 RA 发病中也具有重要作用，主要由补体激活过程中产生的裂解产物和补体及其受体减少或缺陷所致；IC 的形成导致补体 C3、C4 由经典途径激活时的水平均下降，经旁路途径激活时 C3 降低，C4 水平保持正常。同时补体因清除 IC 而减少且功能减低，容易发生自身免疫性疾病如 RA。其中 C3 在缺乏或活性减低时，即使抗体水平正常，防御功能也减弱，细胞吞噬和清除 IC 的功能明显减低，易发生 RA；C4 在生理性清除 IC 中起重要作用，缺乏易发生 RA。可见在 RA 中补体系统介导的损伤均起着中心和主导的作用[16]。

郭雯等[17]选用 AA 大鼠模型，用 XFC 和 TPT 分别进行干预，探讨血清补体在该病发病机制中的作用及 XFC 治疗 RA 的作用机制，分析其与关节肿胀度的相关性。AA 大鼠血清补体 C3 和 C4 水平与足趾肿胀度、AI 的相关性分析，补体 C3 水平与足趾肿胀度、AI 均呈直线负相关（$P<0.05$），与其他指标之间无直线相关性（$P>0.05$），见表 4－8。

表 4－8　大鼠血清补体 C3、C4 水平与足趾肿胀度、AI 的相关性分析（$n=60$）

	r 值	
	关节肿胀度	AI
C3	−0.428*	−0.401*
C4	0.134	0.101

注：$^{*}P<0.05$。

与正常组相比，模型组 C3 显著降低（$P<0.01$），与模型组比较，XFC 组的 C3 显著升高（$P<0.01$），TPT 组 C4 显著降低（$P<0.01$），同时 XFC 与 TPT 组比较，C3 显著升高（$P<0.05$），表 4－9。

表 4－9　XFC 对 AA 大鼠血清补体 C3、C4 水平的影响（$\bar{x}\pm s$）

组别	n	C3(g/L)	C4(g/L)
模型组	15	81.86±17.16*	5.2±1.26
XFC 组	15	143.86±22.32*□	4.72±0.89□
TPT 组	15	129.13±32.88*	3.96±1.19*
正常组	15	187.73±23.80	4.22±0.84

注：与模型组相比，$^{*}P<0.05$；与 TPT 组相比，$^{\square}P<0.05$。

采用 AA 模型观察了 XFC 对 AA 大鼠的补体系统作用。结果表明，XFC 能够降低 AA 大鼠的足趾肿胀度、AI 和 C 反应蛋白，并且能显著提高血清补体 C3 水平。C3 与表现 AA 大鼠炎症程度的 AI、足趾肿胀度之间也呈直线负相关，说明补体 C3 水平与 RA 的炎症活动性关系密切，可在一定程度上反映病情的变化，对于预测 RA 病情和疗效具有重要参考

价值。XFC 改善 AA 大鼠血清补体的作用优于 TPT，提示其是通过升高体内过低的补体水平而调节体内紊乱的免疫反应，可能是 XFC 治疗 RA 的部分作用机制。

第二节　健脾化湿通络方对细胞凋亡的影响

细胞凋亡的概念是 1972 年由病理学家 Kerr 等首先提出，细胞凋亡又称程序性细胞死亡，是一个细胞自我破坏的程序性生化过程，是多细胞生物体内的一个重要生命现象，即出现在个体发育、正常生理状态或疾病中，在一定的生理或病理条件下，遵循自身的程序，结束自己生命的过程，是机体维持正常生理过程所必需的。许多研究证明，在正常组织更新和肿瘤消退过程中，机体通过细胞凋亡的方式清除不需要的细胞。细胞凋亡在许多疾病的发生、发展及转归过程中发挥着重要作用。

有研究表明，RA 的中医病机为气血不足、脾虚湿盛、痰瘀互结。采用益气健脾、化湿通络法治疗取得良好疗效，在此基础上，作者研制出具有上述功效的中药制剂——XFC，不但取得了满意的疗效，而且实验证明该药能改善 AA 大鼠滑膜、胸腺及胃黏膜细胞线粒体的病变。为了进一步探讨其作用机制，课题组分别采用电子显微镜技术、免疫组化法及流式细胞术检测了 XFC 对 AA 大鼠滑膜细胞凋亡的影响。

细胞凋亡障碍引起关节滑膜细胞的异常增生，在 RA 疾病的发生、发展过程中起着重要的作用。细胞凋亡障碍与中医的“脾虚”关系密切，而脾虚的证候贯穿于 RA 病程的始终。脾虚时，凋亡基因相关蛋白的表达异常，从而导致细胞凋亡障碍，诱导 RA 疾病的发生。

XFC 采用健脾益气、化湿通络联合，方中药物都具有不同程度的抗炎镇痛作用，合用可以消肿止痛。其中雷公藤具有免疫抑制作用，可抑制 RA 患者体内异常的免疫反应；黄芪、薏苡仁与雷公藤合用一方面可以调节异常免疫反应，另一方面可以防止雷公藤免疫抑制作用过于强烈，造成机体的免疫功能过低；黄芪还可以降低胃液和胃酸分泌量，对胃黏膜起保护作用，故该药能降低关节炎指数、消除关节肿胀，改善大鼠整体状况。其作用机制可能是 XFC 不仅能促进滑膜细胞凋亡，抑制滑膜细胞增生；而且能促进胸腺细胞凋亡，抑制自身免疫反应，减少 IC 的形成和细胞活性物质在滑膜的沉积，以及抑制胃黏膜细胞凋亡。

1. 电镜下 AA 大鼠各组滑膜、胸腺细胞凋亡的形态学变化

（1）各组滑膜细胞凋亡形态学改变：正常组滑膜细胞核膜皱缩，核染色质分布不均匀；模型组滑膜细胞核染色质分布均匀，可见核仁，无凋亡改变；XFC 组滑膜细胞核染色质呈凝块状，边聚呈月牙状，胞浆内及胞膜外可见凋亡小体；TPT 组滑膜细胞核染色质凝块状，边聚核膜皱缩，呈滑膜细胞凋亡早期改变；MTX 组滑膜细胞染色质呈凝块状，核固缩，可见凋亡小体。

（2）各组胸腺细胞凋亡形态学改变：正常组胸腺淋巴细胞核皱缩，染色质呈凝块状，呈早期凋亡改变；模型组胸腺淋巴细胞核染色质分布均匀，可见核仁，无凋亡改变；XFC 组胸腺淋巴细胞核染色质边聚，呈月牙状，核膜有皱缩不规则，呈凋亡早期改变；TPT 组胸腺

淋巴细胞核皱缩,染色质分布不均,部分呈凝块状;MTX 组胸腺淋巴细胞核皱缩,染色质呈凝块状,见图 4-2。

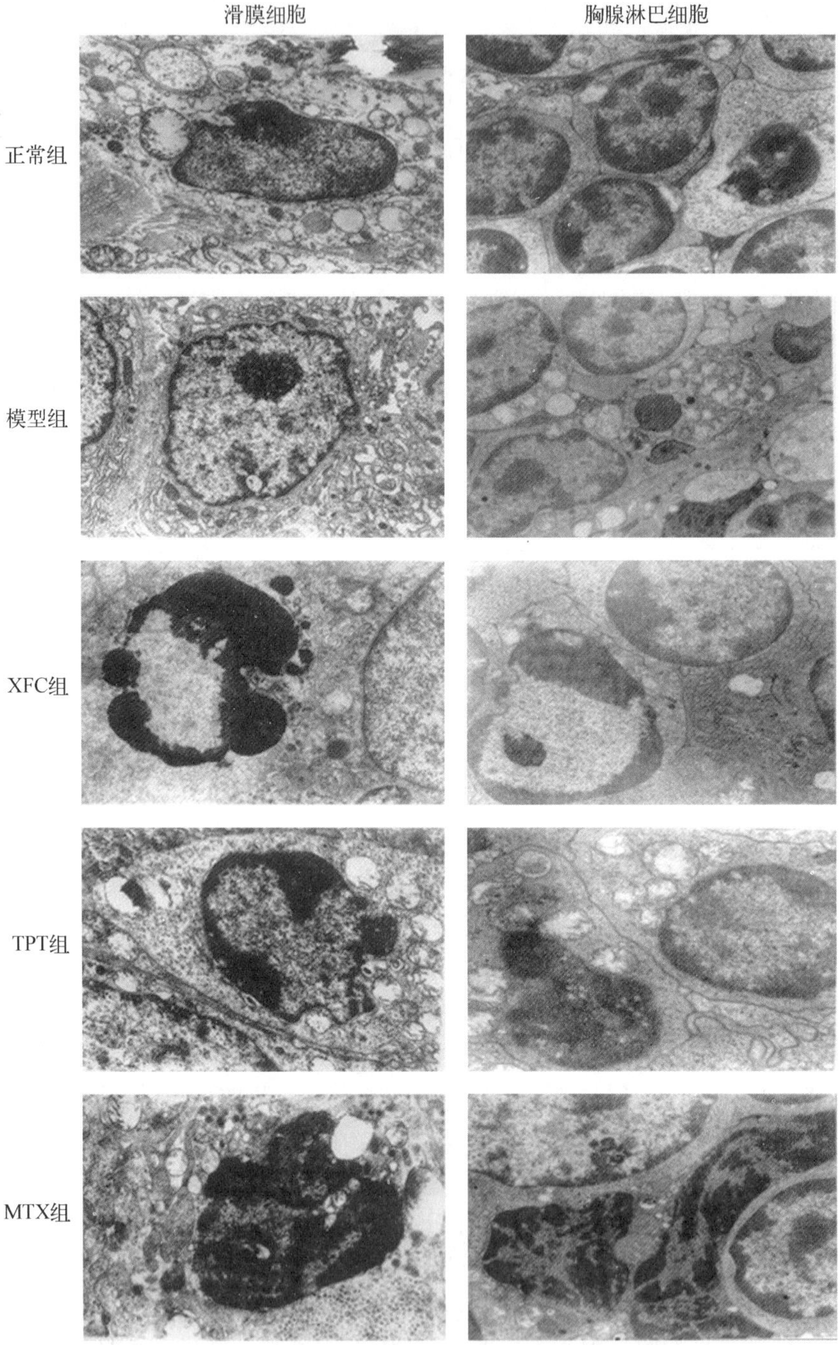

图 4-2　电镜下各组滑膜、胸腺细胞凋亡的形态学变化

2. XFC 对 AA 大鼠滑膜、胸腺 Fas、Fas-L、Bcl-2 表达的影响

(1) 滑膜细胞:与正常组相比,模型组滑膜中 Fas、Bcl-2 的表达显著增加,而 Fas-L 的表达不明显;与模型组比较,3 个给药组 Fas-L 的表达显著增加,Bcl-2 表达显著减少

(P<0.05);与 MTX 组、TPT 组比较,XFC 组上述指标变化差异均无显著性(P>0.05)。

(2) 胸腺细胞:与正常组相比,模型组胸腺 Fas、Bcl-2 的表达显著增加(P<0.05),而 Fas-L 的表达不显著(P>0.05)。与模型组相比,XFC 组 Fas-L 的阳性表达显著增加,Bcl-2 的阳性表达显著减少(P<0.05),Fas 的表达无显著变化;MTX 组及 TPT 组上述指标的表达均无显著差异(P>0.05)。与 MTX 组和 TPT 组相比,XFC 组 Bcl-2 表达显著减少(P<0.05)、Fas-L 的表达显著增加(P<0.05),而 Fas 的表达无显著差异(P>0.05),结果见表 4-10、图 4-3(彩图 11)、图 4-4(彩图 12)。

表 4-10　XFC 对 AA 大鼠滑膜、胸腺 Fas、Fas-L、Bcl-2 表达的影响

组织		n	Fas					Fas-L					Bcl-2				
			-	+	++	+++	U 值	-	+	++	+++	U 值	-	+	++	+++	U 值
滑膜	正常组	10	10	0	0	0	0.100	10	0	0	0	0.180	10	0	0	0	0.190
	模型组	10	0	2	4	4	0.424**	9	0	1	0	0.215	0	7	3	0	0.603**
	XFC 组	10	0	4	4	2	0.398*	0	5	3	2	0.458*△	3	5	1	1	0.436*
	MTX 组	10	0	2	6	2	0.416*	0	6	4	0	0.500*△	4	6	0	0	0.454*
	TPT 组	10	0	4	5	1	0.390*	0	5	4	1	0.470*△	2	7	0	1	0.489*
胸腺	正常组	10	10	0	0	0	0.100	10	0	0	0	0.170	10	0	0	0	0.180
	模型组	10	0	1	5	4	0.412*	9	1	0	0	0.200	0	2	4	4	0.506*
	XFC 组	10	1	4	4	1	0.327	0	2	4	4	0.469△	9	0	1	0	0.162△
	MTX 组	10	2	2	3	3	0.296	7	3	0	0	0.216#	4	2	1	3	0.344#
	TPT 组	10	3	3	4	0	0.264	7	1	1	1	0.204#	4	1	2	3	0.342#

注:在免疫组化病理切片上,取 4 个高倍视野,每个视野数 100 个滑膜细胞,阳性细胞数在 20%~30%为+,31%~40%为++,40%以上为+++,阳性强度看细胞质着色,淡黄色为+,棕黄色为++,棕褐色为+++。与正常组比较,*P<0.05,**P<0.01;与模型组比较,△P<0.05;与 XFC 组比较,#P<0.05。

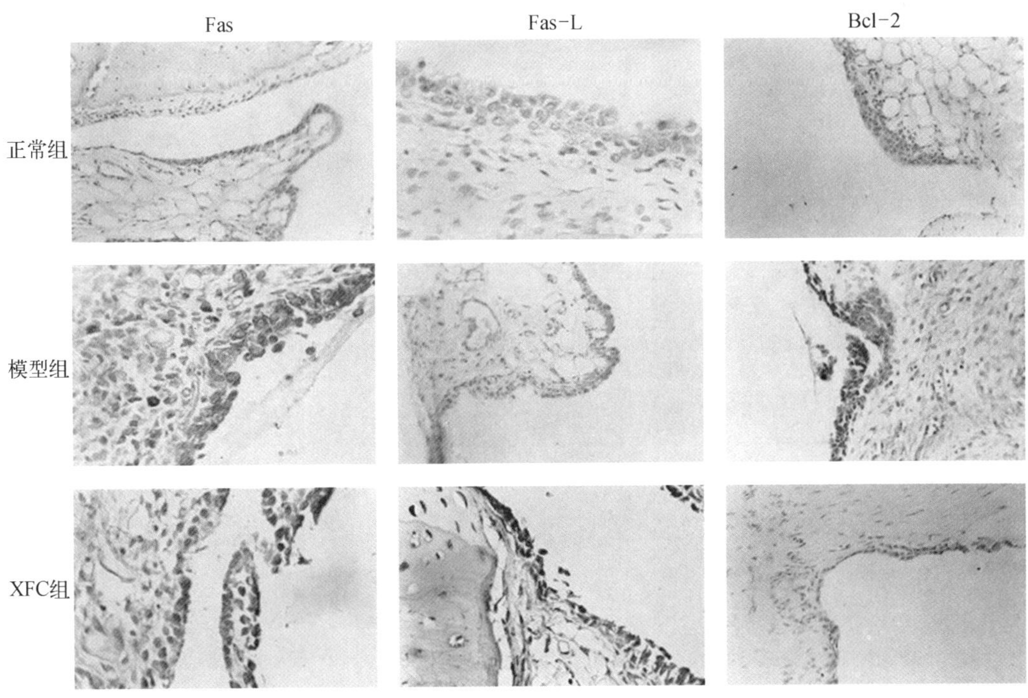

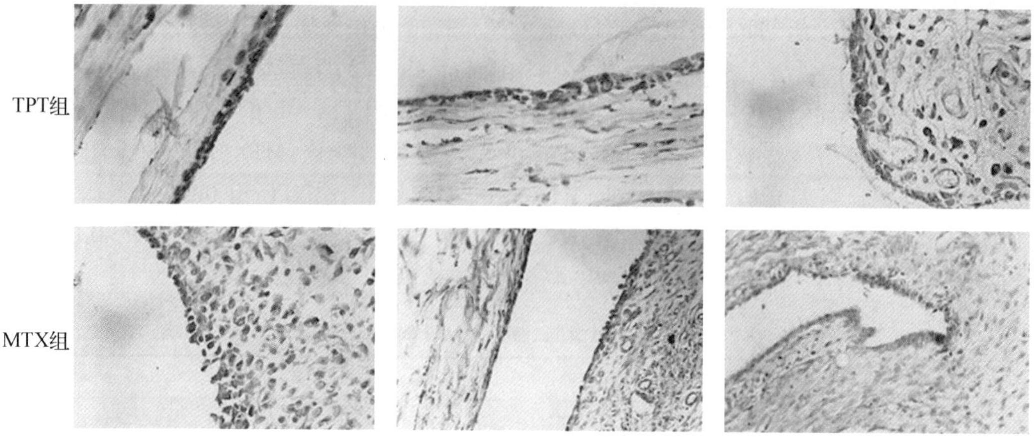

TPT组

MTX组

图 4-3 AA 大鼠滑膜 Fas、Fas-L、Bcl-2 表达情况(SP 法,×400)

Fas　Fas-L　Bcl-2

正常组

模型组

XFC组

TPT组

MTX组

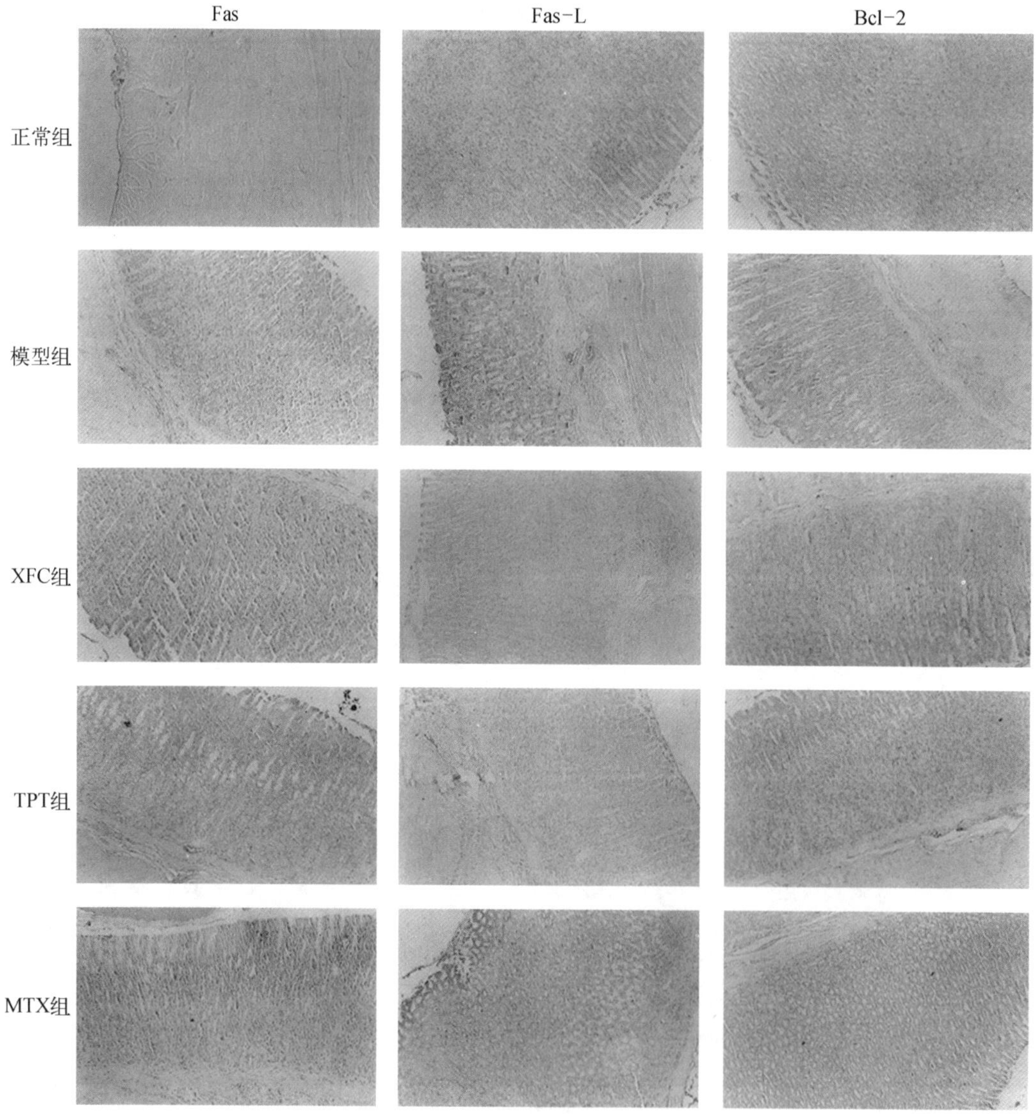

图 4-4 AA 大鼠胸腺 Fas、Fas-L、Bcl-2 表达情况(SP 法,×400)

研究 XFC 对 AA 大鼠滑膜细胞凋亡的影响，采用流式细胞术分别采用 MMP 法、TUNEL 法及 Annexin V/PI 法检测滑膜细胞凋亡率。结果显示，与正常组相比，模型组、TPT 组和 MTX 组滑膜细胞凋亡率均显著降低（$P<0.05$ 或 $P<0.01$）；XFC 组滑膜细胞凋亡率则无明显差异（$P>0.05$）。与模型组相比，XFC 组、TPT 组滑膜细胞凋亡率均显著升高（$P<0.05$ 或 $P<0.01$），MTX 组滑膜细胞凋亡率无显著差异，且 XFC 组滑膜细胞凋亡率显著高于 TPT 组及 MTX 组（$P<0.05$），结果见表 4－11。

表 4－11a　各组 AA 大鼠 MMP 法检测滑膜、胸腺、胃黏膜细胞凋亡率（$\bar{x}\pm s$，%）

组别	n	滑膜细胞凋亡率	胸腺细胞凋亡率	胃黏膜细胞凋亡率
正常组	10	35.27±12.57	32.42±12.28	18.78±8.29
模型组	10	18.81±9.87#	2.69±0.54##	37.80±13.31△##
XFC 组	10	37.40±16.36*	33.62±16.10**	20.15±9.82**
TPT 组	10	30.27±14.84*△#	27.05±15.32*△#	49.47±24.89*#△
MTX 组	10	17.31±8.77△##	21.63±10.85**△#	77.2±11.04*##△△

注：与正常组比较，△$P<0.05$，△△$P<0.01$；与模型组比较，*$P<0.05$，**$P<0.01$；与 XFC 组比较，#$P<0.05$，##$P<0.01$。表 4－11b，表 4－11c 同。

表 4－11b　各组 AA 大鼠 TUNEL 法检测滑膜、胸腺、胃黏膜细胞凋亡率（$\bar{x}\pm s$，%）

组别	n	滑膜细胞凋亡率	胸腺细胞凋亡率	胃黏膜细胞凋亡率
正常组	10	71.83±12.32	8.43±3.41	27.64±10.05
模型组	10	44.13±13.40^	3.89±1.26△△	38.16±12.10△
XFC 组	10	84.69±4.99**	5.87±1.33*	25.90±5.30*
TPT 组	10	65.56±12.85*##	4.36±1.48*#	44.09±12.88*##
MTX 组	10	79.58±9.74*#	3.85±1.66*##	60.10±14.78**#

表 4－11c　各组 AA 大鼠 Annexin V/PI 检测滑膜、胸腺、胃黏膜细胞凋亡率（$\bar{x}\pm s$，%）

组别	n	滑膜细胞凋亡率	胸腺细胞凋亡率	胃黏膜细胞凋亡率
正常组	10	37.36±2.76	3.09±0.47	13.50±5.11
模型组	10	1.47±0.63△	0.38±0.17△△	36.13±8.66△
XFC 组	10	29.56±9.86*	11.60±2.78**	10.12±4.11**
TPT 组	10	21.69±8.91*#	6.69±2.75*#	47.55±11.00*#
MTX 组	10	17.05±6.16*##	2.73±0.50##	58.21±1.89*##

通过观察以 MMP 标记法检测 XFC 对 AA 大鼠滑膜及胸腺细胞凋亡的研究发现，与治疗前相比，XFC 组、TPT 组及 MTX 组治疗后大鼠的关节炎指数均显著降低（$P<0.05$ 或 $P<0.01$）；模型组滑膜及胸腺细胞凋亡率显著低于正常组（$P<0.05$），XFC 组细胞凋亡率显著高于模型组、TPT 组及 MTX 组（$P<0.05$ 或 $P<0.01$）。

与正常组相比，模型组、TPT 组和 MTX 组滑膜及胸腺细胞凋亡率均显著降低（$P<0.05$ 或 $P<0.01$）；XFC 组滑膜及胸腺细胞凋亡率则无明显差异（$P>0.05$）；与模型组相比，XFC 组、TPT 组滑膜、胸腺细胞，以及 MTX 组胸腺细胞凋亡率均显著升高（$P<0.05$ 或 $P<0.01$），MTX 组滑膜细胞凋亡率无显著差异，且 XFC 组滑膜及胸腺细胞凋亡率均显著高于 TPT 组及 MTX 组（$P<0.05$），结果见表 4－12。

表 4-12　各组 AA 大鼠滑膜及胸腺细胞凋亡率($\bar{x} \pm s$, %)

组别	n	滑膜细胞凋亡率	胸腺细胞凋亡率
正常组	10	35.35±2.46	32.40±3.26
模型组	10	18.74±1.22$^{\#}$	2.67±0.43$^{\#\#}$
XFC 组	10	37.55±3.72*	33.30±1.47**
TPT 组	10	30.09±2.46$^{*\triangle\#}$	26.90±1.56$^{**\triangle\#}$
MTX 组	10	17.86±1.63$^{*\triangle\#\#}$	21.60±2.04$^{**\triangle\#}$

注：与模型组比较：$^{*}P<0.05$，$^{**}P<0.01$；与 XFC 组比较：$^{\triangle}P<0.05$；与正常组比较：$^{\#}P<0.05$，$^{\#\#}P<0.01$。

MMP 降低是细胞凋亡级联反应过程中最先发生的重要事件之一，标志着线粒体膜结构已发生改变，内膜通透性增高，膜间孔非生理性开放，基质中的溶质分子、离子和某些蛋白质过度释放，内膜 H^+ 梯度平衡失常甚至消失，这些改变促使线粒体释放、激活细胞凋亡的某些分子进入细胞质，介导细胞凋亡。RA 是一种自身免疫病，由胸腺产生的 T 淋巴细胞具有识别抗原、杀伤靶细胞、免疫应答和免疫调节功能，在 RA 的发病中起重要作用。T 淋巴细胞在胸腺内发育过程中通过凋亡进行克隆清除，绝大多数胸腺细胞通过凋亡而消失，仅少部分发育成熟，对机体免疫应答系统的建立十分重要。如 T 淋巴细胞凋亡受到干扰而不能彻底清除，该部分细胞发育成熟后进入外周循环，则不能正确识别自身与异己成分而产生自身免疫反应。实验证实，XFC 与 MTX、TPT 一样明显降低 AA 大鼠的 AI；同时，与正常组相比，模型组、MTX 组和 TPT 组滑膜及胸腺细胞 MMP 标记检测的细胞凋亡率显著降低，XFC 组、TPT 组的滑膜及胸腺细胞凋亡率及 MTX 组胸腺细胞凋亡率则显著高于模型组，且 XFC 组细胞凋亡率显著高于 MTX 组和 TPT 组。以上提示 XFC 不仅能促进滑膜细胞凋亡，抑制滑膜细胞增生；而且能促进胸腺细胞凋亡，抑制自身免疫反应，减少 IC 的形成和细胞活性物质在滑膜的沉积。这可能是该药降低 AI、消除关节肿胀的机制之一。

通过观察 XFC 下调滑膜组织中 Bcl-2 mRNA 的水平、上调 Bax、caspase-3 mRNA 的水平；与正常组相比，模型组大鼠滑膜组织中 Bcl-2 mRNA 的表达量显著升高，差异具有统计学意义($P<0.01$)，Bax、caspase-3 mRNA 的表达量虽有所升高，但不具有统计学意义；与模型组相比，给予 XFC 处理 30 天后，3.0 g/kg、6.0 g/kg XFC 组可显著降低大鼠滑膜组织中 Bcl-2 mRNA 的表达，提高大鼠滑膜组织中 Bax、caspase-3 mRNA 的表达($P<0.05$，$P<0.01$)，1.5 g/kg XFC 组虽有向正常回归的趋势，但不具有统计学意义。XFC 下调滑膜组织中 Bcl-2 蛋白的水平、上调 Bax、caspase-3 蛋白表达免疫组织化学染色结果显示，Bcl-2、Bax、caspase-3 以棕黄色或深棕黄色为阳性表达，主要表达于细胞质或细胞核内。与正常组相比，模型组大鼠滑膜组织中 Bcl-2 蛋白表达显著升高($P<0.01$)，Bax 和 caspase-3 蛋白表达虽有所升高，差异无统计学意义($P>0.05$)；与模型组相比，3.0 g/kg、6.0 g/kg XFC 组和 TPT 组可显著降低 Bcl-2 蛋白的表达，提高 Bax 和 caspase-3 蛋白的表达，具有统计学意义($P<0.05$，$P<0.01$)，1.5 g/kg XFC 组 Bcl-2、Bax、caspase-3 蛋白表达无显著差异($P>0.05$)，见图 4-5(彩图 13)。

Western blot 检测结果显示，与正常组相比，模型组大鼠滑膜组织中，Bcl-2 的蛋白表

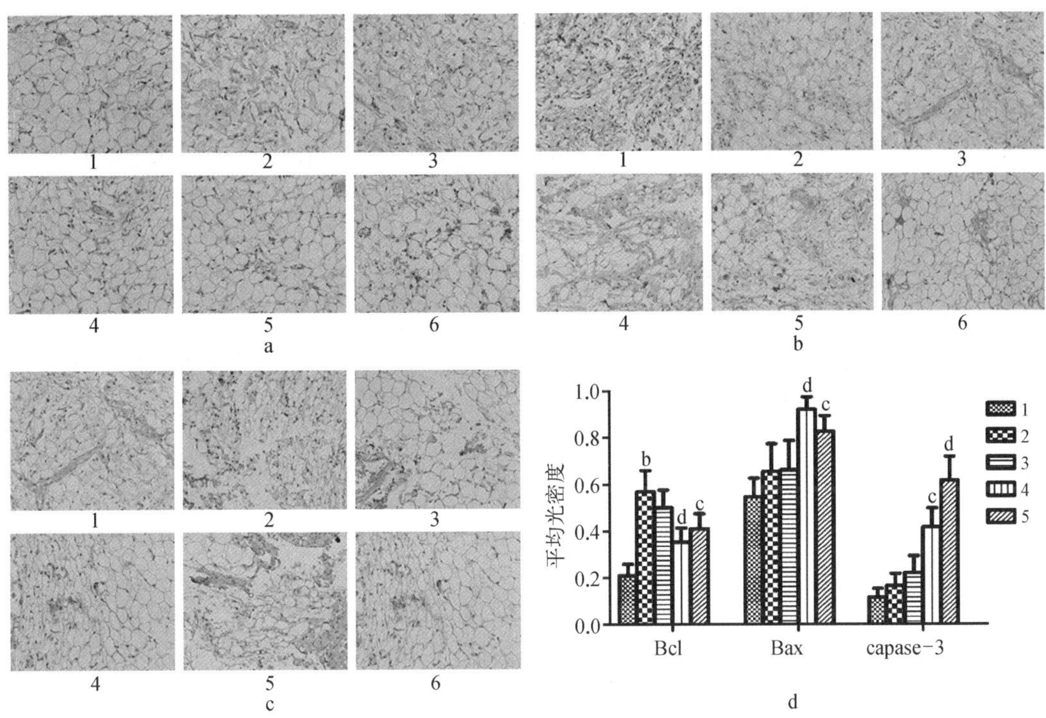

图 4－5　XFC 对 AA 大鼠滑膜组织中 Bcl－2、Bax、caspase－3 蛋白表达影响

a. 滑膜组织中 Bcl－2 表达（免疫组织化学染色，×400）　b. 滑膜组织中 Bax 表达（免疫组织化学染色，×400）　c. 滑膜组织中 caspase－3 表达（免疫组织化学染色，×400）　d. 滑膜组织中 Bcl－2、Bax、caspase－3 蛋白表达的半定量分析（1. 正常组　2. 模型组　3. 1.0 g/kg XFC 组　4. 3.0 g/kg XFC 组　5. 6.0 g/kg XFC 组　6. TPT 组　[b]$P<0.01$ v.s. 1；[c]$P<0.05$，[d]$P<0.01$ v.s. 2）

达明显增加，具有统计学意义（$P<0.01$），Bax、caspase－3 蛋白表达虽有一定程度增加，但不具有统计学意义；与模型组相比，连续灌胃给予 XFC 30 天后，3.0 g/kg、6.0 g/kg XFC 可显著减少 Bcl－2 蛋白的表达，增加 Bax、caspase－3 蛋白的表达，具有统计学意义（$P<0.05$，$P<0.01$），与免疫组织化学染色检测结果一致。

研究表明，RA 的发病除与免疫功能失调有关外，也与细胞凋亡过程异常密切相关。RA 主要表现为机体对自身滑膜发生免疫反应，且以慢性进行性关节损害为特点，这种特点与滑膜衬里层细胞增生和炎性细胞浸润有关。RA 关节软骨和骨组织的损害主要是由于滑膜细胞的活化和增生而引起的，RA 患者滑膜细胞存在细胞凋亡过程的异常。Bcl－2 家族位于线粒体外膜，可抑制多种细胞发生凋亡，研究发现，RA 滑膜成纤维细胞表达 Bcl－2 增加。与 RA 一样，AA 滑膜细胞凋亡的减少促进了疾病的进程，而且在 AA 的发病进程中，Bcl－2 的表达升高，抑制 Bcl－2，可以促进滑膜凋亡，改善疾病进程。Fas 是 TNF－α 受体家族中的 I 型膜蛋白，具有促进细胞凋亡和参与克隆清除的作用。以往研究表明，健脾化湿通络中药 XFC 可综合改善 RA 患者的关节局部病变和整体功能，减少药物的毒副作用；并且能显著改善 AA 大鼠关节肿胀，降低关节炎指数，降低滑膜细胞线粒体病变率。

本实验研究结果显示，XFC 能促进 AA 大鼠滑膜的 Fas、Fas－L 的表达，抑制 Bcl－2

的表达,从而促进滑膜细胞凋亡;XFC 组可见典型的滑膜细胞核固缩,可见凋亡小体;采用流式细胞术,分别以 MMP、TUNEL、Annexin V/PI 法检测结果表明,XFC 可显著提高 AA 大鼠滑膜细胞的凋亡率,且此作用显著优于 TPT 和 MTX,这是该药抑制滑膜细胞增生、降低关节炎指数、消除肿胀的可能作用机制。在凋亡过程中,Bcl－2 家族是线粒体引发的 caspase 激活通路的主要调节者;*Bcl－2* 与 *Bax* 基因是 Bcl－2 家族中最具有代表性的抑制凋亡和促进凋亡的基因,在正常机体中两者之间存在着动态平衡;当 Bcl－2 占主导地位,细胞发生增殖;当 Bax 占主导地位,细胞发生凋亡。Caspase－3 是机体内在和外在凋亡途径的共同作用因子,它的激活可促发蛋白质水解级联反应,导致细胞死亡。给予 XFC 干预后,可显著降低 AA 大鼠滑膜组织中 Bcl－2 蛋白和 mRNA 的表达,增加 Bax、caspase－3 蛋白和 mRNA 的表达,提示 XFC 可通过调节 Bcl－2、Bax、caspase－3 的表达,增加细胞凋亡来对抗滑膜细胞的过度增殖。综上所述,XFC 能有效抑制 AA 大鼠滑膜细胞过度增殖,其机制可能与下调 Bcl－2 的表达,上调 Bax、caspase－3 的表达,促进滑膜细胞凋亡有关。

第三节　健脾化湿通络方对细胞自噬的影响

自噬是细胞接受自身微环境变化或外界刺激时,产生的"自我消化"过程,参与多种病理生理过程。自噬作用引起自身免疫耐受可防止自身免疫性疾病的发生,自噬功能异常与免疫疾病的发生有关。深入研究自噬通路如何维持 B 淋巴细胞的功能,自噬与免疫应答的相互作用,对探究自身免疫性疾病病程中免疫机制意义重大。研究表明自噬能够维持机体对自身组织的免疫耐受,是机体重要的保护机制,自噬在自身免疫性疾病形成和发展中发挥重要的调节因素。以自噬作为靶点治疗免疫相关疾病已经成为目前研究的热点。以"从脾治痹"的理论为指导,结合现代实验方法及手段发现,健脾化湿通络方可以通过调节机体细胞自噬状态,改善相关自身免疫性疾病临床症状与指标。

一、XFC 对机体细胞自噬状态的影响

通过复制 AA 大鼠模型,采用 XFC 进行干预,观察 XFC 对 AA 大鼠 Atg5、Atg7、Atg12、自噬相关蛋白微管相关蛋白 1 轻链 3－Ⅱ(microtubule-associated protein 1 light chain 3, LC3－Ⅱ)、Beclin－1 蛋白表达,发现 XFC 改善 AA 大鼠肺功能的可能靶点。

透射电镜观察滑膜、肺组织细胞中的自噬小体,快速分离出滑膜、肺脏,修切成 1 mm×1 mm×1 mm 大小;分别进行常规透射电镜标本处理,经超薄切片、染色后,用透射电镜观察滑膜内衬细胞、Ⅱ型肺泡上皮细胞超微结构及自噬小体。

PCR 检测自噬相关基因——大鼠滑膜、肺组织 Atg5、Atg7、Atg12 mRNA 水平。使用 Primer Premier 5 软件设计与合成引物,然后分析引物。

Western blot 检测自噬相关蛋白——大鼠滑膜、肺组织 LC3－Ⅱ、PI3K、p－AKT、p－mTOR、p－p70s6、Beclin－1 蛋白表达提取滑膜、肺组织总蛋白,电泳分离、转膜、封

闭。膜上分别加兔抗 LC3－Ⅱ抗体（1∶2 000）、兔抗 Beclin－1 抗体（1∶1 000），4℃孵育过夜；洗涤后，加 HRP 标记的山羊抗兔 IgG（1∶5 000），室温孵育 2 h；洗涤后，显影；用扫描仪对胶片进行扫描、摄像；采用图像分析系统对 LC3－Ⅱ、Beclin－1 蛋白图片进行吸光度值分析。

免疫荧光技术测定滑膜中 Beclin－1、LC3－Ⅱ蛋白的表达滑膜组织石蜡包埋，4 μm 切片；常规脱蜡、水化，BSA 封闭；滴加 Beclin－1、LC3－Ⅱ一抗，4℃孵育过夜；洗涤后，滴加二抗（FITC 标记），室温避光孵育 50 min；DAPI 复染细胞核，漂洗，甘油封片，于荧光显微镜下观察并摄像。

XFC 处理对 AA 大鼠滑膜、肺组织的自噬小体细胞微结构影响：正常组滑膜内衬细胞线粒体正常，粗面内质网丰富，核膜边界清楚，染色质分布均匀，可见多个自噬溶酶体及含有双膜结构的自噬体；模型组滑膜内衬细胞线粒体肿胀肥大，粗面内质网减少、破坏，细胞核核膜不完整，边界不清，染色质分布不均，自噬泡较少且小，形状不规则。LEF 组和 XFC 组滑膜内衬细胞核膜清晰，线粒体肿胀不明显，粗面内质网尚完整，自噬体及自噬溶酶体稍有增加，结果如图 4－6。

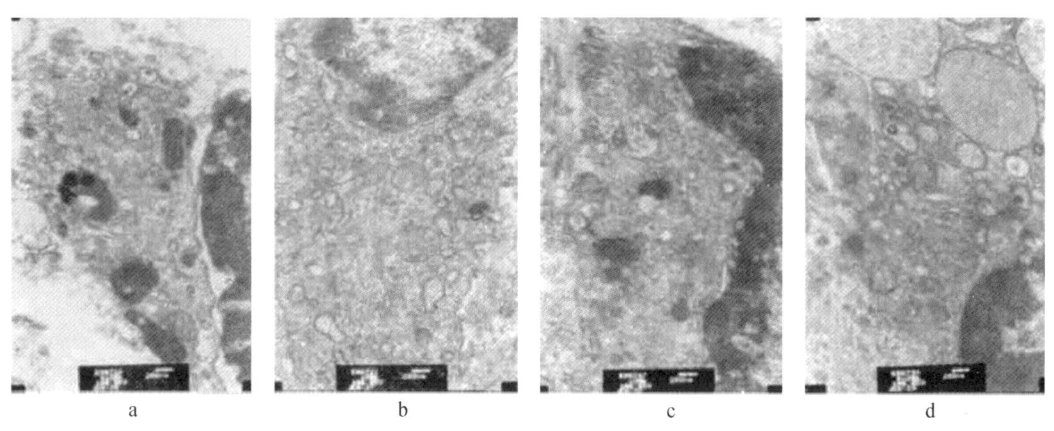

图 4－6　XFC 对 AA 大鼠滑膜内衬细胞超微结构影响

a. 正常组　b. 模型组　c. LEF 组　d. XFC 组（透射电镜，×20 000）

正常组肺内Ⅱ型肺泡上皮细胞线粒体无肿胀变形，粗面内质网丰富，核膜边界清楚，染色质分布均匀，可见多个自噬溶酶体及含有细胞器的双膜结构的自噬体；模型组Ⅱ型肺泡上皮细胞界限不清晰，细胞器破坏严重，自噬泡较少且小，形状不规则。LEF 组、XFC 组Ⅱ型肺泡上皮细胞核膜界限尚可分辨，自噬体及自噬溶酶体稍有增加，结果见图 4－7。

与正常组比较，模型组滑膜 Atg5、Atg12 mRNA 降低；肺组织 Atg12 mRNA 表达明显升高。与模型组比较，XFC 组滑膜 Atg7、Atg12 mRNA 表达明显降低，肺组织 Atg5、Atg7 mRNA 表达降低，Atg12 mRNA 表达升高。与 LEF 组比较，XFC 组滑膜 Atg7 mRNA 及肺 Atg5、Atg7 mRNA 表达降低，肺组织 Atg12 mRNA 表达升高。

与正常组比较，模型组滑膜、肺组织 LC3－Ⅱ、Beclin－1 明显下降；与模型组比较，LEF 组、XFC 组滑膜、肺组织 LC3－Ⅱ、Beclin－1 显升高；与 LEF 组比较，XFC 组 LC3－Ⅱ、

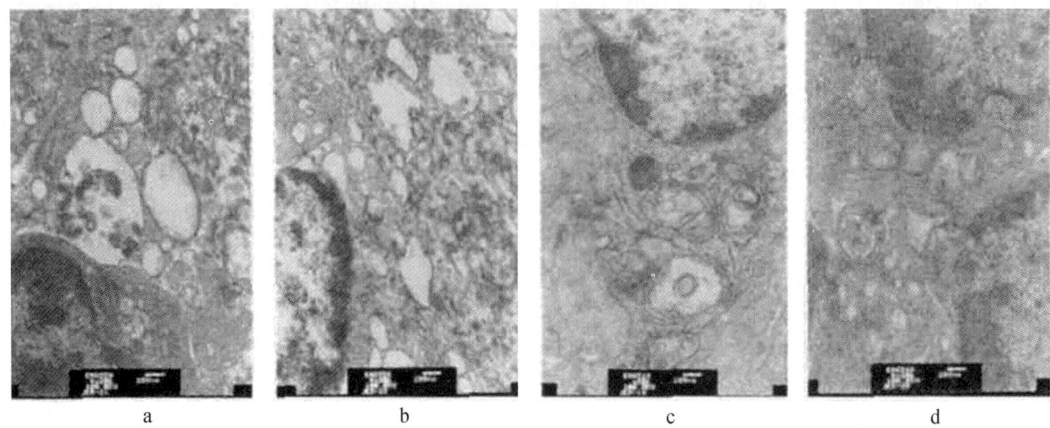
a　　b　　c　　d

图 4－7　XFC 对 AA 大鼠肺组织超Ⅱ型肺泡上皮细胞超微结构影响

a. 正常组　b. 模型组　c. LEF 组　d. XFC 组（透射电镜，×20 000）

Beclin－1 水平无明显变化，差异无统计学意义。在滑膜组织中，与正常组（0.99±0.08、1.58±0.16）比较，模型组（0.22±0.05、0.36±0.04）LC3－Ⅱ、Beclin－1 明显下降（$P<0.01$）；与模型组比较，LEF 组和 XFC 组 C3－Ⅱ（LEF 0.94±0.08，XFC 0.79±0.12）、Beclin－1（LEF 0.89±0.18，XFC 0.85±0.26）表达升高（$P<0.01$，$P<0.05$）。在肺组织中，与正常组（1.53±0.08、1.59±0.05）比较，模型组（0.38±0.03、0.31±0.09）LC3－Ⅱ、Beclin 1 明显下降（$P<0.01$）；与模型组比较，LEF 组、XFC 组 LC3－Ⅱ表达（LEF 0.76±0.14，XFC 0.89±0.10）、Beclin－1（LEF 0.81±0.23，XFC 0.67±0.15）明显升高（$P<0.01$）。

综上所述，XFC 可通过调节 AA 大鼠滑膜、肺组织细胞自噬，减少 IC 在滑膜、肺组织沉积，进而下调炎性细胞因子，上调抑炎因子含量，调节滑膜、肺组织自噬标志蛋白 LC3－Ⅱ、Beclin－1 表达，进而改善肺功能。

二、五味温通除痹胶囊对机体细胞自噬状态的影响

（一）五味温通除痹胶囊对 AA 大鼠滑膜组织中 Beclin－1、LC3－Ⅱ蛋白表达的影响

细胞核于 DAPI 复染后在紫外激发下显蓝色，蛋白阳性表达显黄绿色。荧光显微镜下观察可见，Beclin－1、LC3－Ⅱ蛋白在正常组大鼠滑膜组织中呈现高表达，AA 大鼠滑膜组织中表达明显降低，经五味温通除痹胶囊和 TPT 干预后，可增加 Beclin－1、LC3－Ⅱ蛋白的表达，图 4－8（彩图 14、彩图 15）。

与正常组比较，AA 大鼠滑膜中 Beclin－1、LC3－Ⅱ mRNA 表达量明显降低（$P<0.01$）；与模型组相比，五味温通除痹胶囊（1.6 g/kg、3.2 g/kg）组可显著升高滑膜组织中 Beclin－1、LC3－Ⅱ mRNA 的表达水平（$P<0.05$ 或 $P<0.01$），结果见图 4－9。

与正常组相比，AA 模型组大鼠 Beclin－1、LC3－Ⅱ蛋白表达量明显降低（$P<0.01$）；与 AA 模型组相比，给予五味温通除痹胶囊干预后，中、高剂量组可显著升高 Beclin－1、LC3－Ⅱ蛋白的表达（$P<0.05$ 或 $P<0.01$），低剂量组虽能促进 Beclin－1、LC3－Ⅱ蛋白的表达，但不具有统计学意义，结果如图 4－10。

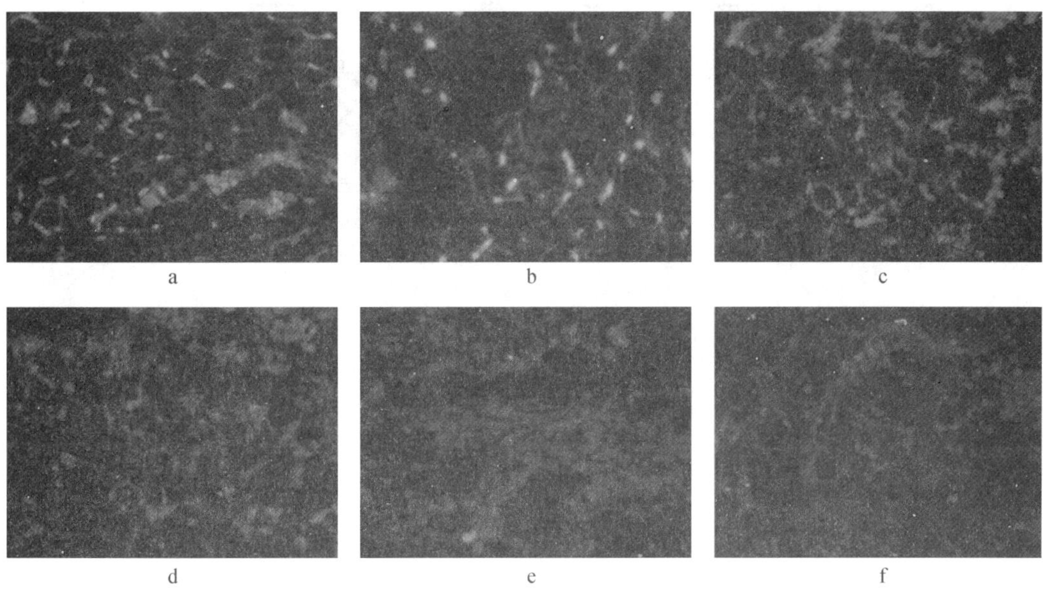

图 4-8a 五味温通除痹胶囊对 AA 大鼠滑膜组织中 Beclin-1 蛋白表达的影响(×200)

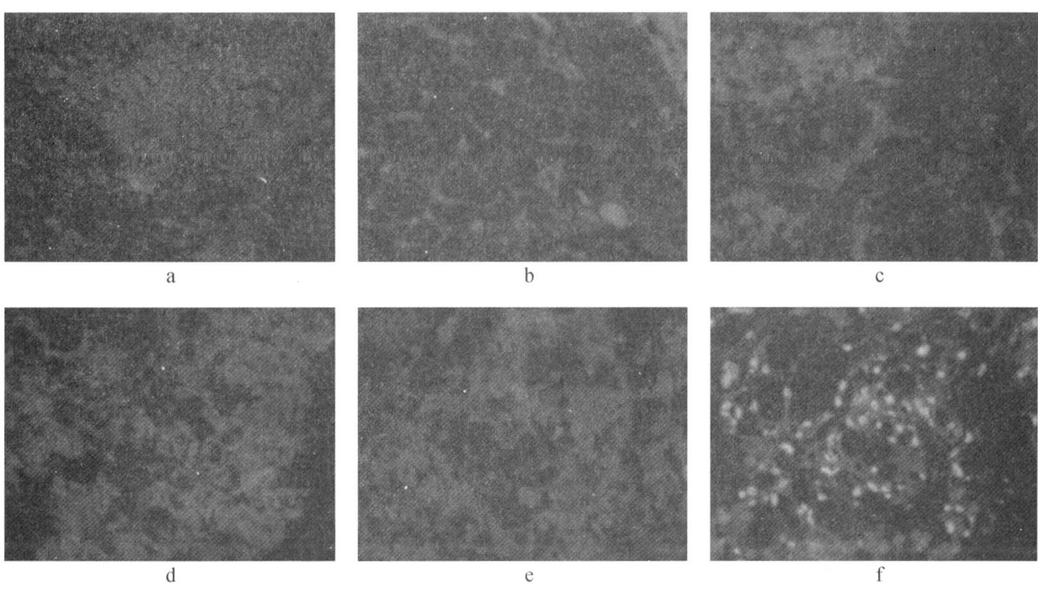

图 4-8b 五味温通除痹胶囊对 AA 大鼠滑膜组织中 LC3-Ⅱ蛋白表达的影响(×200)

a. 正常组 b. 模型组 c. 五味温通除痹胶囊(0.80 g/kg) d. 五味温通除痹胶囊(1.60 g/kg) e. 五味温通除痹胶囊(3.20 g/kg) f. TPT 组

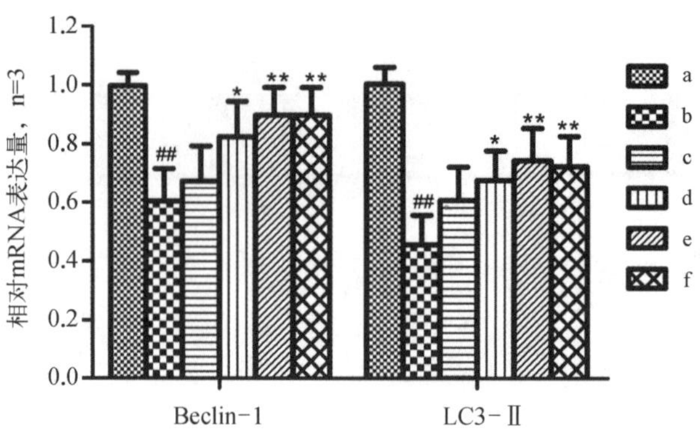

图 4-9 五味温通除痹胶囊对 AA 大鼠 Beclin-1、LC3-Ⅱ mRNA 表达的影响

a. 正常组 b. 模型组 c. 五味温通除痹胶囊(0.80 g/kg) d. 五味温通除痹胶囊(1.60 g/kg)
e. 五味温通除痹胶囊(3.20 g/kg) f. TPT 组
与正常组比较，##P<0.01；与模型组比较，*P<0.05，**P<0.01

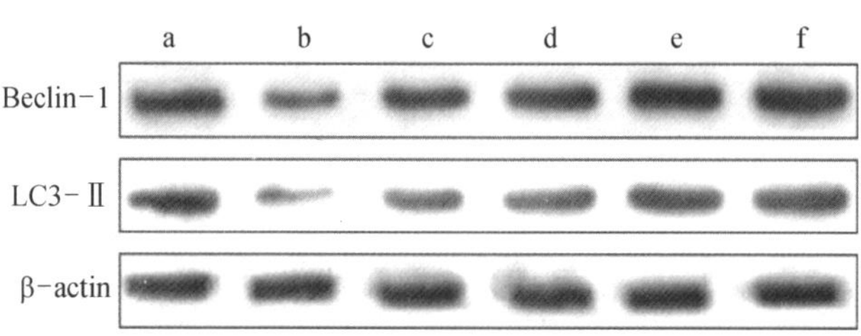

图 4-10 五味温通除痹胶囊对 AA 大鼠滑膜组织中 Beclin-1、LC3-Ⅱ蛋白表达的影响

a. 正常组 b. 模型组 c. 五味温通除痹胶囊(0.80 g/kg) d. 五味温通除痹胶囊(1.60 g/kg)
e. 五味温通除痹胶囊(3.20 g/kg) f. TPT 组
与正常组比较，##P<0.01；与模型组比较，*P<0.05，**P<0.01

（二）五味温通除痹胶囊对 AA 大鼠滑膜组织中 PI3K、p-AKT、p-mTOR、p-p70s6、Beclin-1 蛋白表达的影响

倒置荧光显微镜下观察可见，与正常组相比，PI3K、p-mTOR、p-AKT、p-p70s6 蛋白在模型组大鼠滑膜组织中呈现高表达，Beclin-1 蛋白呈现低表达；与模型组相比，给予五味温通除痹胶囊和 TPT 干预后，可抑制 PI3K、p-mTOR、p-AKT、p-p70s6 蛋白的表达水平，促进各组大鼠滑膜组织中 Beclin-1 蛋白的表达水平，结果如图 4-11~图 4-15(彩图 16~彩图 20)。

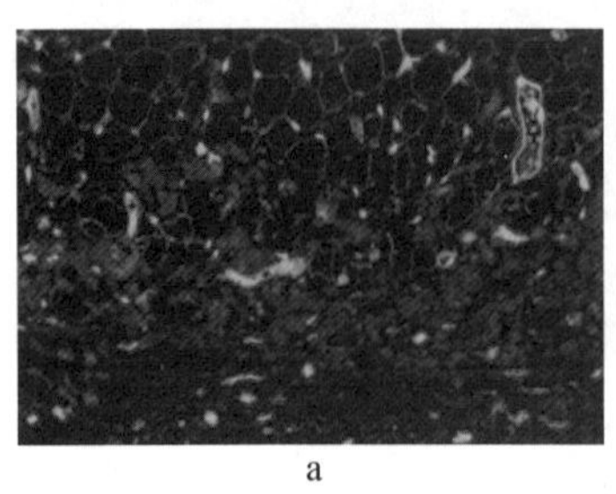

a

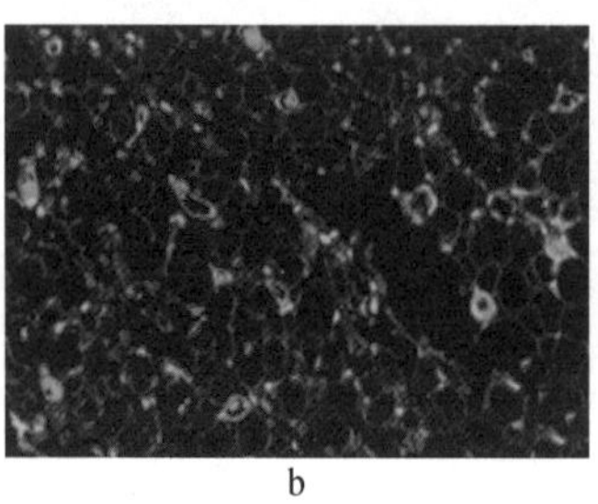

b

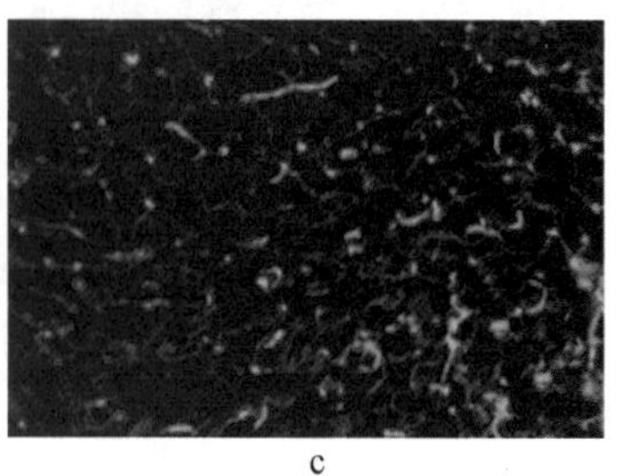

c

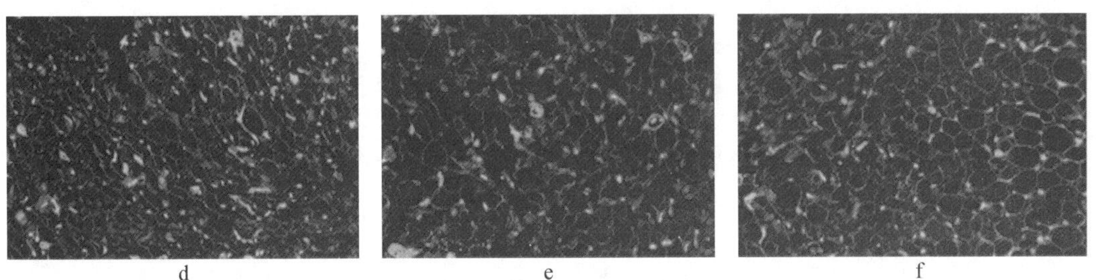

图 4-11　五味温通除痹胶囊对 AA 大鼠滑膜组织中 PI3K 蛋白表达的影响(×200)

a. 正常组　b. 模型组　c. 五味温通除痹胶囊(0.80 g/kg)　d. 五味温通除痹胶囊(1.60 g/kg)
e. 五味温通除痹胶囊(3.20 g/kg)　f. TPT 组

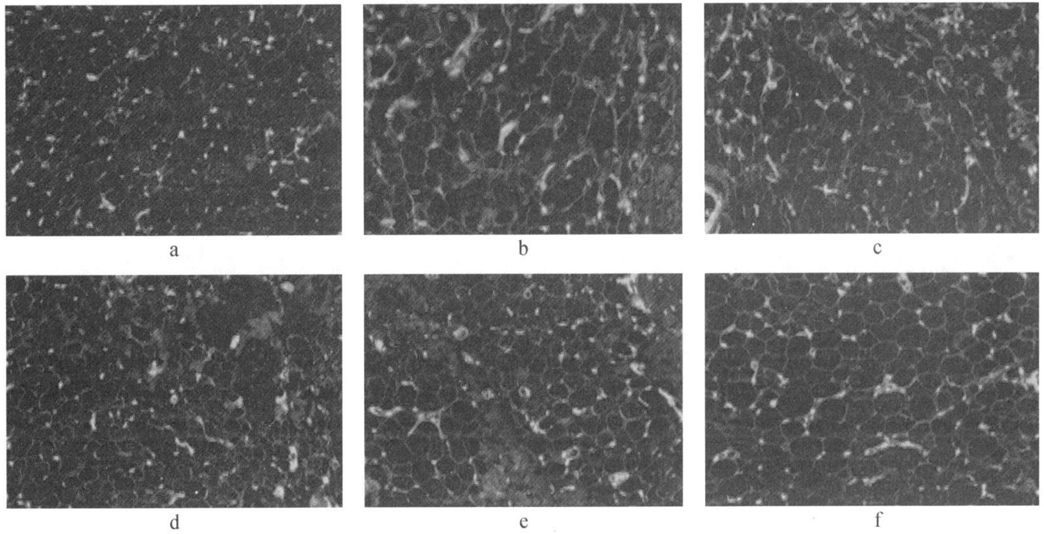

图 4-12　五味温通除痹胶囊对 AA 大鼠滑膜组织中 p-AKT 蛋白表达的影响(×200)

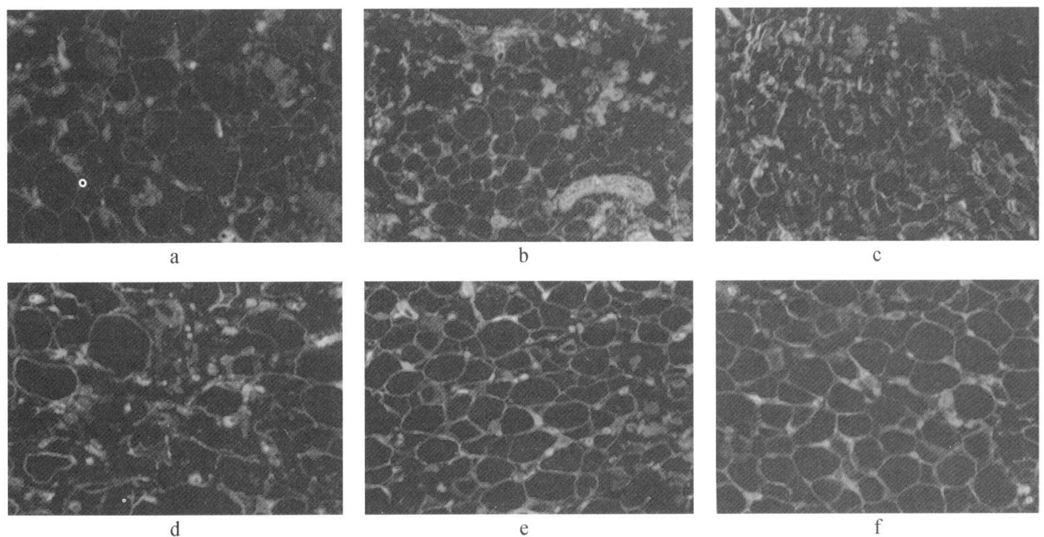

图 4-13　五味温通除痹胶囊对 AA 大鼠滑膜组织中 p-mTOR 蛋白表达的影响(×200)

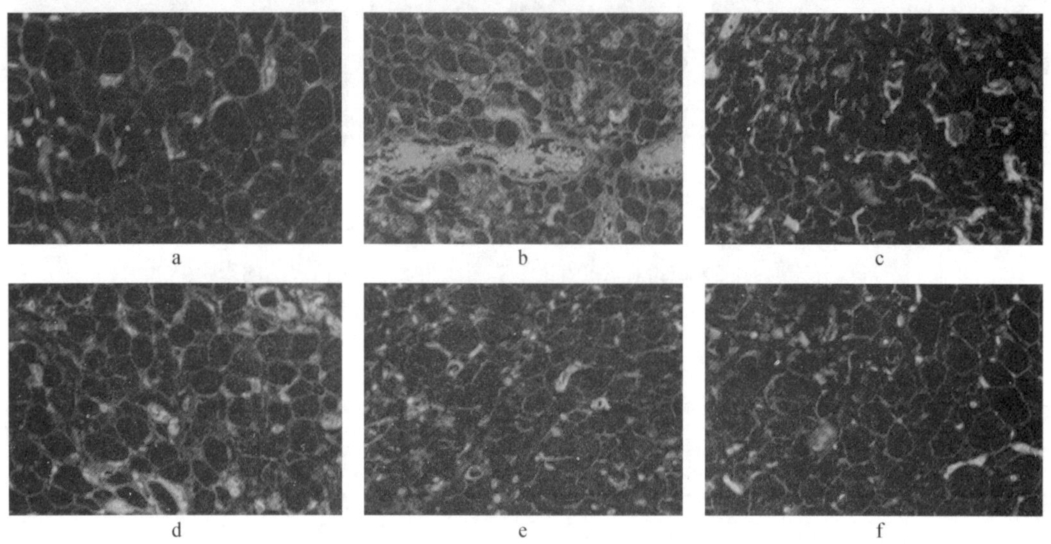

图 4-14　五味温通除痹胶囊对 AA 大鼠滑膜组织中 p-p70s6 蛋白表达的影响(×200)

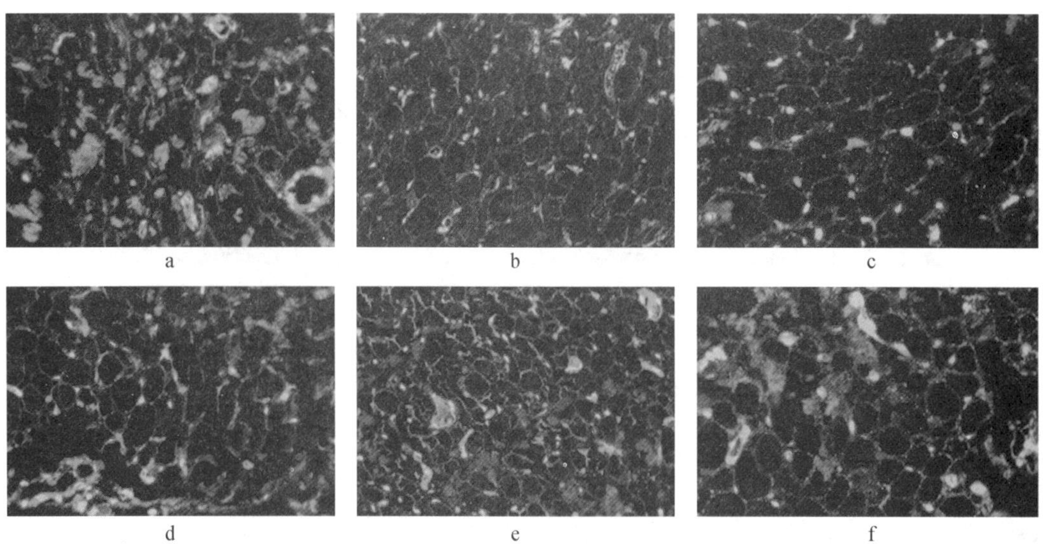

图 4-15　五味温通除痹胶囊对 AA 大鼠滑膜组织中 Beclin-1 蛋白表达的影响(×200)

(三) 五味温通除痹胶囊对 AA 大鼠滑膜组织中 PI3K、p-AKT、p-mTOR、p-p70s6、Beclin-1 mRNA 表达的影响

与正常组相比,AA 模型组大鼠滑膜组织中 PI3K、p-AKT、p-mTOR、p-p70s6 mRNA 表达水平显著升高($P<0.01$),Beclin-1 mRNA 表达水平明显降低;与模型组相比,五味温通除痹胶囊(1.6 g/kg、3.2 g/kg)组可显著降低 PI3K、p-AKT、p-mTOR、p-p70s6 mRNA 在 AA 大鼠滑膜组织中的表达水平($P<0.05$ 或 $P<0.01$),升高 Beclin-1 mRNA 的表达水平($P<0.01$),结果见图 4-16。

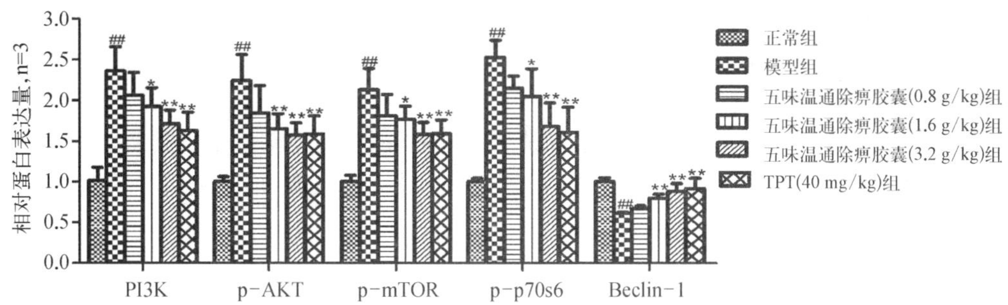

图 4-16　五味温通除痹胶囊对 AA 大鼠 PI3K、p-AKT、p-mTOR、p-p70s6、Beclin-1 mRNA 表达的影响

与正常组比较，△△P<0.01；与模型组比较，*P<0.05，**P<0.01

（四）五味温通除痹胶囊对 AA 大鼠滑膜组织中 PI3K、p-AKT、p-mTOR、p-p70s6、Beclin-1 蛋白表达的影响

与正常组相比，AA 模型组大鼠滑膜组织中 PI3K、p-AKT、p-mTOR、p-p70s6 蛋白表达明显升高（P<0.01），Beclin-1 蛋白表达显著降低；与 AA 模型组相比，给予五味温通除痹胶囊干预后，中、高剂量组可显著抑制 PI3K、p-AKT、p-mTOR、p-p70s6 蛋白的表达（P<0.05 或 P<0.01），升高 Beclin-1 蛋白的表达水平（P<0.01），结果如图 4-17。

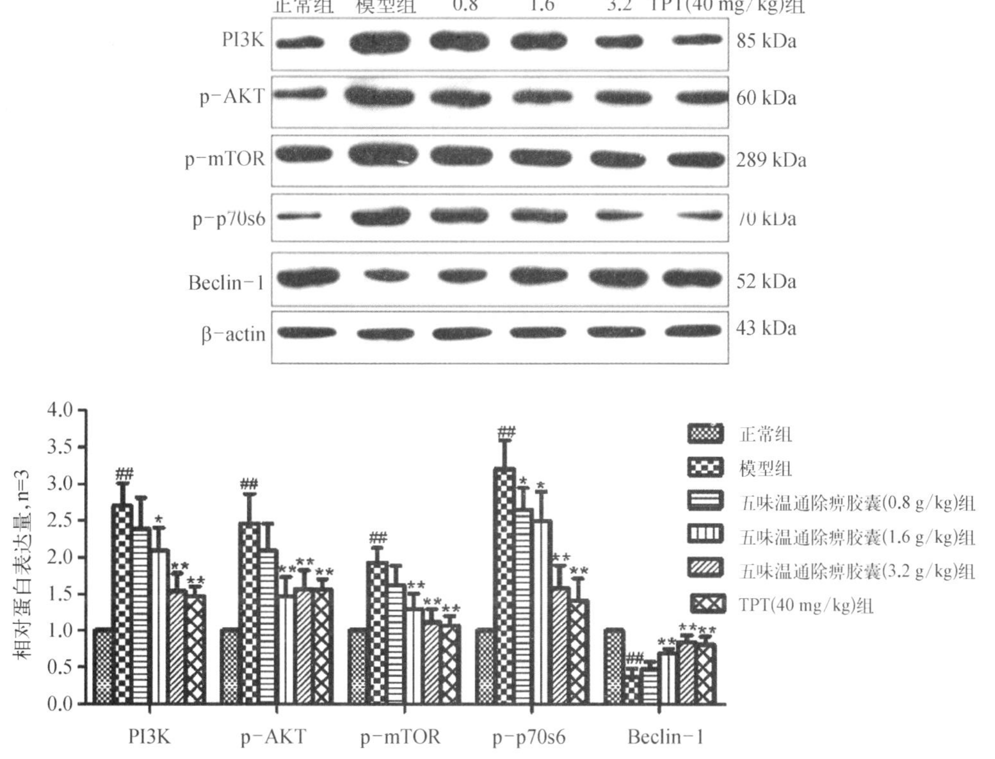

图 4-17　五味温通除痹胶囊对 AA 大鼠 PI3K、p-AKT、p-mTOR、p-p70s6、Beclin-1 蛋白表达的影响

与正常组比较，△△P<0.01；与模型组比较，*P<0.05，**P<0.01

研究表明,在 RA 疾病初期,由于各种刺激因素的存在,滑膜细胞受到损伤,机体启动自噬,清除受损的细胞器,减轻滑膜细胞损伤,促进滑膜细胞的生存和修复,改善 RA 早期的病情。随着 RA 病情的进展,大量血小板介入,血小板活化颗粒释放增加,激活 PI3K/Akt/mTOR 信号通路,可通过多种途径加速 RA 的进展。PI3K 家族是一类肌醇脂类物质的激酶,具有第二信使作用。激活后的 PI3K,可生成第二信使 PIPa。PIPa 与信号蛋白 Akt 和磷酸肌醇依赖性蛋白激酶结合,诱导 Akt 磷酸化,活化 Akt、激活后的 Akt 可接受来自 PI3K 的信号并下传到 mTOR、激活后的 mTOR,可对细胞自噬产生抑制作用,导致滑膜细胞持续增生。同时,Akt 活化后,可参与调控多个与细胞凋亡有关的基因如 *Fas*、*Bcl-2* 等,增强抗凋亡基因,减弱凋亡基因的表达,维持滑膜细胞的持续增殖。此外,活化后的 PI3K,也可借助 Akt/mTOR 传递有丝分裂信号至核糖体 S6 激酶 p70s6,促进 G1 期进展,加速细胞周期,亦可引起滑膜细胞的持续增生,加重 RA 患者的病情。本研究发现,与模型组相比,五味温通除痹胶囊可显著抑制 PI3K/Akt/mTOR 信号通路关键基因 PI3K、AKT、p-AKT、mTOR、p-mTOR、p70s6、p-p70s6 mRNA 和/或蛋白表达水平,升高哺乳动物自噬体相关基因 *Beclin-1* mRNA 和蛋白的表达水平,提示五味温通除痹胶囊可增强 AA 大鼠的细胞自噬水平,与相关文献报道一致。

综上所述,五味温通除痹胶囊对 AA 大鼠具有一定的治疗作用,五味温通除痹胶囊可显著升高 AA 大鼠滑膜组织中 Beclin-1 和 LC3-Ⅱ mRNA 和蛋白的表达水平,其机制可能与抑制 PI3K/Akt/mTOR 信号通路,上调 AA 大鼠滑膜细胞自噬活性,减少滑膜细胞的过度增殖,从而减轻关节软骨损伤有关。

第四节　健脾化湿通络方对血瘀的影响

中医对风湿病病因的认识早见于《素问·痹论》,书中指出:"风、寒、湿三气杂至,合而为痹,其风气胜者为痛痹,湿气胜者为著痹也。"在痹证中无论是外因(风、寒、湿、热邪等)还是内因(正气不足)均与血瘀关系密切。外邪久恋则耗伤正气,气血阴阳亏虚而致瘀,又如《灵枢·痛疽》曰:"寒邪客于经脉之中,则血泣,血泣则不通。"《灵枢·贼风》曰:"其开而遇风寒,则血气凝结与故邪相袭,则为寒痹。"这说明寒凝亦可导致血瘀。对痹病日久不愈者,认为"必有湿痰败血瘀滞经络",而致"血停为瘀,津停为痰,虚、痰、瘀三者胶结,与外邪相合为患,导致经络阻滞不通,深入骨髎,缠绵难愈"。病久脾胃气机失调,脾失健运,湿浊内生,血滞而为瘀,湿聚而为痰,酿成痰浊瘀血,日久痰可碍血,瘀能化水,痰瘀水湿互结,旧病新邪胶着,深入骨骱,而致病程缠绵,可出现关节刺痛、肿胀、皮肤瘀斑、关节周围结节、屈伸不利等。此即《临证指南医案》所云:"风寒湿三气合而为痹。然经年累月,外邪留着,气血皆伤,其化为败瘀凝痰,混处经络,盖有诸矣。"亦表明久痹可致瘀。

现代医学研究认为对血瘀证的病理状态伴有血小板活化、血流变学、血管内皮细胞损伤、动脉粥样硬化、血栓行程、微循环障碍、炎症反应等病理基础改变。其中,RA 的疾病发展病程可表现出血小板异常活化、血流变学改变等血瘀状。

无论是古代医学还是现代医学,均认为血瘀确实存在于风湿病的发病过程始终,而血瘀又可作为继发性病理因素进一步导致病情进展。其中，脾虚在 RA 血瘀证发生的过程始末均有着重要作用。近年来有大量医学者注意到"从脾论治"的重要性，并将其运用于临床实践，到目前为止此理论已经相对成熟，并且体现了中医辨证施治的正确性，具有了一定的临床基础。应用"健脾化湿通络"的治法，使用 XFC 治疗 RA 血瘀证患者，取得了良好的效果。

血小板活化与 RA 血瘀证的发生密切相关，血小板是血液中的有形成分之一，其活化后会释放出 5-羟色胺、血栓素 A2 等收缩血管的物质，导致其不断的黏附、聚集，并释放多种活性物质，形成血小板小堆，与纤维蛋白交织形成血栓。同时血小板堆的形成使血流量减少，或血管阻塞，血液瘀滞形成血瘀。可见血瘀与血小板活化现象确实相关，血小板活化是血瘀证产生的重要基础，并有研究发现血小板在凝血、炎症反应及血栓形成等生理和病理过程中有重要作用。

一、XFC 对 AA 大鼠血小板参数及血小板微粒的影响

刘磊等[18]采用 AA 大鼠模型，通过观察益气健脾通络中药复方 XFC 对其血小板微粒变化影响。研究通过观察 AA 大鼠关节形态学变化、AA 大鼠外周血血小板微粒的表达、血小板超微结构变化及相关信号通路的变化，分析 AA 大鼠 PMPs 的变化与关节病理变化、细胞因子、生长因子之间的联系，探讨 PMPs 表达的变化与 PI3K/AKT 和 JAK/STAT 信号通路之间的关系；阐明 XFC 抑制 PMPs 释放，改善关节症状的作用机制。

与正常组比较，模型组大鼠外周血 PMPs 的表达显著升高，血小板参数 PLT、PCT 明显升高（$P<0.05$ 或 $P<0.01$）；与模型组比较，LY294002、AG490、XFC、TPT 组 PMPs，血小板参数 PLT、PCT 均显著下降（$P<0.05$ 或 $P<0.01$）；与 TPT 组比较，XFC 组 PMPs、PLT 降低；与 XFC 组比较 LY294002 组 PLT 升高，AG490 组 PMPs、PLT 升高（$P<0.05$ 或 $P<0.01$），结果见表 4-13。

表 4-13　AA 大鼠外周血 PMPs、血小板参数的变化（$\bar{x}\pm s$，$n=12$）

组别	PMPs(%)	PLT(10^9)	PCT(%)	PDW(%)	MPV(fl)
正常组	65.28±3.82	1 121.28±156.49	0.65±0.17	9.34±1.12	7.67±0.49
模型组	81.86±4.07^a	1 591.52±201.24^a	0.87±0.21^a	9.27±1.07	8.07±0.52
LY294002 组	64.37±4.52^c	1 297.41±167.71^{ce}	0.73±0.30^b	8.93±0.92	7.57±0.29
AG490 组	68.19±5.17^{ce}	1 195.41±187.26^{ce}	0.69±0.32^{be}	9.91±0.97	7.61±0.67
TPT 组	66.35±4.78^c	1 189.72±149.49^c	0.68±0.24^c	9.43±1.15	7.71±0.59
XFC 组	63.72±4.12^{cd}	1 111.64±138.95^{cd}	0.65±0.29^c	9.61±1.02	7.35±0.54

注：与正常组比较，$^aP<0.01$；与模型组比较，$^bP<0.05$，$^cP<0.01$；与 TPT 组比较，$^dP<0.05$；与 XFC 组比较，$^eP<0.05$。

电镜下正常组血小板外形呈椭圆形，形状规整，表面光滑，无伪足伸出，胞质内可见囊泡状开放管道系统，大体视野下可见 α 颗粒、线粒体散在分布；模型组可见血小板外形稍膨胀，欠规整，表面多处伪足伸出，胞质中 α 颗粒、线粒体显著减少，血小板结构破坏明显，部分血小板表面可见血小板微粒形成；LY294002、AG490 组血小板细胞外形欠规整，少量伪足伸出，可见 α 颗粒、线粒体分布；TPT 组血小板伪足较 XFC 组增多，胞质中 α 颗粒、线粒体较 XFC 组较少；XFC 组血小板呈椭圆形状规整，稍有少许伪足伸出，胞质结构无明显

损伤、胞质中α颗粒、线粒体较模型组明显增多，结构无明显破坏。各组血小板超微结构见图4－18。

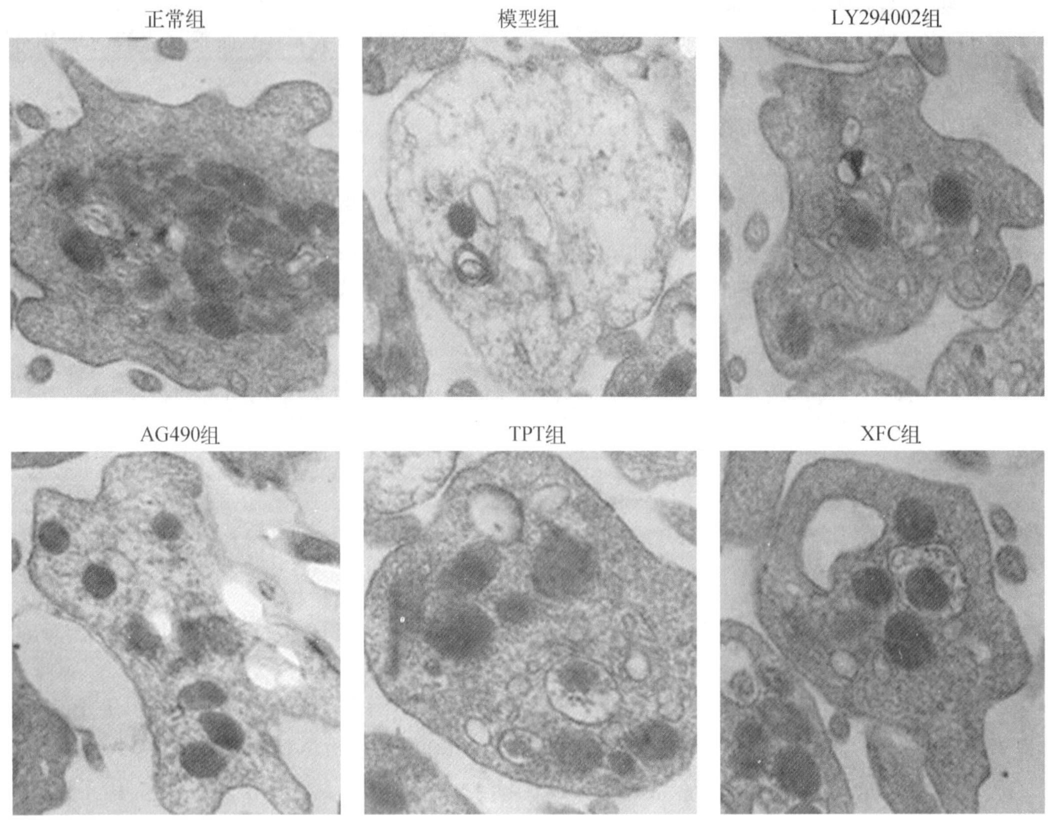

图4－18　电镜下各组血小板超微结构图

相关性分析表明，AA大鼠血小板微粒与JAK2、STAT3、miR－21 mRNA呈正相关；PLT与JAK2、miR－21 mRNA呈正相关；PCT与miR－21 mRNA呈正相关（$P<0.05$或$P<0.01$），结果见表4－14。

表4－14　AA大鼠血小板微粒与JAK2、STAT3、miR－21 mRNA关系

指标	JAK2	STAT3	miR－21
PMPs	0.375*	0.467**	0.593**
PLT	0.353*	0.239	0.447**
PCT	0.221	0.124	0.412*
PDW	0.106	0.203	0.172
MPV	0.155	0.127	0.221

注：$^{*}P<0.05$，$^{**}P<0.01$。

相关性分析表明，AA大鼠PMPs与PI3K、AKT mRNA呈显著正相关、与PTEN mRNA呈显著负相关；PLT与PTEN呈负相关，与AKT呈正相关；PCT与AKT呈正相关（$P<0.05$或$P<0.01$），结果见表4－15。

表 4-15　AA 大鼠 PMPs、血小板参数与 PTEN、PI3K、AKT mRNA 关系

指标	PTEN	PI3K	AKT
PMPs	-0.517**	0.327*	0.487**
PLT	-0.479**	0.357*	0.234
PCT	-0.249	0.167	0.341*
PDW	-0.102	0.137	0.091
MPV	-0.112	0.123	0.109

注：*P<0.05，**P<0.01。

相关性分析表明，AA 大鼠血小板微粒与 Bcl-2 mRNA 呈显著正相关，与 BAD mRNA 呈显著负相关；PLT 与 Bcl-2 mRNA 呈显著正相关，与 BAD 呈负相关；PCT 与 BAD 呈显著负相关（P<0.05 或 P<0.01），结果见表 4-16。

表 4-16　AA 大鼠 PMPs、血小板参数与 BAD、Bcl-2 mRNA 关系

指标	Bcl-2	BAD
PMPs	0.592**	-0.341*
PLT	0.507**	-0.447**
PCT	0.256	-0.367*
PDW	0.127	-0.073
MPV	0.169	-0.048

注：*P<0.05，**P<0.01。

与正常组比较，模型组大鼠血小板细胞 JAK2、STAT3、miR-21 mRNA 表达升高（P<0.05 或 P<0.01）。与模型组比较，XFC 组、TPT 组大鼠血小板细胞 JAK2、STAT3、miR-21 mRNA 表达均降低；LY294002 组 JAK2、miR-21 mRNA 表达降低；AG490 组 JAK2、STAT3、miR-21 mRNA 表达降低（P<0.05 或 P<0.01）。与 TPT 组比较，XFC 组 miR-21 mRNA 表达降低；与 XFC 组比较，LY294002 组 JAK2、miR-21 mRNA 表达升高，AG490 组 STAT3 mRNA 表达升高（P<0.05 或 P<0.01），结果见表 4-17。

表 4-17　XFC 对 AA 大鼠血小板 JAK2、STAT3、miR-21 mRNA 的影响（$\bar{x}\pm s$，n=10）

组别	JAK2	STAT3	miR-21
正常组	0.38±0.12	0.42±0.17	1.00±0.13
模型组	0.77±0.21**	0.82±0.31**	1.98±0.15**
LY294002 组	0.51±0.28##□	0.62±0.24#	1.49±0.17#□□
AG490 组	0.46±0.09##	0.51±0.15##□	1.33±0.13##
TPT 组	0.42±0.13##	0.47±0.23##	1.12±0.11##
XFC 组	0.40±0.14##	0.44±0.19##	1.04±0.08##○

注：与正常组比较，**P<0.01；与模型组相比较，#P<0.05，##P<0.01；与 TPT 组比较，○P<0.05；与 XFC 组比较，□P<0.05，□□P<0.01。

与正常组比较，模型组大鼠血小板细胞 PTEN mRNA 表达降低，PI3K、AKT mRNA 表达升高（P<0.05 或 P<0.01）。与模型组比较，XFC、TPT 组血小板细胞 PTEN mRNA 表达

升高，PI3K、AKT mRNA 表达降低；LY294002 组 PI3K、AKTmRNA 降低；AG490 组 PTEN、AKTmRNA 降低（$P<0.05$ 或 $P<0.01$）。与 TPT 组比较，XFC 组 PTEN mRNA 表达降低；与 XFC 组比较，LY294002 组 PTEN mRNA 表达降低；AG490 组 AKT mRNA 表达升高（$P<0.05$ 或 $P<0.01$），结果见表 4-18。

表 4-18　XFC 对 AA 大鼠血小板细胞与 PTEN、PI3K、AKTmRNA 的影响（$\bar{x}\pm s$，$n=10$）

组别	PTEN	PI3K	AKT
正常组	0.77±0.21	0.82±0.36	0.61±0.22
模型组	0.31±0.10**	1.41±0.46**	1.19±0.28**
LY294002 组	0.56±0.19□	0.79±0.31##	0.71±0.17##
AG490 组	0.70±0.19	0.87±0.45#	0.87±0.28#□
TPT 组	0.81±0.23##○	0.84±0.27##	0.69±0.19##
XFC 组	0.74±0.26##	0.96±0.33#	0.75±0.21##

注：与正常组比较，**$P<0.01$；与模型组相比较，#$P<0.05$，##$P<0.01$；与 TPT 组比较，○$P<0.05$；与 XFC 组比较，□$P<0.05$，□□$P<0.01$。

二、XFC 对 AA 大鼠血小板活化产物的影响

纵瑞凯等[19]采用流式细胞仪检测，发现 XFC 可下调大鼠外周血中血小板 GMP-140、CD40L 的表达，抑制血小板活化引起的炎症反应、降低 PLT、PCT，从而改善大鼠的足趾肿胀度和关节炎指数。

与正常组相比，模型组大鼠血小板 GMP-140、CD40L、PLT、PCT 显著升高（$P<0.01$）；与模型组相比，MTX、TPT、XFC 组均能降低 GMP-140、CD40L、PLT、PCT（$P<0.01$）；与 MTX、TPT 组相比，XFC 组更能降低血小板 GMP-140，结果见表 4-19。

表 4-19　XFC 对 AA 大鼠血小板 GMP-140、CD40L、血小板参数的影响（$\bar{x}\pm s$，$n=12$）

组别	GMP-140（%）	CD40L（%）	PLT（pg/mL）	PCT（pg/mL）	PDW（pg/mL）	MPV（pg/mL）
正常组	0.30±0.17	94.71±2.42	1 026.75±243.96	0.85±0.19	9.86±0.90	8.28±0.40
模型组	1.07±0.52**	98.16±1.39**	1 419.33±214.14**	1.19±0.18**	10.08±0.29	9.79±0.64
MTX 组	0.55±0.27##	95.47±2.36##	1 129.92±180.00##	0.94±0.16##	9.79±0.64	8.30±0.42
TPT 组	0.49±0.28##	95.24±1.90##	1 115.17±207.85##	0.94±0.16##	10.26±0.47	8.39±0.26
XFC 组	0.38±0.20##	95.39±2.27##	1 116.17±125.22##	0.95±0.12##	10.17±0.65	8.48±0.40

注：与正常组比较，**$P<0.01$；与模型组比较，##$P<0.01$。

给药前 1 天与正常组相比，模型组大鼠足趾肿胀度、关节炎指数显著升高（$P<0.01$）；给药 30 天后与模型对照组比较，MTX、TPT、XFC 组足趾肿胀度、关节炎指数显著下降（$P<0.01$）；给药 30 天后各治疗组间足趾肿胀度、关节炎指数无显著性差异（$P>0.05$），见表 4-20。

表 4－20 XFC 对 AA 大鼠足趾肿胀度和关节炎指数的影响（$\bar{x}\pm s$，n＝12）

组别	足趾肿胀度		关节炎指数	
	干预前	干预 30 天后	干预前	干预 30 天后
正常组	47.79±26.76*	45.55±20.60*	0.00±0.00*	0.00±0.00*
模型组	82.90±32.35**	80.00±28.90**	8.38±1.96**	9.21±1.55**
MTX 组	81.87±24.54	76.45±19.56*	8.02±1.33	6.23±1.79*
TPT 组	81.43±25.32	77.56±19.62*	7.99±1.83	6.36±2.03*
XFC 组	82.47±23.71	77.21±20.00*	8.01±1.54	6.29±1.98*

注：$^{*}P$<0.05；$^{**}P$<0.01。

AA 大鼠的血小板 GMP－140、CD40L 与 PLT、PCT、足趾肿胀度、关节炎指数呈正相关（P<0.01 或 P<0.05），提示血小板 GMP－140、CD40L 越高，足趾肿胀度越重、关节炎指数、PLT、PCT 越高（表 4－21）。

表 4－21 AA 大鼠 GMP－140、CD40L 与血小板参数、足趾肿胀度、关节炎指数的相关性（n＝60）

指标	GMP－140		CD40L	
	r	P	r	P
PLT	0.516**	0.003	0.662**	0.000
PCT	0.554**	0.002	0.656**	0.000
PDW	0.150	0.429	−0.160	0.397
MPV	0.078	0.680	−0.151	0.424
足趾肿胀度	0.434*	0.016	0.448*	0.013
关节炎指数	0.551**	0.002	0.368*	0.046

注：$^{*}P$<0.05；$^{**}P$<0.01。

与正常组相比，模型组大鼠胸腺组织血小板 CD40L mRNA、PLT、PCT 显著升高（P<0.01）；与模型组相比，MTX、TPT、XFC 组均能降低血小板 CD40L mRNA、PLT、PCT（P<0.01 或 P<0.05）；与 MTX、TPT 组相比，XFC 组降低血小板 CD40L mRNA 更显著，结果见表 4－22。

表 4－22 XFC 对 AA 大鼠胸腺组织血小板 CD40L mRNA、血小板参数的影响（$\bar{x}\pm s$，n＝6）

组别	CD40L mRNA（%）	PLT（pg/mL）	PCT（pg/mL）	PDW（pg/mL）	MPV（pg/mL）
正常组	0.29±0.18△△	1 026.75±243.96△△	0.85±0.19△△	9.86±0.90	8.28±0.40
模型组	0.72±0.27**	1 419.33±214.14**	1.19±0.18**	10.08±0.29	9.79±0.64
MTX 组	0.41±0.25△	1 129.92±180.00△△	0.94±0.16△△	9.79±0.64	8.30±0.42
TPT 组	0.40±0.27△	1 115.17±207.85△△	0.94±0.16△△	10.26±0.47	8.39±0.26
XFC 组	0.38±0.25△	1 116.17±125.22△△	0.95±0.12△△	10.17±0.65	8.48±0.40

注：与正常组比较，$^{**}P$<0.01；与模型组比较，$^{△△}P$<0.01，$^{△}P$<0.05。

致炎前各组大鼠的体质量无差异；给药前 1 天与正常组相比，模型组大鼠体质量明显减轻（P<0.01）；给药 30 天后与模型组比较，其余各组体质量显著上升（P<0.01），XFC 组与 MTX 组、TPT 组比较体质量明显上升（P<0.05）。AA 大鼠胸腺组织血小板 CD40L mRNA 与 PLT、PCT、足趾肿胀度、关节炎指数呈正相关（$P<0.05$），提示血小板 CD40L mRNA 越高，足趾肿胀度越重、关节炎指数、PLT、PCT 越高，见表 4－23。

表 4－23　AA 大鼠 CD40L mRNA 与血小板参数、足趾肿胀度、关节炎指数的相关性（$n=60$）

指标	CD40L	
	r	P
PLT	0.429▲	0.018
PCT	0.467	0.009
PDW	0.082	0.666
MPV	0.126	0.509
足趾肿胀度	0.421▲	0.021
关节炎指数	0.382▲	0.037

注：▲$P<0.05$。

在 RA 的发生、发展中，血小板的活化标志物 GPM－140、CD40L 发挥着重要作用。活化的 GMP－140 与循环中的多形核白细胞的配基发生作用，致使炎性细胞迁移渗出至关节的滑膜组织间隙，引起滑膜的免疫反应及炎性损伤。炎性细胞又可以释放更多的 GMP－140，由此循环往复促使 RA 滑膜炎症和病情的进展。GMP－140 还能激活滑膜内凝血系统，使纤维蛋白降解产物沉积于 RA 滑膜，引起关节肿胀及组织的损伤。CD40L 在慢性滑膜炎的发生和发展过程中有一定作用，RA 滑膜中已检测出高水平表达的 CD40L。表达在血小板上的 CD40L 能诱导内皮细胞释放趋化因子和表达黏附分子，从而产生信号募集各种炎症介质聚集在滑膜组织，引起滑膜组织增生，形成炎症，导致软骨和骨的破坏。CD40L 还可刺激炎症部位的单核巨噬细胞分泌血管内皮生长因子，增加血管通透性，提高炎性渗透，促进内皮细胞生长、迁移和新生血管形成，形成滑膜血管翳。本实验发现 AA 大鼠的血小板 GMP－140、CD40L 升高，且与足趾肿胀度、关节炎指数、PLT、PCT 呈正相关（$P<0.01$ 或 $P<0.05$），说明 AA 大鼠存在血小板的活化，血小板 GMP－140、CD40L 与炎症指标相关，在关节炎的发生、发展中起着重要作用。

此外，我们还观察 XFC 对 AA 大鼠外周血血小板活化因子（platelet activating factor, PAF）、Th17 细胞相关细胞因子 IL－6、IL－17 水平的影响。与正常组相比，模型组大鼠外周血 PAF、IL－6、IL－17 显著升高（$P<0.01$）；与模型组比较，MTX 组、TPT 组、XFC 组 PAF、IL－6、IL－17 显著降低（$P<0.01$）；与 MTX 组、TPT 组相比，XFC 组 PAF 表达水平显著降低（$P<0.05$），IL－17 有下降趋势，但无统计学差异（$P>0.05$），见表 4－24。

表 4－24　XFC 对 AA 大鼠外周血 PAF、IL－6、IL－17 的影响（$\bar{x}\pm s$，pg/mL，$n=8$）

组别	PAF	IL－6	IL－17
正常组	14.02±2.48	16.41±0.95	58.90±9.97
模型组	33.71±6.31**	20.52±0.83**	84.78±8.89**
MTX 组	23.92±6.40△△	17.16±1.16△△	65.13±7.98△△
TPT 组	22.47±5.05△△	17.11±1.19△△	64.87±5.59△△
XFC 组	16.97±4.89△△◇▲	17.02±1.28△△	62.47±9.05△△

注：与正常组比较，*$P<0.05$，**$P<0.01$；与模型组比较，△$P<0.05$，△△$P<0.01$；与 MTX 组比较，◇$P<0.05$；与 TPT 组比较，▲$P<0.05$。表 4－25，表 4－26 同。

致炎前各组大鼠的体质量比较,差异无统计学意义($P>0.05$)。给药前 1 天,与正常组相比,模型组大鼠体质量明显减轻($P<0.05$)。给药 30 天后,与模型组比较,MTX 组、TPT 组、XFC 组 AA 大鼠体质量显著升高($P<0.01$);与 MTX 组、TPT 组比较,XFC 组体质量明显上升($P<0.05$),见表 4－25。

表 4－25　XFC 对 AA 大鼠体质量的影响($\bar{x}\pm s$,g,$n=8$)

组别	体质量		
	致炎前	给药前 1 天	给药后 30 天
正常组	214.38±18.98	260.00±11.02	360.25±23.46
模型组	211.88±17.31	226.25±35.73 *	260.50±37.20 **
MTX 组	213.75±13.02	231.88±30.70 *	311.00±43.61 *△△
TPT 组	212.50±11.95	230.00±14.88 *	317.63±32.51 *△△
XFC 组	213.75±22.80	232.50±13.63 *	351.88±21.96△△◇▲

给药前 1 天,与正常组相比,模型组大鼠足趾肿胀度、AI 显著升高($P<0.01$);与模型组相比,各治疗组足趾肿胀度和 AI 无显著性变化。给药后 30 天,与模型组比较,MTX 组、TPT 组、XFC 组足趾肿胀度和 AI 显著下降($P<0.01$),见表 4－26。

表 4－26　XFC 对 AA 大鼠足趾肿胀度和 AI 的影响($\bar{x}\pm s$,$n=8$)

组别	足趾肿胀度		AI	
	给药前 1 天	给药后 30 天	给药前 1 天	给药后 30 天
正常组	33.28±10.90	38.94±24.69	0.00±0.00	0.00±0.00
模型组	65.99±16.49 **	79.20±24.59 **	7.63±0.92 **	8.13±0.64 **
MTX 组	65.09±14.11 **	46.00±14.94△△	7.25±1.04 **	4.00±0.93 **△△
TPT 组	62.59±20.19 **	44.92±20.37△△	7.13±1.13 **	3.88±1.25 **△△
XFC 组	68.86±16.41 **	41.57±15.28△△	7.88±0.64 **	3.50±1.07 **△△

AA 大鼠外周血 PAF 与 IL－6、IL－17、足趾肿胀度、AI 呈正相关($P<0.01$),见表 4－27。

表 4－27　AA 大鼠 PAF 与 IL－6、IL－17、足趾肿胀度、AI 的相关性($n=40$)

相关项	PAF	
	r	P
IL－6	0.614	0.000
IL－17	0.525	0.001
足趾肿胀度	0.474	0.002
AI	0.769	0.000

活化的血小板释放的 PAF 在 RA 诱导炎症发生、扩大炎症病理过程中起决定作用[5]。PAF 对 RA 滑膜细胞增殖具有显著诱导作用,可促进多形核白细胞和单核细胞聚集、趋化和颗粒分泌,扩大炎症反应,引起体循环血液浓缩、血管通透性增加,导致血管翳形成。PAF 与 TNF－α、IL－6、IL－17 等相互诱导合成、释放,协同参与作用,在炎症过程中起着重要作用。XFC 主要成分为黄芪、薏苡仁、雷公藤、蜈蚣,方中药物不仅具有不同程度抗炎作用,而且对血小板活化有一定抑制作用。黄芪具有明显的抗炎作用,其机制与其下调 IL－8、TNF－α、NO 等炎性递质的产生及抑制氧自由基生成,增加炎症状态下细胞的糖皮

质激素受体表达有关。薏苡仁健脾利湿、舒筋除痹。薏苡仁汤对大鼠蛋清性关节炎、棉球性肉芽肿及二甲苯所致的小鼠耳壳肿胀等均有明显的抑制作用,并显著抑制炎症组织中的 PGE2 的合成和释放,从而发挥抗炎作用。雷公藤祛风除湿、活血通络、消肿止痛。现代药理研究表明该药具有较好的抗炎效果,可以抑制 IL-1β、IL-12、TNF-α 的表达,显著抑制巨噬细胞分泌 NO 及 IL-6,从而起到较强的抗炎作用。AA 大鼠血液均处于高黏状态,血小板聚集性也增高,而雷公藤可改善 AA 大鼠的血液黏滞性,抑制血小板聚集,从而辅助其抗炎的作用。蜈蚣祛风止痉、通络止痛、攻毒散结。蜈蚣能改善微循环,延长凝血时间,降低血黏度,增加微血管开放数,增大微血管口径,具有明显的抗炎作用。

第五节　健脾化湿通络方对心功能的影响

风湿病是一种自身免疫性疾病,长期反复发作的免疫炎症反应使得心肌受损和瓣膜受累,导致心脏瓣膜关闭不全,超声检查出现主动脉瓣关闭不全、二尖瓣关闭不全,房室腔径增宽,室壁增厚等改变。不同类型风湿病对心功能的损害程度不同。研究发现,相较于其他类型的风湿性疾病,RA 心功能参数异常变化率。RA 心功能降低可能是由于病情的活动,机体炎症的失控,IC 的沉积,导致心肌细胞产生免疫炎症损伤,以及风湿病常见的血管炎症,进而引起心功能的降低。

中医认为,脾生血,心主血,心所主的血受之于脾胃的滋养。《灵枢经·决气》云:“中焦受气取汁,变化而赤是为血。”同时,血液维持正常的脉中运行,需要依赖心气的推动,也离不开脾之统摄作用。脏腑间相互协调是气血正常运行的必要条件。脾为气血生化之源、后天之本,因此脾功能失调会直接影响气血运行。宗气的重要功能是“贯心脉”推动血液循环,宗气与中焦脾的关系密切。叶天士指出“若夫胸痹者,但因胸中阳虚不运久而成痹”“胸中阳气如离照当空旷然无外设地气上则窒塞有加,故知胸痹者阳气不用、阴气上逆之候也”。因此,若脾胃运化无权,则宗气匮乏,引起推动无力,重者可致“宗气不下,脉中之血凝而留止”。则胸闷、胸痛等症随之而起。血液维持正常循环的基础是心血的充盈,但心血又离不开脾胃的供给。若胃纳脾运,心血充盈,在宗气的推动下血液运行全身,若脾胃功能失调,化源不足,血不养心,则导致心脉不利,出现惊悸、怔忡以致心痛、胸痹等病症。

依据“从脾论治”观点,研制的健脾化湿通络方代表药物 XFC,由黄芪、薏苡仁、雷公藤、蜈蚣组成。现代药理学研究证实,黄芪对心血管系统有广泛的调节作用。黄芪注射液的作用:① 降低血液黏稠度,改善血液流变性,保护和修复红细胞变形能力,抑制血小板的作用。② 扩张微血管,增加血流速度,改善微循环和心肌营养,增强收缩心肌功能,降低心肌耗氧从而缩小梗死面积,减轻心肌损伤。③ 清除氧自由基,抑制 $Na^{+}-K^{+}-ATP$ 酶活性,能够改善缺血-再灌注对心肌收缩和舒张功能的损伤。另外,既往研究发现黄芪具有调节机体免疫功能并且能够诱导体内干扰素生成,使自然杀伤细胞活性增强,使损伤的心肌细胞快速愈合,从而稳定和保护心肌细胞膜,对肌细胞炎性反应损伤导致的心肌细胞的功能障碍,间质水肿和小血管损伤形成的心肌缺血改变有肯定的治疗作用。蜈蚣对心血管系统的研究发现,通过采用脑垂体后叶素来诱发冠状动脉痉挛,造成小鼠心肌缺血的模型,然后应用蜈蚣进行治疗,结果显示蜈蚣可明显升高 SOD、NO 活性,降低乳酸脱氢酶、MDA 的含量;通过透射电镜观察显示,心肌细胞损害明显减轻,提示蜈蚣具有扩张冠状动脉,改善心肌缺血,防止心肌损伤的作用。另有研究发现,蜈蚣提取液可明显改善在体大鼠心脏血流动力学和明显保护急性心肌缺血-再灌注损伤的左心功能的作用。

一、XFC 对 AA 大鼠心功能参数的影响

曹云祥等[20]通过观察 XFC 对 AA 大鼠心功能、心肌超微结构变化及 XFC 对其影响。利用彩色多普勒超声检测心功能,末次用药 24 h 后,各组随机取 10 只大鼠,称重,乌拉坦 0.17 g/kg 腹腔麻醉。仰卧位固定,胸部 20%硫化钠脱毛备皮,用线阵探头(探头频率 9.0 MHz)对大鼠进行心功能检查。探头置于其左胸,在取得满意的胸骨旁左心室长轴二维图像后,于标准心尖四腔切面检测舒张期二尖瓣血流频谱获得 E、A、E/A,应用 CUBED 公式计算左心室射血分数(ejection fraction,EF)及左心室短轴缩短分数(fraction shortening,FS)。所有指标均连续测量 3 次,取平均值,超声检查的操作及分析均由专人完成。

与正常组比较,模型组的 E 峰值、E/A、FS 显著降低($P<0.05$ 或 $P<0.01$),A 峰值显著升高($P<0.01$),见表 4-28。

表 4-28　两组大鼠彩色超声心动图心功能检查结果比较($\bar{x}\pm s$,$n=9$)

组别	LVDd (mm)	LVPWTd (mm)	E 峰 (cm)	A 峰 (cm)	E/A (%)	EF (%)	FS (%)
正常组	5.06±0.73	2.32±0.35	76.00±2.12	57.33±3.64	1.34±0.09	88.67±7.83	56.11±9.45
模型组	5.64±0.54	2.24±0.34	68.67±3.71^b	63.33±5.61^a	1.09±0.11^b	80.44±7.95^a	50.44±10.05

注:与正常组比较,$^aP<0.05$,$^bP<0.01$。

利用有创血流动力学检查心功能末次用药 24 h 后,各组随机取 8 只大鼠,称重,乌拉坦 0.17 g/kg 腹腔麻醉后。右颈总动脉插管逆行进入左心室后,连接多导生理记录仪,记录 HR、LVSP、LVEDP、左室内压上升下降最大速率(±dp/dtmax)。所有导管以 0.13%肝素生理盐水冲洗。监测完毕后开胸迅速取出心脏并称质量,计算心脏质量/体质量比值(mg/g)作为 HI。

与正常组比较,模型组的 HR、HI、LVSP、LVEDP 显著升高($P<0.05$),左室内压上升/下降最大速率(±dp/dtmax)显著下降($P<0.05$);与模型组比较,MTX 组 LVEDP 显著降低($P<0.05$),-dp/dtmax 显著升高($P<0.05$);TPT 组 LVSP、LVEDP 显著降低($P<0.05$ 或 $P<0.01$)而-dp/dtmax 显著升高($P<0.05$);XFC 组 HI、LVSP 和 LVEDP 显著降低($P<0.05$ 或 $P<0.01$),±dp/dtmax 显著升高($P<0.05$ 或 $P<0.01$);与 XFC 组比较,MTX 组 LVSP、LVEDP 显著升高($P<0.05$),+dp/dtmax 显著降低($P<0.05$)。结果见表 4-29。

表 4-29　XFC 对 AA 大鼠心功能各指标的影响($\bar{x}\pm s$,$n=8$)

组别	HR (次/分)	HI	LVSP (mmHg)	LVEDP (mmHg)	+dp/dtmax (mmHg/s)	-dp/dtmax (mmHg/s)
正常组	355.9±18.2	2.47±0.54	119.52±21.00	-1.55±7.47	12 567.45±1 076.48	8 904.15±914.31
模型组	393.6±7.1^a	3.52±0.82^a	150.50±3.67^a	5.17±3.20^a	7 664.21±1 655.03^a	6 397.86±1 109.45^a

（续表）

组别	HR（次/分）	HI	LVSP（mmHg）	LVEDP（mmHg）	+dp/dtmax（mmHg/s）	−dp/dtmax（mmHg/s）
MTX 组	385.2±36.6	3.21±0.74	141.59±30.79^{e}	2.31±4.14^{ce}	8 438.34±1 407.31^{e}	7 806.35±1 264.86^{c}
TPT 组	378.1±18.8	3.16±0.46	118.23±3.16^{c}	1.55±2.75^{d}	8 932.11±1 107.52	7 792.66±1 337.68^{c}
XFC 组	376.1±22.8^{c}	2.61±0.49^{c}	117.20±9.30^{c}	−1.59±5.41^{d}	110 791.42±894.17^{d}	8 073.26±1 059.35^{c}

注：与正常组比较，$^{a}P<0.05$，$^{b}P<0.01$；与模型组比较，$^{c}P<0.05$，$^{d}P<0.01$；与 XFC 组比较，$^{e}P<0.05$，$^{f}P<0.01$。

二、XFC 对 AA 大鼠心肌超微结构的影响

曹云祥等[20]同时通过观察 XFC 对 AA 大鼠心肌超微结构变化及 XFC 对其影响。利用电镜观察心肌超微结构：动物处死后，剪下心脏，从心尖向心底部切开，取左室心尖部心肌组织各 2 块，心肌每块体积 1 mm×1 mm×2 mm，将组织块置于固定于 4.5%戊二醛中 2 h，经磷酸缓冲液冲洗后，再用 1%锇酸后固定 1 h，经丙酮逐级脱水，环氧树脂 Epon812 包埋，超薄切片机切片，片厚约 70 nm，先后经枸橼酸铅和醋酸双氧铀染色，透射电镜观察。

正常组心肌细胞分界清晰，肌原纤维的明带和暗带分界清楚，肌丝结构规则，细胞核内染色质分布均匀，线粒体结构完整，其内可见密集且平行排列的嵴，嵴突及闰盘结构完整，肌浆网无扩张，基质密度高。模型组心肌细胞内线粒体出现较多空泡样变，心肌纤维破坏，线粒体明显肿胀，肌浆网扩张。MTX 组心肌细胞内线粒体有一定损伤，少数线粒体嵴断裂及空泡样变，肌浆网轻度扩张。TPT 组心肌细胞少数线粒体有嵴紊乱，嵴数量减少，肌浆网有扩张、空泡样变。XFC 组肌原纤维整体结构尚完整，大部分嵴清晰，个别线粒体空泡样变，基本与正常组相似，结果如图 4－19。

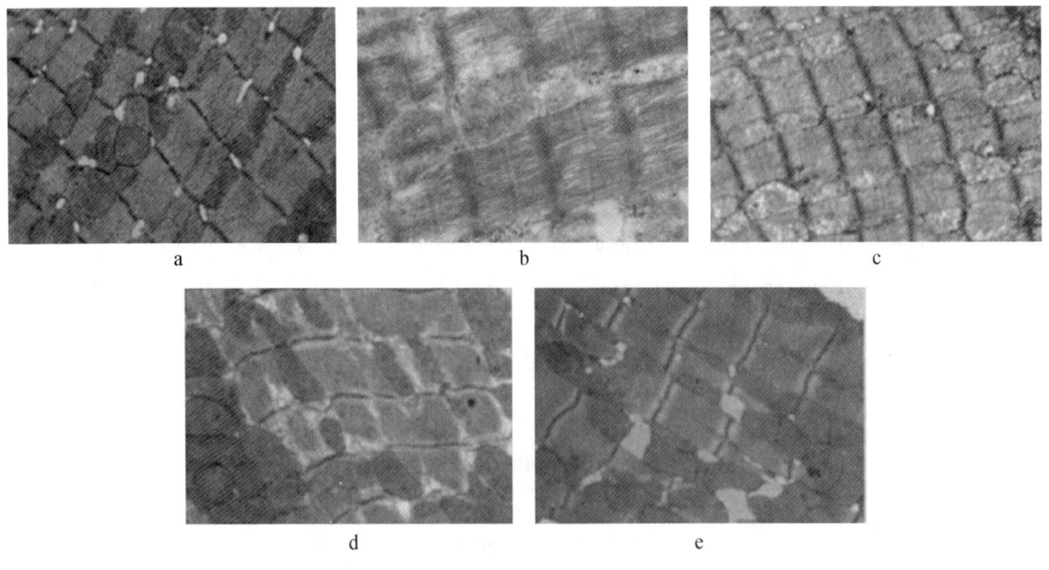

图 4－19　各组心肌细胞电镜图（×8 500）

a. 正常组　b. 模型组　c. MTX 组　d. TPT 组　e. XFC 组

三、XFC 对 AA 大鼠心功能标志物及相关炎症因子的影响

脑利钠肽(brain natriuretic peptide,BNP)因首先由 Sudoh 等于 1988 年从猪脑分离出来而得名,由 32 个氨基酸组成的多肽,广泛分布于脑、脊髓、心、肺等组织中,心脏中含量最高,主要由心肌细胞合成和分泌,多来自心内膜下心肌,与心室容积扩张和心室压力增加直接相关。BNP 作为一种应激诱发的心源性激素,是人体抵御容量负荷过重及高血压的一个重要工具。在多种心脏疾病中升高,心功能不全时,BNP 升高更显著,是反映心室功能不良的敏感特异的指标。

与正常组比较,模型组 TNF－α、BNP、IL－17 显著升高($P<0.05$),IL－10、$CD4^+$Treg、$CD4^+CD25^+$Treg 显著降低($P<0.01$);MTX 组 $CD4^+CD25^+$Treg 的表达显著降低($P<0.05$)。与模型组比较,XFC 组 TNF－α、BNP、IL－17 显著降低($P<0.05$),IL－10、$CD4^+$Treg、$CD4^+CD25^+$Treg 显著升高($P<0.05$)。与 XFC 组比较,MTX 组 IL－17 显著升高($P<0.05$),$CD4^+CD25^+$Treg 的表达显著降低($P<0.05$),结果见表 4－30。

表 4－30　XFC 对 AA 大鼠血清 TNF－α、BNP、IL－17、IL－10($\bar{x}\pm s$,$n=10$)、$CD4^+$Treg、$CD4^+CD25^+$Treg($\bar{x}\pm s$,$n=8$)的影响

组别	TNF－α (μg/L)	BNP (μg/L)	IL－17 (pg/mL)	IL－10 (ng/L)	$CD4^+$Treg (%)	$CD4^+CD25^+$Treg (%)
正常组	86.50±35.79	4.76±0.55	6.99±0.96	7.70±0.69	40.9±6.51	9.45±0.81
模型组	120.18±34.69^a	5.83±0.23^a	9.89±1.83^b	5.37±1.49^b	29.5±3.60^b	5.78±0.85^b
MTX 组	87.38±35.37^c	4.94±1.52	9.87±1.45^e	6.43±1.32	35.2±4.49^c	6.92±1.23^{ce}
TPT 组	103.01±38.75	5.17±0.59	9.21±2.06	6.63±1.23^c	38.3±5.84^c	7.75±0.85^d
XFC 组	90.40±21.28^c	4.43±1.45^c	7.54±1.02^d	6.91±0.91^d	38.7±8.68^d	8.64±1.88^d

注:与正常组比较,$^aP<0.05$,$^bP<0.01$;与模型组比较,$^cP<0.05$,$^dP<0.01$;与 XFC 组比较,$^eP<0.05$,$^fP<0.01$。

研究发现,AA 大鼠血清 BNP 水平及心肌 BNP 蛋白的表达,发现 AA 大鼠血清 BNP 水平有不同程度升高,且与有创血流动力学监测心功能参数相符。与 AA 大鼠相比,各治疗组大鼠 BNP 水平均降低,但 XFC 组 BNP 降低水平更为显著($P<0.01$),由此推测 XFC 改善 AA 大鼠心功能可能与降低血清 BNP 水平有关。IL－17 是一种重要的前致炎、T 淋巴细胞来源的细胞因子,由 Th17 产生,而 Th17 近年来被认为是 $CD4^+$效应性 T 细胞的新亚型。研究发现慢性心力衰竭患者外周血 Th17 细胞比例显著升高,且与心功能 NYHA 分级呈正相关,提示 Th17 细胞与心力衰竭发生发展及恶化密切相关。本文研究发现模型组 AA 大鼠与 XFC 治疗组相比,血清 IL－17 水平显著升高($P<0.05$ 或 $P<0.01$),而 $CD4^+$T 淋巴细胞、$CD4^+CD25^+$T 淋巴细胞表达降低($P<0.01$)。XFC 改善 AA 大鼠心功能可能与降低血清 IL－17、提高 Treg 细胞表达水平、抑制炎症反应有关。

第六节　健脾化湿通络方对肺功能的影响

RA 肺间质纤维化的发生涉及细胞、细胞因子及细胞外基质等多个方面,是多因素、多环节参与的复杂过程。T 淋巴细胞的分化异常、细胞因子网络间的失衡,机体氧化应激损

伤,自由基参与的慢性炎症反应,以及不同信号传导通路间的“串话”等。由于这些因素共同作用,最终导致 RA 肺功能降低。

一、XFC 对 AA 大鼠肺功能参数的影响

孙玥等[21,22]利用 AA 大鼠为模型,检测 AA 大鼠肺功能参数,观察 AA 大鼠关节、肺组织的病理结构变化,流式细胞术检测 AA 大鼠外周血 Treg 细胞的表达,ELISA 法检测大鼠外周血相关细胞因子和氧化应激指标的表达;免疫组化法检测 AA 大鼠肺组织 CD4、FoxP3、PKC、NF-κB 的表达;Realtime-PCR 和 Western blot 分别检测 AA 大鼠肺组织 Notch/Treg 和 ROS-PKC/NF-κB 信号通路的相关基因、蛋白表达变化,以评价 XFC 对 AA 大鼠肺功能的影响。

采用动物肺功能仪测定肺功能。末次用药 24 h 后,大鼠称重,将大鼠置于体描箱内,异氟烷气体麻醉。大鼠保持头低位,于喉部切开分离气管,呈“T”字形切开后行气管插管;与动物呼吸机管路相连,行机械通气,使肺扩张以达到气体交换目的,测定肺功能参数。采用负压呼气方式,调节呼吸频率范围为 260 次/min,潮气量为 100~150 mL,呼吸比调节为 1∶2.5。通过 AniRes2003 系统进行数据采集、实时分析控制、曲线动态显示、趋势图、肺功能参数数据计算等。检测项目有 FVC、FEV_1、FEF_{25}、FEF_{50}、FEF_{75}、MMEF、PEF,结果见表 4-31。

表 4-31 XFC 对 AA 大鼠肺功能的影响($\bar{x} \pm s, n=10$)

组别	FVC	FEV_1	FEF_{25}	FEF_{50}	FEF_{75}	MMEF	PEF
正常组	11.89±2.31	2.402±0.17	33.943±1.25	32.294±4.06	28.463±1.61	31.575±2.95	32.987±4.59
模型组	10.25±1.37 *	1.660±0.23 **	22.417±2.62 **	21.897±5.10 **	17.958±1.15 **	21.441±1.04 **	24.851±3.42 **
XFC 低剂量组	10.59±2.14 *▲	1.748±0.26 **△▲▲	26.519±1.65 **▲▲	22.724±6.07 **	17.950±6.78 **▲▲	21.898±1.82 **▲▲	26.915±3.42 **△
XFC 中剂量组	11.76±1.30△△	2.292±0.18 *△△	27.084±3.20 **△△	30.290±5.22 **△	24.859±7.04 *△△	28.864±3.83 *△△	27.358±4.05 *△
XFC 高剂量组	11.17±2.23 *△▲▲	1.942±0.15 **▲▲	24.716±3.12 **▲	25.6±3.88 **△△	19.749±6.45 **△▲▲	22.288±3.15 **▲▲	26.050±3.21 **△
LEF 组	10.27±2.21 **▲	1.748±0.27 **△▲▲	24.734±2.67 *△▲▲	24.367±4.16 **△△	20.276±5.80 **△	23.811±3.17 **△▲▲	26.529±3.21 **△
AGA 组	10.98±1.64 **△▲▲	1.810±0.13 **△▲▲	22.445±2.79 **▲▲	22.613±18.38 **△	18.489±7.5 *▲▲	22.288±15.66 **▲▲	25.828±15.34 **△

注:与正常组同期比较,*$P<0.05$,**$P<0.01$;与模型组同期比较,△$P<0.05$,△△$P<0.01$;各治疗组与 XFC 中剂量组同期比较,▲$P<0.05$,▲▲$P<0.01$。肺功能参数 FVC 单位为 mL,FEV_1、FEF_{25}、FEF_{50}、FEF_{75}、MMEF、PEF 单位为 mL/s。

致炎后第 49 天(即连续给药 30 天后),检测 AA 大鼠肺功能相关指标。与正常组比较,模型组大鼠 FVC、FEV_1等各项肺功能参数均有明显降低($P<0.01$ 或 $P<0.05$);与模型组比较,各治疗组大鼠肺功能参数有一定程度的升高($P<0.01$ 或 $P<0.05$)。在高、中、低三个剂量 XFC 组间比较,XFC 中剂量组各肺功能参数明显升高($P<0.01$ 或 $P<0.05$);且显著优于来氟米特(LEF)组大鼠和黄芪甲苷(AGA)组大鼠($P<0.01$ 或 $P<0.05$)。

二、XFC 对 AA 大鼠肺组织病理学的影响

致炎后第 49 天(给药后第 31 天),大鼠予以异氟烷气体麻醉,脱颈处死,留取双肺组织标本和足趾关节标本,肉眼大体观察组织有无变化。之后将所取组织标本均于 4% 多聚甲醛溶液固定 72 h,关节标本需以 100 mL/L 硝酸混合液中脱钙 48 h,后依次予以脱水、透明、浸蜡、包埋、切片、HE 染色,分级评定,具体标准见表 4-32。

表 4－32　AA 大鼠滑膜病理组织损伤指数分级评定标准

滑膜病理损伤指数分级			
炎细胞浸润	0：无炎性细胞 +：稀疏散在 ++：较密集 +++：大量	滑膜细胞增生	0：无滑膜细胞增生 +：单层细胞肿胀密集 ++：2 层细胞肿胀密集 +++：3 层细胞肿胀密集
纤维组织增生	0：无纤维组织增生 +：少量增生 ++：中等增生 +++：大量	巨噬细胞增生	0：无巨噬样 A 细胞 +：稀疏散在 ++：较密集 +++：大量

光镜下观察 AA 大鼠肺组织 HE 染色切片，正常组大鼠支气管纤毛柱状上皮结构清晰，肺泡腔结构完整，未出现明显病理形态学改变（图 4－20a，彩图 21）。模型组大鼠肺组织肺泡结构不规整，肺泡间质水肿、渗出，部分肺泡缩小实变，以中性粒细胞为主的大量炎细胞浸润，肺泡腔及间质内粉红色均匀的血浆渗出物，支气管上皮杂乱、脱落，血管周围疏松结缔组织水肿，部分早期纤维化形成（图 4－20b，彩图 21）。

药物干预后，各组肺组织病理学改变均有所改善。高、中、低三个剂量的 XFC 组大鼠

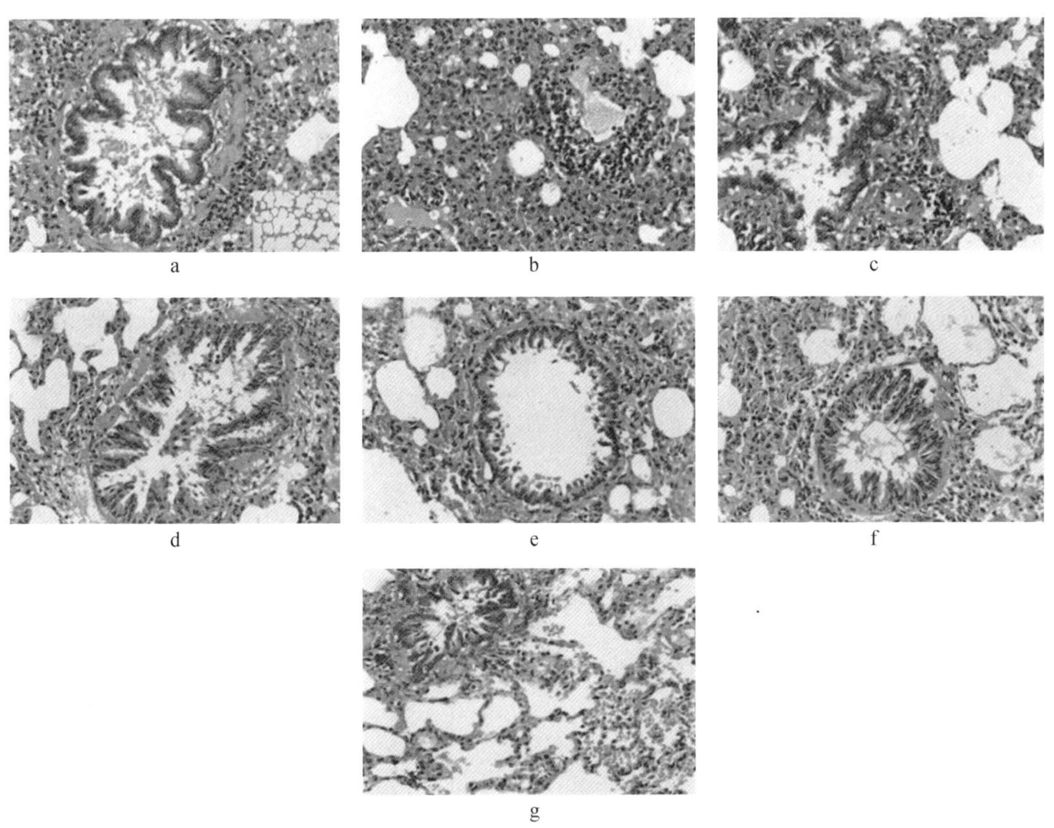

图 4－20　各组大鼠肺脏病理改变（HE×100）

注：a. 正常组　b. 模型组　c. XFC 低剂量组　d. XFC 中剂量组　e. XFC 高剂量组　f. LEF 组　g. 黄芪甲苷组
图 4－21～图 4－24 图注同此

中,XFC 中剂量组的肺泡结构最为完整,肺泡间质成纤维细胞增多较少,肺泡壁增厚情况尚可,支气管壁可见少量炎细胞浸润(图 4－20e～g,彩图 21)。LEF 组大鼠可见肺泡塌陷,间隔增宽,部分肺泡扩张;并可见部分支气管黏膜上皮脱落,管腔内黏液增多(图 4－20c,彩图 21);AGA 组大鼠关节可见肺泡壁增厚,肺泡结构尚完整,肺泡腔积液并可见炎细胞聚集(图 4－20d,彩图 21)。

利用免疫组化法检测 AA 大鼠肺组织 CD4、FoxP3、PKC、NF－κB 表达,参照试剂盒链霉抗生物素蛋白过氧化酶法进行操作。其单克隆抗体按 1∶200 比例用缓冲液稀释,每组切片中任选 2 张用 0.01 mol/L PBS 液代替一抗进行染色,为阴性对照。

致炎后第 49 天,免疫组化显示,AA 大鼠肺组织中 CD4、FoxP3 主要定位于肺泡上皮细胞、黏膜上皮细胞、血管内皮细胞及成纤维细胞等的胞质中;炎性细胞中也表达。与正常组比较,模型组 CD4 表达升高,FoxP3 表达降低($P<0.05$ 或 $P<0.01$);与模型组比较,XFC 组 CD4 表达降低,FoxP3 表达升高($P<0.05$ 或 $P<0.01$);与 LEF 对照组和 AGA 对照组比较,中剂量 XFC 组 CD4 表达较低,FoxP3 明显较高($P<0.05$ 或 $P<0.01$),见表 4－33,图 4－21,图 4－22(彩图 22)。

表 4－33 XFC 对 AA 大鼠肺组织 CD4、FoxP3 的影响($\bar{x}\pm s$,$n=12$)

指标	正常组	模型组	XFC 中剂量组	LEF 组	AGA 组
CD4	0.247±0.025	0.772±0.081 **	0.483±0.026 *△△	0.486±0.073 *△△	0.582±0.036 *△△▲
FoxP3	0.632±0.052	0.362±0.018 **	0.492±0.042 *△△	0.425±0.067 *△△▲	0.410±0.017 *△△▲

注:与正常组同期比较,*$P<0.05$,**$P<0.01$;与模型组同期比较,△$P<0.05$,△△$P<0.01$;各治疗组与 XFC 中剂量组同期比较,▲$P<0.05$,▲▲$P<0.01$。

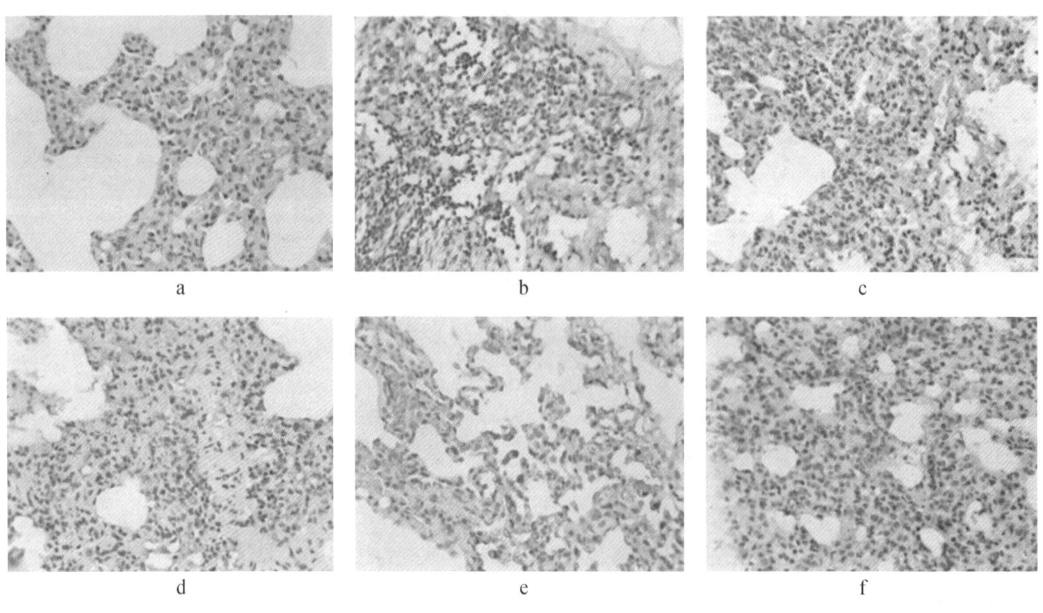

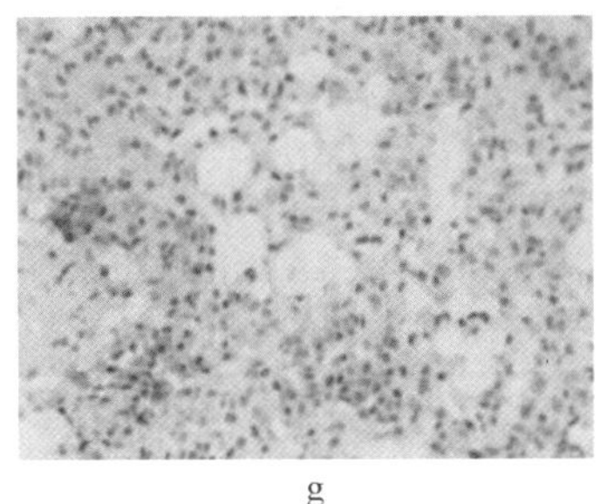

g

图 4-21　各组 AA 大鼠肺组织 CD4 表达情况(×100)

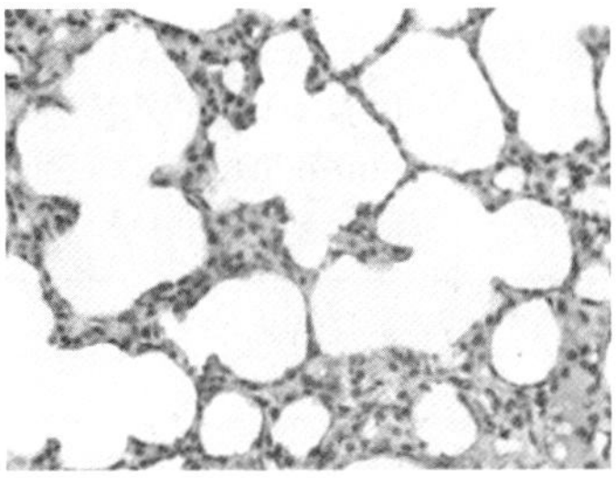

a 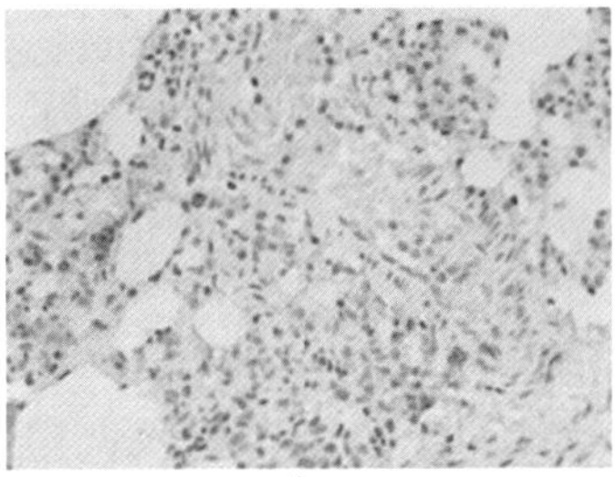　b 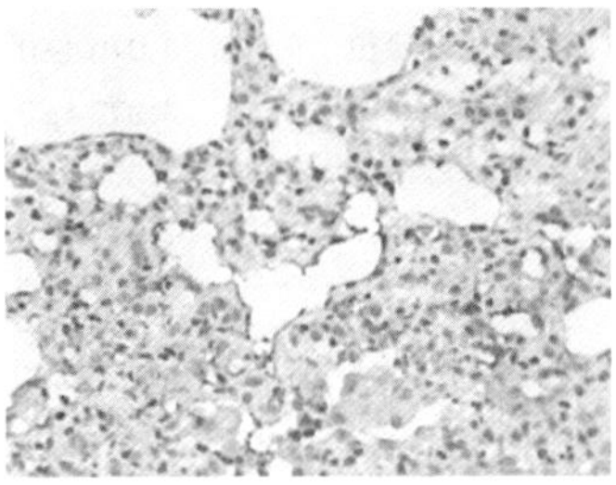　c

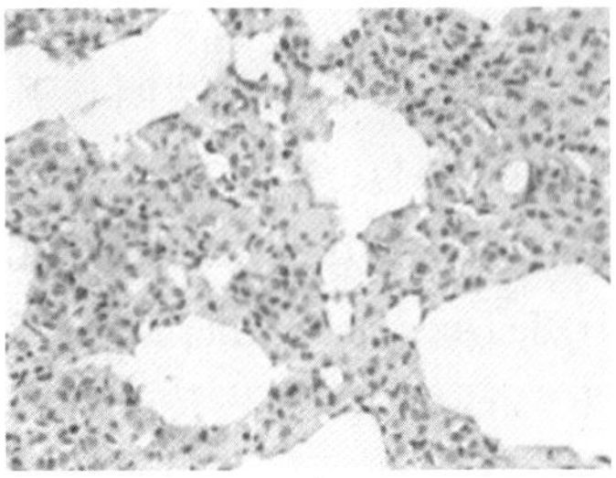

d 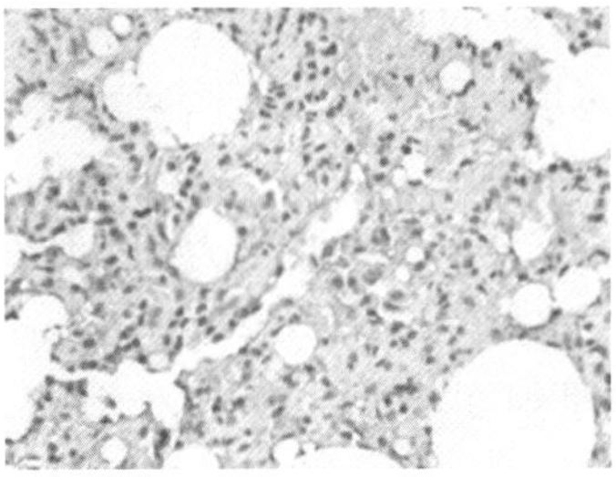　e 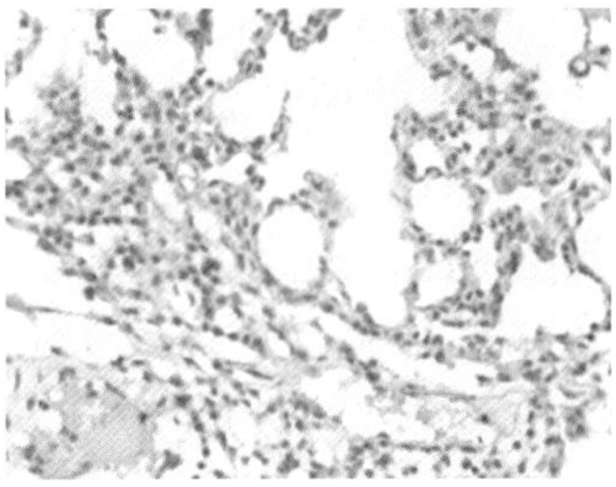　f

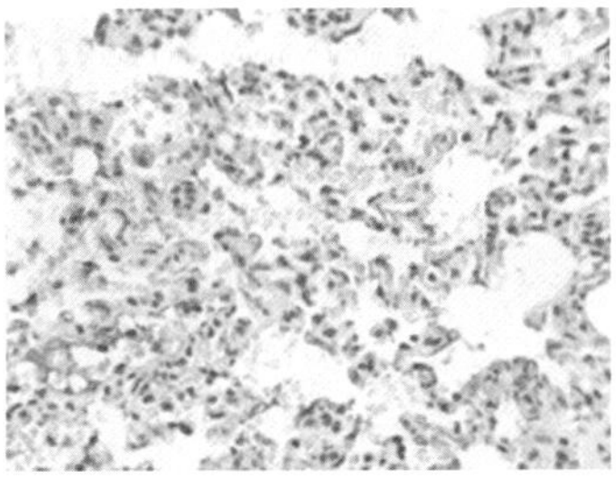

g

图 4-22　各组 AA 大鼠肺组织 FoxP3 表达情况(×100)

三、XFC 对 AA 大鼠肺组织通路相关分子表达的影响

利用荧光定量 PCR 法检测大鼠肺组织 Notch1、delta1、HES1 mRNA。致炎后第 49 天，Realtime-PCR 法检测 Notch 通路的受体 Notch1、配体 delta1 和靶基因转录因子 HES1 的 mRNA 表达。与正常组相比，模型组 Notch 通路 Notch1、delta1 和 HES1 的 mRNA 的表达明显升高，经过药物治疗后，3 种蛋白表达明显降低。高、中、低三个剂量的 XFC 组中，XFC 中剂量组降低 Notch1、delta1 和 HES1 的 mRNA 的表达较为明显($P<0.05$ 或 $P<$

0.01)；与 LEF 对照组比较，XFC 中剂量组 Notch1 降低明显，delta1 降低较弱（$P<0.05$），HES1 表达无明显差异；与 AGA 对照组比较，XFC 中剂量组在降低 Notch1、delta1 和 HES1 的 mRNA 表达方面均较明显（$P<0.05$ 或 $P<0.01$），见表 4－34。

表 4－34　XFC 对各组 AA 大鼠肺组织 Notch 通路相关基因表达的影响 $2^{-\triangle\triangle Ct}$ 值（$n=12$）

组别	Notch1	delta1	HES1
正常组	1.038 7±0.10	0.715 0±0.08	1.008 7±0.10
模型组	1.122 2±0.18 *	1.339 0±0.31 **	1.132 9±0.01 **
XFC 低剂量组	1.087 2±0.07 $^{*\triangle\blacktriangle}$	0.845 3±0.03 $^{*\triangle\blacktriangle}$	1.082 7±0.04 $^{**\triangle\blacktriangle\blacktriangle}$
XFC 中剂量组	1.040 4±0.04 *	0.793 8±0.07 $^{*\triangle}$	1.021 6±0.07 $^{*\triangle}$
XFC 高剂量组	1.077 4±0.06 $^{*\triangle\blacktriangle}$	0.876 2±0.01 $^{*\triangle\blacktriangle}$	1.054 3±0.04 $^{**\triangle\blacktriangle\blacktriangle}$
LEF 组	1.065 19±0.04 $^{*\triangle\blacktriangle}$	0.656 2±0.03 $^{*\triangle\blacktriangle\blacktriangle}$	1.016 0±0.05 $^{**\triangle}$
AGA 组	1.071 4±0.03 $^{*\triangle}$	0.963 2±0.06 $^{**\triangle\blacktriangle\blacktriangle}$	1.247 3±0.05 $^{**\triangle\blacktriangle\blacktriangle}$

注：与正常组同期比较，$^{*}P<0.05$，$^{**}P<0.01$；与模型组同期比较，$^{\triangle}P<0.05$，$^{\triangle\triangle}P<0.01$；各治疗组与 XFC 中剂量组同期比较，$^{\blacktriangle}P<0.05$，$^{\blacktriangle\blacktriangle}P<0.01$。

利用 Western blot 检测大鼠肺组织 Notch4、Jagged1、Jagged2 蛋白表达。致炎后第 49 天（即连续给药 30 天后），Western Blot 法检测 AA 大鼠肺组织 Notch 通路相关蛋白的表达。与正常组相比，模型组 Notch 通路相关蛋白 Jagged1、Jagged2、Notch4 的表达明显升高，经过药物治疗后，3 种蛋白表达明显降低。高、中、低三个剂量的 XFC 组中，XFC 中剂量组降低 Jagged1、Jagged2、Notch4 蛋白的表达较为明显（$P<0.05$ 或 $P<0.01$）；与 LEF 组比较，XFC 中剂量组 Notch4 降低方面弱于 LEF（$P<0.05$），Jagged1、Jagged2 表达无明显差异；和 AGA 对照组比较，XFC 中剂量组在降低 Jagged1、Jagged2 和 Notch4 的蛋白表达方面均较明显（$P<0.05$ 或 $P<0.01$），见图 4－23。

表 4－35　XFC 对各组 AA 大鼠肺组织 Notch 通路相关蛋白表达的影响（$n=12$）

组别	Jagged1 平均相对表达量	Jagged2 平均相对表达量	Notch4 平均相对表达量
正常组	0.467 0±0.049	0.429 5±0.094 1	0.413 7±0.018 1
模型组	1.353 7±0.051 9 **	1.128 1±0.084 1 **	1.027 3±0.037 5 **
XFC 低剂量组	1.109 6±0.057 82 $^{**\triangle\blacktriangle\blacktriangle}$	0.929 0±0.015 4 $^{**\triangle\blacktriangle\blacktriangle}$	0.806 9±0.039 6 $^{**\triangle\blacktriangle\blacktriangle}$
XFC 中剂量组	0.687 8±0.039 1 $^{**\triangle\triangle}$	0.607 6±0.076 2 $^{**\triangle\triangle}$	0.571 0±0.030 3 $^{**\triangle\triangle}$
XFC 高剂量组	0.853 9±0.095 0 $^{**\triangle\triangle\blacktriangle\blacktriangle}$	0.759 2±0.057 0 $^{**\triangle\triangle\blacktriangle\blacktriangle}$	0.659 2±0.034 4 $^{**\triangle\triangle\blacktriangle\blacktriangle}$
LEF 组	0.636 9±0.068 1 $^{**\triangle\triangle}$	0.507 4±0.065 7 $^{*\triangle\triangle\blacktriangle}$	0.513 7±0.035 6 $^{**\triangle\triangle}$
AGA 组	0.829 1±0.085 8 $^{**\triangle\triangle\blacktriangle\blacktriangle}$	0.669 7±0.047 0 $^{**\triangle\triangle\blacktriangle\blacktriangle}$	0.671 8±0.060 3 $^{**\triangle\triangle\blacktriangle\blacktriangle}$

注：与正常组同期比较，$^{*}P<0.05$，$^{**}P<0.01$；与模型组同期比较，$^{\triangle}P<0.05$，$^{\triangle\triangle}P<0.01$；各治疗组与 XFC 中剂量组同期比较，$^{\blacktriangle}P<0.05$，$^{\blacktriangle\blacktriangle}P<0.01$。

致炎后第 49 天，采用 Realtime－PCR 方法检测 PKC、NF－κB 和靶基因 *Rac－1* 的 mRNA 表达。与正常组相比，模型组 ROS 通路 PKC、NF－κB 和靶基因 *Rac－1* 的 mRNA 的表达明显升高，经过药物治疗后，3 种蛋白表达明显降低。在高、中、低三个剂量的 XFC 组中，XFC 中剂量组可有效降低 PKC、NF－κB、Rac－1 mRNA 表达（$P<0.05$ 或 $P<0.01$）。

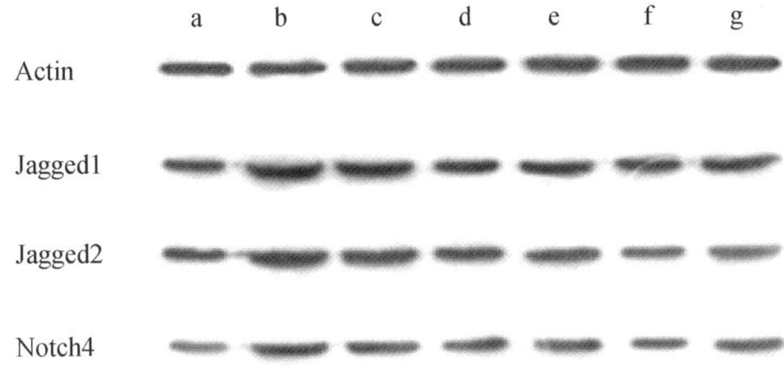

图 4-23　XFC 对各组 AA 大鼠肺组织 Notch 相关蛋白表达的影响（n=12）

与 LEF 组比较，XFC 中剂量组对Rac-1的 mRNA 降低程度较弱（$P<0.05$），在降低 PKC、NF-κB 方面无明显差异；与 AGA 组比较，XFC 中剂量组对 PKC、NF-κB、Rac-1 mRNA 的降低明显（$P<0.01$），结果见表 4-36。

表 4-36　XFC 对 AA 大鼠肺组织 ROS 通路相关基因表达的影响（$n=12$）

组别	RAC1	PKC	NF-κB
正常组	1.00±0.10	1.00±0.04	1.01±0.10
模型组	13.55±1.86 **	8.17±0.71 **	1.13±0.01 **
XFC 低剂量组	10.88±0.69 **△△▲▲	6.19±0.31 **△△▲▲	1.08±0.04△△▲
XFC 中剂量组	2.69±0.21 *△△	2.76±0.33 **△△	1.02±0.07△△
XFC 高剂量组	5.51±0.27 **△△▲▲	4.49±0.44 **△△▲▲	1.05±0.04△△▲
LEF 组	1.97±0.16 *△△▲	2.05±0.09 **△	1.02±0.05△△
AGA 组	5.31±1.21 **△△▲▲	4.36±0.32 **△△▲▲	1.25±0.05 **△▲▲

注：与正常组同期比较，$^{*}P<0.05$，$^{**}P<0.01$；与模型组同期比较，$^{\triangle}P<0.05$，$^{\triangle\triangle}P<0.01$；各治疗组与 XFC 中剂量组同期比较，$^{\blacktriangle}P<0.05$，$^{\blacktriangle\blacktriangle}P<0.01$。

致炎后第 49 天，采用 Western Blot 法检测 AA 大鼠肺组织 ROS 通路相关蛋白的表达。与正常组相比，模型组 ROS 通路相关蛋白 Rac-1、PKC-α、NF-κB/p65 的表达明显升高，经过药物治疗后，3 种蛋白表达明显降低。在高、中、低三个剂量的 XFC 组中，XFC 中剂量组可有效降低 Rac-1、PKC-α、NF-κB/p65 蛋白表达（$P<0.05$ 或 $P<0.01$）。与 LEF 对照组比较，XFC 中剂量组对 Rac-1、NF-κB/p65 的蛋白降低程度较弱（$P<0.05$），在降低 PKC 方面无明显差异；与 AGA 对照组比较，XFC 中剂量组对 Rac-1、PKC-α、NF-κB/p65 蛋白的降低明显（$P<0.01$），结果见表 4-37、图 4-24。

表 4-37　XFC 对 AA 大鼠肺组织 ROS 通路相关蛋白表达的影响（$n=12$）

组别	Rac-1 平均相对表达量	PKC-α 平均相对表达量	NF-kB/p65 平均相对表达量
正常组	0.590 4±0.050 2	0.283 7±0.012 3	0.312 0±0.045 0
模型组	1.797 2±0.084 5 **	1.079 5±0.045 6 **	1.013 3±0.039 0 **
XFC 低剂量组	1.402 1±0.079 7 **△△▲▲	0.783 0±0.088 3 **△△▲▲	0.841 3±0.079 6 **△▲▲
XFC 中剂量组	0.879 8±0.016 7 **△△	0.436 5±0.223 **△△	0.493 6±0.030 3 **△△
XFC 高剂量组	1.088 3±0.067 0 **△△▲	0.616 4±0.044 4 **△△▲▲	0.587 0±0.073 0 **△△▲▲
LEF 组	0.802 7±0.067 2 **△△▲	0.337 7±0.062 1 **△△	0.390 1±0.059 0 *△△▲
AGA 组	1.055 7±0.089 5 **△△▲	0.574 9±0.059 9 **△△▲	0.562 7±0.050 9 **△△▲▲

注：与正常组同期比较，$^{*}P<0.05$，$^{**}P<0.01$；与模型组同期比较，$^{\triangle}P<0.05$，$^{\triangle\triangle}P<0.01$；各治疗组与 XFC 中剂量组同期比较，$^{\blacktriangle}P<0.05$，$^{\blacktriangle\blacktriangle}P<0.01$。

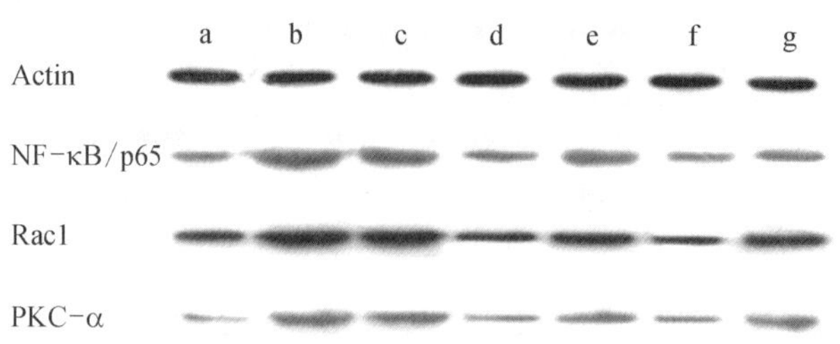

图 4-24　XFC 对各组 AA 大鼠肺组织 ROS 相关蛋白表达的影响(n=12)

四、AA 大鼠肺功能参数与通路相关分子表达的相关性分析

Spearman 相关分析显示,AA 大鼠肺功能参数 FEV_1 与 Notch1 mRNA 呈负相关($P<0.05$),FEF_{75} 与 HES1 mRNA 呈负相关($P<0.05$);FEF_{25} 与 Jagged2、Notch4 蛋白呈负相关($P<0.05$),FEF_{75}、MMEF 分别与 Jagged1、Notch4 蛋白呈负相关($P<0.05$),结果见表 4-38。

表 4-38　肺功能参数与肺组织 Notch/Treg 通路的关系(r,$n=12$)

指标		FVC	FEV_1	FEF_{25}	FEF_{50}	FEF_{75}	MMEF	PEF
mRNA	Notch1	-0.104	-0.021	-0.149	-0.087	-0.305	-0.211	0.006
	Delta1	-0.178	-0.417*	0.067	-0.241	-0.084	-0.189	-0.286
	HES1	0.053	-0.146	-0.231	-0.178	-0.431*	-0.159	0.066
蛋白	Jagged1	-0.061	-0.323	0.005	0.071	-0.464*	-0.299	-0.073
	Jagged2	0.247	-0.041	-0.397*	-0.174	-0.172	-0.447*	0.093
	Notch4	-0.143	0.037	0.124	-0.213	-0.445*	-0.451*	-0.209

注:*$P<0.05$;肺功能参数 FVC 单位为 mL,FEV_1、FEF_{25}、FEF_{50}、FEF_{75}、MMEF、PEF 单位为 mL/s。

Spearman 相关分析显示,AA 大鼠肺功能参数 FEV_1、FEF_{75} 与 NF-κB 和靶基因 Rac-1的 mRNA 呈负相关($P<0.05$),FEF_{50} 与 PKC mRNA 呈负相关($P<0.05$);FEF_{25}、FEF_{75} 与 NF-κB 蛋白呈负相关($P<0.05$),FEF_{75} 分别与 PKC 蛋白呈负相关($P<0.05$),FEF_{25} 分别与 Rac-1 蛋白呈负相关($P<0.05$),结果见表 4-39。

表 4-39　肺功能参数与肺组织 ROS-PKC/NF-κB 通路的关系(r,$n=12$)

指标		FVC	FEV_1	FEF_{25}	FEF_{50}	FEF_{75}	MMEF	PEF
mRNA	NF-κB	-0.144	-0.397*	-0.089	-0.301	-0.395*	-0.217	-0.174
	PKC	-0.178	0.091	-0.138	-0.430*	-0.163	0.074	-0.412*
	Rac-1	-0.023	-0.208	0.071	-0.290	-0.103	-0.267	-0.115
蛋白	NF-κB/p65	0.076	-0.174	-0.487*	-0.219	-0.411*	-0.184	0.067
	PKC	-0.184	-0.262	0.028	-0.073	-0.397*	-0.131	-0.243
	Rac-1	0.073	-0.080	-0.412*	-0.269	-0.062	-0.236	-0.173

注:*$P<0.05$;肺功能参数 FVC 单位为 mL,FEV_1、FEF_{25}、FEF_{50}、FEF_{75}、MMEF、PEF 单位为 mL/s。

相关性分析显示,AA 大鼠肺组织 Notch 通路中 Notch1 mRNA 与 NF-κB、Rac-1 mRNA、Rac-1 蛋白呈正相关($P<0.05$),HES1 mRNA 与 PKC 蛋白呈正相关($P<$

0.05)；Notch4 蛋白与 PKC mRNA 呈正相关($P<0.05$)，Jagged1 蛋白与 PKC 蛋白呈正相关($P<0.05$)，Jagged2 mRNA 与 Rac－1 mRNA、PKC 蛋白呈正相关($P<0.05$)，结果见表 4－40。

表 4－40　肺组织 Notch 和 ROS/PKC 通路的关系(r，$n=12$)

指标		mRNA			蛋白		
		Notch1	Delta1	HES1	Notch4	Jagged1	Jagged2
mRNA	NF－κB	0.471*	−0.077	0.160	−0.090	0.302	−0.097
	PKC	−0.014	0.281	−0.159	0.389*	0.137	0.100
	Rac－1	0.398*	0.310	0.181	0.283	0.224	0.431*
蛋白	NF－κB/p65	0.224	0.169	0.070	0.185	0.063	0.215
	PKC	−0.007	0.184	0.454*	0.109	0.388*	0.416*
	Rac－1	0.480*	−0.175	−0.052	0.009	−0.232	0.211

注：*$P<0.05$。

健脾化湿通络方 XFC 基于“从脾治痹”的学术理念，以中医“整体观”、平衡的观念为基本思路，具有健脾益气、化湿通络之功效，可通过促进 Treg 细胞表达而改善肺功能。AA 大鼠药理学实验结果证实，XFC 不仅能提高 AA 模型大鼠的体质量，降低大鼠足趾肿胀度、AI，改善关节病理结构；还能改善大鼠肺功能、肺组织病理结构。这说明 XFC 可通过调节免疫炎症反应，改善组织微循环，抑制炎症发生、发展，从而改善肺功能。

第七节　健脾化湿通络方对脂蛋白代谢的影响

RA 为一慢性免疫性炎症性疾病，常存在脂蛋白质代谢紊乱，这种病变是由 RA 本身所引起，其具体机制尚不明确，目前此方面的相关报道甚少。有研究显示[23]，活动期 RA 患者与非活动期 RA 患者相较于正常人群均出现 HDL 的降低。胡兵[24]等研究发现 RA 患者 HDL、ApoA1 与 ESR、CRP 呈明显负相关，经抗风湿治疗后，如果能有效控制 RA，则 CRP 降低，HDL、ApoA1 的浓度亦升高。课题组通过 XFC 对 AA 大鼠干预，研究其脂蛋白质代谢的变化及其与细胞因子表达的关系，其结果如下。

一、XFC 对 AA 大鼠蛋白质及细胞因子的影响

与正常组相比，模型组大鼠 PA、ALB、A/G、ApoA1、ApoA1/ApoB、IL－10 等明显降低，GLO、TNF－α 升高($P<0.05$)；与模型组相比，MTX、TPT、XFC 中剂量均能降低 TNF－α，升高 IL－10，而 XFC 中剂量在升高 PA、ALB、ApoA1、ApoA1/ApoB 等指标方面明显优于其他治疗组；各治疗组相比较，XFC 中剂量组在升高 PA、ApoA1 等方面占有明显的优势，在 IL－10、TNF－α 方面则无明显差异，结果见表 4－41。

表 4-41　各组大鼠蛋白质及细胞因子的变化($\bar{x}\pm s$，$n=12$)

组别	正常组	模型组	MTX	TPT	XFC 高剂量组	XFC 中剂量组	XFC 低剂量组
PA(mg/L)	4.42±2.15	1.83±1.95*	1.92±1.44□	3.25±2.26	2.17±1.80□	4.17±2.21#	2.50±2.35
ALB(g/L)	36.31±3.45	31.01±3.34**	32.78±2.97	33.34±2.94	32.07±3.10	34.59±3.59#	32.73±3.23
GLO(g/L)	25.42±4.38	32.90±7.17*	30.53±2.67	30.82±1.74	31.29±3.21	28.64±5.00	31.23±3.51
A/G	1.47±0.28	0.98±0.27**	1.08±0.13	1.08±0.12	1.03±0.08	1.23±0.19	1.06±0.10
ApoA1(g/L)	0.08±0.02	0.05±0.03**	0.06±0.02□	0.06±0.03□	0.06±0.02□□	0.08±0.03#	0.07±0.02
ApoB(g/L)	0.04±0.01	0.05±0.02	0.05±0.02	0.06±0.02	0.04±0.02	0.04±0.01	0.05±0.02
ApoA1/ApoB	2.03±0.81	0.95±0.46*	1.25±0.75	1.14±0.74	1.69±1.09#	1.97±0.81#	1.64±1.01##
TNF-α(pg/mL)	32.50±6.85	81.39±10.07**	51.52±8.89##	45.95±8.21#	54.83±15.03	45.24±11.70#	56.35±10.92□
IL-10(pg/mL)	87.09±13.68	45.11±11.71*	83.14±10.36#	84.55±9.22#	78.02±11.01	82.64±13.14##	76.87±9.81

注：与正常组比较，*$P<0.05$ **$P<0.01$；与模型组比较，# $P<0.05$，## $P<0.01$；与 XFC 中剂量组相比较，□ $P<0.05$，□□ $P<0.01$。

二、AA 大鼠脂蛋白与细胞因子、关节肿胀度等指标的相关性分析

PA、ALB、A/G、ApoA1、ApoA1/ApoB 等多个指标与大鼠足肿胀度、关节炎指数、TNF-α 成明显负相关($P<0.05$ 或 $P<0.01$)；GLO 与足趾肿胀度、关节炎指数、TNF-α 成明显正相关($P<0.01$)；ALB 与 IL-10 成明显正相关($P<0.01$)，表 4-42。

表 4-42　AA 大鼠蛋白质与细胞因子、关节肿胀度等指标的相关性分析($n=84$)

指标	足趾肿胀度(%)		关节炎指数(分)		TNF-α(pg/mL)		IL-10(pg/mL)	
	r	P	r	P	r	P	r	P
PA(mg/L)	-0.200	0.068	-0.307	0.004	-0.265	0.015	0.145	0.188
ALB(g/L)	-0.299	0.006	-0.423	0.000	-0.390	0.000	0.320	0.003
GLO(g/L)	0.378	0.000	0.285	0.009	0.301	0.005	-0.191	0.082
A/G	-0.492	0.000	-0.515	0.000	-0.422	0.000	0.266	0.014
ApoA1(g/L)	-0.194	0.078	-0.331	0.002	-0.296	0.006	0.160	0.146
ApoB(g/L)	0.126	0.255	0.110	0.320	0.122	0.270	-0.092	0.407
ApoA1/ApoB	-0.246	0.024	-0.287	0.008	-0.305	0.005	0.297	0.006

注：*$P<0.05$，**$P<0.01$。

RA 是自身抗体介导的对自身抗原发生的免疫反应。目前大量研究从组织和细胞内整体蛋白质的组成、表达和功能模式来研究 RA 的病理过程，寻找与 RA 相关且具备特异性的生物标志，从而揭示 RA 病变的分子机制。在 RA 发生发展过程中有不同的蛋白质表达，PA 与 ApoA1 等就是其中之一。研究显示，模型组大鼠较正常组大鼠相比 PA、ALB、A/G、ApoA1、ApoA1/ApoB、IL-10 表达水平显著降低，GLO、TNF-α 升高。PA、ALB、A/G、ApoA1、ApoA1/ApoB 等多个指标与大鼠足肿胀度、关节炎指数、TNF-α 成明显负相关；GLO 与足趾肿胀度、关节炎指数、TNF-α 成明显正相关；ALB 与 IL-10 成明显正相关。提示免疫应激可引起 AA 大鼠 PA、ALB、A/G、ApoA1、ApoA1/ApoB 等的改变，AA 大鼠 PA、ALB、A/G、ApoA1、ApoA1/ApoB 等指标的变化与疾病的活动度、细胞因子的改变相关。Apo 是构成分子的蛋白质部分，其主要生理功能是维持脂蛋白结构与负责血管内外的脂类运输、调控脂代谢有关酶的活力。近年的研究认为 ApoA1 能抑制炎性反应，具有抗炎作

用。可以阻断活化T淋巴细胞对于巨噬细胞的激活，抑制巨噬细胞活化和释放IL－1β、TNF－α等炎性因子，在急性炎症时ApoA1水平下降，炎性反应具有慢性化的倾向[25,26]。

综上所述，研究表明，AA大鼠体内脂蛋白（如ApoA1、ApoB等）与足趾肿胀度、关节炎指数及炎症因子具有相关性，可作为RA疗效判定的一项指标；XFC提高蛋白质相关指标PA、ALB、ApoA1等，其可能机制是XFC能够改善病情及下调TNF－α、上调IL－10有关。

参考文献

[1] 周大兴，李岚.从现代中药药理学研究论中药特色[J].浙江中医药大学学报，2001，25(2)：68，69.

[2] 严诗楷，赵静，窦圣姗，等.基于系统生物学与网络生物学的现代中药复方研究体系[J].中国天然药物，2009，7(4)：249－258.

[3] 李平，杨丽平.系统生物学方法在中医药研究中的运用[J].中西医结合学报，2008，6(5)：454－457.

[4] 乐亮，姜保平，徐江.中药蛋白质组学研究策略[J].中国中药杂志，2016，41(22)：4096.

[5] 赵静.基于蛋白组学技术对2型糖尿病大鼠病证模型特点及中药复方干预作用的研究[D].北京：北京中医药大学，2016.

[6] 胡耀华，王淑萍，姜鹏.代谢组学及其在中药复方中的应用[J].药学实践杂志，2010，28(6)：401－405.

[7] 张芮琪，陈正礼，罗启慧.黄芪多糖干预环磷酰胺所致免疫抑制小鼠的免疫功能[J].中国实验动物学报，2015，23(4)：389－394.

[8] 万磊，刘健，黄传兵，等.雷公藤甲素对佐剂关节炎肺功能降低大鼠Notch通路受体和配体基因表达的影响[J].南方医科大学学报，2015，35(10)：1390－1394.

[9] 万磊，刘健，黄传兵，等.FoxP3+Treg、Th细胞迁移及ET－1与佐剂关节炎大鼠模型肺功能的关系[J].中国免疫学杂志，2014，30(1)：93－99.

[10] 陈瑞莲，刘健，潘喻珍，等.佐剂关节炎大鼠胸腺、脾脏中CD4、CD25及CD127表达的变化及新风胶囊对其的影响[J].浙江中医药大学学报，2011，35(4)：555－558.

[11] 万磊，刘健，黄传兵，等.新风胶囊对佐剂性关节炎大鼠肺功能、Th细胞漂移及调节性T细胞的影响[J].中国中西医结合杂志，2017，37(2)：225－231.

[12] 曹云祥，刘健，朱艳.新风胶囊对AA大鼠心功能及血清细胞因子、调节T细胞的影响[J].中医药临床杂志，2010，22(9)：769－772.

[13] 杨佳，刘健，张金山，等.新风胶囊对干燥综合征大鼠IL－10、TNF－α、IL－17表达的影响[J].世界中西医结合杂志，2012，7(3)：206－209.

[14] 姜辉，刘健，高家荣，等.五味温通除痹胶囊对佐剂性关节炎大鼠细胞因子的调控作用[J].中药材，2013，36(11)：1834－1836.

[15] 阮丽萍，刘健，王亚黎，等.新风胶囊治疗大鼠骨关节炎[J].中成药，2015，37(10)：2114－2120.

[16] 张进玉.类风湿性关节炎[M].2版.北京：人民卫生出版社，1999：134.

[17] 刘健，郭雯，程华威，等.新风胶囊对佐剂性关节炎大鼠补体水平的影响[J].中国中西医结合急救杂志，2006，13(2)：93－96.

[18] 刘磊.基于PI3K/AKT和JAK/STAT通路研究新风胶囊对AA大鼠血小板微粒的影响及机制[D].湖北中医药大学，2017.

[19] 纵瑞凯，刘健，杨佳，等.佐剂性关节炎大鼠胸腺血小板CD40L的变化及新风胶囊对其影响[J].中医药临床杂志，2011，23(5)：441－444，471.

[20] 曹云祥，刘健，朱艳.新风胶囊对佐剂性关节炎大鼠心功能及血清细胞因子、调节T细胞的影响[J].中国临床保健杂志，2010，13(5)：503－506.

[21] 孙玥,刘健,王芳,等.探讨新风胶囊改善佐剂型关节炎大鼠心功能机制及其与氧化应激的关系[J].环球中医药,2013,6(S2):26,27.
[22] 孙玥,刘健,万磊,等.新风胶囊通过调节 Keapl - Nrf2/ARE 信号通路改善佐剂型关节炎大鼠肺功能研究[J].中华中医药杂志,2016,31(5):1971 - 1978.
[23] 刘健,余学芳,纵瑞凯.活动期类风湿关节炎载脂蛋白的变化及相关性分析[J].中国康复,2009,24(2):95 - 97.
[24] 胡兵,汪俊军,姚茹冰,等.类风湿关节炎患者脂质水平异常特征[J].医学研究生报,2007,20(10):1041 - 1043.
[25] Burger D, Dayer J M, FitzGerald O, et al. High density lipoprotein associated apolipoprotein A - I: the missing link between infection and chronic inflammation[J]. Autoimmun Rev, 2002, 1(1 - 2): 111 - 117.
[26] Bresnihan B, Gogarty M, FitzGerald O, et al. Apolipoprotein A1 infiltration in rheumatoid arthritis synovial tissue: a control mechanism of cytokine production[J]. Arthritis Res Ther, 2004, 6(6): 563 - 566.

5

第五章

健脾化湿通络方毒理学研究

中药的来源以植物药为主，其次是动物药、矿物药。中药成分复杂且是一个具有多个效应器官和多个靶点的复杂的网络系统，因此中药的毒理学研究同样面临成分和作用机制复杂性的难题。运用经典的测定生化指标和观察组织病理切片的传统毒理学实验方法在中药毒理学研究方面已取得较大的研究进展，但许多中药的毒性作用机制仍然难以全面地被诠释。

系统生物学作为桥联宏观和微观世界的纽带，逐渐应用到中医药毒理研究领域。利用全基因测序、基因芯片等基因组学技术从 DNA 水平研究中药毒性导致的基因差异表达及基因相互作用；以二维电泳、色谱质谱技术为代表的蛋白质组学技术从蛋白质水平研究中药毒性导致的蛋白磷酸化和去磷酸化等修饰水平的变化、蛋白质表达水平的变化及蛋白质相互作用网络的变化；利用质谱和核磁共振技术对药物的中毒机制进行代谢组学研究；利用 ICP－MS 等技术对中药进行有毒重金属及重金属的生物学作用研究。这些系统生物学研究手段从基因、细胞、组织到个体进行多层次水平的整体性研究，为中药的毒理学研究提供了新的技术平台。

第一节　健脾化湿通络方配伍减毒研究

疾病的治疗遵循有效和安全两大原则，中医学提出炮制减毒、煎煮减毒、用量减毒、服法减毒和配伍减毒等减毒方法，其中配伍减毒应用最为普遍。中药配伍减毒历史悠久，《神农本草经》“七情合和”和《素问·至真要大论》“君、臣、佐、使”制方理论，奠定了中药配伍减毒增效的理论基础。《本草经》序云：“有毒宜制，可用相畏相杀者”，明确了制约毒性的相杀配伍；针对毒性药物或药性峻烈者，复方中通常配伍佐药以相佐制；若恐药性乖违，方失和谐，则配伍使药以调和众品，这些均体现了依靠配伍减毒增效的基本宗旨。中药配伍减毒是中医理论的特色优势，药物通过合理的配伍，调其偏性，制其毒性，既可增强药力，又可减轻或消除药物的毒性，使用药更加安全。

雷公藤最早收载于《神农本草经》，名莽草。“味辛，温。主风头；痈肿、乳肿；疝瘕；除结气；疥瘙；杀虫鱼。”雷公藤甲素、雷公藤酯甲和雷公藤内酯是雷公藤的主要活性成分，具有显著的免疫抑制、抗炎、抗肿瘤和抗生育等活性；但同时也是其毒性成分，具有肝脏、肾、心脏和生殖系统等多脏器毒性，因此传统方法外用较多[1,2]。雷公藤是健脾化湿通络方XFC的臣药，方中雷公藤与黄芪、薏苡仁、蜈蚣配伍入药，可起相杀、佐制、减毒、调和、扶正作用。XFC临床应用数十余年，未发现明显毒性反应[3,4]。可能是其中一味或几味药物与雷公藤配伍使其毒性成分减少甚至消失，或是有新物质生成，进而产生了配伍减毒的作用。因此，我们将XFC看成一个整体，采用拆方的方法，研究组方剩余药味尤其是黄芪对雷公藤甲素、雷公藤酯甲溶出的影响，从物质基础层面初步探讨XFC中雷公藤配伍减毒的机制。

一、配伍对雷公藤中雷公藤甲素溶出影响的研究

雷公藤甲素是雷公藤的主要活性和有毒物质，为了检测XFC各配方对雷公藤甲素溶出的影响，将XFC拆方分成8组：全方组、雷黄蜈组（雷公藤、黄芪、蜈蚣）、雷黄薏组（雷公藤、黄芪、薏苡仁）、雷蜈薏组（雷公藤、蜈蚣、薏苡仁）、雷黄组（雷公藤、黄芪）、雷蜈组（雷公藤、蜈蚣）、雷薏组（雷公藤、薏苡仁）、雷组（雷公藤）。称取黄芪19.04 g，薏苡仁19.04 g，雷公藤9.52 g，蜈蚣1 g，按处方工艺制备样品溶液，浓缩至50 mL，得全方组样品，氯仿反复抽提各组样品，同法制备其他各组样品溶液。0.01 mg/mL雷公藤甲素作为对照品。按照雷公藤药材中雷公藤甲素含量测定基础上用Agilent Eclipse Plus C_{18}色谱柱，乙腈-水溶液为流动相，1.0 mL/min流速，220 nm波长进行HPLC分析。线性关系考察、精密度试验、稳定性试验、重复性试验、加样回收率试验符合要求后进行样品检测[5]。

为保证实际研究与临床用药的一致性，避免煎煮过程对药物成分溶出的影响，在各组供试品溶液提取过程中，先根据临床工艺制备各配伍组样品溶液，再对样品溶液进行前处理，得到供试品溶液。从表5-1可以看出与雷组相比，雷黄组、全方组、雷黄薏组、雷黄蜈组雷公藤甲素的溶出明显降低，而其他各组与雷组相比，其溶出无明显差异，且阴性溶液均无干扰。因此，我们推测，可能是黄芪中的某些成分抑制了雷公藤甲素的溶出，进而在组方中达到了减毒的效果。

表5-1 样品含量测定结果（$\bar{x}\pm s$，$n=8$）

样品	全方组	雷黄蜈组	雷黄薏组	雷蜈薏组
雷公藤甲素含量（%）$\times10^{-3}$	0.283±0.066*	0.288±0.072*	0.282±0.048*	0.347±0.060
样品	雷黄组	雷蜈组	雷薏组	雷组
雷公藤甲素含量（%）$\times10^{-3}$	0.284±0.058*	0.350±0.068	0.347±0.039	0.345±0.025

注：与雷组比较，*$P<0.01$。

二、雷公藤和黄芪配伍减毒物质基础分析

由上可知，黄芪可以明显降低雷公藤的雷公藤甲素的溶出率，降低雷公藤的毒性，为了进一步研究雷公藤黄芪的配伍减毒物质基础，首先我们利用HPLC法对雷公藤和黄芪进行配伍前后全成分分析，然后以雷公藤内酯酮和雷公藤酯甲为指标探索雷公藤和黄芪配伍减毒物质基础。

（一）雷公藤和黄芪配伍全成分分析

称取黄芪和雷公藤，按处方工艺制备样品溶液。采用 Agilent Eclipse Plus C_{18}色谱柱，乙腈为流动相，检测波长为 220 nm。取雷黄组（雷公藤、黄芪）样品连续 6 次进样，每次进样 10 μL。雷黄组结果如图 5－1a，34 个峰的保留时间精密度（relative standard deviation，RSD，n＝6）在 0～0.5%之间，峰面积的%RSD 精密度（n＝6）在 1.2%～7.6%之间，说明仪器精密度可靠。通过平行提取 3 个雷黄组样品并对其进行重复性实验，采用同一色谱积分方法积分得到 3 个样品的色谱图，结果显示保留时间的精密度在 0～0.4%之间，峰面积的精密度在 0.9%～6.8%之间。方法的精密度和重复性的结果说明方法稳定、重现、可靠[5]。

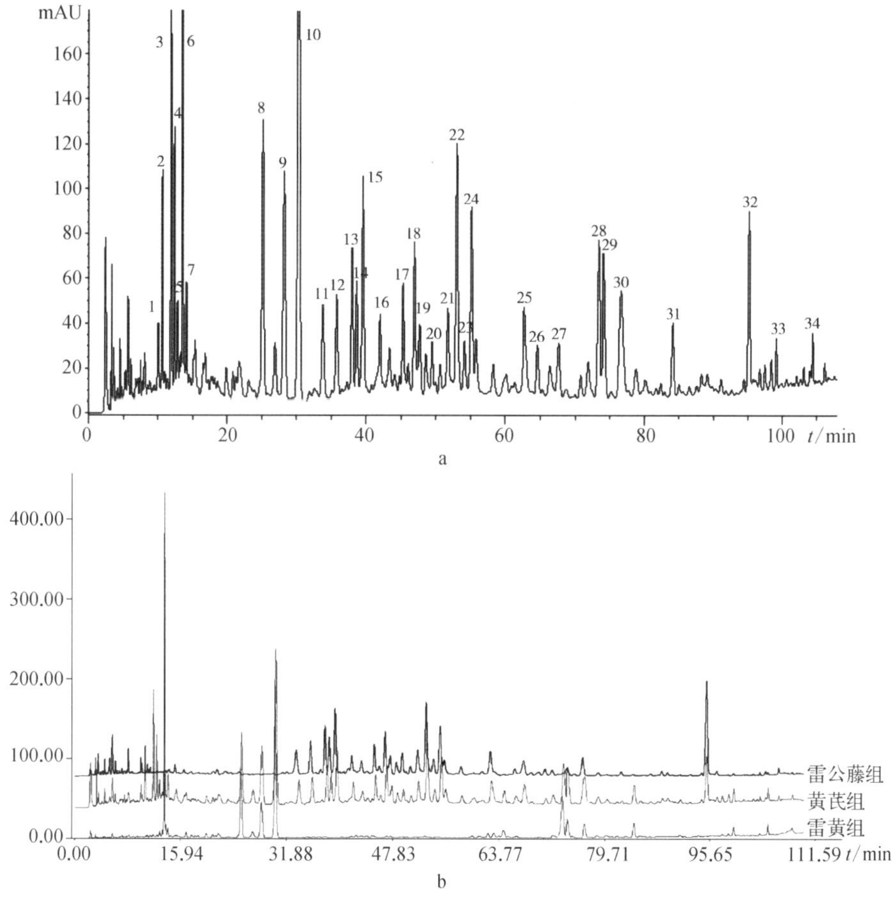

图 5－1 雷黄组 HPLC 峰标号图（a）和雷公藤组、黄芪组、雷黄组 HPLC 色谱对比图（b）

采用上述方法对雷公藤组、雷黄配伍组（雷黄组）及黄芪组进行分析，所得色谱图如图 5－1b。由于所有样品的液相色谱图都是在同一条件下得到的，而且色谱方法重复、稳定、可靠，因此，峰的归属可以从保留时间进行。从保留行为看，峰 1、2、6、11、12、13、14、15、16、17、18、19、20、21、22、23、24、27、32、34 共 20 个峰来自雷公藤，峰 8、9、10、26、28、31、33 共 7 个峰来自黄芪，而峰 25、29、30 共 3 个峰是雷公藤、黄芪的共流出峰，3、4、5、7 共 4 个峰未能进行归属，推测可能是雷公藤和黄芪配伍新产生的物质；另从雷公藤组与雷黄配伍组色谱图中未见雷公藤中峰明显消失的现象。

采用峰面积比值法，比较雷公藤、黄芪配伍前后化学成分的含量变化，在对各峰进行归属的基础上，雷黄组为参照，将雷组、黄组色谱图中的色谱峰峰面积分别与雷黄组色谱图中的34个目标峰中对应峰的峰面积进行比较，雷组样品目标峰与雷黄组样品对应目标峰的峰面积比值为$A_{雷}/A_{雷黄}$、黄组样品目标峰与雷黄组样品对应目标峰的峰面积比值为$A_{黄}/A_{雷黄}$，以及雷组与黄组样品目标峰与雷黄组样品对应目标峰的峰面积比值为$(A_{雷}+A_{黄})/A_{雷黄}$、$A_{雷}/A_{雷黄}$、$A_{黄}/A_{雷黄}$、$(A_{雷}+A_{黄})/A_{雷黄}$可以分别表示源于雷公藤，源于黄芪，雷公藤、黄芪共有峰的化学成分的含量变化。

考虑10%左右的误差，从表5-2可以看出，通过对峰面积的比较，有10个峰的峰面积在配伍后不变（$0.9<$峰面积之比<1.1），这些峰是峰14、16、17、22~26、33、34。除去4个未能归属的峰，有20个峰的峰面积在配伍后发生变化，其中17个峰（峰1、2、6、8、9、11~13、15、18~21、28~30、32）的峰面积降低（峰面积之比>1.1），3个峰（峰10、27、31）的峰面积增加（峰面积之比<0.9）。在所有发生含量变化的成分中，峰20和32的峰面积显著降低，这两个峰均源于雷公藤，其$A_{雷}/A_{雷黄}$值分别为2.57和4.05。

本实验以系统生物学的整体思想为指导，用HPLC法全面分析雷公藤、黄芪配伍前后各指标成分的含量变化及是否有新物质产生或原有物质消失等情况。通过对峰面积的比较，配伍后有10个峰的峰面积不变，除去4个未能归属的峰，有20个峰的峰面积发生变化，其中17个峰的峰面积减小，3个峰的峰面积增大，且有4个新的物质产生，对于配伍前后哪些成分增加，哪些成分降低，新产生的物质是什么？课题组将采用UPLC-Q-TOF-MS做进一步研究，并从代谢学角度探索雷公藤与黄芪配伍角度的机制。由此可以看出中药之间的配伍不仅仅是成分简单的加和，同时存在着质变和量变，而雷公藤毒性的降低也是多种原因的综合作用。从其化学成分的变化可以推断，雷公藤与黄芪配伍，可以降低雷公藤的毒性作用，且药物之间的配伍不仅是成分的简单加和，还包括质和量的变化。

表5-2　雷组、黄芪组峰面积与雷黄组相应峰面积之比

峰号	峰面积之比			峰号	峰面积之比		
	$A_{雷}/A_{雷}$	$A_{黄}/A_{雷}$	$(A_{雷}+A_{黄})/A_{雷黄}$		$A_{雷}/A_{雷黄}$	$A_{黄}/A_{雷黄}$	$(A_{雷}+A_{黄})/A_{雷黄}$
1	1.67	—	—	18	1.81	—	—
2	1.25	—	—	19	1.21	—	—
3	—	—	—	20	2.57	—	—
4	—	—	—	21	1.51	—	—
5	—	—	—	22	0.96	—	—
6	—	1.14	—	23	1.07	—	—
7	—	—	—	24	1.05	—	—
8	—	1.14	—	25	1.03	—	—
9	—	1.67	—	26	—	1.09	—
10	—	0.71	—	27	0.85	—	—
11	1.14	—	—	28	—	1.23	—
12	1.25	—	—	29	—	—	1.70
13	1.37	—	—	30	—	—	1.53
14	1.02	—	—	31	—	0.74	—
15	1.32	—	—	32	4.05	—	—
16	0.98	—	—	33	—	0.98	—
17	0.94	—	—	34	1.01	—	—

(二) 雷公藤、黄芪配伍前后雷公藤内酯酮的研究

本实验选择雷公藤有毒成分中的二萜内酯类雷公藤内酯酮作为检测指标,探讨黄芪配伍雷公藤后对其含量的影响。采用 HPLC (1 260 液相色谱仪),检测波长为 218 nm, 0.021 5 mg/mL 雷公藤内酯酮作为对照品,乙醇提取 10 g 雷公藤粉末药材,药渣加水煎煮,乙醇提液合并减压浓缩收膏。将所得的干浸膏加入乙酸乙酯-甲醇,回流液浓缩后转移至已用乙酸乙酯预洗的中性氧化铝的层析柱中过柱,乙酸乙酯洗脱后于水浴锅中蒸除乙酸乙酯,残渣用甲醇超声后微孔滤膜过滤得到作为雷公藤组供试品溶液。雷公藤配伍黄芪中取雷公藤药材 10 g、黄芪 20 g,其余供试品溶液提取步骤同上。专属性试验、线性关系考察、精密度试验和加样回收率试验均符合要求后进行样品中雷公藤内酯酮测定[6]。

雷组中雷公藤内酯酮含量为 $3.24\times10^{-3}\%$,%RSD = 1.12%,雷黄组中雷公藤内酯酮含量为 $1.84\times10^{-3}\%$,%RSD = 0.64%雷黄组中的雷公藤内酯酮含量低于雷组中的雷公藤内酯酮含量,说明黄芪配伍雷公藤后降低了雷公藤中的内酯酮含量,结果见表 5-3。

表 5-3 样品含量测定

批号	峰面积	含量(%)	平均值(%)	%RSD
雷组	212.21	0.55×10^{-3}		
雷组	206.35	0.53×10^{-3}	0.54×10^{-3}	1.85
雷组	208.16	0.54×10^{-3}		
雷黄组	156.42	0.41×10^{-3}		
雷黄组	158.73	0.43×10^{-3}	0.42×10^{-3}	2.38
雷黄组	1 535.96	0.42×10^{-3}		

本实验选择有毒成分中的二萜内酯类雷公藤内酯酮作为检测指标,探讨黄芪配伍雷公藤后对其含量的影响,阐明黄芪减雷公藤毒性的作用机制。雷公藤内酯酮在 0.043~0.258 μg 范围内有良好的线性关系,回归方程为 $Y=1\ 958.5X-2.446\ 7$ ($r=0.999\ 9$)。雷公藤组中雷公藤内酯酮含量为 $3.24\times10^{-3}\%$,%RSD = 1.12%,雷黄组中雷公藤内酯酮含量为 $1.84\times10^{-3}\%$,%RSD = 0.64%。所建立的高效液相色谱法简便快速、准确、重现性好、专属性强、结果可靠,可准确地进行雷公藤内酯酮的定量检测,对比研究发现配伍后雷黄组中雷公藤内酯酮含量减少,毒性减小。

配伍是中医方剂学的核心内容,药物七情理论是中药配伍理论的核心部分。《神农本草经·序录》云:"若有毒宜制,可用相畏相杀者。""相畏相杀"通过抑制或消除毒副作用达到全面兼顾、拮抗或消除毒性。临床以黄芪配伍雷公藤,使其共同形成一种相互对立、相互依存、缺一不可的相畏相杀关系,达到相制相成、存利除弊、调偏、制毒的目的。辛苦之药雷公藤,引燥为胜;黄芪性甘、微温,补气升阳、益卫固表。刚燥大毒雷公藤配伍甘温柔润黄芪,以甘温柔润制其刚燥大毒,温煦与司腠理开阖。雷公藤内酯酮是雷公藤中的环氧二萜内酯类化合物,此类结构对高温、酸碱较敏感,故在热水碱中内酯结构容易开环。黄芪的主要有效成分是黄芪苷,实验测得其提取液呈弱碱性,以黄芪配伍雷公藤后,黄芪苷的弱碱性使雷公藤内酯酮开环,从而降低了指标成分的含量。我们推断以上就是黄芪配伍雷公藤降低雷公藤毒性的可能作用机制。本课题组后期将进行

毒理实验研究,进一步验证雷公藤内酯酮含量的变化与配伍减毒的相关性,揭示中药配伍的可能作用机制。

(三)以雷公藤酯甲为指标初步探讨健脾化湿通络减毒机制

雷公藤与黄芪配伍后显著影响雷公藤的化学物质浸出和含量,本实验采用 HPLC 方法,以雷公藤酯甲为检测指标研究黄芪雷公藤的配伍减毒机制。Welch material Inc C18 色谱柱,甲醇-水溶液流动相;1.0 mL/min 流速;210 nm 检测波长进行检测。0.20 mg/mL 雷公藤内酯甲为对照品溶液。乙醇提取 10 g 粉末状雷公藤药材得到醇提液和药渣水煎煮后的上清液真空干燥制成干浸膏。按照文献中方法得到雷公藤组和雷黄组(雷公藤、黄芩)供试品溶液[7]。线性关系考察、精密度试验、稳定性试验、重复性试验、加样回收率试验符合要求后进行样品检测。

取三份雷组(10 g 雷公藤)、三份雷黄组(10 g 雷公藤和 20 g 黄芪),分别按照供试品溶液制备方法制备三份雷公藤组样品溶液和三份雷黄配伍组样品溶液,按照上述色谱条件进样,计算含量,结果见表 5-4。雷黄组中的雷公藤内酯甲含量低于雷公藤组中的雷公藤内酯甲含量,说明黄芪配伍雷公藤后降低了雷公藤中的内酯甲含量。

表 5-4　样品含量测定

批号	峰面积	含量(%)	平均值(%)	%RSD
雷组	369.76	3.26×10^{-3}		
雷组	367.85	3.23×10^{-3}	3.24×10^{-3}	0.64
雷组	372.34	3.22×10^{-3}		
雷黄组	206.13	1.82×10^{-3}		
雷黄组	208.32	1.85×10^{-3}	1.84×10^{-3}	1.12
雷黄组	205.62	1.86×10^{-3}		

本实验采用了等度洗脱的方法分别测定雷公藤单味药和雷公藤配伍黄芪后的雷公藤内酯甲含量变化,结合前期中医配伍理论,阐明黄芪减雷公藤毒性的作用机制。雷公藤内酯甲在 0.4~2.4 μg 范围内有良好的线性关系,回归方程为 $Y=561.86X+0.2987$($r=0.9999$)。雷公藤组中雷公藤内酯甲含量为 3.24×10^{-3}%,%RSD=1.12%,雷黄组中雷公藤内酯甲含量为 1.84×10^{-3}%,%RSD=0.64%。所建立的高效液相色谱法简便快速、准确、重现性好、专属性强、结果可靠,可准确地进行雷公藤内酯甲的定量检测,对比研究发现配伍后雷黄组中雷公藤内酯甲含量减少,毒性减小。

通过比较雷公藤单味药和雷公藤配伍黄芪后雷公藤酯甲的含量变化可知,雷公藤酯甲含量在雷公藤与黄芪配伍后降低。由于 XFC 全方临床用药,尚未发现雷公藤样不良反应,通过本实验,我们推测可能与配伍后雷公藤酯甲含量降低有关。

三、健脾化湿通络方肝肾亚急性毒性实验研究

现代药理学证实,雷公藤对人体的肝、肾等功能有一定影响,是近年来发生中毒事件最多的中药之一[8,9]。雷公藤为 XFC 主要构成药物,为进一步验证 XFC 的安全性及其是否具有雷公藤样的肝肾毒性,本实验将 XFC 中雷公藤与不同味药配伍,研究雷公藤对 SD 大鼠的肝肾亚急性毒性[10]。

XFC 具体拆方方法按多因素试验设计方法中的正交试验法拆方分为 8 组：雷黄蜈组、雷黄薏组、雷黄组、雷蜈薏组、雷蜈组、雷薏组、雷组。将拆方得到的 8 种配伍组合分别按照大鼠和体表面积换算比例与 XFC 制剂中项下的处方比例（黄芪 476 g，薏苡仁 476 g，雷公藤 238 g，蜈蚣 24 条）及制备方法制出以上 8 种不同浓度的配伍组方，即全方组（19.6 g/kg）、雷黄蜈组（11.9 g/kg）、雷黄薏组（18.4 g/kg）、雷黄组（11.52 g/kg）、雷蜈薏组（11.9 g/kg）、雷蜈组（4.22 g/kg）、雷薏组（11.52 g/kg）、雷组（3.84 g/kg）。

SD 大鼠，雌雄各半，108 只，每组 12 只，随机分为 9 组：正常组、雷黄蜈组、雷黄薏组、雷黄组、雷蜈薏组、雷蜈组、雷薏组、单味雷公藤组。给药前适应性喂食 1 周，大鼠按每 0.2 mL/10 g 灌胃给药，每天 1 次，连续 28 天。末次给药后禁食，自由饮水，第 2 天戊巴比妥腹腔注射麻醉，腹主动脉取血，于 3 000 r/min 离心 10 min，取血清，按照 ALT、AST、BUN、Scr 试剂盒要求测定。每组随机选取 3～5 只大鼠肝、肾组织切片上进行常规 HE 染色，进行光镜观察。超薄切片上进行电镜观察，从组织形态学比较各组对心、肝组织的影响。

（一）对肝脏的减毒作用

1. 血清中 ALT、AST 检测结果

ALT 主要存在于肝细胞细胞质中，AST 主要定位于肝细胞线粒体。当肝细胞受到损害时，ALT、AST 溢出进入血液循环，最终使血清 ALT、AST 含量升高，故可用于反映肝细胞损伤。

与正常组比，雷公藤组大鼠血清中 ALT、AST 含量显著升高，差异具有统计学意义（$P<0.05$），提示雷公藤组肝细胞可能受到损害；雷公藤各配伍组与雷公藤组比较，雷黄组、雷薏组、雷黄薏、雷黄蜈、雷蜈薏组 ALT、AST 的含量均有所下降，其中雷黄组能显著的降低两指标含量，雷薏组可以显著的降低 AST 含量，差异具有统计学意义（$P<0.05$）；其余组差异无统计学意义（$P>0.05$）。提示说明黄芪和薏苡仁配伍可以一定程度上减轻雷公藤所致的肝脏毒性。雷蜈组相比于雷公藤组，ALT、AST 的含量有升高趋势，提示蜈蚣对肝脏可能也有一定的损害程度，结果如表 5－5。

表 5－5　对大鼠肝脏生化指标的影响（$\bar{x}\pm s$，$n=12$）

组别	n	剂量（g/kg）	ALT（U/L）	AST（U/L）
正常组	12		36.25±17.06	105.68±16.67
雷公藤组	12	1.92	53.50±17.45*	130.25±23.47*
全方组	12	9.8	45.00±9.45	121.32±25.34
雷黄组	12	5.76	39.50±13.91$^{\#}$	109.51±14.95$^{\#}$
雷薏组	12	5.76	42.50±12.11	112.37±18.43$^{\#}$
雷蜈组	12	2.11	54.38±10.90	132.38±19.50
雷黄薏组	12	9.2	44.67±19.95	120.43±21.43
雷黄蜈组	12	5.95	48.60±21.02	119.73±18.79
雷蜈薏组	12	5.95	48.86±23.14	117.29±17.83

注：与正常组比较，$^{*}P<0.05$；与雷公藤组比较，$^{\#}P<0.05$。

2. 肝脏病理组织学变化

正常组大鼠肝细胞组织结构清晰，以中央静脉为中心排列整齐，肝细胞索排列整齐，

未见水样变性及脂肪变性，未见明显病理改变；与正常组进行比较，雷公藤组大鼠肝细胞索排列紊乱，部分肝细胞点状坏死，肝细胞脂肪变性；与雷公藤组进行比较，其中雷黄组肝细胞脂肪变性程度减轻，范围减小较为明显，其余组亦有不同程度的减轻，结果见图 5－2（彩图 23）。

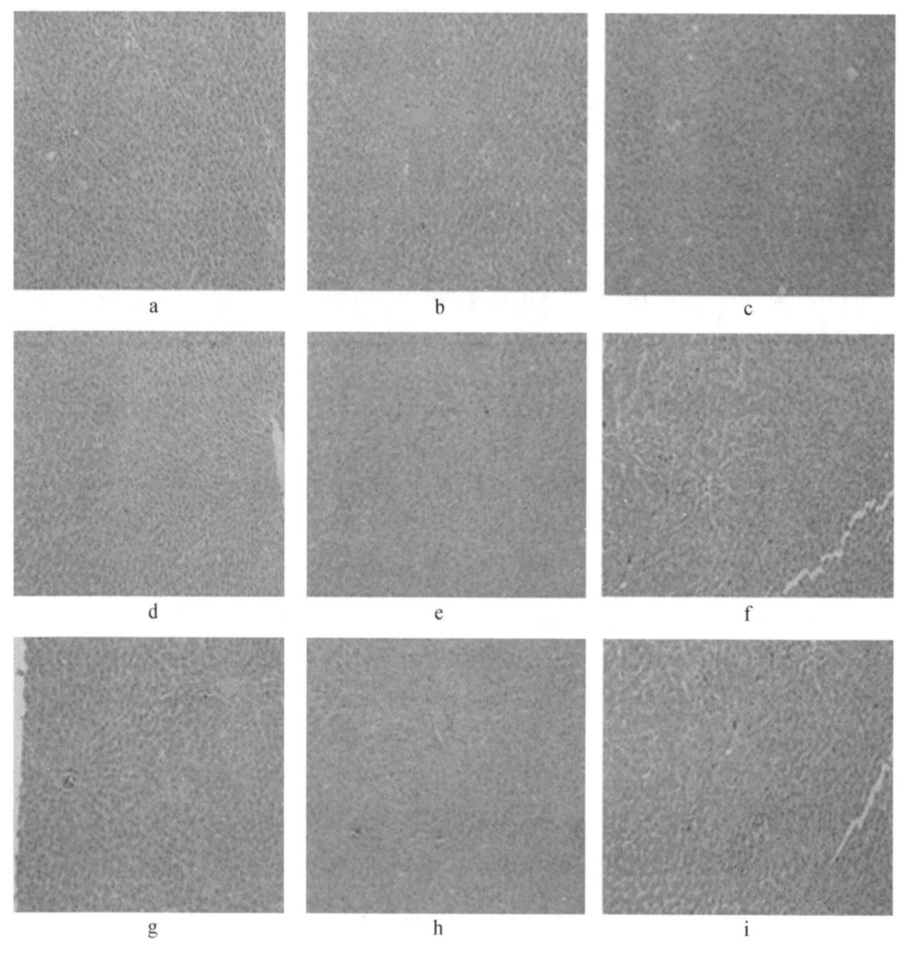

图 5－2 各组对大鼠肝组织病理的影响（HE×200）

a. 正常组 b. 雷公藤组 c. 全方组 d. 雷黄组 e. 雷薏组 f. 雷蜈组 g. 雷黄薏组 h. 雷黄蜈组 i. 雷蜈薏组

（二）对肾脏的减毒作用

1. 对肾脏生化指标的影响

连续灌胃给药结束后，与正常组比，雷公藤组大鼠血清中血清肌酐（creatinine，CREA）与血尿素氮（blood urea nitrogen，BUN）水平显著升高，差异具有统计学意义（$P<0.05$）。提示雷公藤对大鼠肾脏可能具有一定的损害程度。雷公藤各配伍组和雷公藤组比较，黄芪配伍雷公藤组的 CREA、BUN 两指标降低明显，雷薏组和雷黄薏组的 BUN 均降低，且差异具有统计学意义（$P<0.05$）。其余各配伍组除雷蜈组外，均可降低 CREA、BUN 水平，但差异无统计学意义（$P>0.05$）。这提示说明黄芪配伍雷公藤后可以减轻雷公藤所致的肾脏损害，对肾脏具有一定的减毒作用，结果见表 5－6。

表 5-6　对大鼠肾脏生化指标的影响($\bar{x}\pm s, n=12$)

组别	n	剂量(g/kg)	CREA(mmol/L)	BUN(mmol/L)
正常组	12		73.10±9.54	9.72±1.27
雷公藤组	12	1.92	93.23±11.26*	15.65±2.05*
全方组	12	9.8	87.15±10.20	14.12±1.63
雷黄组	12	5.76	79.32±9.65#	11.87±1.78#
雷薏组	12	5.76	86.41±7.98	13.04±1.66#
雷蜈组	12	2.11	92.45±11.23	15.78±1.73
雷黄薏组	12	9.2	85.67±8.37	13.34±1.95#
雷黄蜈组	12	5.95	89.34±12.34	14.17±1.25
雷蜈薏组	12	5.95	90.45±11.45	14.45±1.66

注：与正常组比较，*P<0.05；与雷公藤组比较，#P<0.05。

2. 对肾脏病理组织学变化

与正常组进行相比，雷公藤组大鼠部分肾小球有明显的出血现象，肾小管上皮细胞明显水肿；其余各配伍组与雷公藤组进行比较，雷黄组大鼠肾小球结构清晰可见，无出血现象，肾小管上皮细胞水肿减轻，其余各配伍组亦有不同程度的减轻，但以雷黄组效果最为良好，结果见图 5-3(彩图 24)。

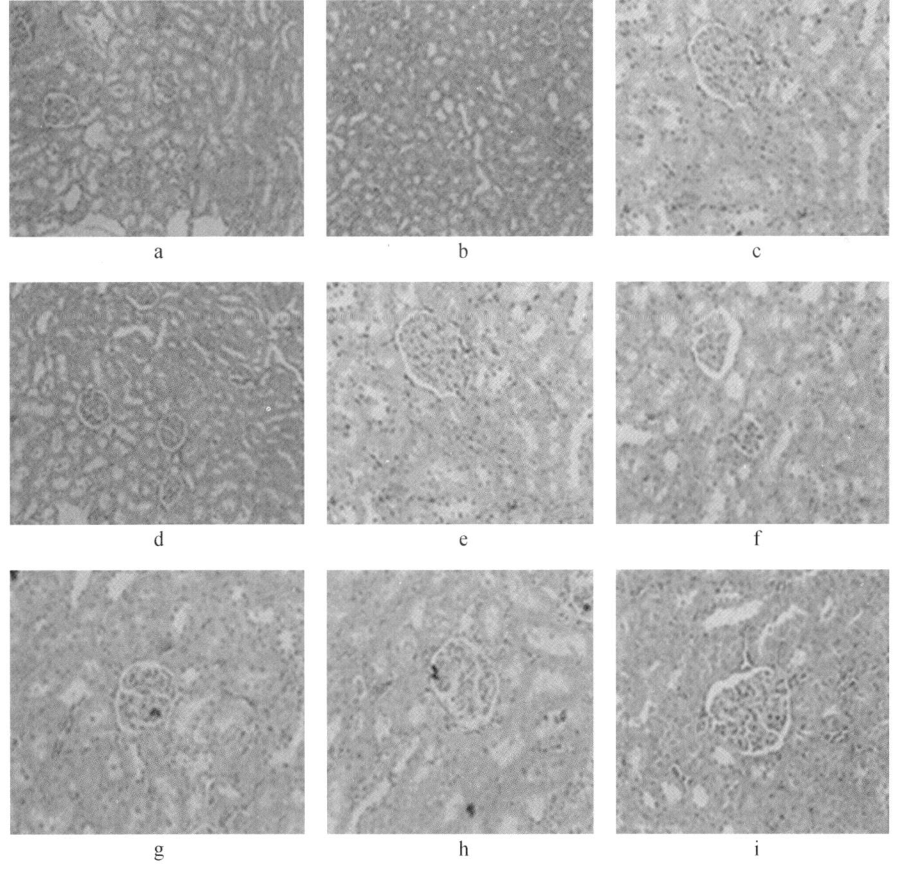

图 5-3　各组对大鼠肾组织病理的影响

a. 正常组　b. 雷公藤组　c. 全方组　d. 雷黄组　e. 雷薏组　f. 雷蜈组　g. 雷黄薏组　h. 雷黄蜈组　i. 雷蜈薏组

肝脏是人体内最大的实质性腺体，是体内新陈代谢的中心站，被喻为“人体最大的化工厂”。ALT、AST 升高是肝脏功能出现问题的一个重要指标。正常情况下，ALT、AST 存在于组织细胞中，其中肝脏细胞中含量较高，而血清中含量极少。雷公藤通过破坏肝细胞及其内膜结构，致胞质中的酶如 ALT、AST 等释放入血，使血中 ALT、AST 酶活性升高，周艳丽等[21]研究表明白芍总苷可以降低肝损伤小鼠的血清中 ALT、AST 含量，升高 SOD 含量，降低肝匀浆中 MDA 含量，拮抗雷公藤多苷所致小鼠急性肝损伤。因此，测定血清中 ALT 和 AST 含量高低可用以反映肝损害的程度[22~23]。

传统中医理论认为肾为“先天之本”“生命之源”。当肾脏发生病变或出现肾功能不全时，会严重威胁机体的生命健康。CREA 与 BUN 是反映慢性肾功能衰竭分期的重要依据之一，能够反映慢性肾衰竭进展，也是考察肾小球滤过功能的临床常用指标，詹碧翠[11]等研究发现黄芪四物汤加雷公藤方有一定的减轻蛋白尿，提升患者肌酐清除率，降低血肌酐尿素氮的作用，因此，本研究选择 CREA 与 BUN 作为评价肾脏损伤指标。

综上所述，大鼠给药 4 周后，和正常组进行比较，雷公藤组大鼠对肝脏和肾脏系统都有一定的损伤。雷公藤各个配伍组，通过各个靶器官指标的综合考察，其中黄芪配伍雷公藤组能更好地降低雷公藤的毒性，即 XFC 中的黄芪配伍雷公藤可能是其临床应用过程中尚未发现不良反应的可能机制。

第二节　健脾化湿通络方毒理学研究

安全性、有效性和质量可控性是药品属性的三个最基本要素，中药也不例外。随着中药品种的增加、应用范围的日渐扩大，国际上近年来有关中药毒性的风波迭起，中药毒副作用的判断标准及客观数据的研究显得越来越迫切；中药现代化和国际接轨的客观现实，使得中药毒理学的研究也因此显得越来越重要。加强中药毒理学的研究，开展有毒中药、常用中药有毒成分的基础研究和中药毒代动力学的研究，用准确可靠、科学客观的数据阐述中药的毒副作用，是中药研究、开发和应用的重要内容。

现代药理学证实，雷公藤对人体的肝、肾、生殖等功能有一定影响，是近年来发生中毒事件最多的草药之一，其中肝肾损害屡见不鲜。雷公藤为 XFC 的主要构成药物，XFC 安全性的临床循证医学证据较多，但关于 XFC 安全性的实验数据较匮乏，为进一步验证 XFC 的安全性及其是否具有雷公藤样的肝肾毒性，选择啮齿类动物大鼠和小鼠进行急性毒性实验；以大鼠和比格犬为模型进行长期毒性实验，为临床安全用药提供依据。

一、健脾化湿通络方大、小鼠急性毒性实验研究

采用最大给药量法进行急性毒性实验，小鼠给药浓度 172.89 mg 浸膏/mL(1.23 g 生药/mL)，每次给药容积最大为 40 mL/kg(0.4 mL/10 g)，大鼠给药浓度 172.89 mg 浸膏/mL(1.23 g 生药/mL)，最大每次给药容积最大为 20 mL/kg(2 mL/100 g)。每组 20 只实验鼠，雌雄各半，24 h 内给药 3 次，连续观察 14 天。

给药组小鼠在每次给药后活动相对减少，饮食减少，1 h 后恢复正常。给药组大鼠在每次给药后活动相对减少，精神欠佳，饮食减少，1 h 后逐渐恢复正常。给药组大鼠、小鼠

在给药后口部无异常分泌物，也未见异常排泄物，其他各项指标与对照组相比无明显差异。给药 2 h 后至 14 天观察期结束，给药组大鼠和小鼠在毛发、行为活动、饮食、精神状态等方面与对照组比较无明显变化。试验期间，大、小鼠均未出现死亡情况。

大鼠、小鼠给药前因禁食，给药当天鼠体重增加较少，个别鼠体重甚至出现负增长。给药后 14 天观察期内大鼠和小鼠体重无明显变化，结果见表 5－7 和表 5－8。

表 5－7　小鼠灌胃给予新风胶囊对小鼠体重的影响（$\bar{x}\pm s$，$n=10$）

观察日期	对照组		给药组	
	雄性	雌性	雄性	雌性
给药前	19.7±1.3	18.9±0.9	19.5±1.1	19.8±0.8
给药后 1 天	19.1±0.8	18.1±0.7	18.8±1.4	19.3±1.2
给药后 3 天	26.0±1.9	22.9±1.4	25.2±2.9	24.0±1.9
给药后 5 天	29.1±1.7	26.1±2.6	27.7±3.1	27.0±2.7
给药后 7 天	31.9±1.4	26.4±2.6	30.0±3.7	27.4±2.9
给药后 14 天	35.3±2.8	30.2±4.0	34.0±5.3	31.4±4.5

注：与对照组比较，$P>0.05$。

表 5－8　SD 大鼠灌胃给予 XFC 对大鼠体重的影响（$\bar{x}\pm s$，$n=10$）

观察日期	对照组		给药组	
	雄性	雌性	雄性	雌性
给药前	201.8±8.5	195.4±6.7	200.1±6.5	196.6±5.3
给药后 1 天	192.7±11.2	194.2±5.2	194.5±4.9	193.1±5.0
给药后 3 天	211.6±12.9	207.4±9.8	204.7±8.4	198.8±7.3
给药后 5 天	217.6±8.7	211.5±10.2	211.8±8.2	204.6±6.7
给药后 7 天	226.1±6.8	218.6±10.0	221.5±8.6	213.1±5.5
给药后 14 天	235.2±6.0	224.7±9.8	230.4±8.4	219.9±10.0

注：与对照组比较，$P>0.05$。

小鼠灌胃给予 XFC 进行小鼠最大给药量试验，以最大浓度为 172.89 mg/mL，最大容积为 0.4 mL/10 g，24 h 内按同一剂量给药 3 次，连续观察 14 天，给药组及对照组小鼠观察的各项指标均正常，均未见小鼠死亡。大鼠灌胃给予 XFC 进行大鼠最大给药量试验，以最大浓度为 172.89 mg/mL，最大容积为 2 mL/100 g，24 h 内按同一剂量给药 3 次，连续观察 14 天，给药组及对照组大鼠观察的各项指标均正常，均未见大鼠死亡。本受试药灌胃给予小鼠最大给药量（MTD）为 148.2 g 生药/kg，相当于临床拟用量的 988 倍，大鼠最大给药量（MTD）为 74.1 g 生药/kg，相当于临床拟用量的 494 倍，提示 XFC 无明显急性毒性作用。

二、健脾化湿通络方大鼠长期毒性实验研究

健康 SD 大鼠，雌、雄各半，随机分为对照组，低、中、高剂量组，每组 10 只，采用与临床给药途径一致的灌胃给药方式，每周给药 6 次，给药容积 10 mL/kg，每次每只动物的给药量根据动物最近的体重进行调整。供试品临床拟日用量 0.021 g 浸膏/kg，故设 XFC 高剂量（18 g 生药/kg、2.52 g 浸膏/kg）、中剂量（9.0 g 生药/kg、1.26 g 浸膏/kg）和低剂量（4.5 g 生药/kg、0.63 g 浸膏/kg）组，分别相当于临床剂量的 120 倍、60 倍、30 倍。分别在 3 个月、

6个月和恢复期结束后进行生化和病理检查。

研究发现，实验期间各组大鼠一般活动正常，摄食、饮水正常，毛发光泽。与对照组比较灌胃给予XFC对实验组大鼠体重增长无明显影响。除高剂量组1只大鼠和低剂量组2只大鼠意外死亡外，整个给药期间及恢复期，大鼠未观察到异常情况。意外死亡的大鼠分别发生在高剂量组给药22周时1只雄性SD大鼠意外死亡，低剂量组在给药24周和25周时分别有1只雄性SD大鼠死亡，对死亡SD大鼠大体解剖均未发现脏器器质性病变，推测可能是窒息死亡。体重方面，高剂量组雄性SD大鼠在7~12周期间体重显著性增加（$P<0.05$ 或 $P<0.01$），而高剂量组雌性SD大鼠体重在21周有一过性显著降低。中、低剂量组大鼠在实验研究期间体重未出现异常变化。

（一）在给药3个月、6个月和恢复期检测各给药组SD大鼠血液指标

在给药6个月时，高、中、低剂量组雄性SD大鼠红细胞（red blood cell，RBC）和血红蛋白（Hemoglobin，Hb）较对照组显著降低（$P<0.05$），同期雌性大鼠RBC和Hb值与对照组比较无显著性差异，并且各给药组大鼠RBC和Hb值均在正常值范围内。因此给药6个月时雄性SD大鼠RBC和Hb值降低与药物无关，可能属于确定的变化。生化检测指标AST、ALT、碱性磷酸酶（alkaline phosphatase，ALP）、总蛋白（total protein，TP）、白蛋白（albumin，ALB）、胆固醇（cholesterol，CHOL）、甘油三酯（triglyceride，TG）、间接胆红素（indirect bilirubin，TBIL）、葡萄糖（glucose，GLU）、尿素氮（blood urea nitrogen，BUN）、肌酐（creatinine，CREA）、钾、钠、氯检测结果详见表5-9和表5-10。给药3个月时，虽然高、中、低3个剂量组AST、ALT比对照组显著性降低，但AST和ALT降低无病理学意义；中剂量组ALB和CHOL出现一过性升高；给药6个月时，雄性SD大鼠高、中、低3个剂量组BUN和CREA均较对照组降低，但BUN和CREA降低无病理学意义。中剂量组雄性大鼠血糖较对照组降低，但无剂量反应关系，差异也无规律性，且均在文献正常参考值范围之内，属不确定的变化。实验恢复期实验组雄性大鼠血液生化学指标未见异常变化。

实验给药期间，给药3个月时，雌性SD大鼠中剂量组AST水平较对照组降低，高、中、低剂量组TP和ALB均较对照组显著升高，但在正常值范围内，并且AST水平降低和TP、ALB升高在一定范围内无病理学意义。高剂量组雌性大鼠TG水平较对照降低，提示长期给予XFC可以一定程度降低TG水平；高、中剂量组GLU水平较对照组降低，但在正常值范围内，提示长期给药可一定程度降低血糖水平。给药6个月时，高、中、低剂量组ALP水平较对照组显著降低，但ALP水平降低无病理学意义。实验恢复期各组雌性大鼠血液生化学指标未见异常变化。实验结果见表5-9~表5-14。

表5-9　雄性SD大鼠血液生化学指标情况（3个月）（$\bar{x}\pm s$，$n=4$）

组别	指标						
	AST（U/L）	ALT（U/L）	ALP（U/L）	TP（g/L）	ALB（g/L）	CHOL（nmol/L）	TG（nmol/L）
对照组	103.25±17.44	51.75±9.91	110.00±50.81	66.38±1.37	28.98±1.81	0.975±0.11	1.560±0.12
低剂量组	78.00±10.10*	38.75±6.99	127.00±44.22	68.55±2.25	32.28±1.38	1.018±0.09	1.493±0.11
中剂量组	63.50±7.19**	38.00±10.86	110.75±16.86	69.25±2.47	33.25±1.53*	1.228±0.09*	1.740±0.11
高剂量组	59.25±4.57**	29.75±7.97*	121.75±26.29	69.83±2.44	32.60±2.49	1.005±0.09	1.590±0.11

（续表）

组别	指标						
	TBIL (μmol/L)	GLU (mmol/L)	BUN (mmol/L)	CREA (μmol/L)	钾 (mmol/L)	钠 (mmol/L)	氯 (mmol/L)
对照组	0.875±0.22	8.018±0.76	8.15±1.33	45±10	5.235±0.64	136.45±2.17	100.73±2.05
低剂量组	0.550±0.10	8.885±0.84	7.53±0.62	53±9	5.235±1.62	137.18±1.35	100.13±0.99
中剂量组	0.575±0.17	8.563±1.01	8.25±0.35	57±6	4.763±0.52	136.08±0.88	99.53±0.50
高剂量组	0.550±0.13	8.173±1.65	7.75±0.13	49±21	5.303±1.46	136.25±1.00	100.83±0.78

注：与对照组比较，*$P<0.05$，**$P<0.01$。

表 5-10　雄性 SD 大鼠血液生化学指标情况（6 个月）（$\bar{x}\pm s$）

组别	指标						
	AST (U/L)	ALT (U/L)	ALP (U/L)	TP (g/L)	ALB (g/L)	CHOL (nmol/L)	TG (nmol/L)
对照组	73.50±7.42	30.00±9.38	63.25±15.24	68.53±1.80	28.43±1.13	0.900±0.204	0.385±0.075
低剂量组	77.75±8.85	35.25±4.27	44.00±14.67	69.18±2.07	28.33±1.57	1.265±0.316	0.513±0.112
中剂量组	89.00±11.17	29.25±7.14	62.00±42.96	68.40±3.43	26.95±0.93	1.163±0.238	0.460±0.222
高剂量组	76.25±6.55	30.25±3.30	43.25±14.75	65.48±3.02	27.55±1.45	1.160±0.300	0.425±0.225
组别	TBIL (μmol/L)	GLU (mmol/L)	BUN (mmol/L)	CREA (μmol/L)	钾 (mmol/L)	钠 (mmol/L)	氯 (mmol/L)
对照组	0.875±0.22	8.018±0.76	8.15±1.33	45±10	5.235±0.64	136.45±2.17	100.73±2.05
低剂量组	0.550±0.10	8.885±0.84	7.53±0.62	53±9	5.235±1.62	137.18±1.35	100.13±0.99
中剂量组	0.575±0.17	8.563±1.01	8.25±0.35	57±6	4.763±0.52	136.08±0.88	99.53±0.50
高剂量组	0.550±0.13	8.173±1.65	7.75±0.13	49±21	5.303±1.46	136.25±1.00	100.83±0.78

注：与对照组比较，$P<0.05$。对照组和中剂量组，$n=4$；低剂量组，$n=2$；高剂量组，$n=3$。

表 5-11　雄性 SD 大鼠血液生化学指标情况（恢复期）（$\bar{x}\pm s$，$n=2$）

组别	指标						
	AST (U/L)	ALT (U/L)	ALP (U/L)	TP (g/L)	ALB (g/L)	CHOL (nmol/L)	TG (nmol/L)
对照组	125.00±36.77	38.50±0.71	54.000±12.728	62.50±0.28	25.25±2.33	1.325±0.035	0.310±0.028
低剂量组	132.50±12.02	37.50±3.54	53.000±9.899	61.70±4.67	22.90±2.83	1.425±0.049	0.390±0.255
中剂量组	94.00±1.41	32.50±4.95	83.500±37.477	65.30±4.10	27.10±0.28	1.015±0.177	0.365±0.021
高剂量组	83.00±18.38	30.50±4.95	76.000±12.728	67.45±2.33	27.55±0.35	1.735±0.092	0.340±0.184
组别	TBIL (μmol/L)	GLU (mmol/L)	BUN (mmol/L)	CREA (μmol/L)	钾 (mmol/L)	钠 (mmol/L)	氯 (mmol/L)
对照组	0.750±0.07	7.970±0.51	7.43±0.33	58±1	5.510±0.48	138.50±2.12	101.90±0.28
低剂量组	0.550±0.07	6.940±0.00	8.86±0.65	62±4	5.925±0.53	137.50±0.71	102.25±1.63
中剂量组	0.750±0.07	6.645±0.59	7.54±0.75	49±4	5.385±0.16	138.50±0.71	102.30±0.57
高剂量组	0.750±0.49	8.200±0.98	6.17±0.29	51±3	5.260±0.04	139.00±0.00	99.70±0.14

注：与对照组比较，$P>0.05$。

表 5－12　雌性 SD 大鼠血液生化学指标情况（3 个月）（$\bar{x}\pm s$，$n=4$）

组别	AST（U/L）	ALT（U/L）	ALP（U/L）	TP（g/L）	ALB（g/L）	CHOL（nmol/L）	TG（nmol/L）
对照组	106.75±33.35	46.75±24.58	71.75±14.91	67.88±2.09	33.48±1.58	1.025±0.11	1.735±0.17
低剂量组	68.25±4.99	29.25±5.44	69.25±26.74	72.30±1.08*	36.75±0.97*	1.325±0.18	1.630±0.13
中剂量组	59.00±8.83*	23.75±2.50	70.50±20.98	71.03±3.38	36.38±1.24*	1.265±0.13	2.043±0.41
高剂量组	69.00±15.64	38.00±8.04	66.50±14.71	75.68±3.47*	38.18±1.30**	1.083±0.19	1.478±0.07*

组别	TBIL（μmol/L）	GLU（mmol/L）	BUN（mmol/L）	CREA（μmol/L）	钾（mmol/L）	钠（mmol/L）	氯（mmol/L）
对照组	0.325±0.171	9.925±2.509	9.80±1.06	49±17	4.815±0.838	137.10±1.08	100.40±1.15
低剂量组	0.325±0.050	7.668±0.826	8.90±0.62	29±16	5.588±1.071	136.93±0.48	100.98±1.11
中剂量组	0.375±0.150	7.965±0.136*	8.33±0.33	33±21	5.558±1.526	136.78±1.05	99.30±0.56
高剂量组	0.450±0.058	7.415±0.496*	9.58±1.42	47±6	5.870±0.530	136.30±1.68	99.40±2.37

注：与对照组比较，*$P<0.05$，**$P<0.01$。

表 5－13　雌性 SD 大鼠血液生化学指标情况（6 个月）（$\bar{x}\pm s$，$n=4$）

组别	AST（U/L）	ALT（U/L）	ALP（U/L）	TP（g/L）	ALB（g/L）	CHOL（nmol/L）	TG（nmol/L）
对照组	80.75±10.01	37.00±6.00	140.00±20.22	64.30±4.75	22.90±1.80	0.948±0.162	0.580±0.161
低剂量组	95.67±28.99	35.33±6.66	66.00±7.00**	62.70±3.13	21.93±0.97	0.793±0.032	0.567±0.075
中剂量组	83.00±7.39	31.00±4.32	74.50±9.98**	61.43±1.01	22.85±1.45	0.755±0.169	0.538±0.126
高剂量组	83.50±16.26	39.00±1.41	34.00±5.66**	69.90±1.27	28.80±0.42	1.345±0.120	0.460±0.170

组别	TBIL（μmol/L）	GLU（mmol/L）	BUN（mmol/L）	CREA（μmol/L）	钾（mmol/L）	钠（mmol/L）	氯（mmol/L）
对照组	2.750±0.500	8.558±1.433	8.93±1.87	26±5	4.455±0.095	142.50±1.00	101.08±0.21
低剂量组	2.333±0.577	6.063±0.614	5.48±1.02	28±7	4.510±0.324	140.33±0.58	101.20±1.05
中剂量组	3.750±2.217	6.630±0.997	6.27±1.25	31±4	4.460±0.385	142.25±2.06	101.90±0.61
高剂量组	1.500±0.707	7.230±0.325	6.44±0.91	30±4	4.570±0.028	140.00±2.83	102.20±2.12

注：与对照组比较，**$P<0.01$。

表 5－14　雌性 SD 大鼠血液生化学指标情况（恢复期）（$\bar{x}\pm s$，$n=2$）

组别	AST（U/L）	ALT（U/L）	ALP（U/L）	TP（g/L）	ALB（g/L）	CHOL（nmol/L）	TG（nmol/L）
对照组	107.50±13.44	35.50±6.36	39.000±15.556	71.60±6.08	33.40±2.83	1.630±0.976	0.520±0.297
低剂量组	99.00±7.07	57.50±7.78	43.500±17.678	69.55±1.48	34.35±1.77	1.385±0.092	0.270±0.113
中剂量组	97.50±9.19	40.00±16.97	36.500±3.536	64.75±4.03	28.60±0.99	1.310±0.424	0.330±0.085
高剂量组	108.00±7.07	50.00±15.56	32.000±18.385	61.20±1.56	27.90±2.69	1.435±0.007	0.290±0.057

（续表）

组别	指标						
	TBIL (μmol/L)	GLU (mmol/L)	BUN (mmol/L)	CREA (μmol/L)	钾 (mmol/L)	钠 (mmol/L)	氯 (mmol/L)
对照组	0.550±0.354	7.490±1.117	7.39±2.02	55±1	5.140±0.028	138.50±2.12	100.70±1.70
低剂量组	0.250±0.212	7.795±1.195	7.54±2.76	53±3	4.725±0.035	139.50±0.71	106.35±2.76
中剂量组	0.400±0.424	6.695±0.785	6.95±1.07	51±5	5.075±0.092	137.00±0.00	102.50±0.99
高剂量组	0.500±0.283	5.915±1.308	7.09±1.05	56±1	5.480±0.707	138.50±0.71	104.40±0.71

注：与对照组比较，$P>0.05$。

（二）脏器系数及脏器/脑比

给药3个月时，雄性SD大鼠高剂量组肺脏器系数、脾脏/脑比显著性降低（$P<0.05$），中剂量组脾脏脏器系数显著性降低（$P<0.05$）；雌性动物高剂量组脾脏脏器系数显著性降低（$P<0.05$）。低剂量组雄鼠和雌性SD大鼠脏器系数及脏器/脑比无明显变化。给药6个月时，雄性SD大鼠高剂量组肾上腺/脑比显著性升高（$P<0.05$），其他各组无明显变化，实验结果见表5-15～表5-26。

表5-15 雄性SD大鼠脏器系数情况（3个月）（$\bar{x}\pm s$，%，$n=4$）

组别	脏器				
	心脏	脑	肝脏	脾脏	肺脏
对照组	0.279 5±0.011 3	0.405 1±0.079 3	3.252 5±0.262 6	0.469 7±0.094 5	0.783 9±0.210 6
低剂量组	0.283 1±0.013 1	0.341 8±0.052 5	2.894 1±0.391 7	0.455 3±0.091 2	0.551 2±0.061 8
中剂量组	0.257 5±0.022 7	0.331 1±0.018 6	3.225 1±0.265 3	0.217 9±0.047 7**	0.533 0±0.017 3
高剂量组	0.263 5±0.029 6	0.328 8±0.053 9	3.472 2±0.132 5	0.222 4±0.058 6**	0.462 5±0.030 7*
组别	肾脏	肾上腺	胸腺	睾丸	附睾
对照组	0.603 7±0.030 0	0.021 5±0.006 3	0.127 5±0.038 6	0.686 3±0.083 8	0.538 8±0.142 7
低剂量组	0.611 5±0.032 9	0.023 7±0.004 3	0.142 1±0.044 8	0.653 9±0.104 9	0.485 1±0.091 8
中剂量组	0.549 8±0.028 0	0.019 9±0.004 3	0.143 2±0.052 0	0.588 7±0.069 1	0.478 2±0.117 0
高剂量组	0.569 5±0.045 8	0.022 1±0.004 7	0.141 1±0.046 2	0.615 6±0.122 0	0.481 4±0.098 1

注：与对照组比较，$^{*}P<0.05$，$^{**}P<0.01$。

表5-16 雄性SD大鼠脏器系数情况（6个月）（$\bar{x}\pm s$，%）

组别	脏器				
	心脏	脑	肝脏	脾脏	肺脏
对照组	0.260 6±0.054 5	0.297 2±0.064 0	3.007 3±0.809 9	0.340 9±0.082 4	0.490 3±0.060 8
低剂量组	0.317 7±0.025 3	0.339 6±0.030 7	2.778 4±0.204 8	0.396 5±0.015 8	0.602 9±0.008 9
中剂量组	0.282 0±0.027 4	0.303 7±0.025 6	2.627 2±0.277 2	0.419 2±0.066 7	0.455 3±0.087 9
高剂量组	0.290 0±0.019 7	0.282 8±0.035 4	2.809 8±0.143 9	0.337 2±0.049 2	0.410 8±0.046 3

（续表）

组别	脏器				
	肾脏	肾上腺	胸腺	睾丸	附睾
对照组	0.597 0±0.081 7	0.020 2±0.010 6	0.097 6±0.021 1	0.705 0±0.109 7	0.505 8±0.180 5
低剂量组	0.607 1±0.053 5	0.036 7±0.001 0	0.101 3±0.008 8	0.622 1±0.033 0	0.516 5±0.049 0
中剂量组	0.653 6±0.042 3	0.023 3±0.007 5	0.081 9±0.032 8	0.792 4±0.076 1	0.557 1±0.147 4
高剂量组	0.634 4±0.049 5	0.033 4±0.001 6	0.089 4±0.036 5	0.529 3±0.046 8	0.312 3±0.087 9

注：与对照组比较，$P>0.05$，对照组和中剂量组，n＝4，低剂量组，n＝2，高剂量组，n＝3。

表 5－17　雄性 SD 大鼠脏器系数情况（恢复期）（$\bar{x}\pm s$，%，$n=2$）

组别	脏器				
	心脏	脑	肝脏	脾脏	肺脏
对照组	0.301 6±0.006 5	0.328 9±0.006 6	2.468 6±0.167 0	0.326 3±0.094 2	0.518 6±0.024 7
低剂量组	0.297 1±0.010 7	0.263 0±0.027 4	2.459 8±0.084 5	0.410 2±0.032 3	0.469 5±0.068 6
中剂量组	0.271 9±0.030 3	0.325 6±0.058 4	2.426 8±0.066 2	0.420 3±0.088 4	0.503 6±0.013 8
高剂量组	0.287 3±0.057 4	0.317 3±0.023 3	2.512 6±0.072 3	0.389 3±0.094 5	0.600 7±0.100 2
组别	脏器				
	肾脏	肾上腺	胸腺	睾丸	附睾
对照组	0.644 3±0.057 5	0.022 2±0.009 3	0.069 0±0.044 8	0.951 2±0.032 7	0.683 3±0.192 9
低剂量组	0.541 2±0.075 1	0.019 1±0.005 4	0.082 5±0.019 5	0.665 3±0.347 6	0.621 3±0.123 5
中剂量组	0.636 4±0.011 9	0.019 8±0.001 8	0.098 9±0.026 8	0.720 3±0.028 1	0.686 2±0.015 9
高剂量组	0.630 8±0.050 9	0.020 8±0.006 9	0.075 8±0.018 4	0.684 5±0.203 3	0.537 4±0.122 9

注：与对照组比较，$P>0.05$。

表 5－18　雌性 SD 大鼠脏器系数情况（3 个月）（$\bar{x}\pm s$，%，$n=4$）

组别	脏器				
	心脏	脑	肝脏	脾脏	肺脏
对照组	0.298 6±0.020 2	0.487 6±0.034 4	3.362 1±0.233 6	0.254 1±0.109 9	0.811 5±0.245 8
低剂量组	0.305 4±0.014 2	0.508 5±0.066 8	3.527 9±0.308 1	0.210 2±0.038 5	0.673 8±0.066 9
中剂量组	0.319 4±0.096 7	0.415 0±0.052 7	3.125 6±0.199 8	0.204 5±0.040 1	0.611 3±0.043 5
高剂量组	0.316 1±0.037 4	0.462 2±0.070 8	3.125 8±0.168 0	0.218 2±0.039 5	0.606 2±0.050 6
组别	脏器				
	肾脏	肾上腺	胸腺	子宫	卵巢
对照组	0.686 7±0.029 5	0.036 1±0.008 9	0.153 9±0.043 1	0.266 4±0.049 3	0.179 0±0.026 3
低剂量组	0.731 8±0.144 1	0.030 3±0.005 6	0.166 4±0.059 2	0.180 2±0.030 1	0.167 2±0.034 1
中剂量组	0.610 1±0.084 8	0.032 1±0.003 4	0.158 0±0.042 8	0.254 5±0.059 7	0.163 4±0.041 6
高剂量组	0.637 7±0.060 8	0.033 3±0.006 8	0.151 9±0.037 6	0.223 7±0.028 6	0.157 7±0.048 6

注：与对照组比较，$P>0.05$。

表 5－19　雌性 SD 大鼠脏器系数情况(6 个月)($\bar{x}\pm s$, %, $n=4$)

组别	脏器				
	心脏	脑	肝脏	脾脏	肺脏
对照组	0.313 0±0.039 7	0.424 0±0.042 0	3.047 9±0.318 1	0.419 2±0.133 3	0.672 7±0.220 7
低剂量组	0.331 4±0.015 1	0.406 9±0.017 9	2.570 7±0.126 1	0.301 3±0.090 7	0.516 1±0.050 3
中剂量组	0.354 0±0.041 7	0.393 1±0.026 3	2.886 8±0.224 5	0.387 0±0.077 7	0.652 0±0.124 8
高剂量组	0.344 1±0.026 5	0.432 5±0.066 3	2.887 3±0.271 0	0.240 4±0.020 3*	0.628 2±0.094 3

组别	脏器				
	肾脏	肾上腺	胸腺	子宫	卵巢
对照组	0.717 3±0.094 4	0.037 4±0.005 3	0.121 0±0.019 6	0.263 7±0.164 5	0.181 3±0.053 8
低剂量组	0.664 0±0.028 6	0.043 5±0.004 4	0.130 3±0.061 4	0.229 6±0.024 7	0.182 6±0.075 6
中剂量组	0.681 7±0.042 0	0.049 8±0.009 2	0.126 4±0.040 9	0.205 8±0.032 7	0.164 8±0.067 8
高剂量组	0.622 3±0.105 3	0.036 1±0.012 5	0.095 0±0.032 9	0.244 8±0.070 0	0.159 7±0.046 5

注：与对照组比较，$P>0.05$。

表 5－20　雌性 SD 大鼠脏器系数情况(恢复期)($\bar{x}\pm s$, %, $n=2$)

组别	脏器				
	心脏	脑	肝脏	脾脏	肺脏
对照组	0.339 4±0.016 2	0.431 1±0.003 0	2.713 5±0.004 2	0.363 7±0.036 9	0.746 7±0.163 8
低剂量组	0.333 1±0.014 9	0.471 4±0.042 4	2.605 6±0.019 3	0.285 6±0.110 5	0.664 8±0.009 1
中剂量组	0.330 4±0.003 3	0.418 5±0.024 4	2.684 9±0.516 8	0.362 2±0.026 4	0.549 6±0.015 9
高剂量组	0.308 5±0.004 8	0.493 4±0.020 8	2.830 7±0.438 0	0.323 0±0.104 7	0.633 4±0.048 2

组别	脏器				
	肾脏	肾上腺	胸腺	子宫	卵巢
对照组	0.699 0±0.070 0	0.040 6±0.000 1	0.167 9±0.004 6	0.314 1±0.263 8	0.183 7±0.019 6
低剂量组	0.647 6±0.023 8	0.038 6±0.006 2	0.109 1±0.002 3	0.217 3±0.004 1	0.172 4±0.032 4
中剂量组	0.594 2±0.114 0	0.039 8±0.002 1	0.173 9±0.106 3	0.272 3±0.108 1	0.147 1±0.069 3
高剂量组	0.589 4±0.030 5	0.038 9±0.008 2	0.137 0±0.004 0	0.213 2±0.038 1	0.179 0±0.091 0

注：与对照组比较，$P>0.05$。

表 5－21　雄性 SD 大鼠脏器/脑比情况(3 个月)($\bar{x}\pm s$, $n=4$)

组别	脏器				
	心脏	肝脏	脾脏	肺脏	肾脏
对照组	0.707 6±0.123 5	8.246 4±1.657 1	1.180 0±0.292 0	1.926 5±0.353 0	1.537 9±0.333 9
低剂量组	0.841 6±0.121 1	8.665 8±2.053 3	1.361 1±0.365 5	1.642 2±0.315 4	1.820 0±0.284 6
中剂量组	0.780 4±0.094 4	9.772 4±1.107 6	0.661 9±0.163 2*	1.612 9±0.091 3	1.666 0±0.152 7
高剂量组	0.812 3±0.109 3	10.827 3±2.236 8	0.684 1±0.179 2*	1.433 0±0.222 8	1.764 5±0.291 7

组别	脏器			
	肾上腺	胸腺	睾丸	附睾
对照组	0.054 8±0.021 3	0.331 4±0.139 2	1.717 9±0.208 1	1.396 9±0.583 5
低剂量组	0.071 1±0.019 1	0.412 7±0.095 8	1.917 7±0.205 1	1.451 8±0.404 4
中剂量组	0.060 4±0.014 6	0.430 6±0.150 2	1.787 6±0.283 3	1.455 0±0.407 4
高剂量组	0.068 0±0.014 5	0.422 6±0.094 3	1.917 4±0.482 0	1.468 6±0.235 8

注：与对照组比较，$P>0.05$。

表 5-22 雄性 SD 大鼠脏器/脑比情况(6 个月)($\bar{x}\pm s$)

组别	脏器				
	心脏	肝脏	脾脏	肺脏	肾脏
对照组	0.880 0±0.073 3	10.117 9±1.502 7	1.161 8±0.213 7	1.689 4±0.279 7	2.038 6±0.208 8
低剂量组	0.942 7±0.159 7	8.242 4±1.348 1	1.174 6±0.152 8	1.781 3±0.134 8	1.802 2±0.320 5
中剂量组	0.931 9±0.104 3	8.659 9±0.779 8	1.392 9±0.276 9	1.522 5±0.411 1	2.161 0±0.191 0
高剂量组	1.032 1±0.096 0	9.996 6±0.726 6	1.213 6±0.295 7	1.475 7±0.313 1	2.252 0±0.102 8

组别	脏器			
	肾上腺	胸腺	睾丸	附睾
对照组	0.066 0±0.023 9	0.339 5±0.090 7	2.402 5±0.232 9	1.693 4±0.418 8
低剂量组	0.108 7±0.012 6	0.298 4±0.001 1	1.835 0±0.068 8	1.533 9±0.283 1
中剂量组	0.076 5±0.023 2	0.277 0±0.128 7	2.625 8±0.366 1	1.866 1±0.626 6
高剂量组	0.118 8±0.008 9*	0.328 8±0.165 0	1.901 6±0.374 2	1.130 8±0.422 9

注：与对照组比较，*P>0.05，对照组和中剂量组，n=4，低剂量组，n=2，高剂量组，n=3。

表 5-23 雄性 SD 大鼠脏器/脑比情况(恢复期)($\bar{x}\pm s$，n=2)

组别	脏器				
	心脏	肝脏	脾脏	肺脏	肾脏
对照组	0.916 9±0.001 2	7.501 2±0.356 5	0.995 1±0.306 3	1.576 1±0.043 3	1.957 4±0.135 3
低剂量组	1.137 7±0.158 8	9.419 1±1.300 8	1.574 3±0.286 7	1.781 0±0.075 8	2.053 7±0.071 8
中剂量组	0.840 2±0.057 6	7.557 1±1.152 9	1.287 2±0.040 5	1.575 9±0.325 3	1.990 1±0.393 6
高剂量组	0.901 1±0.114 6	7.948 5±0.812 4	1.241 2±0.389 1	1.886 7±0.177 1	1.987 5±0.014 3

组别	脏器			
	肾上腺	胸腺	睾丸	附睾
对照组	0.067 1±0.027 0	0.211 3±0.140 3	2.891 4±0.041 0	2.083 6±0.628 3
低剂量组	0.072 0±0.013 1	0.319 1±0.107 4	2.474 0±1.064 1	2.350 2±0.225 2
中剂量组	0.061 4±0.005 3	0.316 4±0.139 1	2.240 8±0.315 7	2.137 8±0.334 8
高剂量组	0.066 5±0.026 6	0.241 7±0.075 6	2.139 4±0.483 5	1.683 9±0.263 4

注：与对照组比较，P>0.05。

表 5-24 雌性 SD 大鼠脏器/脑比情况(3 个月)($\bar{x}\pm s$，n=4)

组别	脏器				
	心脏	肝脏	脾脏	肺脏	肾脏
对照组	0.612 8±0.025 7	6.896 0±0.134 7	0.512 6±0.182 1	1.676 0±0.542 0	1.415 9±0.151 7
低剂量组	0.610 2±0.099 6	6.986 1±0.614 8	0.423 3±0.117 5	1.335 2±0.145 4	1.441 2±0.207 7
中剂量组	0.801 3±0.363 5	7.639 6±1.276 5	0.498 9±0.111 7	1.482 7±0.114 2	1.503 0±0.391 0
高剂量组	0.700 5±0.165 3	6.876 8±1.070 7	0.480 2±0.116 3	1.322 1±0.098 2	1.403 4±0.250 6

组别	脏器			
	肾上腺	胸腺	子宫	卵巢
对照组	0.073 6±0.012 8	0.318 1±0.094 9	0.548 1±0.106 4	0.370 8±0.076 3
低剂量组	0.060 8±0.016 8	0.337 3±0.134 5	0.363 2±0.097 6	0.335 0±0.083 8
中剂量组	0.078 5±0.014 2	0.378 4±0.078 7	0.624 8±0.177 2	0.395 5±0.089 0
高剂量组	0.072 6±0.015 9	0.333 7±0.089 6	0.492 4±0.093 8	0.336 4±0.061 5

注：与对照组比较，P>0.05。

表 5－25　雌性 SD 大鼠脏器/脑比情况(6 个月)($\bar{x}\pm s, n=4$)

组别	脏器				
	心脏	肝脏	脾脏	肺脏	肾脏
对照组	0.743 5±0.122 1	7.206 5±0.668 1	0.986 2±0.276 2	1.572 1±0.404 0	1.688 3±0.076 4
低剂量组	0.817 9±0.010 8	6.554 9±0.319 5	0.755 8±0.080 7	1.307 8±0.198 3	1.679 9±0.133 1
中剂量组	0.899 6±0.073 5	7.359 3±0.609 5	0.983 5±0.176 8	1.656 2±0.276 1	1.744 1±0.216 1
高剂量组	0.801 3±0.211 1	6.767 0±0.712 2	0.590 5±0.089 8	1.481 7±0.150 6	1.456 4±0.312 1

组别	脏器			
	肾上腺	胸腺	子宫	卵巢
对照组	0.088 0±0.003 8	0.286 0±0.039 8	0.616 1±0.362 3	0.425 0±0.107 5
低剂量组	0.102 2±0.009 8	0.245 9±0.190 2	0.565 8±0.068 7	0.335 8±0.118 3
中剂量组	0.127 0±0.023 8	0.324 5±0.112 0	0.523 2±0.070 7	0.420 2±0.167 9
高剂量组	0.091 1±0.053 3	0.243 7±0.127 1	0.590 4±0.156 9	0.371 1±0.070 6

注：与对照组比较，$P>0.05$。

表 5－26　雌性 SD 大鼠脏器/脑比情况(恢复期)($\bar{x}\pm s, n=2$)

组别	脏器				
	心脏	肝脏	脾脏	肺脏	肾脏
对照组	0.787 2±0.032 0	6.294 7±0.053 9	0.843 5±0.079 7	1.730 8±0.367 8	1.621 0±0.150 9
低剂量组	0.708 1±0.032 1	5.551 6±0.539 7	0.597 9±0.180 6	1.416 9±0.146 6	1.377 2±0.073 3
中剂量组	0.791 0±0.054 1	6.390 0±0.861 6	0.868 8±0.113 8	1.316 5±0.114 8	1.414 2±0.189 8
高剂量组	0.626 1±0.036 1	5.723 8±0.646 5	0.650 8±0.184 8	1.286 9±0.152 0	1.194 4±0.011 6

组别	脏器			
	肾上腺	胸腺	子宫	卵巢
对照组	0.094 2±0.000 4	0.389 5±0.008 0	0.401 5±0.045 2	0.374 9±0.235 5
低剂量组	0.081 6±0.005 7	0.232 2±0.016 1	0.572 4±0.061 3	0.360 4±0.048 8
中剂量组	0.095 1±0.000 5	0.408 8±0.230 0	0.577 1±0.080 3	0.340 7±0.075 0
高剂量组	0.079 3±0.020 1	0.278 1±0.019 9	0.425 2±0.030 1	0.328 1±0.060 8

注：与对照组比较，$P>0.05$。

(三) 组织病理学检查

组织病理学检查各组 SD 大鼠脑、胸腺、肝脏、肾脏、肾上腺、脾脏、肺脏、心脏、附睾、睾丸、卵巢、子宫等脏器病理学检查均未见显著异常，组织病理学结果见图 5－4～图 5－13(彩图 25～彩图 34)。

本实验通过对 SD 大鼠灌胃给予 XFC 2.52 g 浸膏/kg、1.26 g 浸膏/kg、0.63 g 浸膏/kg(相当于生药量分别为 18.0 g 生药/kg、9.0 g 生药/kg、4.5 g 生药/kg)6 个月的长期毒性研究检测 XFC 的长期毒性。从上述的研究结果看，虽然在给药 22 周时，高剂量组有 1 只雄性 SD 大鼠意外死亡(原因不明，有可能窒息死亡)，在给药 24 周和 25 周时，低剂量组分别有 1 只雄性 SD 大鼠死亡(原因不明，有可能窒息死亡)，但是死亡 SD 大鼠大体解剖均未发现脏器器质性病变，说明 XFC 长期使用对大鼠的存活情况无明显影响。

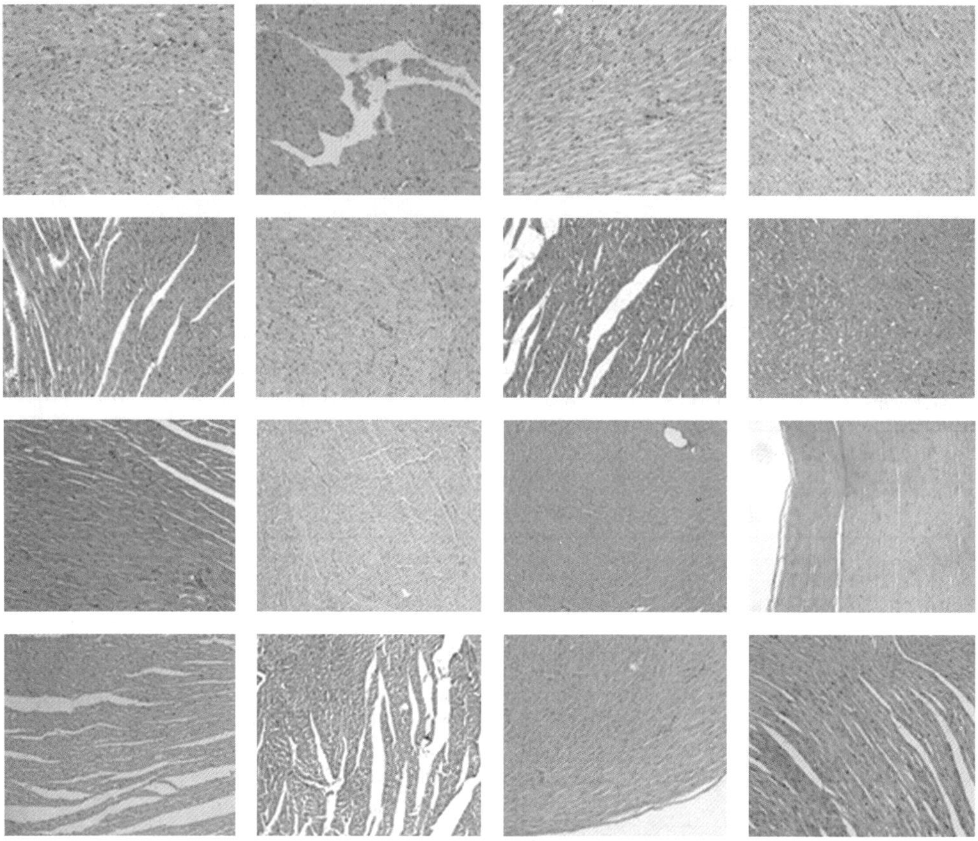

对照组
高剂量组
中剂量组
低剂量组
a
雄
雌
b
雄
雌

图 5－4　SD 大鼠心脏病理图(HE×200)

a. 给药 3 个月，雌雄鼠心脏 HE 染色结果图　b. 给药 6 个月，雌雄鼠心脏 HE 染色结果图

对照组
高剂量组
中剂量组
低剂量组
a
雄
雌

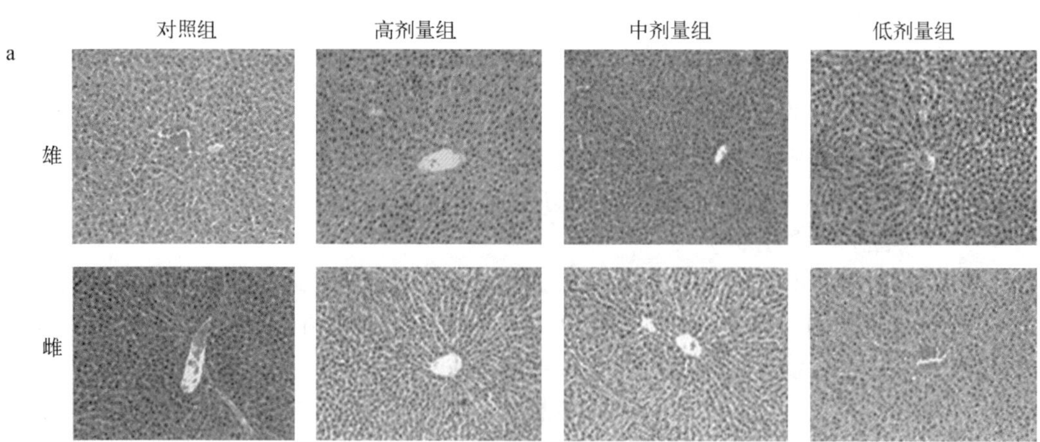

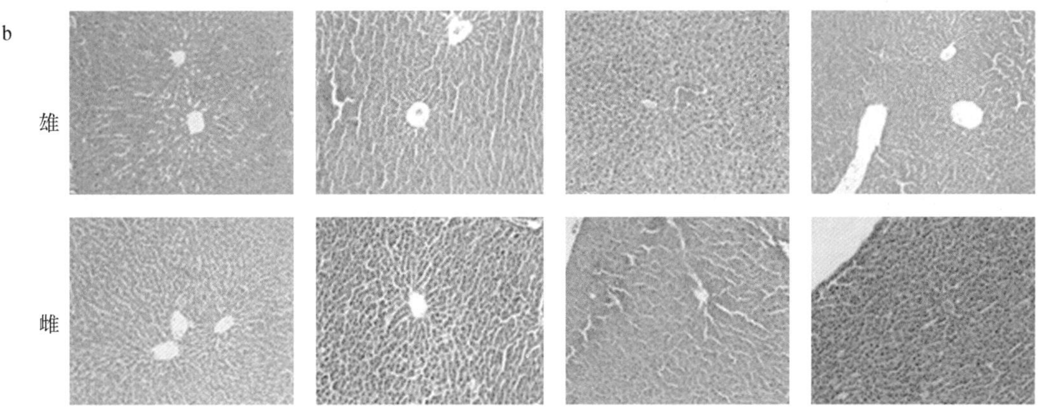

图 5-5　SD 大鼠肝脏脏病理图(HE×200)

a. 给药 3 个月,雌、雄鼠肝脏 HE 染色结果图　b. 给药 6 个月,雌、雄鼠肝脏 HE 染色结果图

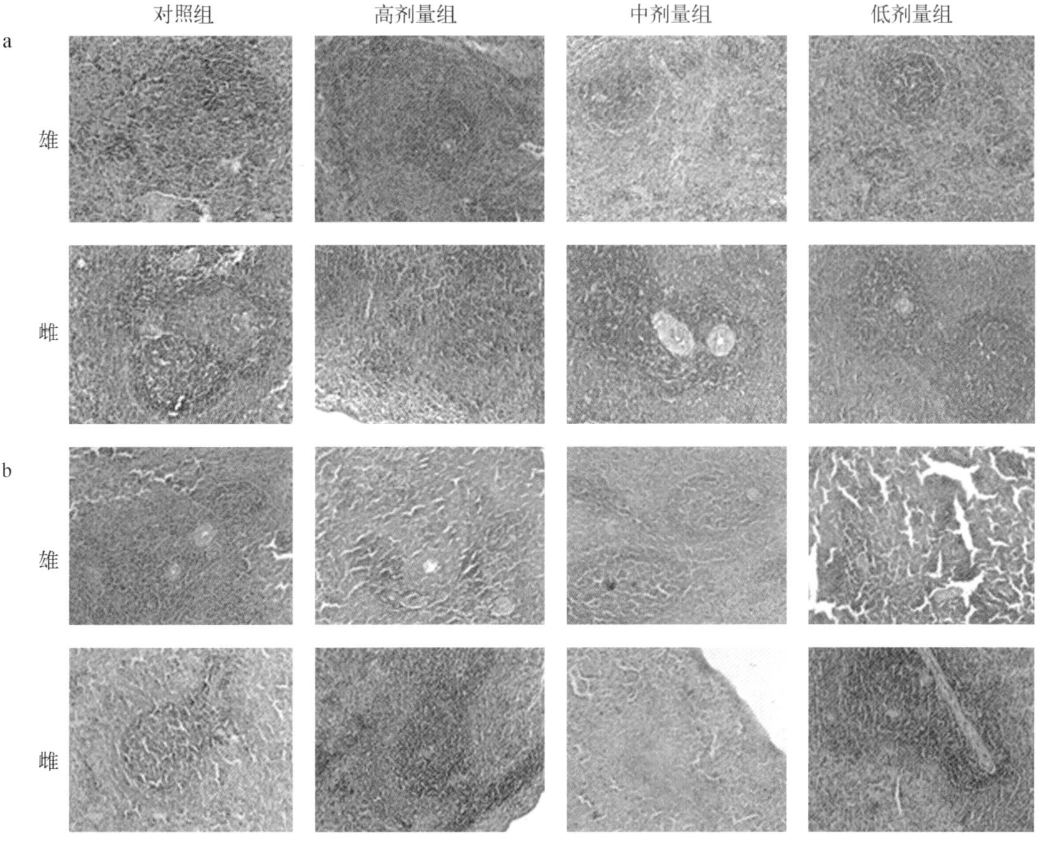

图 5-6　SD 大鼠脾脏病理图(HE×200)

a. 给药 3 个月,雌、雄鼠脾脏 HE 染色结果图　b. 给药 6 个月,雌、雄鼠脾脏 HE 染色结果图

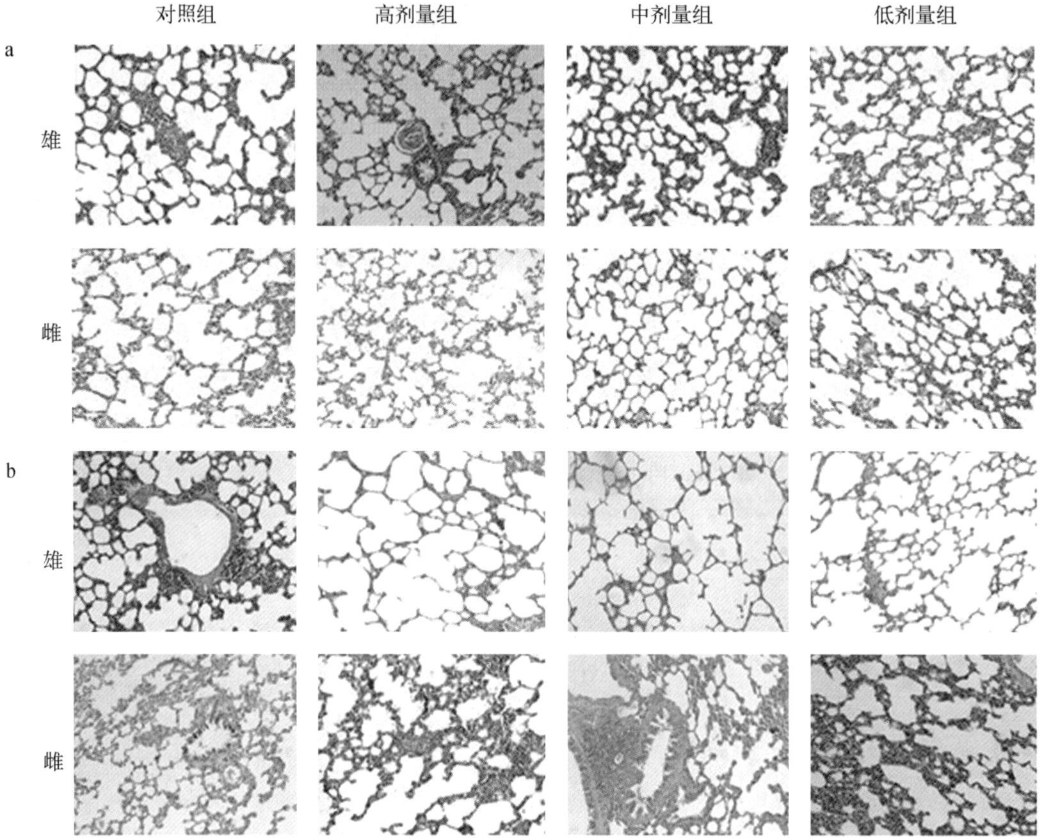

对照组
高剂量组
中剂量组
低剂量组
a
雄
雌
b
雄
雌

图 5－7　SD 大鼠肺脏病理图(HE×200)

a. 给药 3 个月,雌、雄鼠肺脏 HE 染色结果图　b. 给药 6 个月,雌、雄鼠肺脏 HE 染色结果图

对照组
高剂量组
中剂量组
低剂量组
a
雄
雌

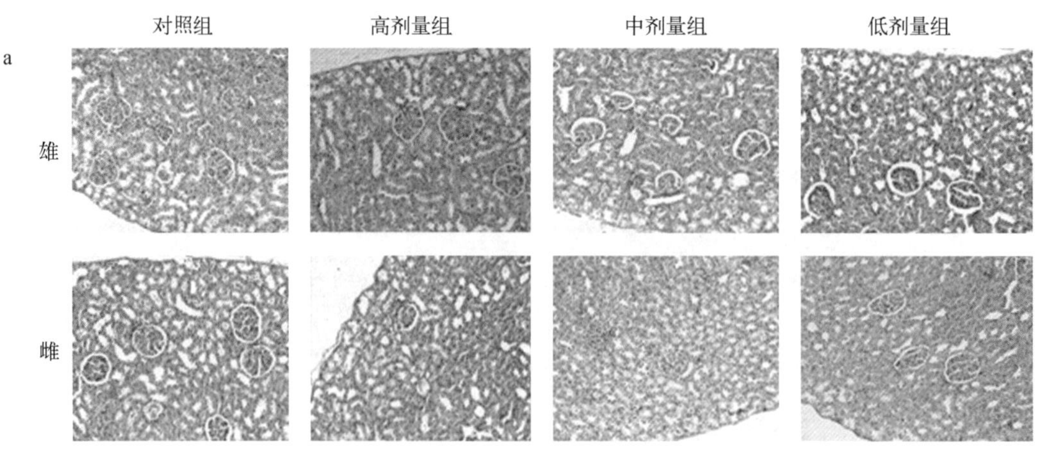

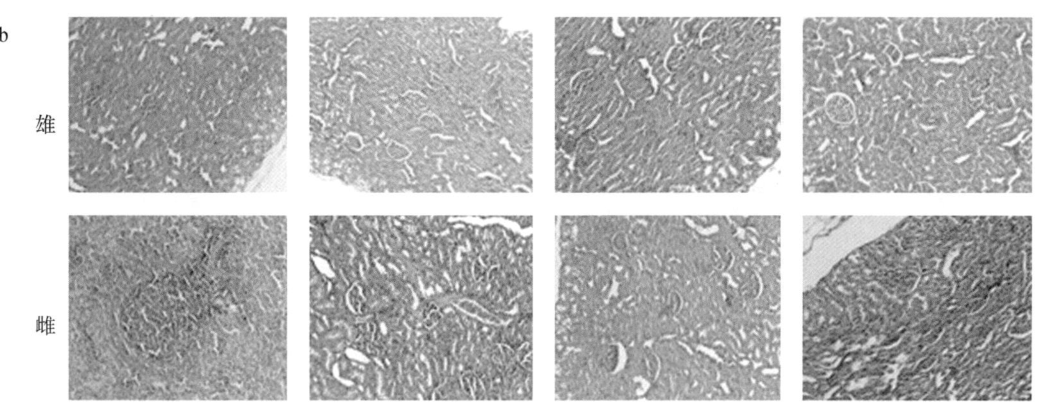

图 5－8　SD 大鼠肝脏病理图(HE×200)

a. 给药 3 个月,雌、雄鼠肝脏 HE 染色结果图　b. 给药 6 个月,雌、雄鼠肝脏 HE 染色结果图

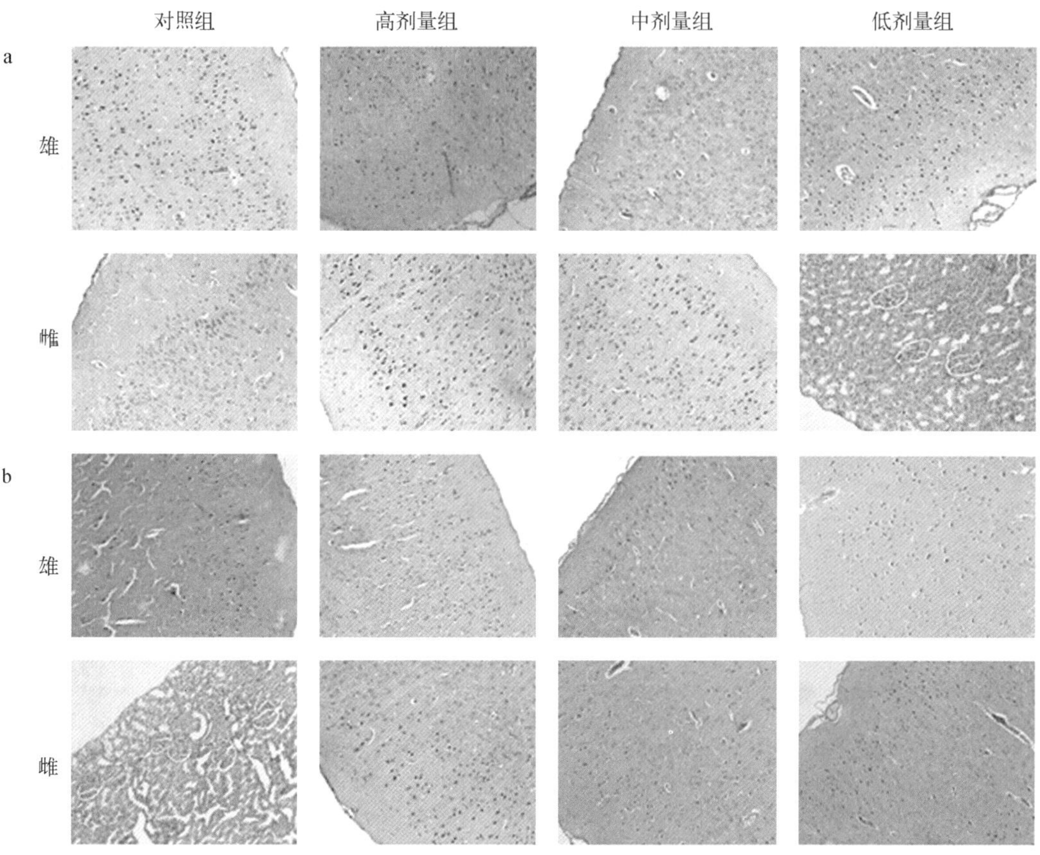

图 5－9　SD 大鼠脑病理图(HE×200)

a. 给药 3 个月,雌、雄鼠脑 HE 染色结果图　b. 给药 6 个月,雌、雄鼠脑 HE 染色结果图

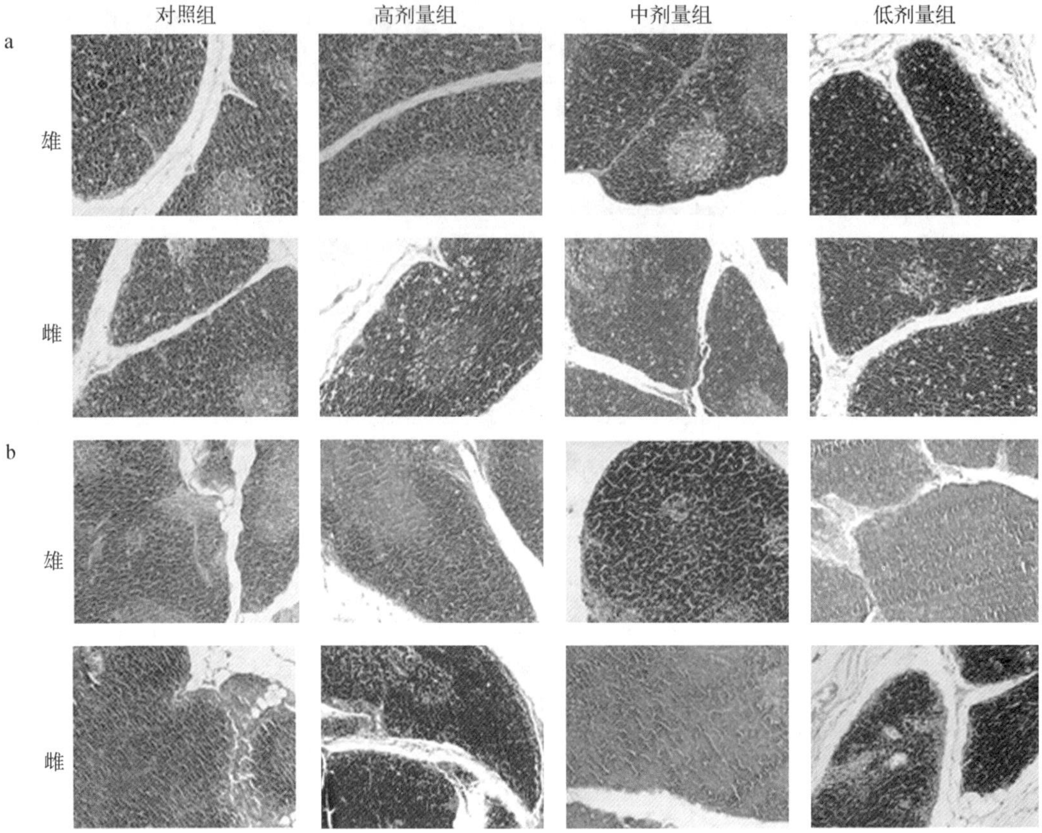

对照组
高剂量组
中剂量组
低剂量组
a
雄
雌
b
雄
雌

图 5－10　SD 大鼠胸腺病理图(HE×200)

a. 给药 3 个月,雌、雄鼠胸腺 HE 染色结果图　b. 给药 6 个月,雌、雄鼠胸腺 HE 染色结果图

对照组
高剂量组
中剂量组
低剂量组
a
雄
雌

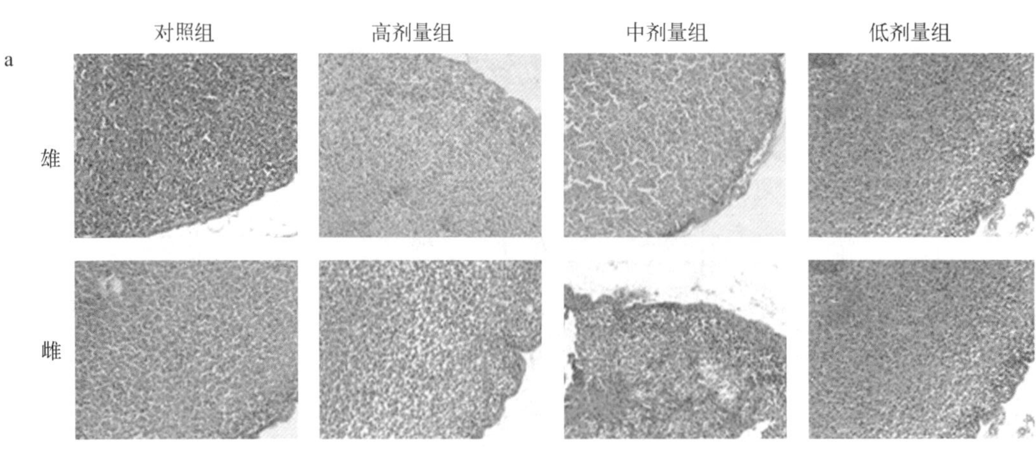

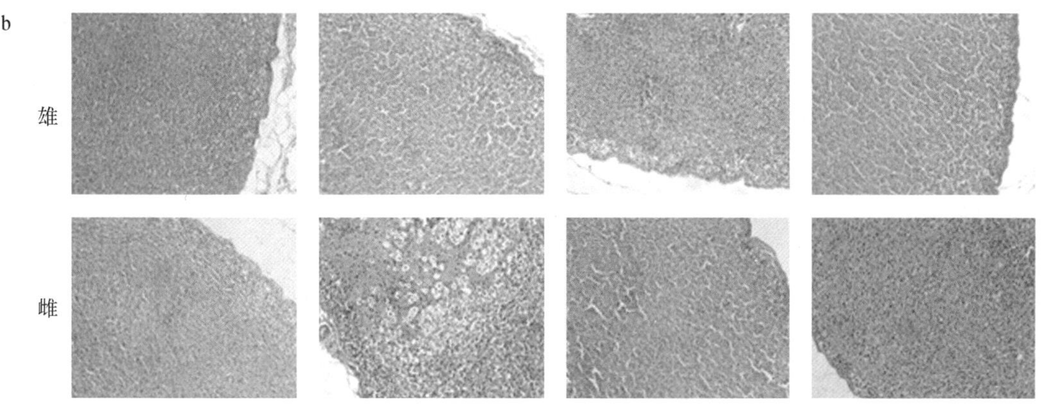

图 5-11 SD 大鼠肾上腺病理图(HE×200)

a. 给药 3 个月,雌、雄鼠肾上腺 HE 染色结果图 b. 给药 6 个月,雌、雄鼠肾上腺 HE 染色结果图

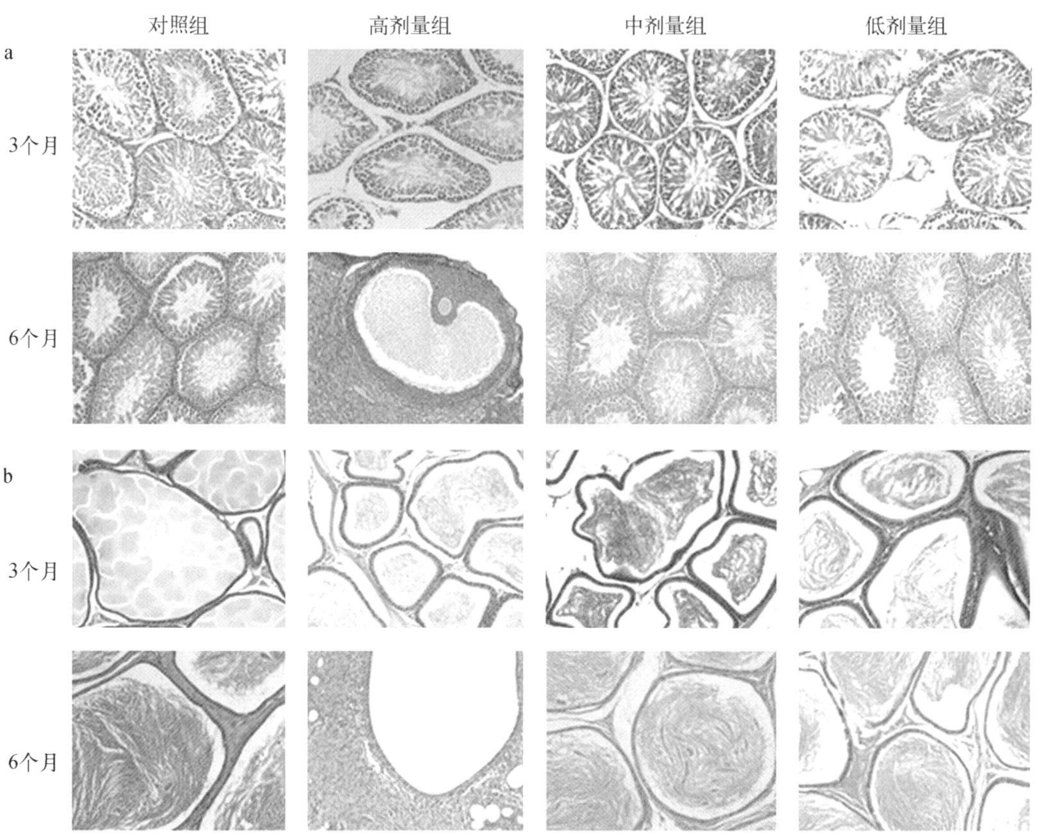

图 5-12 SD 雄鼠生殖系统病理图(HE×200)

a. 不同给药时间雄鼠睾丸组织 HE 染色结果图 b. 不同给药时间雄鼠附睾组织 HE 染色结果图

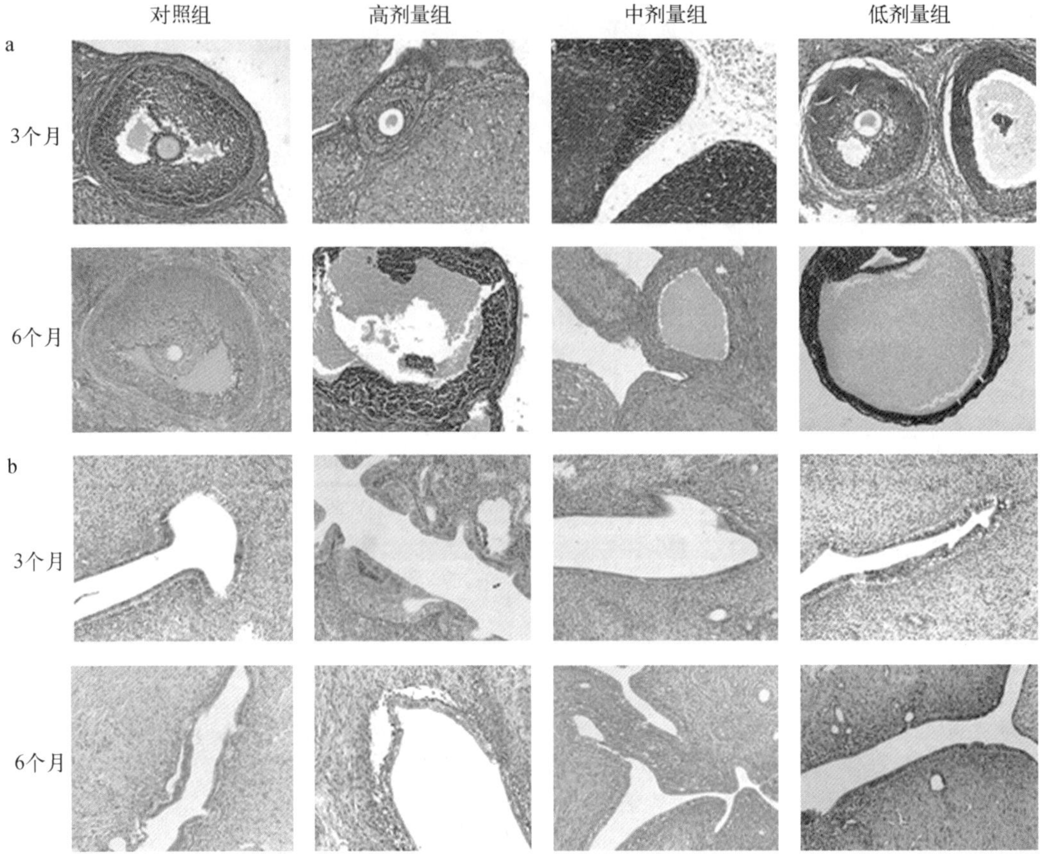

对照组　高剂量组　中剂量组　低剂量组

a

3个月

6个月

b

3个月

6个月

图 5－13　SD 雌鼠生殖系统病理图（HE×200）

a. 不同给药时间雌鼠卵巢 HE 染色结果图　b. 不同给药时间雌附睾卵巢 HE 染色结果图

体重方面，与对照组比较，高剂量组雄性 SD 大鼠在 7～12 周期间体重显著性增加（P<0.05 或 P<0.01），高剂量组雄性大鼠体重增加与药物毒性无关。另外，高剂量组雌性 SD 大鼠体重在 21 周有一过性显著降低，但随后 1 周即恢复，提示属于一过性波动，与药物无关。中、低剂量组大鼠在实验研究期间体重未出现异常变化。

血液学指标检测发现，在给药 6 个月时，高、中、低剂量组雄性 SD 大鼠 RBC 和 Hb 较对照组显著降低（P<0.05），同期雌性大鼠 RBC 和 Hb 与对照组比较无显著性差异，并且各给药组大鼠 RBC 和 Hb 值均在正常值范围内，因此给药 6 个月时雄性 SD 大鼠 RBC 和 Hb 值降低与药物无关，可能属于一过性的波动。血液生化学指标检测发现，在给药 3 个月时，与对照组比较雄性 SD 大鼠高、中、低 3 个剂量组 AST 均显著性降低，高剂量组 ALT 显著性降低，但 AST 和 ALT 降低无病理学意义。中剂量组 ALB 和 CHOL 出现一过性升高；另外，在给药 6 个月时，雄性 SD 大鼠高、中、低 3 个剂量组 BUN 和 CREA 均较对照组降低，但 BUN 和 CREA 降低无病理学意义。中剂量组雄性大鼠血糖较对照组降低，但无剂量反应关系，差异也无规律性，且均在文献正常参考值范围之内，属不确定的变化。实验恢复期实验组雄性大鼠血液生化学指标未见异常变化。实验给药期间，给药 3 个

月时，雌性 SD 大鼠中剂量组 AST 水平较对照组降低，高、中、低剂量组 TP 和 ALB 均较对照组显著升高，但在正常值范围内，并且 AST 水平降低和 TP、ALB 升高在一定范围内无病理学意义。高剂量组雌性大鼠 TG 水平较对照降低，提示长期给予 XFC 可以一定程度降低 TG 水平；高、中剂量组 GLU 水平较对照组降低，但在正常值范围内，提示长期给药可一定程度降低血糖水平。给药 6 个月时，高、中、低剂量组 ALP 水平较对照组显著降低，但 ALP 水平降低无病理学意义。实验恢复期各组雌性大鼠血液生化学指标未见异常变化。

实验期间对大鼠脏器观察发现，给药 3 个月时，与对照组比较，雄性动物高剂量组和中剂量组的脾脏脏器系数显著性降低（$P<0.05$ 或 $P<0.01$），雄性动物高剂量组肺脏器系数显著性降低（$P<0.05$）；给药 3 个月，与对照组比较，雌性动物高剂量组脾脏脏器系数显著性降低（$P<0.05$）。

综上所述，XFC 连续 6 个月灌胃给药，对大鼠的一般行为、摄食及体重增长、组织病理学检查及各脏器的脏器系数均未见明显的影响；血液学指标及血液生化学指标无明显异常变化，提示 XFC 大剂量长期灌胃给药对大鼠无明显毒性作用，也未出现蓄积毒性。

三、健脾化湿通络方比格犬长期毒性实验研究

在对大鼠进行长期毒性实验后，用比格犬进一步研究 XFC 长期毒性。选择健康比格犬，雌、雄各半，随机分为对照组，低、中、高剂量组，每组 4 只。采用与临床给药途径一致的灌胃给药方式，每周给药 6 次，给药容积 10 mL/kg，每次每只动物的给药量根据动物最近的体重进行调整。供试品临床拟日用量 0.021 g 浸膏/kg，故设 XFC 高剂量（10.71 g 生药/kg、1.5 g 浸膏/kg）、中剂量（5.36 g 生药/kg、0.75 g 浸膏/kg）和低剂量（2.68 g 生药/kg、0.375 g 浸膏/kg）组，分别相当于临床剂量的 70 倍、35 倍、17.5 倍。给药 6 个月生化和病理检查。

实验给药期间及停药恢复期，各剂量组 Beagle 犬一般活动、摄食、体重增长等均正常，未出现死亡或濒死状况，每条 Beagle 犬 200 g 犬粮摄取量均为 100%，Beagle 犬摄食正常。实验给药 1~2 周内，高、中剂量组有部分犬在灌胃给药后 30 min 内出现呕吐，给药第 3 周恢复正常，至给药结束各剂量组犬给药后未见呕吐；实验给药期间及停药恢复期 XFC 高、中、低剂量组及对照组犬均未出现腹泻、黏液粪便，也未观察到其他。

（一）各给药组 Beagle 犬各血液指标

各给药组 Beagle 犬各项血液学、血液生化学指标基本正常。在给药 3 个月后，XFC 高、中剂量组犬的 ALT 均值水平较对照组明显降低，ALP 均值水平较对照组明显升高；XFC 高剂量组犬的 CHOL 均值水平较对照组降低，TG 均值水平较对照组升高；给药 6 个月后，XFC 高剂量组犬的 ALP 均值水平较对照组升高，XFC 高、中、低剂量组 ALB 均值水平较对照组降低。虽这几个指标存在统计学上的差异，但差异无规律性，未随给药周期的延长、给药剂量增大而加剧，且在恢复期末均恢复正常。因此，考虑上述变化属供试品药效作用影响或正常生理范围的波动，并无毒理学意义，结果见表 5－27～表 5－30。

表 5－27　给药前及停药恢复期各组 Beagle 犬血液生化学指标情况（$\bar{x}\pm s$，$n=4$）

组别	AST (U/L)	ALT (U/L)	ALP (U/L)	TP (g/L)	ALB (g/L)	CHOL (nmol/L)	TG (nmol/L)
对照组	25.75±4.35	29.75±4.99	100.75±7.93	57.88±2.46	27.23±0.97	3.04±0.49	1.38±0.09
低剂量组	21.25±2.63	25.75±6.65	86.00±14.79	59.03±1.97	28.78±1.34	3.03±0.18	1.43±0.14
中剂量组	23.00±2.58	23.25±5.44	114.75±24.72	58.40±1.96	28.38±2.79	3.58±0.99	1.44±0.10
高剂量组	23.00±4.55	33.00±8.29	123.00±9.70	57.20±1.82	28.23±0.71	3.63±1.08	1.51±0.13
组别	TBIL (μmol/L)	GLU (mmol/L)	BUN (mmol/L)	CREA (μmol/L)	钾 (mmol/L)	钠 (mmol/L)	氯 (mmol/L)
对照组	0.45±0.13	6.67±0.30	3.85±0.52	58±18	4.51±0.18	140.08±0.05	98.53±0.53
低剂量组	0.33±0.15	6.67±0.21	3.38±0.36	46±24	4.56±0.24	140.68±1.42	99.68±1.24
中剂量组	0.28±0.10	6.68±0.32	4.28±1.76	64±15	4.79±0.29	140.20±1.28	100.23±0.74
高剂量组	0.40±0.12	6.69±0.37	3.45±1.10	58±5	4.70±0.25	140.85±0.54	98.48±2.02

注：与对照组比较，$P>0.05$。

表 5－28　给药期间及停药恢复期各组 Beagle 犬血液生化学指标情况（3 个月）（$\bar{x}\pm s$，$n=4$）

组别	AST (U/L)	ALT (U/L)	ALP (U/L)	TP (g/L)	ALB (g/L)	CHOL (nmol/L)	TG (nmol/L)
对照组	26.75±1.71	37.50±1.29	78.00±3.92	62.90±1.5	28.18±0.68	4.71±0.20	1.42±0.03
低剂量组	25.50±0.58	35.75±0.96	81.00±5.29	62.90±1.54	27.58±0.69	4.63±0.05	1.43±0.05
中剂量组	26.25±1.71	30.00±3.56*	106.25±6.95**	62.50±1.66	27.50±1.82	4.33±0.41	1.46±0.03
高剂量组	25.50±3.70	26.75±6.55**	151.25±3.50**	60.93±1.21	25.33±2.13	3.68±0.29**	1.54±0.05**
组别	TBIL (μmol/L)	GLU (mmol/L)	BUN (mmol/L)	CREA (μmol/L)	钾 (mmol/L)	钠 (mmol/L)	氯 (mmol/L)
对照组	0.33±0.15	5.76±0.23	5.38±0.33	61±11	4.65±0.27	141.58±0.78	99.53±1.00
低剂量组	0.35±0.06	5.33±0.69	5.43±0.43	58±6	4.71±0.25	140.50±1.40	100.53±0.95
中剂量组	0.40±0.08	5.52±0.25	5.35±0.58	62±14	4.47±0.14	139.78±0.85	98.73±0.84
高剂量组	0.33±0.05	5.45±0.64	4.18±1.49	63±5	4.69±0.24	140.58±0.44	99.15±2.06

注：与对照组比较，*$P<0.05$，**$P<0.01$。

表 5－29　给药期间及停药恢复期各组 Beagle 犬血液生化学指标情况（6 个月）（$\bar{x}\pm s$，$n=4$）

组别	AST (U/L)	ALT (U/L)	ALP (U/L)	TP (g/L)	ALB (g/L)	CHOL (nmol/L)	TG (nmol/L)
对照组	37.25±9.14	48.00±8.04	81.50±21.36	61.70±3.39	31.85±0.96	4.36±0.46	1.42±0.06
低剂量组	36.50±5.26	33.75±9.54	90.75±21.33	59.15±5.41	27.55±1.89**	3.63±0.90	1.41±0.08
中剂量组	41.00±5.94	38.00±15.64	103.75±25.01	57.88±1.73	28.20±1.99*	4.02±1.01	1.38±0.03
高剂量组	34.50±8.35	34.75±9.11	155.75±40.56**	56.05±2.58	28.50±1.11*	3.73±1.11	1.49±0.24
组别	TBIL (μmol/L)	GLU (mmol/L)	BUN (mmol/L)	CREA (μmol/L)	钾 (mmol/L)	钠 (mmol/L)	氯 (mmol/L)
对照组	1.25±0.50	5.63±0.30	4.49±2.90	62±12	4.54±0.10	145.75±1.26	107.23±1.23
低剂量组	1.25±0.50	5.38±0.38	3.89±1.84	58±12	4.76±0.20	145.75±0.96	107.40±1.25
中剂量组	1.75±0.50	5.17±0.16	3.74±4.53	61±6	4.80±0.24	144.25±0.96	106.70±0.42
高剂量组	1.75±0.50	5.10±0.26	2.87±1.50	54±13	4.83±0.14	142.75±0.96	106.05±1.26

注：与对照组比较，*$P<0.05$，**$P<0.01$。

表 5－30　给药期间及停药恢复期各组 Beagle 犬血液生化学指标情况（恢复期）（$\bar{x}\pm s, n=2$）

组别	AST（U/L）	ALT（U/L）	ALP（U/L）	TP（g/L）	ALB（g/L）	CHOL（nmol/L）	TG（nmol/L）
对照组	43.50±7.78	51.00±15.56	98.50±12.02	67.65±5.02	35.15±0.78	4.85±0.18	1.37±0.02
低剂量组	31.50±0.71	38.50±6.36	111.50±13.44	66.45±0.92	32.45±1.34	3.60±0.36	1.43±0.18
中剂量组	43.00±4.24	45.00±18.38	96.50±12.02	60.55±0.35	32.40±0.42	4.34±0.61	1.34±0.04
高剂量组	33.50±3.54	44.00±7.07	115.50±17.68	62.65±0.78	30.30±1.56	5.53±1.56	1.57±0.23

组别	TBIL（μmol/L）	GLU（mmol/L）	BUN（mmol/L）	CREA（μmol/L）	钾（mmol/L）	钠（mmol/L）	氯（mmol/L）
对照组	0.95±0.92	5.99±0.05	4.85±0.13	60±8	4.74±0.12	144.50±0.71	110.15±0.78
低剂量组	0.80±0.28	5.94±0.21	6.10±1.49	56±6	5.00±0.62	144.00±1.41	108.65±1.48
中剂量组	0.60±0.71	5.32±0.36	4.82±0.90	67±3	4.87±0.23	143.00±2.83	108.80±2.26
高剂量组	0.70±0.00	5.64±0.37	1.97±1.97	74±16	5.32±0.76	144.00±1.41	108.90±0.85

注：与对照组比较，$P>0.05$。

（二）实验给药期间及停药恢复期，Beagle 犬脏器系数及脏器/脑比

实验给药期间及停药恢复期，XFC 高、中、低剂量组 Beagle 犬心电图指标未见明显异常改变。尿液检查指标实验给药期间及停药恢复期，XFC 高、中、低剂量组 Beagle 犬尿液检查 BIL、BLD、GLU、KET、PRO、URO、WBC 指标均未见异常。给药 6 个月后及停药恢复期，各剂量组 Beagle 犬脏器系数及脏器/脑比与空白对照组比较均未显著性差异。结果见表 5－31～表 5－34。

表 5－31　给药期间及停药恢复期各组 Beagle 犬脏器系数情况（6 个月）（$\bar{x}\pm s$）

组别	胸（$n=2$）	心脏（$n=2$）	脑（$n=2$）	肝脏（$n=2$）	脾脏（$n=2$）	肺脏（$n=2$）
对照组	0.12±0.01	0.60±0.03	0.59±0.02	2.60±0.16	0.25±0.06	0.83±0.03
低剂量组	0.12±0.00	0.75±0.09	0.65±0.00	2.67±0.41	0.32±0.04	0.87±0.00
中剂量组	0.16±0.08	0.70±0.12	0.60±0.01	2.35±0.32	0.29±0.03	0.93±0.03
高剂量组	0.15±0.04	0.63±0.04	0.67±0.07	3.02±0.06	0.24±0.04	0.84±0.13

组别	肾脏（$n=2$）	肾上腺（$n=2$）	睾丸（$n=1$）	附睾（$n=1$）	子宫（$n=1$）	卵巢（$n=1$）
对照组	0.34±0.05	0.012±0.002	0.11	0.06	0.08	0.03
低剂量组	0.44±0.04	0.018±0.003	0.15	0.06	0.12	0.03
中剂量组	0.43±0.08	0.014±0.003	0.16	0.07	0.03	0.02
高剂量组	0.46±0.01	0.017±0.001	0.14	0.07	0.06	0.04

注：与对照组比较，$P>0.05$。

表 5－32　给药期间及停药恢复期各组 Beagle 犬脏器系数情况（恢复期）（$\bar{x}\pm s$，%）

组别	胸腺（$n=2$）	心脏（$n=2$）	脑（$n=2$）	肝脏（$n=2$）	脾脏（$n=2$）	肺脏（$n=2$）
对照组	0.13±0.00	0.67±0.09	0.63±0.14	2.85±0.58	0.27±0.01	0.86±0.15
低剂量组	0.11±0.03	0.81±0.09	0.61±0.03	3.00±0.07	0.29±0.02	0.87±0.01
中剂量组	0.12±0.01	0.74±0.01	0.68±0.05	3.21±0.00	0.29±0.05	0.91±0.06
高剂量组	0.16±0.06	0.79±0.12	0.63±0.12	2.99±0.46	0.34±0.01	0.98±0.13

（续表）

组别	肾脏（n=2）	肾上腺（n=2）	睾丸（n=1）	附睾（n=1）	子宫（n=1）	卵巢（n=1）
对照组	0.40±0.05	0.02±0.00	0.14	0.06	0.04	0.02
低剂量组	0.51±0.04	0.02±0.00	0.14	0.05	0.05	0.04
中剂量组	0.44±0.01	0.02±0.01	0.16	0.04	0.05	0.03
高剂量组	0.43±0.00	0.02±0.00	0.15	0.02	0.11	0.06

注：与对照组比较，$P>0.05$。

表 5-33 给药期间及停药恢复期各组 Beagle 犬脏器/脑比情况（6 个月）（$\bar{x}\pm s$）

组别	胸腺（n=2）	心脏（n=2）	肝脏（n=2）	脾脏（n=2）	肺脏（n=2）	肾脏（n=2）
对照组	0.25±0.03	1.21±0.10	4.37±0.16	0.51±0.10	1.68±0.12	0.69±0.07
低剂量组	0.22±0.00	1.38±0.16	4.11±0.63	0.58±0.07	1.61±0.01	0.81±0.06
中剂量组	0.32±0.16	1.40±0.25	3.93±0.48	0.58±0.07	1.88±0.05	0.85±0.16
高剂量组	0.24±0.09	0.95±0.05	4.53±0.41	0.36±0.02	1.25±0.05	0.70±0.10

组别	肾上腺（n=2）	睾丸（n=1）	附睾（n=1）	子宫（n=1）	卵巢（n=1）
对照组	0.025±0.004	0.23	0.11	0.16	0.05
低剂量组	0.033±0.005	0.28	0.12	0.21	0.06
中剂量组	0.028±0.005	0.33	0.14	0.06	0.03
高剂量组	0.026±0.002	0.22	0.12	0.08	0.05

注：与对照组比较，$P>0.05$。

表 5-34 给药期间及停药恢复期各组 Beagle 犬脏器/脑比情况（恢复期）（$\bar{x}\pm s$）

组别	胸腺（n=2）	心脏（n=2）	肝脏（n=2）	脾脏（n=2）	肺脏（n=2）	肾脏（n=2）
对照组	0.20±0.05	1.08±0.09	4.54±0.06	0.45±0.11	1.37±0.06	0.65±0.07
低剂量组	0.17±0.04	1.32±0.07	4.91±0.16	0.47±0.01	1.42±0.06	0.84±0.03
中剂量组	0.17±0.03	1.08±0.07	4.71±0.37	0.43±0.05	1.34±0.01	0.65±0.03
高剂量组	0.25±0.04	1.26±0.05	4.79±0.17	0.55±0.12	1.62±0.52	0.70±0.14

组别	肾上腺（n=2）	睾丸（n=1）	附睾（n=1）	子宫（n=1）	卵巢（n=1）
对照组	0.024±0.000	0.20	0.09	0.07	0.04
低剂量组	0.029±0.001	0.22	0.08	0.09	0.06
中剂量组	0.026±0.010	0.25	0.06	0.07	0.03
高剂量组	0.034±0.000	0.28	0.05	0.16	0.09

注：与对照组比较，$P>0.05$。

（三）给药期末及停药恢复期 Beagle 犬组织病理图

给药期末及停药恢复期末解剖发现，各组 Beagle 犬脑、胸腺、肝脏、肾脏、肾上腺、脾脏、肺脏、心脏、附睾、睾丸、卵巢、子宫等脏器病理组织学检查均未见显著异常。组织病理学结果见图 5-14～图 5-24（彩图 35～彩图 45）。

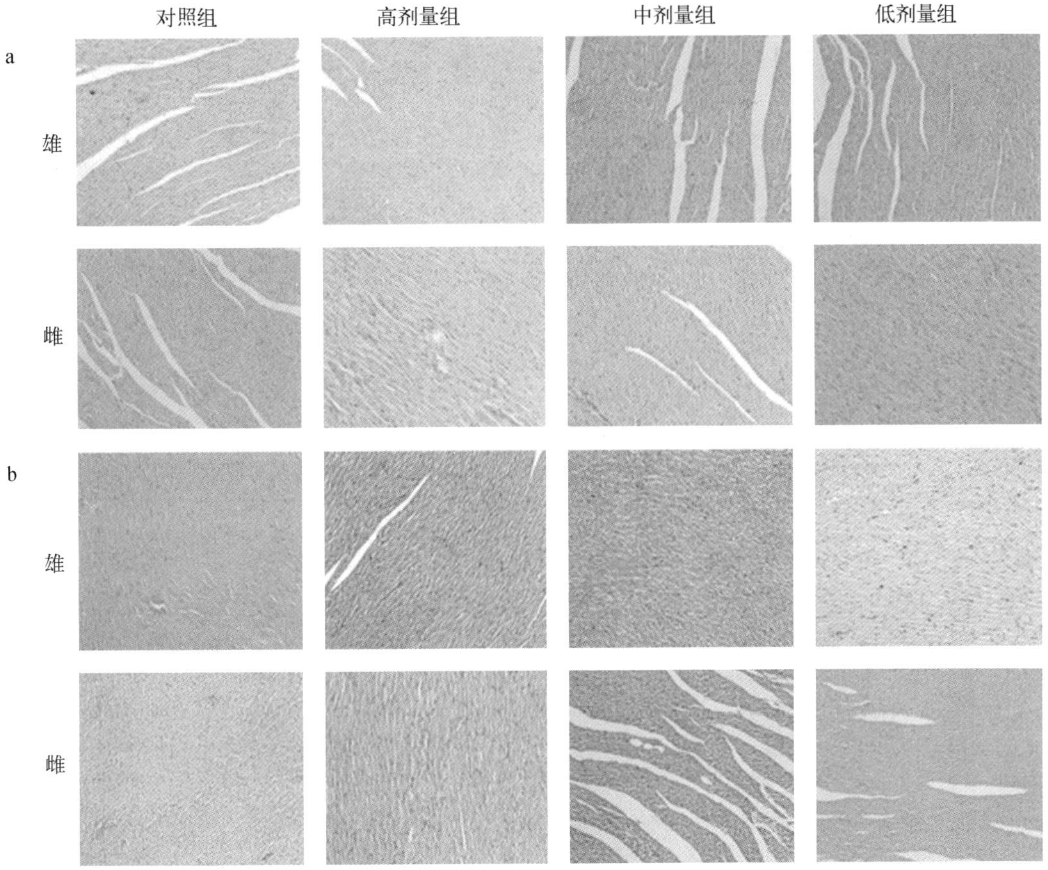

对照组
高剂量组
中剂量组
低剂量组
a
雄
雌
b
雄
雌

图 5－14　比格犬心脏病理图(HE×200)

a. 给药 6 个月比格犬心脏 HE 染色结果图　b. 恢复期比格犬心脏 HE 染色结果图

对照组
高剂量组
中剂量组
低剂量组
a
雄
雌

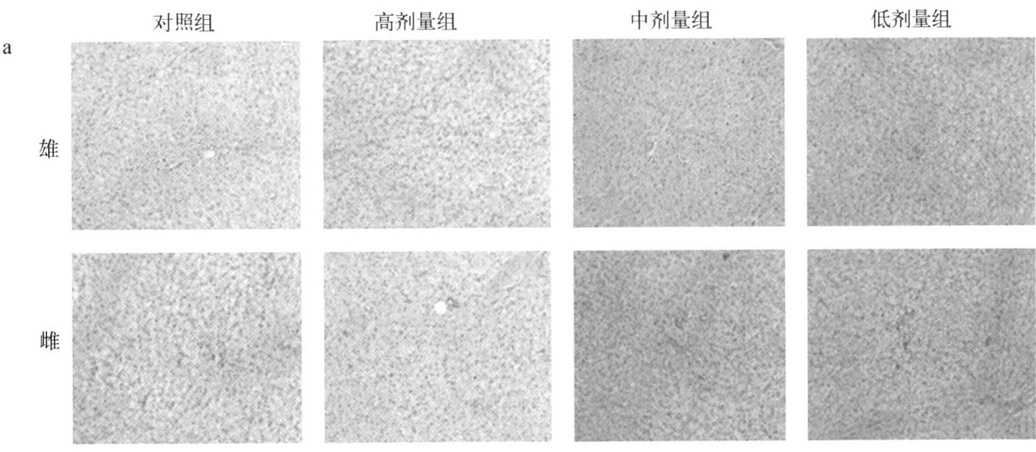

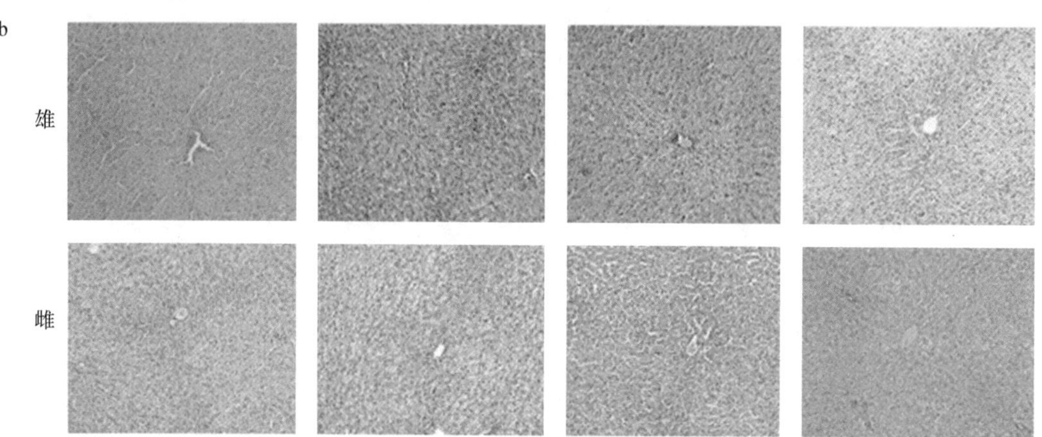

图 5－15　比格犬肝脏病理图(HE×200)

a. 给药 6 个月比格犬肝脏 HE 染色结果图　b. 恢复期比格犬肝脏 HE 染色结果图

对照组　高剂量组　中剂量组　低剂量组

a

雄

雌

b

雄

雌

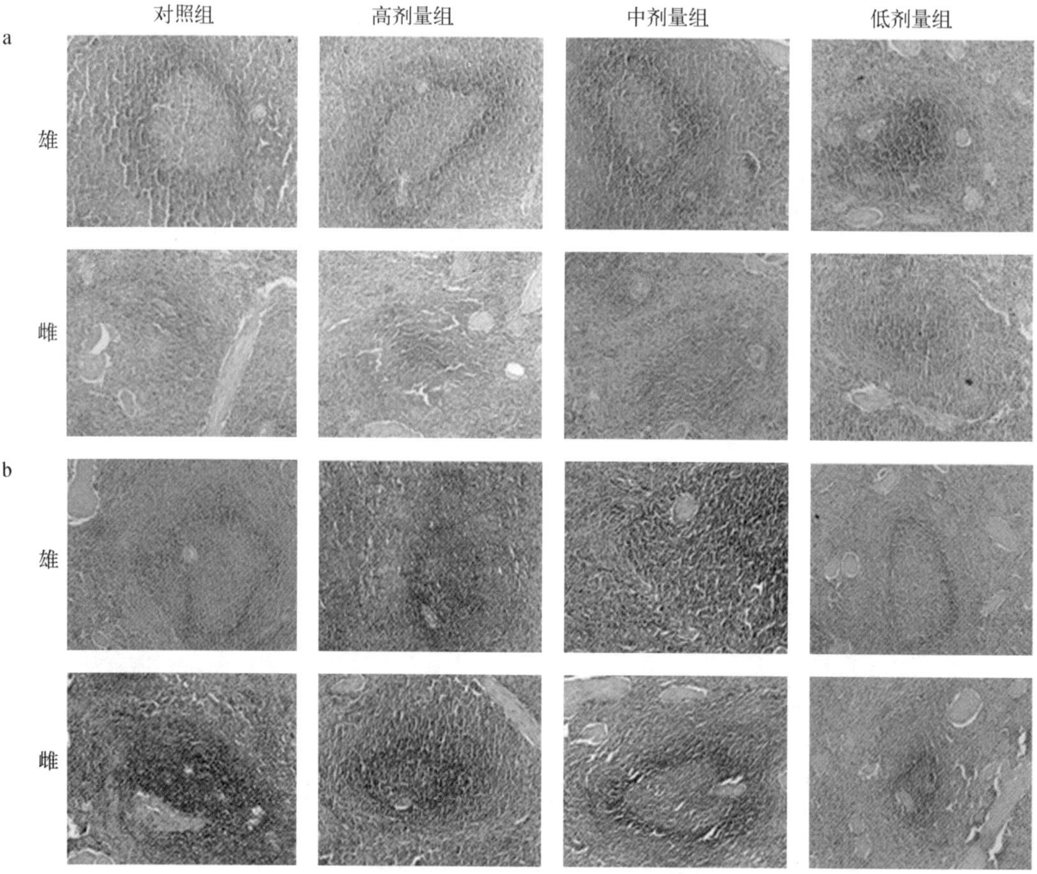

图 5－16　比格犬肝脾脏理图(HE×200)

a. 给药 6 个月比格犬脾脏 HE 染色结果图　b. 恢复期比格犬脾脏 HE 染色结果图

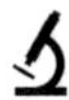

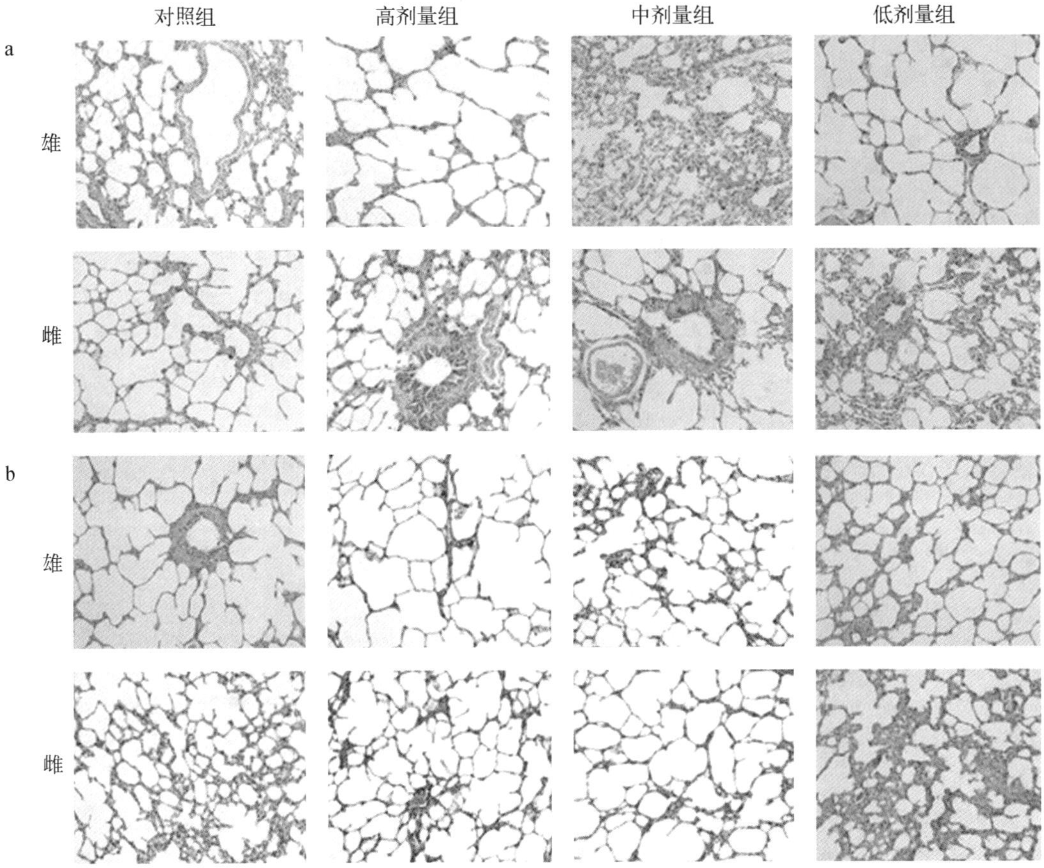

对照组
高剂量组
中剂量组
低剂量组
a
雄
雌
b
雄
雌

图 5-17 比格犬肺脏理图(HE×200)

a. 给药 6 个月比格犬肺脏 HE 染色结果图 b. 恢复期比格犬肺脏 HE 染色结果图

对照组
高剂量组
中剂量组
低剂量组
a
雄
雌

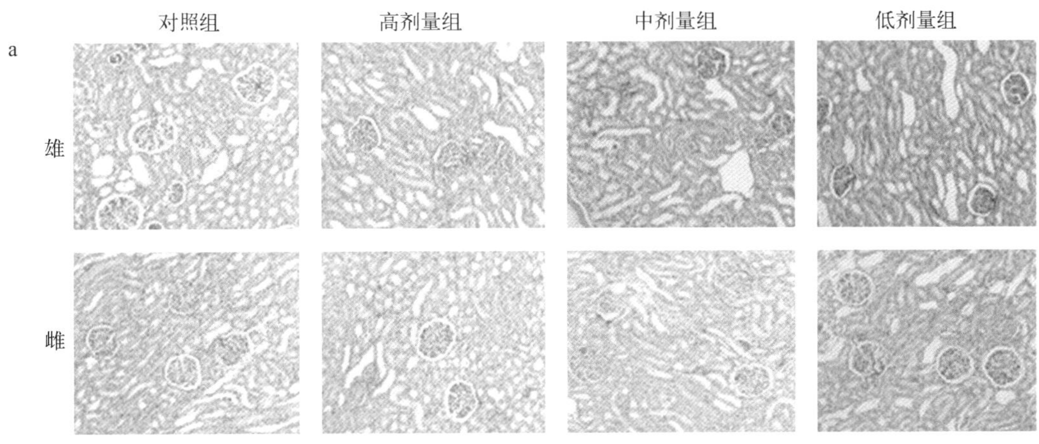

b

雄

雌

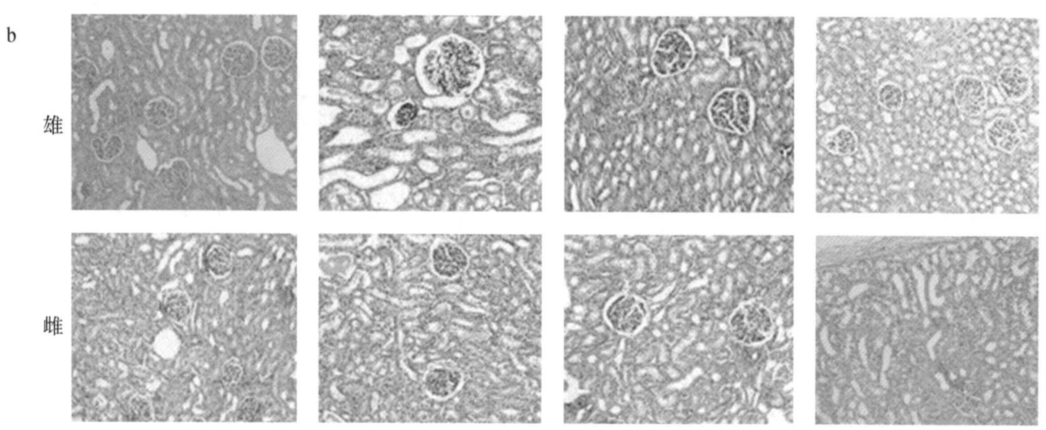

图 5－18　比格犬肾脏理图(HE×200)

a. 给药 6 个月比格犬肾脏 HE 染色结果图　b. 恢复期比格犬肾脏 HE 染色结果图

对照组　高剂量组　中剂量组　低剂量组

a

雄

雌

b

雄

雌

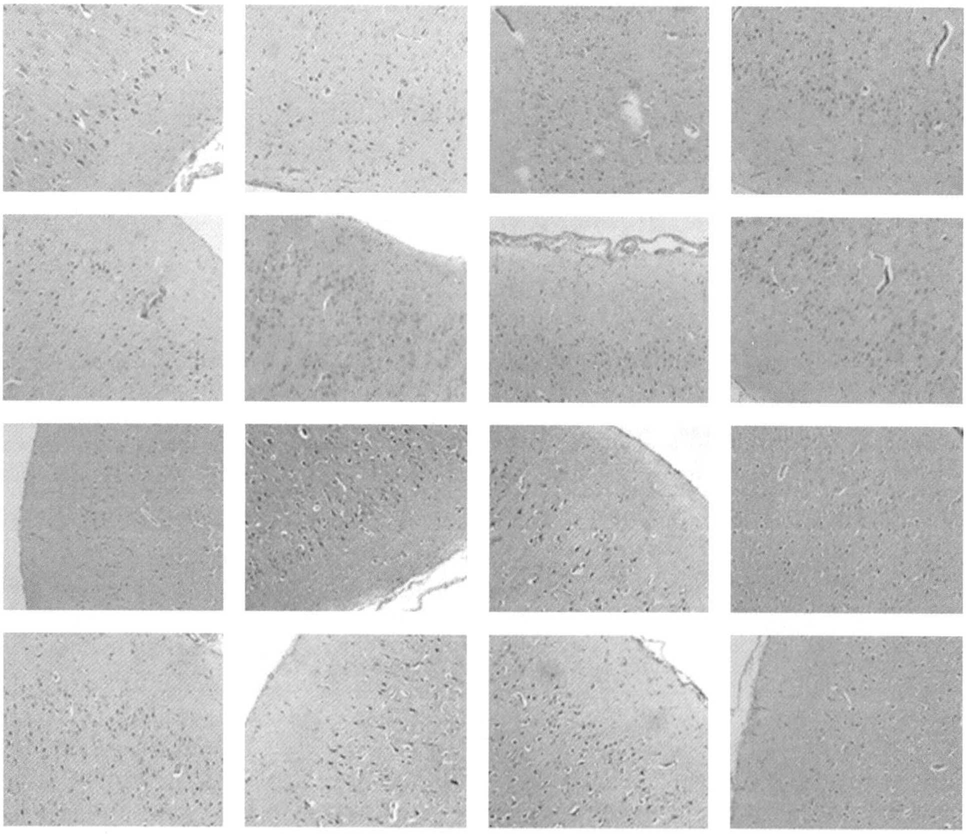

图 5－19　比格犬脑病理图(HE×200)

a. 给药 6 个月比格犬脑 HE 染色结果图　b. 恢复期比格犬脑 HE 染色结果图

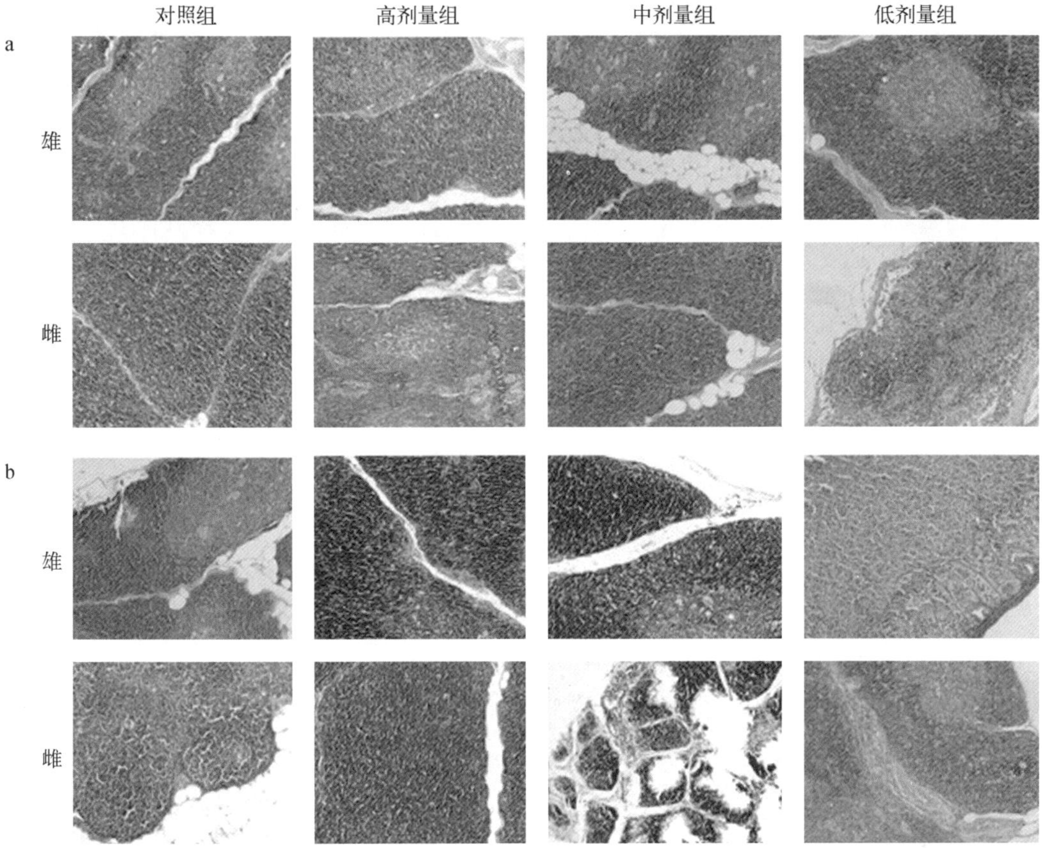

对照组
高剂量组
中剂量组
低剂量组
a
雄
雌
b
雄
雌

图 5-20 比格犬胸腺病理图(HE×200)

a. 给药 6 个月比格犬胸腺 HE 染色结果图 b. 恢复期比格犬胸腺 HE 染色结果图

对照组
高剂量组
中剂量组
低剂量组
a
雄
雌

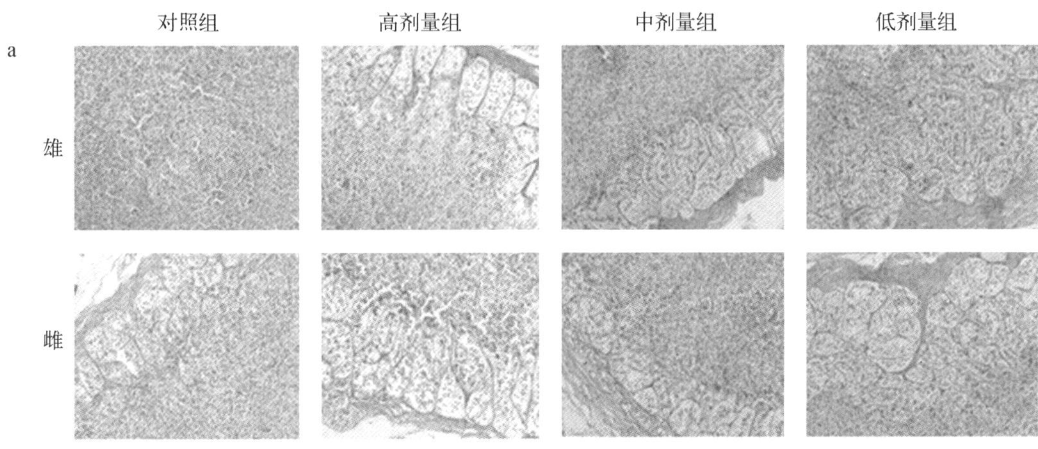

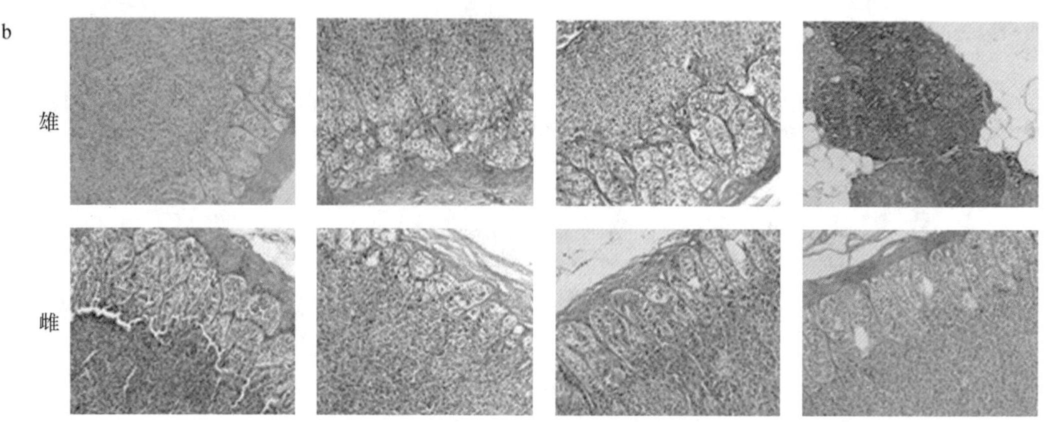

图 5-21　比格犬肾上腺病理图(HE×200)

a. 给药 6 个月比格犬肾上腺 HE 染色结果图　b. 恢复期比格犬肾上腺 HE 染色结果图

对照组　高剂量组　中剂量组　低剂量组

a

雄

雌

b

雄

雌

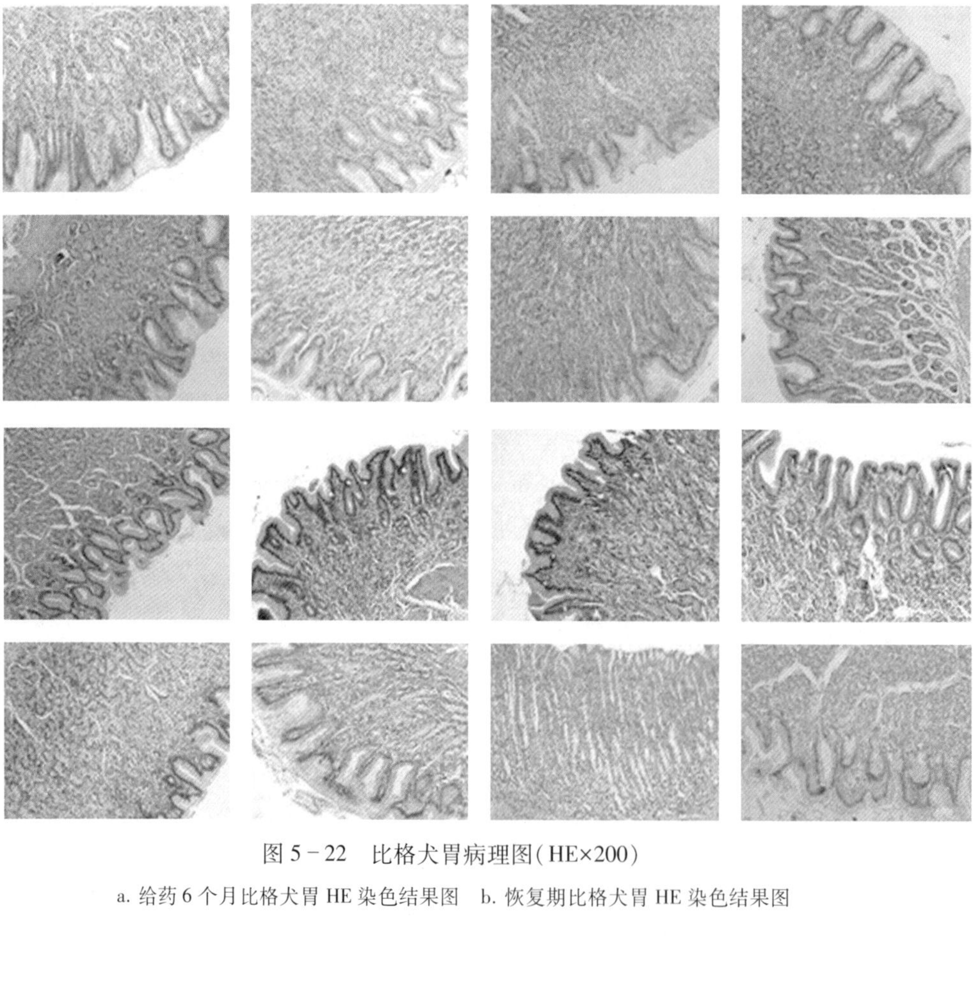

图 5-22　比格犬胃病理图(HE×200)

a. 给药 6 个月比格犬胃 HE 染色结果图　b. 恢复期比格犬胃 HE 染色结果图

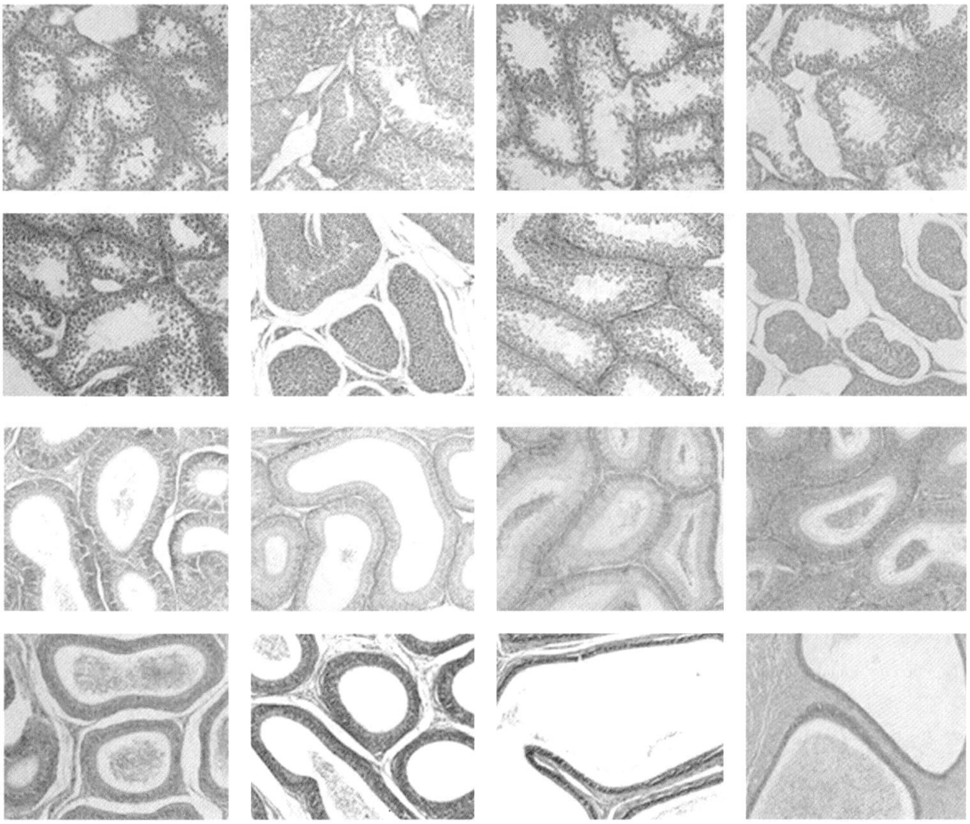

对照组
高剂量组
中剂量组
低剂量组
a
6个月
恢复期
b
6个月
恢复期

图 5－23　比格犬睾丸、附睾病理图(HE×200)

a. 不同时期比格犬睾丸 HE 染色结果图　b. 不同时期比格犬附睾 HE 染色结果图

对照组
高剂量组
中剂量组
低剂量组
a
6个月
恢复期

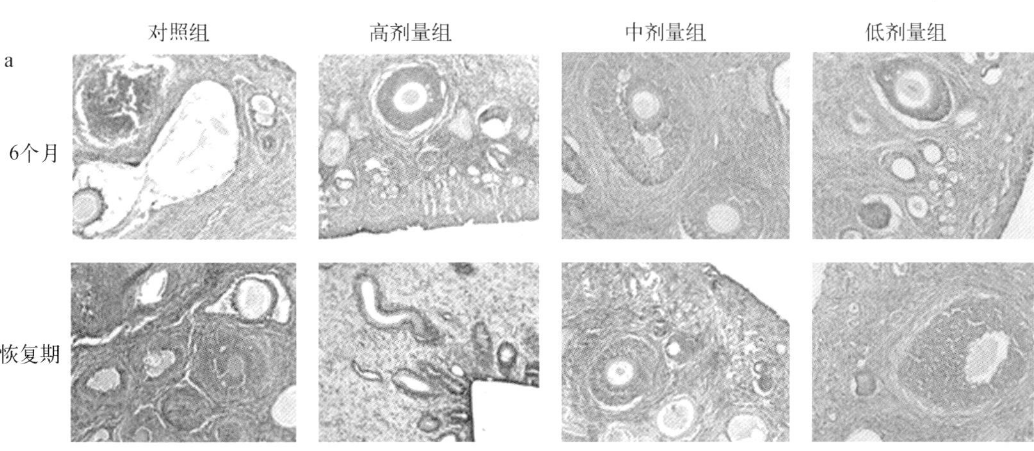

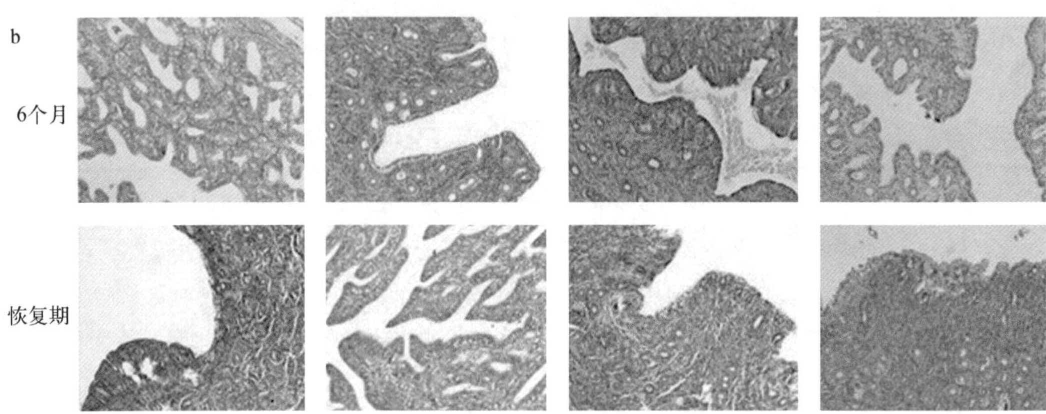

图 5-24　比格犬子宫、卵巢病理图(HE×200)

a. 不同时期比格犬睾丸 HE 染色结果图　b. 不同时期比格犬附睾 HE 染色结果图

综上所述,XFC 连续 6 个月灌胃给药,对比格犬的一般行为学、体重及摄食量增长未见明显影响;大体解剖及组织病理学检查比格犬各脏器未见病理性改变;血液指标未见明显异常变化。提示连续 6 个月灌胃给予 XFC 1.5 g 浸膏/kg 及以下剂量时,比格犬未观察到明显的毒性作用及后续毒性反应,其临床用药剂量为安全剂量。本研究为 XFC 的临床应用提供了可靠的实验及理论依据。

参考文献

[1] Bao J, Dai S M. A Chinese herb *Tripterygium wilfordii* Hook f. in the treatment of rheumatoid arthritis: mechanism, efficacy, and safety[J]. Rheumatology International, 2011, 31(9): 1123-1129.

[2] Liu Y, Chen H L, Yang G. Extract of *Tripterygium wilfordii* Hook f. protect dopaminergic neurons against lipopolysaccharide-induced inflammatory damage[J]. American Journal of Chinese Medicine, 2010, 38(4): 801-814.

[3] 黄传兵,刘健,谌曦,等.新风胶囊治疗类风湿性关节炎疗效观察[J].中国中西医结合杂志,2013,33(12): 1599-1602.

[4] 刘健,万磊,黄传兵,等.类风湿关节炎肺功能变化及中药新风胶囊干预的研究述评[J].风湿病与关节炎,2014,(1): 5-9,30.

[5] 孟楣,张静,江莹,等.基于"化学基础"探讨新风胶囊方中雷公藤配伍减毒作用[J].中药材,2016,39(8): 1829-1832.

[6] 唐利宇,孟楣,张贺,等.基于雷公藤配伍前后雷公藤内酯酮含量变化探讨其减毒机制[J].中国中医药信息杂志,2016,23(8): 87-90.

[7] 张贺,江莹,孟楣,等.HPLC 法测定不同产地雷公藤药材中雷公藤内酯甲的含量[J].中国药房,2014,(31): 2916-2918.

[8] Chen B J. Triptolide, a novel immunosuppressive and anti-inflammatory agent purified from a Chinese herb *Tripterygium wilfordii* Hook f.[J]. Leukemia & Lymphoma, 2001, 42(3): 253-265.

[9] 柯坤宇.雷公藤多苷片引起肝损害一例报告[J].实用临床医学,2009,10(7): 40.

[10] 成遥,张贺,孟楣,等.新风胶囊肝肾亚急性毒性实验研究[J].安徽医药,2015,(8): 1450-1453.

[11] 詹碧翠,李秋芬,童向民.雷公藤加黄芪四物汤方对慢性肾炎肾功能不全患者相关检测指标的影响[J].浙江中医杂志,2013,48(10): 713,714.

6

第六章

健脾化湿通络方组学研究

基因组学是以基因芯片、测序技术、生物信息学和遗传分析等为手段，研究生物基因的组成，组内各基因的精确结构、相互关系及表达调控的科学[1]。基因组学的研究思路与中医学整体观、辨证观有许多相似之处。微观水平的基因调控与修饰，反映着生命机体的整体功能状态，而基因组的多样性则强调了每个人基因组的特异性[2]。因此，基因组学的发展为中医药现代化提供了良好的契机[3]。

代谢组学以组群指标分析为基础，高通量检测和数据处理为手段，定性定量研究生物体的内源性代谢产物，分析生物体在不同状态下代谢指纹图谱的差异，是继基因组学、转录组学和蛋白质组学之后，系统研究病理或生理刺激后代谢产物的变化规律，揭示机体生命活动代谢本质的科学[4~6]。代谢组学强调把人体作为一个完整的系统来研究，整体、动态考察疾病和药物对人体产生的效应，与中医学的“整体观”思想相吻合[7]。将代谢组学技术运用于中药研究，对其作用于机体的“黑箱子”过程进行整体性解读，一次性测定传统方法需多次重复测定的多条代谢通路的变化，能够较全面地揭示中药复方治疗疾病过程中生物体系内所发生的一系列生物化学变化，并通过认识体液“代谢指纹图谱”的变化，有助于阐释中药药效物质基础及作用机制，并有可能成为其走向国际化的通用语言。

本章在前期健脾化湿通络方制备工艺、质量标准、药代动力学、药效学、药理学、毒理学研究的基础上，运用基因组学、代谢组学技术，研究健脾化湿通络方代表药物 XFC 干预后，AA 和 OA 大鼠“组”的变化轨迹，识别可能的潜在标志物，并分析潜在标志物的生理或病理意义，寻找 XFC 潜在作用靶点，从组学的角度探讨其可能作用机制，加快其开发进程，亦为中药研究方法的创新进行积极探索。

第一节　健脾化湿通络方治疗类风湿关节炎的代谢组学研究

类风湿关节炎（RA）是一种以对称性多关节炎为主要临床表现的慢性自身免疫性疾病，滑膜增生为其主要病理学改变，发病率高达 0.5%～1.0%，其病程缠绵难愈，致残率高，严重影响患者生活质量，给家庭和社会带来沉重负担[8,9]。本实验旨在通过 GC－TOF/MS

技术从代谢组学的角度,探讨健脾化湿通络方代表药物 XFC 治疗 RA 的可能作用机制。

一、材料与方法

(一) 实验动物

SD 大鼠,体重 200±20 g(雄性,由安徽医科大学实验动物中心提供,SPF 级)。室温 18~22℃,相对湿度 40%~60%环境饲养,动物自由进食、饮水。

(二) 药品与试剂

XFC(安徽中医药大学第一附属医院医院制剂);弗氏完全佐剂(Freund's complete adjuvant,FCA,美国 Sigma 公司);L-2-氯苯丙氨酸(CAS#: 103616-89-3,上海恒柏生物科技有限公司);BSTFA(含 1% TMCS,v/v,REGIS Technologies.Inc. USA);尿素酶[urease from canavalia ensiformis (Jack bean),Type Ⅲ,powder,美国 Sigma 公司]。

(三) 仪器

GC 色谱仪(Agilent 7890A,安捷伦科技公司,美国);质谱仪(LECO Chroma TOF PEGASUS 4D,力可公司,美国)。

(四) 模型复制与给药

SD 大鼠,适应性饲养 1 周后,随机分为正常组、模型组、XFC(3.0 g/kg)组,每组 8 只。除正常组外,用弗氏完全佐剂于每只大鼠左后足趾皮内注射 0.1 mL 诱导 AA 大鼠模型,正常组大鼠注射同体积的生理盐水。造模后第 19 天,将 XFC 去除胶囊壳,加生理盐水,配制成混悬液,按 3.0 g/kg 剂量灌胃给药,每日 1 次,连续给药 30 天,正常组、模型组给予等量溶媒。末次给药后,收集大鼠 12 h 尿液。

(五) AA 大鼠踝关节软骨组织病理学观察

腹腔麻醉大鼠,腹主动脉取血处死动物后,取右足踝关节固定于 10%甲醛中,常规 HE 染色,观察 AA 大鼠踝关节软骨组织病理学损伤程度。

(六) 尿液样品的制备

取 100 μL 大鼠尿液样本,向其加入 10 μL 尿素酶(160 mg/mL),振荡混匀,37℃烘箱孵育 1 h;向孵育好的样本中加入 0.35 mL 甲醇氯仿混合液(v/v=3/1),再加入 50 μL L-2-氯苯丙氨酸作为内标,4℃,12 000 rpm 离心 10 min,漩涡混匀;小心地取出 0.35 mL 上清液于 2 mL 进样瓶(甲烷硅基化)中,放入真空浓缩器中干燥;向干燥后的样品中加入 80 μL 甲氧胺盐试剂(甲氧胺盐酸盐,溶于吡啶 20 mg/mL),轻轻混匀后,放入烘箱中 37℃孵育 2 h;取出样品后迅速加入 100 μL BSTFA(含有 1% TCMS,v/v),70℃孵育 1 h;冷却至室温,向混样中加入 10 mL FAMEs(饱和脂肪酸甲酯标准混合液,溶于氯仿 C8~C16 1 mg/mL; C18~C30 0.5 mg/mL),混匀,上机检测。

(七) GC/MS 分析

利用带有 Pegasus HT TOFMS 的 Agilent 7890 气相色谱仪执行 GC/TOF-MS 分析,该系统配备涂覆有 5%的二苯基交联 95%二甲基聚硅氧烷的 DB-5MS 毛细管柱(内径为 30 μm×250 μm,膜厚 0.25 μm;J&W Scientific,Folsom,CA,USA)。以氦气为载气,采用分

流模式进样 1 μL。前进样口流量为 3 mL/min，气体流速为 20 mL/min。初始温度 50℃并保持 1 min，然后以 10℃/min 程序升温至 330℃，并维持 5 min。进样口、传输线和离子源的温度分别为 280℃、280℃和 220℃。电子轰击模式为 -70 eV。质谱部分的荷质比（m/z）范围为 85～600，并以 366 s 的溶剂延迟进行分析。

（八）统计学方法

用 Chroma TOF 4.3X 软件和 LECO - Fiehn Rtx5 数据库进行峰提取、峰基线过滤和校准、峰对齐、反褶积分析、峰识别和集成分析[10]。将共有峰的相对峰面积导入 DEMO（Umetrics AB，Umea，Sweden）软件，经归一化处理后进行 principal component analysis（PCA）、partial least squares-discriminate analysis（PLS - DA）、orthogonal projections to latent structures discriminant analysis（OPLS - DA）模式识别分析；Student - t 检验处理所得的 GC - MS 数据。

二、结果

（一）XFC 对 AA 大鼠踝关节病理组织学的影响

正常组大鼠踝关节关节面光滑，滑膜组织呈 1～2 层整齐排列，软骨、骨组织无破坏，未见炎细胞浸润；模型组大鼠软骨、骨组织破坏明显，滑膜组织增生活跃，滑膜衬里层明显增厚，有血管翳形成，并有炎性细胞浸润，符合人类 RA 的基本病理学特征，表明 AA 模型复制成功；给予 XFC 干预 30 天后，对 AA 大鼠软骨破坏、炎性细胞浸润、滑膜增生程度、血管翳形成均有一定的改善作用。结果见图 6 - 1（彩图 46）。

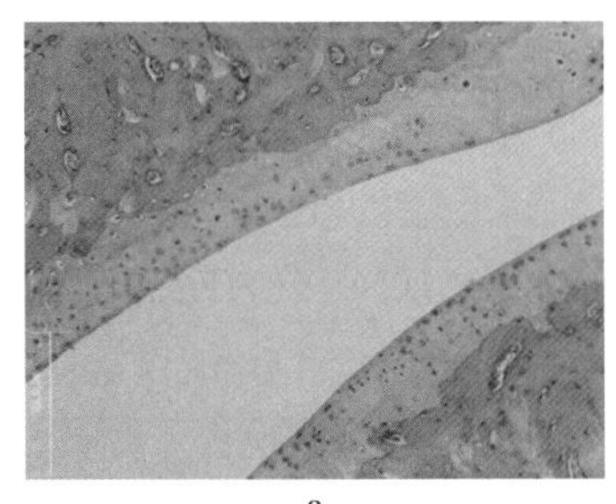
a

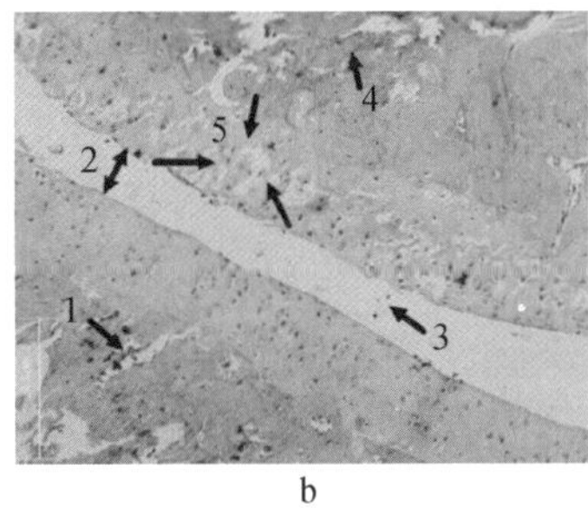

b

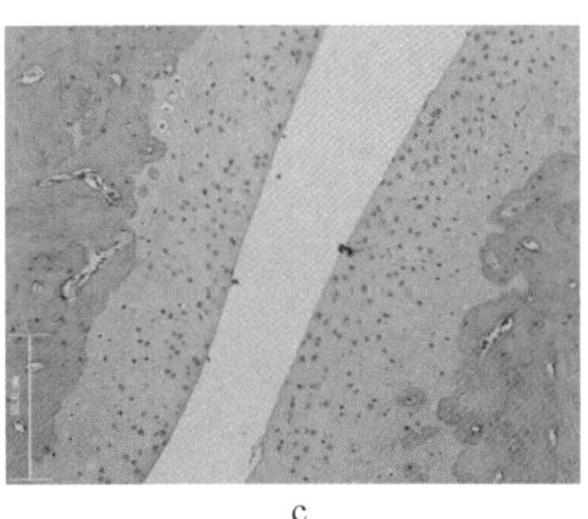
c

图 6 - 1　XFC 对 AA 大鼠踝关节病理组织学的影响（HE×400）

a. 正常组　b. 模型组　c. XFC 组

1. 炎性细胞浸润　2. 关节腔变窄　3. 中性粒细胞浸润　4. 血管翳形成　5. 关节软骨破坏

（二）各组大鼠尿液 GC - TOF/MS 总离子图

基于 LECO - Fiehn Rtx5 数据库，总共得到 1 166 种代谢化合物，再通过 Chroma TOF4.3X软件对数据校正后补齐空白值，消除数据噪声，然后进行内标归一，最终得到 914 种代谢化合物。为了进一步说明代谢谱的不同，对代谢谱进行总离子图分析，每一个峰代表一个物质。结果见图 6 - 2（彩图 47）。

（三）各组大鼠尿液样本主成分分析（PCA）

PCA 是对高纬数据降维的方法，将分散在一组变量的信息集中到主要成分上，从中提取数据集，是对原始数据的真实再现。本实验使用 SIMCA - P^+ 软件（V13.0，Umetrics AB，

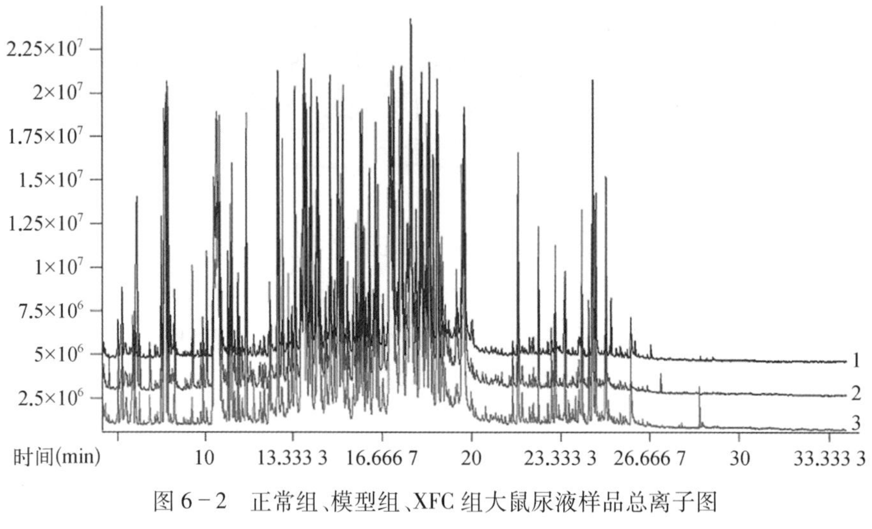

图 6-2 正常组、模型组、XFC 组大鼠尿液样品总离子图

1. 正常组 2. 模型组 3. XFC 组

Umea, Sweden)对归一化后的数据进行模式识别多变量分析,主成分分析使用 Ctr 格式化(Mean-Centered Scaling)处理的数据标度换算方式,对数据进行自动建模分析。实验结果表明,由于各种因素的干扰,正常组、模型组、XFC 组之间未完全分开。

(四) 各组大鼠尿液样本偏最小二乘法判别分析(PLS-DA)

为了获取理想的组间分离及增强对分类贡献大变量的识别,我们进行了有监督的 PLS-DA 分析。从图 6-3(彩图 48)可知正常组、模型组、XFC 组被明显区分开来。通过交叉验证法评估该模型的解释率和预测能力大小。从该软件获得的分类参数 R2Y=0.999, Q2=0.875,可见该模型稳定性、拟合能力及预测能力均较好。在此之后,通过排列实验随机多次(n=200)改变分类变量 y 的排列顺序得到相应不同的随机 Q2 值对模型有效性做进一步的检验。通过排列实验获得的 R2=0.696, Q2=-0.293, Q2 负值表明该模型是可靠的,模型未存在过拟合现象。

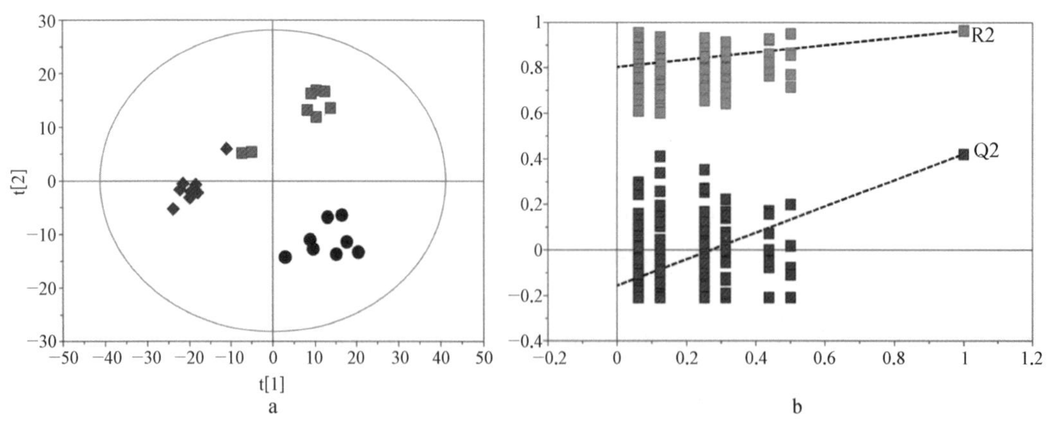

图 6-3 正常组、模型组、XFC 组大鼠尿液样品的 PLS-DA 得分图及置换检验

a. 大鼠尿液样品 PLS-DA 得分图 b. 大鼠尿液样品置换 PLS-DA 分析检验图

● 正常组 ■ 模型组 ◆ XFC 组

(五) 各组大鼠尿液样本正交偏最小二乘法判别式分析(OPLS－DA)

正交信号校正技术可以滤掉与类别判断正交(不相关)的变量信息,只保留与类别判断有关的变量,从而使类别判别分析能集中在这些与类别的判别相关的变量上,提高了判别的准确性。通过对 OPLS－DA 模型进行正交矫正处理,构建了 OPLS－DA 图。实验结果表明,进行 OPLS－DA 分析后,三组完全可被分开,提示造模后大鼠尿液的内源性代谢物与正常对照组有明显变化,XFC 干预 30 天后可影响 AA 大鼠的体内代谢,结果见图 6－4(彩图 49)。

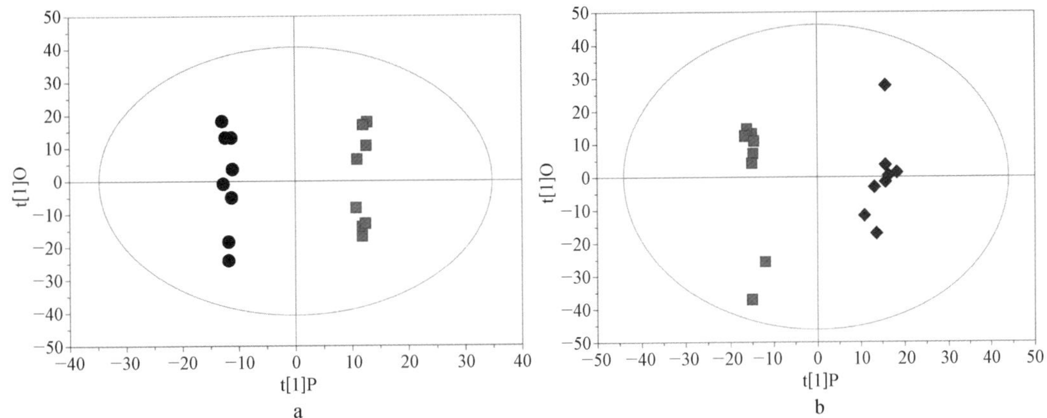

图 6－4　正常组、模型组、XFC 组大鼠尿液样品 OPLS－DA 得分图

a. 正常组与模型组大鼠尿液样品 OPLS－DA 得分图　b. 模型组与 XFC 组大鼠尿液样品 OPLS－DA 得分图

● 正常组　■ 模型组　◆ XFC 组

(六) 各组大鼠潜在生物标志物的筛选及鉴定

将 VIP(变量重要性投影值)>1 及 $P<0.05$ 作为差异性化合物的筛选标准,利用 LECO－Fiehn Rtx5 数据库对具有差异性化合物进行结构鉴定。基于以上分析,2,2－二甲基丁二酸、酒石酸、去氢莽草酸等 9 个内源性代谢物被筛选出来作为差异性化合物,结果见表 6－1。

表 6－1　各组大鼠潜在生物标志物及其变化趋势

序号	VarID	化合物	RT	VIP	P_{N-M}	P_{M-X}	P_{X-N}
1	251	2,2－二甲基丁二酸	11.061 6	2.702 66	0.011 313 387	0.034 909 86	0.249 996 112
2	314	羟基丙二酸	11.875 4	2.945 27	0.024 742 601	0.154 751 4	0.010 899 989
3	636	脱氢莽草酸	16.741 4	3.059 51	0.032 774 968	0.102 256 3	0.077 357 634
4	646	马尿酸	16.908 3	3.218 15	0.010 180 95	0.194 883 32	0.049 258 272
5	684	腺嘌呤	17.511 7	2.736 72	0.021 520 896	0.598 142 66	0.035 198 717
6	697	苯乙酰尿酸	17.717 1	4.188 17	0.016 864 462	0.024 609 63	0.038 340 04
7	807	左旋多巴	19.405	1.315 14	0.026 524 125	0.025 217 6	0.771 814 517
8	865	1,4－二羟基－2－萘甲酸	20.474	3.699 42	0.003 037 716	0.005 249 29	0.612 627 294
9	1 110	蜜二糖	25.957 9	2.335 93	0.040 379 626	0.068 271 8	0.501 486 543

注:VarID 是导入软件后,尿液中筛选的 1 166 个峰对应该物质的编号;RT 指的是该物质的保留时间;P 表示三组之间两两之间的 P 值;N 为正常组;M 为模型组;X 为 XFC 组。

（七）潜在生物标志物的代谢通路网络分析

应用生理学、生物化学和病理生理学知识，结合 The Human Metabolome Database（HMDB）提供的生物体内代谢物的定量信息和代谢信息，并参考国内外的相关文献，对 9 个潜在生物标志物所涉及的代谢通路进行了分析，发现主要与能量代谢、嘌呤代谢、氨基酸代谢等有关，并以此为基础构建了潜在生物标志物的代谢通路网络，结果见图 6－5（彩图 50）。

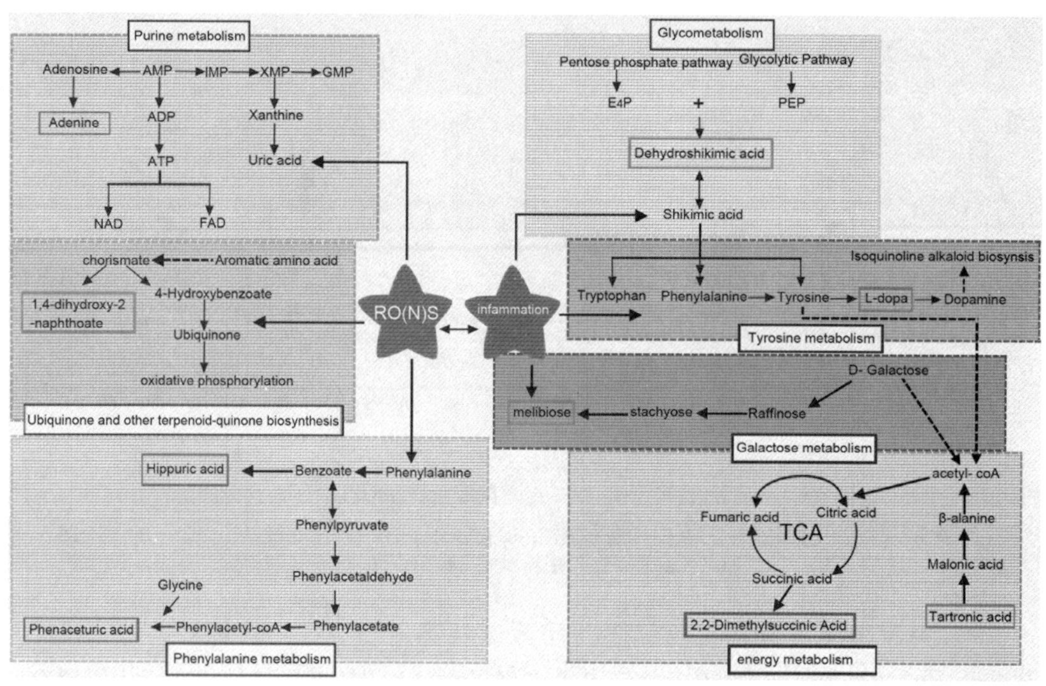

图 6－5　潜在生物标志物构建的代谢通路网络图

三、讨论

GC－MS 是近几年刚兴起的应用于代谢组学研究的技术[11,12]。它具有高性能的毛细管柱，再加上高灵敏度的质谱检测，具备较好的分离效率、检测灵敏度和易定性的特点，被视为一种有用的代谢轮廓分析技术。此外，气质联用仪器使用了化学电离或电子轰击作为接口的联用技术，并结合了稳定的商业数据库，大大提高了解谱能力[13]。随着化学衍生化的不断发展，GC－MS 不仅可以用来分析大多数的挥发性化合物，而且可以分析许多半挥发性和无挥发性代谢物。本研究采用基于 GC/TOF－MS 的代谢组学分析，共发现了 9 个潜在的生物标志物，主要涉及能量代谢、氨基酸代谢、嘌呤代谢等，且 XFC 对 AA 大鼠紊乱的代谢谱有很好的调节作用。

研究表明，自由基氧化损伤在 RA 的发病过程中起重要作用[14]。内源性或外源性刺激可导致代谢异常，产生过量的活性氧。当氨基酸供应不足时，抗氧化剂酶的减少可导致促氧化剂/抗氧化剂之间的失衡，从而使机体处于氧化应激状态[15]。活性氧可降解 DNA、脂类、蛋白质等生物分子，导致能量代谢紊乱。同时，能量代谢紊乱也会产生酸性物质和过量的活性氧自由基，进一步加重组织损伤并引起炎症，加速RA的进展。

马尿酸和苯乙酰尿酸是脂肪酸的次生代谢产物。在RA发病中，线粒体可产生过量的氧自由基，加速脂肪动员，并显著增加脂肪酸次生代谢产物的水平。本研究发现AA大鼠尿液中马尿酸和苯乙酰尿酸水平显著升高，表明RA存在脂质代谢功能障碍。经XFC干预后，苯乙酰胆碱水平显著降低，马尿酸含量有向正常回归的趋势，但无显著性差异，表明XFC可调节脂肪代谢，减少线粒体中氧自由基的生成。

左旋多巴是由酪氨酸羟化酶生成的酪氨酸氧化产物，而酪氨酸是苯丙氨酸的主要代谢产物。在RA发病过程中，过量的氧化应激和炎症减少氨基酸摄取或抑制其合成，从而影响关节软骨蛋白的生成[16]。与正常组相比，模型组左旋多巴水平显著降低，提示氨基酸代谢紊乱。与模型组相比，XFC干预后，左旋多巴水平显著升高，提示XFC可调节氨基酸代谢，改善关节损伤。

2,2-二甲基丁二酸是琥珀酸甲酯化产物，琥珀酸是TCA重要的代谢中间体，而TCA是碳水化合物、脂类和氨基酸等主要营养物质的最终代谢途径，可为机体提供能量。酒石酸可转化为β-丙氨酸，是辅酶A的组成部分，在TCA中发挥重要作用。本研究发现，与正常组相比，模型组2,2-二甲基丁二酸水平显著升高，酒石酸水平显著降低，提示RA发病过程中存在能量代谢紊乱。经XFC干预后，两者均有向正常水平回归的趋势。

1,4-二羟基-2-萘甲酸为芳香族氨基酸，是多种酶的产物，参与泛醌和其他萜类和醌类生物合成，从而影响ATP的生成。腺嘌呤可产生尿酸，腺嘌呤升高可导致尿酸水平升高，从而加重软骨损伤。此外，腺嘌呤辅助因子如烟酰胺腺嘌呤二核苷酸和黄素腺嘌呤二核苷酸等，还可通过呼吸链氧化生成ATP，影响能量代谢[17]。与模型组相比，经XFC干预后1,4-二羟基-2-萘甲酸、腺嘌呤均有向正常水平回归的趋势，表明调节机体能量代谢可能是XFC发挥治疗作用的潜在机制。

蜜二糖由半乳糖和葡萄糖组成，具有增强机体免疫功能，发挥抗炎作用。RA发病过程中，半乳糖代谢异常导致蜜二糖和甘露三糖水平降低[18]。莽草酸具有抗炎、镇痛、抗病毒作用，尿脱氢莽草酸的异常通常被认为与糖酵解途径和戊糖磷酸途径紊乱有关。与正常组相比，AA大鼠尿中脱氢莽草酸含量较低，与文献报道一致[19]。与模型组相比，XFC组蜜二糖和脱氢莽草酸水平升高，提示XFC可调节糖代谢紊乱，增强机体抗炎能力，从而对RA发挥治疗作用。

综上所述，XFC对AA大鼠具有一定的治疗作用，其代谢组学机制可能与调节紊乱的能量代谢、氨基酸代谢、嘌呤代谢等有关。

四、结论

基于GC/TOF-MS技术的健脾化湿通络方代表药物XFC治疗AA大鼠尿液代谢组学研究，共筛选出2,2-二甲基丁二酸、酒石酸、去氢莽草酸等9个内源性差异代谢物，主要涉及能量代谢、氨基酸代谢、嘌呤代谢等多个代谢通路；经XFC干预后，这些差异性代谢物均有向正常组转归的趋势。因此，我们推测XFC对AA大鼠发挥治疗作用的可能代谢组学机制与调控上述代谢通路有关。可见，代谢组学技术有助于了解RA的发病机制，能整体反映生物体的生理及代谢状态，对全面探讨疾病的病理生理机制和过程有一定的指导作用，亦为研究中药复方的作用机制提供了新手段。

第二节　健脾化湿通络方治疗骨关节炎的代谢组学研究

骨关节炎（osteoarthritis，OA）是由多种因素引起的关节软骨纤维化、脱失而导致的关节疾病，其病理特点为关节软骨的变性破坏、关节边缘骨质增生、滑膜增生等，可导致关节功能丧失，成为老年人残障的主要因素[20]。本实验旨在通过GC/TOF－MS技术从代谢组学的角度，探讨健脾化湿通络方代表药物XFC治疗OA的可能作用机制。

一、材料与方法

（一）实验动物

SD大鼠，体重200±20 g，雄性（由安徽医科大学实验动物中心提供，SPF级）。室温18～22℃，相对湿度40%～60%，动物自由进食、饮水。

（二）药品与试剂

木瓜蛋白酶、L－半胱氨酸（美国Sigma公司）；L－2－氯苯丙氨酸（CAS#：103616－89－3，上海恒柏生物科技有限公司）；BSTFA（含1% TMCS，v/v，REGIS Technologies.Inc. USA）；尿素酶[urease from canavalia ensiformis（Jack bean），Type Ⅲ，powder，美国Sigma公司]。

（三）仪器

GC色谱仪（Agilent 7890A，美国安捷伦科技公司）；质谱仪（LECO Chroma TOF PEGASUS 4D，美国力可公司）。

（四）模型复制与给药[21]

SD大鼠，适应性饲养1周后，随机分为正常组、模型组、XFC（0.375 g/kg）治疗组，每组8只。除正常组外，分别于第1、3、7天向模型组大鼠右膝关节注射4%木瓜蛋白酶溶液与0.03 mol/L L－半胱氨酸溶液混合液20 μL，复制成OA模型。造模后第14天，将XFC去除胶囊壳，加生理盐水，配制成混悬液，按3.0 g/kg剂量灌胃给药，每日1次，连续给药30天，正常组、模型组给予等量溶媒。末次给药后，收集大鼠12 h尿液。

（五）OA大鼠膝关节软骨组织病理学观察

腹腔麻醉大鼠，腹主动脉取血处死动物后，切开膝关节，取软骨标本，分别置于10%中性的福尔马林和2.5%戊二醛固定液中，采用HE染色法和透射电镜法观察大鼠膝关节软骨组织病理学损伤程度。

（六）尿液样品的制备

取100 μL大鼠尿液样本，向其加入10 μL尿素酶（160 mg/mL），振荡混匀，37℃烘箱孵育1 h；向孵育好的样本中加入0.35 mL甲醇氯仿混合液（v/v＝3/1），再加入50 μL L－2－氯苯丙氨酸作为内标，4℃，12 000 rpm离心10 min，漩涡混匀；小心地取出0.35 mL

上清液于 2 mL 进样瓶(甲烷硅基化的)中,放入真空浓缩器中干燥;向干燥后的样品中加入 80 μL 甲氧胺盐试剂(甲氧胺盐酸盐,溶于吡啶 20 mg/mL),轻轻混匀后,放入烘箱中 37℃孵育 2 h;取出样品后迅速加入 100 μL BSTFA(含有 1% TCMS,v/v),70℃孵育 1 h;冷却至室温,向混样中加入 10 μL FAMEs(饱和脂肪酸甲酯标准混合液,溶于氯仿 C8~C16: 1 mg/mL;C18~C30: 0.5 mg/mL),混匀,上机检测。

(七) GC/MS 分析

利用带有 Pegasus HT TOFMS 的 Agilent 7890 气相色谱仪执行 GC/TOF-MS 分析,该系统配备涂覆有 5%的二苯基交联 95%二甲基聚硅氧烷的 DB-5MS 毛细管柱(内径为 30 m×250 μm,膜厚 0.25 μm;J&W Scientific,Folsom,CA,USA)。以氦气为载气,采用分流模式进样 1 μL。前进样口流量为 3 mL/min,气体流速为 20 mL/min。初始温度 50℃并保持 1 min,然后以 10℃/min 程序升温至 330℃,并维持 5 min。进样口、传输线和离子源的温度分别为 280℃、280℃和 220℃。电子轰击模式为-70 eV。质谱部分的荷质比(m/z)范围为 85~600,并以 366 s 的溶剂延迟进行分析。

(八) 统计学方法

用 Chroma TOF4.3X 软件和 LECO-Fiehn Rtx5 数据库进行峰提取、峰基线过滤和校准、峰对齐、反褶积分析、峰识别和集成分析[10]。将共有峰的相对峰面积导入 DEMO (Umetrics AB,Umea,Sweden)软件,经归一化处理后进行 PCA、PLS-DA、OPLS-DA 模式识别分析;Student-t 检验处理所得的 GC-MS 数据。

二、结果

(一) XFC 对 OA 大鼠膝关节软骨组织病理学的影响

HE 染色显示:正常组大鼠膝关节软骨滑膜衬里层细胞呈单层排列,未见炎细胞浸润和胶原纤维增生;模型组大鼠滑膜衬里层细胞增生,逐渐增加至 3~4 层,甚至更多,炎细胞浸润及胶原纤维增生明显;给予 XFC 后,可减轻滑膜衬里层细胞增生、炎细胞浸润及胶原纤维增生。

电镜超微结构显示:正常组大鼠软骨滑膜衬里层细胞位于陷窝中,细胞排列有规则,胞浆内可见粗面内质网、少量线粒体,细胞表面有微绒毛状突起,基质中原纤维分布均匀,较致密;模型组大鼠滑膜衬里层细胞呈不规则状,细胞核固缩,甚则消失,胞浆内粗面内质网明显增多,线粒体变性,出现空泡,细胞表面微绒毛状突起显著减少,基质中原纤维稀疏;给予 XFC 干预后,可改善上述出现的病理特征,减轻软骨损伤程度。结果见图 6-6(彩图 51)。

(二) 各组大鼠尿液 GC-TOF/MS 总离子图

基于 LECO-Fiehn Rtx5 数据库,总共得到 1 166 种代谢化合物,再通过 Chroma TOF4.3X 软件对数据校正后补齐空白值,消除数据噪声,然后进行内标归一,最终得到 914 种代谢化合物。为了进一步说明代谢谱的不同,对代谢谱进行总离子图的分析,每一个峰代表一个物质,结果见图 6-7(彩图 52)。

(三) 各组大鼠尿液样本主成分分析(PCA)

PCA 是对高纬数据降维的方法,将分散在一组变量的信息集中到主要成分上,从中提

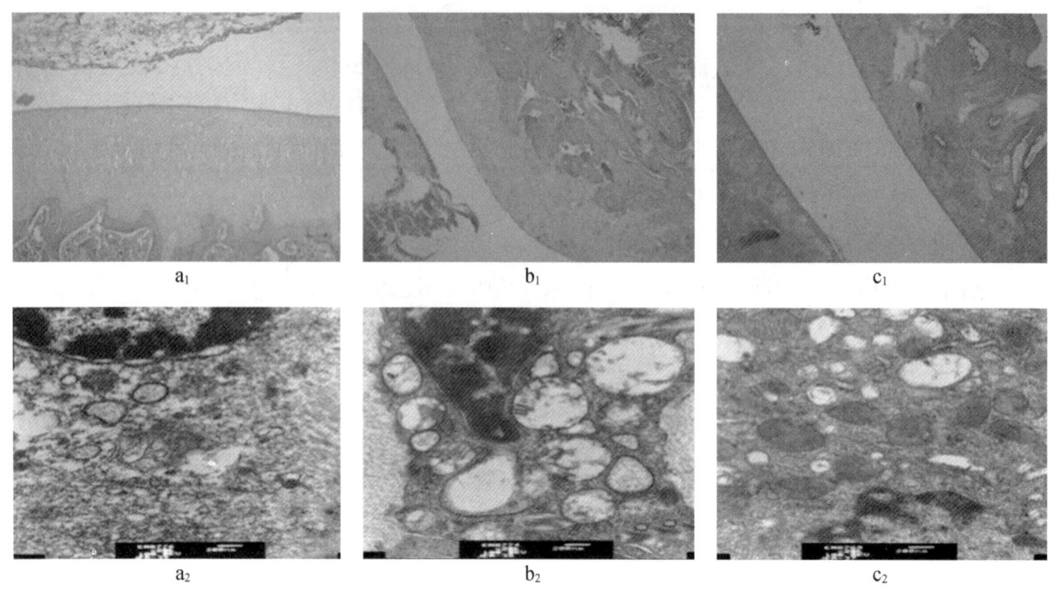

图 6-6 XFC 对 OA 大鼠膝关节软骨病理的影响(HE×400,电镜×20 K)

a. 正常组 b. 模型组 c. XFC 组

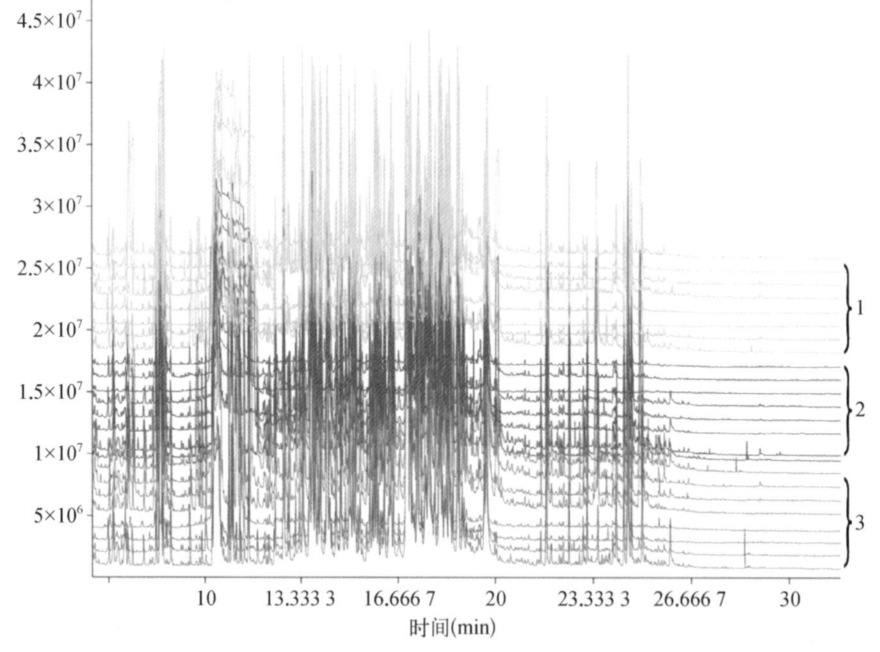

图 6-7 正常组、模型组、XFC 组大鼠尿液样品总离子图

1. 正常组 2. 模型组 3. XFC 组

取数据集,是对原始数据的真实再现。本实验使用 SIMCA-P^{+}软件(V13.0,Umetrics AB,Umea,Sweden)对归一化后的数据进行模式识别多变量分析,主成分分析使用 Ctr 格式化(mean-centered scaling)处理的数据标度换算方式,对数据进行自动建模分析。实验结果表明,由于各种因素的干扰,正常组、模型组、XFC 组之间未完全分开。

（四）各组大鼠尿液样本偏最小二乘法判别分析(PLS－DA)

由于PCA图并未能完全分离,因此,为了获取更加理想的组间分离,进行了PLS－DA分析。PLS－DA是一种有监督的聚类分析,将样本分类寻找对分类贡献显著的化合物。PLS－DA对模型用留一法交叉验证(leave-one-out validation,LOOCV)进行检验,并用交叉验证后得到的R2Y和Q2(分别代表模型可解释的变量和模型的可预测度)对模型有效性进行评判。实验结果表明,进行PLS－DA分析后,正常组、模型组、XFC组被完全分开,R2Y＝0.999,Q2＝0.875,说明该数学模型稳定性、拟合能力及预测能力均较好。再通过排列实验随机多次(n＝200)改变分类变量Y的排列顺序,得到相应不同的随机Q2值对模型有效性做进一步的检验。通过排列实验获得的R2＝0.696,Q2＝－0.293,表明该模型是可靠的,未存在过拟合现象。结果见图6－8(彩图53)。

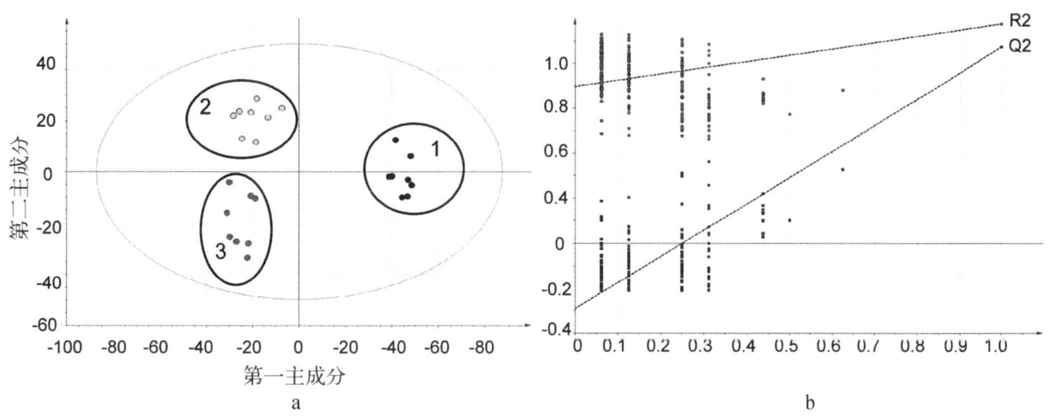

图6－8　正常组、模型组、XFC组大鼠尿液样品的PLS－DA得分图及置换检验

a. 大鼠尿液样品PLS－DA得分图　b. 大鼠尿液样品PLS－DA分析置换检验图

1. 正常组　2. 模型组　3. XFC组

（五）各组大鼠尿液样本正交偏最小二乘法判别式分析(OPLS－DA)

对PLS－DA模型进行正交矫正处理(OPLS－DA),其中正交信号校正技术(OSC)可以滤掉与类别判断正交不相关的变量信息,只保留与类别判断有关的变量,使判别的准确性得到提高。本实验使用Ctr格式化(mean-centered scaling)处理的数据标度换算方式,对第一、第二主成分进行建模分析[22]。实验结果表明,进行OPLS－DA分析后,正常组、模型组、XFC组三组可完全被分开,提示造模后大鼠尿液潜在生物标志物与正常组有明显变化,XFC干预后可影响OA大鼠的体内代谢,结果见图6－9(彩图54)。

（六）各组大鼠潜在生物标志物的筛选及鉴定

通过OPLS－DA分析过滤掉不相关的正交信号,因而获得的潜在生物标志物更加可靠。本实验采用OPLS－DA模型第一主成分的VIP>1,P<0.05的化合物作为差异化合物。根据变量对应的保留时间,得到其质谱图,利用LECO－Fiehn Rtx5对具有差异的化合物进行结构鉴定。基于以上分析,共发现丙氨酸、5－氨基戊酸、天冬酰胺、尿刊酸、N－氨基甲酰谷氨酸、谷氨酰胺等23个差异化合物,结果见表6－2。

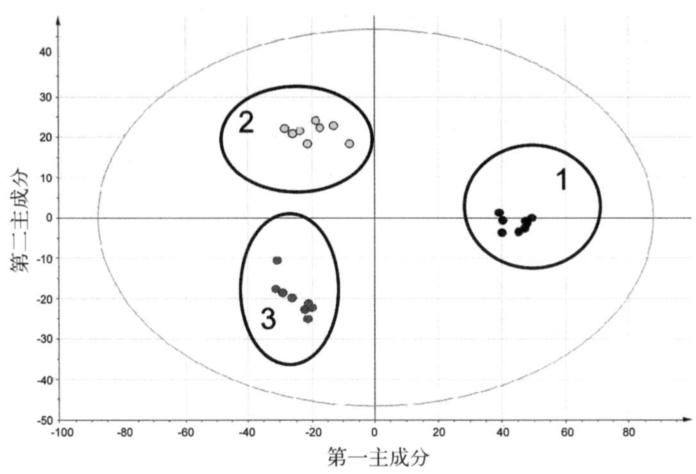

图 6-9　正常组、模型组、XFC 组大鼠尿液样品的 OPLS-DA 得分图

1. 正常组　2. 模型组　3. XFC 组

表 6-2　各组大鼠潜在生物标志物及其变化趋势

序号	VarID	化合物	RT	VIP	*P*
1	83	丙氨酸	7.900 5	3.197 9	0.009 9
2	317	羟基丙二酸	11.879 8	2.860 2	0.006 1
3	383	氨基丙二酸	12.936 3	1.381 2	0.043 5
4	439	胞嘧啶	13.773 5	3.202 5	0.007 8
5	467	α-酮戊二酸	14.247 5	1.232 0	0.025 6
6	504	天冬酰胺	14.718 4	1.120 9	0.034 0
7	516	5-氨基戊酸	14.849 3	1.006 5	0.021 8
8	535	木糖	15.132 6	3.313 7	0.000 7
9	581	谷氨酰胺	15.834 1	1.242 1	0.009 4
10	609	双甘油	16.340 7	2.139 9	0.018 1
11	614	D-(甘油-1-磷酸)	16.332 2	3.025 9	0.005 4
12	639	莽草酸	16.788 7	1.464 3	0.038 3
13	657	尿黑酸	17.132 1	3.128 4	0.003 8
14	659	N-氨基甲酰谷氨酸	17.134 6	2.619 0	0.006 3
15	668	2,8-二羟基喹啉	17.275 6	1.525 9	0.025 6
16	734	4-吡哆酸	18.195 8	2.390 7	0.007 2
17	744	D-半乳糖醛酸	18.413 9	3.346 8	0.000 1
18	776	尿刊酸	18.924 2	3.212 8	0.002 7
19	806	N-乙酰基-D-半乳糖胺	19.381 9	2.648 4	0.002 1
20	865	1,4-二羟基-2-萘甲酸	20.474 0	1.941 3	0.011 1
21	1 063	海藻糖	24.804 6	1.850 7	0.005 9
22	1 076	麦芽糖	25.064 2	2.650 4	0.000 2
23	1 091	龙胆二糖	25.464 9	1.007 3	0.005 2

注：*P* 表示模型组 VS 正常组的 *P* 值；VarID 是导入软件后，尿液中筛选的 1 166 个峰对应该物质的编号；RT 指的是该物质的保留时间。

(七) 潜在生物标志物的代谢通路网络分析

应用生理学、生物化学和病理生理学知识，结合 The Human Metabolome Database (HMDB) 提供的生物体内代谢物的定量信息和代谢信息，并参考国内外的相关文献，对 23

个潜在生物标志物所涉及的代谢通路进行了分析，发现主要与氨基酸代谢、能量代谢、核酸代谢、脂肪酸代谢和维生素 B_6代谢有关，并以此为基础构建了潜在生物标志物的代谢通路网络，结果见图 6－10(彩图 55)。

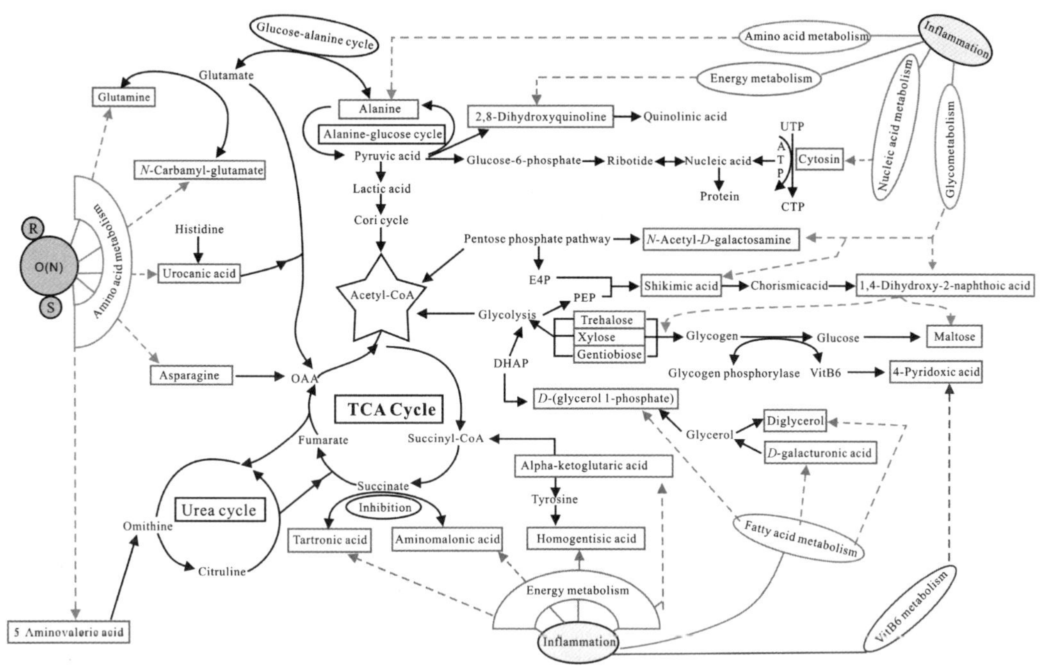

图 6－10　潜在生物标志物构建的代谢通路网络

三、讨论

采用 GC－TOF/MS 技术，从代谢组学的角度研究健脾化湿通络方代表药物 XFC 治疗 OA 的作用机制，共发现丙氨酸、5－氨基戊酸、天冬酰胺等 23 个潜在生物标志物，其主要与氨基酸代谢、能量代谢、核酸代谢、脂肪酸代谢和维生素 B_6代谢等有关；给予 XFC 干预后，对紊乱的代谢谱具有一定的调节作用。

丙氨酸通过丙氨酸-葡萄糖循环生成丙酮酸，丙酮酸由乳酸脱氢酶催化生成乳酸，参与乳酸-葡萄糖循环，进入 TCA，调节机体的能量代谢。研究表明，通常在慢性炎症的情况下，如 OA 的关节炎症部位，乳酸是其检测的特征性物质，它在细胞的转化与自身抗原的发展中扮演致病因子的角色。当乳酸浓度升高时，导致机体酸中毒，进一步加重炎症的发展[23]。模型组大鼠尿液中丙氨酸含量升高，表明模型组存在氨基酸代谢异常；给予 XFC 后，可下调丙氨酸的水平，提示其可改善 OA 大鼠紊乱的氨基酸代谢。

5－氨基戊酸是鸟氨酸的一种衍生物，参与尿素循环，循环中需要的氨基由氨基酸分解代谢产生；天冬酰胺通过脱氨生成草酰乙酸进入 TCA；尿刊酸是组氨酸生成谷氨酸代谢途径的中间体，组氨酸与氧化损伤有关，是活性氧自由基的直接清除剂[24]；*N*－氨基甲酰谷氨酸是谷氨酸的氨基被氨基甲酰化后的产物；谷氨酰胺是谷氨酸与氨在谷氨酰胺合成酶催化下生成的产物，参与葡萄糖-丙氨酸循环。研究表明，OA 发病过程中，ROS 的自由基·OH 是化学性质最活泼的活性氧，能与所有氨基酸反应，破坏其有序结构，使蛋白质的氨基酸链断裂,诱导 OA 中胶原蛋白的降解,破坏关节功能[25]。与正常组相比,模型组大鼠尿液中 5-氨基戊酸、天冬酰胺、尿刊酸、*N*-氨基甲酰谷氨酸、谷氨酰胺的含量降低,可能与 ROS 的自由基·OH 破坏其氨基酸的结构有关;给予 XFC 干预后,可使下降的 5-氨基戊酸、天冬酰胺、尿刊酸、*N*-氨基甲酰谷氨酸、谷氨酰胺水平得到上调,提示 XFC 对紊乱的氨基酸代谢具有调节作用。

2,8-二羟基喹啉是丙酮酸的代谢产物,其进一步生成喹啉酸,研究表明,喹啉酸是一种抗炎物质。缺氧是 OA 中主要的特性之一,将导致 2,8-二羟基喹啉不能氧化生成喹啉酸,进而加重 OA 的炎症[26]。这与本实验中模型组大鼠尿液中 2,8-二羟基喹啉的含量降低是一致的;给予 XFC 干预后,2,8-二羟基喹啉的含量升高。

当机体受到致炎因子的损伤时,氧化酶活性降低,氧化不足将导致炎区内的乳酸、丙酮酸、α-酮戊二酸堆积;α-酮戊二酸或丙酮酸作为酶的底物使酪氨酸生成尿黑酸;α-酮戊二酸还可氧化脱羧生成琥珀酰辅酶 A,琥珀酰辅酶 A 进一步生成琥珀酸,参与 TCA 循环。研究表明,OA 存在线粒体功能障碍,参与 TCA 的绝大多数酶位于软骨细胞的线粒体中,可能导致 TCA 的中间产物的代谢异常[27]。羟基丙二酸和氨基丙二酸是丙二酸的衍生物,丙二酸的结构与琥珀酸相似,竞争抑制延胡索酸的生成,抑制 TCA。本实验模型组大鼠尿液中 α-酮戊二酸和尿黑酸含量升高,羟基丙二酸和氨基丙二酸含量降低,提示其可能与能量代谢异常有关;给予 XFC 干预后,可下调 α-酮戊二酸和尿黑酸的含量,上调羟基丙二酸和氨基丙二酸的含量,提示其可改善 OA 大鼠紊乱的能量代谢。

OA 中的炎症因子可抑制胰岛素信号通路的激活,抑制糖酵解途径和磷酸戊糖途径,升高血糖水平[28]。糖酵解途径中的 PEP 与磷酸戊糖途径中的 E4P 合成莽草酸,莽草酸再分解生成分支酸,由分支酸生成 1,4-二羟基-2-萘甲酸;*N*-乙酰基-*D*-半乳糖胺、海藻糖、龙胆二糖、木糖分别通过磷酸戊糖途径和糖酵解途径为机体提供能量;麦芽糖是葡萄糖的一种衍生物,参与机体的能量代谢。本实验中,模型组大鼠尿液中莽草酸、1,4-二羟基-2-萘甲酸、*N*-乙酰基-*D*-半乳糖胺、海藻糖、龙胆二糖、木糖的含量降低,麦芽糖含量升高,其可能与糖酵解途径和磷酸戊糖途径被抑制、血糖的水平增加有关;给予 XFC 干预后,莽草酸、1,4-二羟基-2-萘甲酸、*N*-乙酰基-*D*-半乳糖胺、海藻糖、龙胆二糖、木糖的含量均升高,麦芽糖的含量降低,提示其可改善 OA 大鼠紊乱的能量代谢。

OA 中炎症因子和 ROS 自由基可引起碱基对断裂,诱导胶原蛋白的降解,破坏关节功能[29]。胞嘧啶是核酸中的一种嘧啶碱基,参与核酸的合成与代谢。与正常组相比,模型组大鼠尿液中胞嘧啶含量降低,其可能与核酸代谢紊乱有关;给予 XFC 干预后,可上调胞嘧啶的含量,提示其可改善紊乱的核酸代谢。

OA 发生时,脂肪动员将加速,炎症可激活磷脂酶 C(PLC),诱导 PLC 表达的增加,其具有第二信使的作用,随之甘油形成甘油二酯,亦可作为第二信使,进一步诱导炎症介质的产生[30];甘油又可通过 *D*-半乳糖醛酸生成。本实验中,模型组大鼠尿液中双甘油和 *D*-半乳糖醛酸含量升高,其可能与脂肪酸代谢紊乱有关;给予 XFC 干预后,双甘油和 *D*-半乳糖醛酸含量均有所下降,提示其可改善紊乱的脂肪酸代谢。

D-甘油-1-磷酸是甘油的磷酸衍生物,可由糖酵解系统中的磷酸二羟基丙酮通过 3-磷酸甘油脱氢酶的作用生成的。在 OA 发病过程中,炎症因子抑制胰岛素信号通路的

激活，抑制糖酵解途径，导致 D -甘油-1 -磷酸生成的减少[31]；给予 XFC 干预后，可上调 D -甘油-1 -磷酸的含量，提示其可改善紊乱的脂肪酸代谢。

4 -吡哆酸是维生素 B_6 的代谢产物，糖原磷酸化酶在维生素 B_6 的协同下可加速肝糖转变为葡萄糖[32]。OA 中的炎症因子可抑制胰岛素信号通路的激活，增加血糖水平。本实验中，模型组大鼠尿液中 4 -吡哆酸的含量升高，可能与维生素 B_6 代谢紊乱有关；给予 XFC 干预后，4 -吡哆酸的含量降低，提示其可改善紊乱的维生素 B_6 代谢。

综上所述，XFC 对骨关节炎具有一定的治疗作用，其代谢组学机制可能与调节氨基酸代谢、能量代谢、核酸代谢、脂肪酸代谢、维生素 B_6 代谢有关。

四、结论

将 GC/TOF - MS 技术的代谢组学方法，用于健脾化湿通络方代表药物 XFC 治疗 OA 的研究，不仅能探讨 OA 体内异常的代谢通路，而且还能阐明 XFC 治疗 OA 代谢组学作用机制；采用 PLS - DA、OPLS - DA 等多种多元统计方法进行分析，寻找潜在生物标志物，共发现 23 个潜在生物标志物。这些潜在生物标志物与氨基酸代谢、能量代谢、核酸代谢、脂肪酸代谢、维生素 B_6 代谢异常有关；给予 XFC 干预后，23 个潜在标志物有向正常水平恢复的趋势，提示 XFC 治疗 OA 的机制可能其调控紊乱的氨基酸代谢、能量代谢、核酸代谢、脂肪酸代谢、维生素 B_6 代谢有关，为中药复方作用机制的研究提供新的方法和思路，同时也证明 GC/TOF - MS 可为药物治疗疾病的作用机制提供强大的技术平台支持。

第三节　健脾化湿通络方治疗类风湿关节炎的基因组学研究

健脾化湿通络方代表药物 XFC 由黄芪、薏苡仁、雷公藤、蜈蚣组成，黄芪为其君药，始载于《神农本草经》，具有益气健脾、培土生金、利水消肿等功效。黄芪总皂苷（astragalosides，AST）是黄芪的主要有效部位群，具有抗炎、抗氧化和免疫调节等多种药理作用[33]。本节旨在运用基因芯片，结合生物信息学技术，研究健脾化湿通络方代表药物 XFC 药效物质基础 AST 对 AA 大鼠长链非编码 RNA（long noncoding RNAs，LncRNAs）表达谱的调节作用，以期从 LncRNAs 角度阐明 AST 防治 RA 的可能机制，为防治难治性、风湿免疫性疾病 RA 做出积极探索。

一、材料与方法

（一）实验动物

SD 大鼠，雄性，体重 200±20 g，SPF 级，由安徽医科大学实验动物中心提供。置于室温 18～22℃，相对湿度 40%～60%的动物房中饲养，动物自由进食、饮水，12 h 昼夜交替。

（二）药品与试剂

AST，含量>98.5%（南京植佰萃生物科技有限公司）；TPT（上海复旦复华药业有限公司）；FCA（美国 Sigma 公司）；大鼠 LncRNA/mRNA 基因芯片（美国 Agilent 公司）。

（三）仪器

YLS－7C 型足趾容积测量仪（济南益延科技发展有限公司）；PIKOREAL 96 型荧光定量 PCR 仪（美国 Thermo 公司）；JEOL－1230 型透射电镜（日本电子株式会社）；G2565BA 型微阵列扫描仪（美国 Agilent 公司）。

（四）模型复制与给药[34]

SD 大鼠适应性饲养 1 周后，随机分为正常组、模型组、AST（200 mg/kg）组，阳性药 TPT（40 mg/kg）组，每组 10 只。各组大鼠按每日 0.1 mL 于左后足趾皮内注射 FCA，诱导 AA 大鼠模型，正常组注射等量生理盐水。造模后第 12 天，按 1.0 mL/100 g 灌胃给予 AST 和 TPT，每天 1 次，连续 12 天，正常组和模型组灌胃给予等量溶媒。

（五）关节病理组织学检查

致炎后第 28 天，按 1.0 mL/100 g 腹腔注射 3.5%水合氯醛溶液麻醉大鼠，腹主动脉取血，取右足踝关节固定于 10%甲醛中，常规 HE 染色，观察大鼠踝关节病理组织学损伤程度。取滑膜组织，固定于 2.5%戊二醛中，透射电镜观察滑膜组织超微结构。

（六）基因芯片技术检测 AA 大鼠滑膜组织中 LncRNAs 的表达

1. RNA 抽提与质量检测

采用 Trizol 法抽提总 RNA，Nanodrop ND－1000 测定 OD_{260}、OD_{280} 及 OD_{230} 的值并计算 RNA 的浓度及纯度，用甲醛变性凝胶电泳检测其完整性。

2. 探针标记和基因芯片杂交

用 Cy－3 标记 cRNA 探针，杂交试剂盒使探针片段化。在标记 cRNA 样本中加入基因表达杂交缓冲液和湿度控制缓冲液后，将基因芯片置于激光共聚焦光微珠芯片平台，密封于杂交炉的旋转池中，65℃，10 rpm，杂交 17 h，扫描芯片。

3. 数据分析

（1）使用 GeneSpring GX v12.1 软件（Agilent Technologies，Santa Clara，CA，USA）对原始数据进行 Quantile 标准化处理。原始数据标准化后，筛选高质量探针（某探针在 9 个样品中至少有 3 个被标记为 Present 或 Marginal）进行后续统计分析。两个样品间差异表达 LncRNAs 或差异表达 mRNAs 通过 *P* 值、Fold Change 值进行筛选。

（2）采用散点图、箱式图、火山图等方法对基因数据质量进行评估。

（3）数据输入至 Cluster 3.0 软件进行层次聚类分析，将 Cluster 得出的 DAT 文件载入 Java TreeView 软件，进行可视化处理，输出图像。

（4）采用 R package version 2.8.0 软件，对差异表达基因进行生物信息学（gene ontology，GO）和信号通路（Pathway）分析。

（七）Real－time PCR 验证

通过分析基因芯片，选择部分基因进行 Real－time PCR 验证。

二、结果

（一）AST 对 AA 大鼠病理组织学损伤的影响

光学显微镜下，正常组大鼠滑膜组织呈 1~2 层整齐排列，关节面光滑，关节软骨组织完整(图 6－11A1,彩图 56);模型组大鼠滑膜组织异常增生,衬里层、血管内膜增厚,有炎性细胞浸润和血管翳形成,关节腔变窄,软骨组织出现损伤,符合人类 RA 的基本病理学特征,提示 AA 模型复制成功(图 6－11B1,彩图 56);给予 AST 和 TPT 干预后,可改善滑膜组织异常增生程度,减少炎性细胞浸润,抑制新生血管生成,减轻软骨损伤程度(图 6－11C1,彩图 56)。

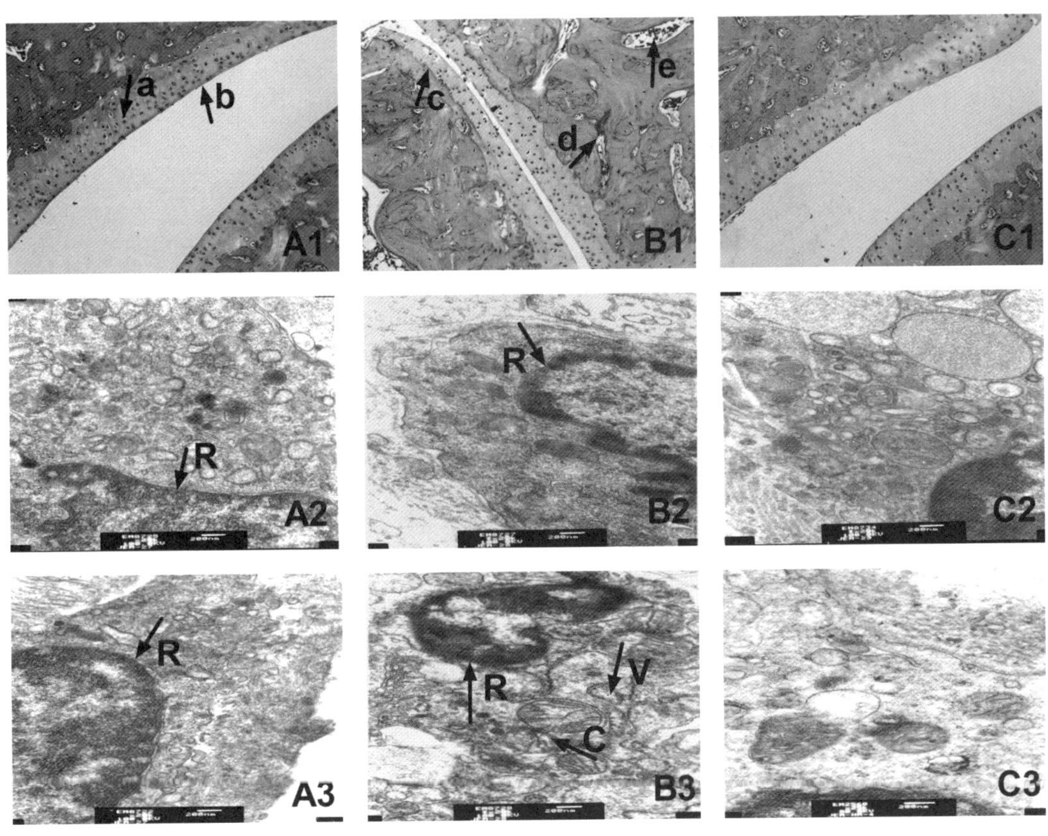

图 6－11　AST 对 AA 大鼠病理组织学损伤的影响(HE×200;TEM×20 000)

A1～A3. 正常组　B1～B3. 模型组　C1～C3. 黄芪总皂苷组
A2、B2、C2 为 A 型滑膜细胞　A3、B3、C3 为 B 型滑膜细胞
a. 正常滑膜细胞　b. 关节腔　c. 滑膜细胞增厚　d. 血管翳形成　e. 炎性细胞浸润
R. 粗面内质网　V. 空泡　C. 染色质

滑膜细胞分为 A 型和 B 型,透射电镜下,正常 A 型滑膜细胞形似巨噬细胞,含有大量线粒体,细胞器以吞噬相为主要特征,有大量空泡、溶酶体和少量粗面内质网、核糖体分散于细胞质内,微绒毛突出进入细胞表面,基质中心纤维均匀分布,相对致密(图 6－11A2);正常 B 型滑膜细胞与成纤维细胞相似,具有作为蛋白分泌相的主要特征,染色质松散,呈颗粒形状,分布在细胞核周围,有大量内质网,并呈层状排列,并有少量线粒体存在(图 6－11A3)。模型组中,A 型滑膜细胞呈不规则形状,线粒体和空泡增多,线粒体肿胀(图 6－11B2);B 型滑膜细胞粗糙内质网和致密体数量显著增加,内质网池膨胀且结构遭到破坏,线粒体退化(图 6－11B3)。经 AST 和 TPT 干预后,A 型滑膜细胞内空泡数量减少,线粒体肿胀程度减轻;B 型滑膜细胞粗面内质网和致密体数量显著减少,细胞核中的

染色质固缩,细胞体积缩小(图6-11C2、C3)。

(二) RNA样本的质量检测结果

1. RNA纯度检测结果

OD260/280比值越接近2.0,表示RNA纯度越高,介于1.8~2.1之间表示可接受范围,OD260/230比值<1.8表明裂解液中有亚硫氰胍和β-巯基乙醇残留,比值>2.4,表明需用乙酸盐、乙醇沉淀RNA。9个样品所提取总RNA的OD260/280比值均介于1.8~2.0之间,OD260/230比值均介于1.8~2.4之间,表明各组样本提取的总RNA纯度较高,符合基因芯片的检测要求(表6-3)。

表6-3 各组样品总RNA纯度检测结果

样本编号	OD260/280	OD260/230	含量(ng/μL)	体积(μL)	质量(ng)	质控结果
正常1	1.91	2.33	255.31	20	5 106.20	合格
正常2	1.86	1.87	89.36	20	1 787.20	合格
正常3	1.92	2.07	190.04	40	7 601.60	合格
模型1	1.89	2.23	273.14	20	6 462.80	合格
模型2	1.93	1.94	260.22	20	5 204.40	合格
模型3	1.92	2.03	240.60	20	4 812.00	合格
AST1	1.98	2.03	170.76	20	3 415.20	合格
AST2	1.86	2.24	130.71	40	5 228.40	合格
AST3	1.87	2.02	161.98	60	9 718.80	合格

2. RNA完整性检测结果

RNA完整性检测结果显示9个样品总RNA的28S和18S核糖体RNA条带清晰,说明RNA完整性较好,样品未分解,符合基因芯片的检测要求(图6-12)。

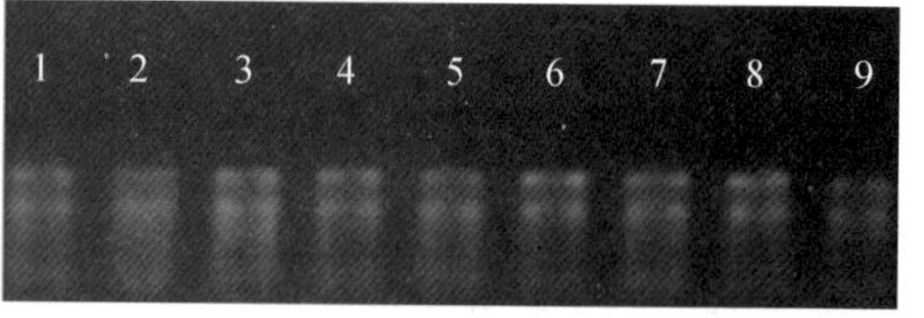

图6-12 RNA琼脂糖凝胶电泳图

1~3. 正常组 4~6. 模型组 7~9. 黄芪总皂苷组

(三) 基因芯片扫描图

利用Agilent扫描仪对杂交后的基因芯片进行扫描,分辨率设置为10 μm,PMT100%。结果见图6-13(彩图57),芯片信号强度高且均一,表明基因芯片Cy3荧光扫描结果符合后续分析要求。

(四) 箱式图(Box-Whisker Plot)分析

箱式图是统计学中将数据可视化体现的常用方法之一,每组数据均可呈现其最小值、最大值、平均值,可相对直观地显示数据分布特点,常用于多组数据间平均水平、分散程度和变异程度的分析比较[35]。结果见图6-14(彩图58),实验中9个样本的LncRNAs、mRNAs表达数据中位数基本一致,无异常值出现,表明可用于进一步统计分析。

(五) 散点图(Scatter Plot)分析

散点图是基因芯片原始数据经标准化处理后,在二维直角坐标系中绘制的图形,可直观反映两组数据间差异表达的总体情况,常用于两组数据总体分布集中趋势的评估。图中每一个点代表芯片上一个基因杂交信号,X轴、Y轴分别代表两组标本荧光信号的强度,X轴、Y轴到对角线的距离代表两组数据间的比值;表达上调基因、下调基因分别位于

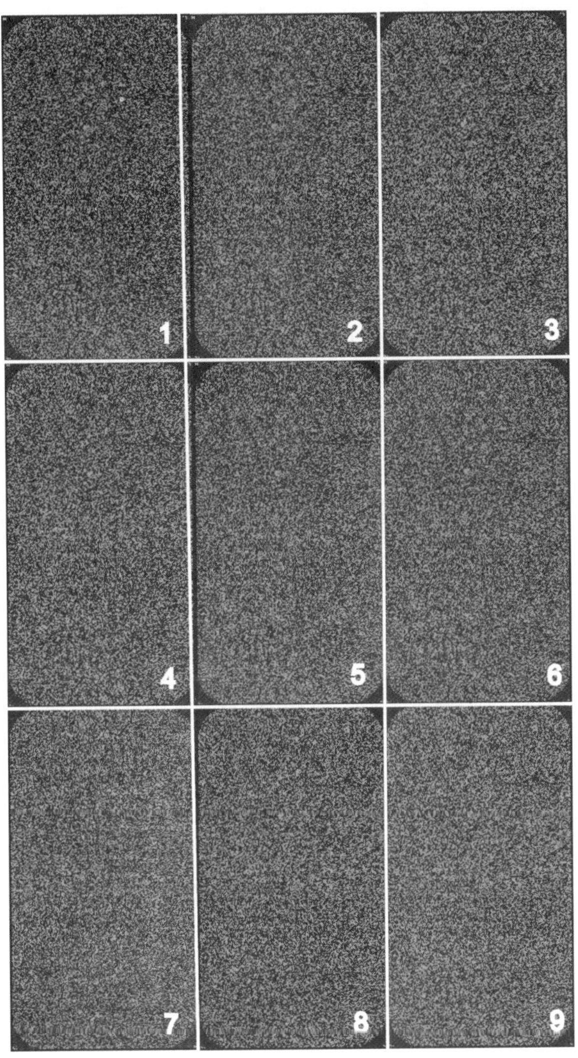

图 6－13　基因芯片荧光扫描图

1~3. 正常组　4~6. 模型组　7~9. 黄芪总皂苷组

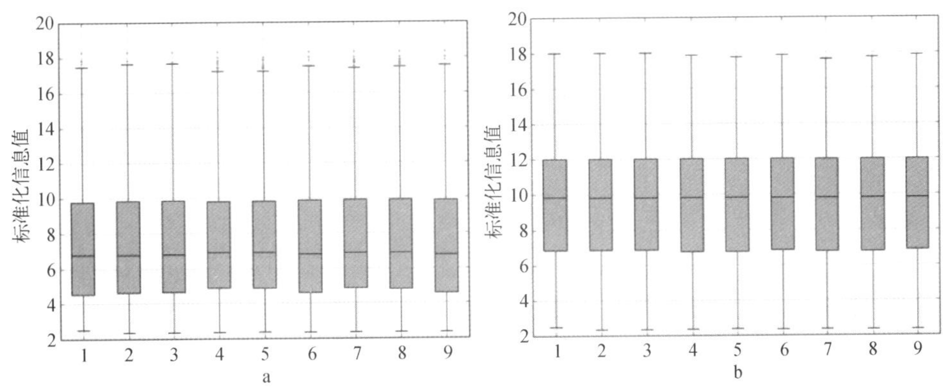

图 6－14　基因芯片数据箱式图分析

a. LncRNAs 表达数据箱式图　b. mRNAs 表达数据箱式图
1~3. 正常组　4~6. 模型组　7~9. 黄芪总皂苷组

对角线的上方和下方;红点代表基因表达水平高,蓝点代表基因表达水平低,黄点则代表基因表达水平介于两者之间;分布在上、下线之外的点代表两组间比值>1.5 的基因,有差异变化;分布在三条线之间的点代表两组间数据≤1.5 之间的基因,无差异变化[36],结果见图 6-15(彩图 59)和图 6-16(彩图 60),大量的点分散在三条线的上、下方,说明各组标本之间具有大量差异表达的 LncRNAs、mRNAs。

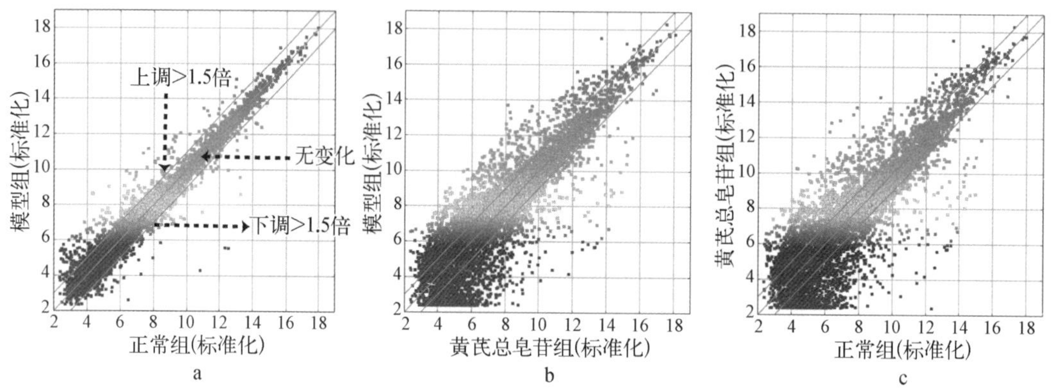

图 6-15　LncRNAs 表达数据散点图分析

a. 正常组 v.s.模型组　b. 模型组 v.s.黄芪总皂苷组　c. 正常组 v.s.黄芪总皂苷组

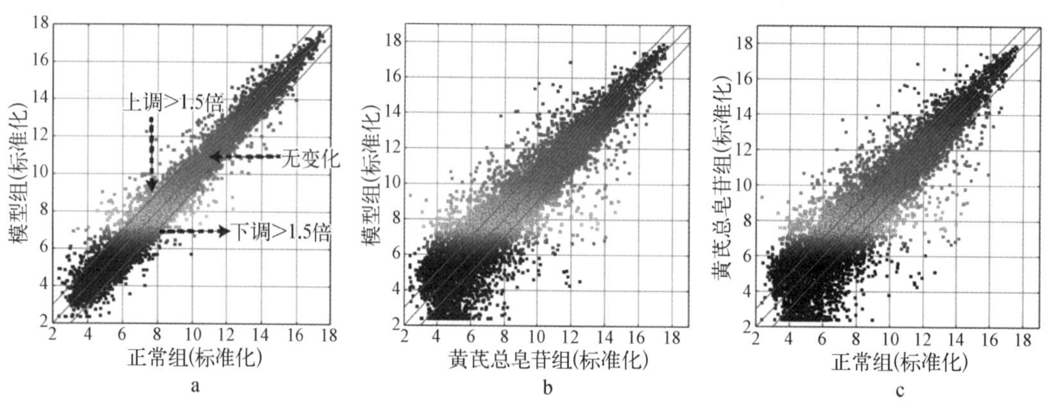

图 6-16　mRNAs 表达数据散点图分析

a. 正常组 v.s.模型组　b. 模型组 v.s.黄芪总皂苷组　c. 正常组 v.s.黄芪总皂苷组

(六)火山图(Volcano Plot)分析

火山图是基因芯片原始数据经标准化处理后,以 log2(Fold Change)值为横坐标,-log10(*P* 值)为纵坐标,绘制而成的图形,可直观反映出两组标本数据间的差异。与 Y 坐标轴平行的两条绿线分别代表上调>1.5 倍和下调>1.5 倍的基因,与 X 坐标轴平行的绿线代表 *P* 值,绿线上方代表 $P<0.05$,绿线下方代表 $P\geqslant 0.05$,红点代表两组间有统计学意义的基因,灰点代表两组间无统计学意义的基因[37]。LncRNAs、mRNAs 数据火山图分析分别见图 6-17、图 6-18(彩图 61、彩图 62)。

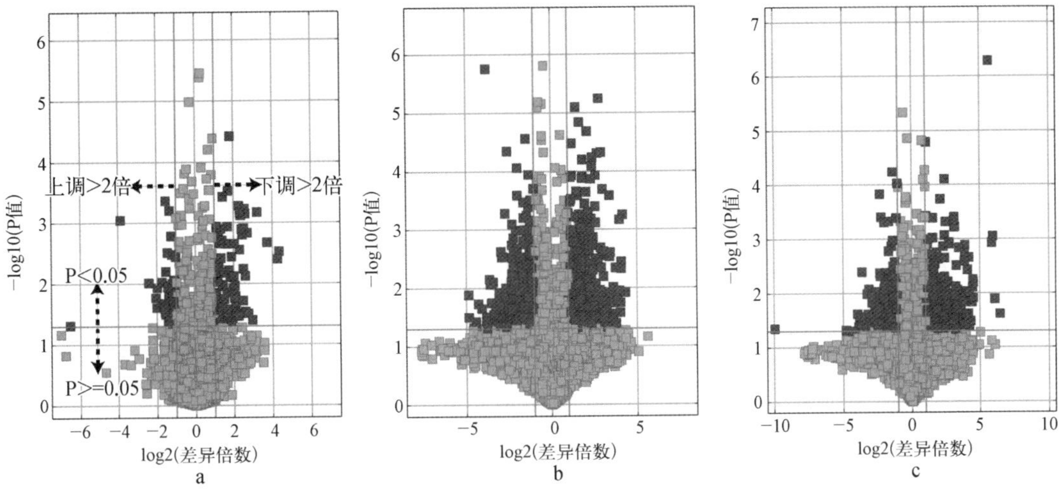

图 6-17 LncRNAs 表达数据火山图分析

a. 正常组 v.s.模型组 b. 模型组 v.s.黄芪总皂苷组 c. 正常组 v.s.黄芪总皂苷组

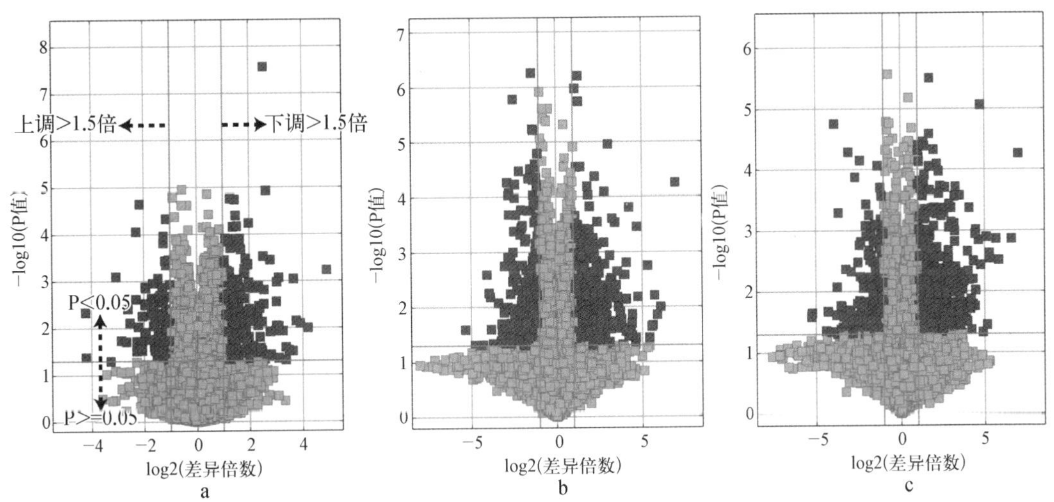

图 6-18 mRNAs 表达数据火山图分析

a. 正常组 v.s.模型组 b. 模型组 v.s.黄芪总皂苷组 c. 正常组 v.s.黄芪总皂苷组

（七）AST 对差异表达基因的干预作用

1. AST 干预后差异表达 LncRNAs、mRNAs 的筛选

原始数据经标准化处理后，正常组与模型组间共筛选出 6 406 个 LncRNAs 表达谱数据，与正常组相比，模型组中上调 LncRNAs 表达谱数据 3 036 个，下调 LncRNAs 表达谱数据 3 370 个；模型组与 AST 组间共获得 6 406 个 LncRNAs 表达谱数据，与模型组相比，AST 组中上调 LncRNAs 表达谱数据 3 117 个，下调 LncRNAs 表达谱数据 3 289 个。以 Fold change>1.5，$P<0.05$ 为准入标准，正常组与模型组间筛选出 260 个差异表达的 LncRNAs；模型组与 AST 组间筛选出 915 个差异表达的 LncRNAs；两者合并，取交集后，共筛选出 75 个差异表达的 LncRNAs，其中 41 个 LncRNAs 在模型组中上调，34 个 LncRNAs 在模型组中下调。

正常组与模型组间共获得 11 661 个 mRNAs 表达谱数据。与正常组相比,模型组中上调 mRNAs 表达谱数据 5 762 个,下调 mRNAs 表达谱数据 5 899 个;模型组与 AST 组间共获得 11 661 个 mRNAs 表达谱数据。与模型组相比,AST 组上调 mRNAs 表达谱数据 5 934 个,下调 mRNAs 表达谱数据 5 727 个。以 Fold change>1.5,$P<0.05$ 为准入标准,正常组与模型组间筛选出 675 个差异表达的 mRNAs;模型组与 AST 组间筛选出 1 717 个差异表达的 mRNAs;两者合并,取交集后,共筛选出 247 个差异表达的 mRNAs,其中 171 个 mRNAs 在模型组中上调,76 个 mRNAs 在模型组中下调。

2. AST 干预后差异表达基因的 GO 和 Pathway 分析

经过 BP 分类分析,共获得 135 个 GO 条目,其中上调差异基因富集于 117 个 GO 条目,下调差异基因富集于 18 个 GO 条目;根据富集分数,从大到小的顺序排列,差异基因排名前十的 GO 条目,主要涉及多种代谢反应见图 6－19A。

经过信号通路分析,本研究共获得 17 条与差异基因相关的信号通路,其中上调差异基因富集于 14 条信号通路,下调差异基因富集于 3 条信号通路;根据富集分数,从大到小的顺序排列,差异基因排名前十的信号通路,主要涉及三羧酸循环、丙酮酸代谢、氧化磷酸化等,见图 6－19B;结合差异 mRNAs 涉及 GO 条目和信号通路,选择了 20 个 mRNAs,其中 15 个 mRNAs 在模型组中上调,5 个 mRNAs 在模型组中下调,用作后续功能注解研究,结果如表 6－4。

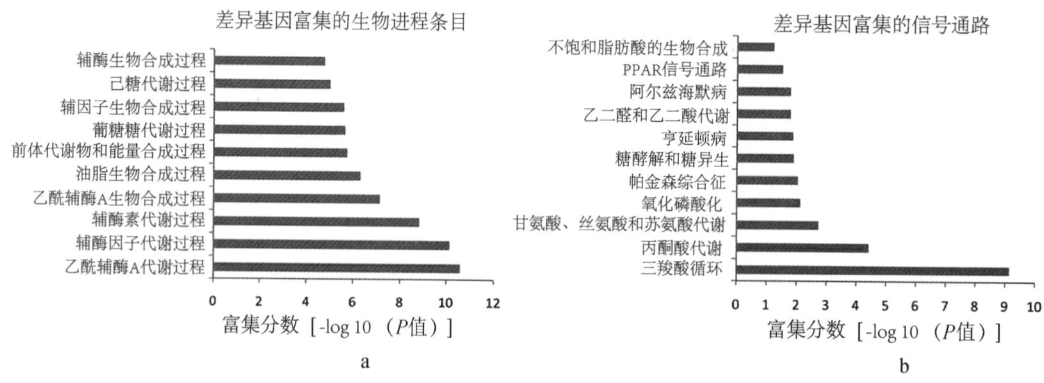

图 6－19 AST 干预后差异表达基因生物学进程与信号通路分析

a. 富集分数排名前十的生物学进程条目 b. 富集分数排名前十的信号通路

表 6－4 20 个差异基因的功能注解

编号	基因名称	趋势	差异倍数	P－value	基因注解
1	Dio3	up	5.77	9.93×10^{-4}	氧化还原过程(oxidation-reduction process)
2	Mlph	up	7.31	5.38×10^{-5}	胞内蛋白转运(intracellular protein transport)
3	Tm6sf2	up	2.99	2.47×10^{-3}	调控脂质代谢过程(regulation of lipid metabolic process)
4	Gys2	up	6.44	5.75×10^{-3}	葡萄糖诱导的糖原合成过程(glycogen biosynthetic process, response to glucose)
5	Mogat2	up	7.34	0.011	脂质代谢过程(lipid metabolic process)
6	Hgd	up	5.32	2.14×10^{-3}	细胞氨基酸代谢,氧化还原过程(cellular amino acid metabolic process, oxidation-reduction process)

（续表）

编号	基因名称	趋势	差异倍数	P－value	基因注解
7	Dlat	up	3.96	1.73×10^{-3}	丙酮酸合成乙酰辅酶 A 过程，糖代谢（acetyl-CoA biosynthetic process from pyruvate，glucose metabolic）
8	Fmo1	up	1.95	0.013	有机酸代谢，NADPH 氧化，药物代谢（organic acid metabolic process，NADPH oxidation，drug metabolic）
9	Gcgr	up	6.81	8.30×10^{-5}	G 蛋白耦联受体信号通路，糖原代谢调控（G-protein coupled receptor signaling pathway，regulation of glycogen metabolic process）
10	Me1	up	5.71	2.33×10^{-3}	氧化还原过程，NADP 代谢调控（oxidation-reduction process，regulation of NADP metabolic process）
11	L2hgdh	up	2.66	0.021	胞内蛋白代谢，氧化还原过程（cellular protein metabolic process，oxidation-reduction process）
12	Pdhb	up	2.38	0.024	糖代谢，乙酰辅酶 A 合成（glucose metabolic process，acetyl-CoA biosynthetic process）
13	Aco1	up	2.71	2.55×10^{-3}	三羧酸循环（tricarboxylic acid cycle）
14	Acly	up	5.43	1.03×10^{-4}	脂肪酸合成过程（fatty acid biosynthetic process）
15	Acy1	up	2.02	3.65×10^{-3}	细胞氨基酸代谢（cellular amino acid metabolic process）
16	Angptl4	down	4.76	4.25×10^{-5}	细胞分化，细胞凋亡负调控（cell differentiation，negative regulation of apoptotic process）
17	C1qtnf3	down	3.20	3.81×10^{-4}	脂肪细胞分化，细胞因子分泌的正向调节（fat cell differentiation，positive regulation of cytokine secretion）
18	Dhx58	down	1.82	4.27×10^{-4}	免疫系统进程，先天免疫反应调节（immune system process，regulation of innate immune response）
19	Cblc	down	2.62	0.017	MAP 激酶活性的负调节，细胞表面受体信号通路（negative regulation of MAP kinase activity，cell surface receptor signaling pathway）
20	Npr3	down	5.60	2.13×10^{-3}	破骨细胞增殖，磷脂酶－C 激活 G 蛋白偶联受体信号通路（osteoclast proliferation，phospholipase C－activating G－protein coupled receptor signaling pathway）

注：P－value 表示两组样品标准化信号间的 P 值（通过 t－test 计算）；up 表示在模型组中高表达；down 表示在模型组中低表达。

3. AST 干预后差异表达 LncRNA－mRNA 调控网络分析

本研究选择 Pearson 相关系数>0.94 的 LncRNA－mRNA 关系对，使用 Cytoscape 程序构建 AST 干预后差异表达 LncRNA－mRNA 调控网络，结果见图 6－20（彩图 63），LncRNA－mRNA 调控网络中共有 58 个 LncRNAs 节点，229 个 mRNAs 节点，1 676 个边组成。根据维度的大小，我们选择 4 个 LncRNAs，其中 2 个 LncRNAs（MRAK012530、MRAK132628）在模型组中表达上调，2 个 LncRNAs（MRAK003448、XR_00645）在模型组中表达下调，作为后续 RT－qPCR 验证基因。

4. 4 个差异表达 LncRNAs 的调控子网络分析

为了更加直观地反映 4 个差异 LncRNAs 与其他差异 LncRNAs 和 mRNAs 的互作关系，我们绘制了 4 个差异 LncRNAs 的子网络图。LncRNA MRAK012530 子网络由 6 个 LncRNAs（其中上调 LncRNAs 3 个，下调 LncRNAs 3 个），13 个 mRNAs（其中上调 mRNAs 4

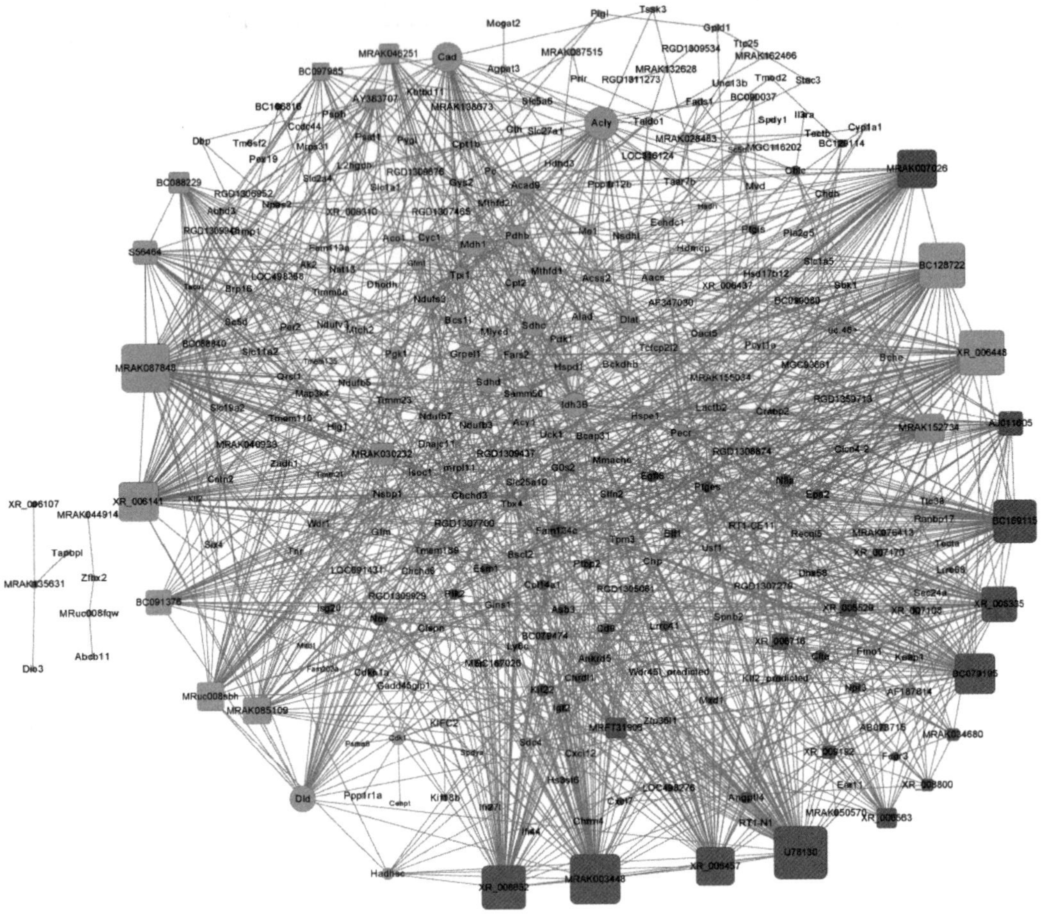

图 6－20　AST 干预后差异表达基因调节网络

个，下调 mRNAs 9 个），19 条边组成，见图 6－21a；LncRNA MRAK132628 子网络由 7 个 LncRNAs（其中上调 LncRNAs 5 个，下调 LncRNAs 2 个），14 个 mRNAs（其中上调 mRNAs 5 个，下调 mRNAs 9 个），21 条边组成，见图 6－21b；LncRNA MRAK003448 子网络由 8 个下调 LncRNAs，30 个 mRNAs（其中上调 mRNAs 19 个，下调 mRNAs 11 个），38 条边组成，见图 6－21c；LncRNA XR_006457 子网络由 12 个 LncRNAs（其中上调 LncRNAs 7 个，下调 LncRNAs 5 个），39 个 mRNAs（其中上调 mRNAs 13 个，下调 mRNAs 26 个），51 条边组成，见图 6－21d（彩图 64）。

5. RT－qPCR 验证差异表达的关键 LncRNAs

为了排除个体差异、组织异源性等引起的基因芯片假阳性结果，我们采用实时定量荧光 PCR 对筛选的 4 个 LncRNAs 进行了验证。与正常组相比，模型组 LncRNA MRAK012530、LncRNA MRAK132628 表达水平显著升高，LncRNA MRAK003448、LncRNA XR_00645 表达水平显著降低；与模型组相比，经 AST 干预后，LncRNA MRAK012530、LncRNA MRAK132628 表达水平显著降低，LncRNA MRAK003448、LncRNA XR_00645 表达水平显著升高，RT－qPCR 验证结果与基因芯片数据趋势一致，结果见图 6－22。

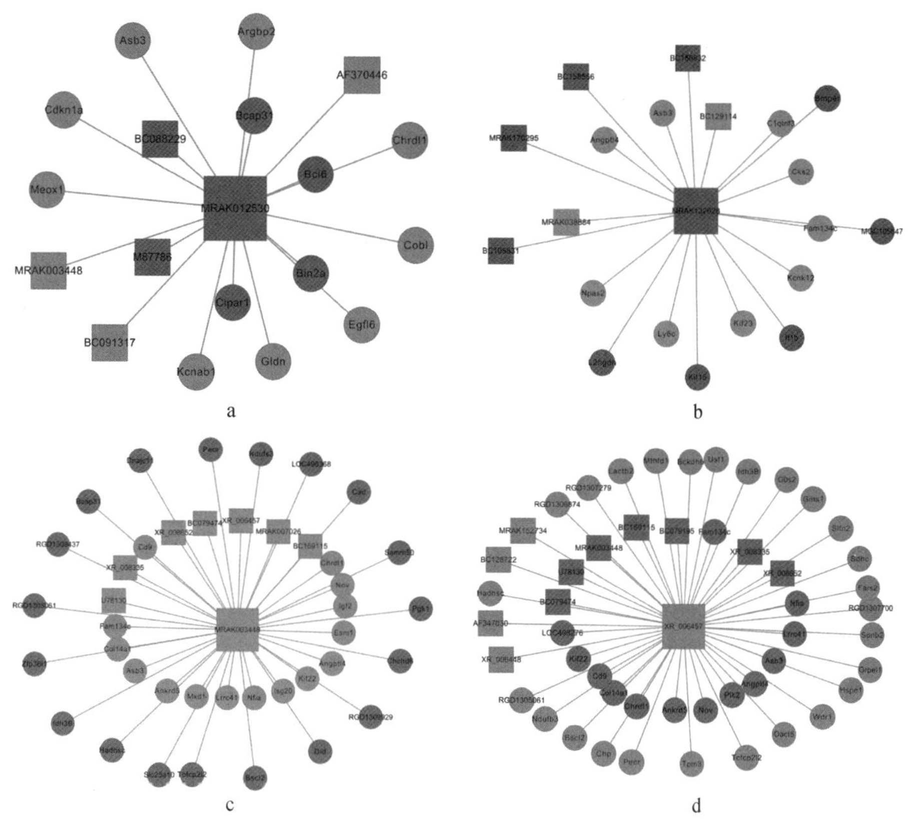

图 6－21　4 个差异表达 LncRNAs 调节子网络图

a. LncRNA MRAK012530 子网络图　b. LncRNA MRAK132628 子网络图　c. LncRNA MRAK003448 子网络图　d. LncRNA XR_006457 子网络图

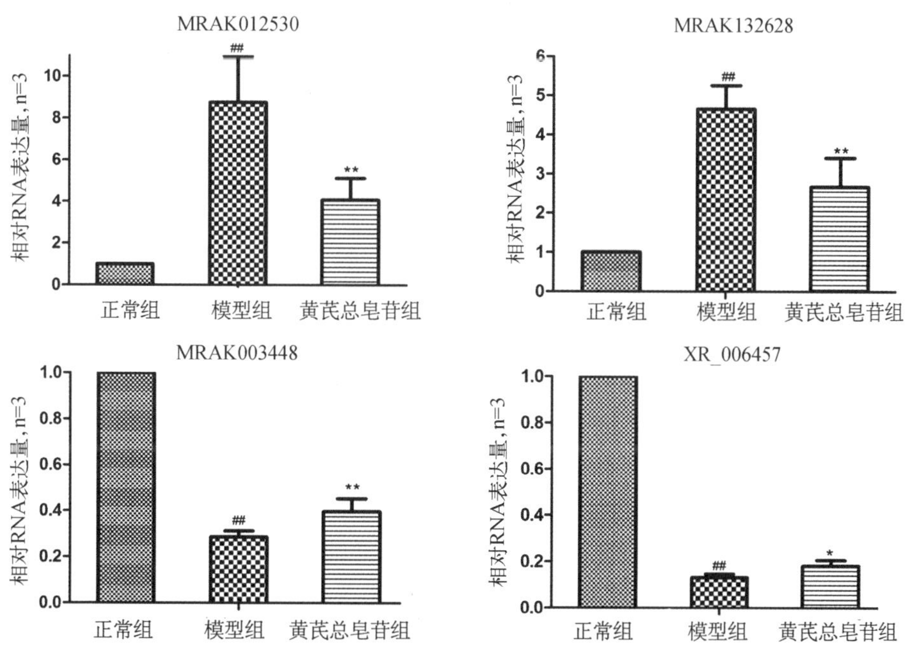

图 6－22　RT－qPCR 验证 4 个差异表达 LncRNAs

三、讨论

RA 是一种常见病、多发病，以滑膜细胞大量增生为其病理学特征，具体发病机制不完全清楚，目前尚缺乏理想的治疗手段[38,39]。AA 大鼠是经典的免疫炎症性动物模型，其发病机制为分子模拟理论，即 FCA 皮内注射后可延缓其吸收，对机体产生持续性刺激，从而导致自身免疫应答反应的发生。AA 大鼠模型具有病理表现类似于人类 RA 病变、模型制备简单易行、耗费少等优点，广泛应用于 RA 发病机制及抗类风湿药物的筛选研究[40,41]。本研究结果表明，FCA 免疫后，模型组大鼠出现明显的全身继发性炎症反应，滑膜组织异常增生、关节损伤等症状，表明 AA 大鼠模型复制成功；给予 AST 干预后，可显著改善大鼠全身继发性炎症反应，减轻关节和滑膜组织病理学损伤程度，提示 AST 具有很好的抗实验性关节炎作用。

随着基因组和转录组测序技术的发展，越来越多的研究表明，基因组和转录组的复杂程度远超出了人们对其的认识，“DNA - mRNA -蛋白-功能”这一传统的思维模式，并不完善。长期以来被视为“噪声”和“暗物质”的 ncRNAs，具有复杂的生物学功能，广泛参与人体生理、病理活动的调控[42,43]。在过去的十几年中，miRNAs 作为 ncRNA 家族中的明星分子，受到广泛的关注，人们已研究并发现了大量的 miRNAs，阐明了其中大部分 miRNAs 的作用机制[44,45]。近年来，数量庞大的 LncRNAs，可在表观遗传、转录前、转录后等层面发挥调控作用，广泛参与机体生物学功能，逐渐引起了人们的重视。诸多临床和动物实验均表明，LncRNAs 表达紊乱，与多种疾病进程密切相关[46~48]。相比而言，目前已知的 LncRNAs 数量远少于 miRNAs，且其功能机制和作用方式多数尚不清楚。因此，LncRNAs 具有较 miRNAs 更为广阔的研究前景，成为近年来国际上的研究热点。

基因芯片(gene chips)，又称 DNA 芯片、生物芯片，是将大量探针片段固定于支持物表面上，产生致密、有序的二维 DNA 探针阵列，与标记的样品进行杂交，通过检测每个探针分子的杂交信号强度，进而获取样品分子的数量和序列信息，可一次性测定传统方法需多次重复测定的多个靶基因、多条代谢通路的变化，具有高通量、自动化、高效等特点[49]。

本研究中所用的大鼠 LncRNA/mRNA 芯片由 Agilent 公司合成，涵盖权威数据库(包括 NCBI RefSeq、UCSC all_mrna 和小鼠直系同源 LncRNAs 等)中收集的约 9 000 个 LncRNAs，可用于 LncRNAs 和 mRNAs 表达谱的筛选与功能研究。原始数据经标准化处理后，共获得 6 406 个 LncRNAs 表达谱数据；经箱式图、散点图、火山图对原始数据进行评价后，以 Fold change>1.5，$P<0.05$ 为筛选标准，正常组、模型组、AST 组共筛选出 75 个显著性变化的 LncRNAs(上调 LncRNAs 41 个，下调 LncRNAs 34 个)，247 个显著性变化的 mRNAs(上调 mRNAs 171 个，下调 mRNAs 76 个)。

目前认为 LncRNAs 调控基因表达机制多种多样，涉及复杂的调控网络，具有“多靶点、多层次、多样性、难以预测性”的特点，且相比于 mRNAs、miRNAs，多数 LncRNAs 的功能并未得到很好的注解[50,51]。近年来有学者提出，LncRNAs 可通过“内源性海绵”作用或者竞争性内源 RNAs(competing endogenous RNAs，ceRNAs)，特异性结合并负性调控 miRNAs 的表达，导致 miRNAs 靶向的 mRNAs 去抑制化，从而对许多重要信号通路发挥协同或者拮抗作用，参与疾病发生、发展[52,53]。因此，鉴于 LncRNAs 数量的庞大性、调控的复杂性，对于 LncRNAs 功能的研究，可采用通过分析有共表达关系的 mRNAs 的功能，反向研究 LncRNAs

的功能，并取得了很好的效果。其中，GO 和 pathway 分析是利用功能已知的差异编码基因的生物信息学分析、研究与其相关的、功能未知的 LncRNAs 常用方法之一[54,55]。通过对 AST 干预后，显著变化的 247 个差异表达 mRNAs 进行 GO 和 pathway 分析，共获得 135 个 GO 条目，其中上调差异基因富集于 117 个 GO 条目，下调差异基因富集于 18 个 GO 条目，富集分数排名前十的 GO 条目主要涉及多种代谢反应；共获得 17 条与差异基因相关的信号通路，其中上调差异基因富集于 14 条信号通路，下调差异基因富集于 3 条信号通路，富集分数排名前十的信号通路主要涉及三羧酸循环、丙酮酸代谢、氧化磷酸化等，与课题组前期利用气相色谱-串联飞行时间质谱研究 AA 大鼠尿液代谢组学变化结果相一致[56,57]。

差异表达基因调控网络是一组差异表达基因的集合体，能可视化的显示差异表达基因之间的互作关系，可对疾病发生、发展过程中发挥关键作用的基因进行有效筛选，更有针对性的阐明其功能，揭示疾病的病理学特征。如 Yang Shang 等[58]通过构建 LncRNA－mRNA 共表达网络，揭示了 LncRNAs 在食管鳞状细胞癌中的作用；Song Chao 等[55]基于 ceRNA 理论，通过分析 mRNAs 功能，发现 3 个 LncRNAs（SLC26A4－AS1、RP11－344E13.3、MAGI1－IT1）与心脏肥大高度相关，14 个 LncRNAs 可作为潜在的心脏肥大相关疾病诊断基因；Li Qi 等[59]利用 LncRNA－mRNA 调节网络，预测了 98 个 LncRNAs 在多形性成胶质细胞瘤发生、发展过程中的生物学功能，为临床实践提供了潜在的诊断、预后生物标志物及治疗靶点。然而，到目前为止，未见利用 LncRNA－mRNA 共表达网络研究实验性关节炎的相关报道。本研究通过生物信息学技术，构建 LncRNA－mRNA 共表达网络，探讨差异表达基因的功能分类及其调节途径，筛选在 RA 发生、发展中发挥重要调控作用的关键 LncRNAs，并绘制了关键 LncRNAs－mRNA 子网络图，有助于深刻理解实验性关节炎的发病机制，为后期深入的功能与机制研究提供新的切入点，并有望为 RA 临床诊疗提供新的潜在生物标志物与靶点。

通过构建并分析 AST 干预后相关差异基因 LncRNA－mRNA 调控网络，共获得 58 个 LncRNAs 节点，229 个 mRNAs 节点，1 676 条边，并筛选出 4 个 LncRNAs，其中 2 个 LncRNAs（MRAK012530、MRAK132628）在模型组中表达上调，2 个 LncRNAs（MRAK003448、XR_00645）在模型组中表达下调，作为 AST 防治实验性关节炎的关键 LncRNAs；20 个差异 mRNAs 用作后续功能注解研究。LncRNA MRAK012530 来源于 16 号染色体，基因组编号 61106353－61107813，为反义非编码 RNA；LncRNA MRAK132628 来源于 10 号染色体，基因组编号 72678293－72679094，为正义非编码 RNA；LncRNA MRAK003448 来源于 1 号染色体，基因组编号 211691796－211692424，为正义非编码 RNA；LncRNA XR_00645 来源于 5 号染色体，基因组编号 126881719－126882287，为反义非编码 RNA，均属首次报道。为排除个体差异、组织异源性等引起的基因芯片假阳性结果，本研究采用实时定量荧光 PCR 对上述 4 个 LncRNAs 进行验证，发现实时定量荧光 PCR 结果与基因芯片结果具有一致性，表明芯片结果真实可靠。

通过对 20 个差异表达 mRNAs 的功能注解研究发现，主要涉及炎症反应、免疫调节、细胞增殖等。如 C1q 肿瘤坏死因子相关蛋白（C1q tumor necrosis factor-related protein 3, C1qtnf3）可负调控 IL－6 的分泌；IL－6 是一种多效性细胞因子，能调节细胞增殖、细胞分化、免疫防御机制及血细胞生成等多种细胞功能，与 RA 发生、发展密切相关[60,61]。Dhx58，称为 DEXH（Asp－Glu－X－His）盒多肽 58，可参与先天免疫应答的负调节[62]。Casitas B 谱系淋巴瘤 c(Casitas B－cell lymphoma c,Cblc),与 T 淋巴细胞受体信号通路和 JAK/STAT 信号通路相关;诸多实验表明 T 淋巴细胞受体信号通路和 JAK/STAT 信号通路广泛参与机体免疫调控,与 RA 密切相关[63,64]。滑膜细胞过度增殖是 RA 主要病理学特征,异常增生的滑膜细胞可分泌多种细胞因子、炎症介质和蛋白酶,导致关节损伤;利尿钠肽受体 3 (natriuretic peptide receptor 3,Npr3)可负调节细胞增殖,拮抗 RA 的进展[65]。

四、结论

健脾化湿通络方代表药物 XFC 有效物质基础 AST 对 AA 大鼠具有一定的治疗作用,其机制可能与调控差异表达的 LncRNAs 有关。首次利用大鼠 arraystar LncRNA Array 研究 AA 发病过程中基因异常表达谱,从 LncRNAs 的角度阐明了实验性关节炎的可能发病机制及 AST 可能的作用靶点,并筛选出 AA 发生、发展过程中关键 LncRNAs,为后续功能机制研究提供了有研究前景的候选基因,为临床诊疗难治性自身免疫性疾病 RA 提供了潜在生物标志物和新靶点。

参考文献

[1] Lenardo M, Lo B, Lucas C L. Genomics of immune diseases and new therapies[J]. Annu Rev Immunol, 2016, 34: 121－149.

[2] 张仲林,钟玲,彭成.基因组学与中医药研究[J].四川中医,2008,26(4): 49－51.

[3] Wang P, Chen Z. Traditional chinese medicine ZHENG and omics convergence: a systems approach to post-genomics medicine in a global world[J]. OMICS, 2013, 17(9): 451－459.

[4] Xue L, Wang Y, Liu L, et al. A HNMR-based metabonomics study of postmenopausal osteoporosis and intervention effects of Er-Xian Decoction in ovariectomized rats[J]. Int J Mol Sci, 2011, 12(11): 7635－7651.

[5] Wang X, Sun W, Sun H, et al. Analysis of the constituents in the rat plasma after oral administration of Yin Chen Hao Tang by UPLC/Q－TOF－MS/MS[J]. J Pharm Biomed Anal, 2008, 46(3): 477－490.

[6] Zhang H Y, Chen X, Hu P, et al. Metabolomic profiling of rat serum associated with isoproterenol-induced myocardial infarction using ultra-performance liquid chromatography /time-of-flight mass spectrometry and multivariate analysis[J]. Talanta, 2009, 79(2): 254－259.

[7] Gao X, Guo M, Li Q, et al. Plasma metabolomic profiling to reveal antipyretic mechanism of Shuang-huang-lian injection on yeast-induced pyrexia rats[J]. PLOS One, 2014, 9(6): e100017.

[8] Sarabi Z S, Saeidi M G, Khodashahi M, et al. Evaluation of the anti-inflammatory effects of atorvastatin on patients with rheumatoid arthritis: A randomized clinical trial[J]. Electron Physician, 2016, 8(8): 2700－2706.

[9] Wechalekar M D, Lester S, Hill C L, et al. Active foot synovitis in patients with rheumatoid arthritis: unstable remission status, radiographic progression, and worse functional outcomes in patients with foot synovitis in apparent remission[J]. Arthritis Care Res (Hoboken), 2016, 68(11): 1616－1623.

[10] Kind T, Wohlgemuth G, Lee D Y, et al. FiehnLib: mass spectral and retention index libraries for metabolomics based on quadrupole and time-of-flight gas chromatography/mass spectrometry[J]. Anal Chem, 2009, 81(24): 10038－10048.

[11] Irwin C, Mienie L J, Wevers R A, et al. GC－MS－based urinary organic acid profiling reveals multiple dysregulated metabolic pathways following experimental acute alcohol consumption[J]. Sci Rep, 2018,

8(1): 5775.

[12] Liu L, Huang C, Bian Y, et al. GC – MS based metabolomics of CSF and blood serum: Metabolic phenotype for a rat model of cefoperazone-induced disulfiram-like reaction[J]. Biochem Biophys Res Commun, 2017, 490(3): 1066 – 1073.

[13] Xiong X, Sheng X, Liu D, et al. A GC/MS – based metabolomic approach for reliable diagnosis of phenylketonuria[J]. Anal Bioanal Chem, 2015, 407(29): 8825 – 8833.

[14] Mishra R, Singh A, Chandra V, et al. A comparative analysis of serological parameters and oxidative stress in osteoarthritis and rheumatoid arthritis[J]. Rheumatol Int, 2012, 32(8): 2377 – 2382.

[15] Kamanli A, Naziroglu M, Aydilek N, et al. Plasma lipid peroxidation and antioxidant levels in patients with rheumatoid arthritis[J]. Cell Biochem Funct, 2004, 22(1): 53 – 57.

[16] Lubberts E, Joosten L A, van de Loo F A, et al. Overexpression of IL – 17 in the knee joint of collagen type Ⅱ immunized mice promotes collagen arthritis and aggravates joint destruction[J]. Inflamm Res, 2002, 51(2): 102 – 104.

[17] Curti D, Izzo E, Brambilla L, et al. Effect of a ubiquinone-like molecule on oxidative energy metabolism in rat cortical synaptosomes at different ages[J]. Neurochem Res, 1995, 20(9): 1001 – 1006.

[18] Qian Y, Zhao X, Song J L, et al. Inhibitory effects of resistant starch (RS3) as a carrier for stachyose on dextran sulfate sodium-induced ulcerative colitis in C57BL/6 mice[J]. Exp Ther Med, 2013, 6(5): 1312 – 1316.

[19] Xing J, You C, Dong K, et al. Ameliorative effects of 3, 4 – oxo-isopropylidene-shikimic acid on experimental colitis and their mechanisms in rats[J]. Int Immunopharmacol, 2013, 15(3): 524 – 531.

[20] Kong L, Zheng L Z, Qin L, et al. Role of mesenchymal stem cells in osteoarthritis treatment[J]. J Orthop Translat, 2017, 9: 89 – 103.

[21] 程园园,刘健,冯云霞,等.新风胶囊通过 BTLA_HVEM 诱导 Treg 免疫耐受改善膝骨关节炎大鼠心肺功能[J].细胞与分子免疫学杂志,2012,28(11): 1133 – 1137.

[22] 罗国安,黎孙梁,张王乔.白香丹胶囊干预经前期综合征肝气逆证大鼠血清代谢组学研究[J].中成药,2011,33(5): 762 – 767.

[23] Wu C, Lei R, Tiainen M, et al. Disordered glycometabolism involved in pathogenesis of Kashin-Beck disease, an endemic osteoarthritis in China[J]. Exp Cell Res, 2014, 326(2): 240 – 250.

[24] Jiang M, Chen T, Feng H, et al. Serum metabolic signatures of four types of human arthritis[J]. J Proteome Res, 2013, 12(8): 3769 – 3779.

[25] Gu Y, Lu C, Zha Q, et al. Plasma metabonomics study of rheumatoid arthritis and its Chinese medicine subtypes by using liquid chromatography and gas chromatography coupled with mass spectrometry[J]. Mol Biosyst, 2012, 8(5): 1535 – 1543.

[26] Qi Y, Li S, Pi Z, et al. Metabonomic study of wu-tou decoction in adjuvant-induced arthritis rat using ultra-performance liquid chromatography coupled with quadrupole time-of-flight mass spectrometry[J]. J Chromatogr B Analyt Technol Biomed Life Sci, 2014, 953 – 954: 11 – 19.

[27] 段圆慧,吴志宏,邱贵兴.氧化应激与骨关节炎[J].中国骨与关节外科,2010,3(4): 320 – 324.

[28] Young S P, Kapoor S R, Viant M R, et al. The impact of inflammation on metabolomic profiles in patients with arthritis[J]. Arthritis Rheum, 2013, 65(8): 2015 – 2023.

[29] Madsen R K, Lundstedt T, Gabrielsson J, et al. Diagnostic properties of metabolic perturbations in rheumatoid arthritis[J]. Arthritis Res Ther, 2011, 13(1): R19.

[30] Lee C H, Shieh D C, Tzeng C Y, et al. Bradykinin-induced IL – 6 expression through bradykinin B2 receptor, phospholipase C, protein kinase Cdelta and NF – kappaB pathway in human synovial fibroblasts[J]. Mol Immunol, 2008, 45(14): 3693 – 3702.

[31] Priori R, Scrivo R, Brandt J, et al. Metabolomics in rheumatic diseases: the potential of an emerging methodology for improved patient diagnosis, prognosis, and treatment efficacy[J]. Autoimmun Rev, 2013, 12(10): 1022 – 1030.

[32] Yue R, Zhao L, Hu Y, et al. Rapid-resolution liquid chromatography TOF－MS for urine metabolomic analysis of collagen-induced arthritis in rats and its applications[J]. J Ethnopharmacol, 2013, 145(2): 465－475.

[33] Qi Y, Gao F, Hou L, et al. Anti-Inflammatory and immunostimulatory activities of astragalosides[J]. Am J Chin Med, 2017, 45(6): 1157－1167.

[34] 姜辉,刘健,高家荣,等.五味温通除痹胶囊对佐剂性关节炎大鼠细胞因子的调控作用[J].中药材, 2013,36(11): 1834－1836.

[35] Yasuike M, Fujiwara A, Nakamura Y, et al. A functional genomics tool for the pacific bluefin tuna: Development of a 44K oligonucleotide microarray from whole-genome sequencing data for global transcriptome analysis[J]. Gene, 2016, 576(2): 603－609.

[36] Han L, Zhang K, Shi Z, et al. LncRNA profile of glioblastoma reveals the potential role of lncRNAs in contributing to glioblastoma pathogenesis[J]. Int J Oncol, 2012, 40(6): 2004－2012.

[37] Zhang J, Cui X, Shen Y, et al. Distinct expression profiles of LncRNAs between brown adipose tissue and skeletal muscle[J]. Biochem Biophys Res Commun, 2014, 443(3): 1028－1034.

[38] Hussain S A, Abood S J, Gorial F I. The adjuvant use of calcium fructoborate and borax with etanercept in patients with rheumatoid arthritis: Pilot study[J]. J Intercult Ethnopharmacol, 2017, 6(1): 58－64.

[39] Chang H H, Liu G Y, Dwivedi N, et al. A molecular signature of preclinical rheumatoid arthritis triggered by dysregulated PTPN22[J]. JCI Insight, 2016, 1(17): e90045.

[40] Taksande B G, Gawande D Y, Chopde C T, et al. Agmatine ameliorates adjuvant induced arthritis and inflammatory cachexia in rats[J]. Biomed Pharmacother, 2017, 86: 271－278.

[41] Duan C, Guo J M, Dai Y, et al. The absorption enhancement of norisoboldine in the duodenum of adjuvant-induced arthritis rats involves the impairment of P-glycoprotein[J]. Biopharm Drug Dispos, 2017, 38(1): 75－83.

[42] Xin M K, Qi Y F, Liu J H. The role of long non-coding RNA in physiologic and pathological regulation of cardiomyocytes][J]. Sheng Li Ke Xue Jin Zhan, 2015, 46(2): 157－161.

[43] Cao W, Liu J N, Liu Z, et al. A three-lncRNA signature derived from the Atlas of ncRNA in cancer (TANRIC) database predicts the survival of patients with head and neck squamous cell carcinoma[J]. Oral Oncol, 2017, 65: 94－101.

[44] Jin X, Guo X, Zhu D, et al. MiRNA profiling in the mice in response to Echinococcus multilocularis infection[J]. Acta Trop, 2017, 166: 39－44.

[45] Zhang H, Guo X, Feng X, et al. MiRNA－543 promotes osteosarcoma cell proliferation and glycolysis by partially suppressing PRMT9 and stabilizing HIF－1alpha protein[J]. Oncotarget, 2017, 8(2): 2342－2355.

[46] Pan J X. LncRNA H19 promotes atherosclerosis by regulating MAPK and NF－κB signaling pathway[J]. Eur Rev Med Pharmacol Sci, 2017, 21(2): 322－328.

[47] Maass P G, Luft F C, Bahring S. Long non-coding RNA in health and disease[J]. J Mol Med (Berl), 2014, 92(4): 337－346.

[48] Jain S, Thakkar N, Chhatai J, et al. Long non-coding RNA: functional agent for disease traits[J]. RNA Biol, 2017, 14(5): 522－535.

[49] Hochberg I, Tran Q T, Barkan A L, et al. Gene Expression Signature in Adipose Tissue of Acromegaly Patients[J]. PLOS One, 2015, 10(6): e0129359.

[50] Zhang A, Zhang J, Kaipainen A, et al. Long non-coding RNA: A newly deciphered "code" in prostate cancer[J]. Cancer Lett, 2016, 375(2): 323－330.

[51] Szell M, Danis J, Bata-Csorgo Z, et al. PRINS, a primate-specific long non-coding RNA, plays a role in the keratinocyte stress response and psoriasis pathogenesis[J]. Pflugers Arch, 2016, 468(6): 935－943.

[52] Ge Y, Yan X, Jin Y, Yet al. MiRNA－192 [corrected] and miRNA－204 Directly Suppress lncRNA

HOTTIP and interrupt GLS1-mediated glutaminolysis in hepatocellular carcinoma[J]. PLoS Genet, 2015, 11(12): e1005726.

[53] Li A, Zhang J, Zhou Z, et al. Genome-scale identification of miRNA-mRNA and miRNA - lncRNA interactions in domestic animals[J]. Anim Genet, 2015, 46(6): 716 - 719.

[54] Wu Q, Guo L, Jiang F, et al. Analysis of the miRNA - mRNA - lncRNA networks in ER+ and ER - breast cancer cell lines[J]. J Cell Mol Med, 2015, 19(12): 2874 - 2887.

[55] Song C, Zhang J, Liu Y, et al. Construction and analysis of cardiac hypertrophy-associated lncRNA-mRNA network based on competitive endogenous RNA reveal functional lncRNAs in cardiac hypertrophy[J]. Oncotarget, 2016, 7(10): 10827 - 10840.

[56] Jiang H, Liu J, Wang T, et al. Urinary metabolite profiling provides potential differentiation to explore the mechanisms of adjuvant-induced arthritis in rats[J]. Biomed Chromatogr, 2016, 30(9): 1397 - 1405.

[57] Jiang H, Liu J, Wang T, et al. Mechanism of xinfeng capsule on adjuvant-induced arthritis via analysis of urinary metabolomic profiles[J]. Autoimmune Dis, 2016, 2016: 5690935.

[58] Yang S, Ning Q, Zhang G, et al. Construction of differential mRNA - lncRNA crosstalk networks based on ceRNA hypothesis uncover key roles of lncRNAs implicated in esophageal squamous cell carcinoma [J]. Oncotarget, 2016, 7(52): 85728 - 85740.

[59] Li Q, Jia H, Li H, et al. LncRNA and mRNA expression profiles of glioblastoma multiforme (GBM) reveal the potential roles of lncRNAs in GBM pathogenesis[J]. Tumour Biol, 2016, 37(11): 14537 - 14552.

[60] Zhang T, Li H, Shi J, et al. p53 predominantly regulates IL-6 production and suppresses synovial inflammation in fibroblast-like synoviocytes and adjuvant-induced arthritis[J]. Arthritis Res Ther, 2016, 18(1): 271.

[61] Wei S T, Sun Y H, Zong S H, et al. Serum levels of IL-6 and TNF - alpha may correlate with activity and severity of rheumatoid arthritis[J]. Med Sci Monit, 2015, 21: 4030 - 4038.

[62] Li X Y, Han C M, Wang Y, et al. Expression patterns and association analysis of the porcine DHX58 gene[J]. Anim Genet, 2010, 41(5): 537 - 540.

[63] Sakaguchi S, Benham H, Cope A P, et al. T-cell receptor signaling and the pathogenesis of autoimmune arthritis: insights from mouse and man[J]. Immunol Cell Biol, 2012, 90(3): 277 - 287.

[64] Olasz K, Boldizsar F, Kis-Toth K, et al. T cell receptor (TCR) signal strength controls arthritis severity in proteoglycan-specific TCR transgenic mice[J]. Clin Exp Immunol, 2012, 167(2): 346 - 355.

[65] Ma N, Ma Y, Nakashima A, et al. The loss of lam2 and npr2 - npr3 diminishes the vacuolar localization of gtr1 - gtr2 and disinhibits TORC1 activity in fission yeast[J]. PLOS One, 2016, 11(5): e0156239.

7

第七章

健脾化湿通络方临床研究

中医以整体观、辨证施治为特点，近年来在治疗风湿病上取得很大进展，在减轻风湿病症状、提高患者生活质量、消除病因等方面均有较好的疗效。中药属于多成分的复杂体系，其物质成分多样，药效物质基础庞大，但具体的作用机制仍不明确，用传统的药理学方法来研究中药的作用机制存在一定的技术瓶颈。组学作为一种系统方法，可以从整体上分析蛋白水平、核酸水平、代谢物质水平等的变化，其中代谢组学可以用于明确中药成分在人体中的代谢变化，蛋白质组学、转录组学、免疫组学可以用于研究药物引起的内源性生化过程、免疫过程和状态变化。通过检测获得体液的代谢指纹图谱和分析引起代谢谱变化的原因，可以探明药物作用的靶点，因此用于风湿病的中医药治疗研究具有“天然”的优势。代谢组学、蛋白质组学、转录组学可对风湿病的发病及药物干预的整个过程实施监控，可以从整体上总结风湿病发病的基础理论和药物的疗效基础。本章在前述章节总结健脾化湿通络方代谢途径、药效、药理及毒理的基础上，着重于分析健脾化湿通络方的临床疗效，通过代谢组学、蛋白组学、基因组学及免疫组学的技术系统分析风湿病的临床治疗效果。

中医理论指出，脾属土，为气血生化之源，对应四时之长夏，在生理功能上主运化、统血、升清及输布水谷精微，是后天之本。人体日久内虚，内生毒热，邪侵袭、正气虚，内外相合而致风湿病，除却外因不谈，其气血不足、肝肾亏虚、营卫失调等是风湿病发病的关键因素。健脾化湿通络方具有益气健脾、化湿通络、温阳通脉、散寒止痛、进行机体免疫调节的效应，常用于气血不足、脾虚湿盛、痰瘀互结、关节肿痛等病症的治疗。刘健教授等根据多年临床研究，提出“从脾论治”的理论，其关注点不再局限于对关节病变研究，更是涉及贫血、心肺功能、血瘀状态等关节外病变，很好地体现了中医整体观的理论，具有系统性和全面性。刘健教授通过大量的临床实践证明健脾化湿通络方能够显著减少风湿病患者关节疼痛、肿胀、压痛程度，降低 IgA、IgM 的水平，调节并改善 T 淋巴细胞亚群的结构，抑制自身免疫反应，从而减少补体对自身细胞的攻击[1,2]。此外，健脾化湿通络方基于“治未病”的思想，防患于未然，可有效预防相关疾病的发生、发展或复发，提高患者生活质量[3]。

第一节　健脾化湿通络方治疗类风湿关节炎的临床研究

类风湿关节炎(RA)属于中医学“痹证”范畴,最早出现于夏商时期,在《黄帝内经》之中就有《痹论》《周痹》专论,其内容包含了病名、病因、病机、证候、治疗、预后等方面的论述,为后世治疗 RA 提供理论指导。RA 的中医证候呈现虚实夹杂、痰瘀互结的临床特征,其中虚证以气血亏虚、脾胃虚弱为主;实证则以痰湿壅盛为主,在整个疾病的发病过程中均有瘀血痹阻关节经络之证[4]。在气血充沛,正常循环的条件下,营卫和调,营卫之气体现出濡养、调节、卫外固表、抵御外邪的功能,而当气血不足、营卫不和时,则邪气趁虚而入,是 RA 发病的直接原因。《难经》有云“四季脾旺不受邪”,脾气充足,则邪不易侵,脾虚则气血生化乏源,肌肉不丰,四肢关节失养,久则气血亏虚,筋骨血脉失去濡养,营卫失于调和,外邪则乘虚而入,着于筋脉之间发为风湿痹痛之证,因此,脾胃功能受损,气血营卫不足是 RA 发病的根本原因。此外,RA 是内外合邪而致发生发展的结果,其中内外之间又以正虚为本,正虚则以脾虚为先,脾虚湿盛,痰浊内生是本病发病的关键所在,是致病的基础[4~6]。本节结合临床 RA 患者的各种评价指标,系统总结了健脾化湿通络方对 RA 关节病变及贫血、免疫系统、心肺功能等的改善作用。

一、健脾化湿通络方对 RA 的临床疗效研究

为了分析健脾化湿通络方药物 XFC 对 RA 的治疗效果,刘健教授课题组将 XFC 与不同的药物进行了临床比较。其整体结果显示,XFC 治疗 RA 的总有效率为 92%,与 TPT、正清风痛宁组、风湿骨痛胶囊(FSGT)治疗组相比,其总有效率差异无统计学意义(P>0.05),但是 XFC 组的显效率显著高于 TPT(表 7－1)[7]、单独使用双氯芬酸胶囊(MTX)组(表 7－2)[8]、正清风痛宁组(表 7－3)[9]和 FSGT 组(表 7－4)[10]。

表 7－1　XFC 与 TPT 临床治疗效果比较(%)

组别	例数(例)	临床治愈	显效	有效	无效	总有效数
XFC 组	20	1(5.0)	10(50.0) *	6(30.0)	3(15.0)	17(85.0)
TPT 组	20	3(5.0)	14(70.0)	3(15.0)	2(10.0)	18(90.0)

注: XFC 治疗组与 TPT 治疗组比较, $^{*}P<0.05$。

表 7－2　治以 MTX 及辅以 XFC 临床治疗效果比较(%)

组别	例数(例)	临床治愈	显效	有效	无效	总有效数
MTX 组	40	4(10.0)	20(50.0) *	10(25.0)	6(15.0)	34(85.0) **
XFC 组	40	3(7.5)	16(40.0)	11(27.5)	10(25.0)	30(75.0)

注: MTX 组及辅以 XFC 组比较, $^{*}P<0.05$, $^{**}P<0.01$。

表 7－3　XFC 和正清风痛宁临床治疗效果比较(%)

组别	例数(例)	临床治愈	显效	有效	无效	总有效数
XFC 组	20	1(5.0)	15(75.0)*	2(10.0)	2(10.0)	18(90.0)
正清风痛宁组	20	1(5.0)	9(45.0)	7(35.0)	3(15.0)	17(85.0)

注：XFC 组和正清风痛宁组比较，*$P<0.05$。

表 7－4　XFC 和 FSGT 临床治疗效果比较(%)

组别	例数(例)	临床治愈	显效	有效	无效	总有效数
XFC 组	35	2(5.7)	19(54.3)*	12(34.3)	2(5.7)	33(94.3)
FSGT 组	25	1(4.0)	10(40.0)	12(48.0)	2(8.0)	23(92.0)

注：XFC 组与 FSGT 组比较，*$P<0.05$。

XFC 能够明显改善关节疼痛积分、关节肿胀积分、关节压痛积分、关节晨僵积分、双手平均握力和 15 m 步行时间，疗效确切，副作用少。与 TPT 相比，XFC 在改善气虚、脾虚湿盛症状(如倦疲乏力、少气懒言、关节重着、大便稀溏、食欲减退、食后腹胀)方面具有明显优势；与单独使用 MTX 相比，XFC 在改善患者的铁储备[血清铁(serum iron，SI)，血清铁蛋白(serum ferritin，SF)和转铁蛋白(transferrin，TRF)]方面及减轻肝肾毒性方面有明显优势；与正清风痛宁组相比，XFC 在改善关节疼痛积分、关节肿胀积分、关节压痛积分、关节晨僵积分、双手平均握力和 15 m 步行时间等方面具有明显优势；与 FSGT 相比，XFC 在改善 SDS 标准分、脾虚症状及症状体征总积分、生活质量总积分、血清铁等的方面具有明显优势。

二、健脾化湿通络方对 RA 患者生活质量影响的研究

为了整体把握 RA 对患者生活质量的影响，课题组对 48 例住院和门诊 RA 患者的生活质量进行了评价。其结果显示，45.3%RA 患者的生活质量受到严重影响，其中 43.4%的 RA 患者生理功能、53.7%的 RA 患者社会功能、51.5%的 RA 患者心理功能、32.7%的 RA 患者健康自我认识受到严重影响[12]。此外，不同年龄段患者生活质量比较发现，20～40 岁、40～60 岁患者心理功能平均得分明显高于 60 岁以上患者($P<0.05$)；40～60 岁患者健康自我认识平均得分明显高于 20～40 岁和 60 岁以上患者($P<0.05$)(表 7－5)。不同病程 RA 患者生活质量比较发现，0～5 年病程比 10 年以上患者生理功能平均得分明显降低($P<0.05$)(表 7－6)。相关分析发现，生活质量的生理功能方面与社会功能、健康自我认识能力呈直线正相关，心理功能与健康自我认识能力呈直线正相关。整体而言，近半数的 RA 患者生活质量受到严重影响，其中心理因素受严重影响比例最高，生活质量下降与患者的年龄、病程密切相关，提示 RA 患者宜早期治疗，尤其注重调整好中青年 RA 患者心理状态。

表 7－5　RA 患者不同年龄段生活质量比较($\bar{x}\pm s$)

年龄段	人数	生理功能	社会功能	心理功能	健康自我认识能力	总分
20～40 岁	16	17.88±8.16	21.75±5.22	14.06±2.79*	21.19±3.58	75.12±15.13
40～60 岁	19	20.53±9.41	23.95±5.14	15.74±2.92*	25.53±4.27△	85.74±17.89
60 岁以上	13	20.52±6.60	22.62±4.52	11.69±3.25	21.08±5.57	79.77±16.22

注：与 60 岁以上 RA 患者比较，*$P<0.05$；与 20～40 岁或 60 岁以上 RA 患者比较，△$P<0.05$。

表 7－6　RA 不同病程患者生活质量比较($\bar{x}\pm s$)

病程(年)	人数	生理功能	社会功能	心理功能	健康自我认识能力
0~5	29	18.38±8.39	22.48±5.30	14.48±3.32	22.66±5.42
6~10	7	20.00±10.12	20.71±3.45	13.00±2.45	22.29±1.38
>10	12	26.00±5.06*	25.00±4.49	13.75±3.86	23.75±4.94

注：与 0~5 年病程 RA 患者比较，*$P<0.05$。

临床上多种药物被用于 RA 患者的治疗，也呈现了多种不同的效果，那么 XFC 在改善患者生活质量方面是否有其优势成为临床关注的问题。为了解决该疑问，刘健教授课题组从安徽中医药大学第一附属医院选择了 66 例 RA 患者，并将其随机分为 XFC 组 36 例和正清风痛宁缓释片组 30 例。两组年龄、病情、关节功能分级、放射性分级等临床资料分布差异无统计学意义($P>0.05$)，治疗结果具有可比性。

通过分析比较数据发现，尽管在治疗前两组的生理功能、社会功能、心理功能、健康自我认识、总体生活质量得分无明显差异($P>0.05$)，且治疗后两组的生理功能、社会功能、心理功能、健康自我认识、总体生活质量得分均较治疗前明显降低($P<0.05$)，但是治疗后治疗组同对照组比较，治疗组在生理功能、社会功能、心理功能、健康自我认识、总体生活质量得分方面比对照组降低更为明显($P<0.05$)(表 7－7)。

表 7－7　XFC 组与正清风痛宁缓释片组治疗前后生活质量得分比较($\bar{x}\pm s$)

生活质量	治疗组(36 例)		对照组(30 例)	
	治疗前	治疗后	治疗前	治疗后
生理功能	25.47±6.21	19.06±4.77##	25.77±4.29	20.83±4.13##
社会功能	23.89±3.84	18.00±5.90##	22.73±3.15	20.37±3.78##*
心理功能	14.53±3.12	11.17±2.34##	14.03±3.25	12.67±2.43#*
健康自我认识	23.94±4.17	18.25±3.78##	22.77±4.92	20.77±3.48##**
总体生活质量	87.83±14.31	66.47±11.10##	85.30±10.87	74.43±10.03##**

注：与同组治疗前比，##$P<0.01$，#$P<0.05$；治疗后两组生活质量比较，*$P<0.05$，**$P<0.01$。

此外，更为细化的比较分析发现，在生理功能方面，与临床治愈组比较，显效、有效、无效组得分明显高于临床治愈组($P<0.05$)，与显效组比较，有效、无效组得分均明显高于显效组($P<0.05$)，有效与无效组得分无明显差别($P>0.05$)；在社会功能方面，无效组得分明显高于显效组($P<0.01$)；在心理功能方面，有效组得分明显高于显效组($P<0.05$)，在健康自我认识方面与临床治愈组比较，显效、有效组得分明显高于临床治愈组($P<0.05$)，与显效组比较，有效、无效组得分均明显高于显效组($P<0.01$)，有效与无效组得分无明显差别($P>0.05$)；在总体生活质量方面与临床治愈组比较，显效、有效、无效组得分明显高于临床治愈组($P<0.05$)，与显效组比较，有效、无效组得分均明显高于显效组($P<0.01$)，有效与无效组得分无明显差别($P>0.05$)(表 7－8)[13]。

表 7－8　XFC 组不同疗效生活质量变化情况($\bar{x}\pm s$)

生活质量	临床治愈(例)组	显效组	有效组	无效组
生理功能	12	18.32±4.28a	22.33±1.63bc	24.33±1.53ac
社会功能	13	16.59±2.78	30.00±14.73	25.33±2.52d

（续表）

生活质量	临床治愈(例)组	显效组	有效组	无效组
心理功能	10	10.73±1.73	$13.00±3.61^{c}$	14.33±2.08
健康自我认识	11	$17.62±2.89^{a}$	$22.67±3.21^{bd}$	$24.00±2.65^{d}$
总体生活质量	36	$63.54±5.43^{b}$	$90.00±6.93^{bd}$	$89.00±1.00^{ad}$

注：与临床治愈组比较，$^{a}P<0.05$，$^{b}P<0.01$；与显效组比较，$^{c}P<0.05$，$^{d}P<0.01$。

三、健脾化湿通络方对 RA 患者免疫调节功能影响的研究

（一）健脾化湿通络方治疗对 RA 患者外周血 T 细胞亚群的影响

现代研究表明 T 细胞亚群对机体免疫功能的稳定起着重要的调节作用，尤其是辅助性 T 细胞和抑制性 T 细胞之间的相互协调与制约，产生适度的免疫应答，使之既能清除异物抗原，又不至于损伤自身组织。

T 细胞表型异常是反映自身免疫性疾病患者免疫调节功能紊乱的重要指标。成熟 T 细胞按表型不同，可将其分为 $CD3^{+}CD4^{+}CD8^{-}$T 细胞和 $CD3^{+}CD4^{-}CD8^{+}$T 细胞，这两类细胞又简称为 $CD4^{+}$T 细胞和 $CD8^{+}$T 细胞。$CD4^{+}$T 细胞往往协助 B 细胞进行分化和产生抗体，而 $CD8^{+}$T 细胞则具有杀伤和抑制作用。测定 $CD4^{+}$和 $CD8^{+}$细胞百分比，或是两种细胞的比值，是一种初步评估机体免疫状态的常用方法。$CD4^{+}CD25^{+}$Treg 细胞不但是参与自身抗原外周免疫耐受的主要 T 细胞群，而且还是能够对外来抗原产生应答的 Treg 细胞，对于维持外周免疫耐受具有重要意义。研究发现，在新鲜分离的正常人外周血 T 细胞中，CD127 和 FoxP3 表达呈负相关，87%的 $CD25^{+}CD127^{-}$Treg 细胞高表达 FoxP3，同时自身活化的效应 T 细胞高表达 CD127，因而可用 CD127 区分这两种细胞，现今认为 $CD4^{+}CD25^{+}CD127^{-}$是天然产生 Treg 细胞最好的细胞膜标志[14]。

那么上述 T 细胞亚群和 RA 的发生发展具有怎样的关系呢？刘健教授课题组通过流式细胞技术研究发现，各证型 RA 患者外周血的 $CD3^{+}$水平无显著差异，风湿热痹型患者外周血 $CD4^{+}/CD8^{+}$比值显著高于其他证型，差异具有显著性（$P<0.01$），肝肾亏虚患者外周血 $CD4^{+}/CD8^{+}$比值较其他证型显著下降，差异具有显著性（$P<0.01$）（表 7－9），这些结果表明 $CD4^{+}/CD8^{+}$比值的升高与 RA 患者的病情发生发展密切相关[15]。同样，大量的临床数据显示，RA 患者的 $CD25^{+}$Treg、$CD4^{+}CD25^{+}$Treg、$CD4^{+}CD25^{+}CD127^{-}$Treg 的百分率明显降低，差异具有统计学意义（$P<0.01$）（表 7－10 和图 7－1），表明 $CD25^{+}$Treg、$CD4^{+}CD25^{+}$Treg、$CD4^{+}CD25^{+}CD127^{-}$Treg 的变化同样与 RA 患者的病情变化相关[16]。

表 7－9　RA 各证型患者外周血 $CD3^{+}$、$CD4^{+}$、$CD8^{+}$水平及 $CD4^{+}/CD8^{+}$情况（$\bar{x}±s$）

中医证型	$CD3^{+}$	$CD4^{+}$	$CD8^{+}$	$CD4^{+}/CD8^{+}$
风湿热痹型	75.43±4.57	55.80±3.52	16.15±1.31	$3.47±0.23^{abc}$
风寒湿痹型	73.98±4.53	51.74±3.58	18.78±1.61	$2.78±0.24^{c}$
痰瘀互结型	73.91±4.36	50.27±3.00	19.61±2.16	$2.60±0.30^{c}$
肝肾亏虚型	73.96±5.19	48.31±3.79	21.53±2.92	2.28±0.27

注：与风寒湿痹型比较，$^{a}P<0.01$；与痰瘀互结型比较，$^{b}P<0.01$；与肝肾亏虚型比较，$^{c}P<0.01$。

表 7－10　RA 患者和正常健康者 $CD4^+CD25^+CD127^-$Treg 的表达频率比较($\bar{x}\pm s$)

组别	例数(n)	$CD25^+$Treg	$CD4^+CD25^+$Treg	$CD4^+CD25^+CD127^-$Treg
正常健康组	20	11.53±1.65	7.24±2.18	5.62±1.01
RA 患者组	42	6.25±0.85△△	4.81±0.64△	3.16±0.23△

注：与正常健康组比较，△$P<0.05$，△△$P<0.01$。

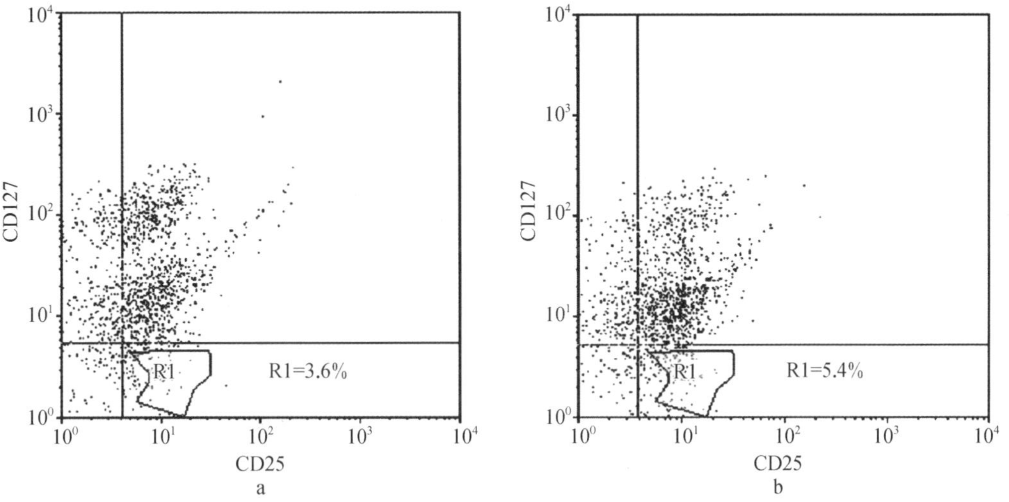

图 7－1　RA 患者(a)和正常健康者(b)$CD4^+CD25^+CD127^-$Treg 的表达情况

为了获得健脾化湿通络方药物 XFC 对 RA 患者 $CD4^+$T 细胞、$CD8^+$T 细胞及 $CD4^+/CD8^+$比值的影响，刘健教授课题组从安徽中医药大学第一附属医院风湿免疫科筛选了 40 例 RA 患者并随机分为 XFC 组和 TPT 组，治疗组服用 XFC，对照组服用 TPT。结果显示，与治疗前相比，XFC 和 TPT 治疗均能降低 OKT4，升高 OKT8 及降低 OKT4/OKT8，但是 XFC 治疗对 OKT4/OKT8 的降低更为显著($P<0.05$)，且比 TPT 更为明显($P<0.05$)(表 7－11)[17]。同时，为了获得健脾化湿通络方药物 XFC 对 RA 患者外周血 $CD4^+CD25^+CD127^-$调节性 T 细胞表达的影响，刘健教授课题组将临床 40 例 RA 患者随机分为两个治疗组，分别服用 XFC 及正清风痛宁胶囊。结果显示 XFC 治疗与正清风痛宁治疗均能显著提高 $CD4^+CD25^+CD127^-$Treg 的表达水平，但 XFC 的效果更为明显($P<0.05$)(表 7－12)[18,19]。

表 7－11　XFC 和 TPT 对 RA 患者 OKT4、OKT8 及 OKT4/OKT8 的影响($\bar{x}\pm s$)

组别		OKT4	OKT8	OKT4/OKT8
XFC 组	治疗前	42.70±6.00	17.66±3.66	2.48±0.47
	治疗后	45.66±3.33#*	26.56±4.04#*	1.73±0.28#*
TPT 组	治疗前	43.18±4.88	18.10±3.82	2.39±0.52
	治疗后	40.54±7.94	18.20±3.60	2.22±0.18

注：与同组治疗前比较，#$P<0.05$；与 TPT 组比较，*$P<0.05$。

表 7-12 XFC 和正清风痛宁对 RA 患者 $CD4^+CD25^+CD127^-$Treg 表达的影响($\bar{x}\pm s$)

组别	例数	治疗前	治疗后
正清风痛宁组	20	2.75±1.01	3.00±0.24
XFC 组	20	2.73±1.12	3.28±0.78^{#*}

注：与同组治疗前比较，${}^{\#}P<0.05$；与正清风痛宁组比较，${}^{*}P<0.05$。

(二) 健脾化湿通络方治疗对 RA 患者炎性因子、抗体及细胞因子的影响

针对 XFC 组和 TPT 组的临床数据显示，XFC 和 TPT 治疗均能降低 RF、CRP 等炎性因子，IgA、IgG 和 IgM 等抗体，IL-1、TNFα 等细胞因子，VEGF 等；还能升高 IL-4、IL-10 等细胞因子，但是 XFC 组对 IL-1、TNFα、VEGF 的降低，以及 IL-4、IL-10 的升高更为显著($P<0.05$)(表 7-13)。上述结果说明 XFC 虽然与 TPT 一样能降低 CRP、RF、IgA、IgG 和 IgM，下调致炎细胞因子(IL-1、TNFα)及 VEGF，上调抑制细胞因子(IL-4、IL-10)，但是其作用效果显著优于 TPT[17]。

针对外周血 B、T 细胞衰减因子表达频率、氧化应激指标的研究发现，XFC 能够升高 BTLA、SOD、GSH 的水平，降低活性氧(reactive oxygen species，ROS)、MDA 的水平，且 XFC 治疗组在降低 MDA 及升高 $CD19^+BTLA^+$B 细胞、$CD24^+BTLA^+$B 细胞方面，疗效优于来氟米特组(LEF)[20,21]。

表 7-13 XFC 和 TPT 对 RA 患者炎性因子、抗体及细胞因子的影响($\bar{x}\pm s$)

组别		RF(U)	CRP(g/L)	IgA(g/L)	IgG(g/L)	IgM(g/L)
治疗组	治疗前	88.65±13.89	43.35±19.58	2.75±1.23	22.45±1.64	2.17±0.46
	治疗后	23.85±3.02*	14.95±2.22*	1.91±0.77*	15.09±2.99*	1.43±0.60*
LEF 组	治疗前	88.79±12.04	47.48±12.97	2.58±1.64	24.19±1.45	2.27±0.36
	治疗后	25.32±7.53*	12.49±2.18*	1.50±0.49	13.14±2.65*	1.23±0.26*
组别		**IL-1(mg/L)**	**TNF(mg/L)**	**IL-4(mg/L)**	**IL-10(mg/L)**	**VEGF(mg/L)**
治疗组	治疗前	46.26±18.09	27.63±8.18	9.67±3.71	56.74±24.03	32.95±15.13
	治疗后	32.21±11.69*	13.97±3.65	25.19±11.68^{#*}	146.12±32.30^{#*}	12.58±6.37^{*△}
LEF 组	治疗前	45.42±18.78	28.24±8.03	10.22±2.46	65.81±17.42	33.09±12.72
	治疗后	38.20±18.03	15.20±3.56	22.30±10.67	122.36±33.45	17.30±5.44

注：与同组治疗前比较，${}^{\#}P<0.05$；与对照组治疗后比较，${}^{*}P<0.05$。

(三) 健脾化湿通络方治疗对 RA 患者红细胞 CR1、CD59 表达的影响

CR1 是补体的高亲和力受体，它是固有免疫细胞发挥红细胞免疫黏附功能的重要分子基础，主要分布在红细胞膜上，具有促进细胞吞噬、趋化、吸附和清除免疫复合物的功能，以及抑制 B 细胞产生免疫球蛋白和 IL-1 的功能。CD59 是一种分布最为广泛的补体调控蛋白，其生物学功能是通过阻碍补体膜攻击复合物的组装，防止补体对自身细胞的攻击而起同源限制作用。因此，红细胞和巨噬细胞膜表面的 CR1 具有吸附并促进补体(C3b、C4b)与免疫复合物结合后吞噬，灭活与清除的作用，CD59 则具有调节膜攻击复合物组装的功能，CR1 或 CD59 的缺陷均易引起补体对自身细胞的攻击而导致自身免疫性

疾病如 RA 的发生。

刘健教授通过分析 37 例 RA 患者和 12 名与病例组年龄、性别相匹配的医护人员红细胞表面 CR1、CD59 的表达水平发现，RA 患者红细胞表面 CR1 的表达水平与其 RBC 水平、Rf 呈正相关，与年龄、病程、IgG、IgA、IgM、C3、C4、α1-AGP、CRP、血沉（erythrocyte sedimentation rate，ESR）之间的相关性无显著意义（$P>0.05$），但与健康对照组相比，其 CR1 水平（16.67±13.21）%明显低于健康对照组（29.94±23.53）%，且差异有显著意义（$P=0.017$）。此外，早期与中晚期 RA 患者红细胞 CR1 表达水平与健康对照组相比较均有显著差异，但早期与中晚期之间的差异无统计学意义（表 7－14）[22]。在另一组实验中，刘健教授等发现 40 例 RA 患者红细胞 CR1 的平均表达水平为（15.38±6.79）%，CD59 的平均表达水平为（90.2±4.5）%，相比之下其健康对照组红细胞 CR1 的平均表达水平为（31.24±12.35）%，CD59 的平均表达水平为（99.6±1.6）%。两组之间 CR1 和 CD59 的比较差异均具有统计学意义，且 CR1 阳性率与 RA 患者的 RBC、Rf 呈正相关（$P<0.05$），CD59 阳性率与 C3、CRP 呈负相关（$P<0.05$），CR1、CD59 与年龄、病程、IgG、IgA、IgM、C4、α1-AGP、ESR 之间的相关性无统计学意义（$P>0.05$）[23]。

表 7－14 健康对照组与 RA 患者之间 CR1 表达水平比较（$\bar{x}\pm s$）

组别	例数	红细胞 CR1 值	P 值
健康对照组	12	29.94±23.53	
RA 组	37	16.67±13.21△	0.017
早期 RA	12	14.38±9.96△	0.027
中晚期 RA	25	17.76±14.57△	0.033

注：与健康对照组比较，△$P<0.05$。

为了分析健脾化湿通络方药物 XFC 对 RA 患者红细胞 CR1、CD59 表达的影响，刘健教授课题组将安徽中医药大学第一附属医院风湿科门诊及住院 40 例 RA 患者随机分为 XFC 组 20 例和正清风痛宁组 20 例。XFC 组服用 XFC，每次 3 粒，每日 3 次，3 个月为 1 个疗程，连服 1 个疗程；正清风痛宁组服用正清风痛宁胶囊，每次 60 mg，每日 2 次，服用天数及疗程同 XFC 组。

通过对相关数据进行分析发现，XFC 治疗能够显著提高红细胞水平（$P<0.01$），而正清风痛宁治疗则对红细胞水平没有影响。此外，治疗后的 XFC 组与正清风痛宁组相比，其 CR1、CD59 的均值均显著高于正清风痛宁组（$P<0.01$），其红细胞水平也明显高于正清风痛宁组（$P<0.01$）（表 7－15）[23]。

表 7－15 XFC 对 RA 患者 RBC 及 CR1、CD59 表达的影响（$\bar{x}\pm s$）

项目	XFC 组（$n=20$）		正清风痛宁组（$n=20$）	
	治疗前	治疗后	治疗前	治疗后
RBC（$\times10^{12}$/L）	3.88±0.54	4.56±0.38#	3.92±0.40	4.00±0.38
CR1（%）	15.38±6.79	25.39±6.84#*	14.42±5.38	21.67±6.62#
CD59（%）	90.20±4.50	94.80±2.20#*	91.10±3.40	92.30±1.70#

注：与同组治疗前比较，#$P<0.01$；XFC 组与正清风痛宁组比较，*$P<0.01$。

四、健脾化湿通络方对 RA 患者贫血、血小板影响的研究

（一）健脾化湿通络方治疗对 RA 患者贫血影响的研究

RA 是一种累及患者周围关节为主的多系统、慢性、炎症性自身免疫病，可引起多种关节外表现，其中就包括贫血。临床中通过补铁对一般的贫血有效，但是对于 RA 补铁多无效，而且随着病情进展会愈发严重，往往需要使用促红细胞生成素（erythropoietin，EPO）等。为了探索防治 RA 贫血临床效果好、不良反应小的用药方案，刘健教授等对 2001 年 3 月至 2005 年 8 月用 XFC 治疗 RA 贫血的临床效果进行了总结，发现治疗组（加服 XFC）治疗前后 PLT 及 Ret 变化无显著性差异，WBC 的下降及 Hb、RBC 的升高具有统计学意义（$P<0.05$），同时对照组（不服用 XFC）治疗后 WBC、RBC、Hb、PLT 及 Ret 较治疗前明显降低（$P<0.05$），且各项数值均低于正常值下限。治疗组对正常范围内的 WBC、PLT 及 Ret 的影响均小于对照组（$P<0.05$），对贫血指标 RBC、Hb 改善作用具有统计学意义（$P<0.05$）（表 7－16）[24]。在另一项涉及 2004 年 1 月至 2004 年 12 月住院或门诊 RA 患者的研究中，刘健教授发现 XFC 相对于 TPT 能够明显提高患者的 WBC、RBC、Hb 含量及血清铁含量，差异具有统计学意义[25]。

表 7－16　对照组和治疗组（加服 XFC）患者血常规指标变化情况（$\bar{x}\pm s$）

组别	例数	时间	WBC（$\times10^9$/L）	RBC（$\times10^{12}$/L）	Hb（g/L）	PLT（$\times10^9$/L）	Ret（$\times10^{12}$/L）
对照组	30	治疗前	7.2±2.1	3.17±1.29	104±18	13.1±4.6	0.042±0.012
		治疗后	3.1±1.4*	2.92±0.78*	72±26*	8.9±2.8*	0.017±0.009*
治疗组	30	治疗前	7.3±1.9	3.22±1.34	95±23	14.5±3.4	0.038±0.017
		治疗后	4.6±1.1$^{*\#}$	3.65±1.08$^{*\#}$	112±16$^{*\#}$	13.9±2.3$^{\triangle}$	0.035±0.014$^{\#}$

注：与对照组比较，$^*P<0.05$；与同组治疗前比较，$^{\#}P<0.05$。

（二）健脾化湿通络方治疗对 RA 患者血小板参数的影响

越来越多的研究发现，血小板不仅与凝血和止血功能相关，而且参与了人体多种炎症和免疫反应的过程，在临床上，活动期 RA 患者有 70% 血小板持续升高，而当病情缓解后血小板能够恢复至正常值。临床上通常以 PLT、血小板压积、血小板平均体积、血小板分布宽度等 4 种参数来表现血小板的功能。刘健教授通过分析安徽中医药大学第一附属医院 74 例 RA 患者的血小板参数的变化，并结合 25 例健康体检者的参数，发现 RA 活动期患者的 PLT、PCT、MPV 均显著高于缓解组和正常组（$P<0.05$），而 RA 缓解期 PLT、PCT、MPV、PDW 四项参数与正常组相比没有差异（表 7－17）。此外，相关性分析显示 PLT 与 IgG、IgA、α1-AGP、ESR 呈正相关，PCT 与 IgG、ESR 呈正相关，MPV 与 IgA 呈负相关，PDW 与实验室指标不具有相关性。进一步分析 PLT 参数与患者临床症状的关系发现，PLT 与关节压痛、关节肿胀、口唇紫暗、肌肤甲错、舌体瘀斑或瘀点出现率显著相关；PCT 与口唇紫暗、肌肤甲错相关；MPV 与关节肿胀、口唇紫暗、肌肤甲错呈负相关；PDW 与关节局部发热、口唇紫暗、肌肤甲错呈负相关[26]。

表 7－17 RA 患者及正常对照组 PLT 参数比较($\bar{x}\pm s$)

组别	n	PLT($\times10^9$/L)	PCT(%)	MPV(fL)	PDW(fL)
活动组	54	234±62.66 $^{**\triangle\triangle}$	0.28±0.04 $^{**\triangle\triangle}$	11.98±1.18 $^{**\triangle\triangle}$	14.59±2.87 $^{**\triangle\triangle}$
缓解组	20	189±57.25	0.24±0.09	11.08±0.69	14.48±2.25
正常组	25	163±49.13	0.22±0.05	10.97±1.20	14.15±3.10

注：与正常组比较，$^{\triangle}P<0.05$，$^{\triangle\triangle}P<0.01$；与缓解组比较，$^{*}P<0.05$，$^{**}P<0.01$。

为了研究 XFC 对 RA 患者血小板的影响，刘健教授课题组收集了安徽中医药大学第一附属医院住院 RA 患者 60 例(RA 组)，并通过随机数字法将其分为 XFC 组 35 例和正清风痛宁组 25 例，另设正常组 20 例。结果显示，活动期 RA 患者的 PLT、PCT、MPV、CD62P 均显著高于正常组($P<0.01$ 或 $P<0.05$)，升高率分别为 63%、48%、28%和 93%，但是 PDW 与正常组相比差异不具有统计学意义($P>0.05$)(表 7－18)。此外，两组 RA 患者治疗前各临床指标无显著性差异($P>0.05$)，但与同组治疗前相比，治疗组 PLT、PCT、P－选择素(P－selection，Ps)显著降低($P<0.01$)，而正常组无显著性变化($P>0.05$)，说明 XFC 在改善 PLT、PCT、Ps 等方面明显优于正清风痛宁组(表 7－19)[27,28]。

表 7－18 活动期 RA 患者与正常组 PLT 参数、Ps 比较($\bar{x}\pm s$)

组别	n	PLT($\times10^9$/L)	PCT(%)	MPV(fL)	PDW(fL)	CD62P(mg/dL)
正常组	2	169.65±50.11	0.22±0.06	10.88±1.23	15.47±2.64	4.84±0.98
RA 组	6	251.23±77.59$^{\wedge\wedge}$	0.29±0.06$^{\triangle\triangle}$	11.81±1.80$^{\triangle}$	14.24±2.72	10.66±2.40$^{\triangle\triangle}$

注：与正常组比较，$^{\triangle}P<0.05$，$^{\triangle\triangle}P<0.01$。

表 7－19 XFC 和正清风痛宁治疗 RA 前后血小板参数变化($\bar{x}\pm s$)

指标	XFC 组(35 例)		正清风痛宁组(25 例)	
	治疗前	治疗后	治疗前	治疗后
PLT($\times10^9$/L)	266.29±76.45	195.11±47.10$^{\#\#*}$	230.16±75.69	226.32±71.86
PCT(%)	0.30±0.07	0.24±0.05$^{\#\#}$	0.26±0.06	0.25±0.07
MPV(fL)	12.14±2.09	11.46±1.35	11.46±1.19	11.06±1.08
PDW(fL)	14.67±2.76	13.81±2.16	13.63±2.61	13.18±2.13
Ps(mg/dL)	10.65±2.09	5.03±1.02$^{\#\#**}$	10.67±2.41	9.67±1.76

注：与同组治疗前比较，$^{\#}P<0.05$，$^{\#\#}P<0.01$；与对照组同时刻比较，$^{*}P<0.05$，$^{**}P<0.01$。

五、健脾化湿通络方对 RA 患者脂质代谢影响的研究

大量的临床数据显示，RA 相关的免疫反应能够介导自身抗体或炎症因子表达的提高，进而引起机体营养物资代谢的变化，其中最为显著的当属蛋白质和脂质代谢的变化。在人体脂质代谢的过程中，载脂蛋白起着对血脂转运和蛋白质代谢具有重要的作用。尽管 Apo 的改变与多种疾病的发生发展密切相关，但是其与 RA 的关系还缺乏深入的研究。刘健教授课题组通过分析安徽中医药大学第一附属医院风湿科住院及门诊活动期、缓解期 RA 患者 80 例，发现与正常组比较，活动组和缓解组患者 ApoA1 和 ApoA1/ApoB 均显著下降，ApoB 差异无显著性意义。与缓解组相比，活动组的 ApoA1 和 ApoA1/ApoB 均显

著下降,60 例患者中 ApoA1 下降 21 例(35.0%),ApoB 升高 3 例(5.0%)(表 7-20)[29]。

表 7-20 RA 活动期患者、缓解期患者及正常人 ApoA1、ApoB 及 ApoA1/ApoB 比较($\bar{x}\pm s$)

组别	n	ApoA1	ApoB	ApoA1/ApoB
活动组	60	1.04±0.19$^{\triangle\triangle **}$	0.85±0.24	1.27±0.36$^{\triangle\triangle **}$
缓解组	20	1.18±0.17$^{\triangle\triangle}$	0.84±0.15	1.43±0.24$^{\triangle\triangle}$
正常组	20	1.39±0.11	0.83±0.14	1.73±0.36

注：与正常组比较，$^{\triangle\triangle}P<0.01$；与缓解组比较，$^{*}P<0.05$；$^{**}P<0.01$。

为了获得 XFC 对 RA 患者脂质代谢的影响,刘健教授课题组从安徽中医药大学第一附属医院风湿科选择了 180 例住院 RA 患者,并通过随机、对照、非盲的研究方法,以随机数字法分为 XFC 组和 MTX 组各 90 例。结果显示,与同组治疗前相比,XFC 治疗后其前白蛋白(prealbumin,PA)、HDL、ApoA1 和 ApoB 水平升高($P<0.05$,$P<0.01$)。MTX 组治疗后,其 PA 水平升高($P<0.01$);与 MTX 组治疗后比较,XFC 组 PA 和 HDL 水平均升高($P<0.05$)(表 7-21)[30]。XFC 干预后,RA 患者的炎性指标如 ESR、CRP、IL-6 均降低,关节症状体征改善,其脂代谢指标如 PA、HDL、ApoA1 及 ApoB 明显升高,说明 XFC 不但有改善 RA 关节症状,而且可调节脂蛋白代谢。

表 7-21 XFC 组和 MTX 组 RA 患者脂代谢水平比较($\bar{x}\pm s$,g/L)

组别	例数	时间	PA(mg/L)	TP(g/L)	ALB(g/L)	GLO(g/L)
XFC 组	90	治疗前	129.64±40.46	72.23±10.31	38.13±3.39	34.10±9.56
		治疗后	266.05±56.66$^{##*}$	73.04±9.17	38.30±7.68	33.71±9.04
MTX 组	90	治疗前	185.65±79.19	71.11±7.83	39.34±9.14	31.58±7.21
		治疗后	232.90±76.64$^{##}$	71.65±11.63	40.11±10.07	31.65±8.09
组别	例数	时间	HDL(mmol/L)	LDL(mmol/L)	ApoA1(g/L)	ApoB(g/L)
XFC 组	90	治疗前	1.12±0.24	2.80±0.68	1.04±0.27	0.66±0.15
		治疗后	1.75±0.77$^{*#}$	2.64±0.65	1.38±0.40$^{#}$	0.89±0.24
MTX 组	90	治疗前	1.09±0.27	3.05±0.96	1.19±0.40	0.78±0.27
		治疗后	1.13±0.36	3.01±0.83	1.17±0.35	0.75±0.16

注：与同组治疗前后比较，$^{#}P<0.05$，$^{##}P<0.01$；与 MTX 组比较，$^{*}P<0.05$。

六、健脾化湿通络方对 RA 患者心功能影响的研究

心血管系统富含结缔组织,其心包、心脏瓣膜、心肌、冠状动脉、心内膜及传导系统常可受累,引起心包炎、心肌炎、心肌梗死、心腔内血栓形成及心脏扩大等,甚至有时是以此作为 RA 的首发症状,而被误诊为其他心脏病。研究发现,RA 患者发生心血管事件死亡相对危险率是正常人群的 2~5 倍,因此,针对 RA 患者进行心功能研究显得意义重大。

刘健教授课题组通过分析安徽中医药大学第一附属医院风湿免疫科住院 RA 患者 68 例及正常组 20 例的超声心动图发现,RA 组超声心动图心功能变化检测结果异常率为 77.94%,正常组异常率为 40.0%;其中 RA 组异常率最高的为左室舒张功能下降并主动脉

关闭不全(20.6%),其次为单纯左室舒张功能下降(17.65%)、左室舒张功能下降并二尖瓣和主动脉瓣关闭不全(13.24%)、单纯二尖瓣关闭不全(7.35%)、左室舒张功能下降并二尖瓣关闭不全(5.88%)等(表7-22)[31,32]。

表7-22 RA组与正常组心功能异常率比较(例,%)

组别	例数	单纯左室舒张功能下降	单纯主动脉瓣关闭不全	单纯二尖瓣关闭不全	单纯肺动脉高压	心包积液	左室舒张功能下降合并主动脉瓣关闭不全
正常组	20	3(15.0)	1(5.0)	4(20.0)	0(0.0)	0(0.0)	0(0.0)
RA组	68	12(17.7)	0(0.0)	5(7.4)	1(1.5)	4(5.9)	14(20.6)

组别	例数	左室舒张功能下降合并二尖瓣关闭不全	左室舒张功能下降合并主动脉瓣、二尖瓣关闭不全	主动脉关闭不全合并肺动脉高压	二尖瓣关闭不全合并肺动脉高压	合计
正常组	20	0(0.0)	0(0.0)	0(0.0)	0(0.0)	8(40.0)
RA组	68	4(5.9)	9(13.2)	2(2.9)	2(2.9)	53(77.9)

为了研究健脾化湿通络方药物XFC对RA患者心功能的临床疗效,刘健教授课题组收集了安徽中医药大学第一附属医院风湿科住院RA患者100例,并将其随机分为实验组(XFC组)和来氟米特组(LEF组)各50例。对相关心功能参数的研究分析显示,XFC和LEF均能改善RA患者的心功能参数,而且与治疗前相比,XFC可明显改善RA患者EF%、FS%、E峰、E/A,LEF组能明显改善SV。此外,XFC在提高E峰、E/A方面,明显优于LEF组[20,21]。

七、健脾化湿通络方对RA患者肺功能影响的研究

RA患者的肺脏受累可表现为弥漫性肺间质纤维化、胸膜病变、肺血管炎等,刘健教授课题组通过对安徽中医药大学第一附属医院风湿免疫科60例住院RA患者肺功能相关参数FVC、FEV_1、MVV、FEF_{25}、FEF_{50}、FEF_{75}、肺活量(vital capacity,VC)、深吸气量(inspiratory capacity,Ic)、补呼气量(expiratory reserve volume,ERV)、最大呼气流量及健康指数(health assessment questionnaire,HAQ)积分、疾病活动度评分(disease activity score 28,DAS-28)及Treg细胞的分析发现,60例活动期RA患者中,肺功能降低42例(70%),肺功能正常者18例(30%)。与肺功能正常组比较,肺功能降低组的FVC、FEV_1、MVV、FEF_{25}、FEF_{50}、FEF_{75}、VC、ERV、PEF明显降低,且差异有统计学意义($P<0.01$),其中异常率用各项目异常数与总例数相比计算求得,差异率以FEF_{50}最高,其余依次为FEF_{25}和FEF_{75}、PEF等(表7-23)。

表7-23 肺功能正常组与肺功能降低组肺功能参数比较($\bar{x}\pm s$)

指标	肺功能降低组	肺功能正常组	差异率(例,%)
FVC	84.71±14.46**	97.04±9.65	9(15.0)
FEV	86.64±16.60**	97.09±10.64	12(20.0)
MVV	71.71±22.69**	92.32±8.49	16(26.7)
FEF_{25}	75.64±27.802**	99.60±15.58	42(70.0)
FEF_{50}	66.16±24.78**	90.28±11.49	45(75.0)
FEF_{75}	67.96±32.18	90.32±15.05	38(65.0)

（续表）

指标	肺功能降低组	肺功能正常组	差异率(例,%)
VC	87.29±14.92**	100.34±12.25	12(20.0)
IC	90.86±19.22	97.85±11.34	8(13.2)
ERV	57.03±99.91**	80.85±11.76	18(30.0)
PEF	75.67±27.62**	96.65±13.44	18(30.0)

注：与肺功能正常组比较，$^{**}P<0.01$。

中药XFC是健脾化湿通络制剂，具有益气固表、利水消肿、健脾化湿、舒筋除痹之功。刘健教授课题组通过将66例安徽中医药大学第一附属医院风湿免疫科住院和门诊RA患者随机分为XFC组和风湿骨痛胶囊(FSGT)组并对其肺功能参数进行比较，发现与治疗前比较，XFC和FSGT治疗均能改善RA患者的肺功能，治疗后肺功能参数有所升高($P<0.05$或$P<0.01$)，但XFC组在改善FVC、MVV、PEF参数上明显优于FSGT组($P<0.05$或$P<0.01$)(表7－24)[33]。

表7－24　XFC治疗对RA患者肺功能的影响($\bar{x}\pm s$,%)

指标	FSGT组($n=30$)		XFC组($n=36$)	
	治疗前	治疗后	治疗前	治疗后
VC	84.7±16.9	90.0±12.7	86.1±12.9	92.6±15.1#
FEV_1	89.0±13.1	95.3±14.9*	85.4±15.5	97.2±11.1##
FVC	82.6±12.6	85.8±12.6	83.2±12.9	96.1±8.46**##
MVV	70.6±21.5	78.1±18.7	76.6±19.7	86.7±17.9*#
FEF_{25}	80.6±21.9	82.2±17.8	73.3±21.3	75.9±21.8
FEF_{50}	74.9±15.1	76.0±16.8	74.6±15.4	82.7±14.7*##
FEF_{75}	70.1±23.1	82.8±17.5	72.1±22.2	83.7±15.3**
PEF	80.5±25.3	82.7±16.2	76.3±24.6	84.1±24.4

注：与治疗前比较，$^{\#}P<0.05$，$^{\#\#}P<0.01$；与FSGT组治疗后比较，$^{*}P<0.05$，$^{**}P<0.01$。

第二节　健脾化湿通络方治疗膝骨关节炎临床研究

膝骨关节炎(knee osteoarthritis,KOA)在中医学中属于“骨痹”范畴，疼痛是OA最基本的症状，持续性钝痛常发生在关节活动之后，随病情发展关节活动可因疼痛受限，甚至休息时也可发生疼痛。中医认为，疼痛的病因很多，但致痛的病机大抵可归纳为不通则痛和不荣则痛。由于起居调摄不当，损伤脾胃，或素体亏虚、气血化生不足、卫外不固，致风寒湿热等邪气入侵，风邪客于肌表；或寒邪收引血脉，或由湿热浸淫经络，气血闭阻，则关节肿胀疼痛，屈伸不利，发为骨痹，即不通则痛。发病过程中，邪气还可相互影响，并在一定条件下可相互转化。如素体阳盛，寒邪入里，可从阳化热；或湿邪日久，可寒化或热化等。若风寒湿邪闭阻气血日久，气血不能相贯，脏腑、脉络失于濡养、温煦，则关节酸软疼痛，活动无力，即“不荣则通”。内湿易招致外湿侵入，外感湿邪可引动内在之湿，内外相引，同气相求。脾为后天之本，居于中焦，主司运化，为水液升降输布之枢纽，喜燥恶湿。

因暴雨浇淋、水中作业、贪凉饮冷或久居湿地等，外湿内侵，困厄脾气，或素有脾胃虚弱、脾失健运，致饮食水谷不能化为水谷精微，反而聚湿生痰，注于关节、留于脏腑、浸于经络，致遍身皆痛，发为痹证。

现代研究多认为这种休息痛与骨内高压增高、静脉瘀滞有关。中医则认为主要责之于痰瘀互结，闭阻经络。本病患者在后期除常有关节疼痛、关节弹响症状外，还可伴见肌肉酸软无力，甚则萎缩症状。中医认为脾在体合肉，主四肢，四肢百骸、皮毛筋肉都有赖于脾所运化输布的水谷精微等营养滋润，才能丰满壮实、保护骨骼、发挥正常的收缩运动功能及维持关节的稳定性，从而发挥正常的生理功能[34,35]。

一、健脾化湿通络方对 KOA 患者生活质量影响的研究

膝关节功能影响指数（lequesne MG）评分常用于 KOA 严重程度的分类，国际普适生活质量量表（short form－36，SF－36）则用于 KOA 患者生活质量的评价。SF－36 主要包括生理机能（physical functioning，PF）、生理职能（role limitation due to physical problems，RP）、躯体疼痛（body pain，BP）、一般健康状况（general health，GH）、精力（vitality，VT）、社会功能（social function，SF）、情感职能（role limitation due to emotional problems，RE）、精神健康（mental health，MH）8 个维度，通过标准公式转换标准分即可对患者的生活质量情况进行量化分析。

刘健教授课题组通过分析安徽中医药大学第一附属医院风湿免疫科 KOA 住院患者 60 例，发现中重度组 SF－36 各维度评分低于轻度组，重度组 SF－36 各维度评分低于中度组（$P<0.05$）。膝骨关节炎患者 Lequesne MG 病程与 SF－36 各维度积分呈负相关，免疫球蛋白 G 与 SF－36 躯体疼痛维度积分呈负相关，其他实验室指标则和 SF－36 各维度不存在相关性（表 7－25）。此外，与正常组比较，膝骨关节炎患者生活质量明显降低，且 63% 患者出现焦虑障碍，提示膝骨关节炎严重影响患者的生活质量[36]。

表 7－25 各生化指标与 KOA 患者生活质量相关性分析结果

指标	PF	RP	BP	GH	VT	SF	RE	MH
Lequesne MG	−0.987*	−0.943*	−0.945*	−0.955*	−0.936*	−0.920*	−0.507*	−0.844*
病程	−0.401*	−0.420*	−0.381*	−0.376*	−0.380*	−0.349*	−0.151*	−0.297*
血沉	0.134	0.135	0.097	0.120	0.088	0.186	0.130	0.130
hs－CRP	0.208	0.253	0.232	0.232	0.232	0.165	0.032	0.124
IgG	−0.216	−0.190	−0.287*	−0.199	−0.235	−0.233	−0.233	−0.249
IgA	−0.033	−0.017	−0.107	−0.074	−0.103	−0.032	−0.055	−0.181
IgM	−0.129	−0.141	−0.133	−0.134	−0.126	−0.078	0.087	−0.159
C3	0.098	0.086	0.129	0.131	0.072	0.249	0.209	0.075
C4	0.096	0.131	0.119	0.122	0.114	0.170	0.005	0.181

注：*$P<0.05$。

健脾化湿通络方药物 XFC 具有祛风除湿、活血通络、消肿止痛的作用，这有助于改善 KOA 患者的生活质量。为了对此进行分析，刘健教授课题组收集了安徽中医药大学第一附属医院风湿免疫科 KOA 住院患者 60 例，并将其随机分为 XFC 组 27 例和对照组 33 例，其中对照组口服氨基葡萄糖配合中药自拟方及 TDP 膝部照射综合疗法，XFC 组在对照组的基础上加服院内制剂 XFC。通过 SF－36、焦虑自评量表（self-rating anxiety scale，SAS）、膝关节功能影响指数对其进行评分，发现两组治疗前 SF－36 各维度评分差异无统计学意

义，XFC 治疗 4 周和 12 周后，SF－36 躯体疼痛维度评分均高于对照组。此外，与同组治疗前相比，XFC 组治疗 4 周和 12 周后 SF36 评分均高于治疗前（$P<0.05$），而对照组治疗 12 周后除 RP 和 RE 外其余各维度评分高于治疗前（表 7－26）[37,38]。

表 7－26 XFC 治疗组和对照组患者治疗后各指标评分比较（$\bar{x}\pm s$）

指标	治疗后 4 周		治疗后 12 周	
	XFC 组（27 例）	对照组（33 例）	XFC 组（27 例）	对照组（33 例）
PF	46.48±11.58	47.12±12.12	60.18±14.44$^{\triangle}$	49.09±12.08
RP	44.44±17.44	42.42±21.18	43.51±19.10$^{\triangle}$	37.87±16.67
BP	54.50±8.41*	46.60±14.17	71.11±15.01$^{\triangle}$	61.26±13.21
GH	52.15±11.16	49.98±11.83	58.01±15.28$^{\triangle}$	52.76±11.01
VT	50.37±17.53	49.69±18.06	61.85±14.88$^{\triangle}$	52.27±15.81
SF	52.31±18.02	50.37±18.35	70.37±16.31$^{\triangle}$	55.68±14.35
RE	41.97±23.73	37.37±26.02	55.55±16.01$^{\triangle}$	44.40±23.20
MH	59.70±10.16	60.48±9.78	71.40±11.82$^{\triangle}$	62.18±8.89

注：治疗后 4 周与对照组比较，$^{*}P<0.05$；治疗后 12 周与对照组比较，$^{\triangle}P<0.05$。

二、健脾化湿通络方对 KOA 患者血液流变学指标、血栓素及前列环素影响的研究

有研究发现，血液流变学可能参与了 KOA 的发生。不同的实验研究也发现，KOA 模型兔的全血黏度、血浆黏度、相对黏度和聚集指数指标均有所升高，血液呈高凝状态，而通过改善血液流变学指标，KOA 症状可减轻。此外，血液高凝状态与血管内皮细胞损伤有密切关系，这一损伤多因 TXA_2/PGI_2 失衡引起，并易产生血栓。

刘健教授课题组收集了安徽中医药大学第一附属医院门诊 KOA 患者 80 例，并将其随机分为 XFC 组（治疗组）和硫酸氨基葡萄糖组（对照组），每组 40 例。连续治疗 2 周。观察各组治疗前后血液流变学指标（全血黏度、血浆黏度、纤维蛋白原）、血栓素（thromboxane A_2，TAX_2）、前列环素（prostaglandin I_2，PGI_2）的变化。

（一）健脾化湿通络方对 KOA 患者血液流变学指标的影响

治疗前，XFC 组和硫酸氨基葡萄糖（对照）组全血黏度、血浆黏度、纤维蛋白原均高于正常组（$P<0.05$）；治疗后，治疗组和对照组全血黏度、血浆黏度、纤维蛋白原均有所下降（$P<0.05$），且治疗组在降低全血黏度、纤维蛋白原方面优于对照组（$P<0.05$）。治疗后，治疗组各血液流变学指标与正常组比较，差异均无统计学意义（$P>0.05$），对照组全血黏度高切、血浆黏度与正常组比较，差异无统计学意义（$P>0.05$）[39]（表 7－27）。

表 7－27 各组血液流变指标比较（$\bar{x}\pm s$）

组别	例数	时间	全血黏度（mPa·s）			血浆黏度（mPa·s）	纤维蛋白原（g/L）
			低切	中切	高切		
正常组	30		65±0.4	4.0±1.0	3.5±0.4	1.45±0.21	1.6±0.3
治疗组	40	治疗前	11.2±1.1$^{\triangle}$	7.1±1.4$^{\triangle}$	5.7±0.9	1.90±0.30	4.0±0.1$^{\triangle}$
		治疗后	7.8±0.5$^{\#*}$	5.3±1.2$^{\#*}$	4.0±0.3*	1.46±0.23$^{\#}$	1.7±0.4$^{\#*}$

（续表）

组别	例数	时间	全血黏度（mPa·s）			血浆黏度（mPa·s）	纤维蛋白原（g/L）
			低切	中切	高切		
对照组	40	治疗前	11.0±1.3$^{\triangle}$	7.1±1.5$^{\triangle}$	5.8±0.6	1.93±0.24	3.8±0.2$^{\triangle}$
		治疗后	9.4±0.8$^{\triangle\#}$	6.6±1.0$^{\triangle\#}$	4.7±1.2	1.68±0.45	2.8±0.5$^{\triangle\#}$

注：与正常组比较，$^{\triangle}P<0.05$；与同组治疗前比较，$^{\#}P<0.05$；与对照组治疗后比较，$^{*}P<0.05$。

（二）健脾化湿通络方对KOA患者血栓素、前列环素的影响

治疗前，治疗组和对照组TXA_2均高于正常组，PGI_2均低于正常组；治疗后，治疗组和对照组TXA_2均降低（$P<0.05$），PGI_2均升高（$P<0.05$），且治疗组在降低TXA_2，升高PGI_2方面优于对照组（$P<0.05$）。治疗后，两组各指标与正常组比较，除对照组TXA_2外，差异均无统计学意义（$P>0.05$）[39]（表7－28）。

表7－28 各组TXA_2、PGI_2指标的变化比较（$\bar{x}\pm s$）

组别	例数	时间	TXA_2（ng/mL）	PGI_2（ng/mL）
正常组	30		1.3±0.3	3.8±1.2
治疗组	40	治疗前	2.6±1.0$^{\triangle}$	2.7±0.5$^{\triangle}$
		治疗后	1.4±0.5$^{\#*}$	3.6±1.02$^{\#*}$
对照组	40	治疗前	2.7±0.7$^{\triangle}$	2.6±0.5$^{\triangle}$
		治疗后	2.6±0.4$^{\triangle}$	3.4±1.5$^{\#}$

注：与正常组比较，$^{\triangle}P<0.05$；与同组治疗前比较，$^{\#}P<0.05$；与对照组治疗后比较，$^{*}P<0.05$。

三、健脾化湿通络方对KOA患者实验室指标、氧化应激指标、免疫指标影响的研究

（一）健脾化湿通络方对KOA患者实验室指标的影响

为了分析健脾化湿通络方药物对KOA患者实验室指标的影响，刘健教授课题组收集了安徽中医药大学第一附属医院风湿免疫科KOA患者的病例资料，并整理了包括IgA、IgM、IgG、补体C3、补体C4、ESR、hs－CRP等实验室检测指标。所有患者被分为单纯内治组和内外合治组，其中中医外治法有中药外敷法、中药熏蒸、中药离子导入、中药足浴等方法，外敷药主要有芙蓉膏、消瘀接骨散和五味骨疽拔毒散，内服法主要有XFC、氨基葡萄糖等。通过对不同组KOA患者实验室指标的比较发现，与同组治疗前相比，两组均能显著降低ESR、hs－CRP、IgA、补体C4水平，且内外合治组能显著降低IgG的水平，差异有统计学意义；内外合治组治疗后ESR、hs－CRP、IgA水平降低较单纯内治组治疗后降低明显，差异有统计学意义（表7－29）[40～42]。

表7－29 单纯内治和内外合治对KOA患者代谢、炎性、免疫指标的影响（$\bar{x}\pm s$）

项目	时间	ESR	hs－CRP	IgA	IgM
单纯内治（670例）	治疗前	28.19±27.16	11.31±23.51	2.36±1.11	1.15±0.57
	治疗后	24.55±22.13$^{\#\#}$	6.28±116.55$^{\#\#}$	2.32±1.00$^{\#\#}$	1.13±0.54

（续表）

项目	时间	ESR	hs－CRP	IgA	IgM
内外合治（744 例）	治疗前	37.59±31.79	19.46±31.22	2.43±1.15	1.21±0.86
	治疗后	22.01±23.79[##*]	5.33±14.44[##*]	2.27±1.07[##**]	1.20±0.84

项目	时间	IgG	C3	C4
单纯内治（670 例）	治疗前	12.30±3.36	108.56±21.60	25.51±9.07
	治疗后	12.13±3.15	107.64±20.02	24.91±7.99[##]
内外合治（744 例）	治疗前	12.93±3.66	115.68±23.10	27.27±10.05
	治疗后	12.71±3.41[##]	112.79±21.36[#]	26.04±8.78

注：与同组治疗前比较，[#]$P<0.05$，[##]$P<0.01$；内外合治与单纯内治治疗后比较，[*]$P<0.05$，[**]$P<0.01$。

（二）健脾化湿通络方对 KOA 患者氧化应激指标的影响

自由基是细胞代谢过程中产生的一类能够产生氧化应激反应及细胞凋亡的氧化基团，有研究表明，它能够与细胞因子相互作用，参与了 KOA 的病理过程，与 KOA 的发生发展有密切关系。为了从临床上获取相关数据的支持，刘健教授课题组对安徽中医药大学第一附属医院风湿免疫科 673 例 KOA 住院患者相关指标数据进行了关联分析，发现其血清 SOD 值与正常参考值（129～216 U/mL）相比较，下降的有 435 例（占 65%），正常的有 138 例（占 21%），上升的有 100 例（占 14%）。相关性分析显示 SOD 与病程、ESR、hs－CRP、TG、低密度脂蛋白胆固醇（low-density lipoprotein cholesterol，LDL－C）呈负相关，与 IgG、高密度脂蛋白胆固醇（HDL－C）呈正相关（$P<0.05$，$P<0.01$），与其他实验室指标无相关性[43]。数据显示，健脾化湿通络方药物 XFC 对于改善患者的实验室指标具有良好的效果，而其对于 KOA 患者的氧化应激反应是否具有直接效果尚缺乏临床证据。为了对此进行分析，刘健教授课题组收集了安徽中医药大学第一附属医院风湿科住院 KOA 患者 60 例，并按随机数字表法分为治疗组（XFC 组）和对照组（GS 组）各 30 例。

按 Lequesne MG 分级和临床因素分组比较 KOA 患者 SOD 的变化与轻度组比较，中度组与重度组血清 SOD 水平显著降低（$P<0.01$）。重度组 SOD 水平低于中度组，但没有统计学意义（$P>0.05$）。与<5 年组比较，病程≥5 年组血清 SOD 水平显著降低（$P<0.05$）。而年龄、性别因素对 KOA 患者血清 SOD 水平影响不大，见表 7－30。此外，治疗前后两组患者的 SOD 水平的比较显示，治疗前，GS 组和 XFC 组结果相一致，XFC 治疗组治疗后血清 SOD 明显升高，效果明显优于 GS 对照组，见表 7－31[44]。

表 7－30　临床因素分组 SOD 水平比较（$\bar{x}\pm s$）

指标	分组	n	SOD（U/mL）
Lequesne MG	轻度	10	144.80±20.28
	中度	36	124.02±19.14[a]
	重度	14	117.00±22.84[a]
性别	男性	13	129.07±23.51
	女性	47	124.95±21.53

（续表）

指标	分组	n	SOD(U/mL)
年龄	≤55	20	133.7±27.15
	55~65	11	121.36±21.83
	>65	29	122.13±16.36
病程	<5 年	24	133.92±25.91
	≥5 年	36	120.47±16.96^{b}

注：与轻度组相比，$^{a}P<0.05$；与<5 年组比较，$^{b}P<0.05$。

表 7－31 XFC 和氨基葡萄糖治疗前后对 KOA 患者血清 SOD 水平的影响($\bar{x}\pm s$)

指标	GS 组($n=30$)		XFC 组($n=30$)	
	治疗前	治疗后	治疗前	治疗后
SOD(U/mL)	127.27±20.83	133.10±18.02	124.27±23.04	145.27±20.72$^{*\triangle}$

注：与同组治疗前相比，$^{\#}P<0.01$；与 GS 组治疗后相比，$^{*}P<0.05$。

（三）健脾化湿通络方对 KOA 患者 B、T 细胞衰减因子的影响

在检测氧化应激反应的同时，刘健教授课题组也对不同治疗组患者的 B、T 细胞衰减因子进行了比较，Pearson 相关分析结果显示，外周血 BTLA 表达水平与 Lequesne MG 呈明显负相关，与 RP、RE、BP 积分呈正相关；$CD3^{+}BTLA^{+}T$ 细胞、$CD4^{+}BTLA^{+}T$ 细胞与 IL－1β 呈明显负相关，与血清 IL－10 呈正相关；$CD4^{+}BTLA^{+}T$ 细胞与血清 SOD 呈正相关($P<0.05$ 或 $P<0.01$)。此外，与 GS 组相比，XFC 组患者的 SF－36 总积分、BTLA 表达频率、IL－10明显升高，Lequesne MG、症状分级量化评分、IL－1β、MDA 明显降低(表 7－32)。XFC 能提高 KOA 患者外周血 BTLA 的表达，抑制 T 细胞的活化，降低异常免疫反应和氧化应激损伤，减轻关节疼痛症状，改善患者全身功能，从而提高生活质量水平[44]。

表 7－32 XFC 和氨基葡萄糖治疗前后对 KOA 患者血清 SOD 水平的影响($\bar{x}\pm s$)

指标	GS 组($n=30$)		XFC 组($n=30$)	
	治疗前	治疗后	治疗前	治疗后
$CD3^{+}BTLA^{+}T$ 细胞(%)	70.51±11.59	73.75±8.65	71.19±9.69	83.51±2.60$^{\#*}$
$CD4^{+}BTLA^{+}T$ 细胞(%)	68.99±14.94	72.10±10.83	74.24±7.37	81.68±4.81$^{\#*}$
$CD8^{+}BTLA^{+}T$ 细胞(%)	71.60±3.26	76.65±3.60$^{\#\#}$	69.29±8.93	75.81±5.11$^{\#}$

注：与同组治疗前相比，$^{\#}P<0.05$，$^{\#\#}P<0.01$；与 GS 组治疗后相比，$^{*}P<0.05$。

四、健脾化湿通络方对 KOA 患者血小板影响的研究

刘健教授课题组通过分析安徽中医药大学第一附属医院风湿免疫科 1 689 例住院 KOA 患者的电子病历资料，并对 PLT、PCT、MPV、PDW、大血小板比率(large platelet ratio，P－LCR)、ESR、hs－CRP、WBC、尿酸(uric acid，UA)、IgA、IgG、IgM、补体 C3、补体 C4、TG、总胆固醇(total cholesterol，TC)、HDL－C、LDL－C、α1－AGP 等实验室指标进行相关性分析及二元 Logistic 回归分析，并运用 SPSS Clementine 11.1 软件 Aprior 模块分析血小板参数与炎症、代谢及免疫指标等实验室指标的关系。结果发现，与 PLT 计数正常值比较，上

升 991 例(58.67%),正常 517 例(30.61%),下降 181 例(10.72%)。相关性分析结果显示,PLT、PCT 与 ESR、IgA、补体 C3、补体 C4、α1 - AGP 呈正相关,与 SOD、HDL - C 呈负相关;P - LCR 与 ESR、IgA、补体 C3、补体 C4、α1 - AGP 呈负相关,与 SOD、HDL - C 呈正相关,与其他指标无相关性;PDW 与 ESR、IgA、补体 C3、α1 - AGP 呈负相关,与 SOD、HDL - C 呈正相关,与其他指标无相关性;MPV 与 ESR、补体 C3、补体 C4 呈负相关,与其他指标无相关性。Logistic 回归显示 WBC、hs - CRP、IgA、补体 C3、补体 C4、UA 是 PLT 的危险因素,WBC、ESR、补体 C3、UA、α1 - AGP、TC 是 PCT 的危险因素,hs - CRP、α1 - AGP 是 PDW 的危险因素,UA、TC 是 MPV 的危险因素,补体 C4、TG 是 P - LCR 的危险因素[45]。

为了分析健脾化湿通络方对血小板参数的影响,刘健教授课题组对上述病例中不同的治疗方法也进行了分类,发现经健脾化湿、清热通络中药治疗后,其 PLT、PCT 相对于治疗前有所降低,MPV、PDW 相对于治疗前有所升高,且差异具有统计学意义($P<0.01$);P - LCR 略微上升,但是差异不具有显著性($P>0.05$)(表 7 - 33)[46]。

表 7 - 33　健脾化湿、清热通络中药治疗前后 PLT 参数的变化($\bar{x}\pm s$)

指标	治疗前	治疗后
PLT($\times 10^9$/L)	226.08±87.61	224.15±75.53$^{\#}$
PCT(%)	0.25±0.08	0.24±0.07$^{\#}$
MPV(fL)	10.85±1.17	11.05±1.24$^{\#}$
PDW(fL)	13.24±2.63	13.82±2.99$^{\#}$
P - LCR(%)	31.68±9.53	33.21±9.89

注:与同组治疗前比较,$^{\#}P<0.01$。

五、健脾化湿通络方对 KOA 患者心功能影响的研究

KOA 心脏病变的并发症多为隐匿发病,心功能下降早期,超声心动图常表现为心室舒张功能下降,收缩功能下降不如舒张功能明显、敏感。刘健教授课题组临床研究显示,KOA 患者 A 峰明显增高,而 E 峰、E/A 值均明显低于正常健康人。E 峰、A 峰及 E/A 值均为显示心室舒张功能的早期敏感指标,故与既往研究结果相符。相关性分析显示,KOA 患者心功能参数 E 峰、E/A 值与 LequesneMG、症状分级量化总积分呈明显负相关;A 峰与 LequesneMG、症状分级量化总积分呈明显正相关;E 峰、E/A 值分别与年龄呈负相关,A 峰与年龄呈正相关。表明 KOA 患者心功能与其年龄、临床症状有关,年龄越大,临床症状积分越高,心功能下降越明显。心功能参数 EF 与 IL - 1β 呈负相关;SV 与 MMP - 9 呈负相关;FS 与 IL - 10 呈正相关;E 峰与 $CD3^+BTLA^+T$ 细胞、$CD4^+BTLA^+T$ 细胞、$CD8^+BTLA^+T$ 细胞呈正相关;A 峰与 $CD4^+BTLA^+T$ 细胞、TIMP - 1 呈负相关,与 MMP - 9、IL - 1β 呈正相关;E/A 值与 $CD3^+BTLA^+T$ 细胞、$CD4^+BTLA^+T$ 细胞呈正相关。说明 KOA 患者心功能与免疫失调和体内炎症反应程度有关,病情越重,疾病活动性越强,心功能下降越明显。中医健脾单元疗法能显著升高 KOA 患者 EF%、FS%、E 峰、E/A 值,降低 A 峰,且与对照组(氨基葡萄糖)相比,XFC 组能明显升高 KOA 患者 E 峰、E/A 值[47]。

六、健脾化湿通络方对 KOA 患者肺功能影响的研究

KOA 患者比一般人更易发生慢性阻塞性肺病。刘健教授课题组研究结果表明,与正

常人比较，KOA 患者肺功能参数 FVC、FEV_1、FEV_1/FVC、PEF、$MEF_{25\sim75}$、MEF_{50}、MEF_{25}明显降低。肺功能参数 FVC、PEF 主要反映通气功能，FEV_1、FEV_1/FVC、$MEF_{25\sim75}$、MEF_{50}、MEF_{25}主要反映小气道功能，说明 KOA 患者肺功能降低是以小气道障碍为主，并伴有一定程度的通气功能降低，并随着关节严重程度及病程的增加而愈加明显。分析显示，FVC 与 Lequesne MG、症状分级量化总分、年龄呈负相关；FEV_1、PEF、$MEF_{25\sim75}$、MEF_{50}与年龄呈负相关。相关性分析亦显示，FVC 与 MMP－9 呈负相关，与 $CD3^+BTLA^+T$ 细胞、IL－10、TIMP－1 呈正相关；FEV_1与 $CD3^+BTLA^+T$ 细胞、$CD4^+BTLA^+T$ 细胞、TIMP－1 呈正相关；MEF_{50}与 $CD3^+BTLA^+T$ 细胞、$CD4^+BTLA^+T$ 细胞呈正相关。说明肺功能与年龄、疾病严重程度及疾病活动性有关，年龄越大，病情越重，疾病活动性越强，肺功能越差。中医健脾单元疗法能明显升高 KOA 患者 FVC、FEV_1、$MEF_{25\sim75}$、MEF_{50}、MEF_{25}[47]。

七、健脾化湿通络方对 KOA 患者凝血状态影响的研究

为了分析健脾化湿通络方药物 XFC 对 KOA 患者凝血状态的影响，刘健教授课题组从安徽中医药大学第一附属医院风湿免疫科选取了住院 KOA 患者 60 例，并按照随机数字表的方法分为治疗组（XFC 组）和对照组（GS 组）。其中，XFC 组服用 XFC，每次 3 粒，每日 3 次，连服 3 个月；GS 组服用氨基葡萄糖，疗程同 XFC 组。检测 NF－κB 信号通路指标 p50、p65、转化生长因子激酶 1（transforming growth factor β－associated kinase，TAK1）、核转录因子 κB 抑制蛋白 α（NF－κb inhibition protein-alpha，IκBα）等，同时测定凝血指标活化部分凝血活酶时间（activated partial thromboplastin time，APTT）、凝血酶原时间（prothrombin time，PT）、凝血酶时间（thrombin time，TT）、纤维蛋白原（fibrinogen，FBG）、D 二聚体（D－Dimer，D－D）等。

（一）XFC 对凝血相关指标影响

与治疗前相比，XFC 组治疗后血瘀积分、PLT、D－D、FBG、血小板激活因子、血栓素 B_2（thromboxane B_2，TXB_2）明显降低，PAF－AH、6－酮－前列环素 F1（6－ketone prostacyclin F1，6－keto－PGF1α）明显升高（$P<0.05$；$P<0.05$），GS 组治疗后血瘀积分、PLT、D－D、PAF、TXB_2明显降低，PAF－AH、6－keto－PGF1α 明显升高（$P<0.05$）。而两组治疗后的 PT、APTT、TT 均未见明显改变（$P>0.05$）。与 GS 组治疗后相比，XFC 组血瘀积分、PLT、FBG、TXB_2、6－keto－PGF1a 的明显改善（$P<0.05$）[48,49]（表 7－34）。

表 7－34 XFC 和氨基葡萄糖治疗对 KOA 患者血瘀状态相关指标的影响（$\bar{x}\pm s$）

指标	XFC 组（$n=30$）		GS 组（$n=30$）	
	治疗前	治疗后	治疗前	治疗后
血瘀积分	11.7±2.97	3.43±1.45$^{\#\#**}$	11.06±3.2	5.4±2.01$^{\#\#}$
PLT（10^9/L）	243.13±68.12	154.93±33.33$^{\#\#*}$	242.87±61.73	182.97±31.16$^{\#\#}$
PT（s）	11.76±1.13	12.12±0.63	11.91±0.82	12.19±0.19
APTT（s）	28.86±4.1	30.37±2.4	29.01±3.04	30.75±2.37
TT（s）	18.8±1.53	19.25±1.1	19.31±1.99	19.17±1.21
D－D（mg/L）	0.83±0.61	0.49±0.41$^{\#}$	0.74±0.32	0.54±0.28$^{\#}$
FBG（g/L）	3.39±1.19	2.83±0.62$^{\#*}$	3.49±1.03	3.34±0.73
PAF（μg/L）	9.57±3.34	6.64±1.8$^{\#\#}$	9.96±2.19	7.43±1.3$^{\#\#}$

（续表）

指标	XFC 组（$n=30$）		GS 组（$n=30$）	
	治疗前	治疗后	治疗前	治疗后
PAF－AH（μg/L）	93.86±53.92	198.3±48##	94.56±48.52	189.17±47.3##
TXB_2（ng/mL）	393.09±141.63	185.79±59.2## **	422.32±166.09	264.12±93.21##
6－keto－PGF1a（ng/mL）	75.68±17.13	128.8±20.24## *	70.74±20.01	110.62±14.62##

注：与治疗前比较，#$P<0.05$，##$P<0.01$；与 GS 组比较，*$P<0.05$，**$P<0.01$。

（二）XFC 对 NF－κB 信号通路的影响

与治疗前相比，XFC 组 NF－κB/p50、NF－κB/p65、TAK1、核因子激活剂 1（nuclear factor activation agent1，ACT1）明显明显降低（$P<0.05$；$P<0.05$），与 GS 组相比，XFC 组的 NF－κB/p65、TAK1 明显下降（$P<0.01$）。具体见表 7－35。

表 7－35　XFC 和氨基葡萄糖对 KOA 患者外周血 NF－κB 信号通路相关指标影响（$\bar{x}\pm s$）

指标	XFC 组（$n=30$）		GS 组（$n=30$）	
	治疗前	治疗后	治疗前	治疗后
NF－κB/p50（μg/L）	534.33±91.96	445.45±100.86#	561.0±110.4	449.41±104.02#
NF－κB/p65（μg/L）	1 613.81±517.95	910.45±267.4## **	1 631.1±497.33	1 203.45±347.43##
TAK1（μg/L）	675.63±298.67	511.66±230.49 *	686.5±339.24	663.09±320.22
ACT1（μg/L）	862.72±343.6	431.14±146.34##	815.03±266.87	459.28±118.55##
IκBα（μg/L）	316.61±78.84	326.47±60.1	340.04±85.67	330.07±57.62

注：与治疗前比较，#$P<0.05$，##$P<0.01$；与 GS 组比较，*$P<0.05$，**$P<0.01$。

（三）XFC 对 NF－κB 信号通路的相关基因表达水平的影响

以提取的 2 组 KOA 患者外周血淋巴细胞基因组 DNA 为模板，以合成的引物进行 PCR 扩增，产物经 1.5%琼脂糖电泳显示，NF－κB/p65（480 bp）、NF－κB/p50（370 bp）、IκBα（313 bp）、Act1（432 bp）、Iκκα（357 bp）及 β－actin（302 bp）条带清晰，无杂带出现，且与治疗前相比，XFC 组 NF－κB/p65、NF－κB/p50、TAK1、ACT1 明显下降，与 GS 组相比，XFC 组 NF－κB/p65、ACT1 明显下降（$P<0.05$），如表 7－36 和图 7－2[48]。

表 7－36　XFC 对 KOA 患者外周血 NF－κB 信号通路的相关基因表达的影响（$\bar{x}\pm s$）

指标	XFC 组		GS 组	
	治疗前	治疗后	治疗前	治疗后
NF－κB/p50mRNA	3.157±0.211	1.589±0.109##	3.025±0.185	1.499±0.207#
NF－κB/p65mRNA	1.902±0.114	0.804±0.155# *	1.934±0.267	0.969±0.206#
TAK1mRNA	3.25±0.98	1.403±0.321#	3.446±1.05	1.641±0.345#
ACT1mRNA	2.749±0.457	0.941±0.126## *	2.805±0.408	1.174±0.216##
IκBαmRNA	3.061±0.76	2.971±0.73	3.055±0.88	2.871±0.69

注：与治疗前比较，#$P<0.05$，##$P<0.01$；与 GS 组比较，*$P<0.05$，**$P<0.01$。

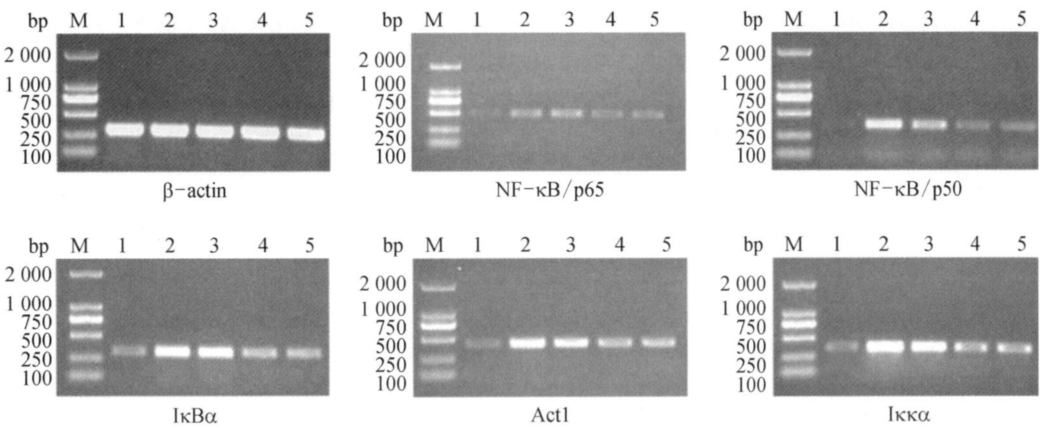

图 7-2　两组 NF-κB/p65、NF-κB/p50、IκBα、ACT1、TAK1 基因不同药物作用后 mRNA 表达水平变化

1. 正常对照组　2. XFC 治疗前　3. GS 治疗前　4. XFC 治疗后　5. GS 治疗后

(四) XFC 对 NF-κB/p50、NF-κB/p65 蛋白水平的影响

与治疗前比较，XFC 组治疗后 NF-κB/p50、NF-κB/p65 水平明显改善($P<0.05$ 或 $P<0.01$)；与 GS 组相比，XFC 组 p65 明显降低，差异有统计学意义($P<0.01$)[48]。具体见表 7-37、图 7-3。

表 7-37　XFC 和氨基葡萄糖治疗前后 p50 和 p65 蛋白水平比较($\bar{x}\pm s$)

指标	XFC 组		GS 组	
	治疗前	治疗后	治疗前	治疗后
NF-κB/p50	1.253±0.143	0.72±0.231##	1.263±0.171	0.749±0.124#
NF-κB/p65	1.989±0.178	0.411±0.141##*	2.051±0.124	0.54±0.169#

注：与治疗前比较，#$P<0.05$，##$P<0.01$；与 GS 组比较，*$P<0.05$，**$P<0.01$。

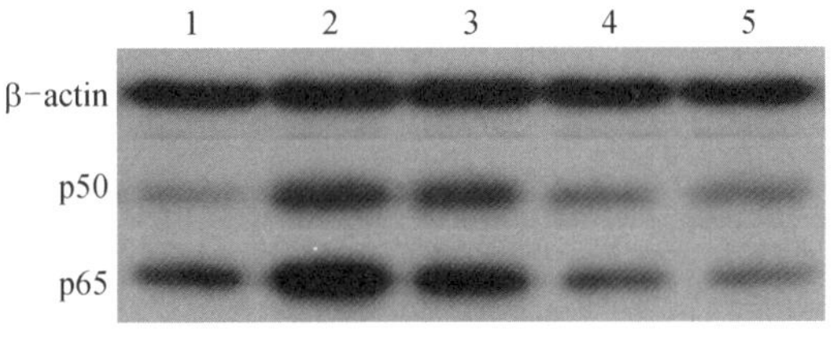

图 7-3　两组 NF-κB/p50、NF-κB/p65 蛋白水平的比较

1. 正常对照组　2. XFC 治疗前　3. GS 治疗前　4. XFC 治疗后　5. GS 治疗后

第三节　健脾化湿通络方治疗强直性脊柱炎的临床研究

强直性脊柱炎属中医学“痹证”“腰痛”范畴。中医病名文献描述较多，有“骨痹”“肾痹”“龟背风”“竹节风”“尪痹”“背伛”“白虎历节”等称呼。焦树德提出了“大偻”之名，

现代医家多用“痹证”“尪痹”“大偻”等来命名。历代医家认为其发病机制不出内、外两端。汉唐、宋、金元时期注重肝肾亏虚为本;明清时期对“肾痹”“腰痛”的病因病机提出了阳虚不足,少阴肾衰,风寒、湿著腰痛,劳役伤肾,寝卧湿地等观点;《医林改错》提出“痹症有瘀血说”。现代医家对其进行了丰富和发展,杨仓良等提出“毒邪致病”的学术观点,并做了初步探讨和阐述。内因均认为肝、肾亏虚,为其根本,多因先天禀赋不足,素体虚弱,肝肾精血不足,肾督亏虚,风寒湿邪乘虚侵入肾督,留注经络,筋脉失调,气血闭阻,骨质受损所致。其中肾虚督空失内在基础,风寒湿邪是发病的条件,肾虚邪痹是最基本的病理变化,气血瘀阻贯穿病程始终。虚实夹杂互为病因,该病很多医家以肾虚为本,邪实为标,肝肾亏损、气血虚弱是基本病机,六淫、七情、创伤、虫蚀兽害仅是诱因[50]。

一、健脾化湿通络方对 AS 患者生活质量影响的研究

AS 的发生发展多累及中轴关节,常反复发作,迁延难愈,最终导致中轴关节的强直,使患者生活质量降低。临床上多通过简明健康状况调查问卷表对患者的生活质量进行调查,其主要调查内容包括 PF、RP、BP、GH、VT、SF、RE 及 MH8 个维度,共 36 个条目。通过计算分量表中各条目积分之和,得到分量表的粗积分,将粗积分转换为 0~100 的标准分,其转换方法:每一维度的得分为原始分,标准积分=[(实际评分-最低可能评分)/一般平均可能评分]×100。分值越高,提示生活质量越好;反之,提示生活质量越差。

刘健教授课题组通过收集安徽中医药大学第一附属医院风湿科住院及门诊 AS 患者 59 例,并将其按随机数字表法分为 XFC 组 30 例和柳氮磺胺吡啶对照组(SASP 组)29 例。研究结果显示,与同组治疗前相比,SASP 组治疗后 GH、PF、SF、BP、VT、MH 明显升高,XFC 组治疗后 GH、PF、RP、RE、SF、BP、VT、MH 明显升高($P<0.05$ 或 $P<0.01$);与 SASP 组治疗后相比,XFC 组在升高 RP、SF、BP、VT、MH 有显著差异($P<0.05$ 或 $P<0.01$),见表 7-38[51]。

表 7-38 治疗前后 XFC 组 SASP 组和生活质量比较($\bar{x}\pm s$)

指标	SASP 组(n=29)		XFC 组(n=30)	
	治疗前	治疗后	治疗前	治疗后
GH(分)	37.36±6.09	40.68±4.07#	35.42±7.03	39.9±5.37##
PF(分)	30.45±4.42	47.24±3.92##	29.86±5.87	47.667±5.37##
RP(分)	35.35±19.50	40.517±16.92	33.33±21.11	50±16.08##*
RE(分)	43.64±25.34	45.94±27.32	43.31±32.925	58.85±24.26#
SF(分)	48.88±11.98	56.47±8.59##	47.08±15.98	66.25±13.19##**
BP(分)	40.28±11.18	53.03±8.95##	41.73±11.07	65.7±7.63##**
VT(分)	36.55±7.57	43.39±6.41##	34.17±8.62	49.14±5.98##**
MH(分)	38.89±8.27	44±6.88#	40.8±7.46	49.2±6.9##**

注:与同组治疗前相比,#$P<0.05$,##$P<0.01$;与 SASP 组治疗后比较,*$P<0.05$,**$P<0.01$。

二、健脾化湿通络方对 AS 患者焦虑抑郁影响的研究

AS 患者出现焦虑、抑郁情绪变化的原因较多,生理、病理因素,社会关系因素,经济因素,免疫、神经、内分泌系统作用及其他因素均是其可能导致患者产生焦虑抑郁。临床上

多通过用SAS、SDS自评量表、视觉模拟评分(visual analog scales,VAS)法、功能指数(bath ankylosing spondylitis functional index,BASFI)、疾病活动指数(bath ankylosing spondylitis diseases active index,BASDAI)、Bath强直性脊柱炎总体指数(bath ankylosing spondylitis global index,BAS－G)评分、症状分级评分等对患者的焦虑抑郁程度进行评价。为了研究健脾化湿通络方药物XFC对AS患者焦虑抑郁的治疗作用,刘健教授课题组从安徽中医药大学第一附属医院风湿科筛选了60例AS患者,并将60例AS患者随机分为治疗组40例和对照组20例。

通过对两组患者进行SAS、SDS、VAS、BASFI、BASDAI、BAS－G等评分发现,40例XFC组各项参数均优于20例柳氮磺胺吡啶(SASP)组,其中治疗组有效率分别为75%、70%,对照组分别为20%、10%;治疗组计量学指数平均改善量将近对照组的两倍,两组相比治疗组明显优于对照组;治疗组在SAS、SDS及各条积分、疼痛评估VAS、症状体征、急性时相反应物、BASDAI、BASFI、BAS－G和BASMI在治疗前后及与对照组相比,改善明显。整体而言,XFC的临床疗效优于SASP,能够显著降低SAS、SDS积分;改善AS患者临床症状及相关指标。此外,XFC可改善临床症状、调节内分泌失调、提高机体免疫功能等,很可能是其改善患者焦虑抑郁的作用机制[52]。

三、健脾化湿通络方对AS患者免疫调节影响的研究

(一)健脾化湿通络方对AS患者Th细胞亚群变化的影响

1. Th细胞亚群分类

CD4 Th作为T细胞中的一个重要群体,因分泌的细胞因子不同而被分为多个亚群。根据功能和分泌的细胞因子划分,Th细胞亚群主要可以分为Th1、Th2、Th17及Treg 4种。Th1细胞主要分泌IL－2、IL－12、IFN－γ、TNF－α、TNF－β等,在增强吞噬细胞介导的抗感染,特别是细胞内寄生菌感染过程中发挥重要作用。Th2细胞分泌IL－4、IL－6、IL－10等细胞因子,在增强B细胞介导的体液免疫应答方面意义重大。Th17细胞作为近几年一种新发现的Th细胞亚群,在适应性免疫应答中起着十分重要的作用,其主要分泌的细胞因子包括IL－17A及IL－17F,主要参与对外来的细菌和真菌的免疫应答,通过活化中性白细胞,进一步介导炎性反应。Treg细胞是近年来发现的一种介导特异性免疫抑制的调控性T细胞,主要通过细胞接触和分泌抑制性的细胞因子IL－10与TGF－β来发挥作用,能抑制效应T细胞增殖,对维持免疫耐受有重大意义[53]。

2. XFC对Th1/Th2细胞因子表达的调控作用

为了研究XFC对患者外周血中细胞因子表达的影响,刘健教授课题组的齐亚军等筛选了安徽中医药大学第一附属医院风湿免疫科门诊及住院AS患者120例,并将其随机分为XFC组和SASP组各60例。研究发现,两组治疗前外周血细胞因子指标比较,差异无统计学意义($P>0.05$)。与同组治疗前比较,两组治疗后IL－4显著升高,TNF－α显著降低($P<0.01$,$P<0.05$)。XFC组在升高IL－10,降低IL－1β、TNF－α方面优于SASP组($P<0.01$,$P<0.05$)(表7－39)[54]。整体而言,XFC能下调致炎因子IL－1β、TNF－α,上调抗炎因子IL－4、IL－10,从而维持AS患者Th1/Th2细胞因子网络的平衡[55,56]。

表 7－39　XFC 与 SASP 治疗对 AS 患者外周血 Th1/Th2 细胞因子影响($\bar{x}\pm s$)

组别	例数	时间	TNF－α(ng/L)	IL－1β(pg/mL)	IL－4(ng/L)	IL－10(ng/L)
XFC 组	60	治疗前	281.25±166.68	3.93±2.67	357.72±260.04	102.53±13.67
		治疗后	79.78±25.31$^{\#\#**}$	2.12±1.19$^{**\triangle\triangle}$	410.58±258.47*	182.58±30.15$^{\#\#*}$
SASP 组	60	治疗前	279.04±168.76	3.78±2.81	356.63±261.18	100.38±15.72
		治疗后	146.84±116.54$^{\#\#}$	3.67±2.86	402.14±251.32$^{\#}$	122.25±10.26

注：与同组治疗前比较，$^{\#}P<0.05$，$^{\#\#}P<0.01$；与 SASP 组治疗后比较，$^{*}P<0.05$，$^{**}P<0.01$。

3. XFC 对 B、T 细胞衰减因子及氧化应激的影响

研究发现，免疫炎症、细胞因子、氧化应激等参与了 AS 的发生、发展，但其确切的发病机制仍尚未明确。BTLA 是最近发现的主要在 T 细胞表面表达的抑制性共刺激分子。BTLA 分子的酪氨酸经诱导磷酸化后，产生抑制信号，在 T 细胞外周免疫耐受过程中起重要作用，可以阻碍 T 细胞的活化，参与负性 Treg 细胞的激活与增殖。ROS 和活性氮(reative nitrogen species，RNS)是机体组织在代谢过程中，产生的有害自由基，可诱导氧化应激；SOD 和过氧化氢酶(CAT)两者均是重要的抗氧化酶，SOD 能通过歧化反应清除生物细胞中的超氧自由基，生成 H_2O_2 和 O_2，H_2O_2 可由 CAT 催化生成 H_2O 和 O_2，从而减少自由基对有机体的毒害。MDA 是生物体内自由基作用于脂质发生过氧化反应的终产物，总抗氧化能力(total antioxidative capacity，TAOC)可反映体液中已知和未知的抗氧化剂的多少，以上六者可作为监测机体氧化应激状态的重要指标。

为了分析 XFC 治疗前后对 AS 患者 BTLA、ROS、RNS、MDA、SOD、CAT、TAOC 等指标的影响，刘健教授课题组从安徽中医药大学第一附属医院风湿免疫科选取住院患者 140 例，并将其随机分为 XFC 组和 SASP 组各 70 例。从安徽中医药大学第一附属医院体检中心经体检和免疫学检查无自身免疫性疾病，无明显器质性疾病的人群中选取 60 例作为正常对照组。

研究发现，与正常对照组相比，AS 患者外周血 $CD3^+$T 细胞、$CD4^+$T 细胞 BTLA 的表达显著降低、抗氧化指标(SOD、CAT、TAOC)值均显著降低、氧化指标(ROS、RNS、MDA)值显著升高($P<0.01$ 或 $P<0.05$)；与正常对照组相比，AS 患者细胞因子(IL－1β、TNF－α)和炎性指标(ESR、Hs－CRP)值显著升高($P<0.01$)，IL－4、IL－10 值显著降低($P<0.01$ 或 $P<0.05$)，见图 7－4。XFC 组和 SASP 组患者治疗前外周血 BTLA 表达频率、氧化应激指标、细胞因子、炎性指标相比较，无明显统计学差异($P>0.05$)。与治疗前相比，2 组治疗后外周血 $BTLA^+CD3^+$T 细胞、$BTLA^+CD4^+$T 细胞、SOD、TAOC、IL－4 均显著升高，ROS、MDA、

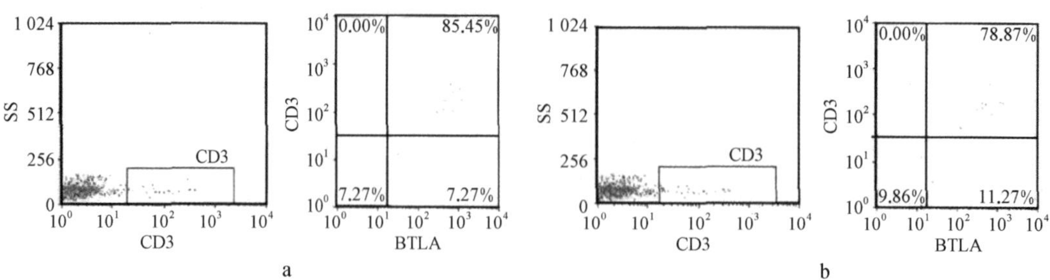

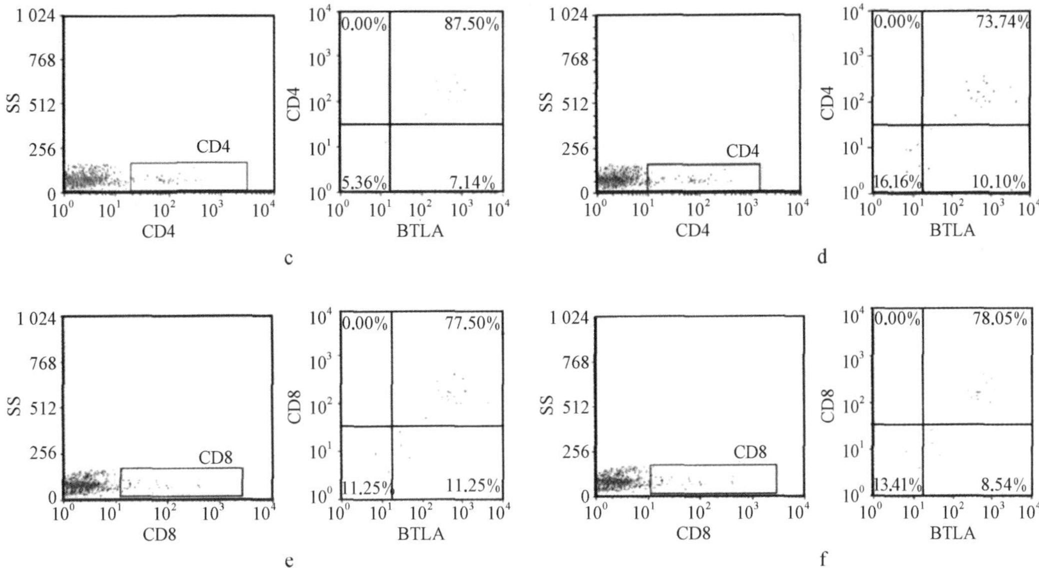

图 7－4 正常对照组及 AS 患者组外周血 T 细胞亚群 BTLA、氧化应激指标、细胞因子、炎症指标的比较

a. 正常对照组 $BTLA^+CD3^+T$ 细胞(%) b. AS 组 $BTLA^+CD3^+T$ 细胞(%) c. 正常对照组 $BTLA^+CD4^+T$ 细胞(%) d. AS 组 $BTLA^+CD4^+T$ 细胞(%) e. 正常对照组 $BTLA^+CD8^+T$ 细胞(%) f. AS 组 $BTLA^+CD8^+T$ 细胞(%)

TNF－α、ESR、Hs－CRP 均显著降低($P<0.01$ 或 $P<0.05$)。XFC 组与 SASP 组相比,以上指标有显著性差异($P<0.01$ 或 $P<0.05$,表 7－40)[54,57]。

表 7－40 XFC 组和 SASP 组治疗前后各实验指标比较($\bar{x}\pm s$)

指标	XFC 组($n=70$)		SASP 组($n=70$)	
	治疗前	治疗后	治疗前	治疗后
$BTLA^+CD3^+T$ 细胞(%)	71.82±9.85	80.41±4.02$^{\#\#*}$	72.29±12.71	77.63±8.35$^{\#}$
$BTLA^+CD4^+T$ 细胞(%)	68.03±16.31	81.02±18.39$^{\#\#**}$	70.48±13.97	74.43±14.88$^{\#}$
$BTLA^+CD8^+T$ 细胞(%)	73.06±18.35	74.34±19.21	73.34±16.48	74.12±15.76
ROS(ng/mL)	3.92±0.33	2.81±0.27$^{\#\#**}$	3.70±0.56	3.07±0.61$^{\#}$
RNS(U/mL)	133.15±22.18	124.34±14.92$^{\#}$	130.92±24.43	127.89±26.93
MDA(nmol/mL)	33.68±18.85	11.37±5.89$^{\#\#**}$	31.42±20.03	25.63±17.15$^{\#}$
SOD(U/mL)	132.60±36.19	159.73±46.42$^{\#\#**}$	130.31±38.48	143.68±40.35$^{\#}$
CAT(ku/L)	227.71±121.78	239.46±130.26$^{\#}$	225.43±124.07	231.39±125.48
TAOC(U/mL)	2.19±0.08	3.75±0.62$^{\#\#*}$	2.15±0.14	2.96±0.71$^{\#}$

注:与治疗前相比,$^{\#}P<0.05$,$^{\#\#}P<0.01$;与 SASP 组比较,$^{*}P<0.05$,$^{**}P<0.01$。

4. 五味温通除痹胶囊联合中药熏蒸对 AS 患者外周血 $CD4^+CD25^+CD127^{low/-}$Treg 细胞的影响

$CD4^+CD25^+$Treg 细胞是近年来关注较多的一种具有免疫调节功能的 T 细胞亚群,主要对效应性 T 细胞具有抑制作用,可抑制炎症反应,并能直接抑制 B 细胞的活化和分化,从而降低 IgG、IgA 等免疫球蛋白的水平。$CD4^+CD25^+$Treg 细胞有多种表型,但大多不具有特异性,$CD4^+CD25^+$Treg 细胞活化后也可表达。相关研究表明,CD127 在人和小鼠天然的 $CD4^+CD25^+$Treg 细胞表面呈低表达,故 $CD4^+CD25^+CD127^{low/-}$Treg 细胞的水平更具有特异性。为了分析健脾化湿通络方药物五味温通除痹胶囊对 AS 患者外周血 $CD4^+CD25^+CD127^{low/-}$Treg 细胞的影响，刘健课题组从安徽中医药大学第一附属医院风湿科选择了 78 例 AS 患者作为研究对象，并将其随机分为治疗组 40 例及对照组 38 例。

结果显示，对照组和治疗组治疗后 $CD4^+CD25^+CD127^{low/-}$Treg 细胞表达明显升高（图 7-5）。且从疗效方面，五味温通除痹胶囊联合中药熏蒸能够很好地治疗督寒型 AS 患者，且不论是中医证候疗效还是以 ASAS20 为标准进行疗效判定，五味温通除痹胶囊联合中药熏蒸均优于 SASP。五味温通除痹胶囊联合中药熏蒸可以明显降低督寒型 AS 患者中医证候积分及总体 VAS 评分、患者腰背痛 VAS 评分、BASDAI 评分、BASFI 评分、ASDAS 评分，可以降低 ESR、hs-CRP 水平，但对外周血 TNF-α 水平无明显作用，说明五味温通除痹胶囊联合中药熏蒸治疗督寒型 AS 的机制，可能与升高外周血中 $CD4^+CD25^+CD127^{low/-}$Treg 水平、降低外周血中 IgG、IgA 水平有关[58]。

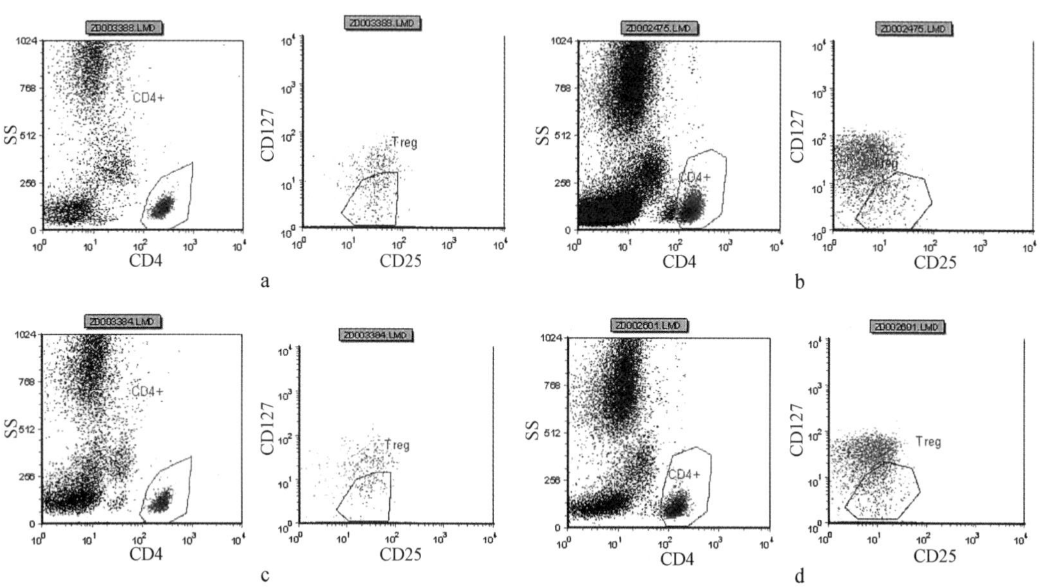

图 7-5 五味温通除痹胶囊联合中药熏蒸与 SASP 治疗前后外周血 $CD4^+CD25^+CD127^{low/-}$Treg 表达

a. 对照组治疗前 b. 对照组治疗后 c. 治疗组治疗前 d. 治疗组治疗后

（二）健脾化湿通络方对 AS 患者血清免疫球蛋白及外周血淋巴细胞自噬的影响

机体的特异性体液免疫系统是一个抵御异物、抗感染，使机体免于患病的一个重要屏障。免疫球蛋白是 B 细胞受抗原刺激后增殖、分化为浆细胞而产生的，其中 IgG、IgM 和 IgA 是起主要作用的免疫球蛋白。IgG 是血清中含量最高的免疫球蛋白，是血液和细胞外液的主要抗体，也是机体再次免疫应答的主要抗体。根据 IgG 分子中 C 链抗原性差异，IgG 被分为 IgG1、IgG2、IgG3 和 IgG4 四个亚类，不同 IgG 亚类的生物学活性有所差异。在功能上，IgG 可通过经典途径活化补体，其固定补体的能力 IgG3>IgG1>IgG2，人的 IgG4 无固定补体的能力。IgG3 是 IgG 家族中生物活性最高的分子，有可能参与免疫复合物在中性粒细胞表面上形成的过程，而且 IgG3 能够激活补体、引起依赖补体的细胞毒性反应、参与系统性病理生理过程的发生。强直性脊柱炎血清 IgG 合成水平的病理性减低，导致补体活化、单核细胞激活等免疫成分受抑制，加速机体内环境的紊乱。强直性脊柱炎患者血清 IgG3 水平均显著低于正常青年人。强直性脊柱炎中以持续性的 IgA 增高为主要特点，并且与 CRP 水平显著相关，是强直性脊柱炎活动性的评价指标之一。

刘健教授课题组通过比较安徽中医药大学第一附属医院 102 例 AS 患者归档病例，并通过与 70 例健康体检者比较发现，AS 患者 IgG、IgA 显著增高，且 AS 患者 IgG 异常率最高（32.35%），其次为 IgA（16.67%）和 IgM（6.86%）。此外，研究还发现 IgG 异常率高于 IgA 和 IgM，IgG、IgA 同时升高占 11.76%，IgG、IgM 同时升高占 1.96%[59]。此外，通过比对分析 39 例 AS 患者和 20 例正常健康人的相关临床数据发现，AS 患者的 IgG1、IgG3、IgA 均较正常对照组显著升高，但是两组的 IgG2、IgG4、SIgA、IgM 则无明显变化[60]。

为了分析健脾化湿通络方药物 XFC 对 AS 患者血清免疫球蛋白及外周血淋巴细胞自噬的影响。刘健教授课题组从安徽中医药大学第一附属医院风湿免疫科筛选了 59 例 AS 患者，并通过随机数字表法将其分为两组，其中治疗组（XFC 组）39 例，对照组（SASP 组）20 例。研究结果显示，与同组治疗前比较，治疗后 XFC 组 IgG1、IgG3、IgA 水平明显下降（$P<0.01$），SASP 组 IgG1、IgA 水平下降（$P<0.05$）；与 SASP 组比较，XFC 组 IgG1、IgA 水平下降，差异有统计学意义（$P<0.05$）（表 7－41）[61]。

针对 XFC 组和 SASP 组淋巴细胞自噬相关蛋白 Beclin1、LC3－Ⅱ、PI3K、Akt、mTOR 的 Western blot 分析显示，与同组治疗前比较，XFC 组及 SASP 组 PI3K、AKT、mTOR 蛋白表达下降（$P<0.05$，$P<0.01$）；与 SASP 组比较，XFC 组治疗后 PI3K、AKT、mTOR 蛋白表达水平下降（$P<0.01$）（表 7－42）[61]。针对 Atg1、Atg5、Atg12、Atg13、Atg17 等血清自噬相关基因的 PCR 检测显示，与同组治疗前比较，XFC 组 ATG1、ATG12、ATG13、ATG17 mRNA 表达下降，ATG5 mRNA 表达升高（$P<0.01$），SASP 组 ATG1、ATG13 mRNA 表达下降（$P<0.05$，$P<0.01$）；与 SASP 组比较，XFC 组治疗后 ATG12、ATG17 mRNA 表达下降，ATG5 mRNA 表达升高（$P<0.01$）（表 7－43）[61]。

表 7－41　XFC 组和 SASP 组免疫球蛋白水平结果比较（$\bar{x}\pm s$，μg/mL）

组别	例数	时间	IgG1	IgG2	IgG3	IgG4
XFC 组	39	治疗前	64.082±13.951	20.778±12.951	12.496±11.687	34.659±13.259
		治疗后	31.183±15.395##*	19.890±9.168	5.095±4.210##	22.786±12.787
SASP 组	20	治疗前	57.082±8.951	15.458±10.989	10.473±7.741	37.659±8.009
		治疗后	36.763±6.357#	13.890±9.110	7.769±5.639	24.548±10.721

组别	例数	时间	IgA	SIgA	IgM
XFC 组	39	治疗前	14.090±11.320	33.135±15.868	16.336±12.981
		治疗后	8.303±4.600##*	29.633±17.271	13.843±6.406
SASP 组	20	治疗前	13.135±10.868	34.651±10.756	16.783±10.911
		治疗后	12.633±9.271#	27.291±14.562	14.563±4.210

注：与同组治疗前比较，#$P<0.05$，##$P<0.01$；与 SASP 组治疗后比较，*$P<0.05$。

表 7－42 XFC 组和 SASP 组细胞自噬蛋白表达水平比较($\bar{x}\pm s$)

组别	例数	时间	Beclin1	LC3－Ⅱ	PI3K
XFC 组	39	治疗前	0.212±0.058	0.166±0.055	0.678±0.112
		治疗后	0.439±0.045	0.613±0.154	0.137±0.040##*
SASP 组	20	治疗前	0.346±0.063	0.190±0.054	0.534±0.153
		治疗后	0.362±0.085	0.638±0.110	0.370±0.074#

组别	例数	时间	AKT	mTOR
XFC 组	39	治疗前	0.936±0.129	1.051±0.195
		治疗后	0.184±0.041##*	0.320±0.143##*
SASP 组	20	治疗前	1.206±0.257	0.884±0.167
		治疗后	0.674±0.091#	0.667±0.162#

注：与同组治疗前比较，#P<0.05，##P<0.01；与对照组治疗后比较，*P<0.05。

表 7－43 XFC 组和 SASP 组细胞自噬相关基因表达水平比较($\bar{x}\pm s$)

组别	例数	时间	ATG1	ATG5	ATG12
XFC 组	39	治疗前	1.770±0.322	0.473±0.089	1.928±0.285
		治疗后	1.004±0.965##	1.004±0.106##*	1.004±0.106##*
SASP 组	20	治疗前	1.920±0.240	0.523±0.976	1.735±0.361
		治疗后	1.251±0.835##	0.638±0.115	1.478±0.373

组别	例数	时间	ATG13	ATG17
XFC 组	39	治疗前	2.138±0.383	1.754±0.349
		治疗后	1.008±0.126##	1.007±0.105##*
SASP 组	20	治疗前	2.009±0.450	1.866±0.271
		治疗后	1.472±0.254#	1.437±0.309

注：与同组治疗前比较，#P<0.05，##P<0.01；与对照组治疗后比较，*P<0.01。

四、健脾化湿通络方对 AS 患者血清骨钙素、抗酒石酸酸性磷酸酶的影响

血清骨钙素(bone gla protein，BGP)属成骨细胞的特异性产物，血中 BGP 与骨内 BGP 含量呈正相关，是反映骨形成的特异性指标；抗酒石酸酸性磷酸酶(tartrate-resistant acid phosphatase，TRACP)主要由破骨细胞释放，故可反映破骨细胞活性和骨吸收的状态。针对 60 例 AS 患者及 30 例健康体检者的分析显示，AS 患者组 TRACP 水平明显高于健康对照组，而 BGP 水平则明显低于健康对照组(表 7－44)。此外，AS 患者中存在男性组 TRACP 高于女性组，BGP 无差异；>30 岁组 BGP 低于≤30 岁组，TRACP 高于≤30 岁组；病程>5 年组 TRACP 大于≤5 年组，BGP 低于≤5 年组等现象[62]。

为了分析中医健脾单元疗法对 AS 患者疗效及对 BGP、TRACP 的影响，刘健教授课题组筛选了 60 例 AS 患者，并将其随机分为治疗组 34 例和对照组 26 例，治疗组采用中医健脾单元疗法，即 XFC+中医辨证论治+中药熏蒸治疗，对照组采用 SASP+中医辨证论治+中药熏蒸治疗。

表 7－44　AS 患者组与健康对照组 BGP、TRACP 比较($\bar{x}\pm s$)

组别	例数	BGP(μg/L)	TRACP(u/L)
健康对照组	30	7.963±0.291	3.805±0.379
AS 患者组	60	6.626±2.855	4.531±0.955
P 值		0.012	0.001

研究结果显示，以 XFC 为主的中医健脾单元疗法可升高 AS 患者的血清 BGP 水平，降低 TRACP 水平，并在改善 AS 患者症状体征、生活质量、实验室指标（hs－CRP、α－AGP）方面优于对照组（表 7－45），提示以 XFC 为主的中医健脾单元疗法对 BGP、TRACP 的影响可能是其治疗 AS 的作用机制之一[63,64]。

表 7－45　两组治疗前后血清 BGP、TRACP 变化比较($\bar{x}\pm s$)

组别	例数	BGP(μg/L)		TRACP(u/L)	
		治疗前	治疗后	治疗前	治疗后
对照组	26	5.844±2.947	5.943±2.969##	4.796±0.851	4.429±0.707##
治疗组	34	7.224±2.673	8.136±2.524##**	4.328±0.991	3.571±0.676##**

注：与治疗前相比，##$P<0.01$；与对照组治疗后比较，**$P<0.01$。

五、健脾化湿通络方对 AS 患者肺功能影响的研究

Nrf2 广泛存在于多种组织和细胞中，在调节氧化应激反应中起重要作用。正常情况下，Keap1 将 Nrf2 以二聚体形式锚定于胞质，促使胞质内 Nrf2 持续泛素化并被蛋白酶不断降解，从而抑制 Nrf2 激活。应激状态下，活性氧、活性氮和内外源性电子激活剂可氧化 Keap1 上的巯基或磷酸化 Nrf2 分子中的丝氨酸和苏氨酸残基，从而改变 Keap1 或 Nrf2 空间构象，抑制 Keap1 活性，导致 Nrf2 与 Keap1 分离，向细胞核内转移；在核内，Nrf2 与小分子 Maf 蛋白结合形成二聚体，然后再与 ARE 结合，启动下游抗氧化酶基因及Ⅱ相解毒酶基因转录，从而调节细胞氧化还原状态，抵抗氧化应激和其他毒性损伤，实现其抗氧化和解毒作用。Keap1－Nrf2－ARE 信号通路的活化，是机体对环境毒物的一种应激防御反应能力的体现。那么，AS 关节外病变肺功能的变化与氧化应激紊乱关系如何？Keap1－Nrf2－ARE 作为机体内最为重要的内源性抗氧化应激通路，在 AS 肺功能损伤中扮演着怎样的角色？

为了对上述问题进行阐释，刘健教授课题组从临床筛选了 120 例 AS 患者（AS 组），通过与 60 例正常组的比较发现 120 例 AS 患者，肺功能参数一项指标异常率为 58.33%，肺功能参数二项指标异常率 49.17%，肺功能参数三项指标异常率 38.33%，肺功能参数四项指标异常率 24.17%，肺功能参数五项指标异常率 8.33%，肺功能参数六项指标异常率 5.00%，肺功能参数七项指标异常率 1.67%（图 7－6）。

此外，以 60 例正常组外周血 Keap1、Nrf2 数值统计正常值区间，Keap1（1.56～8.04 ng/mL）、Nrf2（1.98～10.10 ng/mL），筛选出 AS 患者 Keap1、Nrf2 异常组别。与 Keap1 正常组比较，Keap1 异常组 FEV_1、MVV、PEF、FEF_{50}、FEF_{75} 值降低；与 Nrf2 正常组比较，Nrf2 异常组 FEV_1、MVV、PEF、FEF_{25}、FEF_{50}、FEF_{75} 值降低。与 Nrf2 异常组比较，Keap1 异

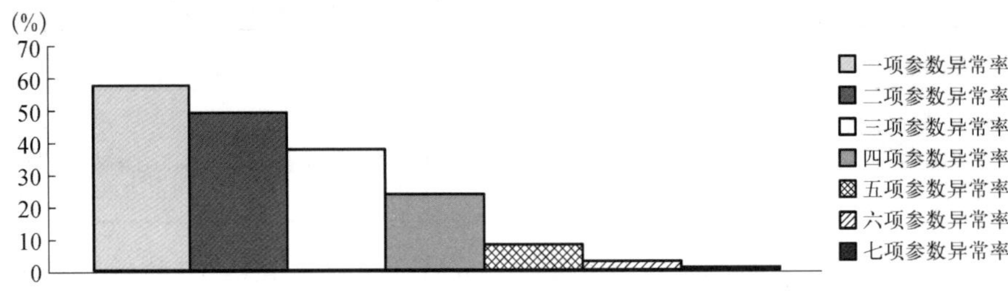

图 7-6 AS 患者肺功能参数指标异常率(%)

常组 FEV_1、PEF、FEF_{50}、FEF_{75}值降低。Spearman 相关性分析显示,FEV_1、MVV、PEF、FEF_{50}与 Keap1、Nrf2 呈负相关;FEF_{75}仅与 Keap1 呈负相关[65,66]。

六、健脾化湿通络方对 AS 患者凝血状态影响的研究

NF-κB 作为信号转导的枢纽,参与了炎性反应、免疫反应、细胞凋亡等,其在肿瘤、RA、AS 等疾病发生发展中起重要作用。但细胞因子/NF-κB 信号通路在 AS 高凝状态中的作用尚未明确。

为了对此进行分析,刘健教授选取了 AS 患者 25 例及健康志愿者 20 例,并通过酶联免疫吸附法对参与者的血清细胞因子(TNF-α、IL-1β、IL-10、IL-17)、NF-κB 信号通路指标(NF-κB/p50、NF-κB/p65、TAK1、IκBα)、凝血指标(APTT、PT、TT、FBG、D-D)等进行检测。结果显示,与正常对照组比较,AS 组 PLT、FBG、D-D、ESR、hs-CRP 明显升高(P<0.01),异常百分比分别为 68%、80%、72%、100%、100%;PT、APTT、TT 无统计学差异,异常百分比分别为 12%、4%、8%。此外,AS 组血清中 TNF-α、IL-1β、IL-17、Act1、IκBα、NF-κB/p65、NF-κB/p50、血小板颗粒膜蛋白(platelet granular membrane protein140,GMP140)、PAF、TXA_2的含量明显升高,IL-10 含量明显降低,差异有统计学意义(P<0.05,P<0.01)。细胞因子/NF-κB 信号通路、临床症状与凝血-纤溶系统相关性分析显示,AS 患者 PLT、FBG、D-D、TXA_2与 TNF-α、IL-1β、IL-17、Act1、IκBα、NF-κB/p65、NF-κB/p50、GMP140、PAF、ESR、hs-CRP、VAS、BASDAI 呈正相关,与 IL-10 呈负相关(P<0.05,P<0.01)[67]。

那么健脾化湿通络方药物 XFC 对上述各指标的影响如何呢?为了对此进行分析,刘健教授课题组选取了安徽中医药大学第一附属医院风湿科住院 AS 活动期患者 56 例,采用随机数字表法分为研究组(XFC 组)28 例和 SASP 对照组 28 例。治疗前后,通过实时荧光定量 PCR 检测 miR-155,反转录 PCR 检测 Act1、IκBα、IκB 激酶 β(inhibitor of NF-kappa B kinase,IKKβ)、NF-κB/p65、NF-κB/p50 mRNA 的水平,Western blot 法检测 NF-κB/p65、NF-κB/p50 蛋白表达,ELISA 检测血清 TXB_2、6-keto-PGF1α、GMP140、PAF、纤溶酶原激活抑制剂(plasminogen activator inhibitor-2,PAI-2)、TNF-α、IL-4、IL-10、IL-17;同时评价 XFC 对 AS 患者临床疗效。

研究结果显示,与治疗前相比,SASP 治疗后的患者外周血单个核细胞中 Act1、IKKβ、NF-κB/p65、NF-κB/p50 mRNA 及 miR-155 表达明显下降,差异有统计学意义(P<0.05,P<0.01),XFC 组治疗后 Act1、IKKβ、IκBα、NF-κB/p65、NF-κB/p50 mRNA 及 miR-155 表达均明显下降(P<0.05,P<0.01)。与 SASP 治疗后相比,XFC 组治疗后

IKKβ、IκBα、NF－κB/p65、NF－κB/p50 mRNA 及 miR－155 表达水平更低，差异有统计学意义（$P<0.05$，$P<0.01$）（图 7－7）[68,69]。与同组治疗前相比，SASP 组治疗后 NF－κB/p65 蛋白表达明显下降；XFC 治疗后 NF－κB/p65、NF－κB/p50 蛋白表达明显下降（$P<0.01$）。与 SASP 组治疗后相比，XFC 组治疗后 NF－κB/p65、NF－κB/p50 蛋白表达水平降低更明显，差异有统计学意义（$P<0.01$）（图 7－8）[68,69]。

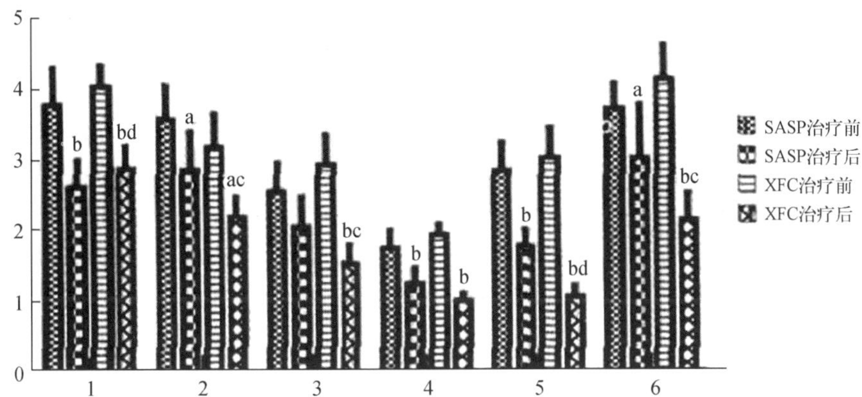

图 7－7　Act1、IKKβ、IκBα、NF－κB/p50、NF－κB/p65 mRNA 及 miR－155 的表达水平

1. Act1　2. IKKβ　3. IκBα　4. NF－κB/p50　5. NF－κB/p65　6. miR－155

与同组治疗前相比，[a]$P<0.05$，[b]$P<0.01$；与 SASP 组治疗后相比，[c]$P<0.05$，[d]$P<0.01$

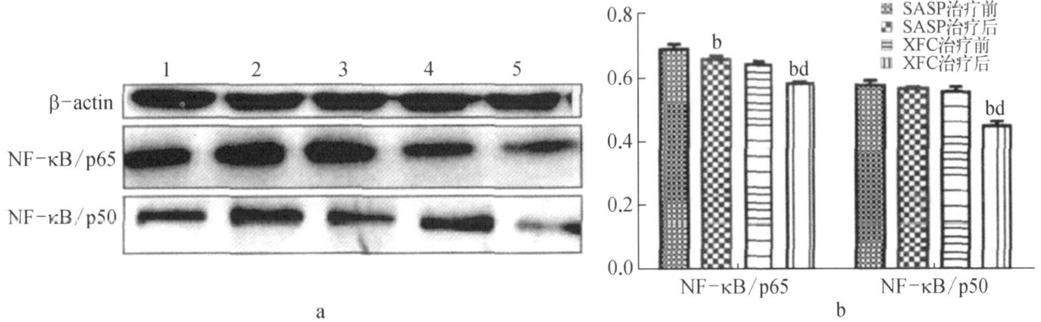

图 7－8　Western blot 法检测 AS 患者 PBMC 中 NF－κB/p65、NF－κB/p50 蛋白表达水平

a. Western blot 法检测 NF－κB/p65、NF－κB/p50 蛋白表达的代表性图像　b. NF－κB/p65、NF－κB/p50 蛋白水平的半定量分析

1. 正常组　2. SASP 治疗前　3. XFC 组治疗前　4. SASP 治疗后　5. XFC 治疗后

与同组治疗前相比，[b]$P<0.01$；与 SASP 组治疗后相比，[d]$P<0.01$

七、健脾化湿通络方对 AS 患者血瘀状态影响的研究

血瘀是指血液运行不畅，甚至停滞，或瘀结不散，集聚于肌腠、筋脉、脏腑等处的病理状态，临床主要表现为关节刺痛，唇舌紫暗或有瘀斑，脉细或涩，皮下瘀斑，肌肤甲错，善忘等。既往研究已证实血瘀证与 CRP、IL－6、TNF－α、TXA_2、PGI_2、GMP140、u－PA、PAI 等客观性指标密切相关，且炎症与免疫反应介导了血瘀的发生与发展。

为了探讨 AS 患者血瘀形成的机制，刘健教授课题组收集了 30 例 AS 患者，通过与 30 名健康志愿者临床数据比对发现，与健康对照组相比，AS 组血清中 TNF－α、IL－1β、

IL－17、Act1、NF－κB/p65、NF－κB/p50、IκBα、IKKβ、GMP140、PAF 的含量明显升高，IL－10 含量明显降低。AS 患者关节刺痛、唇色、舌质、脉象、皮下瘀斑、肌肤甲错、善忘及血瘀症状总积分与 PLT、FBG、D－D 呈正相关。PLT、FBG、D－D、血瘀症状总积分与 TNF－α、IL－1β、IL－17、Act1、IKKβ、IκBα、NF－κB/p65、NF－κB/p50、GMP140、PAF、ESR、hs－CRP、VAS、BASDAI 呈正相关，与 IL－10、PGI_2呈负相关[70]。

为了研究健脾化湿通络方药物 XFC 对 AS 患者血瘀状态的影响，刘健教授课题组采用随机数字表法将临床 76 例 AS 活动期患者分为 SASP 组及 XFC 组，每组 38 例。进行 PLT 及凝血功能测定，采用 ELISA 法检测血栓形成因子（TXB_2、PGI_2、6－keto－PGF1、GMP140、PAI－2）和 ESR、CRP 及细胞因子 TNF－α、IL－4、IL－10、IL－17 水平；采用实时荧光定量 PCR 法检测 Act1、IκBα、IKKβ、NF－κB/p65、NF－κB/p50 mRNA 变化；采用蛋白免疫印迹法检测 NF－κB/p65、NF－κB/p50 蛋白表达。

针对血栓形成相关因子蛋白水平的检测显示，与同组治疗前比较，XFC 组 PLT、FBG、D－D、TXB_2、GMP140、PAI－2 水平降低，6－keto－PGF1 水平升高（$P<0.01$），且改善情况明显优于同期 SASP 组（$P<0.01$）（表 7－46），而且与同组治疗前比较，治疗后两组 NF－κB/p65、NF－κB/p50 蛋白表达均明显降低，且 XFC 组治疗后上述指标较 SASP 组降低更明显（图 7－9）[74]。同时，针对炎症细胞因子及 NF－κB 信号通路相关指标 mRNA 表达水平的检测显示，与同组治疗前及 SASP 组治疗后比较，XFC 组治疗后 IL－17 水平明显降低，IL－4、IL－10 水平升高（$P<0.05$，$P<0.01$）；与同组治疗前比较，两组治疗后 ESR、CRP 及 Act1、IKKβ、IκBα、NF－κB/p50、NF－κB/p65 的 mRNA 均明显降低（$P<0.01$），且 XFC 组较 SASP 组更明显（$P<0.05$，$P<0.01$）（表 7－47）[71]。

表 7－46　两组治疗前后血小板、凝血常规及血栓形成相关因子比较（$\bar{x}\pm s$）

指标		SASP 组（37 例）		XFC 组（38 例）	
		治疗前	治疗后	治疗前	治疗后
血小板及凝血常规	PLT（$\times 10^9$/L）	389.57±38.68	395.43±35.41	400.22±33.15	359.22±26.53$^{\#*}$
	PT（s）	11.46±0.89	11.97±1.47	11.60±0.87	12.32±1.27
	APTT（s）	23.82±1.19	23.43±1.05	23.31±0.93	23.02±0.88
	TT（s）	16.43±0.65	16.55±0.73	16.52±0.72	16.38±0.60
	FBG（g/L）	3.93±0.58	3.89±0.49	4.04±0.35	3.33±0.37$^{\#*}$
	D－D（mg/L）	0.67±0.18	0.64±0.21	0.68±0.23	0.53±0.19$^{\#*}$
血栓形成相关因子	TXB_2（ng/L）	13.77±2.24	12.90±1.53	14.36±1.86	9.93±1.66$^{\#*}$
	6－keto－PGF1（ng/L）	679.26±110.75	641.94±125.02	673.23±109.13	724.59±98.58$^{\#*}$
	GMP140（ng/L）	10.57±0.89	10.43±0.98	10.87±0.79	9.05±1.01$^{\#*}$
	PAI－2（ng/L）	144.48±29.56	141.84±25.03	149.15±25.03	116.22±17.54$^{\#*}$

注：与同组治疗前比较，$^{\#}P<0.01$；与 SASP 组同期比较，$^{*}P<0.01$。

表 7－47　两组治疗前后 NF－κB 信号通路相关指标 mRNA 表达水平比较（$\bar{x}\pm s$）

组别	例数	时间	Act1	IKKβ	IκBα	NF－κB/p50	NF－κB/p65
SASP 组	10	治疗前	2.33±0.39	2.46±0.44	2.49±0.54	1.77±0.34	3.40±0.62
		治疗后	1.80±0.34$^{\#\#}$	1.37±0.29$^{\#\#}$	1.79±0.45$^{\#\#}$	1.13±0.20$^{\#\#}$	2.68±0.54$^{\#\#}$

（续表）

组别	例数	时间	Act1	IKKβ	IκBα	NF-κB/p50	NF-κB/p65
XFC 组	10	治疗前	2.30±0.46	2.65±0.45	2.85±0.54	1.82±0.35	3.52±0.87
		治疗后	1.66±0.38##	1.08±0.10##*	1.24±0.19##*	0.92±0.14#**	2.19±0.32#**

注：与同组治疗前比较，#$P<0.05$，##$P<0.01$；与 SASP 组同期比较，*$P<0.05$，**$P<0.01$。

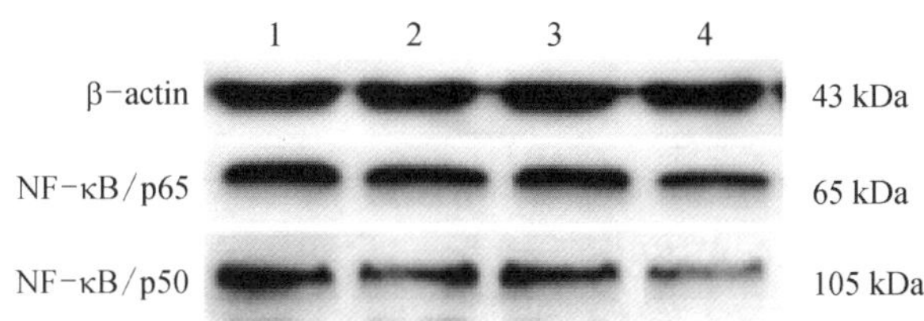

图 7-9 两组治疗前后 NF-κB/p65、NF-κB/p50 蛋白表达电泳图

1. SASP 组治疗前 2. XFC 组治疗前 3. SASP 组治疗后 4. XFC 组治疗后

第四节 健脾化湿通络方治疗干燥综合征的临床研究

中医学对干燥综合征的认识源于《黄帝内经》中“燥胜则干”“燥者濡之”的描述。对于燥痹的病因病机，历代医家均有着不同的见解，《黄帝内经》谓：“阳明所至，为燥生，终为凉。”明代喻昌指出：“火热胜则金衰，则风炽，风能胜湿，热能耗液，转令阳实阴虚，故风火热之气，胜于水土而为燥。”清代石寿棠在《医原》中突出了燥证理论，认为“天气主燥，地气主湿，寒搏则燥生，热烁则燥成”。清代沈目南立燥病专篇，论燥之病因病机为“然燥气起于秋分以后，小雪以前，阳明燥金凉气司令，燥令必有凉气感人，肝木受邪而为燥也”。近代宋鹭冰将燥气病机分为内燥、外燥，指出“外燥即秋月之燥气，可由燥伤肺卫演变为燥伤津血。均有不同程度的津干气燥，阴血亏乏。内燥病机，有生于热者，生于寒者，但总不外津液精血枯竭而为病。可分为燥伤肺气，燥伤津液，阴虚血燥，津枯肠燥，五脏内燥”。赵剑锋等认为，SS 和脾的关系密切，培土健脾不失为一条治疗途径。刘健教授认为，SS 主要是由津液化生与运行输布失常所致，而脾脏在津液的生成与输布中具有重要的作用。因此其病机与脾虚津亏有密切关系[72]。

一、健脾化湿通络方对 SS 患者的临床疗效研究

通过对分析比较西医药物单纯治疗（对照组）与结合健脾化湿通络方（治疗组）治疗效果发现，治疗组临床缓解 5 例，显效 9 例，有效 3 例、无效 3 例，总有效率 85.0%；对照组临床缓解 3 例，显效 4 例，有效 6 例、无效 7 例，总有效率 65.0%。经 χ^2 检验，两组疗效差异有统计学意义（$\chi^2=9.87$，$P<0.05$），说明治疗组疗效显著优于对照组。此外，治疗后治疗组与对照组相比，口干、眼干、腹胀纳差、便溏、口苦或黏而不欲饮、苔白或黄腻等症状有明显改善（$t=3.863$，$P<0.05$），而舌淡胖有齿印两组相比没有改善（$t=1.832$，$P>0.05$）[73]。

通过比较 XFC 治疗和白芍总苷(total glacosides of paeony capsules,TGP)治疗的效果发现,2 组治疗前后相比,XFC 组(19 例)临床治愈 4 例,显效 6 例,有效 7 例,无效 2 例,有效率为 89.47%;TGP 组(19 例)临床治愈 2 例,显效 3 例,有效 8 例,无效 6 例,有效率为 68.42%。XFC 组有效率优于 TGP 组,结果有统计学意义(表 7－48)。

表 7－48 XFC 与 TGP 组中医临床疗效比较

组别	例数	临床治愈(例)	显效(例)	有效(例)	无效(例)	有效率(%)
XFC 组	19	4	6	7	2	89.47*
TGP 组	19	2	3	8	6	68.42

注: 与 TGP 组比较, *$P<0.05$。

二、健脾化湿通络方对 SS 患者生活质量影响的研究

对 SS 患者的生活质量评价主要采用 SF－36 量表法,其评定项目包括 GH、PF、RP、RE、SF、BP、VT、MH 等。刘健教授课题组通过对 38 例 SS 患者的临床分析发现,其中包含原发性干燥综合征 15 例,占 39.47%;继发干燥综合征患者 26 例,占 60.53%。将两者的 SF－36 各维度积分进行比较发现,与原发性干燥综合征患者相比,继发性干燥综合征患者的 GH、RE、VT、MH 几个维度的积分较低,差异具有统计学意义($P<0.05$)(表 7－49)[38,74]。

表 7－49 原发性干燥综合征与继发性干燥综合征患者 SF－36 各维度比较($\bar{x}\pm s$)

SF－36 维度	继发性干燥综合征(n=23)	原发性干燥综合征(n=15)
GH	45.31±17.75*	65.32±13.63
PF	48.70±19.96	55.33±23.26
RP	28.68±26.09	48.33±40.61
RE	50.72±38.75*	77.77±24.13
SF	58.15±20.85	64.17±20.52
BP	56.96±23.24	70.00±30.00
VT	56.09±19.48*	69.67±11.87
MH	57.39±18.39*	72.53±11.80

注: 与原发性干燥综合征患者比较, *$P<0.05$。

为了分析健脾化湿通络方药物 XFC 对 SS 患者生活质量的影响,刘健教授课题组筛选了安徽中医药大学第一附属医院住院 SS 患者 66 例,并将其随机分为治疗组(XFC 组)和对照组(HCQ 组),每组 32 例。其中 XFC 组给予 XFC 治疗,HCQ 组给予 HCQ 治疗,两组均以 3 个月为 1 个疗程。研究发现,两组治疗前 SF－36、SAS、SDS 评分比较,差异无统计学意义($P>0.05$);XFC 组在治疗后生活质量各维度积分均高于治疗前,SDS、SAS 评分低于治疗前,差异有统计学意义($P<0.05$);HCQ 组治疗后 GH、SF、VT 方面的积分高于治疗前,差异有统计学意义($P<0.05$);与 HCQ 组比较,XFC 组在改善生活质量各维度积分、SAS 评分及 SDS 评分方面均优于 HCQ 组,差异有统计学意义($P<0.05$)(表 7－50)[75,76]。

表 7－50 两组治疗前后生活质量积分及抑郁自评量表积分比较($\bar{x}\pm s$)

组别	例数	时间	GH	PF	RP	RE
XFC 组	32	治疗前	47.36±19.28	52.26±22.47	37.25±27.63	55.14±41.55
		治疗后	74.06±8.34$^{\#*}$	63.21±18.43$^{\#*}$	8.68±24.78$^{\#*}$	83.76±25.62$^{\#*}$
HCQ 组	32	治疗前	46.39±15.94	52.37±18.13	43.11±34.41	56.46±29.39
		治疗后	61.66±21.30$^{\#}$	52.35±13.98	46.13±28.19	57.89±34.86
组别	例数	时间	SF	BP	VT	MH
XFC 组	32	治疗前	56.58±21.19	61.05±27.87	53.68±20.06	54.79±16.78
		治疗后	69.74±19.24$^{\#*}$	78.72±18.73$^{\#*}$	74.47±7.43$^{\#*}$	77.26±9.43$^{\#*}$
HCQ 组	32	治疗前	56.58±17.36	65.26±21.70	56.11±12.98	69.47±13.01
		治疗后	66.79±17.10$^{\#}$	67.58±14.34	65.53±13.93$^{\#}$	70.53±15.27

注：与同组治疗前比较，$^{\#}P<0.05$；与 HCQ 组治疗后比较，$^{*}P<0.05$。

三、健脾化湿通络方对 SS 患者心功能影响的研究

(一) 基于氧化应激 XFC 对 SS 患者心功能影响的研究

刘健教授课题组通过分析 56 例 SS 患者的 SOD 水平发现：在 56 例 SS 患者中，有 38 例检测结果低于正常水平，所占比例为 67.88%；有 18 例 SOD 检测结果在正常水平，所占比例为 32.12%。56 例患者 SS 患者 SOD 与病程呈负相关性，与年龄、唾液流率及泪膜破裂时间无相关性；与实验室指标相比较，与 IgG 呈正相关，与红细胞沉降率、CRP 呈负相关，与 IgM、IgA、AGP、WBC、RBC、Hb 及 PLT 无相关性；与中医证候体倦乏力、少气懒言呈负相关[77]。

王芳[78]等通过动物实验研究证实 SS 大鼠存在心功能的降低和心肌结构破坏的情况，其机制可能与氧化应激有关。理清 XFC 对于 SS 患者的氧化应激及心功能的影响具有重要的临床意义，为了对此进行分析，刘健教授课题组筛选了 SS 患者 60 例，并将其随机分为 XFC 组 30 例和 HCQ 组 30 例。研究结果显示，两组患者治疗后心功能参数 SV、CO、EF、FS，氧化应激指标 SOD、T－AOC 较治疗前升高，而 MDA、ROS、CRP、ESR 均下降，差异有统计学意义($P<0.05$)。XFC 组与 HCQ 组相比，XFC 组 SV、CO、EF、FS、SOD、T－AOC 升高的比较明显，MDA、ROS、CRP、ESR 下降的较为明显，差异有统计学意义($P<0.05$)，见表 7－51。此外，Spearman 相关分析结果显示 EF、FS 与 ROS 呈明显的负相关，SV 与 MDA 呈明显的负相关，EF、FS 与 SOD、T－AOC 呈明显正相关，差异有统计学意义。EF、FS、SV 与 ESR、hs－CRP 呈明显负相关，差异有统计学意义[79]。

表 7－51 两组治疗前后心功能、氧化应激、炎症指标的比较($\bar{x}\pm s$, $n=30$)

指标	XFC 组		HCQ 组	
	治疗前	治疗后	治疗前	治疗后
SV(mL/次)	73.53±6.71	84.47±6.59$^{\#*}$	74.13±1.13	78.16±1.71$^{\#}$
CO(L/min)	6.76±1.22	8.98±1.45$^{\#*}$	6.47±2.71	7.33±0.72$^{\#}$
EF(%)	62.12±7.34	72.73±9.41$^{\#*}$	61.93±8.27	70.51±17.12$^{\#}$

（续表）

指标	XFC 组		HCQ 组	
	治疗前	治疗后	治疗前	治疗后
FS(%)	35.53±3.45	38.56±7.86#*	35.12±6.13	37.31±6.84#*
SOD(U/L)	50.22±5.42	65.23±5.61#*	51.19±4.40	57.28±3.35#
T-AOC(U/mL)	1.87±0.87	2.57±0.75#*	1.86±1.14	2.43±1.91#
MDA(nmol/L)	2.76±0.30	1.24±0.41#*	2.81±0.79	1.45±0.11
ROS(IU/mL)	176.43±5.15	102.61±3.26#*	175.51±6.13	135.74±4.83#
CRP(mg/L)	19.12±9.54	11.65±7.59#*	18.78±9.42	15.71±8.46#
ESR(mm/h)	27.68±4.35	16.24±7.24#*	28.53±6.78	19.25±4.32#

注：与治疗前比较，#$P<0.05$；与 HCQ 组比较，*$P<0.05$。

四、健脾化湿通络方对 SS 患者肺功能影响的研究

（一）SS 患者心肺功能变化与 $CD19^+CD24^+$Breg 及 BTLA 的相关性分析

SS 可引起患者腺体上皮细胞活化和细胞凋亡诱导 T、B 细胞活化和局部浸润，产生多种炎性介质和细胞因子，从而引起腺体破坏。T 细胞的免疫失调及其介导的 B 细胞免疫异常在 SS 的发病过程中发挥着关键作用。

刘健教授课题组通过分析 64 例 SS 患者（SS 组）及 20 例健康体检者（对照组）的心肺功能变化和外周血 $CD19^+CD24^+$Breg 及 BTLA 的表达频率发现，与对照组比较，SS 组患者心功能参数 E 峰、FS、E/A 比值，肺功能指标 IC、MVV、FEF_{25}、FEF_{50}、FEF_{75}、PEF，外周血 BTLA 占淋巴细胞比例均明显降低（$P<0.01$），A 峰、LADd、$CD19^+$表达频率、$CD24^+$表达频率、$CD19^+CD24^+$表达频率、$CD19^+$BTLA 占淋巴细胞比（%）、$CD19^+CD24^+$占淋巴细胞比（%）、$CD24^+$BTLA 占淋巴细胞比（%）显著升高（$P<0.05$），见表 7-52。Spearman 相关分析结果显示，SS 组患者心、肺功能与 BTLA 占淋巴细胞比（%）呈明显的负相关。心功能参数 FS 峰与 $CD19^+$表达频率、$CD19^+$BTLA 占淋巴细胞比（%）呈显著正相关。E 峰、LADd、PEF 与 $CD19^+$表达频率、$CD24^+$表达频率、$CD19^+$BTLA 占淋巴细胞比（%）、$CD19^+CD24^+$占淋巴细胞比（%）、$CD24^+$BTLA 占淋巴细胞比（%），均呈显著负相关。肺功能参数 FEV_1、FEF_{50}与 $CD19^+$表达频率、$CD24^+$表达频率、$CD19^+$BTLA 占淋巴细胞比（%）、$CD24^+CD19^+$占淋巴细胞比（%），呈显著正相关（$P<0.05$）。FEF_{75}与 $CD19^+$表达频率、$CD24^+$表达频率，呈显著正相关（$P<0.05$）；与 $CD19^+$BTLA 占淋巴细胞比（%）、$CD24^+CD19^+$占淋巴细胞比（%）、$CD24^+$BTLA 占淋巴细胞比（%），呈显著负相关[80]。

表 7-52　两组外周血 $CD19^+CD24^+$Breg 及 BTLA 比较（$\bar{x}\pm s$）

组别	例数	$CD19^+$表达频率	$CD24^+$表达频率	$CD19^+CD24^+$表达频率	BTLA 占淋巴细胞比（%）
SS 组	64	7.07±2.49	2.94±2.17	19.54±14.06	48.26±5.28
对照组	20	4.89±2.56	1.23±0.79	12.19±5.01	67.34±5.21

（续表）

组别	例数	CD19⁺BTLA占淋巴细胞比(%)	CD24⁺CD19⁺占淋巴细胞比(%)	CD24⁺BTLA占淋巴细胞比(%)
SS组	64	98.97±0.75	94.84±7.03	98.46±2.58
对照组	20	89.83±22.86	91.66±21.09	95.78±12.68

（二）SS患者肺功能变化及其与T细胞亚群的相关性分析

SS发病机制复杂，其机制之一可能跟Th细胞表达失衡有关。活化的T细胞可释放出多种细胞因子，从而导致炎性反应。研究显示，SS患者的靶器官和血液中，效应T细胞及其多种细胞因子数量明显增加。

为了对SS患者肺功能及血清Th细胞因子表达的变化进行分析，刘健教授课题组分析了120例SS患者（观察组）和60例健康体检者（对照组）的肺功能及外周血CD3、CD4、CD8表达水平，并对SS患者的IL－6、IL－10、IL－17、TNF－α及实验室指标变化进行了分析。结果显示，与对照组比较，观察组患者唾液流率、泪膜破裂时间、外周血$CD3^+BTLA^+$T细胞、$CD4^+BTLA^+$T细胞、$CD8^+BTLA^+$T细胞及血清Hb表达降低，CRP、IgG升高，肺功能参数FEV_1/FVC与PLT、体倦乏力积分呈负相关，$MEF_{25\sim75}$与病程、少气懒言积分呈负相关，MEF_{50}与腮腺肿大积分呈负相关，PEF与病程呈负相关，DLCO与病程、hs－CRP、口干咽燥积分、面色萎黄积分呈负相关。FEV_1/FVC与IgG呈正相关，PEF与泪膜破裂时间、$CD8^+BTLA^+$T细胞正负相关，DLCO与唾液流率、$CD4^+BTLA^+$T细胞呈正相关[81]。此外，SS患者肺功能参数FEV_1/FVC、DLCO与IL－6呈负相关，$MEF_{25\sim75}$、PEF与IL－17呈负相关，用力呼气50%流量、用力呼气25%流量与TNF－α呈负相关，$MEF_{25\sim75}$、PEF、DLCO与Th1/Th2呈负相关。$MEF_{25\sim75}$与IL－10呈正相关[82]。

（三）XFC对SS患者肺功能的影响

肺的宣发肃降和通调水道，有助于脾的运化水液功能，从而防止内湿的产生；而脾的转输津液，散精于肺，不仅是肺通调水道的前提，而且也为肺的生理活动提供了必要的营养。因此，两者之间在津液的输布代谢中存在着相互为用的关系。

为了分析XFC对SS患者肺功能的影响，刘健教授课题组从安徽中医药大学第一附属医院风湿科门诊及病房选择了40例SS患者，将其随机分为XFC组20例和TGP组20例。研究发现，治疗后，两组MVV、IC、PEF、FEF_{25}、FEF_{50}均明显升高（$P<0.05$或$P<0.01$），对照组FVC、MVV明显升高（$P<0.05$或$P<0.01$）。其中，治疗组MVV改善程度较对照组更显著，治疗组PEF、FEF_{25}、FEF_{50}、FEF_{75}的均值均显著高于对照组（$P<0.05$或$P<0.01$）（表7－53）[83]。

表7－53 两组治疗前后肺功能指标比较（$\bar{x}\pm s$）

组别	例数	时间	IC	MVV	FVC	FEV_1	FEV_1/FVC
XFC组	20	治疗前	72.82±20.22	73.12±18.78	87.67±19.15	88.66±23.53	101.55±16.45
		治疗后	96.13±22.02$^{\#}$	100.45±12.55$^{\#\#*}$	96.67±18.80	103.22±20.35	108.43±14.88
TGP组	20	治疗前	75.25±23.12	74.33±17.82	84.76±17.66	88.55±16.47	102.45±11.33
		治疗后	77.14±25.15	90.01±7.88$^{\#\#}$	96.82±16.95$^{\#}$	98.65±17.30	106.50±11.60

（续表）

组别	例数	时间	FEF_{25}	FEF_{50}	FEF_{75}	PEF
XFC 组	20	治疗前	69.43±22.75	72.56±30.55	84.87±31.20	65.68±24.80
		治疗后	101.55±25.50$^{##*}$	108.25±28.59$^{##**}$	102.35±22.14^{d}	94.30±26.08$^{##**}$
TGP 组	20	治疗前	69.65±23.79	72.49±28.12	86.56±32.33	66.25±23.49
		治疗后	82.78±23.31	83.05±26.57	93.45±33.45	76.76±23.56

注：与同组治疗前比较，$^{#}P<0.05$，$^{##}P<0.01$；与 TGP 组治疗后比较，$^{*}P<0.01$，$^{**}P<0.05$。

五、健脾化湿通络方对 SS 患者凝血状态影响的研究

（一）细胞因子/NF-κB 信号通路与 SS 患者高凝状态的关系

近年来关于凝血/纤溶系统的失衡在风湿病中的作用受到越来越多的关注，而关于 SS 纤溶/凝血方面的研究却鲜有报道。研究表明，Th 细胞表达失衡，激活 NF-κB 信号通路是 SS 重要机制之一，而细胞因子的紊乱、NF-κB 信号通路的过度激活与血栓的形成及心血管事件的发生关系密切。NF-κB 是参与炎症细胞因子表达的主要转录因子，NF-κB高度活化，继而生成许多炎性细胞因子、趋化因子、黏附分子等表达于血管内皮细胞，紊乱微血管的凝血/纤溶系统，从而使血液处于一种高凝血状态。因此，我们有理由相信，细胞因子/NF-κB 通路在 SS 高凝状态的形成过程中扮演重要角色。为了对此进行验证，刘健教授课题组选取了 60 例 SS 患者，通过与 20 例做健康体检者的分析比对发现，60 例 SS 患者中凝血参数指标至少有一项异常者为 46 例，占全部患者的 76.7%。其中 PT 异常者 13 例，占 21.7%，APTT 异常者 15 例，占 25.0%，FBG 异常者 26 例，占 43.3%，TT 异常者 11 例，占 18.3%，D-D 异常者 37 例，占 61.7%。此外，与正常组比较，SS 组凝血指标 FIB、D-D 显著升高，差异有统计学意义[84,85]。另外，与正常组比较，SS 组患者唾液流率、泪膜破裂时间、血清中 IL-10 表达量明显降低；角膜染色评分、血清 IL-1β、TNF-α、NF-κB/p50、NF-κB/p65、IκBα 表达量显著升高，炎症指标 hs-CRP、ESR、免疫蛋白 IGG、GLO 水平及 ESS-DAI 积分显著升高。且凝血指标 FBG 与唾液流率、TNF-α、NF-κB/p50、NF-κB/p65、ESR、hs-CRP 呈正相关，与 IL-10 呈负相关；TT 与 TNF-α 呈负相关；D-D 与角膜染色评分、TNF-α、IL-1β、NF-κB/p65、ESR、hs-CRP、ESSDAI 呈正相关[84,85]。

（二）XFC 对 SS 患者细胞因子 NF-κB 信号通路及高凝状态的影响

对于 SS 的治疗，现代医学尚缺乏特异性的手段，HCQ 是临床中最常用的治疗 SS 的药物，不仅可以改善涎腺的外分泌功能，还具有一定的抗炎作用，能抑制 IL-1β、TNF-α 的产生，降低 ESR、CRP、IgG、IgM 等指标的水平。SS 患者疾病发生时，IL-1β、TNF-α 等炎症因子升高，引起 NF-κB 信号通路异常活化，而活化后的 NF-κB 信号通路既能介导血管内皮损伤，引起血小板、白细胞与血管内皮结合，又能导致多种急性期炎症蛋白高表达，同时还可以引起细胞因子的失衡，持续放大这种效应，形成细胞因子-炎症-凝血网络，最终导致高凝状态的发生。为了求证 XFC 是否通过细胞因子-炎症-凝血网络发挥调理作用，刘健教授课题组从安徽中医药大学第一附属医院风湿免疫科筛选了 66 例 SS 患者，通过随机数字表法分为研究组（XFC 组）和对照组（HCQ 组）各 33 例。

1. XFC 对 SS 患者效果、凝血参数、实验室指标等的影响

研究发现，两组治疗后，临床治愈率、显效率和总有效率方面无明显差异（$P>0.05$），且 XFC 组有效率显著高于 HCQ 组（$P<0.05$）。此外，治疗前，两组凝血参数及各实验室指标无差异（$P>0.05$）。治疗后，两组凝血参数 FBG、D－D 均明显降低，且 XFC 组在降低D－D方面优于 HCQ 组（$P<0.05$）。治疗后两组 IL－1β、TNF－α 均明显降低，IL－4、IL－10 明显升高，且 XFC 在下调 TNF－α，上调 IL－10 方面优于 HCQ 组（$P<0.01$，$P<0.05$）。治疗后两组 NF－κB/p50、NF－κB/p65、IκBα 水平下降，且 XFC 组在降低 NF－κB/p50、NF－κB/p65 水平方面优于 HCQ 组（$P<0.01$，$P<0.05$）。治疗后两组 ESR、hs－CRP 明显下降，且 XFC 组在降低 ESR、hs－CRP 方面优于 HCQ 组（$P<0.01$，$P<0.05$）（表 7－54）[86,87]。

表 7－54　两组治疗前后凝血参数、实验室指标等的比较（$\bar{x}\pm s$）

指标	HCQ 组（$n=33$）		XFC 组（$n=33$）	
	治疗前	治疗后	治疗前	治疗后
PT（s）	11.37±1.74	12.03±1.15	10.86±1.41	11.36±1.40
APTT（s）	30.73±5.25	28.70±4.67	29.38±5.42	29.48±5.21
FIB（g/L）	4.27±1.32	2.88±1.54#	4.33±1.46	2.27±0.96#*
TT（s）	19.73±1.49	18.59±1.70	18.94±1.53	19.16±1.42
D－D（mg/L）	1.10±0.83	0.53±0.36##	0.97±0.62	0.28±0.16##*
IL－1β（ng/L）	23.37±12.18	16.56±9.87#	24.56±10.49	15.49±8.64#
TNF－a（ng/L）	268.32±80.28	174.84±94.62##	273.77±84.50	145.47±51.36##*
IL－4（ng/L）	138.68±86.52	183.74±91.41#	134.73±89.69	216.83±77.58##*
IL－10（ng/L）	162.18±104.72	184.57±95.41	174.37±117.05	221.32±138.26##*
NF－κB/p50（ng/L）	674.48±158.74	504.37±193.56##	663.74±169.48	462.44±126.63##*
NF－κB/p65（ng/L）	1 245.59±629.40	718.65±236.30##	1 207.62±546.35	468.17±346.57##*
IκBα（ng/L）	525.39±308.40	332.80±208.53#	547.48±267.42	415.33±178.49#
ESR（mm/h）	30.48±19.26	21.65±15.44#	28.41±20.07	13.67±9.34##*
hs－CRP（mg/L）	6.41±2.87	3.73±2.10##	6.26±3.23	1.58±1.03##*

注：与治疗前比较，#$P<0.05$，##$P<0.01$；与 HCQ 组比较，*$P<0.05$。

2. XFC 对 SS 患者外周血 miR－155 表达水平的影响

SS 患者 PBMC 中存在高表达的 miR－155，而升高的 miR－155 又可以通过靶向抑制细胞因子信号传送阻抑物 1（suppressor of cytokine signaling 1，SOCS1）上调 NF－κB 的表达，从而促进炎症介质的释放。SS 患者疾病发生时，IL－1β、TNF－α 等促炎症因子及 miR－155 升高，直接或间接引起 NF－κB 信号通路异常活化，而活化后的 NF－κB 信号通路既能介导血管内皮损伤，引起血小板、白细胞与血管内皮细胞结合，同时还可以引起细胞因子的失衡，持续放大这种效应，形成炎症-细胞因子-凝血网络，最终导致高凝状态的发生。在同组实验中，HCQ 组、XFC 组两组治疗前，miR－155 水平分别为 3.28±1.42、3.16±1.73，两者之间差异无统计学意义（$P>0.05$）。HCQ 组、XFC 组两组治疗后，miR－155 水平分别为 1.97±0.51、1.30±0.48；与治疗前相比，两组治疗后 miR－155 水平均明显降低，差异有统计学意义（$P<0.01$），且 XFC 组在降低 miR－155 水平方面优于 HCQ 组[87]。

3. XFC 对干燥综合征患者 NF－κB 通路因子的影响

在 mRNA 水平，治疗前，两组患者通路蛋白 mRNA 含量无明显差异（$P>0.05$）。与治疗前相比，HCQ 组 NF－κB/p50、NF－κB/p65 mRNA 表达明显下降，XFC 组 NF－κB/p50、NF－κB/p65、IκBα mRNA 表达明显下降（$P<0.01$）；且 XFC 组在降低 NF－κB/p50、NF－κB/p65、IκBα mRNA 表达方面优于 HCQ 组（$P<0.05$，$P<0.01$）（图 7－10）。蛋白水平，治疗前，两组患者 NF－κB/p50、NF－κB/p65 蛋白含量无明显差异（$P>0.05$）。与治疗前相比，两组治疗后 NF－κB/p50、NF－κB/p65 蛋白表达均明显下降，SOCS－1 明显升高（$P<0.05$，$P<0.01$）；且 XFC 组在降低 NF－κB/p50、NF－κB/p65 蛋白表达，升高 SOCS－1 蛋白表达方面优于 HCQ 组（$P<0.05$，$P<0.01$）（图 7－11）[86,87]。

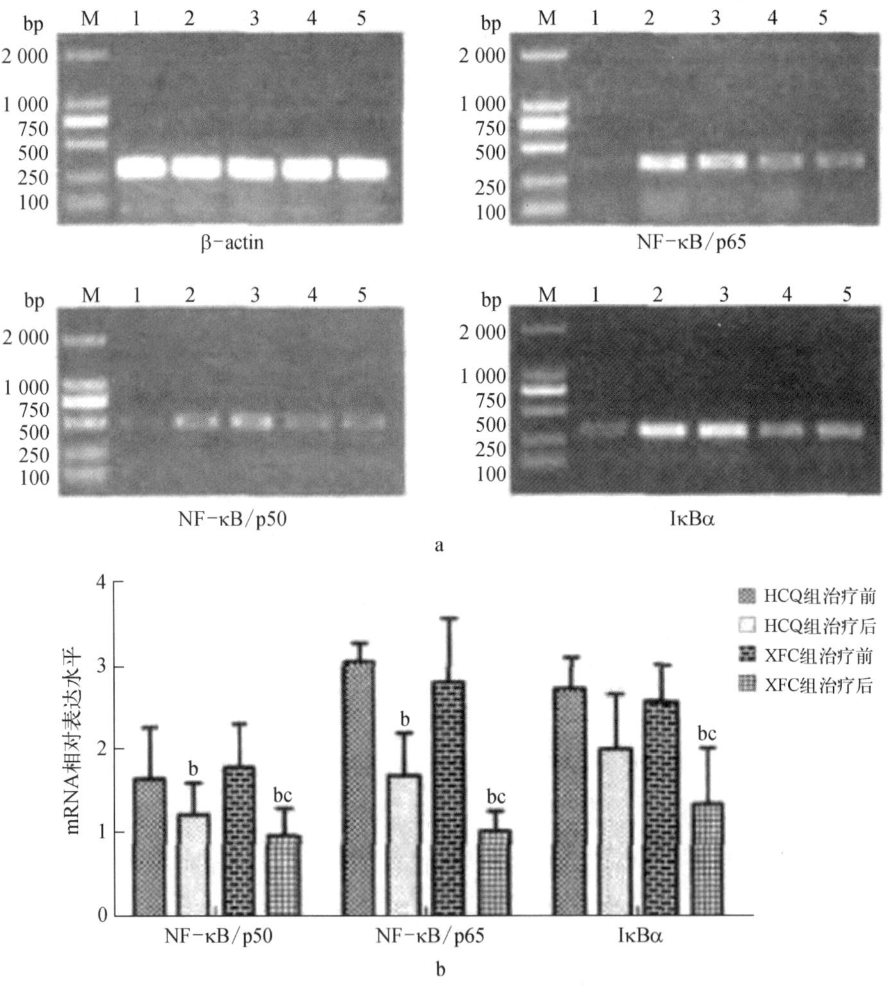

图 7－10　治疗前后各组 NF－κB 相关通路蛋白 mRNA 含量

a. 实时定量 PCR 检测外周血 NF－κB/p50、NF－κB/p65、IκBα mRNA 的水平　b. NF－κB/p50、NF－κB/p65、IκBα mRNA 水平的半定量分析

1. 正常组　2. HCQ 组治疗前　3. XFC 组治疗前　4. HCQ 组治疗后　5. XFC 组治疗后

与治疗前比较，$^{b}P<0.01$；与 HCQ 组比较，$^{c}P<0.05$

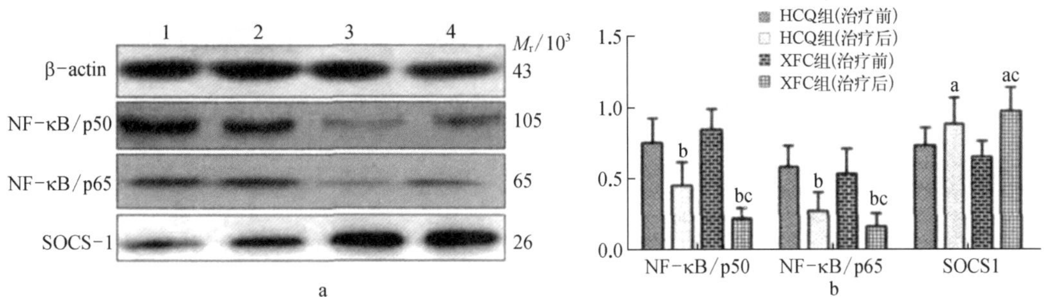

图 7-11 Western blot 法检测治疗前后外周血 NF-κB/p50、NF-κB/p65、SOCS1 蛋白水平

a. Western blot 法检测 NF-κB/p65、NF-κB/p50、SOCS1 的蛋白水平 b. NF-κB/p65、NF-κB/p50、SOCS1 蛋白水平的半定量分析

1. 正常组 2. HCQ 组治疗前 3. XFC 组治疗前 4. HCQ 组治疗后 5. XFC 组治疗后

与治疗前比较，$^{b}P<0.01$；与 HCQ 组比较，$^{c}P<0.05$

参考文献

[1] 刘健.健脾化湿通络法治疗历节病 45 例临床研究[J].安徽中医临床杂志，1999，11(6)：380-382.

[2] 郭锦晨，刘健，忻凌，等.基于关联规则挖掘健脾中药对湿热痹阻型类风湿关节炎患者免疫炎症的影响[J].时珍国医国药，2017，28(4)：1002-1004.

[3] 黄旦，刘健.从“治未病”思想探讨类风湿关节炎的防治[J].湖北中医药大学学报，2016，18(2)：46-48.

[4] 刘健，韩明向，崔宜武，等.类风湿性关节炎中医证候学研究——附 100 例临床资料分析[J].中国中医基础医学杂志，1999，5(11)：36，37.

[5] 刘健.老年类风湿性关节炎机制及证治探要[J].中医药学刊，2001，20(6)：494，495.

[6] 刘健，纵瑞凯，许霞，等.基于新安医学理论的中药新风胶囊治疗类风湿关节炎的研究[J].风湿病与关节炎，2014，3(11)：5-10，14.

[7] 刘健，刘晓晖，韩明向.新风胶囊治疗活动期类风湿性关节炎 20 例[J].安徽中医学院学报，2003，22(3)：12-16.

[8] 黄传兵，刘健，谌曦，等.新风胶囊治疗类风湿性关节炎疗效观察[J].中国中西医结合杂志，2013，33(12)：1599-1602.

[9] 刘健，范海霞，杨梅云.新风胶囊对类风湿关节炎的疗效及对其肺功能、红细胞 CRI、CD59 的影响[J].湖北中医杂志，2007，29(6)：9-11.

[10] Wang Y，Liu J，Wang Y，et al. Effect of xinfeng capsule in the treatment of active rheumatoid arthritis：a randomized controlled trial.[J]. Journal of Traditional Chinese Medicine，2015，35(6)：626-631.

[11] 程华威，郭雯，刘健.生活质量评价在中医药学中的应用[J].安徽中医学院学报，2006，25(2)：53-56.

[12] 刘健，程华威，郭雯，等.类风湿性关节炎生活质量调查[J].中国临床保健杂志，2006，9(2)：106-108.

[13] 王智华，刘健，郭雯，等.健脾化湿通络法对类风湿关节炎患者生活质量的影响[J].中国临床保健杂志，2007，10(6)：586-588.

[14] 陈瑞莲，刘健.$CD4^{+}CD25^{+}$调节性 T 细胞与类风湿关节炎研究进展[J].安徽医药，2008，12(12)：1119-1121.

[15] 张皖东，曹云祥，盛长健，等.类风湿关节炎辨证分型与外周血 T 细胞亚群的关系[J].中医药临床杂

志,2011,23(6):514－516.

[16] 王庆保,刘健,万磊.类风湿关节炎患者外周血 $CD4^{+}CD25^{+}CD127^{-}$ 调节T细胞的检测及临床意义[J].安徽医学,2010,31(2):131－134.

[17] 刘健,谌曦,刘晓晖,等.雷公藤合并健脾化湿通络药对类风湿性关节炎患者免疫调节作用的研究[C].上海:第四次全国雷公藤学术会议,2004:443－446.

[18] 刘健,陈瑞莲.新风胶囊对类风湿关节炎患者 $CD4^{+}CD25^{+}CD127^{low}$ 调节性T细胞变化的影响[J].山西中医学院学报,2009,10(3):35－38.

[19] 刘健,陈瑞莲,潘喻珍,等.新风胶囊对类风湿关节炎活动期伴贫血患者外周血 $CD4^{+}CD25^{+}CD127^{low}$ 调节性T细胞的影响[C].北京:海峡两岸中医药发展大会,2009:95－98.

[20] 曹云祥,刘健,黄传兵,等.新风胶囊可以调节类风湿性关节炎患者的免疫功能和改善心功能[J].细胞与分子免疫学杂志,2015,31(3):394－396,401.

[21] 孙玥,刘健,万磊,等.基于B、T淋巴细胞衰减因子及氧化应激探讨新风胶囊改善RA患者心功能机制[C].天津:全国第十二届中西医结合风湿病学术会议,2014:211,212.

[22] 刘健,江锋,谌曦,等.类风湿关节炎患者红细胞CD35的表达及其意义[J].中国临床保健杂志,2005,8(1):9－11.

[23] 刘健,郭雯,翟志敏.类风湿关节炎患者红细胞CR1、CD59的变化及中药新风胶囊的干预作用[J].中华微生物学和免疫学杂志,2007,27(10):912,913.

[24] 谌曦,刘健.新风胶囊治疗类风湿性关节炎贫血的临床观察[J].中国临床保健杂志,2006,9(4):321－323.

[25] 刘健.新风胶囊治疗类风湿性关节炎贫血的疗效及机理研究[C].义乌:第六届中西医结合风湿病学术会议,2006:156,157.

[26] 汪元,刘健,余学芳,等.血小板参数与类风湿关节炎病情活动指标及临床症状相关性分析[J].辽宁中医药大学学报,2008,10(6):5－7.

[27] 刘健,纵瑞凯,余学芳,等.类风湿关节炎活动期患者血小板参数、P－选择素和血小板超微结构的变化及新风胶囊对其的影响[J].中华中医药杂志,2008,23(12):1090－1094.

[28] 刘健,纵瑞凯,余学芳,等.新风胶囊对活动期类风湿关节炎患者P－选择素、血小板参数及超微结构的影响[J].中国中医药信息杂志,2008,15(9):5－7,11.

[29] 刘健,余学芳,纵瑞凯.活动期类风湿关节炎载脂蛋白的变化及相关性分析[J].中国康复,2009,24(2):95－97.

[30] 刘健,万磊,黄传兵,等.新风胶囊对类风湿关节炎患者脂蛋白代谢的影响[J].中国中西医结合杂志,2015,35(9):1060－1064.

[31] 刘健,曹云祥,朱艳.老年类风湿关节炎患者心功能变化及其相关性研究[J].中华中医药杂志,2011,26(4):777－780.

[32] 刘健,曹云祥,朱艳.类风湿关节炎患者的心功能变化及相关性分析[J].中国临床保健杂志,2011,14(6):575－579.

[33] 万磊,刘健,盛长健,等.类风湿关节炎患者肺功能变化及新风胶囊对其的影响[J].中医药临床杂志,2010,22(9):798－803.

[34] 刘健,张金山,汪四海,等.膝骨关节炎中医证候分布规律及相关因素回顾性分析[J].中医药临床杂志,2011,23(6):524－527.

[35] 刘健,程园园.骨关节炎发病与脾气亏虚的关系探讨[C].中国四川成都:全国第十届中西医结合风湿病学术会议,2012:108,109.

[36] 张金山,刘健,杨佳,等.60例膝骨关节炎患者生活质量变化及其相关性分析[J].中医药临床杂志,2011,23(6):528－530.

[37] 刘健,张金山,汪四海,等.新风胶囊对膝骨关节炎患者严重程度指数及生活质量的影响[J].中医药临床杂志,2011,23(5):429－431.

[38] 刘健,万磊,刘磊,等.440例风湿病患者生活质量SF－36积分变化及影响因素分析[J].风湿病与关节炎,2012,1(3):19－23.

[39] 陈瑞莲,刘健,黄传兵,等.新风胶囊对膝骨关节炎患者血液流变学指标及血栓素、前列环素的影响[J].风湿病与关节炎,2015,4(2):13-17.
[40] 周巧,刘健,忻凌,等.基于关联规则挖掘健脾类中药对骨关节炎患者免疫炎症指标的影响[J].时珍国医国药,2017,28(4):1005-1008.
[41] 宋倩,刘健,忻凌,等.基于关联规则挖掘痛风性关节炎中医内外合治对患者免疫、炎症等指标的影响[J].风湿病与关节炎,2017,6(1):9-13,35.
[42] 宋倩,刘健,忻凌,等.基于关联规则挖掘健脾类中药对痛风性关节炎患者免疫、炎症指标的影响[J].辽宁中医杂志,2017,44(11):2248-2252,2461.
[43] 周巧,刘健,忻凌,等.673 例骨关节炎患者超氧化物歧化酶的变化及关联规则挖掘研究[J].世界中西医结合杂志,2017,12(7):958-961,985.
[44] 程园园,刘健,万磊,等.新风胶囊对膝骨关节炎患者 B、T 淋巴细胞衰减因子及氧化应激的影响[J].免疫学杂志,2013,29(5):416-421.
[45] 文建庭,刘健,忻凌,等.1 689 例骨关节炎患者血小板参数的变化及关联规则挖掘研究[J].风湿病与关节炎,2017,6(9):15-19,24.
[46] 齐亚军,刘健,文建庭,等.基于关联规则挖掘健脾化湿、清热通络中药对骨关节炎患者血小板参数的影响[J].风湿病与关节炎,2017,6(11):11-16,23.
[47] 阮丽萍,刘健,叶文芳,等.中医健脾单元疗法对膝骨关节炎患者的生活质量、心肺功能的影响及免疫学机制研究[J].风湿病与关节炎,2015,4(3):5-11.
[48] 谈冰,刘健,章平衡.新风胶囊通过抑制 NF-κB 信号通路改善膝骨关节炎患者高凝状态[J].免疫学杂志,2016,32(9):781-789,803.
[49] 谈冰,刘健,章平衡,等.基于 NF-κB 及细胞因子的变化探讨骨关节炎患者高凝状态的机制[J].免疫学杂志,2015,32(10):882-887.
[50] 盛长健,刘健.强直性脊柱炎的中医辨治[J].中医药临床杂志,2009,21(2):177-179.
[51] 盛长健,刘健,谢秀丽,等.新风胶囊对强直性脊柱炎的疗效及生活质量的影响[J].安徽中医学院学报,2010,29(5):16-19.
[52] 刘健,盛长健,谢秀丽,等.新风胶囊对强直性脊柱炎的疗效及焦虑抑郁的影响[J].天津中医药,2010,27(2):96-98.
[53] 齐亚军,刘健.强直性脊柱炎患者外周血辅助性 T 细胞亚群变化及药物干预[J].中华临床免疫和变态反应杂志,2013,7(3):260-263.
[54] 齐亚军,刘健,郑力,等.基于 B、T 淋巴细胞衰减因子及氧化应激探讨新风胶囊治疗强直性脊柱炎的作用机制[J].中国中西医结合杂志,2015,35(1):25-32.
[55] 王桂珍,黄传兵,汪元,等.新风胶囊治疗早中期强直性脊柱炎 30 例临床观察[J].北京中医药,2009,28(10):799,800.
[56] 张帆,刘健,端淑杰.Th1/Th2 平衡漂移及与强直性脊柱炎关系的研究进展[J].风湿病与关节炎,2016,5(11):66-68,73.
[57] 齐亚军,刘健,郑力,等.新风胶囊治疗对强直性脊柱炎患者 $BTLA^{+}T$ 细胞数量和氧化应激的影响[J].细胞与分子免疫学杂志,2014,30(10):1084-1089.
[58] 张皖东,万磊,孙玥,等.五味温通除痹胶囊联合中药熏蒸对 AS 患者外周血 $CD4^{+}CD25^{+}CD127^{low/-}$ Treg 表达的影响[J].中国中医基础医学杂志,2016,22(3):386-390.
[59] 叶文芳,刘健,曹云祥,等.强直性脊柱炎患者免疫球蛋白变化及相关因素分析[J].中国临床保健杂志,2014,17(2):121-123.
[60] 叶文芳,刘健,汪四海,等.强直性脊柱炎患者血清免疫球蛋白亚型、细胞因子的变化及相关性分析[J].免疫学杂志,2015,31(4):362-365.
[61] 叶文芳,刘健,万磊,等.新风胶囊对强直性脊柱炎患者疗效及血清免疫球蛋白亚型、外周血淋巴细胞自噬的影响[J].中国中西医结合杂志,2016,36(3):310-316.
[62] 汪四海,刘健,张金山,等.按不同临床因素分组比较强直性脊柱炎患者血清骨钙素、抗酒石酸酸性磷酸酶的变化[J].中国临床保健杂志,2013,16(6):587-590.

[63] 汪四海，刘健，杨佳，等.中医健脾单元疗法对强直性脊柱炎患者的疗效及对血清骨钙素、抗酒石酸酸性磷酸酶的影响[J].中国临床保健杂志，2012，5(5)：472－474.

[64] 汪四海，刘健，杨佳，等.中医健脾单元疗法对强直性脊柱炎患者疗效及 BGP、TRACP 的影响[J].世界中西医结合杂志，2012，7(5)：399－403，427.

[65] 刘健，齐亚军，郑力，等.基于 Keap1－Nrf2－ARE 探讨强直性脊柱炎患者肺功能降低的机制[J].风湿病与关节炎，2014，3(7)：9－16.

[66] Liu J, Qi Y, Zheng L, et al. Xinfeng capsule improves pulmonary function in ankylosing spondylitis patients via NF－KappaB－iNOS－NO signaling pathway[J]. J Tradit Chin Med, 2014, 34(6): 657－665.

[67] 方利，刘健，朱福兵，等.基于细胞因子/NF－κB 信号通路探讨强直性脊柱炎患者血液高凝状态形成的机制[J].中华中医药杂志，2016，31(9)：3756－3759.

[68] 方利，刘健，朱福兵，等.新风胶囊对强直性脊柱炎活动期患者血液高凝状态影响及其机制探讨[J].世界中西医结合杂志，2016，11(7)：949－955.

[69] 方利，刘健，万磊，等.新风胶囊通过抑制 miR－155/NF－κB 信号通路改善强直性脊柱炎活动期患者高凝状态[J].细胞与分子免疫学杂志，2016，32(8)：1094－1098，1104.

[70] 方利，刘健，朱福兵，等.基于细胞因子/NF－κB 信号通路探讨强直性脊柱炎患者血瘀状态形成的机制[J].中华中医药学刊，2016，34(12)：2913－2917.

[71] 方利，刘健，朱福兵.新风胶囊对强直性脊柱炎活动期患者血栓形成因子及炎症细胞因子的影响[J].中国中西医结合杂志，2016，36(10)：1202－1207.

[72] 杨佳，刘健，汪四海，等.新风胶囊治疗干燥综合征临床观察[J].中医药临床杂志，2011，23(6)：537－539.

[73] 杨佳，刘健.新风胶囊对干燥综合征患者的疗效及对 IL－6、IL－10 的影响[C].中国安徽黄山：中华中医药学会第十六届全国风湿病学术大会，2012：219，220，223.

[74] 杨佳，刘健，张金山，等.干燥综合征患者生活质量的变化及影响因素[J].中医药临床杂志，2011，23(6)：534－536.

[75] 王芳，刘健，叶英法.新风胶囊对 32 例干燥综合征患者的疗效及生活质量的影响[J].风湿病与关节炎，2013，2(11)：15－19，22.

[76] 王桂珍，刘健，范海霞，等.新风胶囊对 20 例干燥综合征患者生活质量的影响[J].风湿病与关节炎，2014，3(3)：9－13.

[77] 冯云霞，刘健，程园园，等.干燥综合征患者血清超氧化物歧化酶的变化及相关因素分析[J].中国临床保健杂志，2012，15(5)：463－465.

[78] 王芳，刘健，叶英法，等.基于 Keap1－Nrf2/ARE 信号传导通路探讨黄芪多糖改善干燥综合征模型大鼠心功能的机制[J].中国中西医结合杂志，2014，30(5)：566－574.

[79] 王桂珍，刘健，范海霞，等.基于氧化应激探讨新风胶囊对干燥综合征患者心功能的影响[J].时珍国医国药，2015，26(7)：1672－1674.

[80] 王芳，刘健，叶英法，等.干燥综合征患者心肺功能的变化与 $CD19^+CD24^+$ Breg 及 BTLA 的相关性分析[J].风湿病与关节炎，2014，3(2)：5－10.

[81] 刘健，万磊，朱福兵，等.干燥综合征肺功能变化特点及其与 T 细胞亚群 CD3、CD4、CD8、BTLA 的相关性分析[J].风湿病与关节炎，2015，4(2)：5－9.

[82] 刘健，万磊，章平衡，等.干燥综合征患者肺功能变化及其与辅助性 T 细胞失衡的相关性[J].中国临床保健杂志，2015，18(2)：187－190.

[83] 范海霞，刘健，黄传兵，等.新风胶囊对干燥综合征肺功能的影响及其机制研究[J].风湿病与关节炎，2015，4(1)：14－17.

[84] 朱福兵，刘健，方利，等.基于细胞因子/NF－κB 信号通路的干燥综合征患者高凝状态的形成机制探讨[J].时珍国医国药，2016，27(9)：2281－2284.

[85] 朱福兵，刘健，方利，等.基于细胞因子/NF－κB 信号通路探讨干燥综合征患者高凝状态的机制[J].中国免疫学杂志，2016，32(7)：1017－1021，1027.

[86] 朱福兵,刘健,王桂珍,等.新风胶囊对干燥综合征患者高凝状态的改善作用及其对细胞因子 NF-κB 信号通路的影响[J].免疫学杂志,2016,32(5):408-415.
[87] 朱福兵,刘健,王桂珍,等.新风胶囊通过抑制 miR-155/SOCS1/NF-κB 通路降低干燥综合征患者血液高凝状态[J].细胞与分子免疫学杂志,2016,32(10):1366-1371.

附录

英文缩略词表(abbreviation)

英文缩写	英 文 名	中 文 名
AA	adjuvant arthritis	佐剂性关节炎大鼠
Act1	nuclear factor activation agent1	核因子激活剂 1
AGA	astragaloside	黄芪甲苷
AGS -Ⅳ	astragaloside -Ⅳ	黄芪甲苷
AGS - Ⅱ	astragaloside - Ⅱ	黄芪皂苷 Ⅱ
AI	arthritis index	关节炎指数
ALB	albumin	白蛋白
ALP	alkaline phosphatase	碱性磷酸酶
ALS	alkaloids	生物碱类
ANCA	anti-neutrophil cytoplasmic antibodies	抗中性粒细胞胞浆抗体
AnnexinV/PI	annexinV/PI	膜联蛋白 V/P
APC	antigen presenting cell	抗原提呈细胞
ApoA1	apolipoprotein A1	载脂蛋白 A1
APO	apolipoprotein	载脂蛋白
APTT	activated partial thromboplastin time	活化部分凝血活酶时间
AQP	aquaporin	水通道蛋白
AS	ankylosing spondylitis	强直性脊柱炎
ASAS	assessment of spondyloarthritis international society	国际强直性脊柱炎评估
ASP	aspartic acid	天冬氨酸
ATG	antithymocyte globulin	抗胸腺细胞球蛋白
Atg	autophagy related gene	自噬相关基因
BASDAI	bath ankylosing spondylitis diseases active index	Bath 强直性脊柱炎疾病活动指数
BASFI	bath ankylosing spondylitis functional index	Bath 强直性脊柱炎功能指数
BAS - G	bath ankylosing spondylitis global index	Bath 强直性脊柱炎总体指数
BGP	bone gla protein	血清骨钙素
BNP	brain natriuretic peptide	脑利钠肽
BP	body pain	身体疼痛
BSA	bull serum albumin	牛血清蛋白
BTLA	B and T lymphocyte attenuator	B、T 细胞衰减因子
BUN	blood urea nitrogen	血尿素氮
CD	cluster of differentiation	白细胞分化抗原

(续表)

英文缩写	英　文　名	中　文　名
CE - MS	capillary electrophoresis-mass spectrometer	毛细管电泳-质谱
CI	cardiac index	心指数
CLT	celastrol	雷公藤红素
C max	peak concentration	峰浓度
CREA	creatinine	肌酐
CRP	c-reactive protein	C 反应蛋白
CUR	curtain gas	气帘气
DAPI	diaminobenzene indole	二氨基苯基吲哚
DAS - 28	disease activity score 28	疾病活动度评分
D - D	D - Dimer	D - D 二聚体
2 - DE	two-dimensional electrophoresis	双向凝胶电泳
DIGE	differential in gel electrophoresis	荧光差异凝胶电泳
EF	ejection fraction	射血分数
Egr	early growth response gene	早期生长反应基因
EL	endothelial lipase	跳台逃避时间
ELISA	enzyme-linked immunosorbent method	酶联免疫吸附法
ELSD	evaporative light scattering detector	蒸发光散射检测器
EPO	erythropoietin	促红细胞生成素
ERK	excellular signal regulated protein kinase	细胞外信号调节激酶
ERV	expiratory resercve volume	补呼气量
E - selectin	endothelium-selectin	E -选择素
ESI	electrospray ionization	电喷雾离子源
ESR	erythrocyte sedimentation rate	血沉
ESTs	expressed sequence tags	表达序列标签
FBG	fibrinogen	纤维蛋白原
FEF_{50}	50% forced expiratory	50%肺活量的最大呼气流量
FEF_{75}	75% forced expiratory	75%肺活量的最大呼气流量
FEF_{25}	25% forced expiratory	25%肺活量的最大呼气流量
FEV_1	forced expiratory volume in one second	第一秒用力呼气容积
FS	fraction shortening	缩短分数
FVC	forced vital capacity	用力肺活量
GABA	gamma aminobutyric acid	γ -氨基丁酸
GC - MS	gas chromatography-mass spectrometry	气相色谱-质谱
GH	general health	总体健康
GLO	globulin	球蛋白
GLU	glutamic acid	谷氨酸
GLY	glycine	甘氨酸
GMP	granule membrane glycoprotein	血小板膜糖蛋白
GMP140	platelet granular membrane protein140	血小板颗粒膜蛋白
GS_2	ion source gas 2	辅助气
GS_1	ion source gas 1	雾化气
HAQ	health assessment questionnaire	健康指数
HCQ	hydroxychloroquine Sulfate	硫酸羟氯喹片

（续表）

英文缩写	英　文　名	中　文　名
HDL－C	high-density lipoprotein cholesterol	高密度脂蛋白胆固醇
HDL	high-density lipoprotein	高密度脂蛋白
HE	hematoxylin-eosin	苏木精-伊红
HGB	hemoglobin	血红蛋白
HI	heart index	心脏质量指数
HPLC	high performance liquid chromatography	高效液相色谱
HPTLC	high performance thin layer chromatography	高效薄层色谱
HQC	huang qin qing re chu bi capule	黄芩清热除痹胶囊
HRCT	high resolution CT	高分辨率 CT
HR	heart rate	心率
hs－CRP	high sensitive C－reactive protein	超敏 C 反应蛋白
HVEM	herpesvirus entry mediator	疱疹病毒进入中介体
IκBα	NF－κB inhibition protein-alpha	核因子抑制蛋白
ICAM	intercellular adhesion molecules	细胞间黏附分子
IC	immune complex	免疫复合物
Ic	inspiratory capacity	深吸气量
Ig	immunoglobulin	免疫球蛋白
IKKβ	inhibitor of NF－kappa B kinase	IκB 蛋白激酶
ILD	interstitial lung disease	肺间质病变
IL	interleukinin	白细胞介素
ISV	ionspray voltage	离子喷雾电压
JAK	janus kinase	Janus 激酶
6－keto－PGF1α	6－ketoprostaglandin F1α	6－酮-前列环素 F1α
KOA	knee osteoarthritis	膝骨关节炎
LC3－Ⅱ	microtubule-associated protein 1 light chain 3－Ⅱ	微管相关蛋白 1 轻链 3－Ⅱ
LC－MS	liquid chromatograph-mass spectrometer	液相色谱-质谱
LDL－C	low-density lipoprotein cholesterol	低密度脂蛋白胆固醇
LEF	leflunomide	来氟米特
Lequesne MG	lequesne MG	膝关节功能影响指数
LI	lung index	肺指数
LVDd	left ventricular end diastolic dimension	左心室舒张末期内径
LVEDP	left ventricular end-diastolic pressure	左室舒张末压
LVPWTd	left ventricular posterior wall thickness at end-diastole	舒张末期左心室后壁厚度
LVSP	left ventricular systolic pressure	左室收缩末压
MAS	magic angle spinning	魔角旋转
MC	model control	模型对照
MH	mental health	心理健康
MMEF	maximum midexpiratory flow	最大呼气中期流量
MMP	mitochondrial membrane potential	线粒体膜电位
MPV	mean platelet volume	血小板压积
MRM	multiple reaction monitoring	多反应同时监测
MS	mass spectrometry	质谱
MTX	methotrexate	氨甲蝶呤

(续表)

英文缩写	英 文 名	中 文 名
NC	normal control	正常对照组
NF - κB	nuclear factor-kappaB	核转录因子 κB
NF - κB/p65	nuclear factor kappa B - 65	核因子亚基 B - 65
NF - κB/p50	nuclear factor kappa B - 50	核因子亚基 B - 50
NMR	nuclear magnetic resonance	核磁共振
NO	nitric oxide	一氧化氮
OA	osteoarthritis	骨关节炎
PAF	platelet activating factor	血小板激活因子
PAI - 2	plasminogen activator inhibitor - 2	尿纤溶酶原激活剂抑制剂
p - AKT	phosphorylated-threonine kinase	磷酸化-苏氨酸激酶
PA	prealbumin	前白蛋白
PBMC	peripheral blood mononuclear cell	外周血单核细胞
PBS	phosphate buffer solution	磷酸盐缓冲液
PCR	polymerase chain reaction	聚合酶链式反应
PCT	platelet hematocrit	血小板平均体积
PDW	platelet distribution width	血小板平均分布宽度
PEF	peak expiratory flow	呼气峰值流速
PEF	peak expiratory flow	最大呼气流量
PF	physical functioning	生理功能
PGE_2	prostaglandin E_2	前列腺素 E_2
PGI_2	prostaglandin I_2	前列环素 I_2
PI3K	phosphatidylinoinositol - 3 - hydroxykinase	磷脂酰肌醇- 3 -羟激酶
PKC	protein kinase C	蛋白激酶 C
P - LCR	large platelet ratio	大血小板比率
PLT	platelet	血小板
PMPs	platelet-derived microparticles	血小板分泌颗粒
p - mTOR	phosphorylated-mammalian target of rapamycin	磷酸化-雷帕霉素靶蛋白
PTEN	phosphatase-tension protein gene	磷酸酶-张力蛋白基因
PT	prothrombin time	凝血酶原时间
QC	quality control	质量控制
RA	rheumatoid arthritis	类风湿关节炎
RBC	red blood cell	红细胞
RELP	restriction fragment length polymorphism	限制性长度多态性
RE	role limitation due to emotional problems	情感职能
RNS	reative nitrogen species	活性氮
ROS	reactive oxygen species	活性氧
RPAD	randomly amplified polymorphic DNA	随机扩增多态性 DNA 技术
RP	role limitation due to physical problems	生理职能
RSD	relative standard deviation	相对标准偏差
RT - PCR	real time PCR/reverse transcriptase PCR	实时定量 PCR/逆转录 PCR
RV	rheumatoid vasculitis	类风湿血管炎
SASP	sulfa-salazine	柳氮磺吡啶
SAS	self-rating anxiety scale	焦虑自评表

（续表）

英文缩写	英 文 名	中 文 名
SDL	step-down latency	跳台潜伏期
SD	sprague-dawley	大鼠
SF	serum ferritin	血清铁蛋白
SF－36	short form－36	生活质量量表
SF	social function	社会功能
sIgA	secretory immunoglobulin A	分泌免疫球蛋白 A
SI	serum iron	血清铁
SKPD	saikosaponin D	柴胡皂苷 D
SOCS1	suppressor of cytokine signaling 1	细胞因子信号抑制因子
SOD	superoxide dismutase	超氧化物歧化酶
SS	sjogren's syndrome	干燥综合征
STAT	signal transducers and activators of transcription	信号传导与转录激活子
TAK1	transforming growth factor β－associated kinase1	生长因子转化因子 β 激活性激酶
TAOC	total antioxidative capacity	总抗氧化能力
TBIL	total bilirubin	总胆红素
TC	total cholesterol	总胆固醇
TGF－β1	transforming growth factor-beta	转化生长因子 β1
TGP	total glucosides of Paeony capsules	白芍总苷
TG	triglyceride	甘油三酯
Th	helper T cell	辅助性 T 细胞
TNF	tumor necrosis factor	肿瘤坏死因子
TPL	triptolide	雷公藤甲素
TPS	terpenes	萜类
TP	total protein	总蛋白
TPT	tripterygium polyglycoside tablets	血雷公藤多苷片
TRACP	tartrate-resistant acid phosphatase	抗酒石酸酸性磷酸酶
Treg	regulatory T cell	调节性 T 细胞
TRF	transferrin	转铁蛋白
TT	thrombin time	凝血酶时间
TUNEL	TdT mediated dUTP nick end labeling	原位末端标记法
TXA_2	thromboxane A_2	血栓素 A_2
TXB_2	thromboxane B_2	血栓素 B_2
UA	uric acid	尿酸
VAS	visual analog scales	视觉模拟评分
VC	vital capacity	肺活量
VEGF	vascular endothelial growth factor	管内皮生长因子
VSMC	vascular smooth muscle cells	血管平滑肌细胞
VT	vitality	精力
WBC	white blood cell	白细胞计数
WFG	wilforgine	雷公藤吉碱
WFI	wilforine	雷公藤次碱
XFC	xinfeng capsule	新风胶囊

彩　插

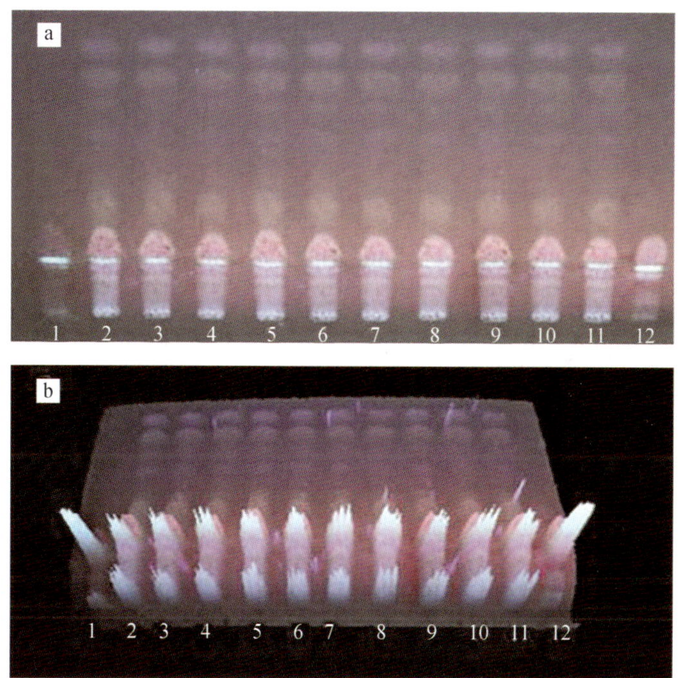

彩图1

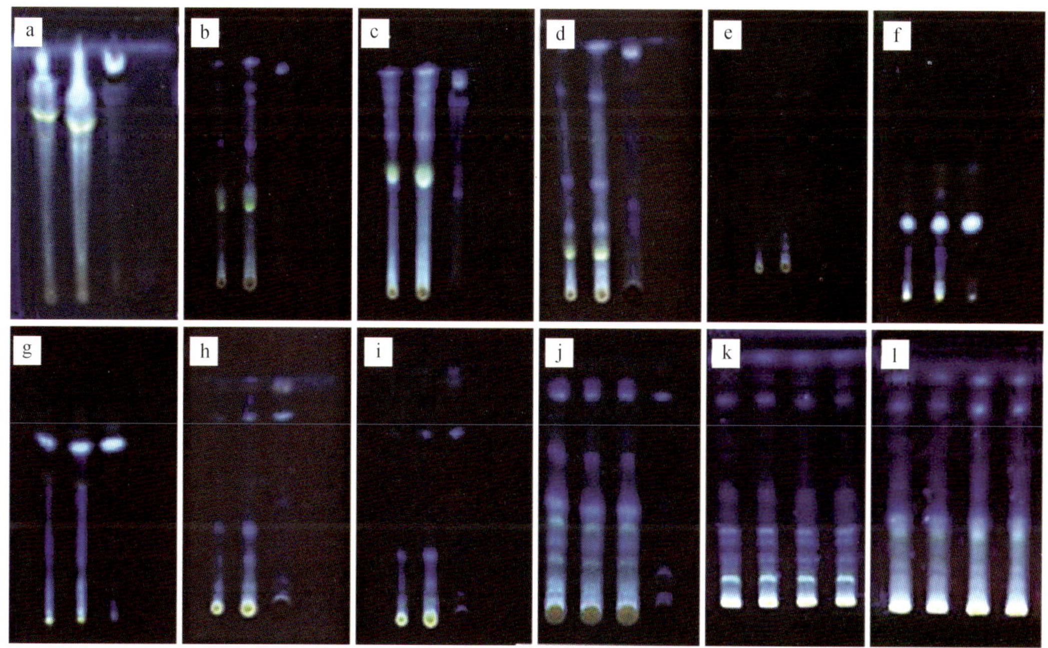

彩图2

1 2 3 4 5 6 7 8 9 10 11
[AU]
300.0
250.0
200.0
150.0
100.0
50.0
0.0
0.00 0.10 0.20 0.30 0.40 0.50 0.60 0.70 0.80 0.90
[Rf]
0.0 20.0 40.0 60.0 80.0 100.0 120.0 140.0 160.0 180.0 200.0
[mm]

a　　　　　　　　b

彩图3

1
2
3
4
5
6

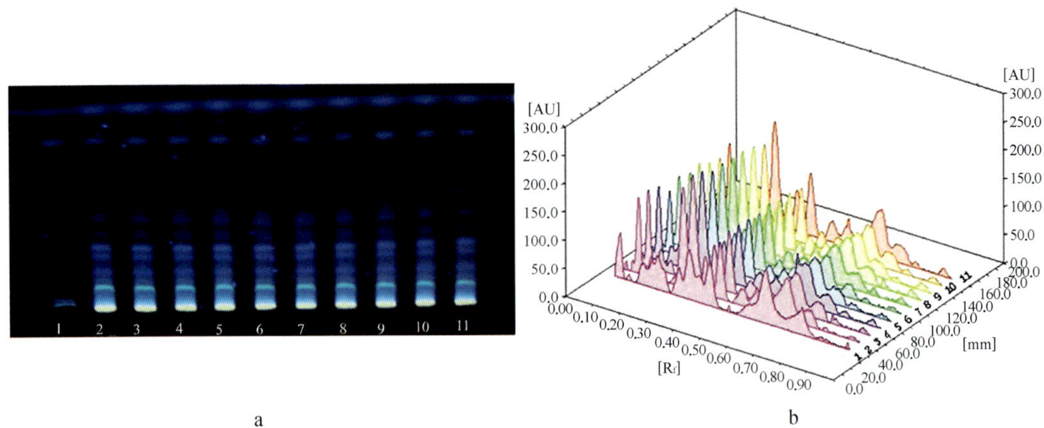

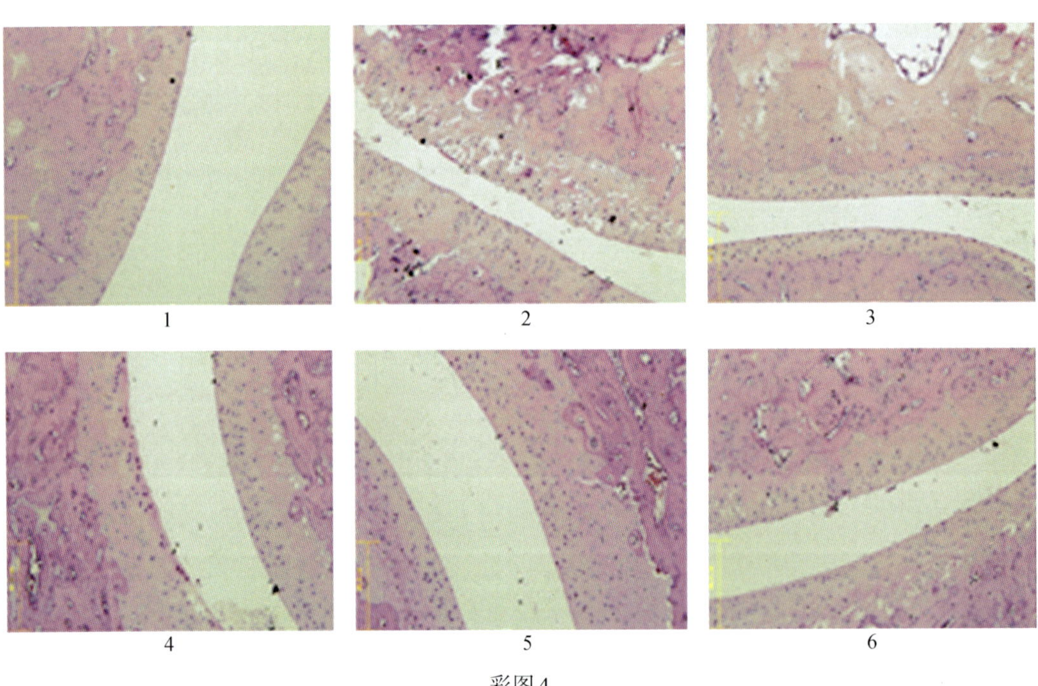

彩图4

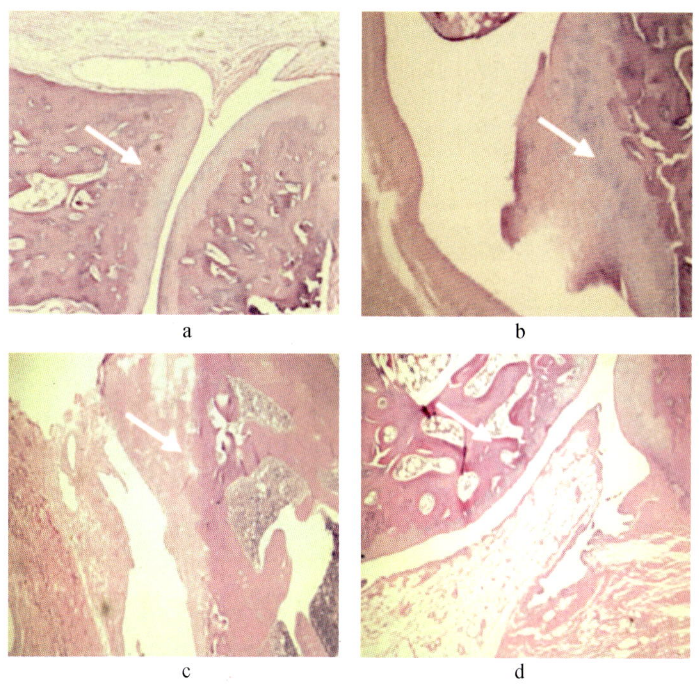

彩图5

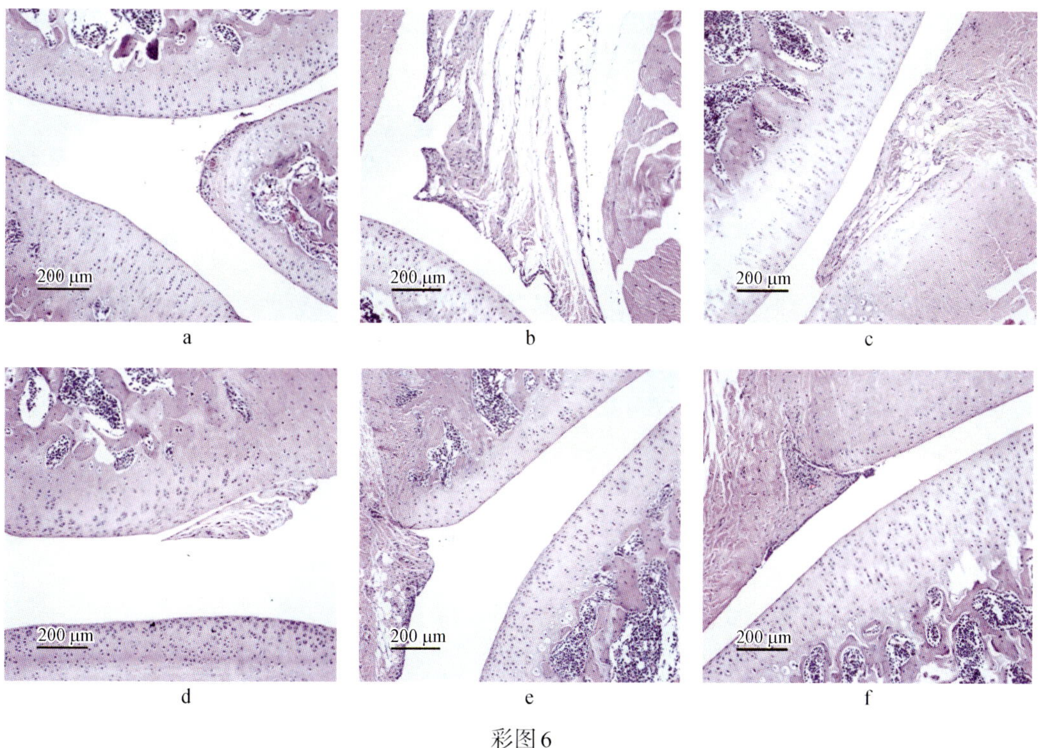

彩图6

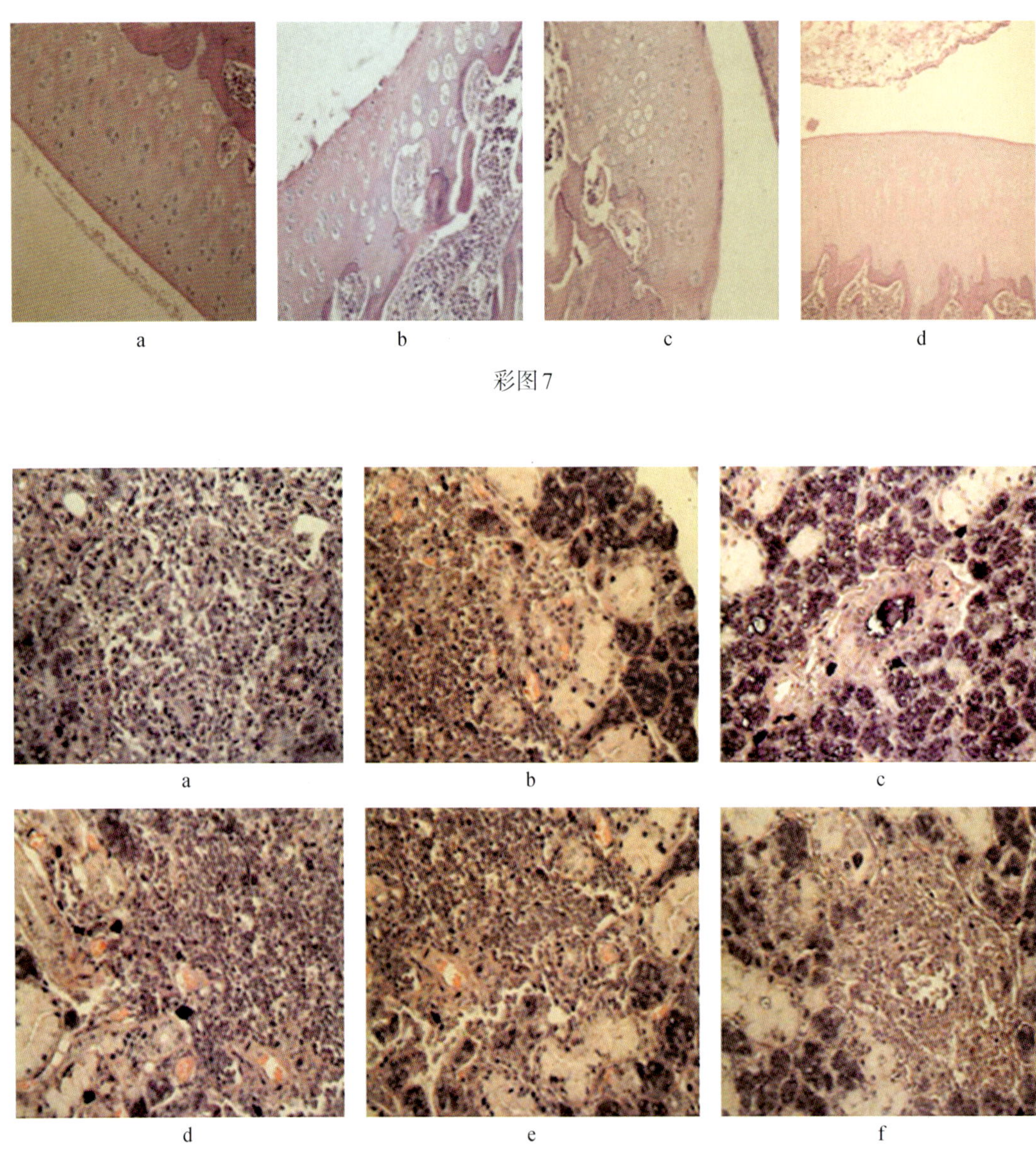

a b c d

彩图 7

a b c

d e f

彩图 8

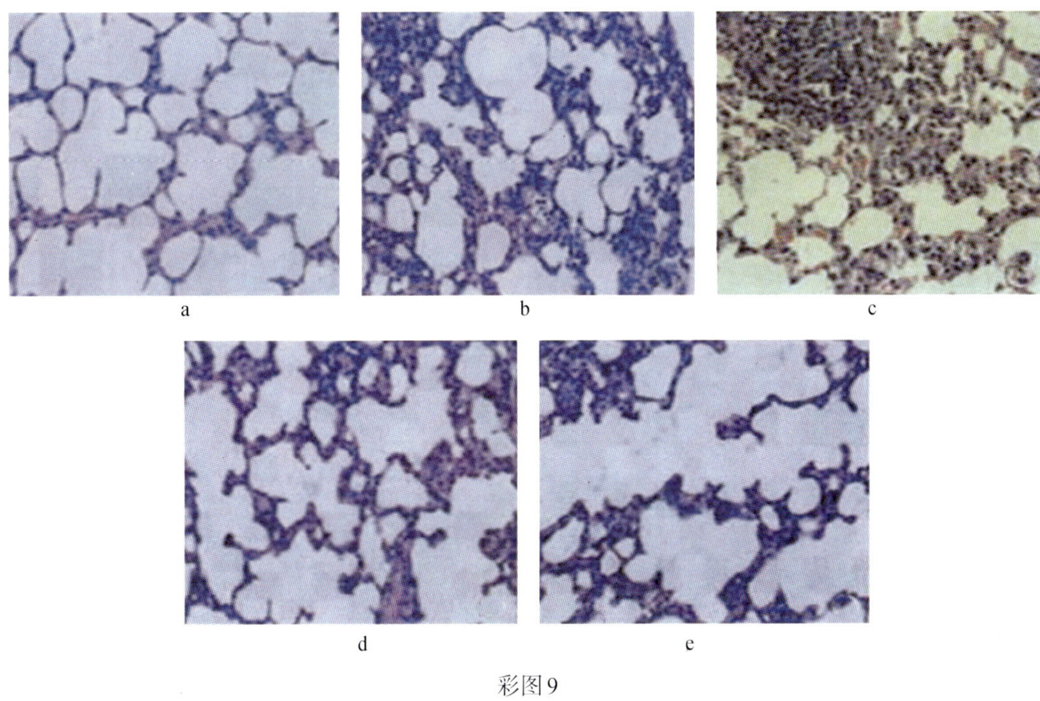

彩图 9

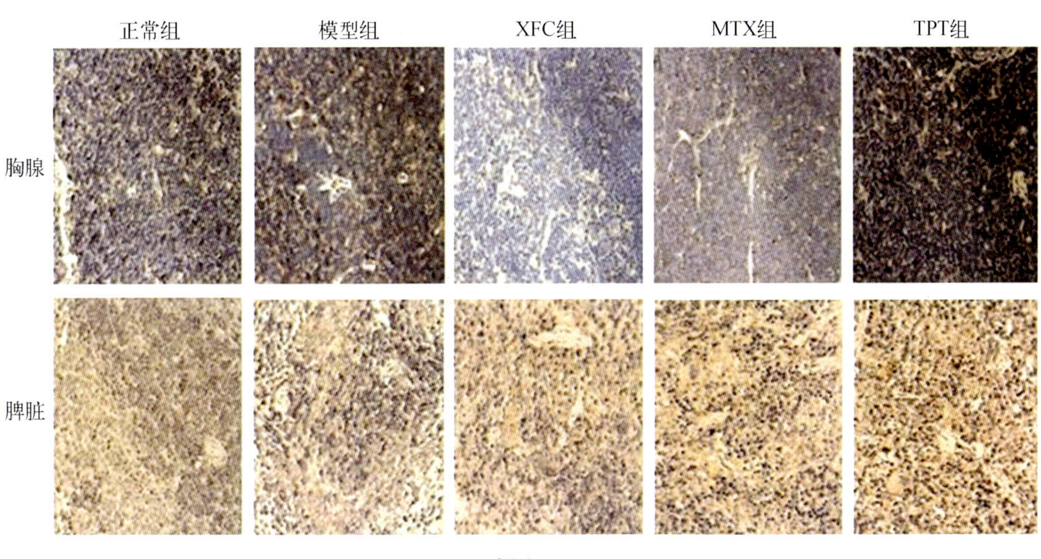

彩图 10

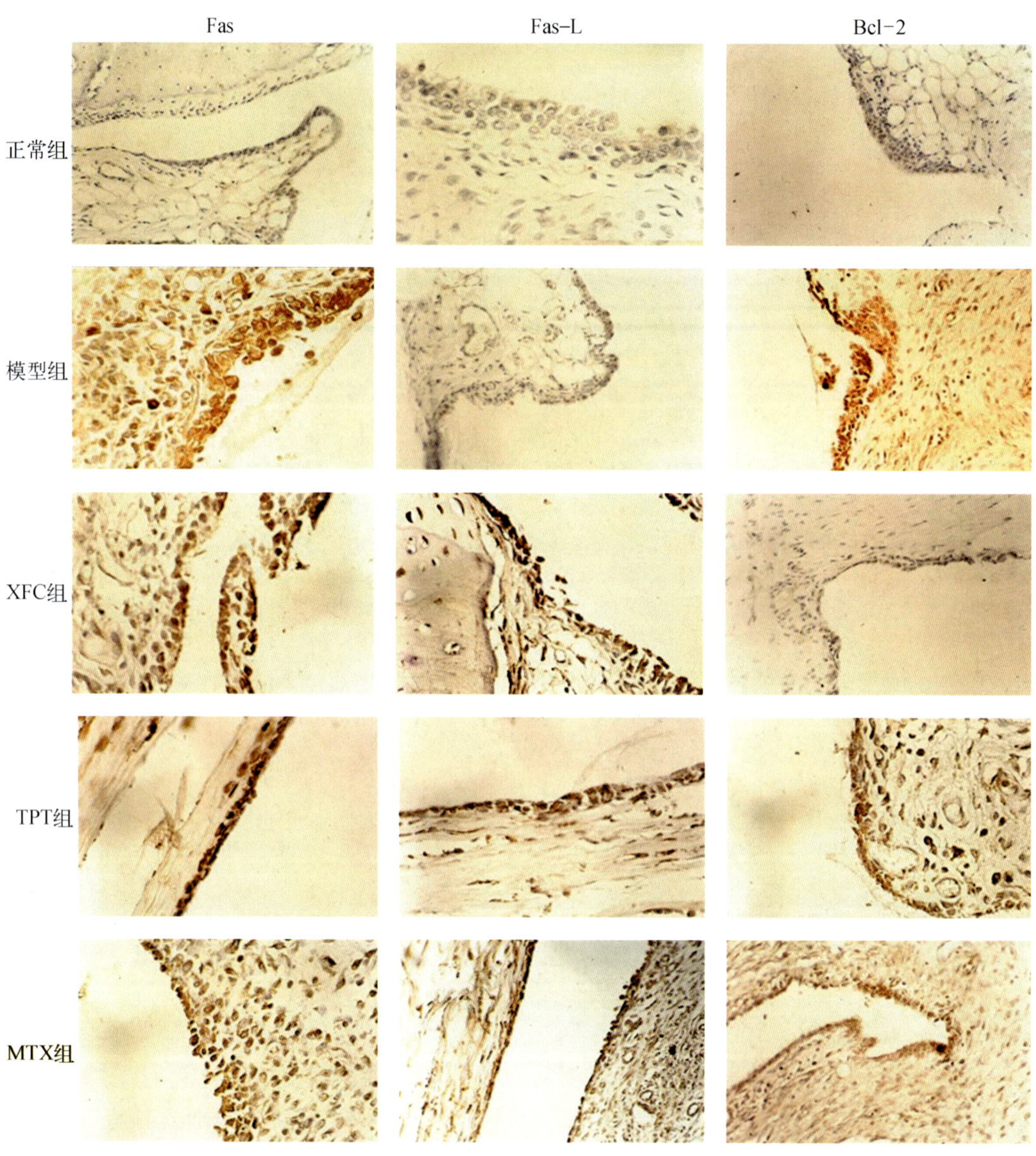

彩图11

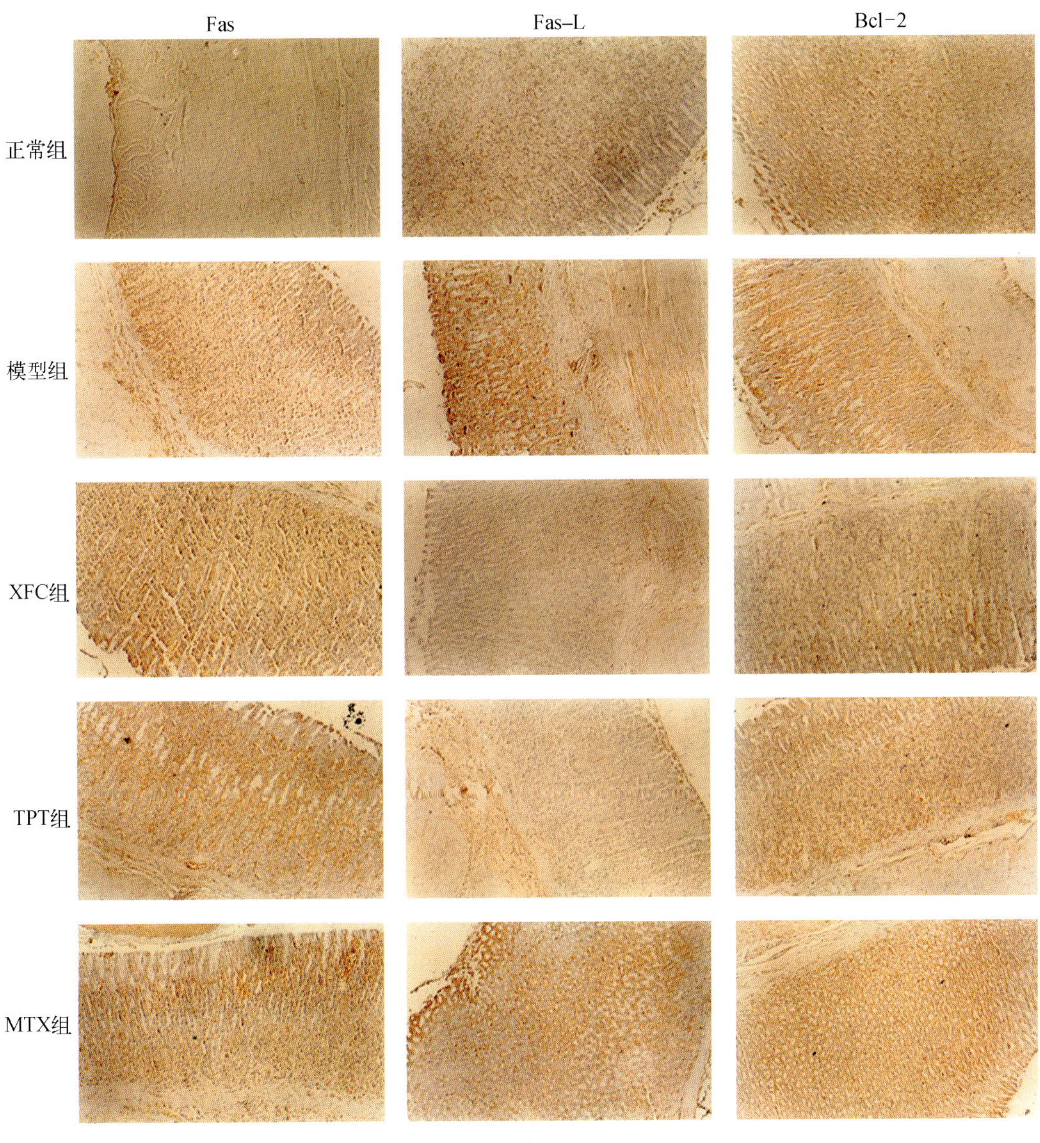

彩图12

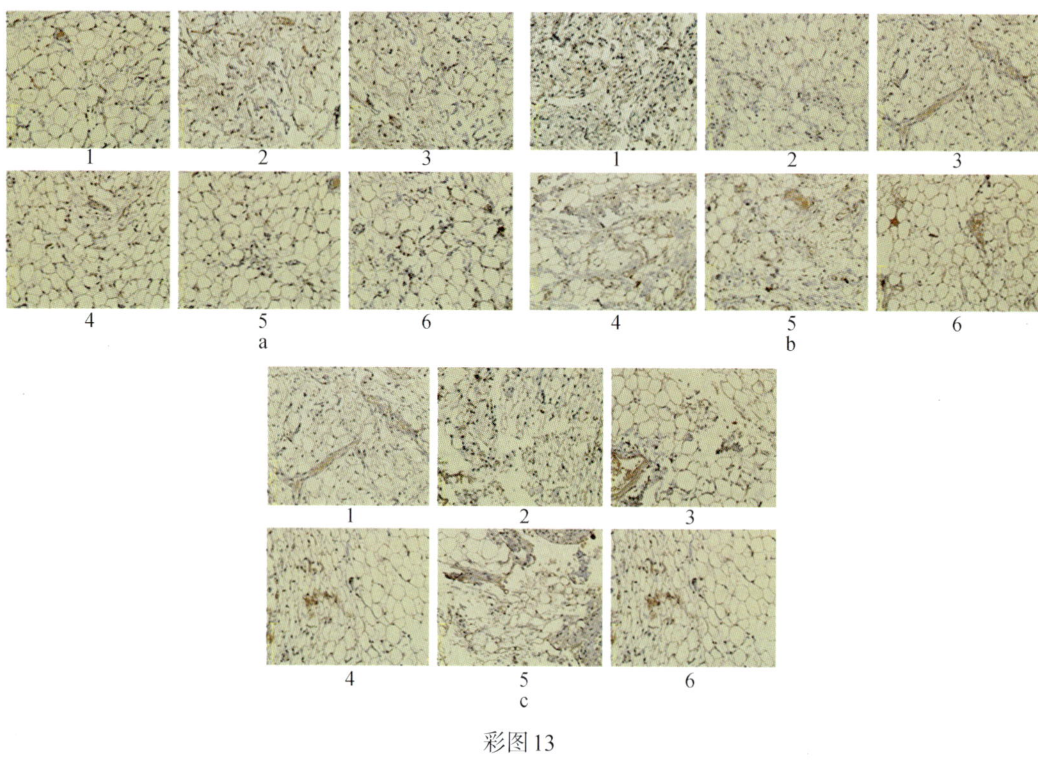

彩图 13

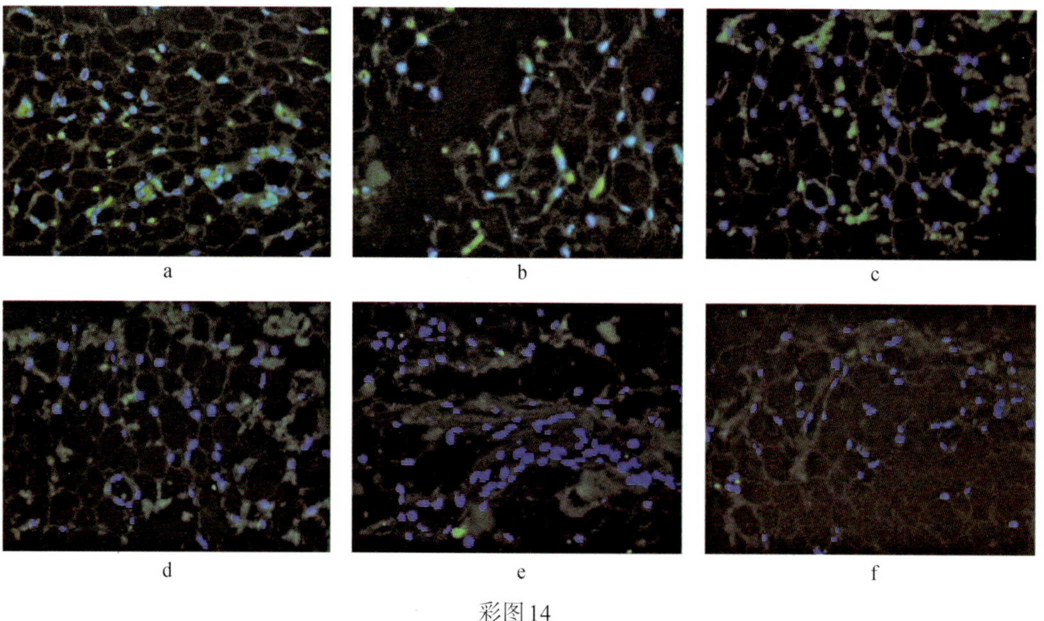

彩图 14

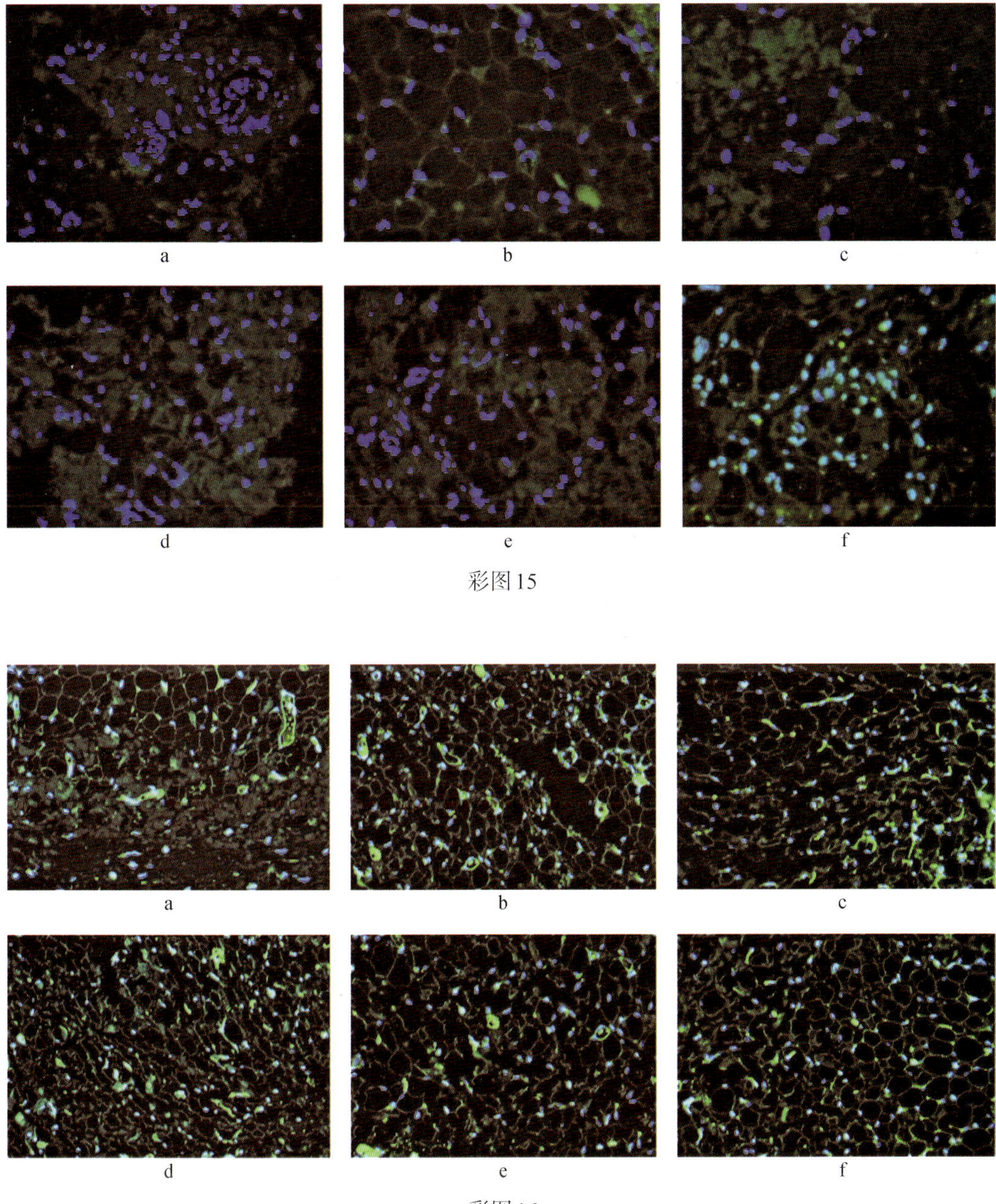

彩图15

彩图16

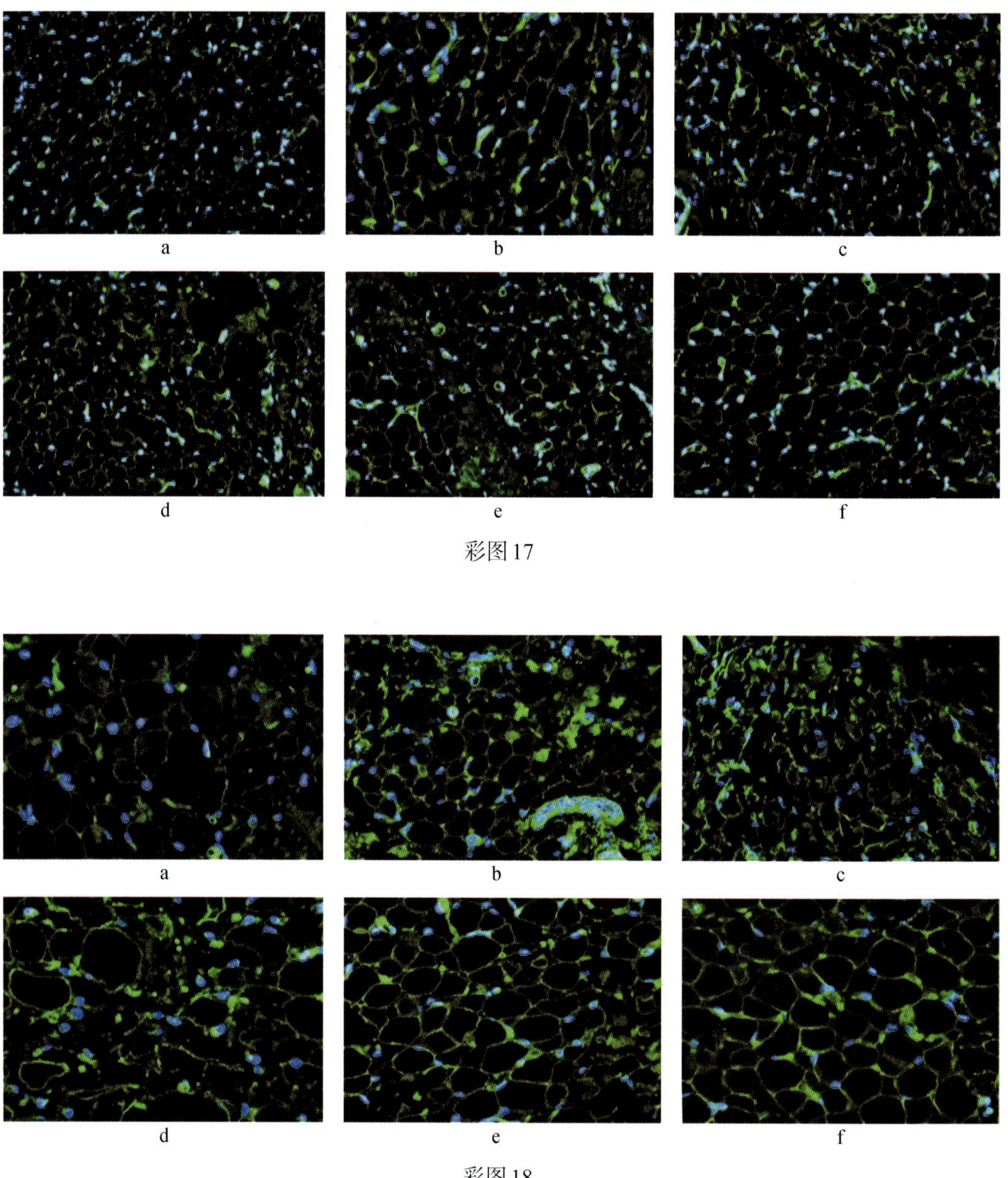

彩图17

彩图18

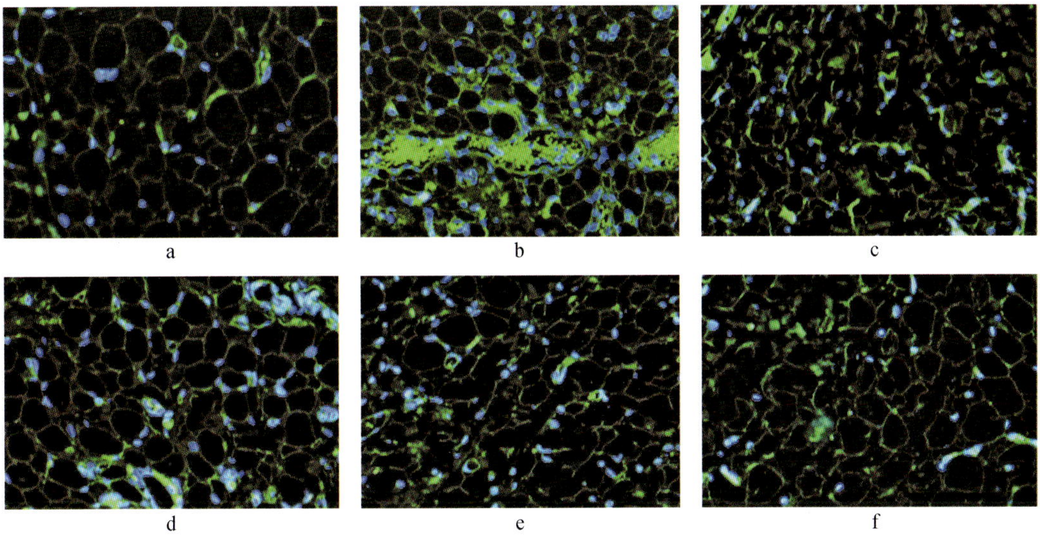

a

b

c

d

e

f

彩图19

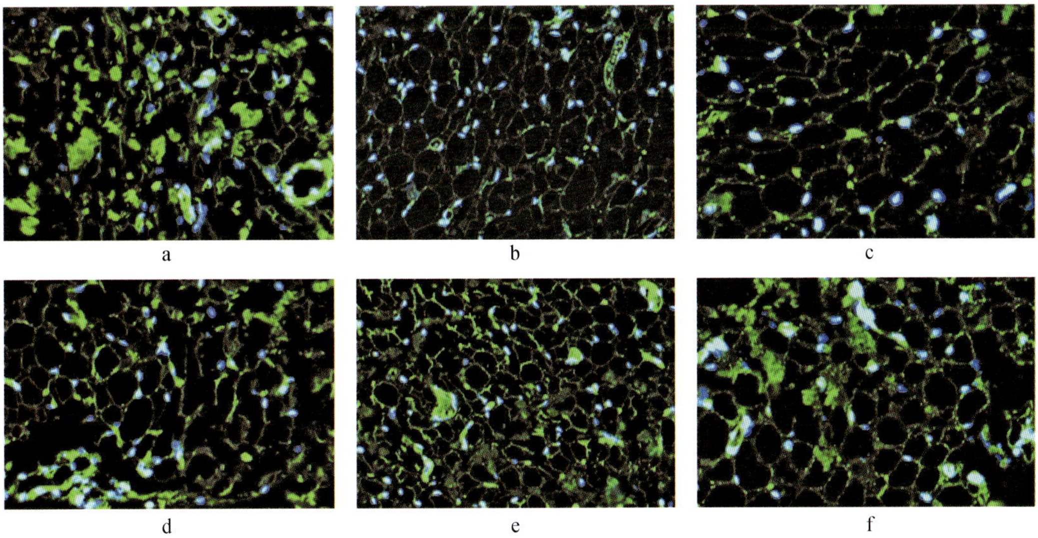

a

b

c

d

e

f

彩图20

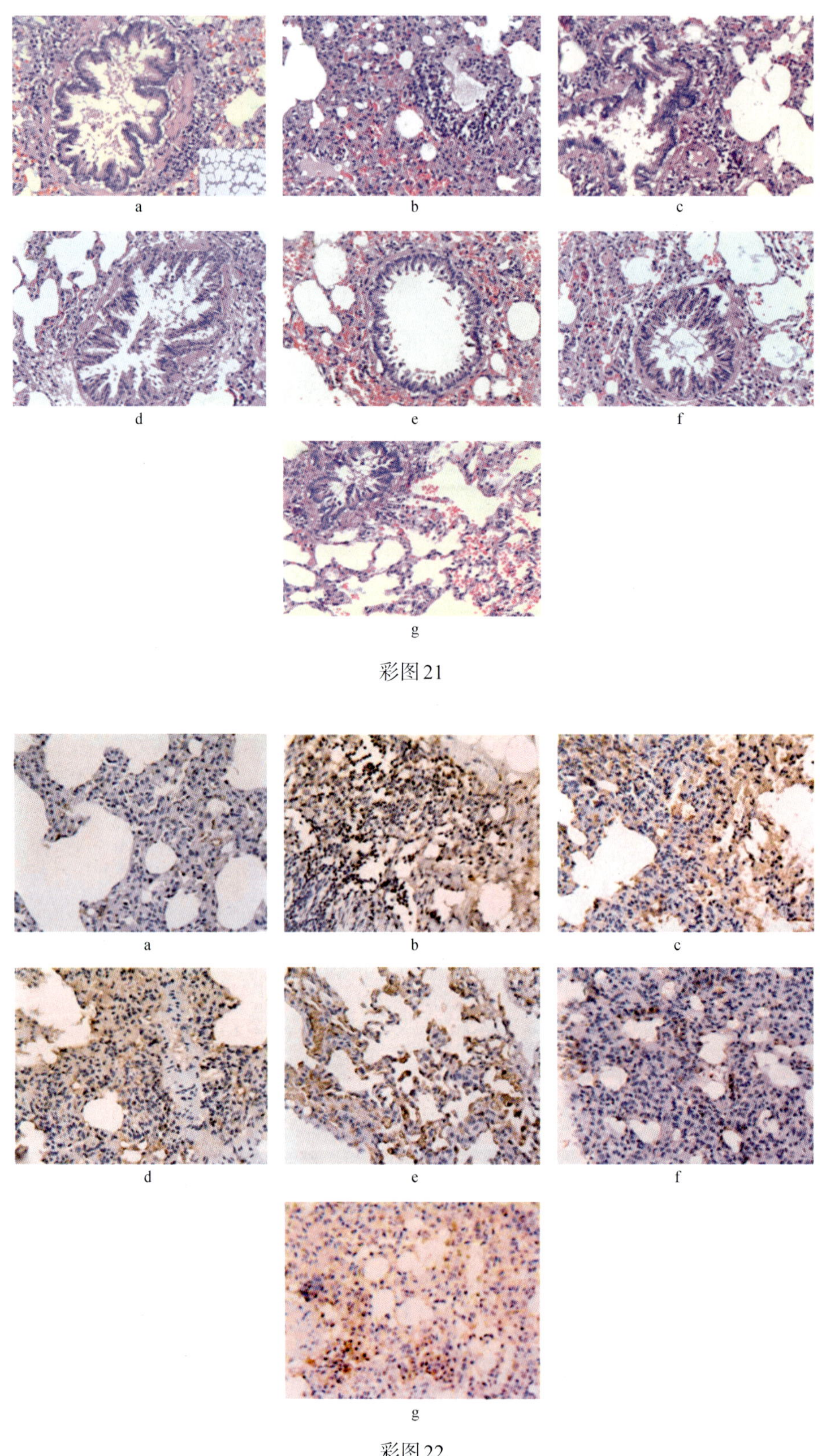

彩图21

彩图22

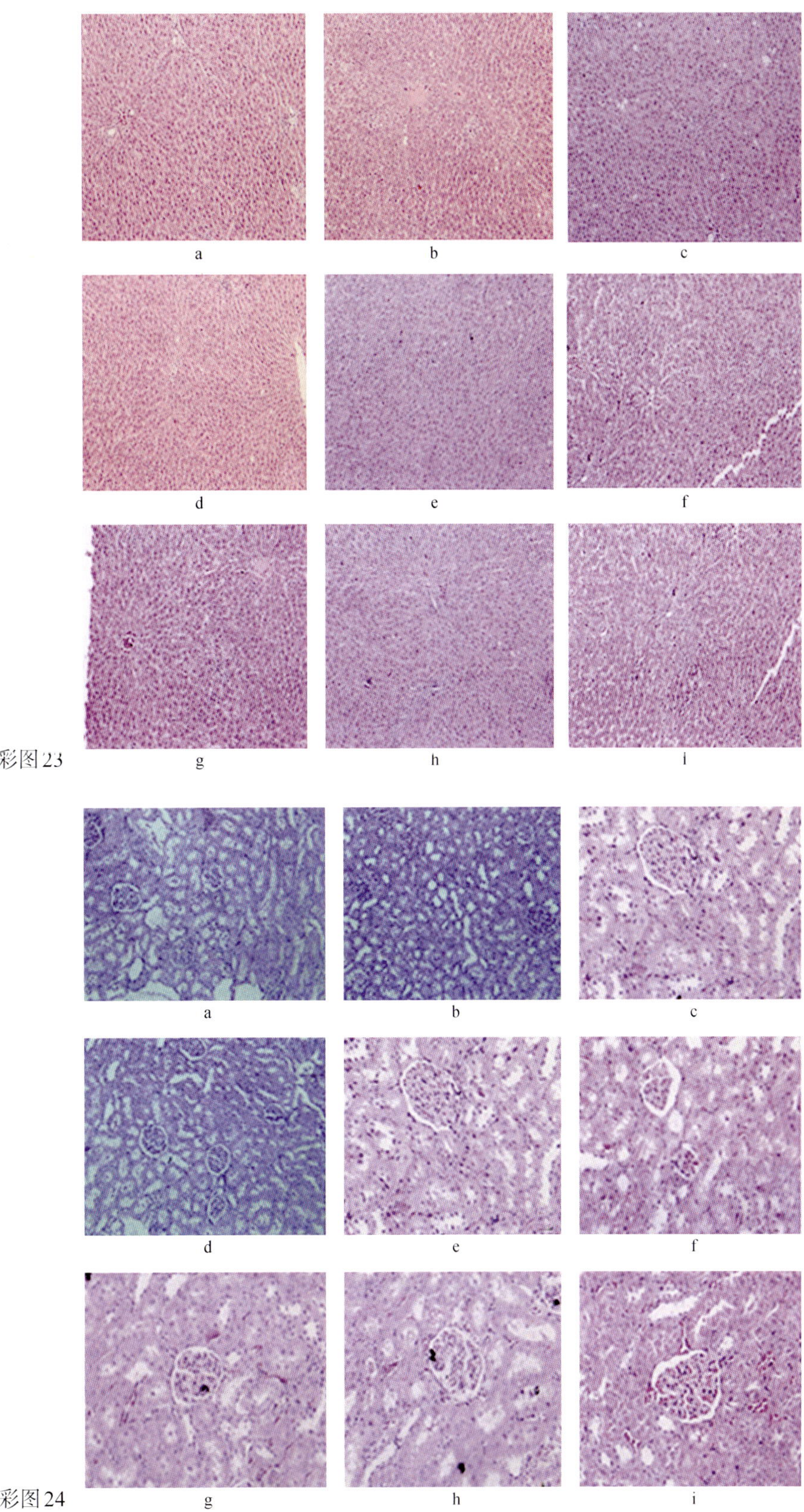

彩图23

彩图24

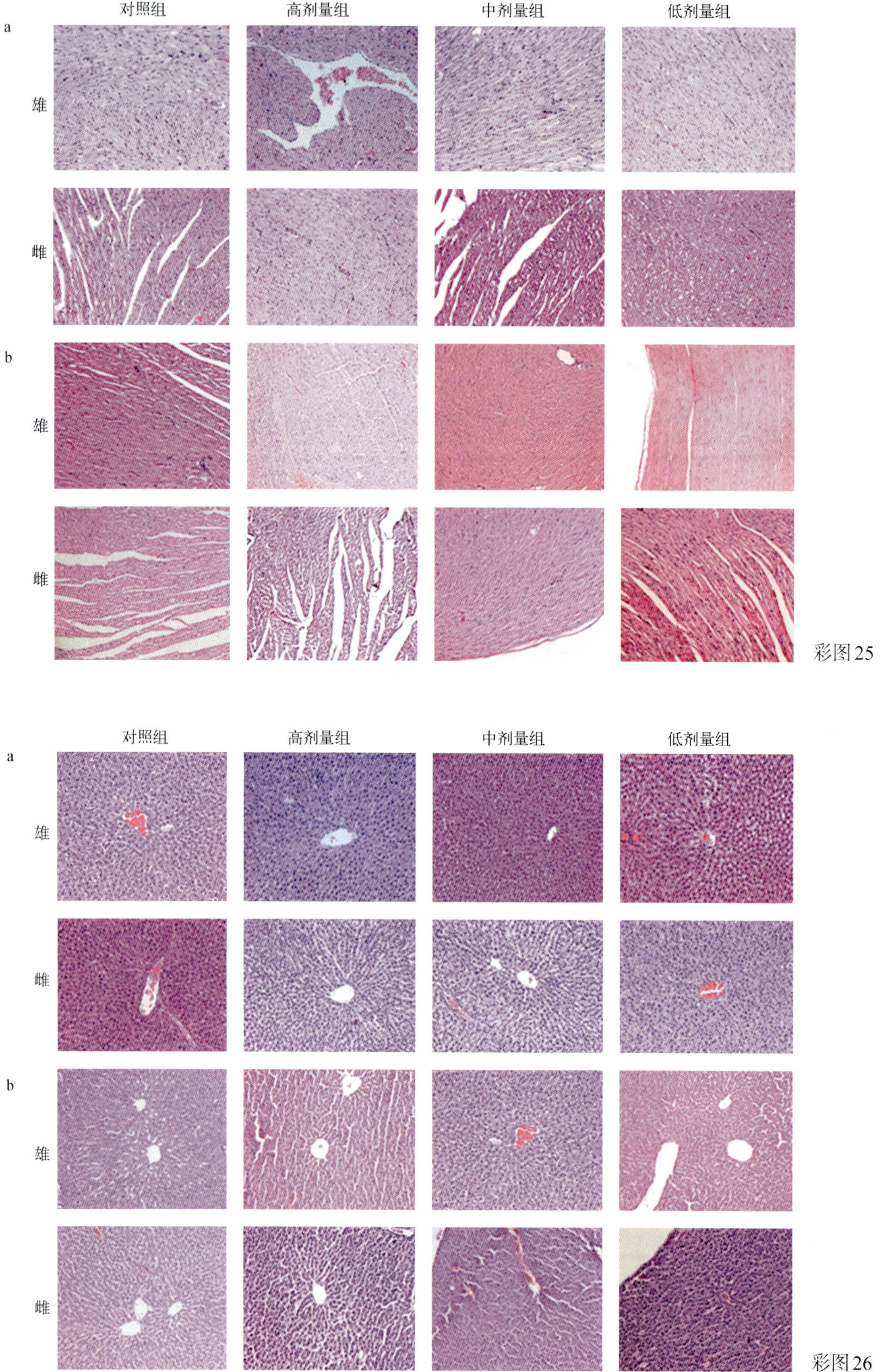

彩图25

彩图26

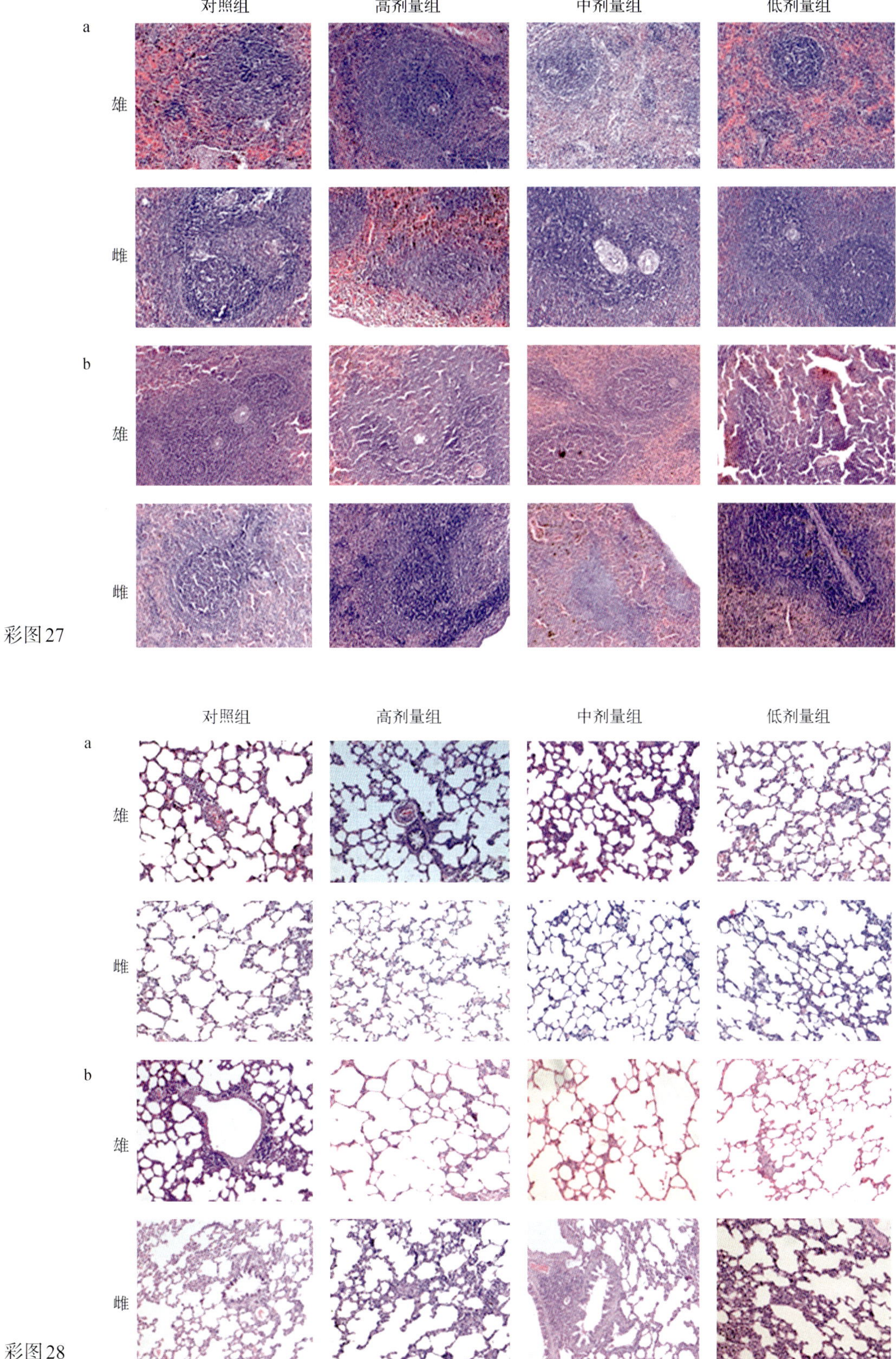

彩图27

彩图28

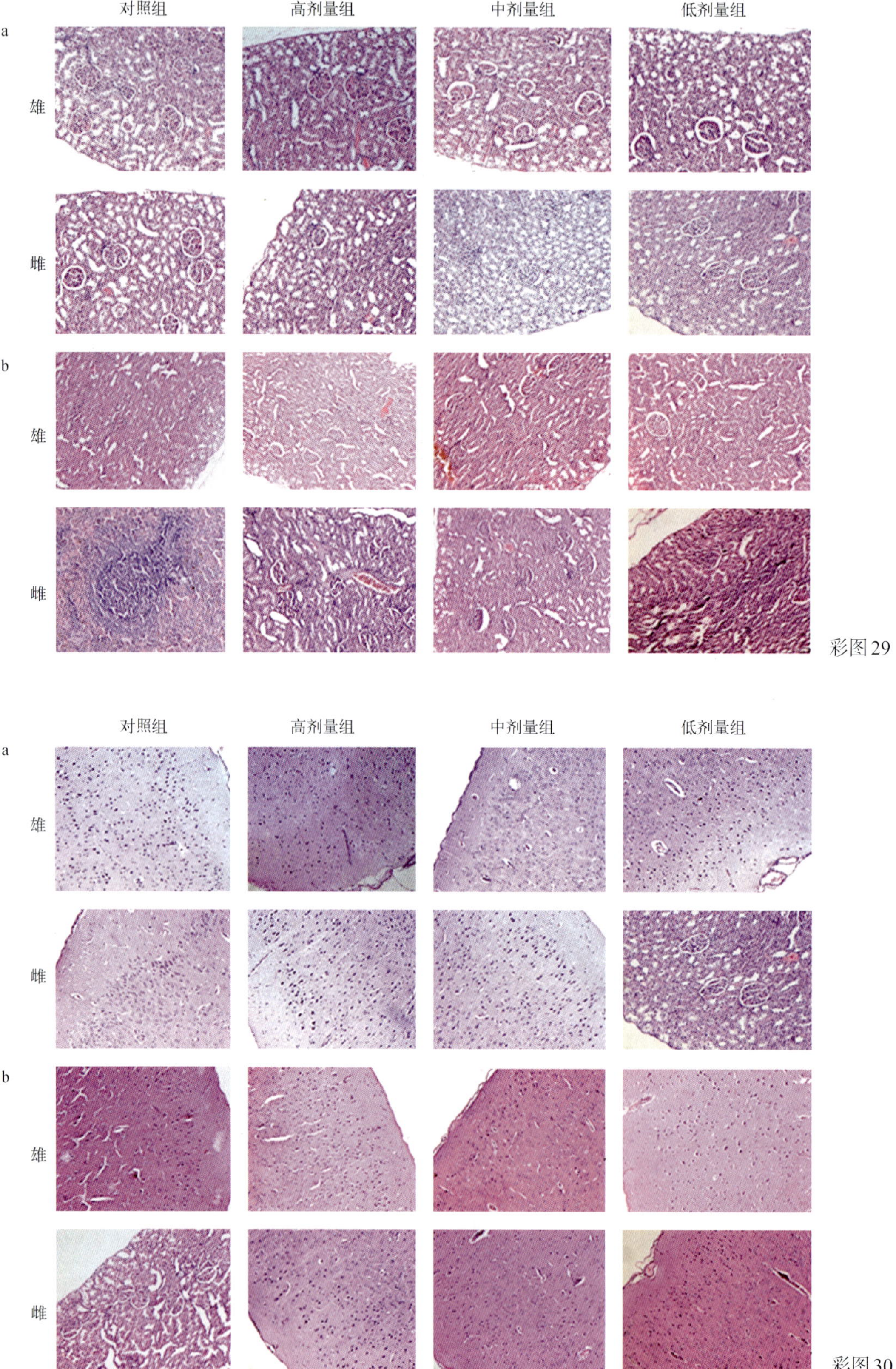

彩图 29

彩图 30

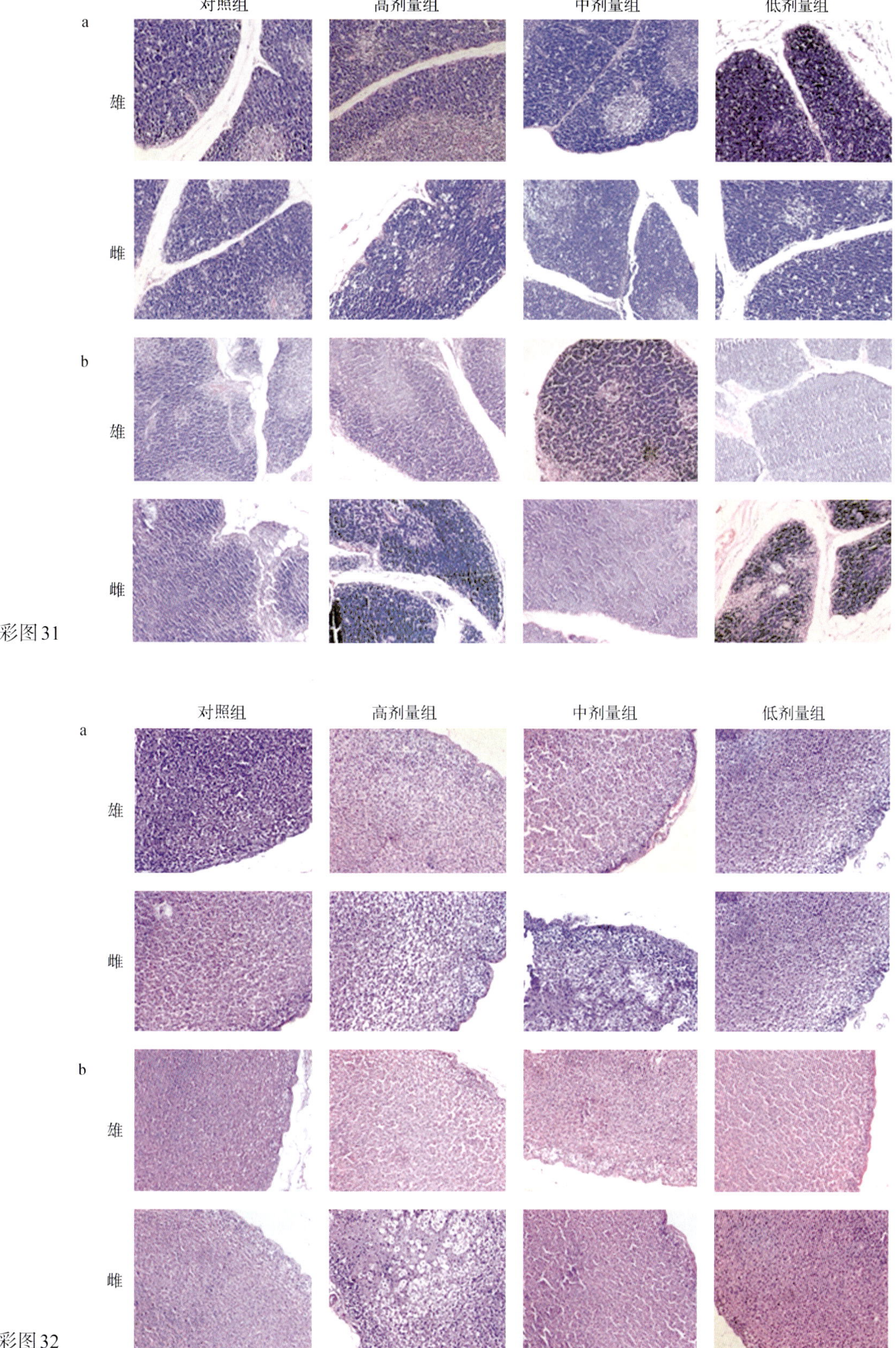

彩图31

彩图32

对照组
高剂量组
中剂量组
低剂量组
a
3个月
6个月
b
3个月
6个月
对照组
高剂量组
中剂量组
低剂量组
a
3个月
6个月
b
3个月
6个月
彩图33

彩图34

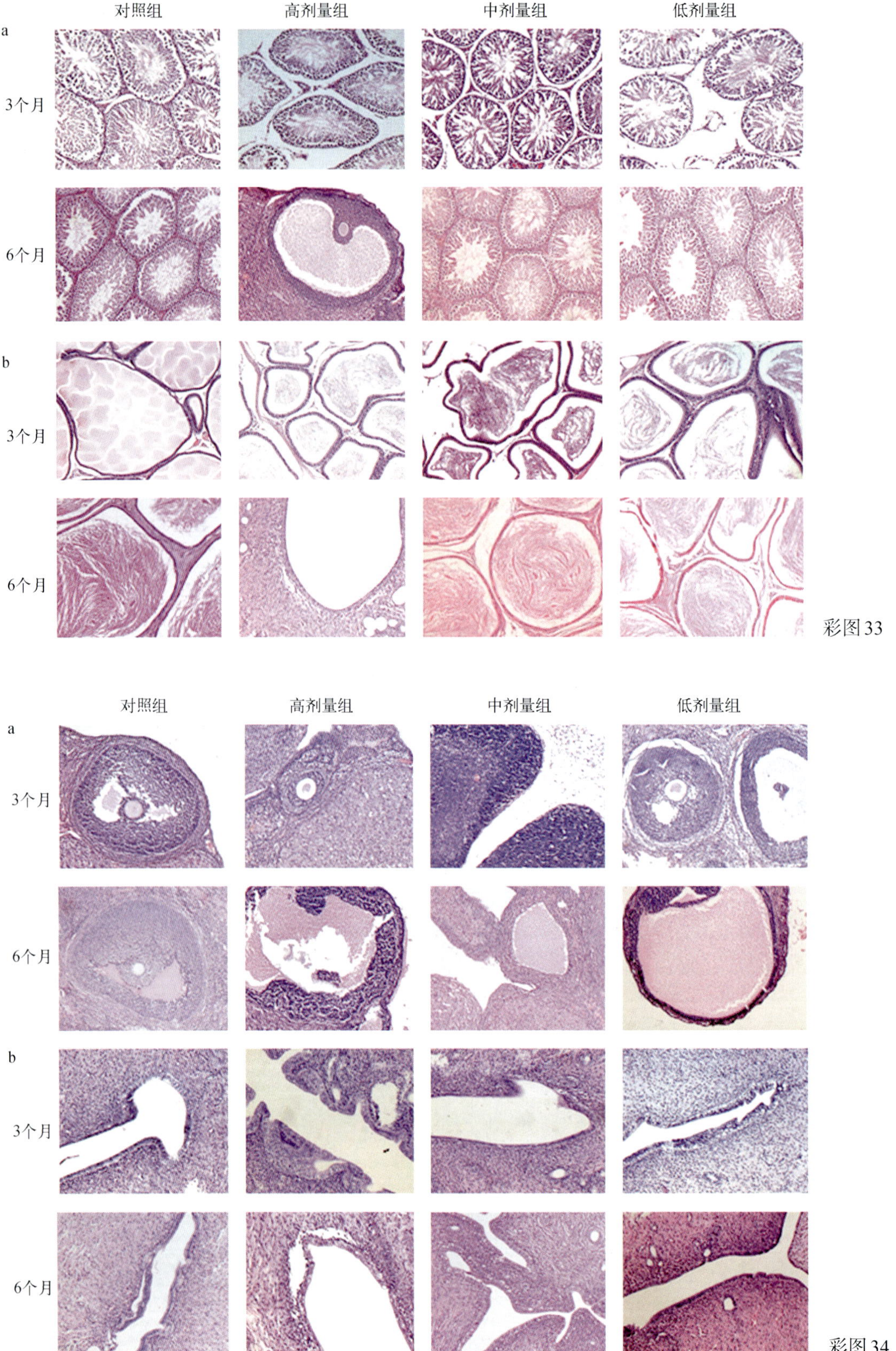

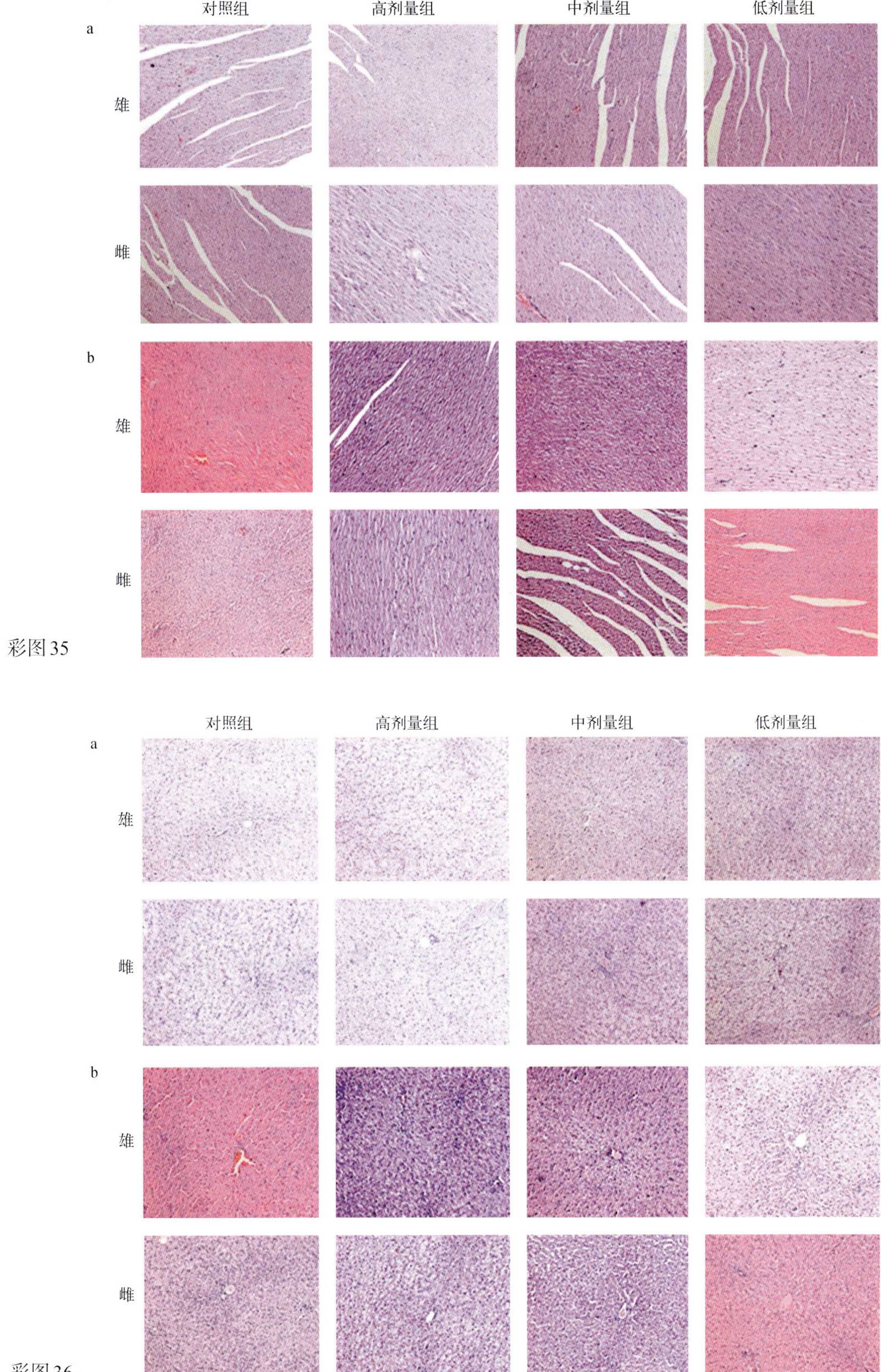

彩图35

彩图36

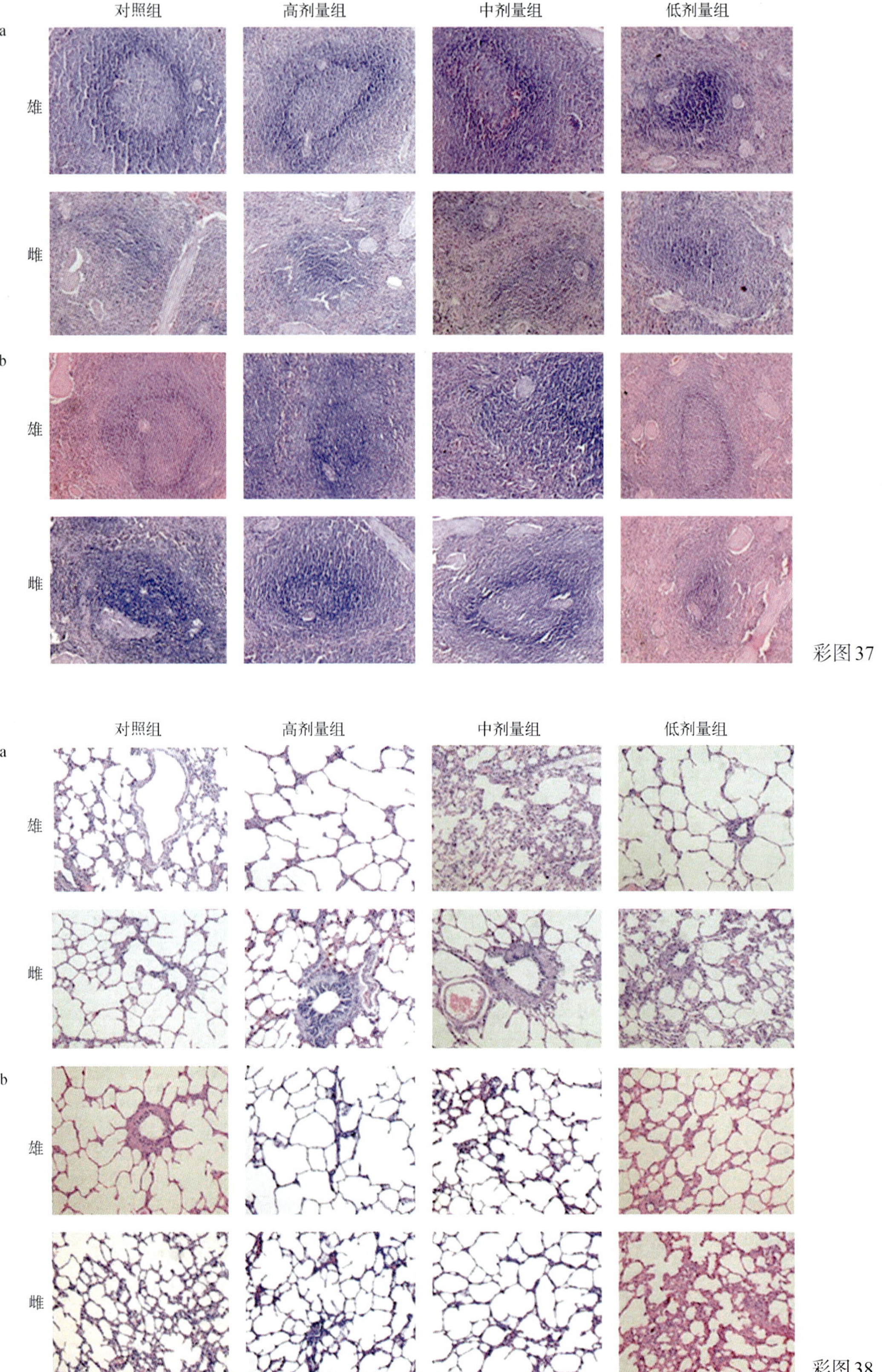

彩图37

彩图38

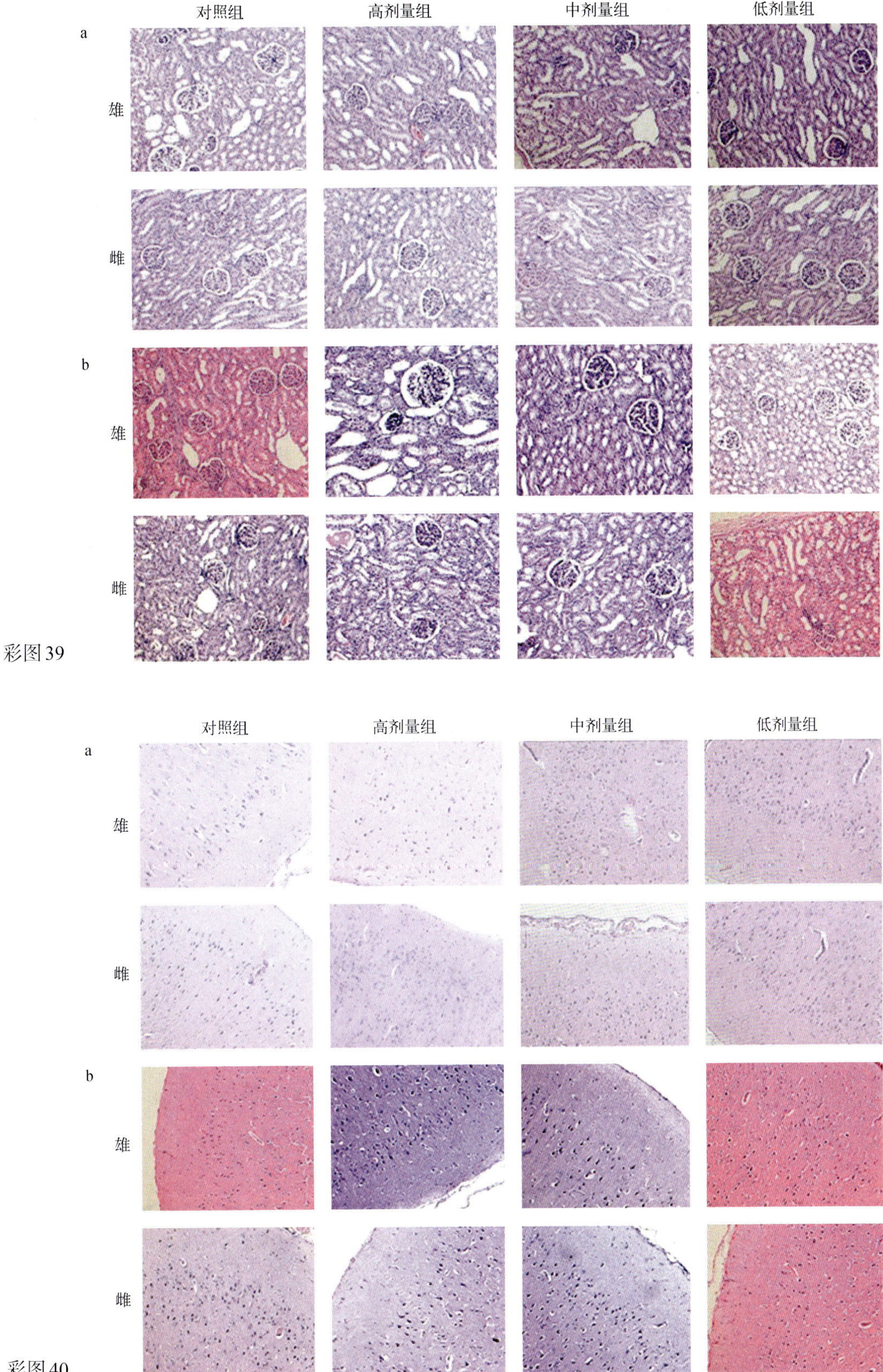

彩图39

彩图40

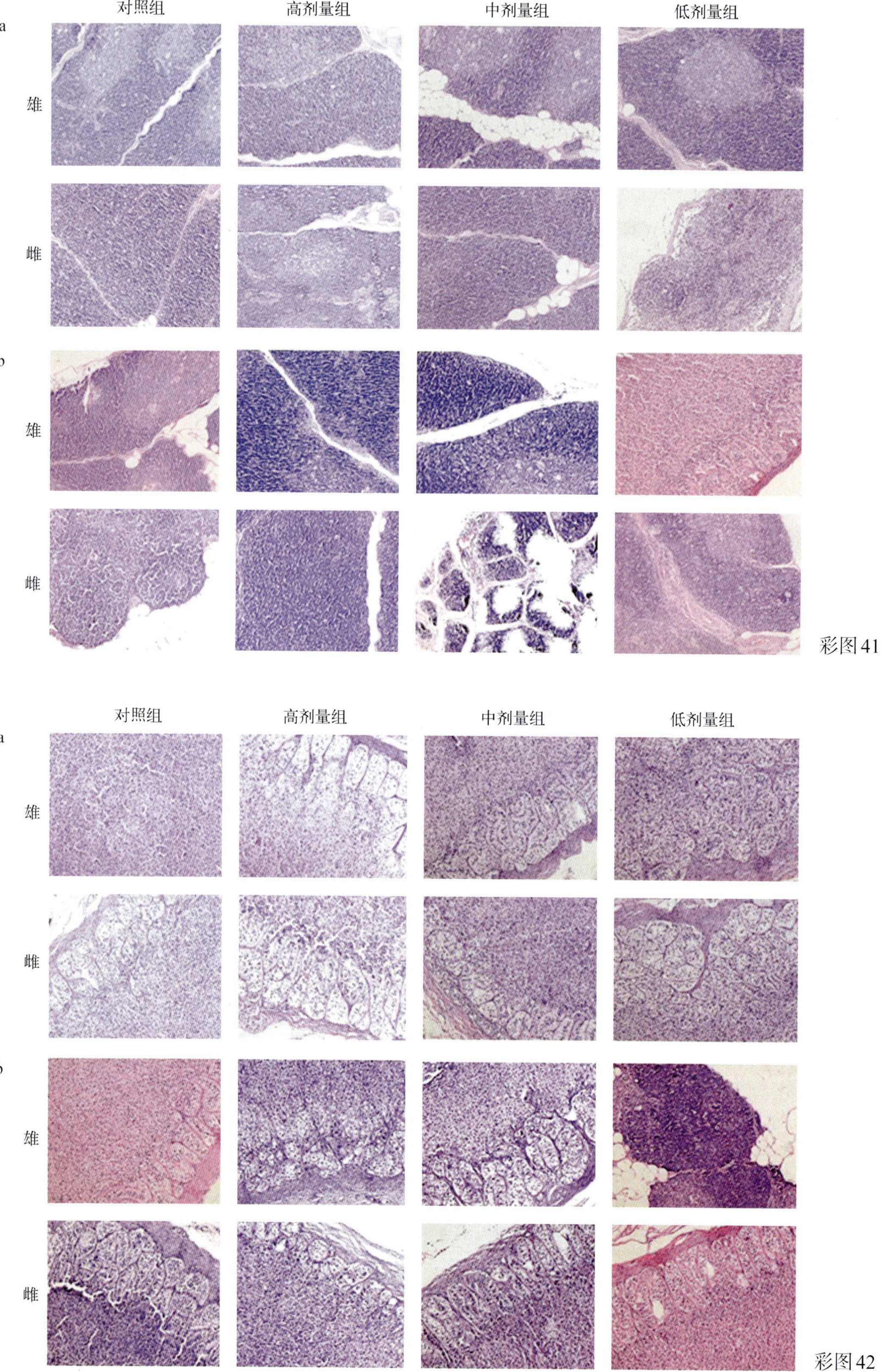

彩图41

彩图42

对照组
高剂量组
中剂量组
低剂量组
a
雄
雌
b
雄
雌
对照组
高剂量组
中剂量组
低剂量组
a
6个月
恢复期
b
6个月
恢复期

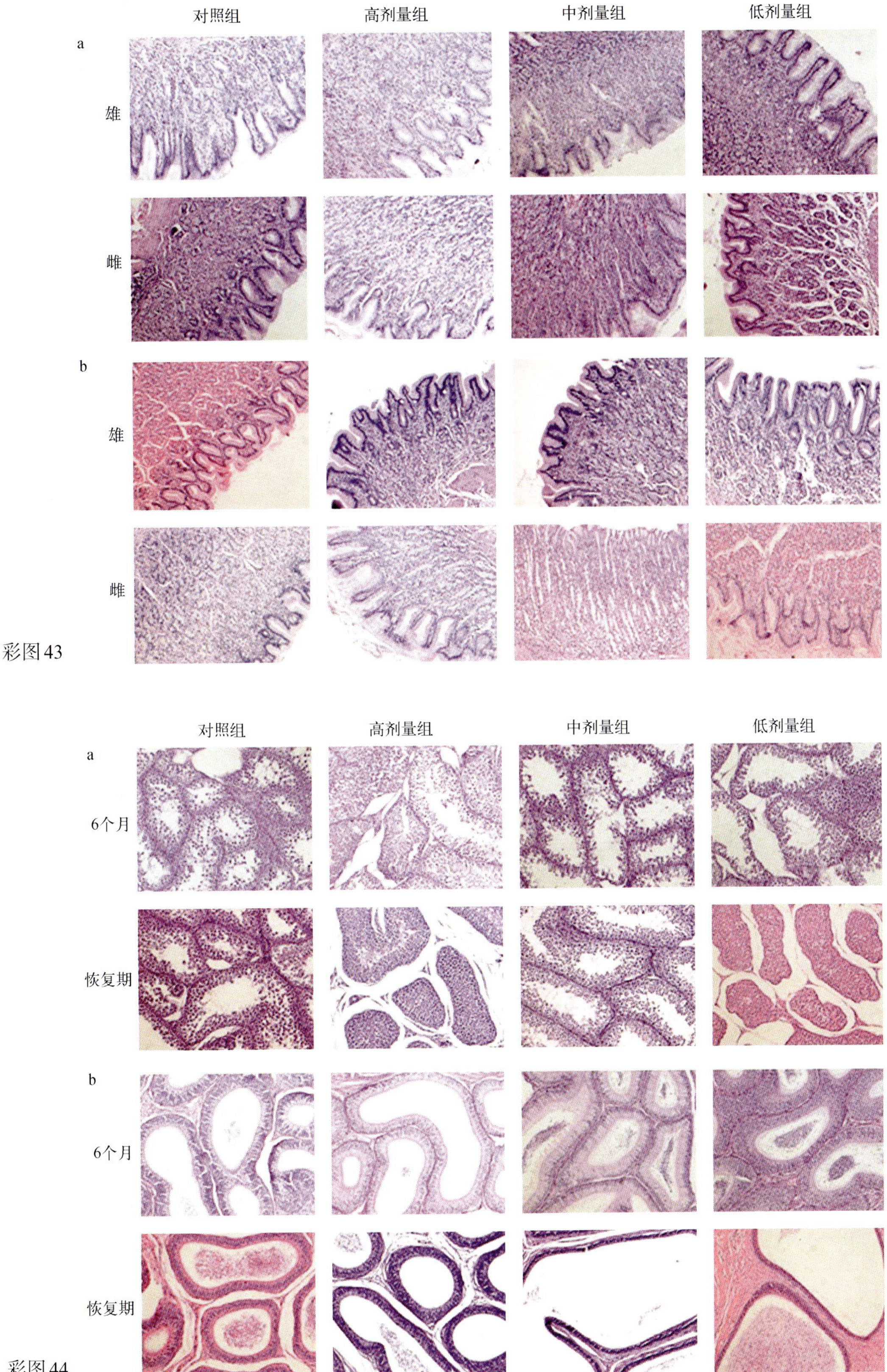

彩图43

彩图44

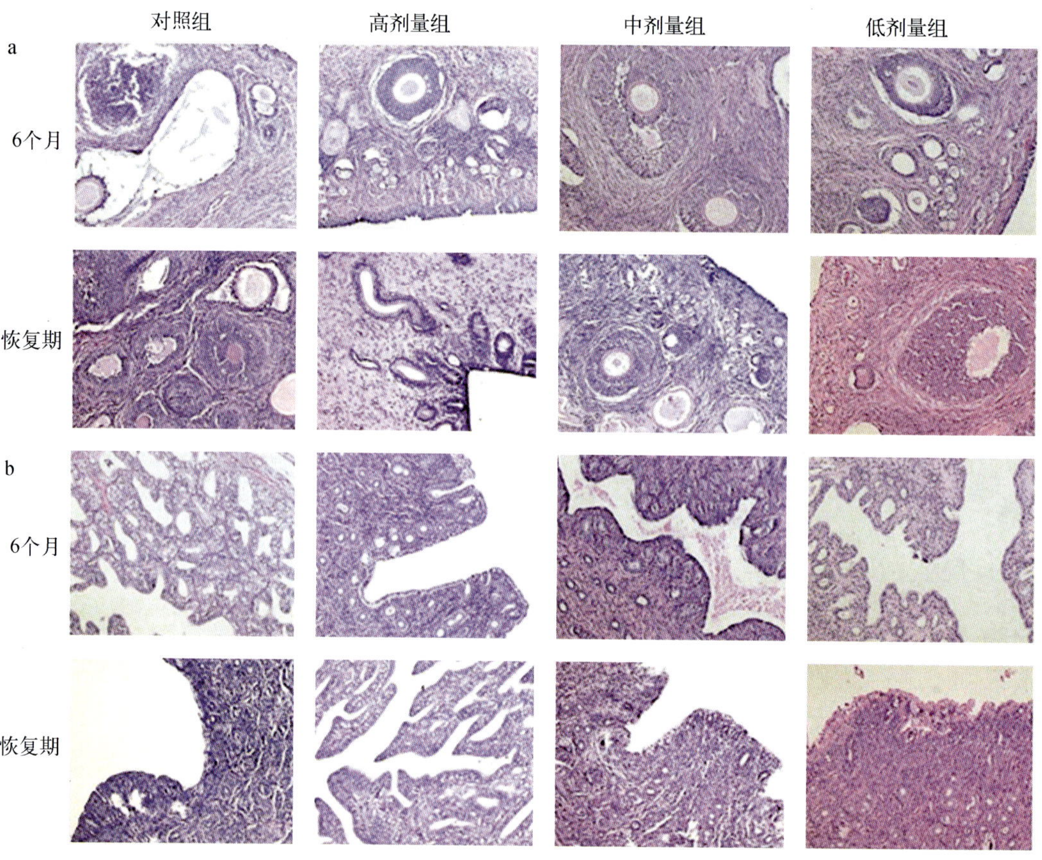

彩图45

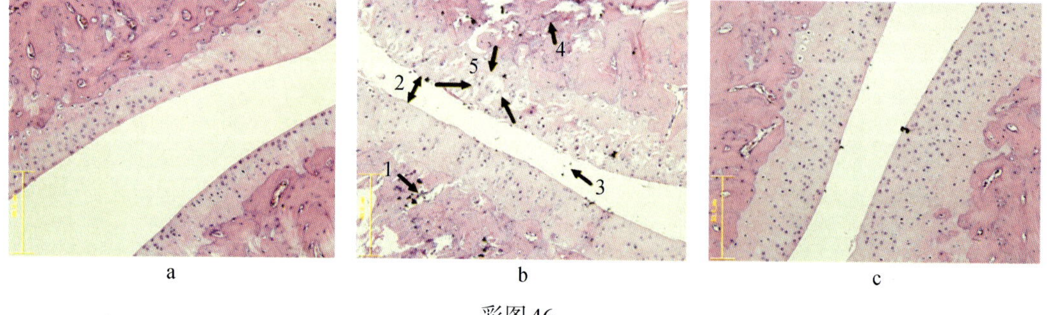

彩图46

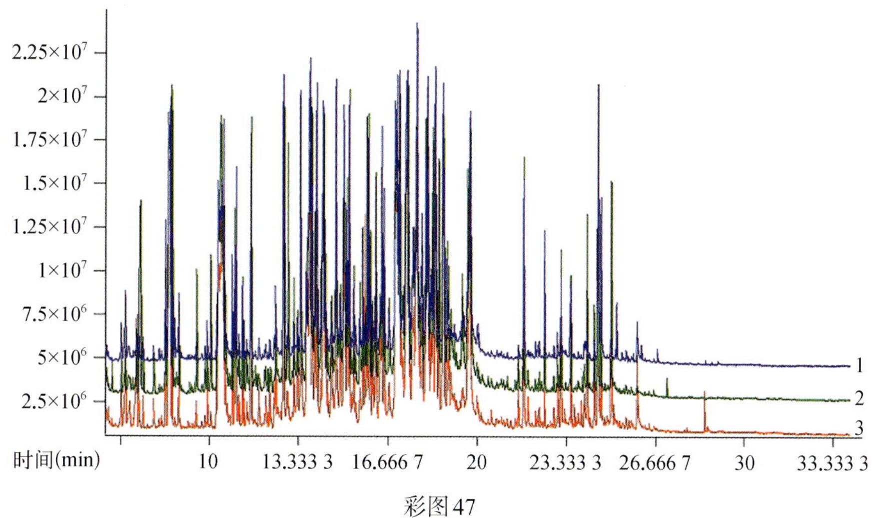

彩图47

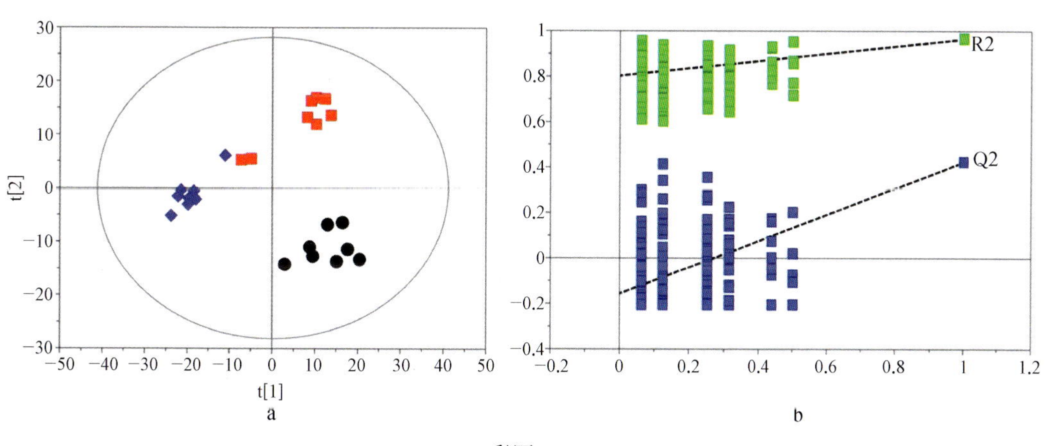

彩图48

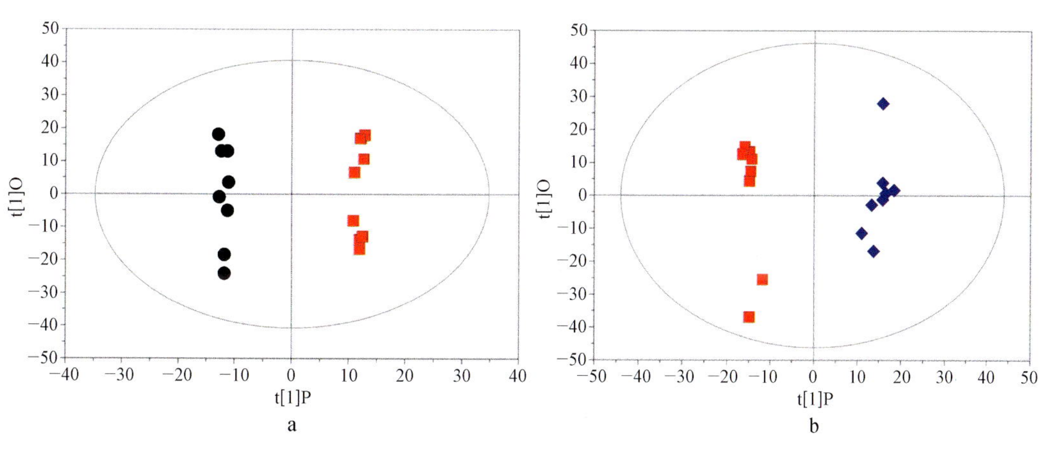

彩图49

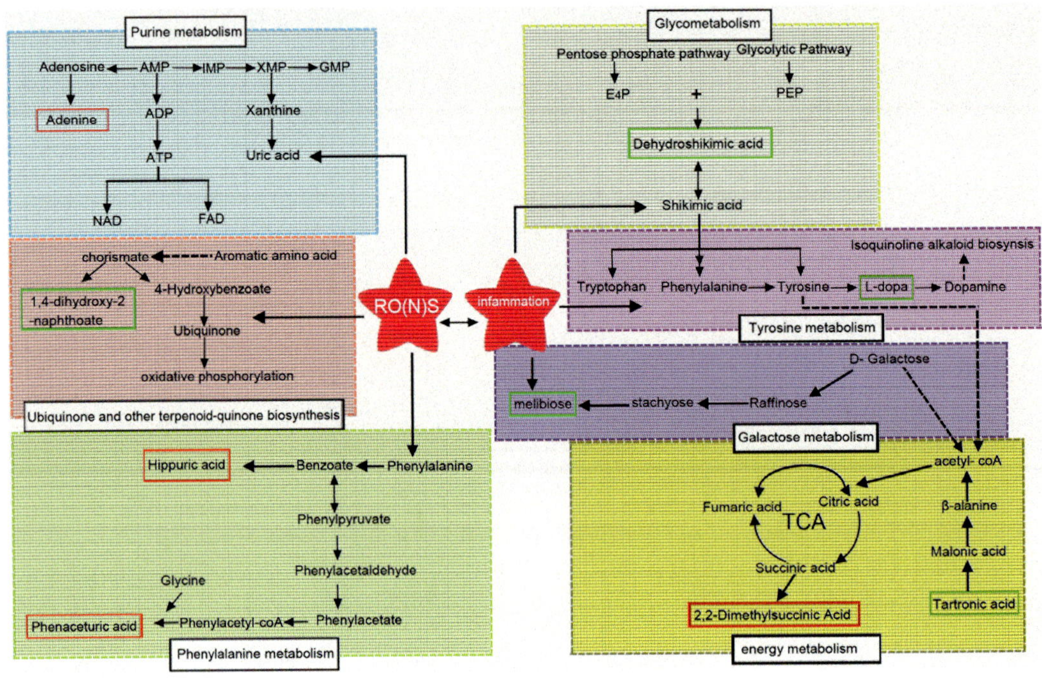

彩图 50

红色框内物质代表与正常组相比，模型组中上调的物质；绿色框内物质代表与正常组相比，模型组中下调的物质

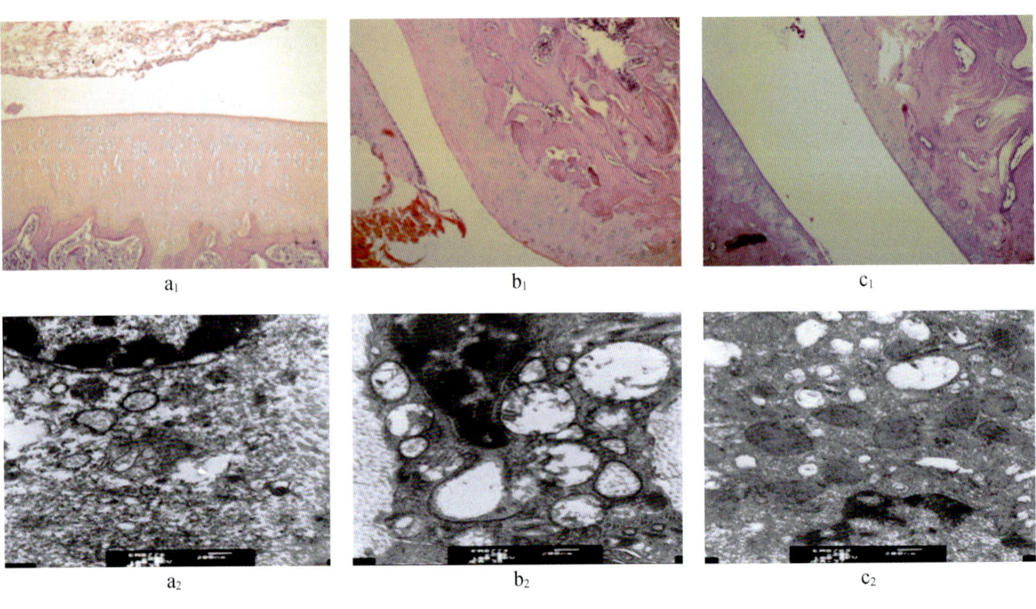

彩图 51

4.5×10^7
4×10^7
3.5×10^7
3×10^7
2.5×10^7
2×10^7
1.5×10^7
1×10^7
5×10^6
10
13.333 3
16.666 7
20
23.333 3
26.666 7
30
时间(min)
1
2
3

彩图 52

40
20
0
-20
-40
-60
第二主成分
-100
-80
-60
-40
-20
0
-20
-40
-60
-80
第一主成分
1
2
3
a
R2
Q2
1.0
0.8
0.6
0.4
0
-0.2
-0.4
0
0.1
0.2
0.3
0.4
0.5
0.6
0.7
0.8
0.9
1.0
b

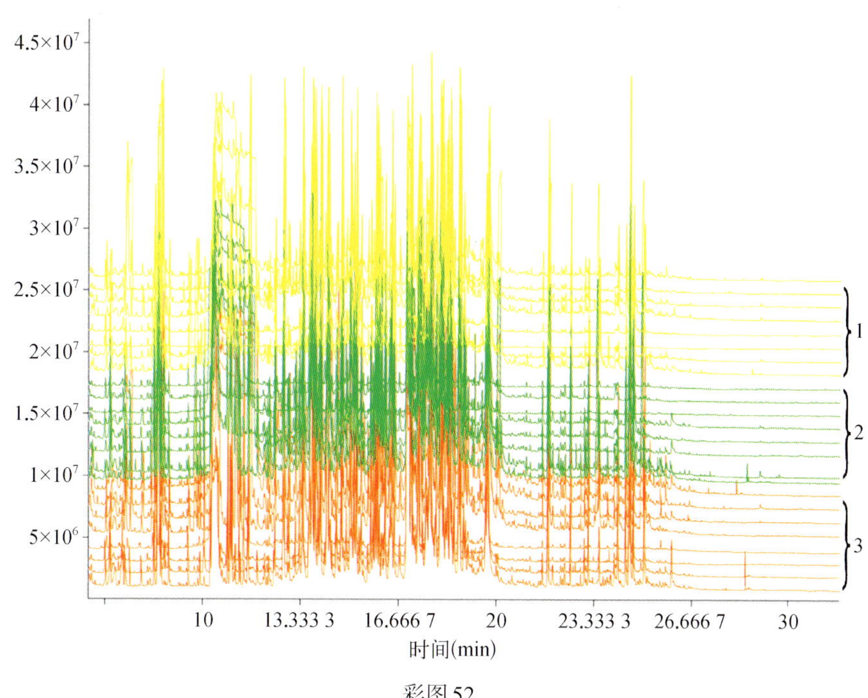

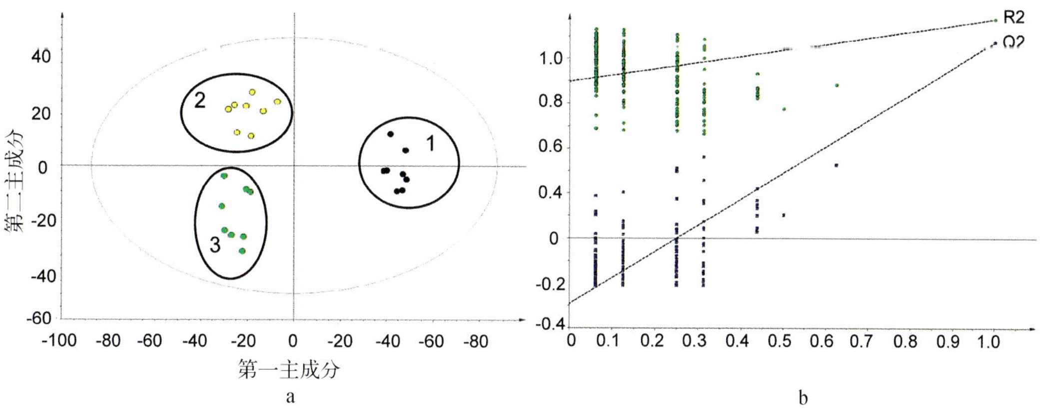

彩图 53

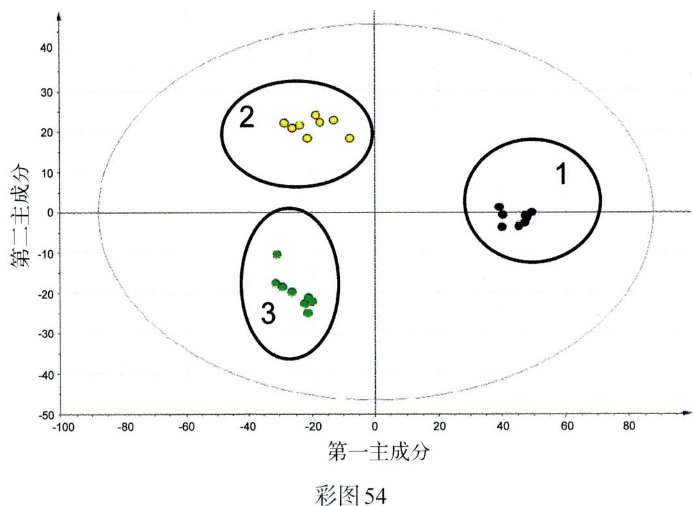

彩图 54

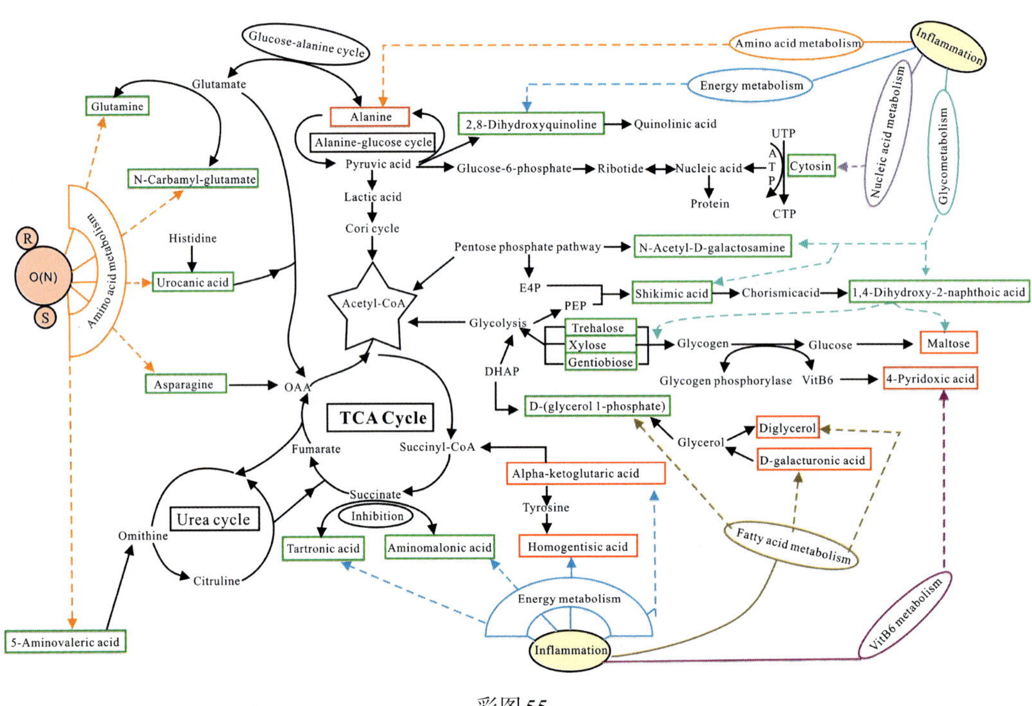

彩图 55

红色框内物质代表与正常组相比，模型组中上调的物质；绿色框内物质代表与正常组相比，模型组中下调的物质

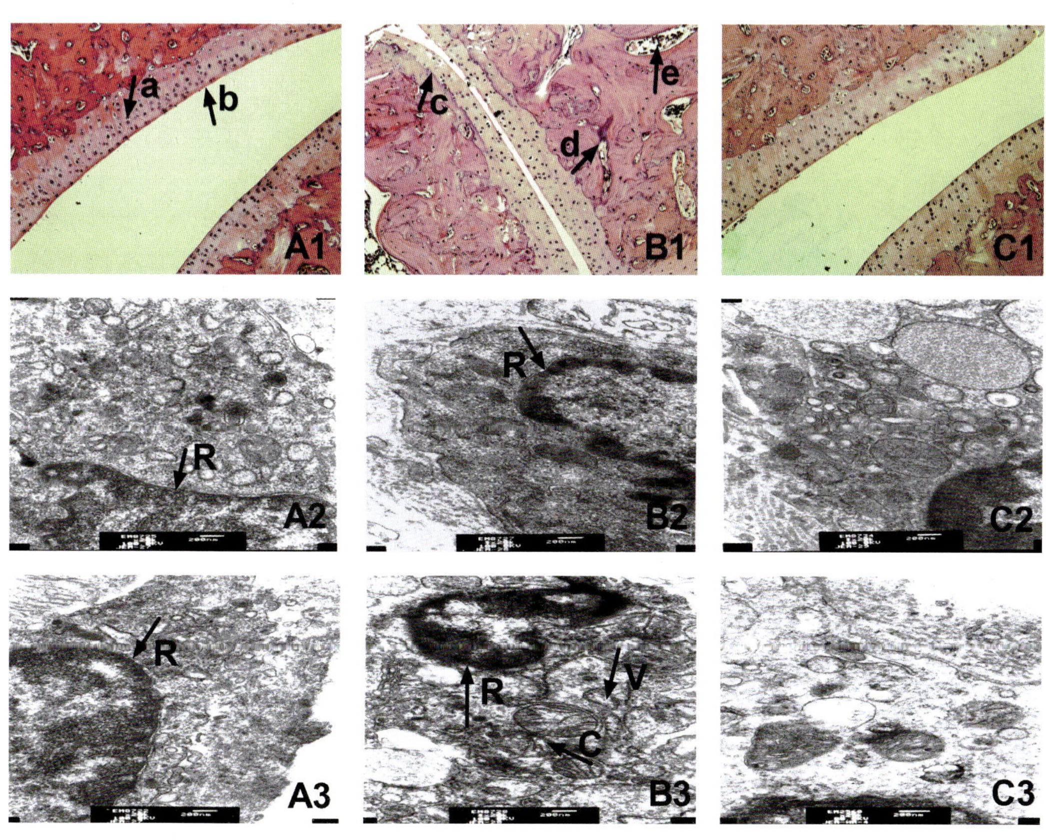

彩图56

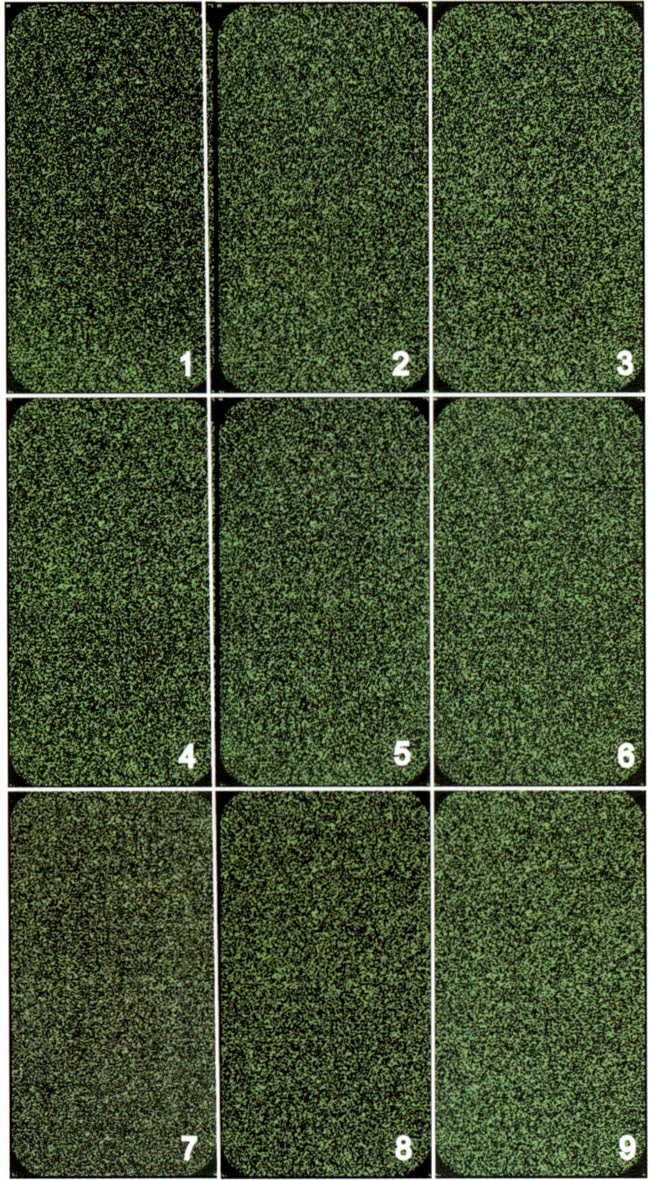

彩图57

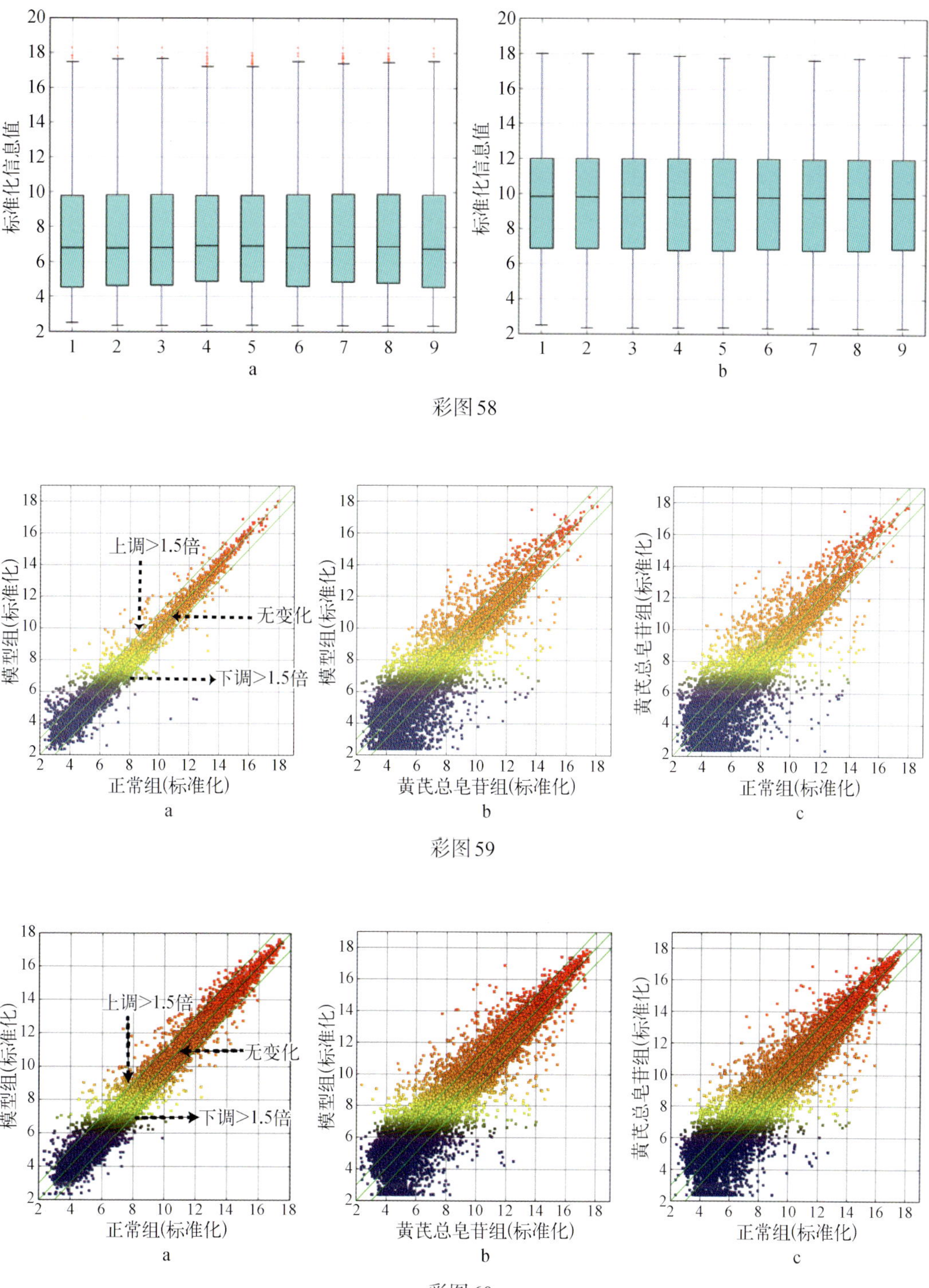

彩图58

彩图59

彩图60

上调>2倍
下调>2倍
p<0.05
p>=0.05
−log10(p value)
log2(差异倍数)
a
b
c

彩图61

上调>1.5倍
下调>1.5倍
p<0.05
p>=0.05
−log10(p value)
log2(差异倍数)
a
b
c

彩图62

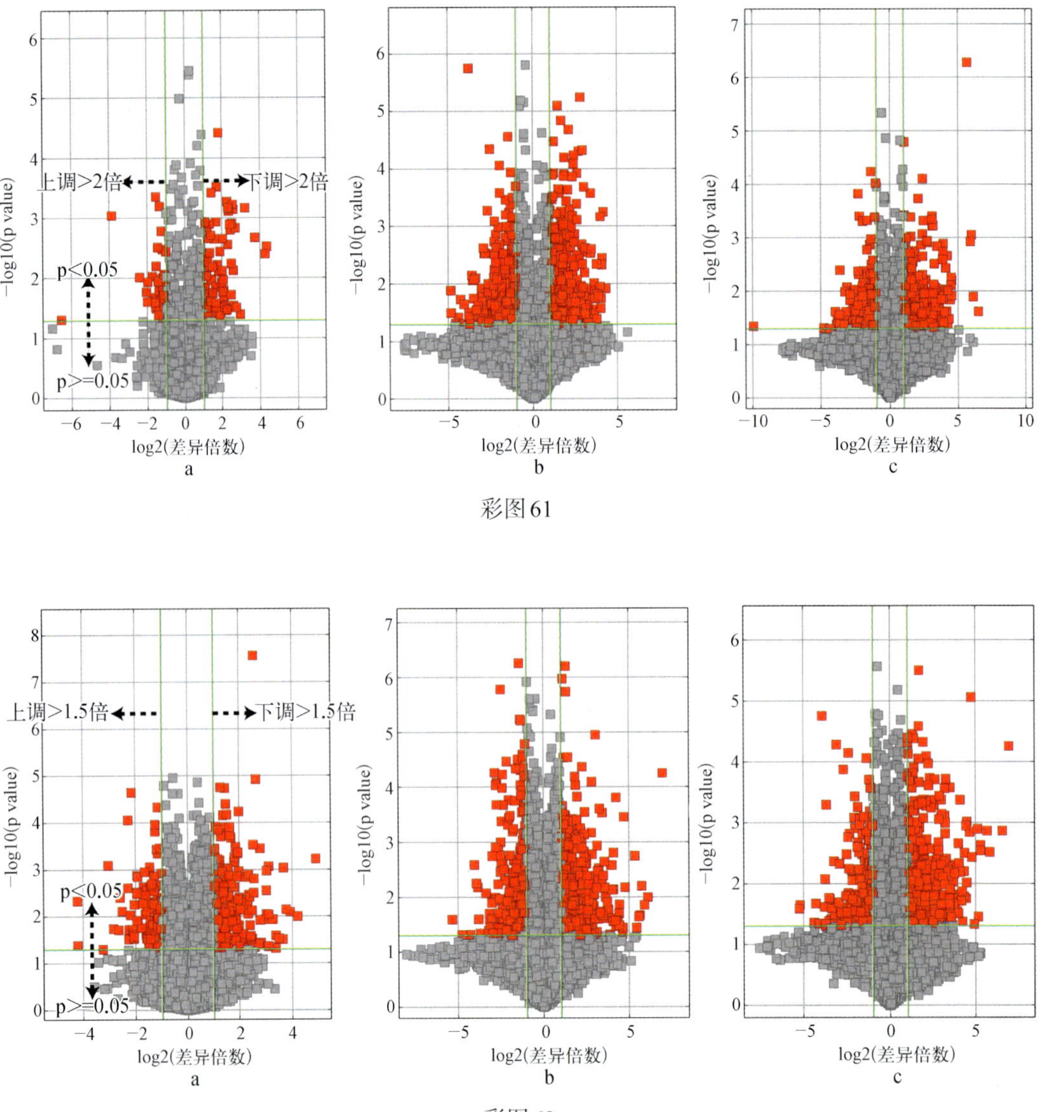

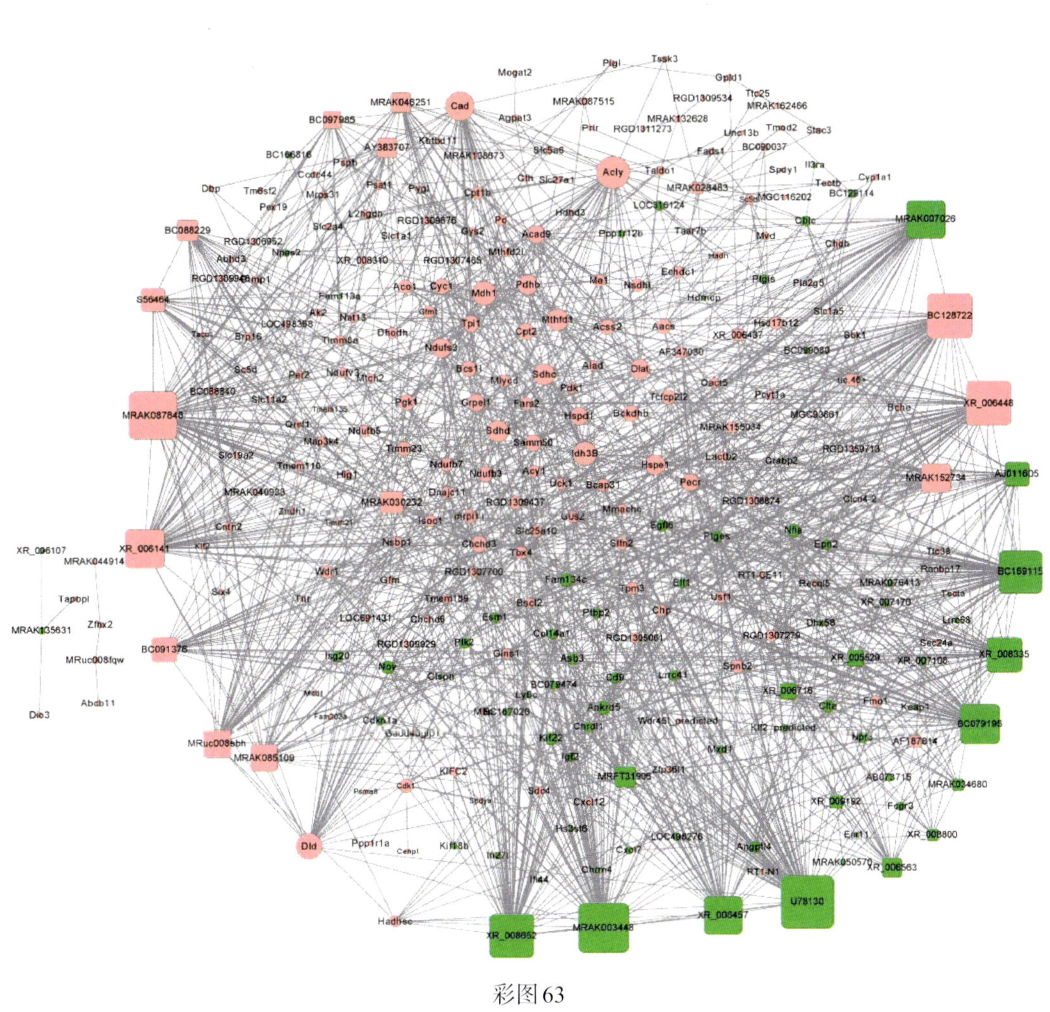

彩图63

正方形表示差异表达的LncRNAs，圆形表示差异表达的mRNAs，红色表示模型组中上调表达的差异基因，绿色表示模型组中下调表达的差异基因

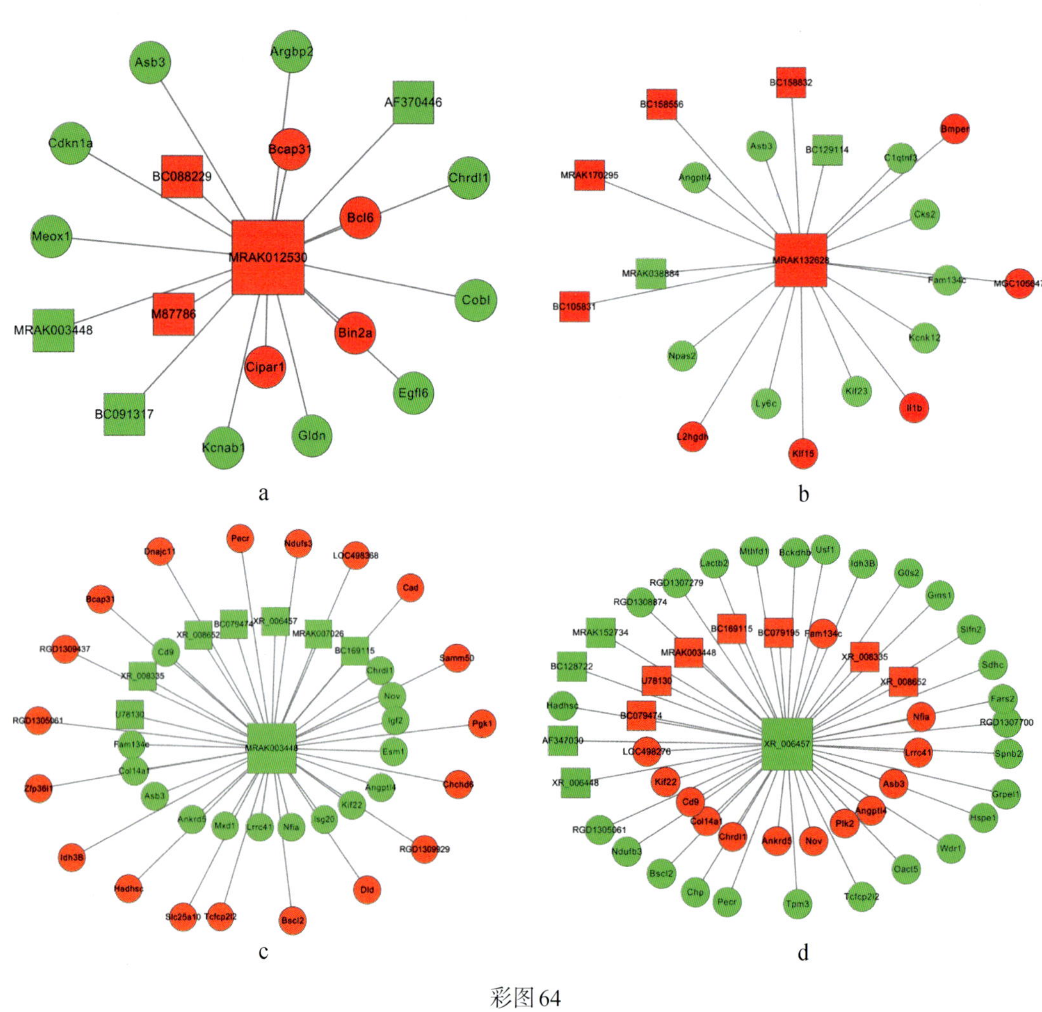

彩图 64

长方形表示差异表达的LncRNAs，圆形表示差异表达的mRNAs，红色代表模型组中上调表达的差异基因，绿色代表该基因在模型组中下调表达的差异基因